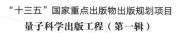

"十三五"国家重点出版物出版规划项目

量子科学出版工程（第一辑）

国家出版基金项目

NATIONAL PUBLICATION FOUNDATION

Quantum

Chromodynamics

and Its Applications

何汉新 著

量子色动力学

及其应用

中国科学技术大学出版社

内 容 简 介

量子色动力学是色荷(由夸克、胶子携带)的 $SU(3)$ 非 Abel 规范场论,是描述构成强作用物质的基本粒子夸克、胶子相互作用的动力学理论,已发展成为强相互作用的基本理论,其创立者获得 2004 年诺贝尔物理学奖.本书论述量子色动力学的理论基础、基本特性及其应用——量子色动力学如何驾驭夸克、胶子禁闭成核子(强子),核子束缚在一起组成原子核及核物质演化成强作用物质新形态的动力学(或称为核色动力学),这是粒子和核物理研究非常具有挑战性的领域之一.

全书以量子色动力学为基础,阐述核子的夸克、胶子结构及其随能量标度的演化;阐明核子自旋、质量和张量荷的起源;揭示夸克、胶子色禁闭及其形成核子(强子)的动力学机制;探索量子色动力学非常规强子态;论述重子-重子相互作用和核多体系统的动力学及核介质中的夸克效应.

本书包含了一些最新的研究工作,也包含了作者多年来的一些研究成果,特别是作者经过多年努力在利用协变量子色动力学途径破解夸克禁闭问题方面的最新研究成果.

本书可供大学物理系高年级本科生、研究生及相关研究人员参考.

图书在版编目(CIP)数据

量子色动力学及其应用/何汉新著. —合肥:中国科学技术大学出版社,2019.12
(量子科学出版工程. 第一辑)
国家出版基金项目
"十三五"国家重点出版物出版规划项目
ISBN 978-7-312-04906-4

Ⅰ. 量… Ⅱ. 何… Ⅲ. 量子色动力学—研究 Ⅳ. O572.24

中国版本图书馆 CIP 数据核字(2020)第 098859 号

出版	中国科学技术大学出版社
	安徽省合肥市金寨路 96 号,230026
	http://press. ustc. edu. cn
	https://zgkxjsdxcbs. tmall. com
印刷	合肥华苑印刷包装有限公司
发行	中国科学技术大学出版社
经销	全国新华书店
开本	787 mm×1092 mm 1/16
印张	29
字数	567 千
版次	2019 年 12 月第 1 版
印次	2019 年 12 月第 1 次印刷
定价	198.00 元

前言

　　量子色动力学(Quantum Chromodynamics，QCD)是色荷(由夸克、胶子携带)的 $SU(3)$ 非 Abel 规范理论，是描述夸克、胶子相互作用的动力学理论，已发展成为强相互作用的基本理论，它与电-弱相互作用统一理论组成了基本粒子理论的"标准模型"．按照此模型，构成自然界物质的基本组元是夸克、轻子和规范玻色子(胶子、光子、W 玻色子和 Z 玻色子)及 Higgs 玻色子，对称性在决定其动力学结构中担任中心角色．其中，构成强相互作用物质如核子、原子核等的基本"砖块"是夸克和胶子．夸克、胶子间的相互作用由量子色动力学描述，它驾驭着核子和原子核体系形成及演化的动力学．

　　QCD 及标准模型的建立和发展是人类认识物质结构及其相互作用的长期的知识积累和智慧结晶．现在已知道构成物质的原子、原子核、核子(质子和中子的统称)、夸克层次．从原子到夸克层次的认识伴随着探针能量分辨率提高的历程，经历了漫长的岁月．"原子"这个名词早就出现在古希腊的哲学辞典中，不过它是用来反映当时人们分析物质概念时抽象思维的极限的．直到 20 世纪，经过科学实验，物质的原子观点才建立起来．放射性的发现和 Rutherford 的 α 粒子-原子大角度散射实验结果则开启了人类认识物质的亚原子结构的大门．Rutherford 的实验是使 α 粒子穿过金箔而发生散射.他从实验结果得出结论:原子里有一个带正电的核,它的直径大约是整个原子的十万分之一,原子的大部分质量集中在原子核里,对于氢原子,这个核就是质子;电子围绕核运动;原子就像一个缩小的太阳系.这一实验事实为 Bohr 原子结构理论的建立提供了基础.随着中子的发现(Chadwick,1932),原子核由质子和中子构成的图像逐渐形成.

质子和中子被发现后,人们开始了对这些粒子本身的研究.质子的反常磁矩的发现(Stern,1932)和第一次进行的利用电子-核子弹性散射测量质子的电磁形状因子(Hofstadter,1956)得到质子的电荷半径约为 1 fm,表明核子不是类点粒子而有内部结构.同时,实验显示强子可分为不同类超多重态,反映了强子结构的内部对称性.这些都成为 Gell-Mann 和 Zweig 提出强子的夸克模型(1964)的基础.轻子-核子非弹散射实验(SLAC,1969)揭示了质子内存在类点组分,由此最终发现了物质的新层次——夸克部分子.部分子模型是 Feynman 根据 SLAC(斯坦福直线加速器中心)的非弹实验结果提出的.按照部分子模型,强子在高能时可看作不相干的部分子组合.用流代数对深度非弹截面进行分析,结果表明这些部分子为自旋 1/2 的费米子,由此自然地将部分子与 Gell-Mann 等提出的夸克等同.

另一方面,人们对相互作用力及其理论的认识也在不断发展.从 20 世纪初开始相继出现了 Einstein 的相对论,Heisenberg、Schrödinger 和 Dirac 等创立和发展的量子力学、量子电动力学(QED),核子力的介子交换模型(Yukawa),杨振宁和 Mills 建立的 Yang-Mills 非 Abel 规范场理论(1954).上述实验发现和理论发展为最终建立强相互作用的理论 QCD 奠定了基础.

QCD 是描写夸克和胶子自由度的可重整化的非 Abel 规范场论.它的拉氏量(见(1.32)式)可由自由粒子的 Dirac 方程满足定域 $SU(3)$ 规范变换下的不变性导出.QCD 拉氏量与 QED 拉氏量的最重要的差别来自非 Abel $SU(3)$ 群的特殊结构.在 QED 拉氏量中,电子的电荷是一个单值的数,光子不携带电荷.在 QCD 拉氏量中,夸克为色三重态,而胶子为色八重态,场强 $F_{\mu\nu}^{a}$ 中的非线性自相互作用导致 QCD 中出现三胶子顶点和四胶子顶点.胶子间的非线性自相互作用导致如下重要结果:

(1) 渐近自由.QCD 在高能标度或大动量转移时的渐近自由特性已在理论上得到证明,这可通过微扰 QCD 跑动耦合(见(1.166)式)直观地理解:当动量标度增加时,跑动耦合强度 $\alpha_{s}(Q^{2})$ 变小;而当 $Q^{2}\to\infty$ 时,$\alpha_{s}(Q^{2})\to 0$,即夸克间的相互作用消失,夸克成为"自由"夸克.非 Abel 规范理论的渐近自由特性由 D. J. Gross、H. D.

Politzer 和 F. Wilzek 于 1973 年发现,由此他们创建了 QCD 理论,并因此获得 2004 年诺贝尔物理学奖.

(2) 夸克、胶子色禁闭.这与自然界中未观察到孤立的带色夸克和胶子相联系.由微扰 QCD 跑动耦合可看到,当 $Q^2 \approx \Lambda_{QCD}^2$ 时,$\alpha_s(Q^2) \to \infty$,即夸克间的相互作用变得如此强以至夸克不能被单独分离出来.这当然不是夸克色禁闭的证明.夸克、胶子色禁闭意味着观测到的强相互作用物质如强子态、原子核都是夸克、胶子组成的色单态.夸克、胶子色禁闭的机制是 QCD 理论中最具挑战性的突出问题.经过多年的努力探究,我终于通过协变 QCD 途径破解了夸色禁闭难题(详见第 10 章).

(3) QCD 强子物质可以存在由胶子自由度激发引起的胶球和混杂态形式,这是夸克模型中没有的强子物质的新形态,或者说是非常规强子态.

(4) 可以存在极端稠密的由退禁闭的夸克和胶子构成的物质新形态——夸克-胶子等离子体及色超导体.

在裸夸克质量消失的极限情况下,QCD 拉氏量在手征变换下是不变的,即具有手征对称性.这时正宇称态和负宇称态是质量退化的,但在低阶强子谱中未观察到这一现象.这表明,在低能标度时手征对称性是破缺的.手征对称性的自发破缺由 $\overline{q}q$ 的真空期望值即手征凝聚(或者说夸克凝聚)$\langle \overline{q}q \rangle$ 标志,这是轻夸克 u、d、s 得到组分质量的主要来源.由此也表明,在从高能标度到低能标度变化时核子内的夸克自由度也发生改变.

QCD 拉氏量中由胶子的自作用引起的非线性导致 QCD 理论的求解十分困难.只有在与高能标度和大动量转移对应的渐近自由情况中可以用微扰论从 QCD 第一原理出发计算相关的物理过程.对大多数情况,现在还无法解析地求解 QCD.一个可能的 QCD 解是将 QCD 放在格点上作数值计算得到的,这就是格点 QCD.随着计算机能力的提高和格点计算技术的发展,从 QCD 第一原理出发对包含少量夸克、胶子自由度的体系如核子、介子等强子性质作格点 QCD 计算已发展成为有预言能力的理论途径.但是,对较为复杂的体系如核子-核子相互作用、核多体系统及有限重子密度(化学势)情况,目前的格点 QCD 还无能为力.此外,格点 QCD 通常给出的是数字而不提供直观的解释.因此,发展 QCD 的其他非微扰途径十分必要,这包括 Dyson-Schwinger 方程途径、QCD 求和规则和有效场论途径及由此导出的模型.

图 Ⅰ.1 给出了根据格点 QCD 和一些模型计算推测的 T(温度)-μ(化学势)平面的 QCD 相图示意图.这里存在一条以 $T = \mu = 0$ 为中心的扇形弧线,在扇形内是夸克禁闭和手征对称性破缺相,在扇形外是退禁闭和手征对称性恢复相,而弧线表示发生退禁闭和手征对称性转变的区域.在小化学势即低重子密度时,存在从低重子密度强子世界到退禁闭的夸克-胶子等离子体(quark-gluon plasma,QGP)的迅速跨接(rapid crossover).在高重子密度时,出现一阶相变,但一阶相变点的端点(critical endpoint)的位置目前还相当不确定.

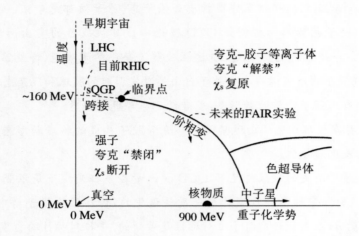

图Ⅰ.1　强相互作用的 QCD 相图示意图

对相图的详细分析可见 10.10 节的讨论.

重子数密度为零(即 $\mu=0$)情况的格点 QCD 数值模拟表明,QCD 真空在 $T_c\approx$ 160 MeV 左右发生剧烈改变——夸克凝聚和胶子凝聚熔化掉,而真空变为一个较简单的结构,在 T_c 以上区域轻夸克质量的夸克凝聚贡献消失,与此同时胶子自由度也被释放出来.图Ⅰ.2 表示格点 QCD 和 Dyson-Schwinger 方程途径及瞬子模型计算给出的 u(d)夸克质量随转移动量变化的情况.可以看到,动量增加至 1 GeV 附近时发生手征对称性恢复的跨接转变,在 $q>2$ GeV 区域,夸克质量基本上只有流夸克质量的贡献.这意味着电磁探针在 1 GeV 标度以下区域观测到的自由度为组分夸克,而在 $q>2$ GeV 区域观测到的自由度为流夸克(即 QCD 夸克).

图Ⅰ.1 中也标出了原子核及各种重离子碰撞实验点在相图中的位置.图Ⅰ.1 所示的 QCD 相图大致可分为三个区域:

(1) 色禁闭和手征对称性破缺($\langle\bar{q}q\rangle\neq0$)区.这里存在由禁闭的夸克和胶子构成的强子物质(包括原子核).

（2）退禁闭和手征对称性恢复（$\langle \bar{q}q \rangle \approx 0$）区．这里存在夸克-胶子等离子体（QGP）物质．RHIC（相对论重离子对撞机）已通过极端相对论核-核碰撞产生 CSC 态（色玻璃凝聚态），然后生成强相互作用的夸克-胶子等离子体（sQGP）．宇宙在早期演化中也经过 QGP 物质形态阶段．

（3）$\langle \bar{q}q \rangle \neq 0$ 的低温高密的色超导物质区．理论推测中子星内部可存在色超导相物质．

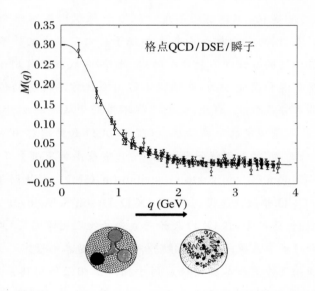

图 I.2　电磁探针的分辨能力与观测到的核子内部组分自由度随动量（距离）标度的变化

QCD 是描述构成强相互作用物质的基本粒子——夸克和胶子相互作用的理论，它的最终目标是描述上述所有这些强相互作用物质的结构和形成的强相互作用动力学．然而，目前由 QCD 拉氏量提供的知识和数学上的复杂性不足以从第一原理出发对这么广泛的密度和温度范围的强相互作用物质给出自洽、定量的描述，因为基本的夸克和胶子自由度构成形式如此丰富的强相互作用物质的精确机制并没有完全清楚．因此，我们不妨将 QCD 在这三个不同强相互作用物质形态区域的应用大致分为三个相对独立又相互联系的领域研究．第（2）、（3）区域的强相互作用物质与第（1）区域中原子核物质演化的不同形态相联系．在这里，我将 QCD 应用于原子核物质体系及其演化成的不同强相互作用物质形态的研究称为核色动力学，它包括三个相对独立又相互联系的研究领域，每个领域都包含着极其丰富的理论和实验研究内容．

在核色动力学第一个研究领域里,QCD 理论的基本目标是:揭示核子等强子的夸克、胶子结构和性质;揭示夸克和胶子色禁闭的形式及生成机制,并揭示 QCD 从高能标度的渐近自由到低能标度的夸克、胶子色禁闭是否存在转变(trasition)及如何转变;由此揭示 QCD 的微观带色夸克、胶子自由度如何形成可观测的束缚的无色(色单态)核子等强子.QCD 强子物质中是否存在非常规的强子态? 核力的机制是什么? 核子是如何束缚成原子核的? 虽然可以相信 QCD 是一个严谨和完整的关于夸克和胶子的动力学理论,但目前还不足以从第一原理出发对一个核子完成真实的、定量的自洽计算,因为一个核子由夸克和胶子自由度形成的精确机制并未完全知道,对其作定量描述的知识远不能令人满意.此外,多数相互作用过程(如轻子-核子散射)同时包含低能和高能方面,必须将不能用微扰方法计算的低能部分与高能部分分离,将低能部分参数化.为此,我们不得不借助于从实验测量获取的线索,引入一些可通过实验测量确定的唯象函数,以理解 QCD 如何起作用,并用以解决"低能""低动量"或"长距离"的非微扰问题.常采用的唯象函数有部分子(parton)分布、推广的部分子分布(generalized parton distribution,GPD)、形状因子、密度矩阵等.我们还必须发展 QCD 非微扰途径,如格点 QCD、Dyson-Schwinger 方程途径、QCD 求和规则和有效场论途径等,在 QCD 理论与直观的物理图像间及 QCD 理论与核子-核子相互作用和核多体系统间架起连接的桥梁.这也是本书设定的讨论范围.

　　QCD 作为强相互作用基本理论被应用于描述强相互作用体系.现在已有多部详细论述规范理论和 QCD 的场论专著及 QCD 应用于粒子物理的著作.我感到现在需要一部关于 QCD 应用到核体系的书籍,因此尝试撰写本书.

　　本书的基本目的是以强相互作用的基本理论 QCD 为基础,比较系统和详细地阐述核子的夸克、胶子结构及其随不同能量标度的演化图像和实验观测结果,说明核子自旋、质量、张量荷等基本物理量的起源及它们的 QCD 结构;揭示 QCD 的夸克、胶子色禁闭和手征对称性破缺的动力学机制,以理解 QCD 的非 Abel 作用如何将夸克和胶子禁闭而形成束缚的核子;寻找"失踪"的核子(重子)激发态和 QCD 强子物质中新奇的非常规强子态;探讨 QCD 的基本相互作用驾驭核子-核子相互作用和使核子束缚在一起形成核物质和原子核的动力学.目前还不可能从 QCD 第一原理出发对核子(强子)的结构、核子(重子)-核子(重子)相互作用和核多体进行完全自洽的系统推导.我希望以 QCD 理论为基础的对这一领域的较系统综述能使人洞察 QCD 如何从高能标度至低能标度对核子(强子)到核多体起作用.

　　本书以上述基本目的为基本架构,以 QCD 的基本特性——高能标度下的渐近自由和低能标度下的夸克、胶子色禁闭及手征对称性的动力学破缺为基本线索,以QCD在核子、核子(重子)激发态、QCD的非常规强子态、核子(重子)-核子(重子)相互作用和核多体系统中的应用为基本内容,来组织安排.书中只包含少量的形式理论.对述及的诸如QCD的正规化、重整化、深度非弹过程的因子化等只从应用的角度作讨论而没有论述其证明.同时,本书的讨论范围基本上限定在u、d、s轻夸克和胶子组成的体系.

第1章论述QCD和标准模型基础,包括它们的拉氏量形式、QCD量子化、QCD微扰论基础.概括地介绍QCD拉氏量的定域与整体对称性及守恒量,并给出后面章节讨论中用到的能量-动量张量和角动量的表达式.简要讨论QCD的基本特性——渐近自由、夸克色禁闭和手征对称性的自发(即动力学)破缺.

对称性在规范理论的研究中担任重要的角色,在决定规范理论的动力学结构中更担任中心角色.规范理论的规范不变性通过(连续)对称性变换描述,它导致格林函数间的严格关系(即 Ward-Takahashi 恒等式)和非 Abel 规范理论中的 Slavnov-Taylor 恒等式.它们在规范理论的重整化中担任关键性角色,也在规范理论的非微扰研究中起重要作用.但通常的对称性变换只是沿纵向的变换,由此得到的 Ward-Takahashi 恒等式或 Slavnov-Taylor 恒等式只约束顶角的纵向分量,横向分量仍是任意的.包含横向分量的完全的 QCD 顶角函数描述非 Abel QCD 相互作用,对QCD非微扰研究特别是夸克、胶子色禁闭和动力学手征对称性破缺研究具有重要作用.我提出的规范理论中的横向对称性变换解决了这一问题.这是至今所有有关场论的书中未曾讨论的问题.因此,在第2章,我比较系统地阐述规范理论(QED、QCD)中通常的(纵向)对称性变换和横向对称性变换,以及如何由这些变换导出完全的顶角函数,特别是QCD中完全的夸克-胶子顶角函数,为用 Dyson-Schwinger 方程途径研究QCD非微扰问题提供基础.

第3章至第5章利用QCD的渐近自由特性研究高能标度下的核子结构、核子-核子相互作用和原子核.第3章讨论轻子-核子深度非弹散射与QCD部分子模型,论述描述核子结构的夸克分布函数的分类,特别是领头阶分布函数——自旋平均分布 $f_1(x)$、夸克螺旋性分布 $g_1(x)$ 和夸克横向性分布 $h_1(x)$ 的定义和含义,讨论QCD部分子分布函数的微扰演化的 GLAP(Gribov-Lipatov-Altarelli-Parisi)方程及深度非弹过程中将短距离碰撞标度与长距离强子标度物理分开的因子化定理.

核子自发现以来在强子结构的实验和理论研究中一直担任特别重要的角色.可以说对它的研究是催生夸克模型和QCD的温床,而后核子又成为检验和发展QCD

的基本实验对象之一.质子是质量为 938.3 MeV/c^2、磁矩 $\mu_p \approx 2.793$ 和自旋为 1/2 的费米子.揭示质子基本物理量的来源和它的新特性是 QCD 研究核子结构的基本任务.1988 年发表的极化轻子-核子深度非弹实验结果指出夸克仅携带核子自旋的很小一部分,与夸克模型预言的核子自旋来自构成核子的 3 个夸克的自旋矢量和明显不符.这就是当时著名的涉及质子自旋起源的所谓"质子自旋危机"问题.经过随后 10 年左右的实验测量,人们发现夸克自旋贡献核子自旋的 30% 左右且核子内有明显的极化奇异(海)夸克的贡献.核子自旋是哪里来的? 这是理论和实验要回答的问题.虽然 1969 年至 1988 年深度非弹实验给出了不少关于核子内夸克和胶子部分子分布的知识,但可以说正是极化 EMC(European Muon Collaboration)实验才真正将对核子性质、结构的研究推进到 QCD 的夸克、胶子自由度这样深的层次.

QCD 理论可以描述核子的自旋结构,给出实验测量和核子自旋起源的满意解释.按照 QCD 理论,核子自旋为 QCD 角动量算符在核子态的期望值,它可表示为流夸克(即 QCD 夸克)自旋和轨道角动量及胶子角动量之和.第 4 章将详细地阐明核子自旋的 QCD 结构,包括它的明显表达式、自旋各分量随能量标度的 QCD 演化,说明如何从不同能量标度下的实验数据得到夸克自旋贡献的世界平均测量值,介绍对其他自旋分量的实验和理论研究;讨论核子自旋物理中的另一物理量——与夸克横向性分布联系的核子的重要"新"物理量张量荷及其实验测量问题.

第 4 章还将论述如何由 QCD 哈密顿量在核子态的期望值给出核子质量的 QCD 结构,解释核子质量的来源;讨论推广的部分子分布函数及其对核子自旋和核子形状因子的描述,以及应用微扰 QCD 分析、QCD 格点计算和光锥 QCD 求和规则计算讨论核子的电磁形状因子,从核子内的电荷和流的分布来理解核子的结构.

第 5 章将利用极化和非极化的 Drell-Yan 过程讨论高能标度下核子(强子)-核子(强子)相互作用机制,利用轻子-核的深度非弹测量的 EMC 效应和核的 Drell-Yan 过程分析原子核内的夸克-胶子分布和核环境中核子的夸克结构效应.

第 6 章至第 9 章论述低能标度下 QCD 非微扰研究途径及其应用.

格点 QCD 提供了 QCD 的非微扰正规化方法,是基于 QCD 第一原理的非微扰 QCD 基本途径,它的计算近似是可掌控的.格点 QCD 正成长为具有预言能力的理论途径,得到越来越广泛的应用.第 6 章简要介绍格点 QCD 的基本方法及在核子结构研究中的一些应用,包括计算核子的轴荷(其中味单态轴荷表示夸克自旋对核子自旋的贡献)、张量荷及核子内的反夸克成分,格点模拟夸克禁闭、动力学手征对称性破缺及其在高温下手征对称性恢复和退禁闭试验.格点 QCD 用于核子形状因子、

量子科学出版工程(第一辑)
Quantum Science Publishing Project(Ⅰ)

量子色动力学及其应用
Quantum Chromodynamics and Its Applications

非常规强子态(胶球、四夸克态和五夸克态)的计算则在相关章节中进行讨论.

Dyson-Schwinger 方程提供了非微扰 QCD 研究的连续场论途径.与格点模拟的数值计算相比,它可以给出比较直观的物理图像.在一些情况如动量趋于零的红外极限中,目前的格点计算存在无限体积问题带来的不确定性等困难.连续场论途径正是对格点计算的补充.第 7 章首先将详细地描述 QED、特别是 QCD 中 Dyson-Schwinger 方程的结构,说明由三点顶角表示的 QED 或 QCD 非微扰作用如何与所要求解的传播子函数相联系,由此理解非微扰作用与动力学手征对称性破缺的联系.然后讨论用 Dyson-Schwinger 方程分别研究 QED 和 QCD 中的动力学手征对称性破缺问题,并结合格点 QCD 的计算结果,简要叙述 Yang-Mills 格林函数的红外行为.

第 8 章将讨论如何通过 QCD 有效场论途径由 QCD 作用量导出各种近似模型和作用量,如整体色对称模型(GCM)、NJL 模型、夸克-介子耦合有效作用量、低能有效手征作用量等.这些近似模型和作用量可用来描述低能标度下核子(强子)的结构和性质、重子-重子相互作用和核多体,从而在 QCD 理论与理解低能标度下强子和核体系的结构及动力学间架起桥梁.

QCD 求和规则是应用广泛的 QCD 非微扰方法.第 9 章将论述 QCD 求和规则及光锥 QCD 求和规则的基本思想、计算方法,给出计算核子张量荷、QCD 胶球等实例,并简要讨论 QCD 求和规则在强子和核物理中的应用.

QCD 的夸克、胶子禁闭机制是 QCD 研究的基本课题,也是 QCD 理论建立以来长期备受关注但没有得到满意回答的难题.格点 QCD 模拟描述了重夸克与反夸克间的线性禁闭势,但回避了对生成线性禁闭势的动力学机制的回答.另一方面,唯象的禁闭势模型(线性型或幂次型)被广泛应用于描述轻夸克体系和重夸克体系.因此,从 QCD 基本原理出发揭示夸克(包括轻、重夸克)间的禁闭势形式和生成机制,是 QCD 理论研究、当然也是核色动力学研究必须解决的基本课题和突出问题.经过多年的艰难探究,我终于在近几年通过协变 QCD 途径破解了夸克禁闭难题:基于 QCD 基本途径,首次揭示了 QCD 夸克-胶子顶角的红外结构,描述了红外极限下 QCD 非微扰夸克-胶子相互作用.由此,应用有质量夸克间的非微扰胶子交换,导出了夸克(矢量)线性禁闭势.同时,由规范不变的耦合定义出发,导出了红外发散的非微扰(由夸克-胶子顶角定义的)跑动耦合 $\alpha_s^{(\mathrm{np})}(q^2)$.并揭示了生成线性禁闭势和红外发散的非微扰跑动耦合的动力学机制:它们来源于红外极限下夸克-胶子顶角中密藏在夸克-鬼散射核的红外奇异性,本质上归结为红外极限下非微扰胶子的自作用.这个结论很重要,它导致胶子自作用从微扰(紫外区)到非微扰(红外区)的演化可解释 QCD 的渐近自由(紫外区)到 QCD 的夸克禁闭(红外区)的转变,而该转变可用 QCD 跑动耦合从微扰跑动耦合 $\alpha_s^{(pe)}(q^2)$(见(10.114)式)到非微扰跑动耦合 $\alpha_s^{(np)}(q^2)$(见(10.111)式)的转变来描述,这个转变是伴随手征对称性到手征对称性的动力学破缺转变(即夸克的动力学质量生成,如图 I.2 所示)发生的.图 I.3 给出了从 $\alpha_s^{(pe)}(q^2)$ 到 $\alpha_s^{(np)}(q^2)$ 转变的计算结果,其中 $\alpha_s^{(pe)}(q^2)$ 与 $\alpha_s^{(np)}(q^2)$ 两曲线的相切点就是从紫外的渐近自由特性区到红外的夸克禁闭区的转变点.这个结果对建立 QCD 的微观(带色)夸克-胶子自由度与夸克构成的无色核子、介子等强子和原子核的宏观可观测谱间的基本连接有十分重要的意义.第 10 章将详细论述如何通过协变 QCD 途径求解夸克禁闭问题.此外,还将简要讨论有限温度和有限密度情况下退禁闭与手征对称性恢复问题及 QCD 相图.

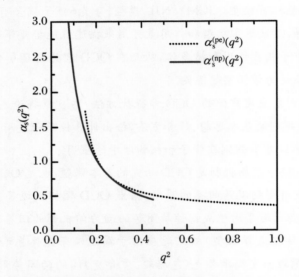

图 I.3　QCD 从紫外区渐近自由(由 QCD 微扰跑动耦合 $\alpha_s^{(pe)}(q^2)$ 表征)到红外区夸克禁闭(由 QCD 非微扰跑动耦合 $\alpha_s^{(np)}(q^2)$ 表征)的转变

其转变点由 $\alpha_s^{(pe)}(q^2)$ 与 $\alpha_s^{(np)}(q^2)$ 相切点给出.这个转变是连续性平滑连接(crossover).详见 10.7 节的讨论.

　　基于对 QCD 夸克禁闭问题的回答,QCD 的微观夸克-胶子自由度与宏观可观测的由夸克构成的核子等强子和原子核间的连接的建立,以及所述 QCD 非微扰途径给出的计算和导出的近似模型与有效作用量,第 11 章将讨论低能标度下核子等强子态、重子-重子相互作用和核多体问题.这里包含着十分丰富的内容.在第 11 章中选择如下几个典型的模型和问题进行讨论,以期能勾画出 QCD 低能近似下从核子到核多体的概貌:

（1）QCD 大 N_c 极限下的 Skyrme 模型（或者说手征孤粒子模型）中的重子态、非常规强子态、重子-重子(反重子)相互作用和轻核.

（2）低能标度下广泛应用且相当成功的组分夸克(低能标度下 QCD 的一个有效自由度)模型对核子结构和定态性质的描述,以及与 QCD 的联系.

（3）核子(重子)激发态中"失踪"的态,胶球等 QCD 强子物质中的非常规强子态.

（4）用能够具体描述核子等强子内部夸克、胶子自由度的夸克-介子耦合图像描述重子-重子相互作用和核多体问题,并讨论夸克-介子耦合模型如何与低能核物理中十分成功的常规核模型相联系,解释在唯象上成功的 Skyrme 多体力的来源,另一方面夸克-介子耦合模型又可以合理描述核介质中核子的夸克结构效应.由此可理解如何逐步将核物理与 QCD 理论相衔接.

高能核-核碰撞或者说相对论重离子碰撞及由此形成 QGP 物质的机制和 QGP 物质的结构、性质等;高重子数密度下核物质如何转变为色超导(CSC)物质和 CSC 物质的结构、性质,以及 CSC 物质到 QGP 物质的可能转变等,也是当前核物理研究中非常活跃、正在发展和有重大意义的前沿领域.本书除在 10.10 节讨论 QCD 相图时提及 QGP 物质和 CSC 物质外,对上述领域问题未作讨论.这两个内容十分丰富的研究领域需要另作专门论述.

在 QCD 应用于描述从高能标度到低能标度的核子(强子)结构和性质、重子-重子相互作用和核多体系统方面,粒子物理学家和核物理学家们开展了大量的理论和实验研究,付出了艰辛的劳动和卓著的智慧,发展了相当多类技术和方法,在洞察这一微观世界领域中创造了浩瀚的知识财富.本书对知识如此丰富的这一领域只能是一个导论.希望本书提供一个基础和总体的概貌,反映国际上最新的前沿研究成果和进展,并能促进读者对有关课题的进一步探究.

同时,本书也包含了我本人近年来的一些主要研究成果,如提出规范理论中的横向对称性变换,由此建立 QED 和 QCD 中的横向 Ward-Takahashi 恒等式和 Slavnov-Taylor 恒等式并导出完全的夸克-胶子顶角公式(见第 2 章);在协变 QCD 途径破解了 QCD 夸克禁闭问题(见第 10 章);给出核子自旋物理中的核子张量荷等.这些研究工作得到了国家自然科学基金委的多项基金项目支持,第 2 章和第 10 章的主要研究工作"规范理论的对称性与 QCD 夸克禁闭问题研究"就是在国家自然科学基金重大研究计划"理论物理学及其交叉学科若干前沿问题"基金项目中的立项研究课题.只是因为夸克禁闭这道世界难题实在太难,经过十多年的艰难探究我才将其破解.正是因为十多年前这个课题得到国家自然科学基金委的立项支持,我才一直坚持不懈地努力探究,终于获得了成功.在这里,我对国家自然科学基金委的支持表示由衷的感谢.我也要诚挚感谢多年来与我进行良好合作研究的 F. C. Khanna 教授、Y. Takahashi 教授和季向东(Ji Xiangdong)教授.我也不会忘记彭恒武先生、杨立铭先生和吴式枢先生在他们生前给予我的指导和帮助.

我真诚感谢刘玉鑫、黄涛、邹冰松、朱世琳等教授和多位同行在本书写作过程中与我进行非常有益的交流讨论.我也深刻铭记大学同学阎沐霖教授生前在本书早期筹备和写作过程中的热情支持和与我进行很有帮助的交流和讨论.非常感谢中国科学技术大学出版社的帮助和辛勤劳动,使得本书顺利地高质量出版.

我特别要衷心感谢我的夫人史素霞同志,她的理解、支持和奉献使我能全心投入到我从事的科学研究事业中,并顺利完成本书的写作.

本书的写作正值我 1959 年入学中国科学技术大学六十年之际,乘此机会,我向我的老师们致以崇高敬意!并衷心祝愿中国科学技术大学在教学、科研、人才培养和创建世界一流创新型大学中取得更加辉煌的成就!

何汉新

2019 年 12 月于北京
中国原子能科学研究院

符 号 约 定

自然单位制

本书采用自然单位制，令 $\hbar = c = 1$.

Minkowski 时空的度规与 Dirac 矩阵

度规张量：

$$g_{\mu\nu} = g^{\mu\nu} = \begin{bmatrix} 1 & 0 & 0 & 0 \\ 0 & -1 & 0 & 0 \\ 0 & 0 & -1 & 0 \\ 0 & 0 & 0 & -1 \end{bmatrix}$$

逆变坐标：

$$x^{\mu} = (x^0, x^1, x^2, x^3) = (t, \boldsymbol{X})$$

四维动量：

$$p^{\mu} = (E, \boldsymbol{p}), \quad E = (\boldsymbol{p}^2 + m^2)^{1/2}$$

标量乘积：

$$A \cdot B = A_\mu B^\mu = A_\mu g^{\mu\nu} B_\nu = A_0 B_0 - \boldsymbol{A} \cdot \boldsymbol{B}$$

Dirac 矩阵 γ^μ：

$$\{\gamma^\mu, \gamma^\nu\} = 2g^{\mu\nu}$$

γ^0 为厄米的：

$$(\gamma^0)^+ = \gamma^0, \quad (\gamma^0)^2 = 1$$

γ^j 为反厄米的：

$$(\gamma^j)^+ = -\gamma^j, \quad (\gamma^j)^2 = -1 \quad (j = 1, 2, 3)$$

$$\gamma^5 = \gamma_5 = i\gamma^0\gamma^1\gamma^2\gamma^3, \quad \sigma^{\mu\nu} = i[\gamma_\mu, \gamma_\nu]/2$$

恒等式：

$$\gamma_\alpha\gamma_\beta\gamma_\lambda = g_{\alpha\beta}\gamma_\lambda + g_{\beta\lambda}\gamma_\alpha - g_{\alpha\lambda}\gamma_\beta + i\,\epsilon_{\alpha\beta\lambda\mu}\gamma^\mu\gamma_5$$

Euclid 时空的度规与 Dirac 矩阵

求解 Dyson-Schwinger 方程常在 Euclid 时空中进行（见第 4 章），本书使用的 Euclid 时空度规与 Dirac 矩阵的约定如下：

Euclid 时空四矢量的标量乘积为非负的：

$$a \cdot b = \delta_{\mu\nu} a_\mu b_\nu = \sum_{j=1}^{4} a_j b_j$$

这里 $\delta_{\mu\nu}$ 是 Kronecker 符号：

$$\delta_{\mu\nu} = \begin{cases} 1, & \mu = \nu \\ 0, & \mu \neq \nu \end{cases}$$

Dirac 矩阵是厄米的：

$$(\gamma^E)^+ = \gamma^E$$

$$\gamma_4^E = \gamma^0, \quad \gamma_j^E = -i\gamma^j \quad (j = 1, 2, 3)$$

其中 γ^0、γ^j 为 Minkowski 时空中的 Dirac 矩阵.

量子科学出版工程(第一辑)
Quantum Science Publishing Project（Ⅰ）

量子色动力学及其应用
Quantum Chromodynamics and Its Applications

目录

第 5 章
高能标度下的核子-核子相互作用和原子核 —— 144

第 6 章
QCD 非微扰途径：格点 QCD —— 155

第 11 章
低能标度下的强子、强子-强子相互作用和原子核 —— 291

第 1 章

夸克模型与量子色动力学基础

1.1　强子的夸克模型

实验指出,质子和中子存在反常磁矩(它们的磁矩比值为 $\mu_{\mathrm{p}}/\mu_{\mathrm{n}} = -2.79/1.91$),质子的等效电荷半径为 0.87 fm,表明核子不是类点 Dirac 粒子而有内部结构.另一方面,实验显示强子可分为不同类超多重态,这反映了强子结构的内部对称性. Gell-Mann 和 Zweig 提出的夸克模型以简单清楚的图像正确地揭示了强子所具有的内部对称性和结构[1].

夸克模型假设强子是复合粒子,构成强子的基本"砖块"称为夸克.夸克是自旋为 1/2、重子数为 1/3、带有分数电荷的费米子,并具有"味""色"量子数.已知的 6 种"味"的夸克为上(u)、下(d)、粲(c)、奇(s)、顶(t)、底(b).量子数"色"是由夸克服从 Fermi-Dirac

自旋统计原理(表 1.1)的要求引入的,共有三种"色":红(R)、黄(Y)、蓝(B),它们描述强子内部的"色"对称性.

表 1.1 夸克与它们的量子数

味(f)	质量[a]	电荷[b]	同位旋 I_3	奇异数 S	粲数 C	底数 B	顶数 T
u	0.002→0.008	2/3	1/2	0	0	0	0
d	0.005→0.015	−1/3	−1/2	0	0	0	0
c	1→1.6	2/3	0	0	1	0	0
s	0.1→0.3	−1/3	0	−1	0	0	0
t	～174	2/3	0	0	0	0	1
b	4.1→4.5	−1/3	0	0	0	−1	0

a. 单位为 GeV/c^2,这里的夸克质量指流夸克质量;b. 单位为质子电荷.

夸克的存在已由轻子-质子深度非弹散射实验证实."色"自由度的存在的最直接实验证据来自正负电子对碰撞产生强子与产生 $\mu^+\mu^-$ 对的总截面之比.但在实验中从未找到单个带色的夸克,这一事实导致色禁闭假设:夸克只存在于束缚态中,自然界中观察到的强子是夸克组成的色中性的束缚态.与色禁闭现象相联系的能量标度是 Λ_{QCD}($\approx$ 100—400 MeV),这也是区别轻、重夸克的有意义的基准.相对于 Λ_{QCD},u、d 夸克是轻的,c、b、t 夸克是重的,s 夸克是中等重的.通常将由 u、d、s 组成的强子称为轻夸克强子.

根据色禁闭假设和 Pauli 原理,我们就可将夸克作为基本"砖块"来构造各种可能的强子[2].让我们考虑在核物理中感兴趣的 u、d、s 夸克组成的强子,并暂时不计它们的质量差,则 $SU(3)_f$ 是好的对称性.夸克属于 $SU(3)_f$ 的基本表示:

$$3 = q_f = \begin{pmatrix} u \\ d \\ s \end{pmatrix} \tag{1.1}$$

反夸克为表示 $\bar{3}$.介子由夸克和反夸克组成,而重子由 3 个夸克组成.因此介子($\bar{q}q$)和重子(qqq)按下述张量乘积分解分类:

$$\left. \begin{aligned} 3 \otimes \bar{3} &= 8 \oplus 1 \\ 3 \otimes 3 \otimes 3 &= 3 \otimes (6 \oplus \bar{3}) = 10 \oplus 8 \oplus 8 \oplus 1 \end{aligned} \right\} \tag{1.2}$$

由此介子包含八重态和单态,重子则显示出有十重态、八重态和单态.这样组成的介子态正好与实验上存在的 9 个赝标介子和 9 个矢量介子相对应.实际上,对于由处于 1s 态且相对轨道角动量为零的夸克和反夸克构成的束缚态,其内禀宇称为负,可组合成 $J^P = 0^-$

和 1^- 两类介子. 因此 9 个 $J^P = 0^-$ 介子恰好等同于实验上存在的 9 个赝标介子, 而 9 个 $J^P = 1^-$ 介子对应于 9 个矢量介子. 这些介子的夸克结构如下:

$$
\left.
\begin{aligned}
&\pi^+(\rho^+) = u\bar{d}, \quad \pi^-(\rho^-) = d\bar{u}, \quad \pi^0(\rho^0) = \frac{1}{\sqrt{2}}(u\bar{u} - d\bar{d}) \\
&K^+(K^{+*}) = u\bar{s}, \quad K^0(K^{0*}) = d\bar{s} \\
&\bar{K}^0(\bar{K}^{0*}) = s\bar{d}, \quad K^-(K^{-*}) = s\bar{u} \\
&\eta_8(\omega_8) = \frac{1}{\sqrt{6}}(2s\bar{s} - u\bar{u} - d\bar{d}), \quad \eta_1(\omega_1) = \frac{1}{\sqrt{3}}(s\bar{s} + u\bar{u} + d\bar{d})
\end{aligned}
\right\} \tag{1.3}
$$

3 个处于 1s 态且相对轨道角动量为零的夸克可构成 $J^P = \frac{3}{2}^+$（十重态）和 $J^P = \frac{1}{2}^+$（八重态）两类重子, 它们分别等同于实验上存在的自旋为 3/2 的重子 Δ、Σ^*、Ξ^*、Ω^- 和自旋为 1/2 的重子 N、Λ、Σ、Ξ. 单态重子对应于 $\Lambda(1450)$ 粒子. $J^P = \frac{1}{2}^+$ 重子的夸克结构有如下形式:

$$
\left.
\begin{aligned}
&p = uud, \quad n = ddu \\
&\Sigma^+ = uus, \quad \Sigma^0 = \frac{1}{\sqrt{2}}s(ud + du), \quad \Sigma^- = dds \\
&\Xi^0 = uss, \quad \Xi^- = dss, \quad \Lambda^0 = \frac{1}{\sqrt{2}}(du - ud)s
\end{aligned}
\right\} \tag{1.4}
$$

类似可写出 $J^P = \frac{1}{2}^+$ 重子的夸克结构, 如 $\Delta^+ = uuu$ 等.

完整写出重子和介子的结构需要组合它们的"味"、自旋、"色"自由度和空间部分. 重子和介子是色单态, Pauli 原理要求总波函数反对称化. 例如重子的波函数 $\varphi_B = \varphi_f \varphi_\sigma \varphi_r \varphi_c$ 要满足如下的对称性要求:

$$
[SU(6)_{f\sigma} \otimes O(3)]_s \otimes [SU(3)_C]_A \tag{1.5}
$$

这里 $O(3)$ 表示空间部分的对称性, $SU(3)_C$ 是"色"自由度 RYB 生成的对称性. "味"、自旋和空间部分组成的波函数是对称的. 如果 3 个夸克都处于 1s 态且相对轨道角动量为零, 则 $SU(6)_{f\sigma}$ 是对称的. 例如质子的 $SU(6)_{f\sigma}$ 波函数为

$$
\begin{aligned}
|p\uparrow\rangle_{f\sigma} = \frac{1}{\sqrt{18}} \Big\{ &2u^\uparrow u^\uparrow d^\downarrow - d^\uparrow u^\downarrow u^\uparrow - u^\uparrow u^\downarrow d^\uparrow - u^\downarrow d^\uparrow u^\uparrow \\
&+ 2d^\downarrow u^\uparrow u^\uparrow - u^\downarrow u^\uparrow d^\uparrow - u^\uparrow d^\uparrow u^\downarrow - d^\uparrow u^\uparrow u^\downarrow + 2u^\uparrow u^\uparrow d^\downarrow \Big\} \tag{1.6}
\end{aligned}
$$

反对称化的重子"色"波函数为

$$\varphi_c(B) = \frac{1}{6}(ryb + bry + ybr - rby - yrb - byr) \tag{1.7}$$

对于由夸克、反夸克对组成的介子,"色"波函数是中性的:

$$\varphi_c(M) = \frac{1}{3}(r\bar{r} + b\bar{b} + y\bar{y}) \tag{1.8}$$

"味"、自旋、空间部分的波函数 $\varphi_f\varphi_\sigma\varphi_r$ 要求反对称化. 如果夸克和反夸克都处于 1s 态且相对轨道角动量为零,则 $SU(6)_{f\sigma}$ 波函数分别为

$$\left. \begin{aligned} |\pi^+\rangle &= \frac{1}{\sqrt{2}}(u\bar{d} + \bar{d}u)\frac{1}{\sqrt{2}}(\uparrow\downarrow - \downarrow\uparrow) \\ |\rho^+\rangle &= \frac{1}{\sqrt{2}}(u\bar{d} - \bar{d}u)(\uparrow\uparrow) \end{aligned} \right\} \tag{1.9}$$

在强子内部夸克的空间波函数至今仍不太清楚,它随模型的选择有较大的变化,通常由要求波函数能拟合强子的可观测量(如质子的磁矩、电磁半径等)给予限制.

夸克模型可以对强子的一些可观测量作出简单的解释,如重子数 B、同位旋 I、超荷 Y、电荷 Q 等,且满足推广的 Gell-Mann-Nishijima 关系:

$$Q = I_3 + \frac{1}{2}(Y + C + B_q + T) \tag{1.10}$$

这里 $Y = B + S, S, C, B_q, T$ 分别指量子数奇、粲、底、顶. 利用夸克模型波函数可对强子的一些定态性质作出简单估算. 如对质子、中子的磁矩,简单计算得到 $\mu_p = \mu_u, \mu_n = -\frac{2}{3}\mu_u$,这里 $\mu_u = \mu_d = e/(2m_q)(q = u, d)$,为夸克的 Dirac 磁矩. 由此计算得到 $\mu_p/\mu_n = -1.5$,与实验值 $(\mu_p/\mu_n)_{exp} = -2.793/1.913 = -1.46$ 十分相近. 从 μ_p/μ_n 还可导出 u、d 组分夸克的质量 $m_u = m_p/2.793 = 336\,\mathrm{MeV}$. 通过进一步考虑夸克间的相互作用和较仔细地考虑夸克的空间波函数,夸克模型可以对低能强子的定态性质作出相当成功的解释.

夸克模型没有涉及夸克间相互作用的动力学. 描述夸克间相互作用的动力学理论称为量子色动力学(Quantum Chromodynamics,QCD).

1.2 标准模型

强相互作用的量子色动力学理论[3]与 Weinberg-Salam-Glashow 电弱相互作用理论[4]组成了基本粒子理论的"标准模型".在此模型中,构成物质的费米子是夸克(有 6 "味":上(u)、下(d)、粲(c)、奇(s)、顶(t)、底(b))和轻子(e,μ,τ).费米子间由交换规范玻色子进行相互作用,其中强相互作用交换胶子,电磁作用交换光子,弱作用交换 W 玻色子或 Z 玻色子.同时非 Abel 规范玻色子间产生自相互作用.对 Z 的实验分析表明,自然界只存在上述三代夸克和轻子.表 1.1 列出了所述粒子的基本性质.在本节中,我们简要给出标准模型的拉氏量形式.

标准模型是强相互作用、电磁作用和弱作用的规范理论,它的规范群是 $SU(3)_C \otimes SU(2)_L \otimes U(1)_Y$. $SU(3)_C$ 群作用在夸克的"色"自由度上,负责生成强相互作用力,并使夸克(反夸克)束缚成强子. $SU(3)_C$ 群保持不破缺,与这一事实相联系:带"色荷"的胶子仅与夸克作用而与轻子无作用,即轻子在 $SU(3)_C$ 变换下是单态. $SU(2)_L$、$U(1)_Y$ 分别与弱同位旋和"弱超荷"相联系,$SU(2)_L \otimes U(1)_Y$ 负责生成弱作用力、电磁作用力.规范群 $SU(3)_C \otimes SU(2)_L \otimes U(1)_Y$ 通过 Higgs 机制破缺到 $SU(3)_C \otimes SU(1)_{em}$.这里的下标"L"表明只有左手费米子是弱同位旋的双重态,右手费米子是弱同位旋的单态.在标准模型中放入的费米子是无质量的手征费米子.费米子质量及规范玻色子质量通过自发破缺机制生成.

引入分别与 $SU(2)_L$、$U(1)$ 相联系的量子数 T_W(弱同位旋)、Y_W(弱超荷),它们满足 Gell-Mann-Nishijima 公式:

$$Q = T_{W3} + \frac{Y_W}{2} \tag{1.11}$$

在 $SU(2)_L$ 中轻子形成双态,而在 $U(1)$ 中只有带电荷的轻子.这一约束来源于下述要求:带电轻子 e、μ 和 τ 是有质量的,而中微子 ν_e、ν_μ 和 ν_τ 是无质量的.夸克是有质量的,因而出现在手征的双态和左手的单态表示中.标准模型中的三代夸克和轻子为

$$\begin{bmatrix} \nu_e \\ e \end{bmatrix}_L, \quad \begin{bmatrix} u \\ d \end{bmatrix}_L; \quad \begin{bmatrix} \nu_\mu \\ \mu \end{bmatrix}_L, \quad \begin{bmatrix} c \\ s \end{bmatrix}_L; \quad \begin{bmatrix} \nu_\tau \\ \tau \end{bmatrix}_L, \quad \begin{bmatrix} t \\ b \end{bmatrix}_L$$

$$e_R, \quad u_R, d_R; \quad \mu_R, \quad c_R, s_R; \quad \tau_R, \quad t_R, b_R \tag{1.12}$$

这些粒子的量子数 T_{W3}、Y_W 见表 1.2.

表 1.2 夸克、轻子及 Higgs 子的量子数

粒　　子			T_W	T_{W3}	Y_W	Q
$l_{L\alpha}$: $\begin{pmatrix}\nu_e\\e\end{pmatrix}_L$ $\begin{pmatrix}\nu_\mu\\\mu\end{pmatrix}_L$ $\begin{pmatrix}\nu_\tau\\\tau\end{pmatrix}_L$			$\dfrac{1}{2}$ $\dfrac{1}{2}$	$\dfrac{1}{2}$ $-\dfrac{1}{2}$	-1 -1	0 -1
$l_{R\alpha}$: e_R μ_R τ_R			0	0	-2	-1
$q_{L\alpha}$: $\begin{pmatrix}u\\d'\end{pmatrix}_L$ $\begin{pmatrix}c\\s'\end{pmatrix}_L$ $\begin{pmatrix}t\\b'\end{pmatrix}_L$			$\dfrac{1}{2}$ $\dfrac{1}{2}$	$\dfrac{1}{2}$ $-\dfrac{1}{2}$	$\dfrac{1}{3}$ $\dfrac{1}{3}$	$\dfrac{2}{3}$ $-\dfrac{1}{3}$
$q_{R\alpha}$: u_R c_R t_R			0	0	$\dfrac{4}{3}$	$\dfrac{2}{3}$
d_R s_R b_R			0	0	$-\dfrac{2}{3}$	$-\dfrac{1}{3}$
Higgs: $\begin{pmatrix}\phi_+\\\phi_0\end{pmatrix}$			$\dfrac{1}{2}$ $\dfrac{1}{2}$	$\dfrac{1}{2}$ $-\dfrac{1}{2}$	1 1	1 0

T_W 是弱同位旋，T_{W3} 是它的第 3 分量；Y_W 是弱超荷；d'、s'、b' 指推广的 Cabibbo 混合态.

设

$$\psi_L = \{l_{L\alpha}, q_{L\alpha}\}, \quad \psi_R = \{l_{R\alpha}, q_{R\alpha}\} \tag{1.13}$$

$\alpha = 1, 2, 3$ 分别指 3 个代，如 $q_{L1} = \begin{pmatrix}u\\d\end{pmatrix}_L$ 等. ψ_L、ψ_R 定义如下：

$$\psi_L = \frac{1}{2}(1 - \gamma_5)\psi, \quad \psi_R = \frac{1}{2}(1 + \gamma_5)\psi \tag{1.14}$$

ψ_R、ψ_L 有如下性质：

$$\bar{\psi}\psi = \bar{\psi}_L\psi_R + \bar{\psi}_R\psi_L, \quad \bar{\psi}\gamma^\mu\psi = \bar{\psi}_L\gamma^\mu\psi_L + \bar{\psi}_R\gamma^\mu\psi_R \tag{1.15}$$

这里的 γ 矩阵定义如下：$\{\gamma^\mu, \gamma^\nu\} = 2g^{\mu\nu}$，其中 $\mu \neq \nu$ 时，$g^{\mu\nu} = 0$，$g^{00} = 1$，$g^{ii} = -1$（$i = 1,2,3$），$\gamma_5 = \mathrm{i}\gamma^0\gamma^1\gamma^2\gamma^3$. γ 矩阵的一些性质可见标准的场论教科书.

标准模型的拉氏量组成如下：

$$\mathscr{L}_{SM} = \mathscr{L}_{WS}(\text{lept}) + \mathscr{L}_{WS}(\text{had}) + \mathscr{L}_{QCD} \tag{1.16}$$

这里下标 SM 指标准模型，WS 指 Weinberg-Salam-Glashow（WSG）模型，第一项表示 WSG 模型的轻子部分，第二项为 WSG 模型的强子部分，第三项为强相互作用的量子色动力学部分，我们将在下一节讨论. 具有 $SU(2)_L \otimes U(1)_Y$ 规范不变的 WSG 模型（通常称为量子味动力学）拉氏量如下：

$$\mathscr{L}_{QFD} = -\frac{1}{2}\mathrm{Tr}(W_{\mu\nu}W^{\mu\nu}) - \frac{1}{4}B_{\mu\nu}B^{\mu\nu} + \bar{\psi}\mathrm{i}\gamma^\mu D_\mu \psi$$
$$+ (D_\mu \Phi)^+ (D_\mu \Phi) - V(\Phi) + \mathscr{L}_{yuk} \tag{1.17}$$

其中

$$\left.\begin{aligned}
W^a_{\mu\nu} &= \partial_\mu W^a_\nu - \partial_\nu W^a_\mu + gf^{abc}W^b_\mu W^c_\nu \\
B_{\mu\nu} &= \partial_\mu B_\nu - \partial_\nu B_\mu \\
D_\mu \psi &= \left(\partial_\mu - \mathrm{i}\frac{g_1}{2}Y_W B_\mu - \mathrm{i}g_2 T^a_W W^a_\mu\right)\psi \\
D_\mu \Phi &= \left(\partial_\mu - \mathrm{i}\frac{g_1}{2}B_\mu - \mathrm{i}g_2 T^a_W W^a_\mu\right)\Phi \\
V(\Phi) &= -\mu^2(\Phi^+\Phi) + \lambda(\Phi^+\Phi)^2
\end{aligned}\right\} \tag{1.18}$$

这里 $W^a_\mu = W^1_\mu$，W^2_μ，W^3_μ 和 B_μ 是规范玻色场，它们分别与弱同位旋和弱超荷耦合，g_2、g_1 是相应的规范耦合常数. Φ 是自旋为零的 Higgs 场：

$$\Phi = \begin{pmatrix} \varphi^+ \\ \varphi^0 \end{pmatrix} \tag{1.19}$$

$V(\Phi)$ 是 Higgs 场自相互作用. $\mathscr{L}_{yuk}$ 表示费米子与 Higgs 间的 Yukawa 耦合，例如第一代费米子-Higgs 作用有如下形式：

$$\mathscr{L}^0_{yuk(1)} = -f_u \bar{q}_L \tilde{\Phi} u_R - f_d \bar{q}_L \Phi d_R - f_e \bar{l}_L \Phi e_R + \mathrm{h.c.} \tag{1.20}$$

它导致电荷改变的夸克流出现，表明弱相互作用破坏"味"守恒. 由于右手费米子不与弱同位旋耦合，(1.18)式中 $D_\mu\psi$ 用于右手费米子单态 ψ_R 时，包含 g_2 的项不出现.

拉氏量 $\mathscr{L}_{QFD}$ 具有 $SU(2)_L \otimes U(1)_Y$ 规范不变性，要求所包含的费米子、规范玻色子满足规范不变约束条件，这里不作讨论. 这里仅简述在对称性破缺后与感兴趣的物理场间的关系. $SU(2)_L \otimes U(1)_Y$ 对称性的自发破缺由如下非平凡的真空 Higgs 组态引起：

$$\langle\Phi\rangle_0 = \begin{pmatrix} 0 \\ v/\sqrt{2} \end{pmatrix}, \quad v = \sqrt{\frac{\mu^2}{\lambda}} \tag{1.21}$$

发生对称性破缺后，W^a_μ 和 B_μ 重新组合成物理的光子场 A_μ、有质量的中性矢量粒子 Z_μ

和带电的有质量矢量粒子 $W_\mu^\pm$：

$$\left.\begin{aligned} A_\mu &= \sin\theta_W W_\mu^3 + \cos\theta_W B_\mu \\ Z_\mu &= \cos\theta_W W_\mu^3 - \cos\theta_W B_\mu \\ W_\mu^\pm &= \frac{1}{\sqrt{2}}(W_\mu^1 \pm \mathrm{i} W_\mu^2) \end{aligned}\right\} \tag{1.22}$$

这里 θ_W 是 Weinberg 角，

$$\tan\theta_W = \frac{g_1}{g_2} \tag{1.23}$$

得到规范玻色子的质量为

$$M_\gamma = 0, \quad M_Z = \frac{v}{2}\sqrt{g_1^2 + g_2^2}, \quad M_W = \cos\theta_W M_Z \tag{1.24}$$

电荷为

$$e = g_1\cos\theta_W = g_2\sin\theta_W \tag{1.25}$$

对称性破缺后，相互作用项可写成

$$\mathscr{L}_{\mathrm{int}} = -eA_\mu J_{\mathrm{em}}^\mu + \frac{-e}{\sin\theta_W\cos\theta_W}Z_\mu J_{\mathrm{NC}}^\mu + \frac{-e}{\sqrt{2}\sin\theta_W}(W_\mu^+ J_{\mathrm{CC}}^\mu + W_\mu^- J_{\mathrm{CC}}^{\mu+}) \tag{1.26}$$

其中

$$\left.\begin{aligned} J_{\mathrm{em}}^\mu &= \overline{\psi}\, Q\gamma^\mu\psi \\ J_{\mathrm{NC}}^\mu &= \overline{\psi}\,\gamma^\mu T_3\psi - \sin^2\theta_W J_{\mathrm{em}}^\mu \\ J_{\mathrm{CC}}^\mu &= \overline{\psi}\,\gamma^\mu(T_1 + \mathrm{i}T_2)\psi \end{aligned}\right\} \tag{1.27}$$

显然(1.26)式右边第一项就是量子电动力学(QED)中的作用项. 在小动量转移极限下 $(1\gg q^2/M_W^2)$，(1.26)式右边第二、三项可写成传统的低能电磁作用、电弱相互作用形式：

$$\mathscr{L}_{\mathrm{eff}} = -eA_\mu J_{\mathrm{em}}^\mu - \frac{G_F}{\sqrt{2}}J_{\mathrm{ch}}^{\mu+}J_\mu^{\mathrm{ch}} \tag{1.28}$$

此时

$$\frac{G_F}{\sqrt{2}} = \frac{g_2^2}{8M_W^2} \tag{1.29}$$

这里 $G_F \approx 1.166\times10^{-5}\,\mathrm{GeV}^{-2}$ 是普适费米子常数. 由此可估算得到

$$v = 2^{-1/4} G_F^{-1/2} \approx 246.2 \text{ GeV} \tag{1.30}$$

这给出了 Weinberg-Salam-Glashow 理论自发对称性破缺的标度.

Weinberg-Salam-Glashow 模型的电弱理论已被实验很好地验证,实验得到[5]

$$\left.\begin{aligned} \sin^2\theta_W &= 0.2247 \pm 0.0019 \\ M_Z &= (91.187 \pm 0.007) \text{ GeV}/c^2 \\ M_W &= (80.22 \pm 0.26) \text{ GeV}/c^2 \end{aligned}\right\} \tag{1.31}$$

严格地说,Weinberg-Salam-Glashow 模型还不能说是弱作用和电磁作用的"统一场论",因为这里必须至少引入 2 个独立的耦合常数 g_1 和 g_2. 同样,标准模型还不是强作用、弱作用和电磁作用的"统一场论",因为它要求输入 19 个独立参数,标准模型不能解释这些参数的来源,还有如费米子质量、"代"的生成、Higgs 粒子等问题.(Higgs 玻色子已于 2012 年被 LHC 实验发现[5b],其质量为 125 GeV,但 Higgs 场的真空期望值和 Higgs 场的自耦合强度仍是标准模型中有待确定的输入参数.)看来这些问题必须在自然界的更深层次上才能得到回答.尽管存在这些问题,但标准模型已取得了很大的成功,它很好地描述了几百 GeV 能区内的物理,提供了我们理解强子和核现象的理论基础.

1.3 量子色动力学

量子色动力学是色空间的 $SU(3)_C$ 非 Abel 规范理论[3,6]. 这里,带色荷的费米子是夸克,设其场量为 $\psi_\alpha^{(f)}$,其中 $f = \text{u}, \text{d}, \text{s}, \cdots$ 为"味"指标,$\alpha = 1, 2, 3$ 为"色"指标.带色荷的规范玻色子称为胶子,设其场为 A_μ^a,$a = 1, 2, \cdots, 8$ 为胶子的色指标,μ 为 Dirac 指标.满足定域规范不变性的经典的色动力学拉氏密度为

$$\mathscr{L}_{QCD}^{(0)} = -\frac{1}{4} F_a^{\mu\nu} F_{\mu\nu}^a + \sum_f \bar{\psi}_\alpha^{(f)} (\mathrm{i}\gamma_\mu D_{\alpha\beta}^\mu - m^{(f)} \delta_{\alpha\beta}) \psi_\beta^{(f)} \tag{1.32}$$

其中

$$\left.\begin{aligned} F_{\mu\nu}^a &= \partial_\mu A_\nu^a - \partial_\nu A_\mu^a + g f^{abc} A_\mu^b A_\nu^c \\ D_\mu &= \partial_\mu - \mathrm{i} g A_\mu^a \frac{\lambda^a}{2} \end{aligned}\right\} \tag{1.33}$$

这里 g 是 $SU(3)_C$ 规范场耦合常数，$m^{(f)}$ 是 f 味的夸克质量，$\dfrac{\lambda^a}{2}$ 为 $SU(3)_C$ 群生成元，满足对易关系

$$[\lambda^a, \lambda^b] = 2\mathrm{i}f^{abc}\lambda_c \quad (a, b, c = 1, \cdots, 8) \tag{1.34}$$

系数 f^{abc} 为全反对称的结构常数，λ^a 的矩阵表示称为 Gell-Mann 矩阵：

$$
\lambda^j = \begin{pmatrix} \sigma^j & 0 \\ 0 & 0 \end{pmatrix}, \quad
\lambda^4 = \begin{pmatrix} 0 & 0 & 1 \\ 0 & 0 & 0 \\ 1 & 0 & 0 \end{pmatrix}
$$

$$
\left.
\lambda^5 = \begin{pmatrix} 0 & 0 & -\mathrm{i} \\ 0 & 0 & 0 \\ \mathrm{i} & 0 & 0 \end{pmatrix}, \quad
\lambda^6 = \begin{pmatrix} 0 & 0 & 0 \\ 0 & 0 & 1 \\ 0 & 1 & 0 \end{pmatrix}
\right.
$$

$$
\lambda^7 = \begin{pmatrix} 0 & 0 & 0 \\ 0 & 0 & -\mathrm{i} \\ 0 & \mathrm{i} & 0 \end{pmatrix}, \quad
\lambda^8 = \frac{1}{\sqrt{3}} \begin{pmatrix} 1 & & \\ & 1 & \\ & & -2 \end{pmatrix}
\tag{1.35}
$$

其中 $j = 1, 2, 3$，σ^j 为 Pauli 矩阵. λ^a 满足如下一些关系：

$$
\begin{aligned}
&\lambda^a_{ij}\lambda^a_{kl} = 2\delta_{il}\delta_{jk} - \frac{2}{N_c}\delta_{ij}\delta_{kl} \quad (i, j, k, l = 1, 2, 3)\\
&\mathrm{Tr}\,\lambda_a\lambda_b = 2\delta_{ab}\\
&\lambda^a_{ij}\lambda^a_{jl} = 2\frac{N_c^2 - 1}{N_c}\delta_{il} = 4C_2(R)\delta_{il}\\
&(\lambda^a)_{ab}(\lambda^a)_{cd} = 4N_c\delta_{bd} = 4C_2(G)\delta_{bd}
\end{aligned}
\tag{1.36}
$$

结构常数满足 Jacobi 恒等关系：

$$f_{abe}f_{cde} + f_{adc}f_{ceb} + f_{aec}f_{cbd} = 0 \tag{1.37}$$

利用 Euler-Lagrange 方程，由经典色动力学拉氏量可写出夸克、胶子满足的经典运动方程：

$$
\begin{aligned}
&(\mathrm{i}\gamma_\mu D^\mu - m^{(f)})\psi^{(f)}_a = 0\\
&D_\mu F^{\mu\nu}_a = \partial_\mu F^{\mu\nu}_a + gf_{abc}A_{b\mu}F^{\mu\nu}_c = -\sum_f g\,\overline{\psi}^{(f)}_j\gamma^\mu\frac{\lambda^a_{jk}}{2}\psi^{(f)}_k
\end{aligned}
\tag{1.38}
$$

1.3.1　QCD 拉氏量的定域对称性

　　描述基本粒子的电弱相互作用和强相互作用的量子场论属于定域规范理论,即它们的拉氏量或作用量在场量的坐标(在粒子的内禀空间)依赖的变换下是不变的.实际上,构造描写某类相互作用力的拉氏量的前提是它满足某种对称性要求.

　　对应于连续变换的对称性通常可分为整体对称性和定域对称性.整体对称性指相应的对称性变换所改变的场量不随时空变化,而相应理论的不变性导致某一守恒量.在定域对称性变换下场量的改变部分则随时空点不同而变化,理论的规范不变性通过如下方法保持:引入一组矢量场(即所谓的规范场)以抵消变换参数的矢量梯度引起的效应,从而再现理论的定域对称性.规范变换指变换参数为粒子场的相角的变换,因而变换只作用在粒子场上而不作用在它们的时空坐标上.整体规范变换不变性导致守恒"荷",而相应的定域规范变换不变性则可导致可观测的相互作用力.从物理上可理解对称性与相互作用力之间的基本联系.在这里,电荷是电磁力的源,弱同位旋和弱超荷是统一的电弱作用力的源,而色荷是强作用力的源.这就是构成电弱-强相互作用的标准模型理论的物理基础,而对应不同相互作用力的对称性则由不同的规范群来描述,这已在 1.2 节讨论过.

　　QCD 拉氏量在下述定域规范变换[6]下是不变的:对夸克场的变换为

$$\psi_i(x) \rightarrow U_{ij}(x)\psi_j(x) \tag{1.39}$$

这里 $U_{ij}(x)$ 是 $SU(N)$ 群的群元,它是时空的函数并可按对称群的基本生成元参数化:

$$U_{ij}(x) = (\mathrm{e}^{\mathrm{i}\theta^a(x)t^a})_{ij} \tag{1.40}$$

其中 $\theta^a(x)$ 为定域变量,$U(x)$ 的 x 依赖使变换成为定域的. $t^a = \dfrac{\lambda^a}{2}$ 为 $SU(N)$ 群的生成元.与变换(1.39)相联系的协变导数由(1.33)式给出,其中对应定域对称性的每一独立生成元都包含一矢量场.$D_\mu\psi$ 及矢量场 $A_\mu^a(x)$ 的变换满足如下规范协变性:

$$\left.\begin{array}{l} D_\mu\psi(x) \rightarrow UD_\mu\psi(x) \\[2mm] A_\mu^a(x)t^a \rightarrow U(x)\left(A_\mu^a(x)t^a + \dfrac{\mathrm{i}}{g}\partial_\mu\right)U^+(x) \end{array}\right\} \tag{1.41}$$

场强张量 $F_{\mu\nu}^a$ 由下式定义:

$$[D_\mu, D_\nu] = -\mathrm{i}gF_{\mu\nu}^a t^a \tag{1.42}$$

它给出(1.33)式中 $F_{\mu\nu}^a$ 的形式.在无穷小的形式中,可将(1.40)式展开.此时,对 ψ、A_μ^a 和

$F_{\mu\nu}^a$ 的变换定律为

$$\psi(x) \rightarrow \psi(x) + \mathrm{i}\theta^a(x)t^a\psi(x)$$

$$\left.\begin{array}{l} A_\mu^a(x) \rightarrow A_\mu^a(x) + \dfrac{1}{g}\partial_\mu\theta^a(x) + f^{abc}A_\mu^b(x)\theta^c(x) \\[2mm] F_{\mu\nu}^a(x) \rightarrow F_{\mu\nu}^a(x) - f^{abc}\theta^b(x)F_{\mu\nu}^c(x) \end{array}\right\} \qquad (1.43)$$

我们看到,出现在非 Abel 规范理论 QCD 中的相互作用项是由定域对称性决定的,而包含在 QCD 拉氏量(1.32)中的矢量场的非线性自作用也明显地要求对称群的非 Abel 特性.1.4 节和第 2 章将进一步论述 QCD 理论的对称性和对称性变换.

1.3.2 正则量子化

QCD 拉氏量比 QED 拉氏量多了规范场的自相互作用项,这导致了量子化的复杂性.注意到由场定义的 Fock 空间中并不是所有的态矢量都对应物理态矢量,散射矩阵的相对论不变性和幺正性条件仅对物理态有效.在 QCD 中产生的复杂性是:胶子的自相互作用使物理态投影到非物理态,导致幺正性条件被破坏.解决这个问题的一种方法是引入一个附加的非物理场(Faddeev-Popov 鬼场)来严格地消除由胶子自相互作用产生的非物理态.鬼场 $c_a(x)$、$\bar{c}_a(x)$($a = 1, \cdots, N_c^2 - 1$)是自旋为零的无质量标量场,但服从 Fermi-Dirac 统计,即它们是反对易的 c 数,仅与胶子场耦合,不出现在初态和末态.引入鬼场和规范固定项后,在 Lorentz 协变规范下的有效 QCD 拉氏量为

$$\mathscr{L}_{\mathrm{QCD}} = -\frac{1}{4}F_{\mu\nu}^a F_a^{\mu\nu} + \sum_f \bar{\psi}_\alpha^{(f)}(\mathrm{i}\gamma_\mu D^\mu - m_0 \boldsymbol{I})_{\alpha\beta}\psi_\beta^{(f)} - \frac{1}{2\xi}(\partial_\mu A_a^\mu)^2$$
$$- \partial_\mu \bar{c}_a \partial^\mu c_a + gf_{abc}A_a^\mu(\partial_\mu \bar{c}_b)c_c \qquad (1.44)$$

其中 ξ 为协变规范参数.

考虑 QCD 的正则量子化手续.与 QCD 拉氏量中的物理场 ψ、A_μ^a 对应的正则动量为

$$\left.\begin{array}{l} \Pi_\psi(x) = \mathrm{i}\psi^+(x) \\[2mm] \Pi_\mu^a(x) = -F_a^{0\mu}(x) - \dfrac{1}{\xi}g_{\mu 0}\partial_\rho A_a^\rho(x) \end{array}\right\} \qquad (1.45)$$

物理场的非零正则对易关系为

$$\left.\begin{array}{l} \{\psi_\alpha^i(x), \psi_\beta^{+j}(y)\}\delta(x^0 - y^0) = \delta_{\alpha\beta}\delta_{ij}\delta^{(4)}(x - y) \\[2mm] \{A_\mu^a(x), \Pi_\nu^b(y)\}\delta(x^0 - y^0) = \mathrm{i}\delta_{ab}g_{\mu\nu}\delta^{(4)}(x - y) \end{array}\right\} \qquad (1.46)$$

对于一个动力学系统,原则上可以通过求解运动方程而得到一组完全的空间波函数,例如对夸克有$\{\psi_\alpha(x)\}$,对反夸克有$\{\psi_{\bar\alpha}(x)\}$,这里α、$\bar\alpha$指一组完整的可观测量:$\alpha=(n,s,m_s,f,c)$,其中n指空间,s、m_s指自旋,f指夸克的"味",c指色自由度.夸克场标符可用这组波函数展开:

$$\psi(x)=\sum_\alpha\left[\psi_\alpha(x)\mathrm{e}^{\mathrm{i}\omega_\alpha t}a(\alpha)+\psi_{\bar\alpha}(x)\mathrm{e}^{\mathrm{i}\omega_{\bar\alpha}t}b^+(\alpha)\right] \tag{1.47}$$

这里ω_α、$\omega_{\bar\alpha}$是能量本征值,$a(x)$是夸克消灭算符,$b^+(x)$为反夸克产生算符,它们满足费米子的反对易关系:

$$\{a(\alpha),a^+(\alpha')\}=\delta_{\alpha\alpha'},\quad\{b(\bar\alpha),b^+(\bar\alpha')\}=\delta_{\bar\alpha\bar\alpha'} \tag{1.48}$$

对于自由量子场,则有

$$\psi(x)=\int\frac{\mathrm{d}^3p}{(2\pi)^3 2E(\boldsymbol{p})}\sum_s\int\left[u(p,s)a(\boldsymbol{p},s)\mathrm{e}^{-\mathrm{i}p\cdot x}+v(p,s)b^+(\boldsymbol{p},s)\mathrm{e}^{\mathrm{i}p\cdot x}\right] \tag{1.49}$$

这里旋量$u(p,s)$、$v(p,s)$是 Dirac 方程的解:

$$(\gamma\cdot p-m)u(p,s)=0,\quad(\gamma\cdot p+m)v(p,s)=0 \tag{1.50}$$

满足的归一化条件为

$$u^+(p,s)u(p,s)=2E(\boldsymbol{p}),\quad v^+(p,s)v(p,s)=2E(\boldsymbol{p}) \tag{1.51}$$

类似地可写出自由胶子场的展开形式.自由夸克传播子、胶子传播子及 Feynman 规则在下一小节给出.

1.3.3　Feynman 规则

对场的量子化除了上面讨论的正则量子化手续,常用路径积分量子化形式,后者可以简捷地导出如下的 QCD 微扰论中的 Feynman 规则(图1.1).

夸克传播子 $iS_{\alpha\beta}^{jk}(p)$

$$\frac{i\delta_{jk}(\gamma \cdot p + m_0)_{\alpha\beta}}{p^2 - m_0^2 + i\epsilon}$$

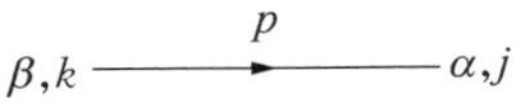

$$\beta,k \xrightarrow{\quad p \quad} \alpha,j$$

胶子传播子 $iD_{\mu\nu}^{ab}(q)$

$$\frac{i\delta_{ab}}{q^2 + i\epsilon}\left[-g^{\mu\nu} + (1-\xi)\frac{q^\mu q^\nu}{q^2 + i\epsilon}\right]$$

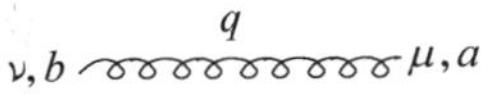

$$\nu,b \,\,\text{ooooooo}\,\, \mu,a \qquad q$$

"鬼"粒子传播子

$$\frac{i\delta_{ab}}{p^2 + i\epsilon}$$

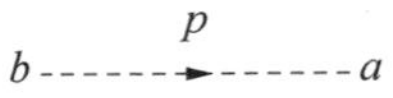

$$b \dashrightarrow a \qquad p$$

夸克-胶子顶角

$$\cdot\, ig(\gamma_\mu)_{\alpha\beta}\left(\frac{\lambda^\alpha}{2}\right)_{jk}$$

$$\mu,a$$
$$\beta,k \longrightarrow \alpha,j$$

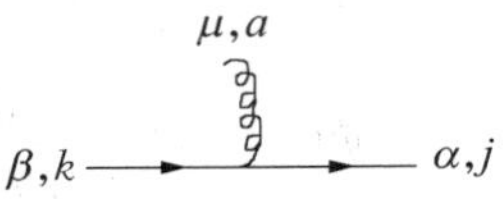

三胶子顶角

$$-gf_{abc}\big[g_{\mu\nu}(p-q)_\lambda$$
$$+ g_{\nu\lambda}(q-r)_\mu$$
$$+ g_{\lambda\mu}(r-p)_\nu\big]$$

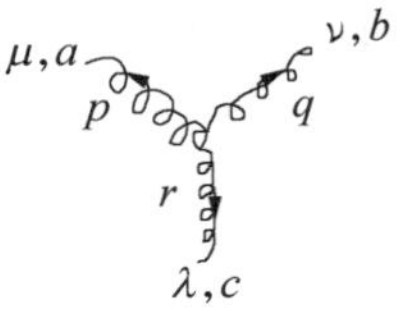

四胶子顶角

$$-ig^2\big[f_{abc}f_{cde}(g_{\mu\lambda}g_{\nu\sigma} - g_{\mu\sigma}g_{\nu\lambda})$$
$$+ f_{ace}f_{bde}(g_{\mu\nu}g_{\lambda\sigma} - g_{\mu\sigma}g_{\nu\lambda})$$
$$+ f_{ade}f_{cbe}(g_{\mu\lambda}g_{\nu\sigma} - g_{\mu\nu}g_{\lambda\sigma})\big]$$

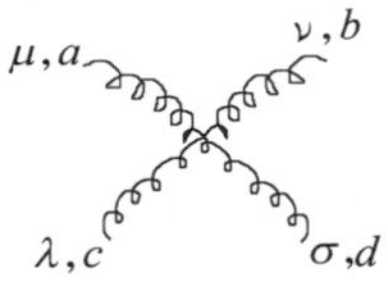

鬼-胶子顶角

$$-gf_{abc}\gamma_\mu$$

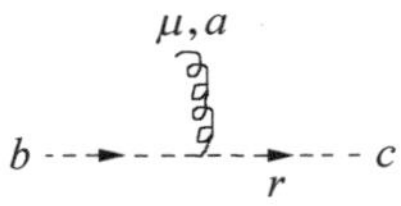

图 1.1　QCD 的 Feynman 规则

1.3.4　QCD 理论的泛函积分表述

Feynman 的路径积分或泛函积分表述[8]已在量子场论及其他理论体系中得到广泛

应用.这一表述给出了一种简明和方便的方法,部分原因在于它是一个 c 数表述函数,出现在公式中的量是通常的 c 数函数,通常可应用数学分析的方法.对于非 Abel 规范理论 QCD,利用泛函积分表述,可以方便地进行 QCD 理论的量子化、作 QCD 的微扰展开、推导 Ward-Takahashi 恒等式和 Slavnov-Taylor 恒等式.为了方便以后有关章节的讨论,这里非常简要地给出这一方法的基本框架.

QCD 理论的泛函积分表述的基本出发点是格林函数的生成泛函,该函数是外源存在时真空到真空的跃迁振幅.一个体系的生成泛函由该体系的作用量给定.让我们先对泛函积分方法作一般性的讨论,然后具体讨论 QCD 理论的泛函积分表述量子化.考虑拉氏函数为 $\mathscr{L}(\psi_a, \partial_\mu \psi_a)$ 的体系,该体系的生成泛函为

$$Z[J_a] = \frac{1}{N} \int \prod \mathscr{D}\varphi_a \exp\left\{ i \int d^4 x \left[\mathscr{L}(\varphi_a, \partial_\mu \varphi_a) + \sum J_a(x)\varphi_a(x) \right] \right\} \quad (1.52)$$

这里场 $\varphi_a(x)$ 为 c 数函数,J_a 为 φ_a 的外源,$\mathscr{D}\varphi_a$ 表示适当的积分测度,而 N 为归一化因子,它使 $Z[J_a=0]=1$.归一化因子产生真空图形,与泛函积分中产生的真空图形相抵消.在方程(1.52)中时间积分的上下限为 $-\infty$ 和 $+\infty$.对于 Minkowski 时间,生成泛函实际上不是很好定义的,因为被积函数对于大 φ 值存在振动性质.克服这一问题的一种方法是将时间积分代换为 $t \to -it$,即将 Minkowski 生成泛函转换成 Euclid 生成泛函.

生成泛函中的玻色场 A_μ 及外源 J_μ 为通常的 c 数函数,而费米场 ψ、$\bar{\psi}$ 及外源 η 和 $\bar{\eta}$ 则看作 Grassmann 代数的元素,它们彼此是反对易的,即有

$$\left\{ \begin{array}{l} \{\psi, \bar{\psi}\} = 0, \quad \{\eta, \psi\} = 0, \quad \{\eta, \bar{\eta}\} = 0 \\ \psi^2 = \bar{\psi}^2 = \eta^2 = \bar{\eta}^2 = 0 \end{array} \right\} \quad (1.53)$$

而 ψ、$\bar{\psi}$、η 和 $\bar{\eta}$ 与一切玻色子量 A_μ、J_μ 都是可以对易的.

在量子场论中,一个全连通的 n 点格林函数定义为

$$\langle 0 \mid T(\varphi_{a_1}(x_1) \cdots \varphi_{a_n}(x_n)) \mid 0 \rangle = \frac{\int \prod \mathscr{D}\varphi \prod \varphi_{a_j}(x_j) \exp\left(i \int d^4 x \mathscr{L} \right)}{\int \prod \mathscr{D}\varphi \exp\left(i \int d^4 x \mathscr{L} \right)} \quad (1.54)$$

它也可由生成泛函对相应外源的微分来定义:

$$\langle 0 \mid T(\varphi_{a_1}(x_1) \cdots \varphi_{a_n}(x_n)) \mid 0 \rangle = \left(\frac{1}{i} \right)^n \frac{\delta}{\delta J_{a_1}(x_1)} \cdots \frac{\delta}{\delta J_{a_n}(x_n)} Z[J_a] \Big|_{J_a = 0}$$

$$(1.55)$$

在泛函积分运算中,常会用到下列恒等式:

$$\frac{\delta J_\alpha(x)}{\delta J_\beta(y)} = \delta_{\alpha\beta}\delta^{(4)}(x-y), \qquad \frac{\delta}{\delta\psi(x)}\psi(y) = \delta(x-y)$$

$$\frac{\delta}{\delta\eta(x)}\eta(y) = \delta(x-y) \tag{1.56}$$

$$\left\{\frac{\delta}{\delta\eta(x)}, \frac{\delta}{\delta\bar{\eta}(y)}\right\} = \left\{\frac{\delta}{\delta\eta(x)}, \psi(x)\right\} = \left\{\frac{\delta}{\delta\eta(x)}, \bar{\eta}(y)\right\} = 0, \cdots$$

(1.56)式也表明,对费米场的运算要注意算符的次序.另外,对通常的 Gauss 积分

$$\int \frac{\mathrm{d}x}{\sqrt{2\pi}}\, \mathrm{e}^{-ax^2/2} = \frac{1}{\sqrt{a}} \tag{1.57}$$

有用的函数积分公式是

$$\int \mathscr{D}\varphi \exp\left\{-\frac{1}{2}\int \mathrm{d}x\varphi(x)A\varphi(x)\right\} = (\det A)^{-1/2}$$

$$\int \mathscr{D}\varphi^* \mathscr{D}\varphi \exp\left\{-\int \varphi^*(x)A\varphi(x)\mathrm{d}x\right\} = (\det A)^{-1} \tag{1.58}$$

在讨论规范变换和其他对称性变换时,场变量的改变并不改变原来的生成泛函的值,但是场变量的改变引入了非平凡的 Jacobi 行列式.我们讨论的场量变换是线性变换,如

$$\varphi_\alpha(x) \rightarrow \varphi'_\alpha(x) = \int \mathrm{d}^4 y B_{\alpha\beta}(x, y)\varphi_\beta(y) \tag{1.59}$$

这里 $B_{\alpha\beta}(x, y)$ 为变换核, α 和 β 分别指时空和内对称指标, $B_{\alpha\beta}(x, y)$ 可看作多维矩阵 $B(x, y)$ 的元素.该变换的 Jacobi 行列式可写为

$$J(\delta\varphi'_\alpha/\delta\varphi_\beta) = \begin{cases} (\det A)^{-1} \\ \det A \end{cases} = \begin{cases} 1 - \mathrm{Tr}(A-1), \text{对费米子} \\ 1 + \mathrm{Tr}(A-1), \text{对玻色子} \end{cases} \tag{1.60}$$

其中 $\mathrm{Tr}(A-1) = \mathrm{Tr}\{\langle x|(A-1)|y\rangle\}$,指对时空变换积分并对自旋和内对称指标求迹.

在进行规范理论的量子化时,为了克服与规范不变性相关的困难,需要引入规范固定条件.处理这一问题的方法技巧是在泛函积分中引入约束条件.这一方法通常称为 QCD 泛函积分表述的 Faddev-Popov 方法[7].设 $F(A)$ 是规范场的某一函数, $F(A)=0$ 时给出规范固定条件,如 $F(A)=\partial_\mu A^\mu$ 对应于 Lorentz 规范.为此,将 $\delta(F(A))$ 插入泛函积分中,使泛函积分约束在 $F(A)=0$ 的组态,即关于 A 的函数积分被限制在物理上不等价的场组态.达到这一目的的方法是在规范场的泛函积分

$$Z = \int \mathcal{D}A e^{iI[A]} \tag{1.61}$$

中插入为 1 的恒等式：

$$1 = \int \mathcal{D}\theta(x)\delta(F(A^\theta))\det\left(\frac{\delta F(A^\theta)}{\delta\theta}\right) \tag{1.62}$$

这里 A^θ 指作了规范变换的场，对 QED 和 QCD 分别为

$$\left.\begin{aligned}\text{QED：} \quad & A_\mu^\theta(x) = A_\mu(x) + \frac{1}{e}\partial_\mu\theta(x) \\ \text{QCD：} \quad & A_\mu^{a\theta}(x) = A_\mu^a(x) + \frac{1}{g}D_\mu^{ab}\theta^b(x)\end{aligned}\right\} \tag{1.63}$$

将(1.62)式代入(1.61)式后，泛函积分变为

$$Z = \int \mathcal{D}\theta \int \mathcal{D}A e^{iI[A]}\delta(F(A^\theta))\det\left(\frac{\delta F(A^\theta)}{\delta\theta}\right) \tag{1.64}$$

将积分变量从 A 改为 A^θ，这不改变积分测度：$DA = DA^\theta$，且因规范不变性而作用量不变：$I(A) = I(A^\theta)$. 此时 A^θ 是积分的哑变量，因而又可将被积因子中的 $F(A^\theta)$ 改回 $F(A)$.

但 $\det\left(\dfrac{\delta F(A^\theta)}{\delta\theta}\right)$ 完成运算后已不再依赖于 A^θ. 对于 Lorentz 规范，$F(A) = \partial^\mu A_\mu(x)$，一般可选择 $F(A) = \partial^\mu A_\mu + C(x)$，生成泛函可写为

$$Z = \int \mathcal{D}\theta \int \mathcal{D}A e^{iI[A]}\delta(F(A) - C(x))\det\left(\frac{\delta F(A^\theta)}{\delta\theta}\right) \tag{1.65}$$

这里对 θ 的发散积分给出一无限大的乘积因子，它将与所计算关联函数的相应因子相消，由此可重新定义生成泛函 Z. 应用(1.63)式可计算得到 $\dfrac{\delta F(A^\theta)}{\delta\theta} = \dfrac{1}{g}\partial^\mu D_\mu$. 引入 Gauss 型权重函数完成对 $C(x)$ 的积分，由此得到

$$Z = N(\xi)\det\left(\frac{1}{g}\partial^\mu D_\mu\right)\int \mathcal{D}A e^{iI[A]}\exp\left[-i\int d^4x \frac{1}{2\xi}(\partial^\mu A_\mu)^2\right] \tag{1.66}$$

Faddev 和 Popov 引入满足费米子场反对易关系的标量函数 $c^a(x)$ 和 $\bar{c}^a(x)$（称为 Faddev-Popov 鬼场）来表示行列式：

$$\det\left(\frac{1}{g}\partial^\mu D_\mu\right) = \int \mathcal{D}c \mathcal{D}\bar{c}\exp\left[i\int d^4x \bar{c}(-\partial^\mu D_\mu)c\right] \tag{1.67}$$

由此可知,Faddev 和 Popov 将单位矩阵(1.62)插入泛函积分达到了两个目的:它要求 $F(A)=0$ 固定规范条件,从而引入了规范固定项(见(1.66)式);提供了鬼场的拉氏函数(1.67)式.鬼场的效应导致在高阶过程中出现某类闭合回路以保持 S 矩阵元的幺正性,并在非 Abel 规范理论的非微扰研究中担任重要角色.

将(1.67)式代入(1.66)式,并加上费米子场及源项的贡献,得到 QCD 生成泛函的最后形式为

$$Z[\eta,\ \bar{\eta},\ J,\ K,\ \overline{K}] = \frac{1}{N}\int \mathscr{D}(\psi,\ \bar{\psi},\ A,\ c,\ \bar{c})$$
$$\times \exp\left[\mathrm{i}\int \mathrm{d}^4 x \mathscr{L}_{\mathrm{QCD}}^{\mathrm{eff}} + \mathrm{i}\int \mathrm{d}^4 x(\bar{\eta}\psi + \bar{\psi}\eta + J_\mu^e A^{e\mu} + \bar{c}^e K^e + \overline{K}^e c^e)\right]$$

$$(1.68)$$

这里 η、$\bar{\eta}$、J_μ、K^e、$\overline{K}^e$ 为相应的外源,

$$\mathscr{L}_{\mathrm{QCD}}^{\mathrm{eff}} = \bar{\psi}(\mathrm{i}\gamma_\mu D_\mu - m_0)\psi - \frac{1}{4}F_{\mu\nu}^a F^{a\mu\nu} - \frac{1}{2\xi}(\partial^\mu A_\mu^a)^2 - \partial^\mu \bar{c}^a D_\mu^{ab} c^b \qquad (1.69)$$

此即为(1.44)式的有效 QCD 拉氏量.这里协变导数 $D_\mu = \partial_\mu - \mathrm{i}g t^a A_\mu^a$,$D^{ab} = \delta^{ab}\partial_\mu - g f^{abc} A_\mu^c$.将拉氏函数分为自由部分和相互作用部分,并完成分部积分,消去全导数.进而作积分变换,如 $\psi(x) \to \psi(x) - \int \mathrm{d}^4 y S_F(x,\ y)\eta(y)$,等等.则可将生成泛函约化为

$$Z[\eta,\ \bar{\eta},\ J,\ K,\ \overline{K}] = \frac{1}{N}\exp\left\{U\left(\frac{\delta}{\delta\eta},\ \frac{\delta}{\delta\bar{\eta}},\ \frac{\delta}{\delta J_\mu^a},\ \frac{\delta}{\delta K^a},\ \frac{\delta}{\delta \overline{K}^a}\right)\right\}$$
$$\times \exp\left\{-\mathrm{i}\int \mathrm{d}^4 x \mathrm{d}^4 y\left[\bar{\eta}(x)S_F(x,\ y)\eta(y)\right.\right.$$
$$\left.\left. + \frac{1}{2}J^{a\mu}(x)D_{\mu\nu}^{ab}(x,\ y)J^{b\nu}(y) + \overline{K}^a(x)D_G^{ab}(x,\ y)K^b(y)\right]\right\}$$

$$(1.70)$$

其中 $U\left(\frac{\delta}{\delta\eta},\cdots\right)$ 为外源导数,选择归一化因子,使 $Z[0,\ 0,\ 0]=1$,

$$\left.\begin{aligned} S_F(x,\ y) &= \frac{1}{(2\pi)^4}\int \mathrm{d}^4 p\, \mathrm{e}^{-\mathrm{i}p\cdot(x-y)}\frac{1}{\gamma_\mu p^\mu - m + \mathrm{i}\epsilon} \\ D_{\mu\nu}^{ab}(x,\ y) &= \frac{1}{(2\pi)^4}\int \mathrm{d}^4 q\, \mathrm{e}^{-\mathrm{i}q\cdot(x-y)}\left[-g_{\mu\nu} + (1-\xi)\frac{q_\mu q_\nu}{q^2}\right]\frac{\delta^{ab}}{q^2 + \mathrm{i}\epsilon} \\ D_G^{ab}(x,\ y) &= \frac{1}{(2\pi)^4}\int \mathrm{d}^4 k\, \mathrm{e}^{-\mathrm{i}k\cdot(x-y)}\frac{-\delta^{ab}}{k^2 + \mathrm{i}\epsilon} \end{aligned}\right\} \qquad (1.71)$$

应用(1.70)式可方便地导出微扰 QCD 的 Feynman 规则.(1.70)式是微扰展开的基础,而(1.68)式是计算关联函数的出发点.在实际计算中,也常用不带外源的生成泛函,而用(1.54)式计算关联函数.

1.4　QCD 拉氏量的对称性

研究对称性对人们认识自然界有重要意义.从构造一个体系的动力学到理解该体系的物理可观察量,对称性都起了重要作用.在场论中,一个体系的对称性描述该体系在场量变换下的不变性.我们讨论两类对称性,它们分别对应于场的定域变换和整体变换的结果.在前一节已提到,由非 Abel 场体系满足定域规范不变性导出了原始的 QCD 拉氏量(1.32).在本节要指出,满足协变量子化要求的拉氏量具有定域规范变换的 BRST 对称性,由这一对称性导出的 Ward-Takahashi 类型的恒等式称为 Slavnov-Taylor 恒等式,它给出多点格林函数间的约束关系,建立不同重整化常数间的关系,是 QCD 理论(如QCD 微扰展开理论)要满足的基本约束条件.QCD 的整体变换的对称性或近似对称性将导致相应的守恒或部分守恒的流和荷,如电荷、能量-动量、角动量、部分守恒的轴矢流等.这对我们理解体系的有关物理特性是十分有意义的.

1.4.1　BRST 对称性

满足量子化要求的协变规范下的 QCD 拉氏量由于存在规范固定项和鬼场项而丢失了定域规范不变性,即拉氏量(1.44)在通常的无穷小规范变换

$$
\left.
\begin{aligned}
A_\mu^a &\rightarrow A_\mu^a - D_\mu^{ab}\,\epsilon^b \\
\psi &\rightarrow \psi - \mathrm{i}g\,\frac{\lambda^a}{2}\,\epsilon^a\psi \\
\overline{\psi} &\rightarrow \overline{\psi} + \mathrm{i}g\,\overline{\psi}\,\frac{\lambda^a}{2}\,\epsilon^a \\
D_\mu^{ab} &\equiv \delta^{ab}\partial_\mu - gf^{abc}A_\mu^c
\end{aligned}
\right\}
\tag{1.72}
$$

下不是不变的.Becehi、Rouet、Store 和 Tyutin(BRST)[9]指出,如果令

$$\epsilon^a \equiv \zeta\, c^a \tag{1.73}$$

这里 c^a 是鬼场,ζ 是反对易的 c 数,满足 Grassmann 代数,$\zeta^2 = 0$,$\zeta c^a = -c^a \zeta$,$\zeta\psi = -\psi\zeta$ 等. 在上述变换下,原始拉氏量 $\mathscr{L}_{QCD}^{(0)}$ 是不变的,这要求 $\delta(\mathscr{L}_{fixing} + \mathscr{L}_{ghost}) = 0$,从而给出 δc^a、$\delta \bar{c}^a$ 变换关系,这样得到一组场量的无穷小 BRST 变换如下:

$$\left.\begin{aligned}
\delta\psi &= -\,\mathrm{i}g\zeta\frac{\lambda^a}{2}c_a\psi \\[6pt]
\delta\bar{\psi} &= \mathrm{i}g\,\bar{\psi}\,\zeta\frac{\lambda^a}{2}c_a \\[6pt]
\delta A_\mu^a &= -\,\zeta D_\mu^{ab}c_b \\[6pt]
\delta c_a &= +\,\frac{\zeta}{2}gf_{abc}c_b c_c \\[6pt]
\delta\bar{c}_a &= -\,\frac{\zeta}{\xi}(\partial_\mu A_a^\mu)
\end{aligned}\right\} \tag{1.74}$$

QCD 拉氏量在 BRST 变换下不变,称为 QCD 拉氏量的 BRST 对称性.

利用 Noether 方法,我们可以导出对应于 BRST 变换的流 $(J_\mu)_{BRST}$,相应的荷为 $Q_{BRST} = \int J_0 \mathrm{d}^3 x$,则满足条件

$$Q_{BRST}\,|\,\psi\,\rangle = 0 \tag{1.75}$$

的状态是体系的物理态. 这是协变规范下引入非物理鬼场来消除胶子自作用产生的非物理态的另一种描述.

1.4.2　Slavnov-Taylor 恒等式

在量子电动力学(QED)中,由 QED 作用量的定域规范不变性可得多点格林函数间的 Ward-Takahashi 恒等式[10]. 在 QCD 这样的非 Abel 规范理论中,QCD 有效作用量在推广的定域规范变换——BRST 变换下不变,与这一对称性联系的推广 Ward-Takahashi 恒等式也称为 Slavnov-Taylor 恒等式[11]. 为了得到这一关系,我们研究多点格林函数的生成泛函:

$$W[J,\,\eta,\,\bar{\eta},\cdots] = \int \mathscr{D}[\psi,\,\bar{\psi},\,A^\mu,\,c,\,\bar{c}]\exp\left\{\mathrm{i}\int \mathrm{d}^4 x(\mathscr{L}_{eff} + \mathscr{L}_{source})\right\} \tag{1.76}$$

这里 $\mathscr{L}_{\text{eff}}$ 由(1.44)式给出,

$$\mathscr{L}_{\text{source}} = \bar{\eta}\psi + \bar{\psi}\eta + J_\mu A^\mu + \bar{K}^a c^a + \bar{c}^a K^a$$
$$- \bar{x}g\frac{\lambda^a}{2}c^a\psi + g\bar{\psi}\frac{\lambda^a}{2}c^a y - u^{a\mu}D_\mu^{ab}c^b + gv^a\frac{1}{2}f^{abc}c^b c^c \qquad (1.77)$$

其中 $\bar{\eta}$、η、J_μ、$\bar{K}^a$、K^a 分别为场 ψ、$\bar{\psi}$、A_μ、c^a、$\bar{c}^a$ 的外源,$\bar{x}$、y、$u^{a\mu}$、v^a 为相应 BRST 变换中的复合算符的外源. 作 BRST 变换

$$\left.\begin{aligned} \psi &\to \psi + \delta\psi \\ \bar{\psi} &\to \bar{\psi} + \delta\bar{\psi} \\ A_\mu &\to A_\mu + \delta A_\mu \\ c &\to c + \delta c \\ \bar{c} &\to \bar{c} + \delta\bar{c} \end{aligned}\right\} \qquad (1.78)$$

这里无穷小场由(1.74)式给出. 由于 $\mathscr{L}_{\text{eff}}$ 在此 BRST 变换下不变,因此生成泛函数值在 BRST 变换下不变. BRST 变换的 Jacobi 行列式是 1,由此得到

$$\int \mathrm{d}^4 x \int \mathscr{D}[\psi,\bar{\psi},A_\mu,c,\bar{c}](\delta\mathscr{L}_{\text{source}})\exp\left\{\mathrm{i}\int\mathrm{d}^4 x'[\mathscr{L}_{\text{eff}}(x') + \mathscr{L}_{\text{source}}(x')]\right\} = 0$$
$$(1.79)$$

这里 $\delta\mathscr{L}_{\text{source}}$ 是由 BRST 变换导致的无穷小改变:

$$\delta\mathscr{L}_{\text{source}} = \bar{\eta}\delta\psi + \delta\bar{\psi}\eta + J_\mu\delta A^\mu + \bar{K}^a\delta c^a + \delta\bar{c}^a K^a \qquad (1.80)$$

其中外源项中包含 $\bar{x}$、y、$u^{a\mu}$、v^a 项的无穷小变换贡献为零. 由此得到

$$\int\mathrm{d}^4 x \int\mathscr{D}[\psi,\bar{\psi},A_\mu,c,\bar{c}]$$
$$\times\left\{-J_a^\mu D_\mu^{ab}c_b - \mathrm{i}g\bar{\eta}\frac{\lambda^a}{2}c_a\psi + \mathrm{i}g\bar{\psi}\frac{\lambda^a}{2}c_a\eta - \bar{K}^a\frac{1}{2}gf_{abc}c_a c_c + \frac{1}{\xi}(\partial_\mu A_a^\mu)K^a\right\}$$
$$\times\exp\left\{\mathrm{i}\int\mathrm{d}^4 x'(\mathscr{L}_{\text{eff}} + \mathscr{L}_{\text{source}})\right\} = 0 \qquad (1.81)$$

或

$$\int\mathrm{d}^4 x\left\{J^{a\mu}\frac{\delta}{\delta u^{a\mu}} - \mathrm{i}g\bar{\eta}\frac{\delta}{\delta x} - \mathrm{i}g\eta\frac{\delta}{\delta y} + g\bar{K}^a\frac{\delta}{\delta v^a} + K^a\frac{1}{\xi}\partial^\mu\frac{\delta}{\delta J^{a\mu}}\right\}W[J,\cdots] = 0 \qquad (1.82)$$

这是联系各类多点格林函数间的关系的 Slavnov-Taylor 恒等式. 如要得到某一组特定格林函数间的关系,可先对外源函数 J_μ、$\bar{\eta}$、η、$\cdots$ 作微分运算,然后令其为零. 我们将在第 2 章给出一些具体结果.

1.4.3 QCD 作用量的整体对称性与守恒定律

体系的动力学由作用量或拉氏量描述.对体系对称性的研究集中在对该体系作用量或拉氏量对称性的分析.设一体系的拉氏密度为 $\mathscr{L} = \mathscr{L}(\varphi_i, \partial_\mu \varphi_i)$,它是场量 φ_i 及其导数 $\partial_\mu \varphi_i$ 的 Lorentz 标量函数.Noether 定理指出,在场的连续变换下,$\varphi_i(x) \rightarrow \varphi_i'(x) = \varphi_i(x) + \epsilon(x) f_i(\varphi)$,作用量的任何不变性将导致出现守恒流

$$J^\mu(x) = \frac{\partial}{\partial(\partial_\mu \epsilon(x))} \mathscr{L}(\varphi', \partial_\mu \varphi') \tag{1.83}$$

及相应的守恒荷 $Q = \int \mathrm{d}^3 x J^0(x)$.要说明的是 Noether 定理联系的是经典作用量的对称性.在量子理论中,某些对称性将出现"量子反常",从而破坏了原来经典意义上的对称性.

(1) $U_B(1)$ 对称性与强相互作用中重子数守恒

经典 QCD 拉氏量 (1.32)在参量变换

$$\psi(x) \rightarrow \psi'(x) = \mathrm{e}^{\mathrm{i}\theta I} \psi(x) \tag{1.84}$$

下不变,这里 I 是"色"和"味"空间的单位矩阵,θ 是实常数.由 Noether 定理,这里存在守恒的重子流

$$J_\mu(x) = \sum_{f, i} \overline{\psi}_i^{(f)}(x) \gamma_\mu \psi_i^{(f)}(x) \tag{1.85}$$

相应的守恒荷

$$B = \int \mathrm{d}^3 x J_0(x) \tag{1.86}$$

是重子数.因此强相互作用中的重子数守恒.重子数守恒的破坏来自电弱相互作用中的反常,但标准模型中 $B - L$(L 为轻子数)是守恒的.

(2) $U_1(1) \otimes U_2(1) \otimes \cdots \otimes U_{N_f}(1)$ 对称性与强相互作用中"味"守恒

QCD 拉氏量(1.32)在参量变换

$$\psi_i^{(f)}(x) \rightarrow \mathrm{e}^{\mathrm{i}\theta_f I} \psi_i^{(f)}(x) \quad (f = 1, 2, \cdots, N_f) \tag{1.87}$$

下不变,这里 I 是"色"空间的单位矩阵.由此导致如下规范不变的守恒流:

$$J_\mu^{(f)}(x) = \sum \overline{\psi}_i^{(f)}(x) \gamma_\mu \psi_i^{(f)}(x) \quad (f = 1, 2, \cdots, N_f) \tag{1.88}$$

相应存在守恒"荷",表明在强相互作用中每个"味"守恒."味"守恒由于电弱作用而受到破坏.

(3) $SU_L(N_f) \otimes SU_R(N_f)$ 对称性与守恒的矢量流和部分守恒的轴矢流

如果所有的夸克无质量,则 QCD 拉氏量(1.32)在变换

$$
\left.
\begin{aligned}
\psi_\alpha(x) &\to \mathrm{e}^{-\mathrm{i}\theta_V^f T^f} \psi_\alpha(x) \\
\psi_\alpha(x) &\to \mathrm{e}^{-\mathrm{i}\theta_A^f T^f \gamma_5} \psi_\alpha(x)
\end{aligned}
\right\}
\tag{1.89}
$$

下不变,这里 T^f 是 $SU(N_f)$ 在基础表示中的生成元,θ_V、θ_A 是一组 $N_f^2 - 1$ 个实常数.按 Noether 定理,可以得到规范不变的流:

$$
\left.
\begin{aligned}
V_f^\mu(x) &= \psi_\alpha^y(x)\gamma^\mu (T^f)_{yz}\psi_\alpha^z(x) \\
A_f^\mu(x) &= \psi_\alpha^y(x)\gamma^\mu\gamma_5 (T^f)_{yz}\psi_\alpha^z(x)
\end{aligned}
\right\}
\tag{1.90}
$$

分别是矢量流和轴矢流.如果计及夸克质量项,则它们的散度为

$$
\left.
\begin{aligned}
\partial_\mu V_f^\mu(x) &= \mathrm{i}(m_y - m_z)\,\bar\psi_\alpha^y(x)(T^f)_{yz}\psi_\alpha^z(x) \\
\partial_\mu A_f^\mu(x) &= (m_y + m_z)\,\bar\psi_\alpha^y(x)\gamma_5(T^f)_{yz}\psi_\alpha^z(x)
\end{aligned}
\right\}
\tag{1.91}
$$

如果不计夸克质量,则得到守恒的矢量流和轴矢流.但实际上夸克质量不为零.我们现在分析 $SU_L(N_f) \otimes SU_R(N_f)$ 对称性的实际应用范围.由于 c、b、t 夸克质量远大于禁闭标度 Λ_{QCD},因此上述对称性图像对这些夸克不适用.另一方面,u、d、s 夸克相对而言是轻的,其中 u、d 夸克质量(流夸克质量)$\ll \Lambda_{\mathrm{QCD}}$,如果设 $m_u = m_d$,则(1.91)式表明矢量流是守恒的,而轴矢流守恒由于小的夸克质量而受到破坏.前者相应于强相互作用中的同位旋守恒,后者称为轴矢流的部分守恒.

同位旋守恒由于电弱相互作用(导致 u、d 夸克质量差)而受到破坏.如果将对称性扩大到包含奇异夸克,则有近似的 $SU_L(3) \otimes SU_R(3)$ 对称性,这一对称性由于奇异夸克的质量项而受到破坏.经验上,同位旋对称性的预言约在 1% 误差范围内正确,而 $SU(3)$ 对称性预言的误差范围约为 30%.

上述变换(1.89)也可用左手场 ψ_L 和右手场 ψ_R 的分别变换来表示:

$$
\left.
\begin{aligned}
\psi_L(x) &\to \mathrm{e}^{-\mathrm{i}\theta_L^f T^f} \psi_L(x) \\
\psi_R(x) &\to \mathrm{e}^{-\mathrm{i}\theta_R^f T^f} \psi_R(x)
\end{aligned}
\right\}
\tag{1.92}
$$

这里

$$
\psi_L = \frac{1}{2}(1 - \gamma_5)\psi, \quad \psi_R = \frac{1}{2}(1 + \gamma_5)\psi
$$

$\theta_L = \frac{1}{2}(\theta_V + \theta_A)$, $\theta_R = \frac{1}{2}(\theta_V - \theta_A)$. 如果夸克质量不为零, 即 $m_u = m_d \neq 0$, 左手或右手变换不变性也分别受到破坏(只保持同位旋对称性). 这就是 QCD 的近似手征对称性. 在 QCD 的基本性质讨论中, 我们将进一步讨论手征对称性的自发破缺问题.

(4) $U_A(1)$ 轴反常

如果夸克质量为零 ($m_u = m_d = m_s = 0$), 则 QCD 拉氏量在 $U_A(1)$ 轴变换

$$\psi(x) \rightarrow \psi'(x) = e^{-i\theta_1 T_5} \psi(x) \tag{1.93}$$

下不变. 由 Noether 定理, 可得到经典守恒的轴流:

$$J_{5\mu}^{(0)} = \bar{u}\gamma_\mu\gamma_5 u + \bar{d}\gamma_\mu\gamma_5 d + \bar{s}\gamma_\mu\gamma_5 s, \quad \partial^\mu J_{5\mu}^{(0)} = 0 \tag{1.94}$$

这里上标"0"指"味"单态流.

在量子理论中, 由于存在反常贡献而导致轴 $U_A(1)$ 对称性被破坏, Noether 轴流不再是无散度的, 而存在量子修正的贡献:

$$\partial^\lambda J_{\lambda 5}^{(0)} = -\frac{3\alpha_s}{8\pi} \epsilon^{\mu\nu\alpha\beta} F_{\mu\nu}^a F_{ab}^a \tag{1.95}$$

这一反常称为 Adler-Bell-Jackiw 反常或轴反常[12].

1.4.4 QCD 的能量-动量和角动量

我们讨论时空变换对应的 QCD 作用量的整体对称性. 作用量在时空平移下的不变性及在 Lorentz 变换下的不变性分别导致体系存在守恒的能量-动量张量和守恒的角动量. 我们先给出熟知的正则形式, 然后讨论规范不变的形式. 为简化起见, 下面讨论时一些场的色指标将不明显标出.

(1) 正则形式

对于无穷小时空平移 $x^\mu \rightarrow x^\mu + a^\mu$, 有 $\varphi_a(x) \rightarrow (1 + a^\mu\partial_\mu)\varphi_a(x)$, 则作用量 $S = \int d^4\mathcal{L}$ 保持不变, 由 Noether 定理, 可得到守恒的能量-动量张量:

$$\left. \begin{aligned} T_c^{\mu\nu} &= \frac{\partial\mathcal{L}}{\partial\partial^\mu\varphi_a}(\partial^\nu\varphi_a) - g^{\mu\nu}\mathcal{L} \\ \partial_\mu T_c^{\mu\nu} &= 0 \end{aligned} \right\} \tag{1.96}$$

利用 QCD 拉氏量(1.32), 分别令 $\varphi_a = \psi$ 和 A_μ, 我们得到 QCD 的正则能量-动量张量:

$$T_c^{\mu\nu} = T_c^{\mu\nu} \frac{1}{2}(\overline{\psi}\gamma^\mu \mathrm{i}\overset{\leftrightarrow}{\partial}^\nu\psi + \overline{\psi}\gamma^\mu \mathrm{i}\overset{\leftrightarrow}{\partial}^\nu\psi) + \frac{1}{4}g^{\mu\nu}F_a^{\alpha\beta}F_{\alpha\beta}^a - F_a^{\mu\lambda}\partial^\nu A_\lambda^a - g^{\mu\nu}\mathcal{L}_{\mathrm{QCD}}^{(0)}$$

$$+ \text{规范固定} + \text{鬼场贡献项} \tag{1.97}$$

相应的守恒荷为四维动量算符 $p^\mu = \int \mathrm{d}^4 x T^{0\mu}$. 由此可得体系的哈密顿量算符 $H = p^0$. 如果利用运动方程,则 $T_c^{\mu\nu}$ 中 $g^{\mu\nu}\mathcal{L}_{\mathrm{QCD}}^{(0)}$ 项消失.

对无穷小时空转动的 Lorentz 变换 $x^\mu \to \Lambda_\nu^\mu x^\nu$,场的变换为 $\varphi_a \to \varphi_a - \frac{\mathrm{i}}{2}\omega_{\mu\nu}(L^{\mu\nu})_{\alpha\beta}\varphi^\beta$,其中 $(L^{\mu\nu})_{\alpha\beta} = g_{\alpha\beta}(x^\mu \mathrm{i}\partial^\nu - x^\nu \mathrm{i}\partial^\mu) + (\Sigma^{\mu\nu})_{\alpha\beta}$,作用量的转动不变性导致如下的守恒正则角动量张量密度:

$$M_c^{\alpha\mu\nu} = x^\mu T_c^{\alpha\nu} - x^\nu T_c^{\alpha\mu} + \frac{\partial\mathcal{L}}{\partial\partial^\alpha\varphi^\lambda}(-\mathrm{i}\Sigma_{\alpha\beta}^{\mu\nu})\varphi^\beta \tag{1.98}$$

相应的守恒荷

$$J_c^{\mu\nu} = \int \mathrm{d}^3 x M_c^{\alpha\mu\nu}, \qquad \frac{\mathrm{d}}{\mathrm{d}t}J_c^{\mu\nu} = 0 \tag{1.99}$$

是齐次 Lorentz 群的生成元. 对于 QCD,夸克场的变换矩阵 $(L^{\mu\nu})_q = \sigma^{\mu\nu}/2 + (x^\mu \mathrm{i}\partial^\nu - x^\nu \mathrm{i}\partial^\mu)$,胶子场的变换矩阵 $(L_{\mu\nu})_g^{\alpha\beta} = (x^\alpha \mathrm{i}\partial^\beta - x^\beta \mathrm{i}\partial^\alpha)g_{\mu\nu} + \mathrm{i}(g_\mu^\alpha g_\nu^\beta - g_\nu^\alpha g_\mu^\beta)$. 则由 (1.98) 式得到守恒的 QCD 正则角动量张量密度:

$$M_c^{\mu\alpha\beta} = \overline{\psi}\gamma^\mu(x^\alpha \mathrm{i}\partial^\beta - x^\beta \mathrm{i}\partial^\alpha)\psi + \frac{1}{2}\overline{\psi}\sigma^{\alpha\beta}\psi + \mathrm{i}F_\rho^\mu(x^\alpha \mathrm{i}\partial^\beta - x^\beta \mathrm{i}\partial^\alpha)A^\rho$$

$$- (F^{\mu\alpha}A^\beta - F^{\mu\beta}A^\alpha) - \frac{1}{4}(x^\beta g^{\mu\alpha} - x^\alpha g^{\mu\beta})F^2 + \text{规范固定} + \text{鬼场贡献项} \tag{1.100}$$

由相应的守恒荷可写出 QCD 的正则角动量算符:

$$\boldsymbol{J}_c = \int \mathrm{d}^3 x \psi^+ \left(-\mathrm{i}\boldsymbol{x}\times\nabla + \frac{1}{2}\boldsymbol{\Sigma}\right)\psi + \int \mathrm{d}^3 x (E^i(\boldsymbol{x}\times\nabla)A^i + \boldsymbol{E}\times\boldsymbol{A}) \tag{1.101}$$

上式第一、第二项分别为夸克和胶子的正则角动量,它们分别包括自旋和轨道运动的贡献. 由于夸克与胶子间的相互作用不包含导数项,因此 QCD 的角动量算符正是这些自由夸克和胶子场的贡献之和.

(2) 规范不变的形式

由 (1.97) 式给出的正则能量-动量张量和 (1.98) 式给出的角动量张量密度并不是规范不变的. 考虑到 Noether 流的形式并不是唯一确定的,我们可以加上适当的项构成仍

是守恒的且规范不变的流. 实际上, 如果 J_c^μ 是守恒的正则流, 则新的流

$$J^\mu = J_c^\mu + \partial_\nu G^{[\mu\nu]} \tag{1.102}$$

仍是守恒的, 这里上标 $[\mu\nu]$ 表明 μ、ν 对 $G^{[\mu\nu]}$ 是反对称的, $G^{[\mu\nu]}$ 称为超位.

我们考虑关于指标 μ、ν 对称的能量-动量张量密度的形式, 这一形式称为 Belinfante 能量-动量张量密度. 相应的超位选择如下形式的:

$$G^{\beta\mu\nu} = \frac{1}{2}(-\lambda^{\beta\mu\nu} + \lambda^{\mu\beta\nu} + \lambda^{\nu\beta\mu}) \tag{1.103}$$

$$\lambda^{\beta\mu\nu} = i\frac{\partial\mathscr{L}}{\partial\partial^\beta\varphi^\alpha}(\Sigma^{\mu\nu})_{\alpha\gamma}\varphi^\gamma \tag{1.104}$$

Belinfante 能量-动量张量密度为

$$\begin{aligned}
T_B^{\mu\nu} = T_c^{\mu\nu} + \partial_\beta G^{\beta\mu\nu} = {} & -g^{\mu\nu}\mathscr{L} + \frac{1}{2}\left(\frac{\partial\mathscr{L}}{\partial\partial_\mu\varphi^\alpha}\partial^\nu\varphi^\alpha + \frac{\partial\mathscr{L}}{\partial\partial_\nu\varphi^\alpha}\partial^\mu\varphi^\alpha\right) \\
& + \frac{i}{2}\partial^\mu\left(\frac{\partial\mathscr{L}}{\partial^\beta\varphi^\alpha}(\Sigma^{\beta\nu})_{\alpha\lambda}\varphi^\lambda\right) + \frac{i}{2}\partial^\nu\left(\frac{\partial\mathscr{L}}{\partial^\beta\varphi^\alpha}(\Sigma^{\beta\nu})_{\alpha\lambda}\varphi^\lambda\right)
\end{aligned} \tag{1.105}$$

利用上述公式, 我们可得到对称的 QCD 的能量-动量张量密度为

$$\left.\begin{aligned}
T_{B(QCD)}^{\mu\nu} &= T_q^{\mu\nu} + T_g^{\mu\nu} \\
T_q^{\mu\nu} &= \frac{1}{2}(\bar\psi\gamma^\mu i\overleftrightarrow{D}^\mu\psi + \bar\psi\gamma^\nu i\overleftrightarrow{D}^\mu\psi) \\
T_g^{\mu\nu} &= \frac{1}{4}g^{\mu\nu}F^2 - F^{\mu\nu}F^{\mu\nu}
\end{aligned}\right\} \tag{1.106}$$

这里下标 q、g 分别指夸克和胶子的部分, 它们都是规范不变的; $\overleftrightarrow{D} = (\overrightarrow{D} - \overleftarrow{D})/2$. 在上面的形式中, 未明显写出规范固定项和鬼场项的贡献. 这些项的作用是在协变规范中保证幺正性条件, 在最后计算的物理矩阵中无贡献. 下面的讨论中这些项也不再写出.

Belinfante 形式的角动量密度张量为

$$M_B^{\mu\alpha\beta}(x) = M_c^{\mu\alpha\beta}(x) + \partial_\tau(G^{\tau\mu\beta}x^\alpha - G^{\tau\mu\alpha}x^\beta) = x^\alpha T_B^{\mu\beta}(x) - x^\beta T_B^{\mu\alpha}(x) \tag{1.107}$$

它的具体形式通过将 (1.106) 式代入得到. 这是规范不变的角动量密度张量. 相应的守恒荷给出了规范不变的 QCD 角动量算符 $\boldsymbol{J}_{QCD} = \boldsymbol{J}_q + \boldsymbol{J}_g$,

$$J_{q,g}^i = \frac{1}{2}\epsilon^{ijk}\int d^3x\,(T_{q,g}^{0k}x^j - T_{q,g}^{0j}x^k) \tag{1.108}$$

由(1.106)式可写出其具体形式为

$$
\left.
\begin{aligned}
\boldsymbol{J}_{\mathrm{q}} &= \int \mathrm{d}^3 x \psi^+ \left(\frac{1}{2} \boldsymbol{\Sigma} + \boldsymbol{x} \times (-\mathrm{i}\, \vec{D}) \right) \psi \\
\boldsymbol{J}_{\mathrm{g}} &= \int \mathrm{d}^3 x \boldsymbol{x} \times (\boldsymbol{E} \times \boldsymbol{B})
\end{aligned}
\right\}
\tag{1.109}
$$

这里 $\boldsymbol{J}_{\mathrm{q}}$ 形式上可理解为夸克的自旋(螺旋性)和轨道角动量的贡献,但 $\boldsymbol{J}_{\mathrm{g}}$ 不能像自由胶子场那样分为相应两部分的贡献.

1.4.5 QCD 的分立对称性

我们已分析了 QCD 理论在连续变换下的对称性.本小节概述与 QCD 中的分立变换相应的对称性.这些分立变换是电荷共轭变换 C、空间反演(宇称)P 和时间反演 T.

$$
\left.
\begin{aligned}
C &: e \to -e \\
P &: \boldsymbol{x} \to -\boldsymbol{x} \\
T &: t \to -t
\end{aligned}
\right\}
\tag{1.110}
$$

由于 QCD 拉氏量是一个厄米的、Lorentz 不变的定域量子场论,按 CPT 定理,QCD 理论在组合的 CPT 变换下不变:

$$
(CPT)^{-1} \mathscr{L}_{\mathrm{QCD}}(x)(CPT) = \mathscr{L}_{\mathrm{QCD}}(x')
\tag{1.111}
$$

同样,场方程、量子化规则在 CPT 变换下也是不变的.

用量子色动力学研究强子或核体系的性质时,常要碰到由夸克场构成的复合算符,其中最常用的是由夸克构成的协变的双线性算符.利用 Fermi 场在分立变换下的性质,可以导出双线性场在这些变换下的有用的性质(表1.3).

表 1.3 双线性场的变换性质

双线性场量	$\hat{C}$	$\hat{P}$	$\hat{T}$	$(\hat{C}\hat{P}\hat{T})$
$\bar{\psi}\psi$	S	S	S	S
$\bar{\psi}\gamma_5\psi$	P	$-P$	$-P$	P
$\bar{\psi}\gamma^\mu\psi$	$-V^\mu$	V^μ	V^μ	$-V^\mu$
$\bar{\psi}\gamma^\mu\gamma_5\psi$	A^μ	$-A^\mu$	A^μ	$-A^\mu$
$\bar{\psi}\sigma^{\mu\nu}\psi$	$-T^{\mu\nu}$	$T^{\mu\nu}$	$-T^{\mu\nu}$	$T^{\mu\nu}$

其中 $S = \bar{\psi}\psi, P = \bar{\psi}\gamma_5\psi, V^\mu = \bar{\psi}\gamma^\mu\psi, A^\mu = \bar{\psi}\gamma_5\psi, T^{\mu\nu} = \bar{\psi}\sigma^{\mu\nu}\psi$.

1.5 QCD 微扰论基础

1.5.1 QCD 的正规化和重整化

在微扰论中,我们利用 Feynman 规则计算 Feynman 图.计算"树"图是直接而无困难的,但在计算包含"圈"图的高阶修正时会遇到发散积分,这里的"发散"基本上分为两类:由被积因子中出现高虚动量引起的紫外发散和由于胶子无质量而在低的虚动量时出现的红外发散.要使计算有意义,我们必须对这些发散积分给出确切的定义,这就是所谓的正规化.QCD 是可重整化的量子场论,这意味着存在一套很好定义的规则来计算 S 矩阵元以确保微扰计算的每一阶(相对于耦合常数来说)矩阵元中发散能被消去,其前提就是完成正规化手续.

正规化方法有三种:Pauli-Villars 方法、维数正规化方法和格点规范正规化方法.正规化手续必须保持理论的规范不变性.规范理论中最方便和常用的是维数正规化方法.该方法是基于这一考虑:在四维空间发散的 Feynman 积分在时空维数足够小时变为有限的.因此可以将 Feynman 积分解析延拓到 D 维时空,完成积分,然后令 $D \to 4$(令 $D = 4 - \epsilon, \epsilon$ 是无穷小量).原来的无穷大将作为 Γ 函数的极点出现.将 $\Gamma(\epsilon)$ 函数按 ϵ 作级数展开,通常出现的组合是

$$(4\pi)^{\epsilon/2} \Gamma\left(\frac{\epsilon}{2}\right) = \frac{2}{\epsilon} - \gamma_E + \ln 4\pi + O(\epsilon) \tag{1.112}$$

则极点项 $\propto \dfrac{1}{\epsilon}$.

在重整化手续中,消除发散的一种简单方法是将包含 $\dfrac{1}{\epsilon}$ 的极点项消除掉,这就是最小减除(MS)方法[13].MS 方法的确切定义是:重整化常数可表示为围绕 0 点展开的耦合常数 g 的幂级数:

$$Z_j = 1 + \sum_{n=1}^{\infty} \sum_{k=1}^{j} C_{j,k}^{(n)} \frac{1}{\epsilon^k} \left(\frac{g^2 \nu^{-\epsilon/2}}{16\pi^2}\right)^n \tag{1.113}$$

如果将项 $N_\epsilon = \dfrac{2}{\epsilon} - \gamma_E + \ln 4\pi$ 都消除掉,则称为修改的最小减除法,记作 $\overline{\text{MS}}$[14]. 在 MS 图像中,重整化常数直接用极点项定义,因此加到拉氏量的抵消项将不包含有限部分.

设 $\mathscr{L}_D^{(0)}$ 是未重整化的 QCD 拉氏密度,$\Delta\mathscr{L}_D$ 是抵消项,则重整化的拉氏密度为

$$\mathscr{L}_R = \mathscr{L}_D^{(0)} + \Delta\mathscr{L}_D \tag{1.114}$$

其中下标"D"表示维数正规化手续. $\Delta\mathscr{L}_D$ 形式上可表示为

$$\Delta\mathscr{L}_D = \sum_j (Z_j - 1)\mathscr{L}_{Dj}^{(0)} \tag{1.115}$$

这里 $\mathscr{L}_{Dj}^{(0)}$ 是 $\mathscr{L}_D^{(0)}$ 包含的各个项,Z_j 是相应的重整化常数. 将 $\mathscr{L}_D^{(0)}$ 与 $\Delta\mathscr{L}_D$ 各项相加,我们得到一个用"裸"的无穷大量表示的拉氏量. "裸"场与重整化场间的关系定义相应场量的重整化常数. 另一方面,由于规范不变性的要求,Slavnov-Taylor 恒等式导致在"裸"量表示下拉氏量中的耦合常数相等,这给出 Z_j 之间的约束关系. 由此归纳得到 QCD 的各类重整化常数的定义和关系[15]:

$$g = Z_{1F} Z_2^{-1} Z_3^{-1/2} g_R = Z_1 Z_3^{-3/2} g_R = Z_4^{1/2} Z_3^{-1} g_R = \bar{Z}_1 \bar{Z}_3^{-1} Z_3^{-1/2} g_R \tag{1.116}$$

这里重整化常数的定义为

$$\left.\begin{aligned}
\psi_0 &= Z_2^{1/2} \psi^R \\
A_\mu^a &= Z_3^{1/2} (A_\mu^a)^R \\
c_a &= \bar{Z}_3^{1/2} (c_a)^R \\
\xi_0 &= Z_3 Z_\xi^{-1} (\xi)^R \\
m &= Z_m m_R
\end{aligned}\right\} \tag{1.117}$$

耦合常数等式(1.116)中第一项为夸克-胶子耦合,第二项为三胶子耦合,第三项为四胶子耦合,第四项为胶子-鬼场耦合. 由此得到关系

$$\frac{Z_4}{Z_1} = \frac{Z_1}{Z_3} = \frac{\bar{Z}_1}{\bar{Z}_3} = \frac{Z_{1F}}{Z_2} \tag{1.118}$$

这些关系是 QED 中由 Ward-Takahashi 恒等式导出的结果 $Z_1 = Z_2$ 的推广.

现在让我们通过 QCD 单圈图的计算概述一下如何在维数正规化途径中确定重整化常数.

(1) 夸克自能与 Z_2、Z_m

夸克传播子的一般形式可写为

$$iS(\hat{p}) = \frac{i}{\hat{p} - m - \Sigma(\hat{p}) + i\eta} \tag{1.119}$$

这里 $\hat{p} \equiv \gamma \cdot p$，夸克自能可写为

$$\Sigma(\hat{p}) = m\Sigma_1(p^2) + (\hat{p} - m)\Sigma_2(p^2) \tag{1.120}$$

最低阶的自能为

$$\Sigma_{\beta\alpha}^{(2)}(\hat{p}) = i(g\nu^{-\frac{\epsilon}{2}})^2 \frac{1}{4}\left[\lambda^a\lambda^a\right]_{\beta\alpha} \int \frac{\mathrm{d}^D k}{(2\pi)^4} \gamma^\mu \frac{1}{\hat{p} + \hat{k} - m + i\eta}\gamma^\nu$$

$$\times \left[g_{\mu\nu} - (1-\xi)\frac{k_\mu k_\nu}{k^2}\right]\frac{1}{k^2 + i\eta} \tag{1.121}$$

完成积分手续后得到

$$\Sigma_{1\alpha\beta}^{(2)}(p^2) = \delta_{\alpha\beta} \frac{(g\nu^{-\epsilon/2})^2}{4\pi} C_2(R)$$

$$\times \left\{3N_\epsilon - 1 - 2\int_0^1 \mathrm{d}x(1+x)\ln\frac{xm^2 - x(1-x)p^2}{x^2}\right.$$

$$\left. + (1-\xi)(p^2 - m^2)\int_0^1 \mathrm{d}x \frac{x}{m^2 - xp^2}\right\} \tag{1.122}$$

$$\Sigma_{2\alpha\beta}^{(2)}(p^2) = -\delta_{\alpha\beta} \frac{(g\nu^{-\epsilon/2})^2}{(4\pi)^2} C_2(R)$$

$$\times \left\{N_\epsilon - 1 - \int_0^1 \mathrm{d}x(1 - 2x + \xi)\ln\frac{xm^2 - x(1-x)p^2}{\nu_0^2}\right.$$

$$\left. - (1-\xi)(p^2 - m^2)\int_0^1 \mathrm{d}x \frac{x}{m^2 - xp^2}\right\} \tag{1.123}$$

其中 $C_2(R) = 4/3$。另一方面，抵消项也贡献自能，为简单起见令 $Z_j = 1 + C_j$，则重整化的自能为两部分之和：

$$\Sigma_R^{(2)}(\hat{p}) = m\Sigma_1^{(2)}(p^2) + (\hat{p} - m)\Sigma_2^{(2)}(p^2) - C_2\hat{p} + C_4 m$$

$$= m(\Sigma_1^{(2)}(p^2) - C_2 + C_4) + (\hat{p} - m)(\Sigma_2^{(2)}(p^2) - C_2) \tag{1.124}$$

选择 C_2、C_4 消除 $\Sigma_{1,2}^{(2)}$ 中的发散项，则在 MS 图像中有

$$\left.\begin{array}{l} Z_2^{(2)}(\mathrm{MS}) = 1 - \xi C_2(R)\dfrac{\alpha_s}{4\pi}\dfrac{2}{\epsilon} \\[3mm] Z_4^{(2)}(\mathrm{MS}) = 1 - (3+\xi)C_2(R)\dfrac{\alpha_s}{4\pi}\dfrac{2}{\epsilon} \end{array}\right\} \tag{1.125}$$

将上式的 $\dfrac{2}{\epsilon}$ 用 $\dfrac{2}{\epsilon}-\gamma_{\mathrm{E}}+\ln 4\pi$ 代替,则得到 $\overline{\mathrm{MS}}$ 图像中定义的重整化常数. 消除发散后,得到的是重整化的夸克自能,它是有限的量.

这种利用计算抵消项来确定重整化常数的方法虽然直观但不方便,常用下述方法代替它

$$S_{\mathrm{R}}(\hat{p}, m_{\mathrm{R}}, \xi_{\mathrm{R}}, \alpha_{\mathrm{R}}) = Z_2^{-1} S_0(\hat{p}, m_0, \xi_0, \alpha_0, \epsilon)\,|_{\epsilon \to 0} \tag{1.126}$$

右边代入(1.125)式给出的重整化量,比较 ϵ 为幂的展开系数,则可定义重整化常数 Z_2. 其他重整化常数也可类似确定,例如对胶子传播子和费米子顶角:

$$\left.\begin{aligned} D_{\mathrm{R}}^{\mu\nu}(k, m_{\mathrm{R}}, \xi_{\mathrm{R}}, \alpha_{\mathrm{R}}) &= Z_3^{-1} D_0^{\mu\nu}(k, m, \xi_0, \alpha; \epsilon)\,|_{\epsilon \to 0} \\ \Gamma_{\mu\beta\alpha, \mathrm{R}}^{\alpha}(q, k, p) &= Z_{1\mathrm{F}}\Gamma_{\mu\beta\alpha, 0}^{\alpha}(q, k, p; \epsilon)\,|_{\epsilon \to 0} \end{aligned}\right\} \tag{1.127}$$

下面以胶子自能为例说明该方法.

(2) 胶子自能和重整化常数 Z_3

完全的胶子传播子可写为

$$\left.\begin{aligned} D_{\mu\nu}(q) &= \left[\left(-g_{\mu\nu}+\dfrac{q_\mu q_\nu}{q^2}\right)\dfrac{1}{1+\Pi(q^2)} - \xi\dfrac{q_\mu q_\nu}{q^2}\right]\dfrac{1}{q^2} \\ D_{\mu\nu}^{-1} &= -g_{\mu\nu}q^2 + \left(1-\dfrac{1}{\xi}\right)q_\mu q_\nu + (q_\mu q_\nu - q^2 g_{\mu\nu})\Pi(q^2) \end{aligned}\right\} \tag{1.128}$$

这里胶子自能 $\Pi(q^2)$ 由下式定义:

$$\Pi^{\mu\nu}(q) = (q^\mu q^\nu - q^2 g^{\mu\nu})\Pi(q^2) \tag{1.129}$$

最低阶胶子自能包括中间态分别为夸克圈、胶子圈和鬼场圈的贡献(图1.2). 它们的计算结果如下:

图 1.2　胶子传播子的单圈贡献

中间态为夸克圈的贡献:

$$\mathrm{i}\Pi_{ab}^{\mu\nu}\,|_{\mathrm{quark}} = \left(\dfrac{g\nu_0^{-\epsilon/2}}{2}\right)^2 \mathrm{Tr}(\lambda_a \lambda_b)\int\dfrac{\mathrm{d}^D p}{(2\pi)^D}\mathrm{Tr}\left\{\gamma^\mu\dfrac{\mathrm{i}}{\hat{p}-m_f+\mathrm{i}\eta}\gamma^\nu\dfrac{\mathrm{i}}{\hat{p}+\hat{q}-m_f+\mathrm{i}\eta}\right\}$$

$$= \mathrm{i}\delta_{ab}(q^{\mu}q^{\nu} - g^{\mu\nu}q^2)\frac{(g\nu_0^{-\epsilon/2})^2}{16\pi^2}T(R)\frac{2}{3}n_f\left(\frac{2}{\epsilon}\right) + \cdots \tag{1.130}$$

这里"…"指有限项，$\mathrm{Tr}(\lambda_a\lambda_b) = 4T(R)\delta_{ab} = 2\delta_{ab}$.

中间态为胶子圈的贡献：

$$\mathrm{i}\Pi_{ab}^{\mu\nu}(q)\big|_{\text{gluon}} = \frac{1}{2}(g\nu_0^{-\epsilon/2})^2\sum f_{acd}f_{bcd}\int\frac{\mathrm{d}^D k}{(2\pi)^D}\frac{N^{\mu\nu}}{k^2(k+q)^2} \tag{1.131}$$

其中

$$\left.\begin{array}{l}N^{\mu\nu} = \Big[-(2k+q)^{\mu}g_{\alpha\beta} + (k-q)_{\beta}g_{\alpha}^{\mu} + (2q+k)_{\alpha}g_{\beta}^{\mu}\Big] \\ \qquad\quad \times \Big[-(2k+q)^{\nu}g^{\alpha\beta} + (k-q)^{\beta}g^{\nu\alpha} + (2q+k)^{\alpha}g^{\nu\beta}\Big] \\ f_{abd}f_{bcd} = C_2(G)\delta_{ab}\end{array}\right\} \tag{1.132}$$

计算结果为

$$\mathrm{i}\Pi_{ab}^{\mu\nu}(k)\big|_{\text{gluon}} = \mathrm{i}\frac{(g\nu^{-\epsilon/2})^2}{16\pi^2}\delta_{ab}C_2(G)$$
$$\times\left\{\left[-\frac{11}{3}q^{\mu}q^{\nu} + \frac{19}{6}g^{\mu\nu}q^2 - (q^{\mu}q^{\nu} - q^2 g^{\mu\nu})(1-\xi)\right]\frac{2}{\epsilon} + \cdots\right\} \tag{1.133}$$

中间态为鬼圈的贡献：

$$\mathrm{i}\Pi_{ab}^{\mu\nu}(q)\big|_{\text{ghost}} = (g\nu_0^{-\epsilon/2})^2 f_{adc}f_{bcd}\int\frac{\mathrm{d}^D k}{(2\pi)^D}\frac{(k+q)^{\mu}}{k^2 + (k+q)^2}$$
$$= \delta_{ab}\frac{(g\nu_0^{-\epsilon/2})^2}{32\pi^2}C_2(G)\left\{\left(\frac{1}{6}g^{\mu\nu}q^2 + \frac{1}{3}q^{\mu}q^{\nu}\right)\frac{2}{\epsilon} + \cdots\right\} \tag{1.134}$$

蝌蚪图无贡献. 将上述三项相加，得到二阶胶子自能的总贡献为

$$\Pi_{ab}^{\mu\nu}(q) = \delta_{ab}(q^{\mu}q^{\nu} - q^2 g^{\mu\nu})\frac{(g\nu_0^{-\epsilon/2})^2}{32\pi^2}$$
$$\times\left[\frac{n_f}{3}T(R) - \left(\frac{13}{6} - \frac{\xi}{2}\right)C_2(G)\right]\frac{2}{\epsilon} + \cdots \tag{1.135}$$

利用(1.128)式，则有

$$-\frac{1}{\xi_R}q^{\mu}q^{\nu} + (q^{\mu}q^{\nu} - q^2 g^{\mu\nu})\Big[1 + \Pi_R(g^2, m_R, \xi_R, \alpha_R)\Big]$$

量子色动力学及其应用
Quantum Chromodynamics and Its Applications

$$= \lim_{\epsilon \to 0}\left\{ - Z_3 \frac{1}{\xi_0} q^\mu q^\nu + (q^\mu q^\nu - q^2 g^{\mu\nu}) Z_3 \left[1 + \Pi(q^2, m, \xi_0, \alpha, \epsilon) \right] \right\}$$

$$(1.136)$$

由此得到

$$\left. \begin{aligned} Z_\xi^{(2)} &= 1 \\ Z_3^{(2)} &= 1 + \frac{\alpha_s}{4\pi} \left\{ \left(\frac{13}{6} - \frac{\xi}{2} \right) C_2(G) - \frac{4 n_f}{3} T(R) \right\} \frac{2}{\epsilon} \end{aligned} \right\}$$

$$(1.137)$$

这里 ξ 为规范参量,对 Feynman 或 Fermi 规范,$\xi = 1$;对 Landau 规范,$\xi = 0$.

通过计算夸克-胶子顶角的单圈可确定 Z_{1F},结果为

$$Z_{1F}^{(2)} = 1 - \frac{\alpha_s}{4\pi} \left\{ \frac{3 + \xi}{4} C_2(G) + \xi C_2(R) \right\} \frac{2}{\epsilon}$$

$$(1.138)$$

计算三胶子顶角的单圈图可确定 $Z_1^{(2)}$,结果为

$$Z_1^{(2)} = 1 - \frac{\alpha_s}{4\pi} \left\{ \frac{4}{3} n_f T(R) - \left(\frac{17}{12} - \frac{3\xi}{4} \right) C_2(G) \right\} \frac{2}{\epsilon}$$

$$(1.139)$$

1.5.2　重整化群方程

我们讨论了 MS 图像和 $\overline{\text{MS}}$ 图像的重整化,常用的还有 μ 图像重整化. QCD 理论的重整化不变意味着物理可观测量应是与重整化图像无关的. 因此,不同的减除图像下的重整化手续仅导致标度的变换. 这组变换(例如重整化点 $\mu \to \mu'$)构成了所谓的重整化群,理论上重整化群不变性的解析形式由重整化群方程描述.

考虑截断外线的多点格林函数,它的重整化形式与未重整化形式之间的关系为

$$\left. \begin{aligned} &\Gamma_R(p_1, \cdots, p_N; \alpha, \xi, m_f; \mu) \\ &= \lim_{\epsilon \to 0} Z_\Gamma(\mu, \epsilon) \Gamma_0(p_1, \cdots, p_N; \alpha, \xi_0, m_f^0, \epsilon) \\ &Z_\Gamma(\mu, \epsilon) = Z_3^{-n_y/2} \widetilde{Z}_3^{-\tilde{n}/2} Z_2^{-n_F/2}(\mu, \epsilon) \end{aligned} \right\}$$

$$(1.140)$$

这里 n_F、n_y 和 $\tilde{n}$ 分别是夸克、胶子和鬼场外线数,μ 是动量减除图像中的减除点或 MS 图像和 $\overline{\text{MS}}$ 图像中的质量标度 ν. 由于"裸"格林函数与 μ 无关,因此它满足

$$\mu \frac{d}{d\mu} \Gamma_0(p_1, \cdots, p_N; \alpha, \xi_0, m_f^0; \epsilon) = 0$$

$$(1.141)$$

即

$$\left[\mu \frac{\partial}{\partial \mu} + \beta(\alpha)\alpha \frac{\partial}{\partial \alpha} + \delta(\alpha)\xi \frac{\partial}{\partial \xi} - \sum \gamma_{m,f}(\alpha) m_f \frac{\partial}{\partial m_f} - \gamma_\Gamma(\alpha) \right]$$
$$\times \Gamma_{\mathrm{R}}(p_1, \cdots, p_\alpha; \alpha, \xi, m_f; \mu) = 0 \tag{1.142}$$

这里引入了 β、γ、δ 函数:

$$\left. \begin{array}{l} \mu \dfrac{\mathrm{d}\alpha}{\mathrm{d}\mu} = \alpha\beta \\[2mm] \dfrac{\mu}{m_f} \dfrac{\mathrm{d}m_f}{\mathrm{d}\mu} = -\gamma_{m_f} \\[2mm] \mu \dfrac{\mathrm{d}\xi}{\mathrm{d}\mu} = \xi\delta \\[2mm] \dfrac{\mu}{Z_\Gamma} \dfrac{\mathrm{d}Z_\Gamma}{\mathrm{d}\mu} = \gamma_\Gamma \end{array} \right\} \tag{1.143}$$

γ_Γ 满足关系

$$\left. \begin{array}{l} \dfrac{\mu}{Z_3} \dfrac{\mathrm{d}Z_3}{\mathrm{d}\mu} = \gamma_y \\[2mm] \dfrac{\mu}{Z_2} \dfrac{\mathrm{d}Z_2}{\mathrm{d}\mu} = \gamma_{\mathrm{F}} \\[2mm] \dfrac{\mu}{\bar{Z}_3} \dfrac{\mathrm{d}\bar{Z}_3}{\mathrm{d}\mu} = \tilde{\gamma} \end{array} \right\} \tag{1.144}$$

方程(1.144)称为 Callan-Symanzik(CS)方程[16],设 d_Γ 是 Γ_{R} 的维数,则 $\mu^{-d_\Gamma}\Gamma_{\mathrm{R}}$ 是无维数的函数.重新标度动量,则有

$$\Gamma_{\mathrm{R}}(\lambda p_1, \cdots, \lambda p_N; \alpha, \xi, m_f; \mu) = \lambda^{d_\Gamma} \left(p_1, \cdots, p_N; \alpha, \xi, \frac{m_f}{\lambda}, \frac{\mu}{\lambda} \right) \tag{1.145}$$

由此可将 CS 方程写成

$$\left[-\frac{\partial}{\partial \ln\lambda} + \beta(\alpha)\alpha \frac{\partial}{\partial \alpha} + \delta(\alpha)\xi \frac{\partial}{\partial \xi} - \sum_f (\gamma_f(\alpha) + 1) m_f \frac{\partial}{\partial m_f} + d_\Gamma - \gamma_\Gamma(\alpha) \right]$$
$$\times \Gamma_{\mathrm{R}}(\lambda p_1, \cdots, \lambda p_N; \alpha, \xi, m_f; \mu) = 0 \tag{1.146}$$

此方程的解的一般形式可写为

$$\Gamma_{\mathrm{R}}(\lambda p_1, \cdots, \lambda p_N; \alpha, \xi, m_f; \mu)$$

$$= \lambda^{d_\Gamma} \Gamma_R(p_1, \cdots, p_N; \bar{\alpha}(\lambda), \bar{m}(\lambda), \bar{\xi}(\lambda); \mu)$$

$$\times \exp\left\{ -\int_0^{\ln\lambda} d(\ln\lambda') \, \hat{\gamma}_\Gamma(\bar{\alpha}(\lambda'), \bar{\xi}(\lambda'), \bar{m}_q(\lambda')) \right\} \tag{1.147}$$

其中 $\hat{\gamma}_\Gamma = \gamma_\Gamma - d_\Gamma$. 边界条件为

$$\bar{\alpha}\mid_{\lambda=1} = \alpha(\mu), \quad \bar{m}_f\mid_{\lambda=1} = m(\mu), \quad \bar{\xi}\mid_{\lambda=1} = \xi(\mu) \tag{1.148}$$

式中 γ_Γ 称为函数 Γ 的反常维数. 上述解表明, 当动量乘以标度因子 λ 时, Γ_R 除了出现整体标度因子 λ^{d_Γ}, 还出现与反常维数相关的指数因子.

函数 β、γ、δ 可利用重整化常数进行计算. 展开 Z_α、β、γ 得

$$\left.\begin{aligned}
Z_\alpha &= 1 + \sum_{n=1}^\infty \frac{Z_{\alpha,n}(\alpha)}{\epsilon^n} \\
\beta_\alpha &= -\beta_0 \frac{g^2(\mu)}{16\pi^2} - \beta_1 \frac{g^4}{(16\pi^2)^2} - \cdots \\
\gamma_m &= \gamma_m^{(0)} \frac{g^2(\mu)}{16\pi^2} - \gamma_m^{(1)} \frac{g^4}{(16\pi^2)^2} + \cdots
\end{aligned}\right\} \tag{1.149}$$

则由 (1.143) 式及上面公式可得到

$$\left.\begin{aligned}
\beta(g^2) &= -2g^2 \frac{\partial Z_{\alpha,1}}{\partial g^2} \\
\gamma_m(g^2) &= -2g^2 \frac{\partial Z_{m,1}}{\partial g^2} \\
\gamma_{Z_\Gamma}(g^2) &= 2g^2 \frac{\partial Z_{\Gamma,1}}{\partial g^2}
\end{aligned}\right\} \tag{1.150}$$

由重整化常数的表示式即可得到

$$\left.\begin{aligned}
\beta_0 &= \frac{1}{3}(11C_2(G) - 4T(R)n_f) = \frac{1}{3}(33 - 2n_f) \\
\gamma_m^{(0)} &= -3C_F = -3\frac{N_f^2 - 1}{N_f} \\
\beta_1 &= 102 - \frac{38}{3}n_f
\end{aligned}\right\} \tag{1.151}$$

由此我们可得到跑动耦合常数的表达式 (1.165) 及跑动的质量关系:

$$m(Q^2) = \frac{m(\mu^2)}{[\ln(Q^2/\Lambda^2)]^{d_m/2}}, \quad d_m = \frac{12}{33 - 2n_f} \tag{1.152}$$

1.5.3 复合算符的重整化

自然界中存在的是无色的强子,这些强子的结构和性质通过夸克和胶子构成无色复合算符的矩阵元描述.因此,我们必须研究复合算符的重整化,这是由单个场算符构成的格林函数的重整化推广.如果我们考虑的仅是定域复合算符,则插入定域复合算符的格林函数的重整化是1.5.1小节的微扰论中的重整化的直接推广.对于发散的复合算符的矩阵元,则在 QCD 拉氏量中加上相应复合算符的抵消项,完成重整化手续,得到的重整化矩阵元将是无发散的.但复合算符的重整化一般要比单个算符的重整化复杂.在 QCD 中,"裸"场和拉氏量中的抵消项是一一对应的,这是因为每个场的量子数不同,重整化不引起这些场的混杂.但是对复合算符,情况就不一样,因为可能存在几个维数和量子数相同的算符,导致重整化时算符的混杂.在本小节中我们讨论不存在混杂的简单情况,以说明复合算符重整化的途径.

考虑复合定域算符 O_P,如 $\bar{\psi}(x)\psi(x)$、$\bar{\psi}(x)\gamma_\mu\psi(x)$ 等,它的裸算符与重整化的算符间由重整化常数 Z_P 联系:

$$O_P^B = Z_P(\mu)O_P^R(\mu) \tag{1.153}$$

算符的标度依赖满足重整化群方程

$$\mu\frac{\mathrm{d}O_P(\mu)}{\mathrm{d}\mu} = -\gamma_P(g(\mu))O_P(\mu) \tag{1.154}$$

这里 $O_P(\mu) = O_P^R(\mu)$,$\gamma_P(g(\mu))$ 是算符 O_P 的反常维数,

$$\gamma_P(g(\mu)) = \mu\frac{\partial}{\partial\mu}\ln Z_P(\mu) \tag{1.155}$$

此方程的形式解是

$$O_P(Q^2) = O_P(\mu^2)\exp\left[-\int_{\alpha(\mu^2)}^{\alpha(Q^2)}\mathrm{d}g^2\frac{\gamma_P(g)}{g^2\beta(g)}\right] \tag{1.156}$$

这里利用了(1.154)式中的关系.展开 $\gamma_P(g)$:

$$\gamma_P(g) = \frac{g^2}{16\pi^2}\gamma_P^{(0)} + \frac{g^4}{(16\pi^2)^2}\gamma_P^{(1)} + \cdots \tag{1.157}$$

$\beta(g)$ 的展开式见 (1.149) 式. 在领头阶近似下, 由 (1.156) 式得

$$O_{\mathrm{P}}(Q^2) = \left[\frac{\alpha_{\mathrm{s}}(Q^2)}{\alpha_{\mathrm{s}}(\mu^2)}\right]^{\frac{\gamma^{(0)}}{2\beta_0}} O_{\mathrm{P}}(\mu^2) \tag{1.158}$$

在维数正规化的 MS 图像中, 展开 $Z_{\mathrm{P}}(\mu)$:

$$Z_{\mathrm{P}}(\mu) = 1 + \sum_{k=1}^{\infty} \frac{Z_{\mathrm{P},k}(g(\mu))}{\epsilon^k} \tag{1.159}$$

$\epsilon = 4 - D$, 反常维数表示为

$$\gamma_{\mathrm{P}}(g) = -2g^2 \frac{\partial Z_{\mathrm{P},1}}{\partial g^2} \tag{1.160}$$

Z_{P} 可通过计算复合算符 O_{P} 在夸克态或胶子态间的矩阵元得到. 对于用线性费米子场定义算符的情况,

$$\langle q \mid O_{\mathrm{P}}^{\mathrm{R}}(x) \mid q \rangle = Z_{\mathrm{P}}^{-1} \left\langle q \left| T O_{\mathrm{P}}^{\mathrm{B}}(x) \exp\left(\mathrm{i}\int \mathrm{d}^4 y \mathscr{L}_{\mathrm{int}}(y)\right) \right| q \right\rangle \tag{1.161}$$

这里 $|q\rangle$ 表示动量为 q 的夸克态, T 为时序算符. 在最低阶近似下, 上式归结为单圈 Feynman 图计算 (图 1.3).

对标量流算符 $O_{\mathrm{S}}(x) = \bar{\psi}(x)\psi(x)$, 通过计算这些 Feynman 图, 得到

$$\left.\begin{array}{l} Z_{\mathrm{S}} = 1 + \dfrac{3C_{\mathrm{F}}g^2}{16\pi^2}\dfrac{2}{\epsilon} + \cdots \\[3mm] \gamma_{\mathrm{S}} = -\dfrac{3C_{\mathrm{F}}g^2}{4\pi^2}, \quad \gamma_{\mathrm{S}}^0 = -6C_{\mathrm{F}} = -8 \\[3mm] \dfrac{\gamma_{\mathrm{S}}^0}{2\beta_0} = -\dfrac{12}{33 - 2n_f} \end{array}\right\} \tag{1.162}$$

图 1.3　复合算符的单圈 Feynman 图

对张量流算符 $O_{\mathrm{T}}(x) = \bar{\psi}(x)\sigma^{\mu\nu}\psi(x)$, 得到

$$Z_T = 1 - \frac{C_F g^2}{16\pi^2}\frac{2}{\epsilon} + \cdots$$

$$\gamma_T = \frac{C_F g^2}{4\pi^2}$$

$$\gamma_T^0 = 2C_F = \frac{8}{3} \qquad (1.163)$$

$$\frac{\gamma_T^0}{2\beta_0} = \frac{4}{33 - 2n_f}$$

将 $\gamma_S^0/(2\beta_0)$ 和 $\gamma_T^0/(2\beta_0)$ 的值代入 (1.156) 式, 我们看到张量流算符和标量流算符有不同的动量演化行为. 对矢量流、轴矢流算符 $O_V(x) = \bar{\psi}\gamma^\mu\frac{\lambda^a}{2}\psi$, $O_A(x) = \bar{\psi}(x)\gamma^\mu\gamma^5\frac{\lambda^a}{2}\psi(x)$, 计算得到 $Z_V = 1$, $Z_A = 1$, $\gamma_V = 0$, $\gamma_A = 1$. 这是更普遍的结果的反映. 如果我们将复合定域算符分为两类, 一类是守恒的或部分 (准) 守恒的算符, 另一类是不守恒的算符, 则守恒的和准守恒的算符不需要重整化 (这里不考虑电-弱重整化), 它们的反常维数为零; 而不守恒的算符具有非零反常维数, 它们一般都要求重整化.

1.6 量子色动力学的基本特性

在上一节中我们概述了 QCD 作用量在场量及时空变换下的对称性. 本节将讨论 QCD 的基本特性及 QCD 真空引起的某些对称性的破缺. 这些特性是: QCD 的渐近自由、夸克禁闭和手征对称性的自发破缺.

1.6.1 QCD 的渐近自由

渐近自由是 QCD 理论的主要特性之一. 所谓渐近自由, 是指 QCD 耦合常数随着重整化标度的增加而减小, 即相互作用变弱而趋于消失. 这一特性可从计算得到的重整化后的跑动耦合常数看出, 更一般地可从分析耦合常数的重整化群方程得出这一结果.

QCD 耦合常数 $g(\mu)$ 随重整化标度的变化满足下面的重整化群方程:

$$\mu \frac{\mathrm{d}g(\mu)}{\mathrm{d}\mu} = \beta(g(\mu)) = -\beta_0 \frac{g^3(\mu)}{16\pi^2} - \beta_1 \frac{g^5(\mu)}{(16\pi^2)^2} - \cdots \tag{1.164}$$

其中 β 称为 QCD β 函数. 利用微扰计算可得到

$$\left.\begin{aligned} \beta_0 &= 11 - \frac{2}{3} n_f \\ \beta_1 &= 102 - \frac{38}{3} n_f \end{aligned}\right\} \tag{1.165}$$

其中 n_f 是"味"数. 将 β_0 代入方程, 忽略 β_1 项贡献, 则得到方程的解:

$$\alpha_s(\mu^2) = \frac{4\pi}{\beta_0 \ln(\mu^2/\Lambda_{\mathrm{QCD}}^2)} \tag{1.166}$$

如果考虑 β_1 项, 则得到二阶表达式:

$$\alpha_s^{(2)}(\mu^2) = \frac{12\pi}{(33 - 2n_f)\ln(\mu^2/\Lambda_{\mathrm{QCD}}^2)}$$
$$\times \left[1 - \frac{6(153 - 19n_f)}{(33 - 2n_f)^2} \frac{\ln\ln(\mu^2/\Lambda_{\mathrm{QCD}}^2)}{\ln(\mu^2/\Lambda_{Q^2}^2)} \right] \tag{1.167}$$

这里 $\alpha_s = g^2/(4\pi)$. 我们看到, 当 $n_f < 33/2$、$\mu^2 \to \infty$ 时, $\alpha_s^{(2)}(\mu^2)/\alpha_s(\mu^2) \to 1$, $\alpha_s(\mu^2)$ 和 $\alpha_s^{(2)}(\mu^2)$ 对数地消失, 相应地夸克间相互作用消失, 夸克成为自由粒子, 这就是所说的渐近自由特性[3].

渐近自由特性是 QCD 微扰论的基础. 在无限大动量极限, 夸克间的色相互作用消失, QCD 理论像一个自由场论; 在大的类空动量下, 该理论出现的修正可由 α_s 的微扰级数展开计算得到. 需要指出的是, $\alpha_s(\mu^2)$ 并不是真正的自由参量, 它与质量标度参量 Λ_{QCD} 相关. 一般来说, 微扰 QCD 仅在大的质量标度 $((M/\Lambda_{\mathrm{QCD}})^2 \gg 1)$ 时适用, 但其有效性有时依赖于问题的特性. Λ_{QCD} 称为 QCD 标度参量, 由实验确定, 实验测得 $\Lambda_{\mathrm{QCD}} = 0.1$—$0.4$ GeV(值与"味"数和重整化手续有关). 在实际计算中, 跑动耦合常数 $\alpha_s(\mu^2)$ 与所考虑物理过程出现的夸克"味"数和标度 μ(常写为动量 Q)相关.

1.6.2　夸克禁闭

从(1.166)式看到, 当标度变小时, 耦合常数 α_s 变大; 当 $\mu^2 \leqslant \Lambda_{\mathrm{QCD}}^2$ 时, $\alpha_s(\mu^2/\Lambda_{\mathrm{QCD}}^2)$ $\to \infty$, 这意味着夸克-夸克(反夸克)不能被单独分开, 即夸克是被"色禁闭"的. "禁闭"似

乎是 QCD 理论中和渐近自由相对应的特性."色禁闭"意味着自由的带色夸克和胶子及带色的多夸克、多胶子或夸克-胶子态不能作为物理态存在.这与在自然界中未发现单个带色的自由夸克或带色的多夸克态的事实相一致.当然,这只是直观的理解.QCD 色禁闭至今仍是数学上未被严格证明的假设.不过格点 QCD 的计算证明了夸克是禁闭的.在强耦合极限下,格点 QCD 的计算给出夸克间的线性作用势 $V(r) \sim \sigma r$,其中 σ 称为弦张量.这个线性势表明,如果试图分离夸克,则夸克间线性势的恢复力将足够快地增强来抵制这种分离.进而,弦可能断开而产生一个夸克-反夸克对,使夸克与反夸克仍由一条弦连在一起不分离.因此,夸克被一个线性势束缚,意味着单个夸克绝不能被分离出来,也即夸克被禁闭.当然,这仅是定性的讨论.我们将在第 10 章详细论述如何从协变 QCD 途径揭示 QCD 夸克禁闭的特性、生成机制和本质.

从以上的讨论看到,当能量标度接近 Λ_{QCD} 时,微扰论不再有效,而必须用非微扰方法求解 QCD.低能强子物理和核现象正处于这样或更低的能量标度,因此,必须发展低能 QCD 非微扰途径.

1.6.3　手征对称性的自发破缺

在 1.4 节中已指出,鉴于 m_u、$m_d \ll \Lambda_{QCD}$,$SU(2)$ 手征对称性是好的近似;由于 m_s 相对来说是轻的,因此 $SU(3)$ 手征对称性是一个粗糙的近似.这些手征对称性由于夸克质量项而受到破坏.如果先忽略这些质量,则得到守恒的经典矢量流 V_f^μ 和轴矢流 A_f^μ(见 (1.91)式),其中在 $SU(2)$ 情况下 $T^f = \tau^f/2$,在 $SU(3)$ 情况下 $T^f = \lambda^f/2$,f 为"味"指标.相应地可定义守恒荷:

$$\left.\begin{aligned} Q^f(t) &= \int d^3 x V_f^o(x) \\ Q_5^f(t) &= \int d^3 x A_f^o(x) \end{aligned}\right\} \tag{1.168}$$

(1.90)式给出的 V_f^μ 和 A_f^μ 是 Gell-Mann 流代数[17]中的矢量流和轴矢流.实际上,如果将流算符中的夸克场看作量子场,则利用夸克场间的量子化对易关系,可以证明它们确实满足流代数关系,例如对"荷"的等时对易关系有

$$\left.\begin{aligned} \left[Q^a(t), Q^b(t)\right] &= i f^{abc} Q^c(t) \\ \left[Q^a(t), Q_5^b(t)\right] &= i f^{abc} Q_5^c(t) \\ \left[Q_5^a(t), Q_5^b(t)\right] &= i f^{abc} Q^c(t) \end{aligned}\right\} \tag{1.169}$$

这表明 Q^a 和 Q_5^a 形成封闭的对易关系,构成流代数的基.

由于 Q^f 和 Q_5^f 是守恒的,因此它们是时间独立的,满足 $[Q^f,\mathscr{L}]=[Q_5^f,\mathscr{L}]=0$,这表明它们是拉氏量的整体对称性生成元,但是 Q^f 和 Q_5^f 作用在真空态上给出不同的结果,导致对应的整体对称性在自然界中以不同方式实现.一般来说,在给定拉氏量 $\mathscr{L}$ 下对称变换的一组生成元 Q^j 有两种可能性:① Wigner-Weyl 实现:$Q^j|0\rangle=0$. ② Nambu-Goldstone 实现:$Q^j|0\rangle\neq 0$,这表明真空不具有拉氏量的相应对称性.上述两种对称性实现方式对应存在两个定理——Coleman 定理和 Goldstone 定理[18].Coleman 定理指出,Wigner-Weyl 实现表明物理态可按相应对称群的不可约幺正表示分类.这意味着在该情况中将出现质量退化的($m_q=0$ 极限)宇称双重态.Goldstone 定理指出,对于每个不能消灭真空态的生成元,一定存在量子数与生成元相同的无质量玻色子.在自然界的粒子谱中,我们知道同位旋守恒在强相互作用中是成立的,强子可按位旋多重性分类,但实验上未发现质量相同但宇称相反的镜多重态.由此要求假设(手征极限)

$$Q^f(t)|0\rangle=0,\qquad Q_5^f(t)|0\rangle\neq 0 \tag{1.170}$$

这意味着存在一个 N_f^2-1 多重态的零质量赝标介子(Goldstone 玻色子)和一组有质量(具有退化质量)的多重态粒子,即 $SU_L(N_f)\otimes SU_R(N_f)$ 自发破缺(或者说动力学破缺)为 $SU_V(N_f)$.在 $N_f=3$ 的情况下,8 个 Goldstone 玻色子是 0^- 八重态(π、K、η),而有质量的多重粒子是 1^- 八重态(ρ、ω、K^*、Φ)及 $\frac{1}{2}^+$ 八重态重子和 $\frac{3}{2}^+$ 十重态重子.物理上的 π(质量为 138 MeV)、K、η 是 Goldstone 玻色子的微扰态,质量来源于流夸克质量 m_u、m_d 和 m_s.这些夸克质量的存在也导致有质量的矢量介子等出现质量差.

手征对称性的 Nambu-Goldstone 实现表明物理真空不同于微扰论的真空,QCD 的物理真空具有非平凡的结构.QCD 的手征对称性自发破缺意味着真空期望值 $\langle \bar{u}u \rangle$、$\langle \bar{d}d \rangle$、$\langle \bar{s}s \rangle$ 不等于零(这里 $\langle \bar{q}q \rangle=\langle \text{vac}|\bar{q}q|\text{vac}\rangle$,$|\text{vac}\rangle$ 指物理真空).它们的值可通过轴矢流部分守恒(PCAC)关系估算:

$$\left.\begin{array}{r}(m_u+m_d)\langle \bar{u}u+\bar{d}d \rangle_{\text{vac}}=-f_\pi^2 m_\pi^2 \\[2mm] (m_u+m_s)\langle \bar{u}u+\bar{s}s \rangle_{\text{vac}}=-f_K^2 m_{K^+}^2 \\[2mm] (m_d+m_s)\langle \bar{d}d+\bar{s}s \rangle_{\text{vac}}=-f_K^2 m_{K^0}^2 \end{array}\right\} \tag{1.171}$$

其中忽略了 $0(m_\pi^4)$ 或 $0(m_K^4)$ 项的贡献.从实验值 $f_\pi=93$ MeV 和 π 介子、K 介子质量可得到 $\langle \bar{u}u \rangle=\langle \bar{d}d \rangle\approx-[(225\pm 25)\text{ MeV}]^3$ 及 $\langle \bar{s}s \rangle\approx 0.75\langle \bar{u}u \rangle$.如果假设真空期望值 $\langle \bar{q}q \rangle$ 是"味"不变的量,则用上式反过来可估算 m_u、m_d、m_s 之间的关系,结果为 m_s/m_u

$= 18 \pm 4$，$m_{\mathrm{d}}/m_{\mathrm{u}} = 2.0 + 0.3$. 由此可近似估算 m_{u}、m_{d}、m_{s} 的流质量：$m_{\mathrm{u}}(\mu^2 \sim m_\rho^2) \approx 6\ \mathrm{MeV}$，$m_{\mathrm{d}}(\mu^2 \sim m_\rho^2) \approx 10\ \mathrm{MeV}$，$m_{\mathrm{s}}(\mu^2 \sim m_\rho^2) \approx 200\ \mathrm{MeV}$，误差为 50%. 夸克的手征凝聚是 QCD 真空结构的唯象表示的主要参量. 手征对称性破缺标度的出现是低能 QCD 的重要特征，它意味着研究低能 QCD 途径必须考虑 QCD 真空复杂结构的效应.

以上对 QCD 的基本特性的讨论仅是简单的定性说明. 目前，QCD 的渐近自由特性已得到严格的证明. 实际上，也正是由于证明了 QCD 存在渐近自由特性及可重整化性，QCD 才真正宣告诞生，从此被普遍地接受作为强相互作用的基本理论，并被广泛地用来描述高能标度下强子的结构和从核子-核子相互作用到核体系的性质. 对此，我们将在第 3 章至第 5 章进行讨论. 对 QCD 低能标度的动力学手征对称性破缺问题，以往也有相当多的研究，但很多是基于模型的讨论. 人们似乎对动力学手征对称性破缺机制的图像有所理解，但真正从 QCD 理论出发将 QCD 非微扰作用与动力学手征对称性破缺相联系进行自洽的研究才刚刚开始. 至于 QCD 理论的夸克色禁闭问题，虽然从 QCD 诞生至今有很多关于禁闭机制、禁闭判据的讨论，但一直没有满意的答案，没有从第一原理出发推导出夸克色禁闭. 夸克色禁闭问题成为 20 世纪和 21 世纪物理学面临的严重挑战. 作者经过多年艰难探究，近年来通过协变 QCD 途径破解了 QCD 夸克禁闭难题：从 QCD 基本原理出发，导出了有质量夸克间的（矢量）线性禁闭势和红外发散的 QCD 非微扰跑动耦合，并揭示了它们的生成机制，进而揭示了从紫外区 QCD 渐近自由到红外区 QCD 夸克禁闭间的转变. 我们将在第 10 章作详细论述. 对 QCD 禁闭问题的研究带动了对 QCD 非微扰问题的研究. 从第 6 章起，我们将介绍有关的 QCD 非微扰途径；论述在 QCD 理论基础上对动力学手征对称破缺的动力学的探讨、研究；讨论 QCD 非微扰途径及导出的 QCD 基础唯象模型如何应用于描述核子、核子-核子相互作用、非常规强子态和核结构体系.

第 2 章

规范理论的规范不变性与多点格林函数间的严格关系

在规范理论中,规范不变性或者说规范对称性导致多点格林函数间存在严格的约束关系,称为 Ward-Takahashi(WT)恒等式[10]. 在非 Abel 规范理论如 QCD 理论中,这些 WT 恒等式也称为 Slavnov-Taylor(ST)恒等式[11]. 最基本的 WT(ST)恒等式是基本顶角的 WT(ST)恒等式,它们在论证规范理论的可重整化性方面担任基本角色,也在规范理论的非微扰研究如夸克禁闭、动力学手征对称性破缺等领域中起重要作用.

在 1.4 节中,我们给出了 ST 恒等式的紧致表达式,基本顶角的 ST 恒等式可从该式中导出. 为更清晰地理解 WT 恒等式和 ST 恒等式及横向 WT(ST)恒等式,本章将更具体地讨论如何推导这些恒等式.

在本章中,我们将应用规范对称性变换结合泛函积分途径推导 Abel 规范理论 QED 中顶角的 WT 恒等式和非 Abel 规范理论 QCD 中基本顶角的 ST 恒等式. 我们知道,一个体系的整体对称性变换导致体系的作用量(拉氏量)不变,在经典场论中,体系的这一对称性与由 Noether 定理给出的"流"和"荷"守恒相对应,而这些"流"与"荷"守恒又是满足运动方程的必然结果. 因此,一个体系的定域对称性变换并不一定要求体系的作用量

(拉氏量)不变,而只要保持原有体系的运动方程不变,就是该体系的对称性.不过,经典理论中的对称性在量子理论中未必一定保持.例如经典理论中的轴矢流守恒(费米子质量为零的情况)在量子理论中因为出现量子修正而受到破坏,这种现象称为轴矢流守恒的量子反常.这时,对应的 WT 恒等式或 ST 恒等式也出现相应的反常项贡献.

在泛函积分途径中,WT 恒等式或 ST 恒等式起因于 QED 或 QCD 的生成泛函的规范不变性.如果我们重新定义场变量 ψ、A_μ、$\cdots$,生成泛函仍保持不变.这是因为在泛函积分中变量改变不影响积分值.场量的规范变换是重新定义场变量的特殊例子.在场量规范变换下,生成泛函的规范不变性所导致的恒等式就是 WT 恒等式或 ST 恒等式.

通常的规范对称性变换导致的 WT 恒等式或 ST 恒等式仅约束顶角的纵向分量,而顶角的横向分量是未受到约束的.我们发现,存在与通常的对称性变换相应的横向对称性变换,它们可导致横向 WT(ST)恒等式,约束顶角的横向分量.由此,综合通常的对称性变换和横向对称性变换,可建立对顶角的完整约束关系.

2.1 QED 中的对称性变换与 Ward-Takahashi 恒等式

我们首先讨论 Abel 规范理论 QED 中的 WT 恒等式,给出推导 WT 恒等式的方法. QED 的拉氏函数为

$$\mathscr{L}_{\mathrm{QED}} = \bar{\psi}(\mathrm{i}\gamma \cdot \partial - m - e\gamma \cdot A)\psi - \frac{1}{4}F_{\mu\nu}F^{\mu\nu} \tag{2.1}$$

其中 $F_{\mu\nu} = \partial_\mu A_\nu - \partial_\nu A_\mu$.

生成泛函为

$$Z[\eta, \bar{\eta}, J_\mu] = \frac{1}{N}\int \mathscr{D}[\psi, \bar{\psi}, A_\mu]\exp\left\{\mathrm{i}\int \mathrm{d}^4 x \mathscr{L}_{\mathrm{QED}}^{\mathrm{eff}} + \mathrm{i}\int \mathrm{d}^4 x (\bar{\eta}\psi + \bar{\psi}\eta + J_\mu A^\mu)\right\} \tag{2.2}$$

这里 $\eta, \bar{\eta}$ 和 J_μ 为外源,$N = Z[J = \eta = \bar{\eta} = 0]$,有效拉氏函数为

$$\mathscr{L}_{\mathrm{QED}}^{\mathrm{eff}} = \mathscr{L}_{\mathrm{QED}} - \frac{1}{2\xi}(\partial^\mu A_\mu)^2 \tag{2.3}$$

其中 ξ 为协变规范参数,最后一项为规范固定项.

2.1.1 费米子-玻色子(矢量)顶角的 WT 恒等式

考虑如下的无限小变换:

$$\left.\begin{array}{l} \psi(x) \to (1 + \mathrm{i}\theta(x))\psi(x) \\ \overline{\psi}(x) \to (1 - \mathrm{i}\theta(x))\overline{\psi}(x) \end{array}\right\} \tag{2.4}$$

而规范场 A_μ 不作改变,这里 $\theta(x)$ 为无限小实参数,θ 为常数时整体变换(2.4)不改变拉氏函数,因而是拉氏函数的一个对称性.该变换的 Jacobi 行列式为 1.QED 有效拉氏函数在变换(2.4)下作如下改变:

$$\mathcal{L} \to \mathcal{L} - \partial_\mu \theta(x)\, \overline{\psi}\gamma^\mu \psi \tag{2.5}$$

相应的生成泛函为

$$Z[\eta, \overline{\eta}, J_\mu] = \frac{1}{N}\int \mathcal{D}[\psi, \overline{\psi} A_\mu]\exp\left\{\mathrm{i}\int \mathrm{d}^4 x (\mathcal{L}_{\mathrm{QED}}^{\mathrm{eff}} + \overline{\eta}\psi + \overline{\psi}\eta + J_\mu A^\mu)\right\}$$

$$\times \exp\left\{\mathrm{i}\int \mathrm{d}^4 x\, \theta(x)(\partial^\mu j_\mu + \mathrm{i}\overline{\eta}\psi - \mathrm{i}\overline{\psi}\eta)\right\} \tag{2.6}$$

其中 $j_\mu(x) = \overline{\psi}(x)\gamma_\mu \psi(x)$.这里作了分部积分.对 $\theta(x)$ 作微分并令 $\theta(x) = 0$,然后对 $\eta(x)$ 和 $\overline{\eta}(x)$ 作微分,由此得到

$$0 = \frac{1}{N}\int \mathcal{D}[\psi, \overline{\psi}, A_\mu]\exp\left\{\mathrm{i}\int \mathrm{d}^4 x (\mathcal{L}_{\mathrm{QED}}^{\mathrm{eff}} + \overline{\eta}\psi + \overline{\psi}\eta + J_\mu A^\mu)\right\}$$

$$\times \left\{\partial^\mu j_\mu(x)\psi(x_1)\overline{\psi}(x_2) + \delta(x - x_1)\psi(x)\overline{\psi}(x_2) - \delta(x - x_2)\psi(x_1)\overline{\psi}(x)\right\} \tag{2.7}$$

写成算符形式则得到坐标空间中的 WT 恒等式:

$$\partial^\mu \langle 0 \mid Tj_\mu(x)\psi(x_1)\overline{\psi}(x_2) \mid 0 \rangle$$

$$= \langle 0 \mid T\psi(x_1)\overline{\psi}(x_2) \mid 0 \rangle (\delta(x - x_2) - \delta(x - x_1)) \tag{2.8}$$

定义

$$\int \mathrm{d}^4 x\, \mathrm{d}^4 x_1\, \mathrm{d}^4 x_2\, \mathrm{e}^{\mathrm{i}(p_1 \cdot x_1 - p_2 \cdot x_2 - q \cdot x)} \langle 0 \mid Tj^\mu(x)\psi(x_1)\overline{\psi}(x_2) \mid 0 \rangle$$

$$= (2\pi)^4 \delta^4(p_1 - p_2 - q)\mathrm{i}S_{\mathrm{F}}(p_1)\Gamma_{\mathrm{V}}^\mu(p_1, p_2)\mathrm{i}S_{\mathrm{F}}(p_2) \tag{2.9}$$

对(2.8)式进行 Fourier 变换,则得到熟悉的矢量顶角的 WT 恒等式在动量空间的表达式:

$$q_\mu \Gamma_V^\mu(p_1, p_2) = S_F^{-1}(p_1) - S_F^{-1}(p_2) \tag{2.10}$$

这里 $q = p_1 - p_2$,$S_F(p)$ 为完全的费米子传播子.

利用函数积分途径推导 WT 恒等式时也可不用外源项.实际上,由于无限小的变换 (2.4) 不改变泛函积分值,因此下式成立:

$$\int \mathscr{D}[\psi, \bar{\psi}, A] e^{i\int d^4 x \mathscr{L}[\psi, \bar{\psi}, A]} \psi(x_1) \bar{\psi}(x_2)$$

$$= \int \mathscr{D}[\psi', \bar{\psi}', A] e^{i\int d^4 x \mathscr{L}[\psi, \bar{\psi}', A]} \psi'(x_1) \bar{\psi}'(x_2) \tag{2.11}$$

同时,变换(2.4)也不改变泛函积分测度,即有 $\mathscr{D}[\psi', \bar{\psi}', A] = \mathscr{D}[\psi, \bar{\psi}, A]$.将此代入 (2.11)式,展开此方程至 θ 的一阶项,则有

$$0 = \int \mathscr{D}[\psi, \bar{\psi}, A] e^{i\int d^4 x \mathscr{L}} \left\{ i \int d^4 x \delta \mathscr{L} + \delta(\psi(x_1) \bar{\psi}(x_2)) \right\} \tag{2.12}$$

将(2.4)式和(2.5)式代入,则可具体得到

$$0 = \int \mathscr{D}[\psi, \bar{\psi}, A] e^{i\int d^4 x \mathscr{L}} \left\{ -i \int d^4 x \partial_\mu \theta(x) j^\mu(x) \psi(x_1) \bar{\psi}(x_2) \right.$$

$$\left. + i\theta(x_1) \psi(x_1) \bar{\psi}(x_2) + \psi(x_1) [-i\theta(x_2) \bar{\psi}(x_2)] \right\} \tag{2.13}$$

对(2.13)式作分部积分并除以 $N = Z[J = 0]$,则得到坐标空间中的 WT 恒等式(2.8).

(2.8)式和(2.9)式表明,这里的矢量顶角函数 Γ_V 是由三点顶角函数 $\langle 0 | T j^\mu(x) \psi(x_1) \bar{\psi}(x_2) | 0 \rangle$ 定义的.但在规范理论中,费米子-规范玻色子顶角应由顶角函数 $\langle 0 | T A^\mu(x) \psi(x_1) \bar{\psi}(x_2) | 0 \rangle$ 定义.那么,这两种定义之间有何关系?我们在此作一简要讨论.定义

$$(2\pi)^4 \delta^4(p_1 - p_2 - q) i S_F(p_1) ig\Gamma_V^\nu(p_1, p_2) i S_F(p_2) iG_{\nu\mu}(q)$$

$$= \int d^4 x \, d^4 x_1 \, d^4 x_2 e^{i(p_1 \cdot x_1 - ip_2 \cdot x_2 - iq \cdot x)} \langle 0 | T A_\mu(x) \psi(x_1) \bar{\psi}(x_2) | 0 \rangle \tag{2.14}$$

这里 $G_{\nu\mu}$ 为规范场的传播子.在微扰论中,矩阵元 $\langle T A_\mu(x) \psi(x_1) \bar{\psi}(x_2) \rangle$ 的计算由 Gell-Mann-Low 关系给出,即由

$$\left\langle 0 \left| T A_\mu(x) \psi(x_1) \bar{\psi}(x_2) \exp\left(i\int d^4 y \mathscr{L}_{\text{int}}(y)\right) \right| 0 \right\rangle \tag{2.15}$$

计算得到. 这里 $\mathscr{L}_{\text{int}}$ 是拉氏函数的相互作用部分, $\mathscr{L}_{\text{int}}^{\text{QED}} = e j_\alpha(y) A^\alpha(y)$, 由此, 一级微扰论计算给出

$$
\begin{aligned}
(2\pi)^4 \delta^4 & (p_1 - p_2 - q) \mathrm{i} S_{\text{F}}(p_1) \mathrm{i} g \Gamma_{\text{V}}^\nu(p_1, p_2) \mathrm{i} S_{\text{F}}(p_2) \mathrm{i} G_{\nu\mu}(q) \\
& = \int \mathrm{d}^4 x \, \mathrm{d}^4 x_1 \mathrm{d}^4 x_2 \mathrm{e}^{\mathrm{i}(p_1 \cdot x_1 - p_2 \cdot x_2 - \mathrm{i} q \cdot x)} \langle 0 | T A_\mu(x) \psi(x_1) \overline{\psi}(x_2) | 0 \rangle \\
& = \mathrm{i} q G_{\mu\nu}^{(0)}(q) \int \mathrm{d}^4 x \, \mathrm{d}^4 x_1 \mathrm{d}^4 x_2 \mathrm{e}^{\mathrm{i}(p_1 \cdot x_1 - p_2 \cdot x_2 - q \cdot x)} \langle 0 | j_\mu(x) \psi(x_1) \overline{\psi}(x_2) | 0 \rangle
\end{aligned}
$$

$$(2.16)$$

它导致了与(2.9)式一致的结果. 这表明, 在 Abel 规范理论情况中, 费米子-规范玻色子顶角(即矢量顶角)由 $\langle 0 | T A_\mu(x) \psi(x_1) \overline{\psi}(x_2) | 0 \rangle$ 定义与由三点顶角函数 $\langle 0 | T j_\mu(x) \psi(x_1) \overline{\psi}(x_2) | 0 \rangle$ 定义是一致的. 应用后面的定义, 在正则场论途径中利用场量的正则对易关系和运动方程, 可通过直接运算而得到矢量顶角的 WT 恒等式(2.8).

2.1.2　手征变换与轴矢量顶角的 WT 恒等式

考虑费米子质量为零的情况, 对场变量作如下无限小变化:

$$
\left.
\begin{aligned}
\psi(x) &\to \psi'(x) = (1 + \mathrm{i} \theta(x) \gamma^5) \psi(x) \\
\overline{\psi}(x) &\to \overline{\psi}'(x) = \overline{\psi}(x)(1 + \mathrm{i} \theta(x) \gamma^5)
\end{aligned}
\right\}
$$

$$(2.17)$$

而规范场不作改变, θ 为常数时整体变换(2.17)不改变拉氏函数, 是拉氏函数的一个对称性. 这里取 $\theta(x)$ 为无限小的实参数, 变换(2.17)使拉氏函数作如下变换:

$$
\mathscr{L}_{\text{QED}}(\psi, \overline{\psi}, A) \to \mathscr{L}_{\text{QED}}(\psi', \overline{\psi}', A) = \mathscr{L}_{\text{QED}}(\psi, \overline{\psi}, A) - \partial_\mu \theta(x) \overline{\psi} \gamma^\mu \gamma^5 \psi
$$

$$(2.18)$$

由于变换(2.17)不改变泛函积分值, 因而我们可应用(2.11)式来导出相应的 WT 恒等式. 但变换(2.17)导致函数积分的测度改变:

$$
\mathscr{D}\psi' \mathscr{D} \overline{\psi}' = J^{-2} \mathscr{D}\psi \mathscr{D} \overline{\psi}
$$

$$(2.19)$$

这里 J 为变换(2.17)的 Jacobi 行列式, 计算得到[19]

$$
J^2 = \exp\left[-\mathrm{i} \int \mathrm{d}^4 x \, \theta(x) \left(\frac{e^2}{16\pi^2} \epsilon^{\mu\nu\lambda\rho} F_{\mu\nu} F_{\lambda\rho}(x) \right) \right]
$$

$$(2.20)$$

由此,变换(2.17)导致泛函积分变换为

$$Z = \int \mathcal{D}[\psi, \bar{\psi}, A]\exp\left\{i\int d^{\psi}x\left[\mathcal{L}_{QED} + \theta(x)\left(\partial_\mu j_5^\mu + \frac{e^2}{16\pi^2}\epsilon^{\mu\nu\lambda\rho}F_{\mu\nu}F_{\lambda\rho}\right)\right]\right\} \quad (2.21)$$

其中 $j_5^\mu = \bar{\psi}\gamma^\mu\gamma_5\psi$. 对 $\theta(x)$ 作变分,则得到 Adler-Bell-Jackiw(ABJ)反常方程:

$$\partial_\mu j_5^\mu = -\frac{e^2}{16\pi^2}\epsilon^{\mu\nu\lambda\rho}F_{\mu\nu}F_{\lambda\rho} \quad (2.22)$$

由轴矢流的 ABJ 反常可知,在无质量的 QED 情况中,经典理论中守恒的四维轴矢流在量子理论中反常地不守恒.这一反常项起因于微扰的量子修正.

　　将(2.17)式和(2.21)式代入(2.11)式,并展开至 $\theta(x)$ 一阶项,我们得到

$$0 = \int \mathcal{D}[\psi, \bar{\psi}, A]e^{i\int d^4x\mathcal{L}}\left\{i\int d^4x\theta(x)\left[\partial_\mu j_5^\mu(x) + \frac{e^2}{16\pi^2}\epsilon^{\mu\nu\lambda\rho}F_{\mu\nu}F_{\lambda\rho}\right]\psi(x_1)\bar{\psi}(x_2)\right.$$

$$\left. + (i\theta(x_1)\gamma_5\psi(x_1))\bar{\psi}(x_2) + \psi(x_1)\bar{\psi}(x_2)(i\theta(x_2)\gamma^5)\right\} \quad (2.23)$$

将此式写成算符形式,则得到坐标空间的轴矢量 WT 恒等式:

$$\partial^\mu\langle 0 | Tj_\mu^5(x)\psi(x_1)\bar{\psi}(x_2) | 0\rangle = -\delta(x-x_1)\gamma^5\langle 0 | T\psi(x_1)\bar{\psi}(x_2) | 0\rangle$$

$$-\delta(x-x_2)\langle 0 | T\psi(x_1)\bar{\psi}(x_2) | 0\rangle\gamma^5$$

$$-\frac{e^2}{16\pi^2}\epsilon^{\mu\nu\lambda\rho}\langle 0 | TF_{\mu\nu}F_{\lambda\rho}(x)\psi(x_1)\bar{\psi}(x_2) | 0\rangle$$

$$(2.24)$$

对(2.24)式作 Fourier 变换,则得到动量空间的轴矢量 WT 恒等式:

$$q^\mu\Gamma_{A\mu}(p_1, p_2) = S_F^{-1}(p_1)\gamma^5 + \gamma^5 S_F(p_2) + 2m\Gamma_5(p_1, p_2) + i\frac{q^2}{16\pi^2}F(p_1, p_2) \quad (2.25)$$

这里加上了费米子质量项的贡献,$F(p_1, p_2)$ 由

$$\int d^4x d^4x_1 d^4x_2 e^{i(p_1\cdot x_1 - p_2\cdot x_2 - q\cdot x)}\langle 0 | T\psi(x)\psi(x_1)\bar{\psi}(x_2)\epsilon^{\mu\nu\lambda\rho}F_{\mu\nu}(x)F_{\lambda\rho}(x) | 0\rangle$$

$$= (2\pi)^4\delta^4(p_1 - p_2 - q)iS_F(p_1)F(p_1, p_2)iS_F(p_2) \quad (2.26)$$

定义.由此知(2.25)式中最后一项为轴矢流反常项的贡献.

2.2 QCD 中的对称性变换与 Slavnov-Taylor 恒等式

量子色动力学的作用量在 BRST 变换下保持不变,这一对称性称为 BRST 对称性. 在第 1 章中,我们简要讨论了 BRST 对称性,并给出了由 BRST 变换导出的 Slavnov-Taylor(ST)恒等式的微分形式. 在本章中,我们将给出 QCD 顶角的 ST 恒等式的一些具体表达式,并讨论 QCD 手征变换导致的轴矢量 ST 恒等式.

2.2.1 BRST 变换与夸克–胶子顶角的 ST 恒等式

BRST 变换已由(1.74)式给出,若令 $\zeta = -\omega$,则 BRST 变换写为[9]

$$\left.\begin{array}{ll} \delta\psi = \mathrm{i}g\omega c^a t^a \psi, \quad \delta\bar{\psi} = -\mathrm{i}g\,\bar{\psi}\,t^a \omega c^a, \quad \delta A^a_\mu = \omega D^{ab}_\mu c^b \\ \delta c^a = -\dfrac{1}{2}gf^{abc}\omega c_b c_c, \quad \delta\bar{c}^a = \dfrac{\omega}{\xi}\partial^\mu A^a_\mu \end{array}\right\} \tag{2.27}$$

其中 t^a 为色 $SU(N)$ 空间的生成元,f^{abc} 为结构常数. QCD 作用量在 BRST 变换下不变,同时泛函积分测度在 BRST 变换下不变. 由此应用关系式(2.11)可得到恒等式

$$\begin{aligned} &\mathrm{i}g t^c \langle 0 \mid T c^c(x_1)\psi(x_1)\bar{\psi}(x_2)\bar{c}^a(y) \mid 0\rangle \\ &\quad -\mathrm{i}g\langle 0 \mid T\psi(x_1)\bar{\psi}(x_2)c^c(x_2)\bar{c}^a(y) \mid 0\rangle t^c \\ &\quad +\frac{1}{\xi}\langle 0 \mid T\psi(x_1)\bar{\psi}(x_2)\partial^\mu A^a_\mu(y) \mid 0\rangle = 0 \end{aligned} \tag{2.28}$$

定义

$$\begin{aligned} &(2\pi)^4\delta^4(p_1 - p_2 - q)\mathrm{i}S_{\mathrm{F}}(p_1)\mathrm{i}g\Gamma^{b\nu}_{\mathrm{V}}(p_1, p_2, q)\mathrm{i}S_{\mathrm{F}}(p_2)\mathrm{i}D^{ba}_{\nu\mu}(q) \\ &\quad = \int \mathrm{d}^4 x_1 \mathrm{d}^4 x_2 \mathrm{d}^4 y\,\mathrm{e}^{\mathrm{i}(p_1 \cdot x_1 - p_2 \cdot x_2 - p \cdot y)}\langle 0 \mid T\psi(x_1)\bar{\psi}(x_2)A^a_\mu(y) \mid 0\rangle \end{aligned} \tag{2.29}$$

对(2.28)式作 Fourier 变换,并应用 ST 恒等式

$$q_\mu D_{ab}^{\mu\nu}(q) = -\frac{\xi\delta_{ab}q^\nu}{q^2} \tag{2.30}$$

则得到动量空间中夸克-胶子顶角的 ST 恒等式：

$$q^\mu\Gamma_{\mathrm{V}\mu}^a(p_1,p_2,q)G^{-1}(q^2) = S_{\mathrm{F}}^{-1}(p_1)\big[t^a - B_4^a(p_1,p_2)\big]$$
$$- \big[t^a - B_4^a(p_1,p_2)\big]S_{\mathrm{F}}^{-1}(p_2) \tag{2.31}$$

其中 B_4^a 为四点夸克-鬼散射"核"(kernel)，$G(q^2)$ 为鬼场的重整化函数，它参数化鬼场的传播子

$$D_{\mathrm{G}}^{ab}(q^2) = -\frac{\delta^{ab}G(q^2)}{q^2} \tag{2.32}$$

夸克-胶子顶角的 ST 恒等式也可通过其他形式的对称性变换导出，例如考虑以下无限小变换：

$$\left.\begin{aligned}\delta\psi &= \mathrm{i}g\omega c^a t^a\psi, \quad \delta\bar\psi = -\mathrm{i}g\bar\psi t^a\omega c^a \\ \delta A_\mu^a &= \delta c^a = \delta\bar c^a = 0\end{aligned}\right\} \tag{2.33}$$

这一变换下泛函积分测度不变，但 QCD 作用量发生改变. 应用类似于 2.1 节推导 QED 中的 WT 恒等式的步骤，可以得到坐标空间的夸克-胶子顶角的 ST 恒等式：

$$\langle 0 \mid Tj_\mu^a(x)\psi(x_1)\bar\psi(x_2)D^{\mu ab}c^b(x)\bar c^e(y) \mid 0\rangle$$
$$= \delta(x-x_1)\langle 0 \mid Tt^a\psi(x)\bar\psi(x_2)c^a(x)\bar c^e(y) \mid 0\rangle$$
$$- \delta(x-x_2)\langle 0 \mid T\psi(x_1)\bar\psi(x)t^a c^a(x)\bar c^e(y) \mid 0\rangle \tag{2.34}$$

其中 $j_\mu^a(x) = \bar\psi(x)\gamma_\mu t^a\psi(x)$. 对(2.34)式作 Fourier 变换，给出

$$q^\mu\widetilde\Gamma_{\mathrm{V}\mu}^a(p_1,p_2)\big[1 - B_{(\mathrm{D})6}^{(\mu)}(p_1,p_2)\big]G^{-1}(q^2)$$
$$= S_{\mathrm{F}}^{-1}(p_1)(t^a - B_4^a) - (t^a - B_4^a)S_{\mathrm{F}}^{-1}(p_2) \tag{2.35}$$

这里 $B_{(\mathrm{D})6}^{(\mu)}$ 为六点夸克-鬼散射"核"，$\widetilde\Gamma_{\mathrm{V}\mu}$ 由与 Abel 理论中的(2.9)式相同的式子定义. 由于 ST 恒等式(2.35)与(2.31)式相互等价，可得到 $\Gamma_{\mathrm{V}}^{a\mu} = \widetilde\Gamma_{\mathrm{V}}^{a\mu}(1 - B_{(\mathrm{D})6}^{(\mu)})$，后者是由

$$\langle 0 \mid Tj^{a\mu}(x)\psi(x_1)\bar\psi(x_2)D_\mu^{ab}c^b(x)\bar c^e(y) \mid 0\rangle$$

作 Fourier 变换得到的. 另一方面，如果在作 Fourier 变换时对包含微分算符的部分作分部积分，然后应用夸克场的运动方程，则有

$$\int \mathrm{d}^4 x_1 \mathrm{d}^4 x_2 \mathrm{d}^4 x \mathrm{e}^{\mathrm{i} p_1 \cdot x_1 - \mathrm{i} p_2 \cdot x_2 - \mathrm{i} p \cdot x}$$

$$\times \langle 0 \mid T j^{a\mu}(x) \psi(x_1) \bar{\psi}(x_2) D_{\mu}^{ab} c^b(x) \bar{c}^e(0) \mid 0 \rangle$$

$$= \mathrm{i} q_{\mu} \int \mathrm{d}^4 x_1 \mathrm{d}^4 x_2 \mathrm{d}^4 x \mathrm{e}^{\mathrm{i} p_1 \cdot x_1 - \mathrm{i} p_2 \cdot x_2 - \mathrm{i} q \cdot x}$$

$$\times \langle 0 \mid T j^{a\mu}(x) \psi(x_1) \bar{\psi}(x_2) c^a(x) \bar{c}^e(0) \mid 0 \rangle$$

$$= \frac{\mathrm{i} S_{\mathrm{F}}(p_1) q_{\mu} \widetilde{\Gamma}_{\mathrm{V}}^{a\mu}(p_1, p_2)(1 - B_6^{(\mu)}) \mathrm{i} S_{\mathrm{F}}(p_2) G(q^2)}{q^2} \tag{2.36}$$

其中 $B_6^{(\mu)}$ 为矩阵元 $\langle 0 \mid T j^{a\mu}(x) \psi(x_1) \bar{\psi}(x_2) c^a(x) \bar{c}^e(0) \mid 0 \rangle$ 中的鬼场-夸克散射"核". 由此得到如下关系：

$$\Gamma_{\mathrm{V}}^{a\mu}(p_1, p_2) = \widetilde{\Gamma}_{\mathrm{V}}^{a\mu}(p_1, p_2)(1 - B_{(\mathrm{D})6}^{(\mu)}(p_1, p_2))$$

$$= \widetilde{\Gamma}_{\mathrm{V}}^{a\mu}(p_1, p_2)(1 - B_6^{(\mu)}(p_1, p_2)) G(q^2) \tag{2.37}$$

它给出了非 Abel 理论 QCD 中由费米子-规范玻色子顶角函数 $\langle T A_{\mu}^a(x_1) \psi(x_1) \bar{\psi}(x_2) \rangle$ 定义的夸克-胶子顶角与由三点矢量顶角函数 $\langle T j_{\mu}^a(x_1) \psi(x_2) \bar{\psi}(x_2) \rangle$ 定义的顶角间的关系, 及 Fourier 变换矩阵元 $\langle T j^{a\mu}(x_1) \psi(x_2) \bar{\psi}(x_2) D_{\mu}^{ab} c^b(x) \bar{c}^e(0) \rangle$ 与矩阵元 $\langle T j^{a\mu}(x) \psi(x_1) \bar{\psi}(x_2) c^a(x) \bar{c}^e(0) \rangle$ 中的鬼场-夸克散射"核"间的关系.

2.2.2　胶子-鬼场顶角的 ST 恒等式

应用 BRST 变换推导胶子-鬼场顶角的 ST 恒等式与推导夸克-胶子顶角的方法相似. 由于 BRST 变换下 QCD 作用量不变和泛函积分测度不变, 类似于(2.12)式, 可得到

$$\int \mathscr{D}\left[\psi, \bar{\psi}, A, c^a, \bar{c}^a\right] \mathrm{e}^{\mathrm{i} \int \mathrm{d}^4 x \mathscr{L}_{\mathrm{QCD}}}\left[\delta(c^a(x) \bar{c}^b(y) \bar{c}^c(z))\right] = 0 \tag{2.38}$$

应用(2.27)式, 则给出

$$\frac{1}{\xi} \langle c^a(x) \bar{c}^b(y) \partial A^c(z) \rangle - \frac{1}{\xi} \langle c^a(x) \bar{c}^a(z) \partial A^b(y) \rangle$$

$$= \frac{1}{2} g f^{ade} \langle c^d(x) c^e(x) \bar{c}^b(y) \bar{c}^c(z) \rangle \tag{2.39}$$

这里 T 算符未明显写出. 定义胶子-鬼场顶角如下：

$$\int \mathrm{d}^4x\,\mathrm{d}^4y\mathrm{d}^4z\mathrm{e}^{\mathrm{i}p\cdot x-\mathrm{i}q\cdot y-\mathrm{i}k\cdot z}\langle c^c(x)\,\bar{c}^b(y)A_\mu^a(z)\rangle$$

$$= (2\pi)^4\delta^4(p-q-k)\mathrm{i}G_{a'b'c'}^\nu(k,q,p)\mathrm{i}D_{\nu\mu}^{a'a}(k)\mathrm{i}D_\mathrm{G}^{b'b}(g)\mathrm{i}D_\mathrm{G}^{c'c}(p) \quad (2.40)$$

将(2.39)式的右边分解为相连部分与不相连部分：

$$\langle c^d c^e \,\bar{c}^b \,\bar{c}^c\rangle = \langle c^e \bar{c}^b\rangle\langle c^d \,\bar{c}^c\rangle - \langle c^e \bar{c}^c\rangle\langle c^d \,\bar{c}^b\rangle + \langle c^d c^e \,\bar{c}^b \,\bar{c}^c\rangle_\mathrm{con} \quad (2.41)$$

完成对(2.39)式的 Fourier 变换,得到胶子-鬼场顶角的 ST 恒等式在动量空间的表达式：

$$k_\nu G^\nu(q,p)G(p^2)G(q^2) + q_\nu G^\nu(k,p)G(k^2)G(p^2)$$

$$= \mathrm{i}p^2 G(q^2)G(k^2)\big[1+\widetilde{B}(k,q)\big] \quad (2.42)$$

这里 $\widetilde{B}(k,g)$ 是四点关联的鬼-鬼散射"核"贡献,G^ν 和 $G(p^2)$ 由下式定义：

$$\left.\begin{aligned} G_\nu^{abc}(q,p) &= (2\pi)^4\delta^4(k+q-p)gf^{abc}G_\nu(q,p)\\ D_\mathrm{G}^{ab}(q) &= -\delta^{ab}\frac{G(q^2)}{q^2} \end{aligned}\right\} \quad (2.43)$$

2.2.3 三胶子耦合顶角的 ST 恒等式

类似于(2.37)式,我们可以写出恒等式 $\delta\langle A_\mu^a(x)A_\nu^b(y)\bar{c}^c(y)\rangle = 0$. 再应用 BRST 变换(2.27)式,导致如下的等式：

$$\langle(\partial_\mu c^a(x) - gf^{adh}A_\mu^h(x)c^d(x))\,\bar{c}^c(z)A_\nu^b(y)\rangle$$

$$+ \langle A_\mu^a(x)(\partial_\nu c^b(y) - gf^{beh}A_\nu^h(y))c^e(y)\,\bar{c}^c(z)\rangle$$

$$= \frac{1}{\xi}\langle A_\mu^a(x)A_\nu^b(y)\partial_\alpha A_\alpha^c(z)\rangle \quad (2.44)$$

定义三胶子耦合顶角如下：

$$\int \mathrm{d}^4x\,\mathrm{d}^4y\mathrm{d}^4z\mathrm{e}^{-\mathrm{i}p\cdot x-\mathrm{i}q\cdot y-\mathrm{i}k\cdot z}\langle A_\mu^a(x)A_\nu^b(y)A_\alpha^c(z)\rangle$$

$$= (2\pi)^4\delta^4(p+q+k)\mathrm{i}g\Gamma_{a'b'c'}^{\mu'\nu'\alpha'}(p,q,k)\mathrm{i}D_{\mu'\mu}^{a'a}(p)\mathrm{i}D_{\nu'\nu}^{b'b}(q)\mathrm{i}D_{\alpha'\alpha}^{c'c}(k) \quad (2.45)$$

引入下述定义：

$$\Sigma_\mu^{ab}(p)D_\mathrm{G}^{bc}(p) = -g\int\mathrm{d}^4x\mathrm{e}^{-\mathrm{i}p\cdot x}f_{abd}\langle TA_\mu^b(x)c^d(x)\,\bar{c}^c(0)\rangle \quad (2.46)$$

量子色动力学及其应用
Quantum Chromodynamics and Its Applications

$$D_{\alpha\beta}(p) = \left(-g_{\alpha\beta} + \frac{p_\alpha p_\beta}{p^2}\right)\frac{Z(p)}{p^2} - \xi\frac{p_\alpha p_\beta}{p^4} \tag{2.47}$$

$$D_G^{ab}(q) = -\frac{\delta^{ab}G(q^2)}{q^2} \tag{2.48}$$

$$\left.\begin{aligned}
G_\nu^{abc}(k, q, p) &= (2\pi)^4\delta^4(k+q-p)G_\nu^{abc}(q, p)\\
G_\nu^{abc}(q, p) &= gf^{abc}G_\nu(q, p) = \mathrm{i}gf^{abc}q^\mu\widetilde{G}_{\mu\nu}(q, p)
\end{aligned}\right\} \tag{2.49}$$

这里 $Z(p)$ 为胶子的重整化函数,它与胶子自能的关系为 $Z^{-1}(p) = 1 + \Pi(p)$. 完成对 (2.44) 式的 Fourier 变换,则可得到在动量空间的三胶子耦合顶角的 ST 恒等式[20]:

$$\begin{aligned}
k^a\Gamma_{\mu\nu a}(p, q, k) = G(k^2)\bigg[&\widetilde{G}_{\mu\sigma}(q, -k)\frac{q^2g_{\sigma\nu} - q_\sigma q_\nu}{Z(q^2)}\\
&- G_{\nu\sigma}(p, -k)\frac{p^2g_{\sigma\mu} - p_\sigma p_\mu}{Z(p^2)}\bigg]
\end{aligned} \tag{2.50}$$

2.2.4 QCD 的手征变换与轴矢量 ST 恒等式

考虑如下的无限小 QCD 手征变换:

$$\left.\begin{aligned}
\delta_5\psi &= \mathrm{i}g\omega c^a t^a\gamma_5\psi, \quad \delta_5\overline{\psi} = \mathrm{i}g\overline{\psi}\gamma_5 t^a\omega c^a\\
\delta_5 A_\mu^a &= \delta_5 c^a = \delta_5\overline{c}^a = 0
\end{aligned}\right\} \tag{2.51}$$

在此变换下泛函积分值不变,但 QCD 拉氏函数和泛函积分测度都改变. QCD 拉氏函数的改变为

$$\delta_5\mathscr{L}_{\mathrm{QCD}} = -g\omega\overline{\psi}\gamma^\mu t^5\psi D_\mu^{ab}c^b \tag{2.52}$$

函数积分测度变换可表示为

$$\mathscr{D}\psi'\mathscr{D}\overline{\psi}' = J_{\mathrm{QCD}}^{-1}\mathscr{D}\psi\mathscr{D}\overline{\psi} \tag{2.53}$$

这里 J_{QCD} 为相应手征变换的 Jacobi 行列式,它导致 QCD 轴矢流可能出现手征反常项,反常方程由 Abel 情况的结果乘以适当的群论因子描述:

$$\partial_\mu j_5^{\mu a} = -\frac{g^2}{16\pi^2}\epsilon^{\mu\nu\lambda\rho}F_{\mu\nu}^c F_{\lambda\rho}^d\mathrm{Tr}[t^a t^c t^d] \tag{2.54}$$

相应的泛函积分可写为

$$Z = \int \mathscr{D}[\psi,\ \overline{\psi},\ A] \exp\Big\{ i\!\int\! d^4 x \Big(\mathscr{L}_{QCD} - j_5^{\mu a} \partial_\mu \theta^a(x)$$

$$+ \theta^a(x) \frac{g^2}{16\pi^2} \epsilon^{\mu\nu\lambda\rho} F_{\mu\nu}^c F_{\lambda\rho}^d \mathrm{Tr}[t^a t^c t^d] \Big) \Big\} \tag{2.55}$$

这里 $\theta^a(x) = g\omega c^a(x)$，$F_{\mu\nu}^c$ 为包括非线性项的胶子场强张量，求迹在色空间进行.

由于泛函积分在手征变换下不变，可得到类似于(2.23)式的恒等式，其算符形式为

$$\langle 0 \mid j_5^{\mu a}(x) \psi(x_1) \overline{\psi}(x_2) (D_\mu^{ab} c^b(x)) \bar{c}^e(z) \mid 0 \rangle$$

$$= \delta(x - x_1) t^a \gamma^5 \langle 0 \mid \psi(x_1) \overline{\psi}(x_2) c^a(x) \bar{c}^e(z) \mid 0 \rangle$$

$$+ \delta(x - x_2) \langle 0 \mid \psi(x_1) \overline{\psi}(x_2) c^a(x) \bar{c}^e(z) \mid 0 \rangle t^a \gamma^5$$

$$+ \frac{g^2}{16\pi^2} \epsilon^{\mu\nu\lambda\rho} \langle 0 \mid \psi(x_1) \overline{\psi}(x_2) F_{\mu\nu}^c(x) F_{\lambda\rho}^d(x) c^a(x) \bar{c}^e(z) \mid 0 \rangle \mathrm{Tr}[t^a t^c t^d]$$

$$\tag{2.56}$$

对上式作 Fourier 变换，则得到 QCD 轴矢量的 ST 恒等式在动量空间的表达式：

$$q^\mu \Gamma_{A\mu}^a(p_1 p_2) G^{-1}(q^2) = S_F^{-1}(p_1) \gamma_5 (t^a - B_4^a(p_1,\ p_2))$$

$$+ (t^a - B_4^a(p_1 p_2)) \gamma_5 S_F^{-1}(p_2)$$

$$+ i \frac{g^2}{16\pi^2} F^a(p_1,\ p_2) \tag{2.57}$$

这里 $\Gamma_{A\mu}^a = \widetilde{\Gamma}_{A\mu}^a (1 - B_6^{A\mu})$，$F^a(p_1,\ p_2) = \widetilde{F}^a(p_1,\ p_2)(1 - \widetilde{B}_8)$，其中 $B_6^{A\mu}$ 和 $\widetilde{B}_8$ 分别为六点和八点夸克-鬼场散射"核"。$\widetilde{F}^a(p_1,\ p_2)$ 的定义类似于(2.26)式，即由(2.56)式的最后一项作 Fourier 变换给出.

需要指出的是，对 QCD 轴矢流反常的研究通常关心的是同位旋轴矢流的反常问题. 此时，无限小手征变换(2.51)中用"味"空间的同位旋矢量 τ^a 代替 t^a，而相应的反常方程中的求迹在色-味空间进行：$\mathrm{Tr}[\tau^a t^c t^d] = \mathrm{Tr}[\tau^a] \mathrm{Tr}[t^c t^d] = 0$. 因此轴矢量同位旋流守恒不受 QCD 的 ABJ 反常的影响，只有同位旋单态的轴矢流(此时用单位矩阵代替 τ^a)存在 ABJ 反常：

$$\partial_\mu j_A^\mu = -\frac{g^2 n_f}{32\pi^2} \epsilon^{\mu\nu\lambda\rho} F_{\mu\nu}^c F_{\lambda\rho}^c \tag{2.58}$$

其中 n_f 为味数，这里所讨论的为两"味"情况，即 $n_f = 2$.

2.3　规范理论的横向对称性变换

至今所讨论的 Abel 规范理论 QED 和非 Abel 规范理论 QCD 中对称性变换所导致的 Ward-Takahashi 恒等式和 Slavnov-Taylor 恒等式仅约束基本顶角的纵向分量,而顶角的横向分量仍未被确定.实际上,目前文献给出的对称性变换只能给出多点格林函数的纵向约束.如何找到多点格林函数的横向约束特别是规范理论基本顶角的横向分量的约束关系,是人们多年来一直关注的问题.尤其是在规范理论的非微扰研究如夸克色禁闭、动力学手征对称性破缺等领域中,QCD 基本顶角结构已成为一个基本的甚至是关键性的核心课题.因而 QCD 基本顶角的横向分量成为人们关注的热门课题.多年来各种文献所探讨的基本上是如何从顶角的单圈微扰计算中分离出横向分量,然后在某种动量极限下给出横向分量的一个非微扰近似形式.显然,这种粗糙的模型用来研究夸克色禁闭这样的基本问题显得无能为力.因此,必须从规范理论本身的对称性来找到约束基本顶角的横向分量的基本关系.

本书作者提出的横向对称性变换[21]可以解决这一基本问题.横向对称性变换的定义和表示如下:

考虑一个无限小的对称性变换:

$$\phi^a(x) \rightarrow \phi^a(x) + \delta\phi^a(x) \tag{2.59}$$

如果在该变换过程中保持原有体系的运动方程不变,这个变换就称为该体系的一个对称性.现在引入一个相应的无限小对称性变换:

$$\phi^a(x) \rightarrow \phi^a(x) + \delta_T\phi^a(x) \tag{2.60}$$

其中 $\delta_T\phi^a(x)$ 定义为对无限小对称性变换 $\delta\phi^a(x)$ 的无限小 Lorentz 变换:

$$\delta_T\phi^a(x) = \delta_{Lorentz}(\delta\phi^a(x)) = -\frac{i}{2}\epsilon^{\mu\nu}S_{\mu\nu}^{(\delta\phi^a)}\delta\phi^a(x) \tag{2.61}$$

这里 $S_{\mu\nu}^{(\delta\phi^a)}$ 指无限小 Lorentz 变换的内禀部分的生成元,不包含轨道部分的贡献.场 ϕ^a 可以是旋量场、标量场或矢量场,相应有

$$
\left.
\begin{aligned}
S_{\mu\nu} &= \frac{1}{2}\sigma_{\mu\nu} & \text{对旋量场} \\
(S_{\mu\nu})^{\alpha}_{\beta} &= \mathrm{i}(\delta^{\alpha}_{\mu}g_{\nu\beta} - \delta^{\alpha}_{\nu}g_{\mu\beta}) & \text{对矢量场} \\
S_{\mu\nu} &= 0 & \text{对标量场}
\end{aligned}
\right\}
\tag{2.62}
$$

这里 $\sigma_{\mu\nu} = \dfrac{\mathrm{i}}{2}[\gamma_{\mu}, \gamma_{\nu}]$. 具体写出对旋量场 $\psi(x)$ 和矢量场 $A_{\alpha}(x)$ 的 Lorentz 变换,有

$$
\left.
\begin{aligned}
\delta_{\mathrm{Lorentz}}\psi(x) &= -\frac{\mathrm{i}}{4}\epsilon^{\mu\nu}\sigma_{\mu\nu}\psi(x) \\
\delta_{\mathrm{Lorentz}}A_{\alpha}(x) &= -\frac{\mathrm{i}}{2}\epsilon^{\mu\nu}(S_{\mu\nu})^{\beta}_{\alpha}A_{\beta}(x) = \epsilon_{\alpha\beta}A^{\beta}(x)
\end{aligned}
\right\}
\tag{2.63}
$$

对于 $\delta\phi^{a}(x)$ 包含复合场的情况,对 $\delta\phi^{a}$ 作 Lorentz 变换的结果由分别对每个场作变换的线性叠加得到.

变换(2.60)的物理图像是很清晰的:变换(2.59)定义了一个对称性变换,这里无限小的变量改变通过在 x 点的无限小角度转动 $\alpha(x)$ 给出(例如,见(2.4)式). 这一转动轴的方向可理解为在 x 点的对称性方向,即在那里场量的改变沿着对称性方向. 而变换(2.60)通过无限小 Lorentz 变换(2.61)将原来的对称性方向变换到它的横向. 这就是为什么我们称变换(2.60)为与对称性变换(2.59)相联系的横向对称性变换.

公式(2.61)给出了通常的对称性变换(2.59)与其相应的横向对称性变换(2.60)间的关系,同时也说明了由这些变换所导出的 Ward-Takahashi 恒等式(Slavnov-Taylor 恒等式)与相应的横向 Ward-Takahashi 恒等式(或横向 Slavnov-Taylor 恒等式)间的关系,解释了为什么横向 Ward-Takahashi 恒等式(或横向 Slavnov-Taylor 恒等式)约束基本顶角的横向部分. 在本章的余下几节中,我们将分别讨论 Abel 规范理论 QED 和非 Abel 规范理论 QCD 中的横向对称性变换及由此导出的横向 Ward-Takahshi 恒等式和横向 Slavnov-Taylor 恒等式.

2.4 QED 的横向对称性变换与横向 Ward-Takahashi 关系

2.4.1 横向对称性变换与费米子-玻色子顶角(矢量顶角)的横向 WT 关系

应用定义(2.60)式和(2.61)式,可以写出相应于无限小变换(2.4)式的无限小横向对称性变换为

$$\delta \psi(x) = \frac{1}{4} g\alpha(x) \epsilon^{\mu\nu} \sigma_{\mu\nu}(x), \quad \delta \overline{\psi}(x) = \frac{1}{4} g\alpha(x) \epsilon^{\mu\nu} \overline{\psi}(x)\sigma_{\mu\nu} \quad (2.64)$$

由此

$$\left.\begin{array}{l} \psi(x) \rightarrow \psi(x) + \dfrac{1}{4} g\alpha(x) \epsilon^{\mu\nu} \sigma_{\mu\nu}\psi(x) \\[3mm] \overline{\psi}(x) \rightarrow \overline{\psi}(x) + \dfrac{1}{4} g\alpha(x) \epsilon^{\mu\nu} \overline{\psi}(x)\sigma_{\mu\nu} \end{array}\right\} \quad (2.65)$$

其中 $g\alpha(x) = \theta(x)$,QED 拉氏量在变换(2.64)下作如下变换:$\mathscr{L}_{\mathrm{QED}} \rightarrow \mathscr{L}_{\mathrm{QED}} + \delta_{\mathrm{T}}\mathscr{L}_{\mathrm{QED}}$,这里

$$\begin{aligned} 2\delta_{\mathrm{T}}\mathscr{L}_{\mathrm{QED}} = & \frac{\mathrm{i}}{2} g\alpha(x) \epsilon^{\mu\nu} \overline{\psi}(x) S_{\lambda\mu\nu} (\overrightarrow{\partial}_x^\lambda - \overleftarrow{\partial}_x^\lambda) \psi(x) \\ & + g^2 \alpha(x) \epsilon^{\mu\nu} \overline{\psi}(x) S_{\lambda\mu\nu} A_\lambda \psi(x) - mg\alpha(x) \epsilon^{\mu\nu} \overline{\psi}(x)\sigma_{\mu\nu}\psi(x) \\ & - \frac{1}{2} g \epsilon^{\mu\nu} (j_\nu(x)\partial_\mu\alpha(x) - j_\mu(x)\partial_\nu\alpha(x)) \\ = & \frac{\mathrm{i}}{2} g\alpha(x) \lim_{x' \to x} \epsilon^{\mu\nu} (\partial_x^\lambda - \partial_{x'}^\lambda) \overline{\psi}(x') S_{\lambda\mu\nu} U_P(x', x)\psi(x) \\ & - mg\alpha(x) \epsilon^{\mu\nu} \overline{\psi}(x)\sigma_{\mu\nu}\psi(x) \end{aligned}$$

$$-\frac{1}{2}g\,\epsilon^{\mu\nu}(j_\nu(x)\partial_\mu\alpha(x)-j_\mu(x)\partial_\nu\alpha(x)) \tag{2.66}$$

其中 $S_{\lambda\mu\nu}=\frac{1}{2}\{\gamma_\lambda,\sigma_{\mu\nu}\}=-\epsilon_{\lambda\mu\nu\rho}\gamma^\rho\gamma^5$，$U_P(x',x)=P\exp\left(\mathrm{i}g\int_x^{x'}\mathrm{d}y^\rho A_\rho(y)\right)$ 为 Wilson 线元. 引入 Wilson 线元是为了使算符保持定域规范不变. 由于泛函积分(2.2)式及泛函积分测度在变换(2.64)下是不变的，由此可得到类似于(2.12)式的恒等式:

$$0=\int\mathscr{D}[\psi,\overline{\psi},A]\mathrm{e}^{\int\mathrm{d}^4x\mathscr{L}}\left\{\mathrm{i}\int\mathrm{d}^4x(\delta_\mathrm{T}\mathscr{L})\psi(x_1)\overline{\psi}(x_2)+\delta_\mathrm{T}(\psi(x_1)\overline{\psi}(x_2))\right\} \tag{2.67}$$

将(2.64)式和(2.65)式代入此恒等式，经过简单运算后，可得到坐标空间中的横向 Ward-Takahashi 恒等式(或称横向 WT 关系):

$$\begin{aligned}
&\partial_x^\mu\langle 0\mid Tj^\nu(x)\psi(x_1)\overline{\psi}(x_2)\mid 0\rangle-\partial_x^\nu\langle 0\mid Tj^\mu(x)\psi(x_1)\overline{\psi}(x_2)\mid 0\rangle\\
&=\mathrm{i}\sigma^{\mu\nu}\langle 0\mid T\psi(x_1)\overline{\psi}(x_2)\mid 0\rangle\delta^4(x_1-x)\\
&\quad+\mathrm{i}\langle 0\mid T\psi(x_1)\overline{\psi}(x_2)\mid 0\rangle\sigma^{\mu\nu}\delta^4(x_2-x)\\
&\quad+2m\langle 0\mid T\overline{\psi}(x)\sigma^{\mu\nu}\psi(x)\psi(x_1)\overline{\psi}(x_2)\mid 0\rangle\\
&\quad+\lim_{x'\to x}\mathrm{i}(\partial_\lambda^x-\partial_\lambda^{x'})\epsilon^{\lambda\mu\nu\rho}\langle 0\mid T\overline{\psi}(x')\gamma_\rho\gamma_5 U_P(x',x)\psi(x)\psi(x_1)\overline{\psi}(x_2)\mid 0\rangle
\end{aligned} \tag{2.68}$$

这个结果与从正则场论途径导出的公式完全一致[22]. 这也可看作对所提出的横向对称性变换途径的检验.

完成对(2.68)式的 Fourier 变换，则得到矢量顶角的横向 WT 关系在动量空间的表达式:

$$\begin{aligned}
&\mathrm{i}q^\mu\Gamma_\mathrm{V}^\nu(p_1,p_2)-\mathrm{i}q^\nu\Gamma_\mathrm{V}^\mu(p_1,p_2)\\
&=S_\mathrm{F}^{-1}(p_1)\sigma^{\mu\nu}+\sigma^{\mu\nu}S_\mathrm{F}^{-1}(p_2)+2m\Gamma_\mathrm{T}^{\mu\nu}(p_1,p_2)+(p_{1\lambda}+p_{2\lambda})\epsilon^{\lambda\mu\nu\rho}\Gamma_{\mathrm{A}\rho}(p_1,p_2)\\
&\quad-\int\frac{\mathrm{d}^4k}{(2\pi)^4}2k_\lambda\,\epsilon^{\lambda\mu\nu\rho}\Gamma_{\mathrm{A}\rho}(p_1,p_2;k)
\end{aligned} \tag{2.69}$$

这里积分项中包含的 $\Gamma_{\mathrm{A}\rho}(p_1,p_2;k)$ 定义如下:

$$\begin{aligned}
&\int\mathrm{d}^4x\,\mathrm{d}^4x'\,\mathrm{d}^4x_1\,\mathrm{d}^4x_2\mathrm{e}^{\mathrm{i}(p_1\cdot x_1-p_2\cdot x_2+(p_2-k)\cdot x-(p_1-k)\cdot x')}\\
&\quad\times\langle 0\mid T\overline{\psi}(x')\gamma_\rho\gamma_5 U_P(x',x)\psi(x)\psi(x_1)\overline{\psi}(x_2)\mid 0\rangle\\
&=(2\pi)^4\delta^4(p_1-p_2-q)\mathrm{i}S_\mathrm{F}(p_1)\Gamma_{\mathrm{A}\rho}(p_1,p_2;k)\mathrm{i}S_\mathrm{F}(p_2)
\end{aligned} \tag{2.70}$$

量子色动力学及其应用
Quantum Chromodynamics and Its Applications

其中 k 为 Wilson 线元中规范玻色子的内部动量.

由于横向 WT 关系(2.69)式是由规范对称性导出的,因此它必定在微扰与非微扰情形中都成立的. 文献[23—26]证明了该关系式在微扰论的单圈阶确实是成立的.

矢量顶角的横向 WT 关系(2.69)式表明,矢量顶角的横向分量与费米子传播子的逆相联系,也与轴矢量顶角和张量顶角相关. 由此,要完全约束矢量顶角的横向分量,必须同时给出张量顶角和轴矢量顶角的纵向与横向 WT 关系. 在费米子质量为零的情况中,张量顶角的贡献消失,同时由于轴矢量顶角项中包含因子 $\epsilon^{\lambda\mu\nu\rho}$,纵向分量的贡献消失,我们只要给出轴矢量顶角的横向 WT 关系.

2.4.2 横向手征变换与轴矢量顶角的横向 WT 关系

根据定义(2.60)式和(2.61)式,无限小横向手征变换即对应于手征变换(2.17)的无限小横向对称性变换为

$$
\left.\begin{aligned}
\delta_{5T}\psi &= \frac{1}{4}g\alpha(x)\,\epsilon^{\mu\nu}\sigma_{\mu\nu}\gamma_5\psi \\
\delta_{5T}\overline{\psi} &= -\frac{1}{4}g\alpha(x)\,\epsilon^{\mu\nu}\overline{\psi}\,\sigma_{\mu\nu}\gamma_5
\end{aligned}\right\}
\tag{2.71}
$$

按照与上一小节中由横向对称性变换(2.65)推导矢量顶角的横向 WT 关系(2.68)相同的程序,由无限小的横向对称性变换(2.71)可导出如下坐标空间中的轴矢量顶角的横向 WT 关系:

$$
\begin{aligned}
&\partial_x^\mu \langle 0 \mid Tj_5^\nu(x)\psi(x_1)\,\overline{\psi}(x_2) \mid 0 \rangle - \partial_x^\nu \langle 0 \mid Tj_5^\mu(x)\psi(x_1)\,\overline{\psi}(x_2) \mid 0 \rangle \\
&= \mathrm{i}\sigma^{\mu\nu}\gamma_5 \langle 0 \mid T\psi(x_1)\,\overline{\psi}(x_2) \mid 0 \rangle \delta^4(x_1 - x) \\
&\quad - \mathrm{i}\langle 0 \mid T\psi(x_1)\,\overline{\psi}(x_2) \mid 0 \rangle \sigma^{\mu\nu}\gamma_5 \delta^4(x_2 - x) \\
&\quad + \mathrm{i}\int \mathrm{d}^4 x'\,\delta(x' - x)(\partial_\lambda^x - \partial_\lambda^{x'})\,\epsilon^{\lambda\mu\nu\rho} \\
&\quad \times \langle 0 \mid T\overline{\psi}(x')\gamma_\rho U_P(x',x)\psi(x)\psi(x_1)\,\overline{\psi}(x_2) \mid 0 \rangle
\end{aligned}
\tag{2.72}
$$

其中 $j_5^\mu = \overline{\psi}\gamma^\mu\gamma_5\psi$,这一结果与从正则场论途径导出的公式完全一致.[28]

由于存在轴矢流的 ABJ 反常,因而轴矢量顶角的 WT 恒等式(2.24)中出现轴反常的贡献. 一个很自然的问题是:是否也存在横向轴矢流的反常? 利用算符方法的确可以导出与(2.22)式十分相似的表达式[29]:

$$\partial^{\mu} j_{5}^{\nu}(x) - \partial^{\nu} j_{5}^{\mu}(x) = \lim_{x' \to x} \mathrm{i}(\partial_{\lambda}^{x} - \partial_{\lambda}^{x'}) \, \epsilon^{\lambda\mu\nu\rho} \overline{\psi}(x') \gamma_{\rho} U_{P}(x', x) \psi(x)$$

$$+ \frac{g^{2}}{16\pi^{2}} \big[\epsilon^{\alpha\beta\mu\rho} F_{\alpha\beta}(x) F_{\rho}^{\nu}(x) - \epsilon^{\alpha\beta\nu\rho} F_{\alpha\beta}(x) F_{\rho}^{\mu}(x) \big] \quad (2.73)$$

其中最后一项是横向轴反常的贡献. 但对这一项的具体计算表明, 它恒等于零, 即不存在横向轴矢流的反常. 因而轴矢量顶角的横向 WT 关系 (2.72) 式中不存在横向轴反常.

对 (2.72) 式作 Fourier 变换, 则得到动量空间的轴矢量顶角的横向 WT 关系[27,30]:

$$\mathrm{i} q^{\mu} \Gamma_{\mathrm{A}}^{\nu}(p_{1}, p_{2}) - \mathrm{i} q^{\nu} \Gamma_{\mathrm{A}}^{\mu}(p_{1}, p_{2})$$

$$= S_{\mathrm{F}}^{-1}(p_{1}) \sigma^{\mu\nu} \gamma_{5} - \sigma^{\mu\nu} \gamma_{5} S_{\mathrm{F}}^{-1}(p_{2})$$

$$+ (p_{1\lambda} + p_{2\lambda}) \epsilon^{\lambda\mu\nu\rho} \Gamma_{\mathrm{V}\rho}(p_{1}, p_{2}) - \int \frac{\mathrm{d}^{4} k}{(2\pi)^{4}} 2 k_{\lambda} \, \epsilon^{\lambda\mu\nu\rho} \Gamma_{\mathrm{V}\rho}(p_{1}, p_{2}; k) \quad (2.74)$$

其中 $\Gamma_{\mathrm{V}\rho}(p_{1}, p_{2}; k)$ 由下式定义:

$$\int \mathrm{d}^{4} x \, \mathrm{d}^{4} x' \mathrm{d}^{4} x_{1} \mathrm{d}^{4} x_{2} \mathrm{e}^{\mathrm{i}(p_{1} \cdot x_{1} - p_{2} \cdot x_{2} + (p_{2} - k) \cdot x - (p_{1} - k) \cdot x')}$$

$$\times \langle 0 \mid T \, \overline{\psi}(x', x) \gamma_{\rho} U_{P}(x', x) \psi(x) \psi(x_{1}) \overline{\psi}(x_{2}) \mid 0 \rangle$$

$$= (2\pi)^{4} \delta^{4}(p_{1} - p_{2} - q) \mathrm{i} S_{\mathrm{F}}(p_{1}) \Gamma_{\mathrm{V}\rho}(p_{1}, p_{2}; k) \mathrm{i} S_{\mathrm{F}}(p_{2}) \quad (2.75)$$

2.4.3　QED 中完全的费米子-玻色子顶角函数[27,30,31]

横向 WT 关系式 (2.69) 和 (2.74) 表明, 矢量顶角和轴矢量顶角的横向分量相互耦合. 这意味着矢量顶角和轴矢量顶角的横向分量在四维时空并不互相独立. 要给出矢量顶角或轴矢量顶角横向分量的完全约束关系, 必须自洽求解这组方程. 对费米子质量为零的情况, 张量项的贡献消失, 通常的 (纵向) WT 关系式 (2.10) 和 (2.25) 与横向 WT 关系式 (2.69) 和 (2.74) 在形式上构成了矢量顶角和轴矢量顶角的完备的 WT 约束关系. 于是就可利用这组 WT 关系来导出完全的矢量与轴矢量顶角函数, 即规范对称性给予矢量顶角和轴矢量顶角完备的约束关系.

这里将通过自洽求解这组 WT 关系来导出完全的费米子-玻色子顶角 (即矢量顶角) 函数 $\Gamma_{\mathrm{V}}^{\mu}$. 为此, 在 (2.69) 式和 (2.74) 式两边乘以 $\mathrm{i} q_{\nu}$, 然后将正比于 $q_{\nu} \Gamma_{\mathrm{V}}^{\nu}$ 与 $q_{\nu} \Gamma_{\mathrm{A}}^{\nu}$ 的项移至右边, 由此得到

$$q^2 \Gamma_{\mathrm{V}}^{\mu}(p_1, p_2) = q^{\mu}[q_{\nu} \Gamma_{\mathrm{V}}^{\nu}(p_1, p_2)] + \mathrm{i} S_{\mathrm{F}}^{-1}(p_1) q_{\nu} \sigma^{\mu\nu} + \mathrm{i} q_{\nu} \sigma^{\mu\nu} S_{\mathrm{F}}^{-1}(p_2)$$
$$+ \mathrm{i}(p_{1\lambda} + p_{2\lambda}) q_{\nu} \epsilon^{\lambda\mu\nu\rho} \Gamma_{\mathrm{A}\rho}(p_1, p_2) - \mathrm{i} g_{\nu} C_{\mathrm{A}}^{\mu\nu} \tag{2.76}$$

$$q^2 \Gamma_{\mathrm{A}}^{\mu}(p_1, p_2) = q^{\mu}[q_{\nu} \Gamma_{\mathrm{A}}^{\nu}(p_1, p_2)] + \mathrm{i} S_{\mathrm{F}}^{-1}(p_1) q_{\nu} \sigma^{\mu\nu} \gamma_5 - \mathrm{i} q_{\nu} \sigma^{\mu\nu} \gamma_5 S_{\mathrm{F}}^{-1}(p_2)$$
$$+ \mathrm{i}(p_{1\lambda} + p_{2\lambda}) q_{\nu} \epsilon^{\lambda\mu\nu\rho} \Gamma_{\mathrm{V}\rho}(p_1, p_2) - \mathrm{i} g_{\nu} C_{\mathrm{V}}^{\mu\nu} \tag{2.77}$$

其中

$$C_{\mathrm{A}}^{\mu\nu} = \int \frac{\mathrm{d}^4 k}{(2\pi)^4} 2 k_{\lambda} \epsilon^{\lambda\mu\nu\rho} \Gamma_{\mathrm{A}\rho}(p_1, p_2; k) \tag{2.78}$$

$$C_{\mathrm{V}}^{\mu\nu} = \int \frac{\mathrm{d}^4 k}{(2\pi)^4} 2 k_{\lambda} \epsilon^{\lambda\mu\nu\rho} \Gamma_{\mathrm{V}\rho}(p_1, p_2; k) \tag{2.79}$$

将(2.77)式代入(2.76)式,并利用(2.10)式与(2.25)式,作一些计算后,就可得到如下的完全的费米子-玻色子顶角函数:

$$\Gamma_{\mathrm{V}}^{\mu}(p_1, p_2) = \Gamma_{\mathrm{V(L)}}^{\mu}(p_1, p_2) + \Gamma_{\mathrm{V(T)}}^{\mu}(p_1, p_2)$$
$$= q^{-2} q^{\mu}[S_{\mathrm{F}}^{-1}(p_1) - S_{\mathrm{F}}^{-1}(p_2)]$$
$$+ [q^2 + (p_1 + p_2)^2 - ((p_1 + p_2) \cdot q)^2 q^{-2}]^{-1}$$
$$\times \{ \mathrm{i} S_{\mathrm{F}}^{-1}(p_1) \sigma^{\mu\nu} q_{\nu} + \mathrm{i} \sigma^{\mu\nu} q_{\nu} S_{\mathrm{F}}^{-1}(p_2)$$
$$+ \mathrm{i}[S_{\mathrm{F}}^{-1}(p_1) \sigma^{\mu\lambda} - \sigma^{\mu\lambda} S_{\mathrm{F}}^{-1}(p_2)](p_{1\lambda} + p_{2\lambda})$$
$$+ \mathrm{i}[S_{\mathrm{F}}^{-1}(p_1) \sigma^{\lambda\nu} - \sigma^{\lambda\nu} S_{\mathrm{F}}^{-1}(p_2)] q_{\nu} (p_{1\lambda} + p_{2\lambda}) q^{\mu} q^{-2}$$
$$- \mathrm{i}[S_{\mathrm{F}}^{-1}(p_1) \sigma^{\mu\nu} - \sigma^{\mu\nu} S_{\mathrm{F}}^{-1}(p_2)] q_{\nu} (p_1 + p_2) \cdot q q^{-2}$$
$$+ \mathrm{i}[S_{\mathrm{F}}^{-1}(p_1) \sigma^{\lambda\nu} + \sigma^{\lambda\nu} S_{\mathrm{F}}^{-1}(p_2)] q_{\nu} (p_{1\lambda} + p_{2\lambda})$$
$$\times [p_1^{\mu} + p_2^{\mu} - q^{\mu}(p_1 + p_2) \cdot q q^{-2}] q^2$$
$$- \mathrm{i} q_{\nu} C_{\mathrm{A}}^{\mu\nu} + q_{\nu} q_{\alpha} q^{-2} (p_{1\lambda} + p_{2\lambda}) \epsilon^{\lambda\mu\nu\rho} C_{\mathrm{A}}^{\rho\alpha}$$
$$- \mathrm{i} q_{\nu} (p_{1\lambda} + p_{2\lambda})[p_1^{\mu} + p_2^{\mu} - q^{\mu}(p_1 + p_2) \cdot q q^{-2}] q^{-2} C_{\mathrm{A}}^{\lambda\nu} \}$$
$$\tag{2.80}$$

这里,顶角的纵向分量 $\Gamma_{\mathrm{V(L)}}^{\mu} = q^{-2} q^{\mu}[S_{\mathrm{F}}^{-1}(p_1) - S_{\mathrm{F}}^{-1}(p_2)]$ 是 WT 关系(2.10)导致的结果,而顶角的横向分量是由矢量顶角与轴矢量顶角的横向 WT 关系(2.69)式与(2.74)式导出的.因此,纵向顶角和横向顶角(从而完全的顶角)在微扰与非微扰情形中都应成立.

2.4.4 完全的费米子-玻色子顶角函数至单圈

本小节将通过明显的计算说明完全的费米子-玻色子顶角函数至微扰论的单圈阶的确是成立的.完全的费米子-玻色子顶角(2.80)式由纵向分量 $\Gamma^{\mu}_{V(L)}$ 与横向分量 $\Gamma^{\mu}_{V(T)}$ 组成,而横向分量 $\Gamma^{\mu}_{V(T)}$ 包含两部分贡献,它们分别为完全的费米子传播子的贡献 $\Gamma^{\mu(I)}_{V(L)}$ 与类四点函数的贡献 $\Gamma^{\mu(II)}_{V(L)}$,要证明由(2.80)式给出的 Γ^{μ}_{V} 至单圈阶成立,需要计算类四点函数的贡献.在微扰论中,类四点函数(2.70)式与(2.75)式(由此积分项(2.78)式与(2.79)式)在相互作用表象中可被一阶一阶地计算.在单圈阶,积分项(2.78)式可直接写出[24,26]:

$$
\begin{aligned}
C^{\mu\nu}_{A} &= \int \frac{\mathrm{d}^4 k}{(2\pi)^4} 2k_{\lambda} \epsilon^{\lambda\mu\nu\rho} \Gamma_{A\rho}(p_1, p_2; k) \\
&= g^2 \int \frac{\mathrm{d}^4 k}{(2\pi)^4} 2k_{\lambda} \epsilon^{\lambda\mu\nu\rho} \gamma^{\alpha} \frac{1}{\gamma \cdot p_1 - \gamma \cdot k - m} \gamma^{\rho} \gamma_5 \\
&\quad \times \frac{1}{\gamma \cdot p_2 - \gamma \cdot k - m} \gamma^{\beta} \frac{-\mathrm{i}}{k^2} \left[g_{\alpha\beta} + (\xi - 1) \frac{k_{\alpha} k_{\beta}}{k^2} \right] \\
&\quad + g^2 \int \frac{\mathrm{d}^4 k}{(2\pi)^4} 2\epsilon^{\alpha\mu\nu\rho} \left[\gamma^{\beta} \frac{1}{\gamma \cdot p_1 - \gamma \cdot k - m} \gamma^{\rho} \gamma_5 + \gamma^{\rho} \gamma_5 \frac{1}{\gamma \cdot p_2 - \gamma \cdot k - m} \gamma^{\beta} \right] \\
&\quad \times \frac{-\mathrm{i}}{k^2} \left[g_{\alpha\beta} + (\xi - 1) \frac{k_{\alpha} k_{\beta}}{k^2} \right]
\end{aligned}
\tag{2.81}
$$

其中 ξ 为协变规范参数.(2.81)式右边的后一项为伴随顶角修正的单圈自能贡献.在(2.81)式中用 γ^{ρ} 代替 $\gamma^{\rho}\gamma_5$,则可得到积分项(2.79)$C^{\mu\nu}_{V}$ 的单圈表达式.

由(2.81)式给出的积分项单圈公式已在文献[23—26]中证明横向 WT 关系式(2.69)至单圈阶成立时计算过.其结果为

$$
C^{\mu\nu}_{A} = -\Sigma(p_2) \sigma^{\mu\nu} - \sigma^{\mu\nu} \Sigma(p_2) - Q^{\mu\nu}_{V}
\tag{2.82}
$$

其中 $\Sigma(p_i)(i=1,2)$ 是单圈自能贡献,$Q^{\mu\nu}_{V}$ 可表示为

$$
\begin{aligned}
Q^{\mu\nu}_{V} &= -\frac{\mathrm{i}\alpha}{4\pi^3} \left\{ \gamma_{\alpha} \gamma \cdot p_1 (\gamma \cdot p_1 \sigma^{\mu\nu} + \sigma^{\mu\nu} \gamma \cdot p_2) \gamma \cdot p_2 \gamma^{\alpha} j^{(0)} \right. \\
&\quad - \gamma_{\alpha} \left[\gamma \cdot p_1 (\gamma \cdot p_1 \sigma^{\mu\nu} + \sigma^{\mu\nu} \gamma \cdot p_2) \gamma^{\lambda} \right. \\
&\quad + \left. \gamma^{\lambda} (\gamma \cdot p_1 \sigma^{\mu\nu} + \sigma^{\mu\nu} \gamma \cdot p_2) \gamma \cdot p_2 \right] \gamma^{\alpha} J^{(1)}_{\lambda}
\end{aligned}
$$

$$+ \gamma_\alpha \gamma^\lambda (\gamma \cdot p_1 \sigma^{\mu\nu} + \sigma^{\mu\nu} \gamma \cdot p_2) \gamma^\eta \gamma^\alpha J^{(2)}_{\lambda\eta}$$

$$+ (\xi - 1) \big[(\gamma \cdot p_1 \sigma^{\mu\nu} + \sigma^{\mu\nu} \gamma \cdot p_2) K^{(0)}$$

$$- (p_1^2 \gamma^\lambda \sigma^{\mu\nu} + p_2^2 \sigma^{\mu\nu} \gamma^\lambda + \gamma \cdot p_1 \sigma^{\mu\nu} \gamma \cdot p_2 \gamma^\lambda + \gamma^\lambda \gamma \cdot p_1 \sigma^{\mu\nu} \gamma \cdot p_2) J^{(1)}_\lambda$$

$$+ \gamma^\lambda (p_1^2 \sigma^{\mu\nu} \gamma \cdot p_2 + p_2^2 \gamma \cdot p_1 \sigma^{\mu\nu}) \gamma^\eta I^{(2)}_{\lambda\eta} \big] \Big\} \tag{2.83}$$

这里 $\alpha = g^2/(4\pi)$，$J^{(0)}_\lambda$、$J^{(1)}_{\lambda\eta}$、$K^{(0)}$ 与 $I^{(2)}_{\lambda\eta}$ 为一些积分：

$$J^{(0)} = \int_M \mathrm{d}^4 k \, \frac{1}{k^2 \big[(p_1 - k)^2 + \mathrm{i}\epsilon \big] \big[(p_2 - k)^2 + \mathrm{i}\epsilon \big]} \tag{2.84}$$

$$K^{(0)} = \int_M \mathrm{d}^4 k \, \frac{1}{\big[(p_1 - k)^2 + \mathrm{i}\epsilon \big] \big[(p_2 - k)^2 + \mathrm{i}\epsilon \big]} \tag{2.85}$$

$$I^{(2)}_{\lambda\eta} = \int_M \mathrm{d}^4 k \, \frac{k_\lambda k_\eta}{k^4 \big[(p_1 - k)^2 + \mathrm{i}\epsilon \big] \big[(p_2 - k)^2 + \mathrm{i}\epsilon \big]} \tag{2.86}$$

以 k_λ 与 $k_\lambda k_\eta$ 替代 (2.84) 式分子项中的 1，则分别给出 $J^{(1)}_\lambda$ 与 $J^{(2)}_{\lambda\eta}$ 的表达式，这些积分可用截断正规化或维数正规化完成计算.

积分项 (2.79) 式在单圈阶可被类似地计算，结果可表示为

$$C^{\mu\nu}_V = - \Sigma(p_2) \sigma^{\mu\nu} \gamma_5 + \sigma^{\mu\nu} \gamma_5 \Sigma(p_2) - Q^{\mu\nu}_A \tag{2.87}$$

其中 $Q^{\mu\nu}_A$ 可对 $Q^{\mu\nu}_V$ 的表达式作如下替换得到：分别用因子 $(\gamma \cdot p_1 \sigma^{\mu\nu} + \sigma^{\mu\nu} \gamma \cdot p_2) \gamma_5$、$\gamma^\lambda \sigma^{\mu\nu} \gamma_5$ 与 $\sigma^{\mu\nu} \gamma^\lambda \gamma_5$ 替代因子 $\gamma \cdot p_1 \sigma^{\mu\nu} + \sigma^{\mu\nu} \gamma \cdot p_2$、$\gamma^\lambda \sigma^{\mu\nu}$ 与 $\sigma^{\mu\nu} \gamma^\lambda$.

将费米子传播子至单圈的表达式 $S_F^{-1}(p_i) = \gamma \cdot p_1 - \Sigma(p_i) \, (i = 1, 2)$ 连同公式 (2.82)、(2.83) 和 (2.87) 代入 (2.80) 式，经过一些代数运算，可得

$$\Gamma^\mu_V = \gamma^\mu + \Lambda^\mu_V$$

$$= \gamma^\mu - \frac{\mathrm{i}\alpha}{4\pi^3} \Big\{ \gamma^\alpha \gamma \cdot p_1 \gamma^\mu \gamma \cdot p_2 \gamma^\alpha J^{(0)}$$

$$- (\gamma^\alpha \gamma \cdot p_1 \gamma^\mu \gamma^\lambda \gamma_\alpha + \gamma^\alpha \gamma^\lambda \gamma^\mu \gamma \cdot p_2 \gamma_\alpha) J^{(0)}_\lambda + \gamma^\alpha \gamma^\lambda \gamma^\mu \gamma^f \gamma_\alpha J^{(2)}_{\lambda f}$$

$$+ (\xi - 1) \big[\gamma^\mu K^{(0)} - (\gamma^\lambda \gamma \cdot p_1 \gamma^\mu + \gamma^\mu \gamma \cdot p_2 \gamma^\lambda) J^{(1)}_\lambda$$

$$+ \gamma^\lambda \gamma \cdot p_1 \gamma^\mu \gamma \cdot p_2 \gamma^f I^{(2)}_{\lambda f} \big] \Big\} \tag{2.88}$$

它是我们熟悉的微扰论中单圈矢量顶角的表达式. 这表明，由 (2.80) 式给出的完全的费米子-玻色子顶角至单圈阶成立导致了与微扰论中的计算相同的结果. 由于在微扰论中可对类四点函数 $\Gamma_{A\rho}(p_1, p_2; k)$ 与 $\Gamma_{V\rho}(p_1, p_2; k)$ 作一阶一阶的计算，因而可论证从对称性关系导出的完全的费米子-玻色子顶角函数在微扰论中是一阶一阶地成立的.

2.4.5 关于非微扰的顶角形式

前面的讨论已指出,由(2.80)式给出的完全的费米子–玻色子顶角应在微扰与非微扰情形中都成立,因为它们是从对称性关系导出的.但我们注意到,顶角的横向分量包含了两部分的贡献:来自费米子传播子贡献的部分 $\Gamma_{V(T)}^{(I)}$ 和来自类四点函数贡献的部分 $\Gamma_{V(T)}^{(II)}$,其中

$$
\begin{aligned}
\Gamma_{V(T)}^{\mu(I)}(p_1, p_2) = {}& \left\{ q^2 + (p_1 + p_2)^2 - \left[(p_1 + p_2) \cdot q \right]^2 q^{-2} \right\}^{-1} \\
& \times \Big\{ \mathrm{i} S_F^{-1}(p_1) \sigma^{\mu\nu} q_\nu + \mathrm{i} \sigma^{\mu\nu} q_\nu S_F^{-1}(p_2) \\
& + \mathrm{i} \left[S_F^{-1}(p_1) \sigma^{\mu\lambda} - \sigma^{\mu\lambda} S_F^{-1}(p_2) \right] (p_{1\lambda} + p_{2\lambda}) \\
& + \mathrm{i} \left[S_F^{-1}(p_1) \sigma^{\lambda\nu} - \sigma^{\lambda\nu} S_F^{-1}(p_2) \right] q_\nu (p_{1\lambda} + p_{2\lambda}) q^\mu q^{-2} \\
& - \mathrm{i} \left[S_F^{-1}(p_1) \sigma^{\mu\nu} - \sigma^{\mu\nu} S_F^{-1}(p_2) \right] q_\nu (p_1 + p_2) \cdot q \, q^{-2} \\
& + \mathrm{i} \left[S_F^{-1}(p_1) \sigma^{\lambda\nu} + \sigma^{\lambda\nu} S_F^{-1}(p_2) \right] q_\nu (p_{1\lambda} + p_{2\lambda}) \\
& \times \left[p_1^\mu + p_2^\mu - q^\mu (p_1 + p_2) \cdot q \, q^{-2} \right] q^{-2} \Big\}
\end{aligned} \tag{2.89}
$$

显然,$\Gamma_{V(T)}^{(II)}$ 很难写成用费米子的重整化函数表示的非微扰形式.作为非微扰研究的第一步,可先略去 $\Gamma_{V(T)}^{(II)}$ 即四点函数项的贡献.此时顶角的领头贡献为 $\Gamma_V = \Gamma_{V(L)} + \Gamma_{V(T)}^{(I)}$,将这个顶角代入对传播子的 Dyson-Schwinger 方程,则构成了忽略四点函数以上多点函数贡献的自洽、封闭方程组,从而可自洽求解,以研究费米子质量的生成等非微扰问题.进一步考虑类四点项的贡献,一个可能的途径是利用类四点函数本身的 WT 关系,这需要作进一步的研究.

2.5 QCD 的横向对称性变换与横向 Slavnov-Taylor 关系

由 QCD 的对称性变换如 BRST 变换和手征变换可导出 QCD 的基本顶角的 Slavnov-Taylor(ST)恒等式,从而约束基本顶角的纵向分量.这里将论述与这些对称性变

换联系的横向对称性变换及由其导出的基本顶角的横向 ST 恒等关系,并讨论如何组合这些对称性变换和横向对称性变换导出 QCD 的夸克-胶子顶角的完全的约束关系,即完全的夸克-胶子顶角函数.

2.5.1 联系 BRST 对称性的横向对称性变换

按横向对称性变换的定义(2.60)式和(2.61)式,我们可写出与 BRST 对称性(2.27)式相应的横向对称性变换,为

$$
\left.
\begin{aligned}
\delta_{\mathrm{T}} \psi &= \frac{1}{4} g \, \epsilon^{\mu\nu} \omega c^a t^a \sigma_{\mu\nu} \psi \\
\delta_{\mathrm{T}} \psi &= \frac{1}{4} g \, \epsilon^{\mu\nu} \bar{\psi} \sigma_{\mu\nu} t^a \omega c^a \\
\delta_{\mathrm{T}} A^{\mu a} &= \omega \, \epsilon^{\mu\nu} D_\nu^{ab} c^b \\
\delta_{\mathrm{T}} c^a &= \delta_{\mathrm{T}} \bar{c}^a = 0
\end{aligned}
\right\}
\tag{2.90}
$$

在得到横向对称性变换(2.90)时,我们将具有矢量特性的"∂_μ"看作与矢量场平等的矢量.如果将无限小 Lorentz 变换运算仅作用在场量上,则我们得到另一组横向对称性变换:

$$
\left.
\begin{aligned}
\delta_{\mathrm{T}} \psi &= \frac{1}{4} g \, \epsilon^{\mu\nu} \omega c^a t^a \sigma_{\mu\nu} \psi \\
\delta_{\mathrm{T}} \psi &= \frac{1}{4} g \, \epsilon^{\mu\nu} \bar{\psi} \sigma_{\mu\nu} t^a \omega c^a \\
\delta_{\mathrm{T}} A_\mu^a &= - g\omega \, \epsilon^{\mu\nu} f^{abc} A_\nu^c c^b \\
\delta_{\mathrm{T}} c^a &= 0 \\
\delta_{\mathrm{T}} \bar{c}^a &= \frac{\omega}{\xi} \epsilon^{\mu\nu} \partial_\mu A_\nu^a
\end{aligned}
\right\}
\tag{2.91}
$$

这两组变换形式上有所不同,但由它们导出的横向 ST 关系的结果相同.在下一小节中,我们将用横向对称性变换(2.90)推导夸克-胶子顶角的横向 ST 关系.

2.5.2　夸克–胶子顶角的横向 ST 关系[21]

　　QCD 拉氏量在横向对称性变换(2.90)下不是不变的,而要作如下变换: $\mathscr{L}_{QCD} \rightarrow \mathscr{L}_{QCD} + \delta_T \mathscr{L}_{QCD}$,这里

$$\delta_T \mathscr{L}_{QCD} = \frac{i}{8} g\omega \, \epsilon^{\mu\nu} \lim_{x' \to x} (\partial_\lambda^x - \partial_\lambda^{x'}) \, \bar{\psi}(x') S_{\lambda\mu\nu} \left\{ U_P(x', x), t^a \right\} \psi(x) c^a(x)$$

$$- \frac{1}{2} mg\omega \, \epsilon^{\mu\nu} \bar{\psi}(x) \sigma_{\mu\nu} t^a \psi(x) c^a(x)$$

$$+ \frac{1}{4} g\omega \, \epsilon^{\mu\nu} \left[\bar{\psi}(x) \gamma_\mu t^a \psi(x) D_\nu^{ab} c^b(x) - \bar{\psi}(x) \gamma_\nu t^a \psi(x) D_\mu^{ab} c^b(x) \right]$$

$$\tag{2.92}$$

其中 D_μ^{ab} 为协变微分, $U_P(x', x) = P\exp\left(ig \int_x^{x'} dy^p t^e A_\rho^e(y) \right)$ 是 Wilson 线元. 在得到公式(2.92)时,我们应用了 QCD 的运动方程

$$\partial^\lambda F_{\lambda\mu}^a + gf^{abc} F_{\mu\lambda}^b A_\lambda^c + g\bar{\psi} \gamma_\mu t^a \psi + \frac{1}{\xi} \partial_\mu (\partial^\lambda A_\lambda^a) + gf^{abc} (\partial_\mu \bar{c}^b) c^c = 0 \tag{2.93}$$

由于泛函积分值在变换(2.90)下是不变的,且该泛函积分的测度在此变换下也不变,则变换(2.90)导致如下的恒等式:

$$0 = \int \mathscr{D}[\bar{\psi}, \psi, A, c, \bar{c}] e^{i\int d^4 x \mathscr{L}_{QCD}}$$

$$\times \left\{ i \int d^4 x (\delta_T \mathscr{L}_{QCD}) \psi(x_1) \bar{\psi}(x_2) \bar{c}^e(0) + \delta_T (\psi(x_1) \bar{\psi}(x_2) \bar{c}^e(0)) \right\} \tag{2.94}$$

将(2.90)式和(2.92)式代入上式,进行简单的运算并除以泛函 $Z[J=0]$,我们就得到坐标空间中夸克–胶子顶角的横向 ST 关系:

$$\langle 0 | Tgj^{\mu a}(x) \psi(x_1) \bar{\psi}(x_2) D^{\nu ab} c^b(x) \bar{c}^e(0) | 0 \rangle$$

$$- \langle 0 | Tgj^{\nu a}(x) D^{\mu ab} c^b(x) \bar{c}^e(0) \psi(x_1) \bar{\psi}(x_2) | 0 \rangle$$

$$= igt^a \sigma^{\mu\nu} \langle 0 | T\psi(x_1) \bar{\psi}(x_2) c^a(x) \bar{c}^e(0) | 0 \rangle \delta^4(x_1 - x)$$

$$+ ig \langle 0 | T\psi(x_1) \bar{\psi}(x_2) c^a(x) \bar{c}^e(0) | 0 \rangle \sigma^{\mu\nu} t^a \delta^4(x_2 - x)$$

$$+ 2mg \langle 0 | T \bar{\psi} \sigma^{\mu\nu} t^a \psi(x) \psi(x_1) \bar{\psi}(x_2) c^a(x) \bar{c}^e(0) | 0 \rangle$$

$$+ \frac{\mathrm{i}}{2} g \lim_{x' \to x} (\partial_\lambda^x - \partial_\lambda^{x'}) \epsilon^{\lambda\mu\rho}$$

$$\times \langle 0 \mid T \, \overline{\psi}(x') \gamma_\rho \gamma_5 (U_P t^a + t^a U_P) \psi(x) \psi(x_1) \overline{\psi}(x_2) c^a(x) \overline{c}^e(0) \mid 0 \rangle \tag{2.95}$$

其中 $j^{\mu a} = \overline{\psi} \gamma^\mu t^a \psi$.

现在对 (2.95) 式进行 Fourier 变换. 注意到 (2.95) 式中的每一项包含一个非相连部分加上源于鬼场-夸克散射的相连部分. 如第一项可写为

$$\langle 0 \mid T g j^{\mu a}(x) \psi(x_1) \overline{\psi}(x_2) D^{\nu a b} c^b(x) \overline{c}^e(0) \mid 0 \rangle$$

$$= \langle 0 \mid T g j^{\mu a}(x) \psi(x_1) \overline{\psi}(x_2) \mid 0 \rangle \langle T D^{\nu a b} c^b(x) \overline{c}^e(0) \mid 0 \rangle + \text{相连项} \tag{2.96}$$

然后可按 (2.9) 式将 $\langle 0 \mid T j^{\mu a}(x) \psi(x_1) \overline{\psi}(x_2) \mid 0 \rangle$ 写成三点顶角与传播子的乘积, 而 $\langle 0 \mid T D^{\mu a b} c^b(x) \overline{c}^e(0) \mid 0 \rangle$ 部分的 Fourier 变换由下面的关系给出:

$$\int \mathrm{d}^4 x \, \mathrm{e}^{-\mathrm{i}q \cdot x} \langle 0 \mid T D_\nu^{ad} c^d(x) \overline{c}^b(0) \mid 0 \rangle = \delta^{ab} q_\nu q^{-2} \tag{2.97}$$

由此对第一项作 Fourier 变换给出

$$\mathrm{i} S_{\mathrm{F}}(p_1) \widetilde{\Gamma}_{\mathrm{V}}^{a\mu}(p_1, p_2) (1 - B_{(\mathrm{D})6}^{(\mu)}) \mathrm{i} S_{\mathrm{F}}(p_2) q^\nu q^{-2} \tag{2.98}$$

其中 $B_{(\mathrm{D})6}^{(\mu)}$ 是 (2.96) 式中相连项给出的鬼场-夸克散射"核", 而 $\widetilde{\Gamma}^{a\mu}$ 是由等同于 Abel 理论中的 (2.9) 式定义的. (2.37) 式已给出了 Abel 型定义的顶角 $\widetilde{\Gamma}^{a\mu}$ 与非 Abel 型定义的顶角 $\Gamma^{a\mu}$ 间的关系及 Fourier 变换矩阵元 $\langle T j^{\mu a}(x) \psi(x_1) \overline{\psi}(x_2) D_\mu^{ab} c^b(x) \overline{c}^e(0) \rangle$ 与矩阵元 $\langle T j^{\mu a}(x) \psi(x_1) \overline{\psi}(x_2) c^a(x) \overline{c}^e(0) \rangle$ 中鬼场-夸克散射"核"间的关系. 该关系式对包含轴矢流和张量流的情况都是适用的. 即有

$$\left. \begin{aligned} \Gamma_{\mathrm{A}\rho}^a &= \widetilde{\Gamma}_{\mathrm{A}\rho}^a (1 - B_{(\mathrm{D})6}^{(\rho 5)}) = \widetilde{\Gamma}_{\mathrm{A}\rho}^a (1 - B_6^{(\rho 5)}) G(q^2) \\ \Gamma_{\mathrm{T}}^{a\mu\nu} &= \widetilde{\Gamma}_{\mathrm{T}}^{a\mu\nu} (1 - B_6^{(\mu\nu)}) G(q^2) \end{aligned} \right\} \tag{2.99}$$

考虑到这些关系, 完成对 (2.95) 式的 Fourier 变换, 我们得动量空间的夸克-胶子顶角的横向 ST 关系:

$$\mathrm{i} q^\mu \Gamma_{\mathrm{V}}^{a\nu}(p_1, p_2) - \mathrm{i} q^\nu \Gamma_{\mathrm{V}}^{a\mu}(p_1, p_2)$$

$$= \left\{ S_{\mathrm{F}}^{-1}(p_1) \sigma^{\mu\nu} [t^a - B_4^a(p_1, p_2)] + [t^a - B_4^a(p_1, p_2)] \sigma^{\mu\nu} S_{\mathrm{F}}^{-1}(p_2) \right\} G(q^2)$$

$$+ 2m \Gamma_{\mathrm{T}}^{a\mu\nu}(p_1, p_2) + (p_{1\lambda} + p_{2\lambda}) \epsilon^{\lambda\mu\nu\rho} \Gamma_{\mathrm{A}\rho}^a(p_1, p_2)$$

$$-\int \frac{\mathrm{d}^4 k}{(2\pi)^4} 2k_\lambda \, \epsilon^{\lambda\mu\nu\rho} \Gamma^a_{\mathrm{A}\rho}(p_1, p_2; k) \tag{2.100}$$

其中 $\Gamma^a_{\mathrm{A}\rho}(p_1, p_2; k) = \widetilde{\Gamma}^a_{\mathrm{A}\rho}(p_1, p_2; k)\big[1 - B_6^{(\rho 5)}(p_1, p_2; k)\big] G(q^2)$，该类四点非定域轴矢量顶角由(2.95)式的最后一个矩阵元定义.

2.5.3　QCD 的横向手征变换与轴矢量顶角的横向 ST 关系

横向 ST 关系(2.100)式表明,夸克-胶子顶角的横向部分与张量顶角和轴矢量顶角相联系.在费米子质量 $m=0$ 的情况下,张量顶角的贡献消失.由于包含轴矢量顶角的项中出现反对称张量符号 $\epsilon^{\lambda\mu\nu\rho}$,轴矢量顶角的纵向分量对(2.100)式不作贡献.因而在此情况下,要完全约束夸克-胶子顶角,需要建立轴矢量顶角的横向 ST 关系.为此,我们首先找到与 QCD 理论中场的手征变换相联系的横向对称性变换.这可以通过应用手征变换(2.17)式(此时令 $\theta(x) = g\omega c^a(x)t^a$)和横向对称性变换的定义(2.60)式与(2.61)式得到,结果为[21]

$$\left.\begin{aligned}
\delta_{\mathrm{T}}\psi &= \frac{1}{4} g \, \epsilon^{\mu\nu}\omega c_a t^a \sigma_{\mu\nu}\gamma^5 \psi \\
\delta_{\mathrm{T}}\overline{\psi} &= -\frac{1}{4} g \, \epsilon^{\mu\nu} \overline{\psi} \sigma_{\mu\nu}\gamma^5 t^a \omega c_a \\
\delta_{\mathrm{T}} A^a_\mu &= \delta_{\mathrm{T}} c^a = \delta_{\mathrm{T}} \overline{c}^a = 0
\end{aligned}\right\} \tag{2.101}$$

然后,按照与上一小节推导夸克-胶子顶角的横向 ST 关系(2.95)式相仿的步骤,我们得到 QCD 中轴矢量顶角的横向 ST 关系在坐标空间的表达式:

$$\begin{aligned}
&\langle 0 \mid Tgj_5^{\mu a}(x)\psi(x_1)\overline{\psi}(x_2) D^{\nu ab}c^b(x)\,\overline{c}^e(0) \mid 0\rangle \\
&\quad -\langle 0 \mid Tgj_5^{\mu a}(x) D^{\mu ab}c^b(x)\,\overline{c}^e(0)\psi(x_1)\overline{\psi}(x_2) \mid 0\rangle \\
&= \mathrm{i}g t^a \sigma^{\mu\nu}\gamma_5 \langle 0 \mid T\psi(x_1)\overline{\psi}(x_2)c^a(x)\,\overline{c}^e(0) \mid 0\rangle \delta^4(x_1 - x) \\
&\quad + \mathrm{i}g\langle 0 \mid T\psi(x_1)\overline{\psi}(x_2)c^a(x)\,\overline{c}^e(0) \mid 0\rangle \sigma^{\mu\nu}\gamma_5 t^a \delta^4(x_2 - x) \\
&\quad + \frac{\mathrm{i}}{2} g \lim_{x'\to x}(\partial^x_\lambda - \partial^{x'}_\lambda) \epsilon^{\lambda\mu\rho} \\
&\quad \times\langle 0 \mid T \overline{\psi}(x')\gamma_\rho \{U_P(x', x), t^a\}\psi(x)\psi(x_1)\overline{\psi}(x_2)c^a(x)\,\overline{c}^e(0) \mid 0\rangle
\end{aligned}$$

$$\tag{2.102}$$

完成对(2.102)式的 Fourier 变换,则得到动量空间的轴矢顶角的横向 ST 关系[21]:

$$
\begin{aligned}
& \mathrm{i}\, q^{\mu} \Gamma_{\mathrm{A}}^{a\nu}(p_1, p_2) - \mathrm{i}\, q^{\nu} \Gamma_{\mathrm{A}}^{a\mu}(p_1, p_2) \\
& = \Big\{ S_{\mathrm{F}}^{-1}(p_1)\sigma^{\mu\nu}\gamma^5 \Big[t^a - B_4^a(p_1, p_2) \Big] \\
& \quad - \Big[t^a - B_4^a(p_1, p_2) \Big] \sigma^{\mu\nu}\gamma^5 S_{\mathrm{F}}^{-1}(p_2) \Big\} G(q^2) \\
& \quad + (p_{1\lambda} + p_{2\lambda})\, \epsilon^{\lambda\mu\nu\rho}\Gamma_{\mathrm{V}\rho}^{a}(p_1, p_2) \\
& \quad - \int \frac{\mathrm{d}^4 k}{(2\pi)^4}\, 2k_\lambda\, \epsilon^{\lambda\mu\nu\rho}\Gamma_{\mathrm{V}\rho}^{a}(p_1, p_2; k)
\end{aligned}
\tag{2.103}
$$

这里不存在 QCD 的横向轴反常. 这是因为 QCD 的横向轴反常应该是由 Abel 的轴反常结果补充以适当的群论因子,但正如 2.4.2 小节的讨论所指出的,不存在 Abel 的横向轴反常.

2.6　QCD 中完全的夸克–胶子顶角函数[21]

矢量顶角的横向 ST 关系(2.100)和轴矢量顶角的横向 ST 关系(2.103)表明,QCD 理论中矢量顶角的横向分量与轴矢量顶角的横向分量是相互耦合的. 因此,要得到矢量顶角和轴矢量顶角的横向部分的完全的约束关系,必须自洽地求解这两组横向 ST 关系,并与通常的(纵向)ST 恒等式(2.31)和(2.57)组合,分别得到 QCD 的规范对称性对夸克–胶子顶角和 QCD 的轴矢量顶角的完全的约束,即完全的夸克–胶子顶角函数和完全的 QCD 的轴矢量顶角函数.

现在让我们推导完全的夸克–胶子顶角函数. 在(2.100)式和(2.103)式两边乘以 $\mathrm{i}\, q_\nu$,并将正比于 $q_\nu \Gamma^\nu$ 的项移至右边,得到($m = 0$ 的情况)

$$
\begin{aligned}
q^2 \Gamma_{\mathrm{V}}^{a\mu}(p_1, p_2) &= q^{\mu}\Big[q_\nu \Gamma_{\mathrm{V}}^{a\nu}(p_1, p_2) \Big] \\
& \quad + \Big[\mathrm{i} S_{\mathrm{F}}^{-1}(p_1) q_\nu \sigma^{\mu\nu}(t^a - B_4^a) + \mathrm{i}(t^a - B_4^a) q_\nu \sigma^{\mu\nu} S_{\mathrm{F}}^{-1}(p_2) \Big] G(q^2) \\
& \quad + \mathrm{i}(p_{1\lambda} + p_{2\lambda}) q_\nu\, \epsilon^{\lambda\mu\nu\rho}\Gamma_{\mathrm{A}\rho}^{a}(p_1, p_2) - \mathrm{i} q_\nu C_{\mathrm{A}}^{a\mu\nu}(p_1, p_2)
\end{aligned}
\tag{2.104}
$$

$$
\begin{aligned}
q^2 \Gamma_{\mathrm{A}}^{a\mu}(p_1, p_2) &= q^{\mu}\Big[q_\nu \Gamma_{\mathrm{A}}^{a\nu}(p_1, p_2) \Big] \\
& \quad + \Big[\mathrm{i} S_{\mathrm{F}}^{-1}(p_1) q_\nu \sigma^{\mu\nu}\gamma_5 (t^a - B_4^a) - \mathrm{i}(t^a - B_4^a) q_\nu \sigma^{\mu\nu}\gamma_5 S_{\mathrm{F}}^{-1}(p_2) \Big] G(q^2)
\end{aligned}
$$

$$+ \mathrm{i}(p_{1\lambda} + p_{2\lambda})q_{\nu}\,\epsilon^{\lambda\mu\nu\rho}\Gamma_{\mathrm{V}\rho}^{a}(p_1,\ p_2) - \mathrm{i}\,q_{\nu}C_{\mathrm{V}}^{a\mu\nu}(p_1,\ p_2) \tag{2.105}$$

将(2.105)式代入(2.104)式,则有

$$
\begin{aligned}
q^2\Gamma_{\mathrm{V}}^{a\mu}(p_1,\ p_2) &= q^{\mu}\big[q_{\nu}\Gamma_{\mathrm{V}}^{a\nu}(p_1,\ p_2)\big] \\
&\quad + \mathrm{i}\,q_{\nu}\big[S_{\mathrm{F}}^{-1}(p_1)(t^a - B_4^a)\sigma^{\mu\nu} + \sigma^{\mu\nu}(t^a - B_4^a)S_{\mathrm{F}}^{-1}(p_2)\big]G(q^2) \\
&\quad - q^{-2}q_{\nu}q_{\alpha}(p_{1\lambda} + p_{2\lambda})\epsilon^{\lambda\mu\nu\rho} \\
&\quad \times \big[S_{\mathrm{F}}^{-1}(p_1)\sigma^{\rho\alpha}\gamma_5(t^a - B_4^a) - (t^a - B_4^a)\sigma^{\rho\alpha}\gamma_5 S_{\mathrm{F}}^{-1}(p_2)\big]G(q^2) \\
&\quad - q^{-2}q_{\nu}q_{\alpha}(p_{1\lambda} + p_{2\lambda})(p_{1\beta} + p_{2\beta})\epsilon^{\lambda\mu\nu\rho}\epsilon^{\beta\rho\alpha\delta}\Gamma_{\mathrm{V}\delta}^{a} \\
&\quad - \mathrm{i}\,q_{\nu}C_{\mathrm{A}}^{a\mu\nu}(p_1,\ p_2) + q^{-2}q_{\nu}q_{\alpha}(p_{1\lambda} + p_{2\lambda})\epsilon^{\lambda\mu\nu\rho}C_{\mathrm{V}}^{a\rho\alpha}(p_1,\ p_2)
\end{aligned}
$$
$$\tag{2.106}$$

其中

$$
\left.
\begin{aligned}
C_{\mathrm{A}}^{a\mu\nu}(p_1,\ p_2) &\equiv \int \frac{\mathrm{d}^4 k}{(2\pi)^4}2k_{\lambda}\,\epsilon^{\lambda\mu\nu\rho}\Gamma_{\mathrm{A}\rho}^{a}(p_1,\ p_2;\ k) \\
C_{\mathrm{V}}^{a\mu\nu}(p_1,\ p_2) &\equiv \int \frac{\mathrm{d}^4 k}{(2\pi)^4}2k_{\beta}\epsilon^{\beta\rho\alpha\delta}\Gamma_{\mathrm{V}\delta}^{a}(p_1,\ p_2;\ k)
\end{aligned}
\right\} \tag{2.107}
$$

利用下列恒等式:

$$
\begin{aligned}
&q_{\nu}q_{\alpha}(p_{1\lambda} + p_{2\lambda})\,\epsilon^{\lambda\mu\nu\rho}\sigma^{\rho\alpha}\gamma_5 \\
&\quad = \mathrm{i}\big[q_{\nu}q \cdot (p_1 + p_2)\sigma^{\mu\nu} - q^2(p_{1\lambda} + p_{2\lambda})\sigma^{\mu\lambda} - q^{\mu}q_{\nu}(p_{1\lambda} + p_{2\lambda})\sigma^{\lambda\nu}\big]
\end{aligned} \tag{2.108}
$$

与

$$
\begin{aligned}
&q_{\nu}q_{\alpha}(p_{1\lambda} + p_{2\lambda})(p_{1\beta} + p_{2\beta})\,\epsilon^{\lambda\mu\nu\rho}\epsilon^{\beta\rho\alpha\delta}\Gamma_{\mathrm{V}\delta}^{a} \\
&\quad = \big[q^2(p_1 + p_2)^2 - ((p_1 + p_2)\cdot q)^2\big]\Gamma_{\mathrm{V}}^{a\mu} \\
&\quad + \big[(p_1 + p_2)\cdot q\,q^{\mu} - q^2(p_1^{\mu} + p_2^{\mu})\big](p_{1\nu} + p_{2\nu})\Gamma_{\mathrm{V}}^{a\nu} \\
&\quad + \big[(p_1 + p_2)\cdot q(p_1^{\mu} + p_2^{\mu}) - (p_1 + p_2)^2 q^{\mu}\big]q_{\nu}\Gamma_{\mathrm{V}}^{a\nu}
\end{aligned} \tag{2.109}
$$

将(2.106)式代入,经过自洽迭代运算,则得到完全的夸克-胶子顶角函数:

$$\Gamma_{\mathrm{V}}^{a\mu}(p_1,\ p_2) = \Gamma_{\mathrm{V(L)}}^{a\mu}(p_1,\ p_2) + \Gamma_{\mathrm{V(T)}}^{a\mu}(p_1,\ p_2) \tag{2.110}$$

其中

$$
\begin{aligned}
\Gamma_{V(L)}^{a\mu}(p_1, p_2) &= q^\mu \big[\Gamma_V^{a\mu}(p_1, p_2)\big] \\
&= q^\mu \big[S_F^{-1}(p_1)(t^a - B_4^a(p_1, p_2)) \\
&\quad - (t^a - B_4^a(p_1, p_2)) S_F^{-1}(p_2) \big] G(q^2) q^{-2}
\end{aligned} \tag{2.111}
$$

$$
\begin{aligned}
\Gamma_{V(T)}^{a\mu}(p_1, p_2) &= q^{-2} i q_\nu \big[i q^\mu \Gamma_V^{a\nu}(p_1, p_2) - i q^\nu \Gamma_V^{a\mu}(p_1, p_2) \big] \\
&= \big[1 + (p_1 + p_2)^2 q^{-2} - ((p_1 + p_2) \cdot q)^2 q^{-4} \big]^{-1} G(q^2) q^{-2} \\
&\quad \times \Big\{ i\big[S_F^{-1}(p_1) \sigma^{\mu\nu}(t^a - B_4^a) - (t^a - B_4^a)\sigma^{\mu\nu} S_F^{-1}(p_2) \big] q_\nu \\
&\quad + i\big[S_F^{-1}(p_1) \sigma^{\mu\lambda}(t^a - B_4^a) - (t^a - B_4^a)\sigma^{\mu\lambda} S_F^{-1}(p_2) \big](p_{1\lambda} + p_{2\lambda}) \\
&\quad + i\big[S_F^{-1}(p_1) \sigma^{\lambda\nu}(t^a - B_4^a) - (t^a - B_4^a)\sigma^{\lambda\nu} S_F^{-1}(p_2) \big] \\
&\quad \times q_\nu (p_{1\lambda} + p_{2\lambda}) q^\mu q^{-2} \\
&\quad - i\big[S_F^{-1}(p_1) \sigma^{\mu\nu}(t^a - B_4^a) - (t^a - B_4^a)\sigma^{\mu\nu} S_F^{-1}(p_2) \big] \\
&\quad \times q_\nu (p_1 + p_2) \cdot q q^{-2} \\
&\quad + i\big[S_F^{-1}(p_1) \sigma^{\lambda\nu}(t^a - B_4^a) + (t^a - B_4^a)\sigma^{\lambda\nu} S_F^{-1}(p_2) \big] \\
&\quad \times q_\nu (p_{1\lambda} + p_{2\lambda}) \big[p_1^\mu + p_2^\mu - (p_1 + p_2) \cdot q q^\mu q^{-2} \big] q^{-2} \\
&\quad - i q_\nu \widetilde{C}_A^{a\mu\nu} + q_\nu q_\alpha q^{-2}(p_{1\lambda} + p_{2\lambda}) \epsilon^{\lambda\mu\nu\rho} \widetilde{C}_V^{a\rho\alpha} \\
&\quad - i q_\nu q^{-2}(p_{1\lambda} + p_{2\lambda})\big[p_1^\mu + p_2^\mu - (p_1 + p_2) \cdot q q^\mu q^{-2} \big] \widetilde{C}_A^{a\lambda\nu} \Big\}
\end{aligned} \tag{2.112}
$$

这里 $\widetilde{C}_A^{a\mu\nu} = C_A^{a\mu\nu} G^{-1}(q^2) = \displaystyle\int \frac{\mathrm{d}^4 k}{(2\pi)^4} 2k_\lambda \epsilon^{\lambda\mu\nu\rho} \widetilde{\Gamma}_{A\rho}^a(p_1, p_2; k)(1 - B_6^{\rho 5}(p_1, p_2; k))$. 同样有 $\widetilde{C}_V^{a\mu\nu} = C_V^{a\mu\nu} G^{-1}(q^2)$.

需要强调的是,由 QCD 的 BRST 对称性可得到约束夸克-胶子(矢量)顶角纵向分量的 ST 恒等式,而由与 BRST 对称性和 QCD 的手征变换相联系的横向对称性变换可得到矢量顶角和轴矢量顶角的横向 ST 恒等关系,它们的组合约束这些顶角的横向分量. 由此,由(2.110)—(2.112)式给出的完全的夸克-胶子顶角函数描述了 QCD 的规范对称性(包括纵向的和横向的)赋予夸克-胶子顶角结构的完全的约束关系. 因此这样导出的完全的夸克-胶子顶角函数应在微扰和非微扰情形中都成立.

公式(2.110)—(2.112)描写了夸克-胶子顶角结构的普遍形式($m = 0$ 的情况),说明了夸克-胶子顶角函数如何联系夸克传播子、鬼传播子($D_G(q^2) = -G(q^2)/q$)、鬼场-夸克散射"核"和类四点非定域顶角项. 当略去鬼场-夸克散射"核"后, 公式(2.110)—(2.112)约化为鬼的重整化函数乘以 Abel 规范理论中的完全顶角函数(2.80)式. 假如进一步令 $G(q^2)=1$, 则完全约化为 Abel 情况的结果(2.80)式. 这表明, 包含在夸克-胶子顶角函数内的鬼场-夸克散射"核"和鬼的重整化函数描述了夸克-胶子顶角的非 Abel 特性. 而(2.110)—(2.112)式描写的完全的夸克-胶子顶角函数揭示了夸克-胶子顶角的非 Abel 结构.

第 3 章

轻子-核子深度非弹散射与 QCD 部分子模型

QCD 的渐近自由特性意味着在高能标度下核子及其他强子可看作由近乎无相互作用的类点组分——部分子组成. 这些类点组分就是夸克和胶子, 它们的状态由分布函数描述, 这些分布函数表示在靶强子中找到相应组分的概率. 这里所说的高能标度指探测核子 (强子) 结构的硬过程中相应的动量转移标度. 这就是描写所谓的硬过程 (如正负电子湮灭为强子、深度非弹散射、高能强子碰撞的 Drell-Yan 过程) 的 QCD 部分子模型. 历史上, 部分子模型于 20 世纪 60 年代末在 QCD 理论诞生以前由 Feynman 等科学家提出[17].

在硬过程中, 我们处理的是高速运动的而不是静止的强子. 这是容易理解的, 因为在质心系中看到硬过程中相互作用的轻子和强子做高速相对运动. 由部分子组成的高速运动的强子在横向有一定尺度, 而在纵向则是高度 Lorentz 收缩的. 部分子模型假设, 高速运动的强子可看作部分子的喷注. 其中, 这些部分子或多或少地沿与母强子相同的方向运动, 母强子的三动量由这些部分子分摊. 同时假设, 对硬过程可应用冲量近似. 因此在计算硬过程强子的反应率时, 先计算自由部分子参与的基本过程的反应率, 然后将强子中所有部分子的贡献作(非相干)求和.

我们以电子与核子的深度非弹散射为例说明.图 3.1 显示了这一散射的时间发展过程.图 3.1(a)表示碰撞前(在质心系中)的状态,核子向左运动的动量为 P,一个部分子的动量为 $\xi_i P(0 < \xi_i < 1, \sum \xi_i = 1)$,核子看作由一定数量的部分子组成的态.图 3.1(b)表示发生碰撞的时刻.此时电子接近其中一个部分子(间距为 $O(Q^{-1})$ 并交换一个不变质量为 Q^2 的虚光子.由于 Q^2 很大,作用是短距离的).电子同时与 n 个部分子发生碰撞的概率 $\sim (1/(R_0^2 Q^2))^n$,其中 R_0 是核子半径,即多个部分子碰撞的事件是幂次抑制的.图 3.1(c)表示电子与核子碰撞后的状态.可以指出,在硬过程中假设不同味或不同份额 ξ_i 间不存在相干性将导致一个重要结果:所定义的部分子分布是普适的,即它们不仅对电子深度非弹散射,而且对所有内含过程都相同.当然,硬过程中动量转移标度是有限的,因而实际上在部分子间存在相互作用.因此对冲量近似的计算需考虑高阶 QCD 修正.

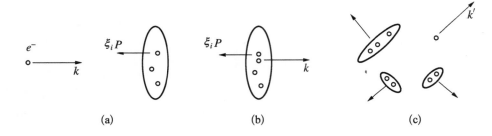

图 3.1　部分子模型下深度非弹过程示意图

在本章中,我们将在 QCD 部分子模型基础上研究各类典型的硬过程,由此得到强子与核的结构知识.

3.1　轻子-核子深度非弹散射与部分子模型

在轻子-核子深度非弹散射过程产生有质量的强子化末态 X_h,其不变质量 $m_X^2 \gg m_N^2$(m_N 为核子质量):

$$1(k) + N(p) \rightarrow 1(k') + X_h(p_X) \tag{3.1}$$

常用的入射轻子为带电轻子(电子、μ 子)或中微子,它们通过交换光子(电磁作用)或 W 玻色子、Z 玻色子(弱作用)与靶核子相互作用.

3.1.1　电子-核子深度非弹散射

我们首先考虑非极化的电子与核子深度非弹散射,最低阶的单光子交换过程如图 3.2 所示.初始电子与核子的四动量分别为 k^μ 与 p^μ,散射后电子的四动量为 k'^μ,虚光子交换的动量为 $q^\mu = k^\mu - k'^\mu$.

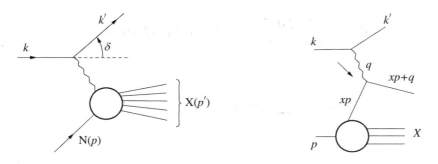

图 3.2　电子-核子深度非弹过程的 Feynman 图

　右图为部分子模型下相应的 Feynman 图.

定义运动学变量

$$\nu = \frac{p \cdot q}{m_N}, \quad x_B = \frac{Q^2}{2p \cdot q} = \frac{Q^2}{2m_N \nu}, \quad Q^2 = -q^2 \tag{3.2}$$

在实验室坐标系中,我们有

$$p^\mu = (m_N, 0, 0, 0), \quad k^\mu = (E, \boldsymbol{k}), \quad k'^\mu = (E', \boldsymbol{k}'), \quad \nu = E - E' \tag{3.3}$$

当不计电子质量 m_e 时,$Q^2 = -q^2 = -(k-k')^2 = 4EE'\sin^2\frac{\theta}{2}$,$\theta$ 为电子的散射角.因此,Q^2 是电子通过虚光子转移给核子的动量(平方),或者说是虚光子的动量,ν 则是虚光子的能量(在实验室坐标系中).

非极化散射的微分截面为

$$d\sigma = \frac{1}{|\nu|} \frac{1}{4m_N E} \frac{d^3 k'}{(2\pi)^3 2k'_0} \prod_{i=1}^{n} \left[\frac{d^3 p_i}{(2\pi)^3 2p_{i0}} \right]$$

$$\times \frac{1}{4}\sum_{\sigma\lambda\lambda'} \mid T_n \mid^2 (2\pi)^4 \delta^4(p + k - k' + p_X) \tag{3.4}$$

如果对所有末态强子态求和（即不观察它们），则得到内含微分截面

$$\frac{\mathrm{d}^2\sigma}{\mathrm{d}\Omega\mathrm{d}E'} = \frac{\alpha_e^2}{Q^4}\left(\frac{E'}{E}\right)L_{(e)}^{\mu\nu}W_{\mu\nu} \tag{3.5}$$

其中 $\alpha_e = e^2/(4\pi)$，轻子张量 $L_{(e)}^{\mu\nu}$ 为

$$L_{(e)}^{\mu\nu} = 2(k'^\mu k^\nu + k'^\nu k^\mu - g^{\mu\nu}k\cdot k') \tag{3.6}$$

$W_{\mu\nu}$ 为强子张量：

$$W_{\mu\nu} = \frac{1}{4m_N}\int \frac{\mathrm{d}^4\zeta}{2\pi}e^{i\xi\cdot q}\langle P \mid [J^\mu(\zeta), J^\nu(0)] \mid P\rangle \tag{3.7}$$

这里 J^μ 是核子的电磁流. 在夸克模型下，

$$J_{em}^\mu = \sum_q e_q \bar{q}\gamma^\mu q, \quad \mathscr{L}_{int. em} = eJ_{em}^\mu A_\mu \tag{3.8}$$

$W_{\mu\nu}$ 描述核子内部结构，依赖于强相互作用的动力学，因此满足强相互作用的对称性质. 利用 Lorentz 不变性，可以将 $W_{\mu\nu}$ 写成一般形式. 由于强相互作用和电磁作用过程中 $W_{\mu\nu}$ 在宇称和时间反演变换下不变，因此 $W_{\mu\nu}$ 是对称的（核子非极化情况）和实的. 电磁流守恒（$\partial^\mu J_\mu^{em} = 0$）导致约束 $q_\mu W_{\mu\nu} = 0$. 结果，$W_{\mu\nu}$ 由两个独立的结构函数 W_1、W_2 决定：

$$W_{\mu\nu}^{(e)} = W_1\left(-q_{\mu\nu} + \frac{q_\mu q_\nu}{q^2}\right) + \frac{W_2}{m_N^2}\left(p_\mu - \frac{q_\mu p\cdot q}{q^2}\right)\left(p_\nu - \frac{q_\nu p\cdot q}{q^2}\right) \tag{3.9}$$

由此，可得到微分截面

$$\frac{\mathrm{d}^2\sigma}{\mathrm{d}\Omega\mathrm{d}E'} = \frac{4\alpha_e^2 E'^2}{Q^4}\left(2W_1\sin^2\frac{\theta}{2} + W_2\cos^2\frac{\theta}{2}\right) \tag{3.10}$$

结构函数 W_1、W_2 是 Q^2 和 ν 的函数. 用无量纲的 Bjorken 变量 x_B 代替 ν，则 W_1、W_2 可表示为

$$\left.\begin{array}{l} m_N W_1(\nu, Q^2) \equiv F_1(x_B, Q^2) \to F_1(x_B) \\ \nu W_2(\nu, Q^2) \equiv F_2(x_B, Q^2) \to F_2(x_B) \end{array}\right\} \tag{3.11}$$

上式的最后一步表示 $Q^2 \to \infty$，$\nu \to \infty$，而 x_B 固定，即 Bjorken 极限情况，此时结构函数仅依赖于 x_B（至对数修正）. 这一性质称为"标度"性（scaling）. 在 Bjorken 标度性极限下研究深度非弹过程可得到靶核子结构的信息：它揭示了硬光子与核子内的组分——部分子

间的类点相互作用,即在高能和大动量转移过程中,核子由类点的部分子组成.实验证实了这一结论.

用部分子模型描述轻子-核子深度非弹散射,则后者可看作轻子与类点部分子的非相干弹性散射(冲量近似下的 γ(或 Z、W)-部分子相互作用)的叠加.在末态,部分子重新组合为强子态(图3.2).这里物理上假设:在光子(或 Z 玻色子、W 玻色子)与部分子相互作用时间内可忽略部分子间的相互作用,且末态相互作用可被忽略.由于胶子与光子、W 玻色子、Z 玻色子不发生耦合,因而只有夸克部分子参与电弱作用.由此,部分子模型的电子-核子散射可表示为

$$\mathrm{d}\sigma_{\mathrm{eN}\to\mathrm{eX}} = \sum_i \int \mathrm{d}\xi q_i(\xi) \mathrm{d}\sigma_{\mathrm{eq}_i\to\mathrm{eq}_i}^{\mathrm{parton}} \tag{3.12}$$

这里 $\mathrm{d}\sigma_{\mathrm{eq}_i\to\mathrm{eq}_i}^{\mathrm{parton}}$ 是最低阶电子-夸克部分子弹性散射截面,每一夸克部分子的动量为 ξp($0\leqslant\xi\leqslant1$),而垂直于核子动量的部分子动量则忽略不计.函数 $f_{q/h}(\xi)$ 是夸克部分子分布,它描述找到夸克部分子 q_i 在靶核子中的概率.计算得到

$$\left.\begin{aligned} 2F_1^{\mathrm{N}}(x_{\mathrm{B}}) &= \sum_f e_f^2 q_f(x_{\mathrm{B}}) \\ F_2^{\mathrm{N}}(x_{\mathrm{B}}) &= \sum_f e_f^2 x_{\mathrm{B}} q_f(x_{\mathrm{B}}) \end{aligned}\right\} \tag{3.13}$$

由此直接得到 Callan-Gross 关系 $2x_{\mathrm{B}}F_1(x_{\mathrm{B}}) = F_2(x_{\mathrm{B}})$[33].这一关系是夸克部分子的自旋为 1/2 的结果,它是表明深度非弹散射中探测到的部分子的确为强子谱中的夸克的重要证据.

3.1.2 中微子-核子深度非弹散射

如果入射轻子为 ν_μ,出射轻子为 μ,则为交换 W 玻色子的(带电)弱作用.此时

$$\left.\begin{aligned} J_{\mathrm{W}}^\mu &= \bar{u}\gamma^\mu(1-\gamma_5)d_\theta + \bar{c}\gamma^\mu(1-\gamma_5)s_\theta + \cdots \\ \mathscr{L}_{\mathrm{int.em\,W}} &= \frac{1}{2\sqrt{2}}g_{\mathrm{W}}J_{\mathrm{W}}^\mu W_\mu, \quad \frac{g^2}{M_{\mathrm{W}}^2} = 4\sqrt{2}G_{\mathrm{F}}, \quad G_{\mathrm{F}} = \frac{1.027}{m_{\mathrm{N}}^2} \end{aligned}\right\} \tag{3.14}$$

其中 d_θ、s_θ 是 Cabibbo 转动后的夸克态:

$$d_\theta = d\cos\theta_{\mathrm{c}} + s\sin\theta_{\mathrm{c}}, \quad s_\theta = -d\sin\theta_{\mathrm{c}} + s\cos\theta_{\mathrm{c}} \tag{3.15}$$

如果轻子 $1 = 1' = \gamma$,则为弱中性相互作用.由标准模型得到

$$J_Z^\mu = \left(\frac{1}{2} - \frac{4\sin^2\theta_W}{3}\right)\bar{u}\,\gamma^\mu u + \left(-\frac{1}{2} + \frac{2\sin^2\theta_W}{3}\right)\bar{d}\,\gamma^\mu d + \frac{1}{2}\,\bar{u}\,\gamma^\mu\gamma_5 u - \frac{1}{2}\,\bar{d}\,\gamma^\mu\gamma_5 d$$

$$\mathscr{L}_{\mathrm{int},Z} = \frac{e}{2\cos\theta_W\sin\theta_W}J_Z^\mu Z_\mu$$

$$\text{(3.16)}$$

计算非极化的中微子-核子深度非弹散射截面的程序与 e + N 情况相同. 此时的强子张量部分由三个独立的结构函数决定:

$$W_{\mu\nu} = W_1\left(-g_{\mu\nu} + \frac{q_\mu q_\nu}{q^2}\right) + \frac{W_2}{m_N^2}\left(p_\mu - \frac{q_\mu p\cdot q}{q^2}\right)\left(p_\nu - \frac{q_\nu p\cdot q}{q^2}\right) - \mathrm{i}\,\epsilon_{\mu\nu\alpha\beta}\frac{p^\alpha q^\beta}{2m_N^2}W_3$$

$$\text{(3.17)}$$

在实验室坐标系中,中微子-核子散射截面可写为

$$\frac{\mathrm{d}^2\sigma^{(\nu)}}{\mathrm{d}\Omega\mathrm{d}E'} = \frac{G_F^2}{2\pi^2}(E')^2\left[2\sin^2\frac{\theta}{2}W_1^{(\nu)} + \cos^2\frac{\theta}{2}W_2^{(\nu)} - \frac{E+E'}{m_N}\sin^2\frac{\theta}{2}W_3^{(\nu)}\right] \quad \text{(3.18)}$$

对于反中微子-核子散射情况,有

$$\frac{\mathrm{d}^2\sigma^{(\bar\nu)}}{\mathrm{d}\Omega\mathrm{d}E'} = \frac{G_F^2}{2\pi^2}(E')^2\left[2\sin^2\frac{\theta}{2}W_1^{(\bar\nu)} + \cos^2\frac{\theta}{2}W_2^{(\bar\nu)} + \frac{E+E'}{m_N}\sin^2\frac{\theta}{2}W_3^{(\bar\nu)}\right] \quad \text{(3.19)}$$

这里 θ 为 $\boldsymbol{K}$ 与 $\boldsymbol{K}'$ 间的夹角. 同时,我们可以定义无量纲的结构函数:

$$m_N W_1^{(\nu N)}(\nu, Q^2) \equiv F_1^{(\nu N)}(x, Q^2) \to F_1^{(\nu N)}(x)$$

$$\nu W_2^{(\nu N)}(\nu, Q^2) \equiv F_2^{(\nu N)}(x, Q^2) \to F_2^{(\nu N)}(x)$$

$$\nu W_3^{(\nu N)}(\nu, Q^2) \equiv F_3^{(\nu N)}(x, Q^2) \to F_3^{(\nu N)}(x)$$

$$\text{(3.20)}$$

上面式子的最右方为 Bjorken 标度极限下的核子结构函数,其中上标表示散射过程, $x = x_B$ 为 Bjorken 变量(为简单化,在下面的讨论中将不再写出下标 B). 利用这些无量纲的结构函数 F_1、F_2、F_3,我们可以重新写出相应的强子张量和散射截面的表达式.

3.1.3　极化的轻子-核子深度非弹散射

我们研究极化电子(或 μ 子)与极化核子的深度非弹散射. 设电子(或 μ 子)散射前后的极化分别为 s^μ 和 s'^μ,靶核子的初始极化为 $S^\mu(S\cdot S = -1, S\cdot p = 0)$,其他的运动学变量与非极化情况相同. 散射截面可写为

$$\frac{\mathrm{d}^2\sigma}{\mathrm{d}\Omega\mathrm{d}E'} = \frac{\alpha_e^2}{Q^4}\frac{E'}{E}L_{(e)}^{(\mu\nu)}W^{(\mu\nu)} \tag{3.21}$$

极化的类点轻子张量为

$$L_{\mu\nu} = 2[k_\mu k'_\nu + k'_\mu k_\nu - g_{\mu\nu}(k \cdot k' - m_e^2) + \mathrm{i}\,\epsilon_{\mu\nu\rho\sigma}q^\rho s^\sigma] \tag{3.22}$$

这里取$\epsilon_{0123} = +1$. 我们将强子张量分解成对称部分(S)与反对称部分(A)：

$$W_{\mu\nu}(p,q,S) = \frac{1}{4m_N}\int\frac{\mathrm{d}^4\zeta}{2\pi}\mathrm{e}^{\mathrm{i}q\zeta}\langle PS \mid [J_\mu(\zeta),J_\nu(0)] \mid PS\rangle = W_{\mu\nu}^{(S)} + \mathrm{i}W_{\mu\nu}^{(A)} \tag{3.23}$$

其中

$$W_{\mu\nu}^{(S)} = \left(-g_{\mu\nu} + \frac{q_\mu q_\nu}{q^2}\right)W_1 + \frac{1}{m_N^2}\left(p_\mu - \frac{p \cdot q}{q^2}q_\mu\right)\left(p_\nu - \frac{p \cdot q}{q^2}q_\nu\right)W_2 \tag{3.24}$$

$$W_{\mu\nu}^{(A)} = \frac{1}{m_N}\epsilon_{\mu\nu\lambda\sigma}q^\lambda[m_N^2 S^\sigma G_1(\nu,q^2) + (p \cdot qS^\sigma - S \cdot qp^\sigma)G_2(\nu,q^2)] \tag{3.25}$$

在得到上面的形式时，我们已利用了强子张量要满足的协变性、宇称和电荷共轭对称性及流守恒要求. W_1、W_2 是前面已讨论的自旋无关的结构函数，G_1、G_2 是自旋依赖的结构函数. 在 Bjorken 极限下，它们满足标度性(至由辐射修正引起的 Q^2 的对数修正)：

$$\left.\begin{aligned}
m_N W_1(\nu,Q^2) &\equiv F_1(x,Q^2) \to F_1(x)\\
\nu W_2(\nu,Q^2) &\equiv F_2(x,Q^2) \to F_2(x)\\
m_N^2\nu G_1(\nu,Q^2) &\equiv g_1(x,Q^2) \to g_1(x)\\
m_N\nu^2 G_2(\nu,Q^2) &\equiv g_2(x,Q^2) \to g_2(x)
\end{aligned}\right\} \tag{3.26}$$

这里 $g_1(x,Q^2)$、$g_2(x,Q^2)$ 是无量纲的自旋依赖的结构函数，其中 x 为 Bjorken 变量.

实验上测量上述自旋依赖的结构函数要求入射电子(或 μ 子)束和质子靶都纵向极化. 设入射电子(μ 子)束沿入射方向极化(电子或 μ 子自旋指向入射方向). 令 ↑↓(↑↑)表示纵向极化束中电子(μ 子)自旋与极化靶中质子自旋反平行(平行)，则有微分截面：

$$\frac{\mathrm{d}^2\sigma^{\uparrow\uparrow}}{\mathrm{d}\Omega\mathrm{d}E'} + \frac{\mathrm{d}^2\sigma^{\uparrow\downarrow}}{\mathrm{d}\Omega\mathrm{d}E'} = \frac{8\alpha_e^2(E')^2}{m_N Q^4}\left[2\sin^2\frac{\theta}{2}F_1(x,Q^2) + \frac{m_N}{\nu}\cos^2\frac{\theta}{2}F_2(x,Q^2)\right] \tag{3.27}$$

$$\frac{\mathrm{d}^2\sigma^{\uparrow\uparrow}}{\mathrm{d}\Omega\mathrm{d}E'} - \frac{\mathrm{d}^2\sigma^{\uparrow\downarrow}}{\mathrm{d}\Omega\mathrm{d}E'} = \frac{4\alpha_e^2(E')}{m_N E\nu Q^2}[(E + E'\cos\theta)g_1(x,Q^2) - 2xm_Ng_2(x,Q^2)] \tag{3.28}$$

由此,非极化的截面相应于两种相对趋向极化测量的平均,而自旋依赖的结构函数由测量极化的不对称性得到.

实验上通常测量纵向不对称性 $A_{/\!/}$[34] 和横向不对称性 $A_\perp$(束纵向极化,靶横向极化):

$$
\begin{aligned}
A_{/\!/} &= \frac{\sigma^{\uparrow\Downarrow} - \sigma^{\downarrow\Downarrow}}{\sigma^{\uparrow\Downarrow} + \sigma^{\downarrow\Downarrow}} \\
&= \frac{1 - \epsilon}{(1 - \epsilon R)\nu F_1(x, Q^2)} \Big[(E + E' \cos\theta) g_1(x, Q^2) - 2m_N x g_2(x, Q^2) \Big]
\end{aligned}
$$

(3.29)

$$
\begin{aligned}
A_\perp &= \frac{\sigma^{\downarrow\leftarrow} - \sigma^{\uparrow\leftarrow}}{\sigma^{\uparrow\leftarrow} + \sigma^{\downarrow\leftarrow}} \\
&= \frac{(1 - \epsilon) E'}{(1 - \epsilon R)\nu F_1(x, Q^2)} \Big[g_1(x, Q^2) + \frac{2E}{\nu} g_2(x, Q^2) \Big] \cos\theta
\end{aligned}
$$

(3.30)

其中 $R = \dfrac{F_2}{F_1} \dfrac{m_N}{\nu} \left(1 + \dfrac{\nu^2}{Q^2} \right) - 1$, $\epsilon = \left[1 + 2\left(1 + \dfrac{\nu^2}{Q^2} \right) \tan^2\dfrac{\theta}{2} \right]^{-1}$. 另一方面,不对称性 $A_{/\!/}$ 和 $A_\perp$ 分别与虚光子-核子纵向和横向不对称性 A_1、A_2 联系:

$$
\left.
\begin{aligned}
A_{/\!/} &= D(A_1 + \eta A_2), \quad A_\perp = d(A_2 - \zeta A_1) \\
D &= \frac{1 - E' \epsilon / E}{1 + \epsilon R}, \quad \eta = \frac{\epsilon \sqrt{Q^2}}{E - E' \epsilon} \\
d &= D \sqrt{\frac{2\epsilon}{1 + \epsilon}}, \quad \zeta = \frac{\eta(1 + \epsilon)}{2\epsilon}
\end{aligned}
\right\}
$$

(3.31)

由这些测量可在有限 Q^2 范围内导出质子(中子)的自旋结构函数:

$$
g_1^{p(n)} = \frac{A_1^{p(n)} F_1^{p(n)} + A_2^{p(n)} F_1^{p(n)} (2m_N x/\nu)^{1/2}}{1 + 2m_N x/\nu}
$$

(3.32)

我们将在 4.2 节讨论实验测量结果.

在夸克部分子模型中,自旋依赖的结构函数 $g_1(x, Q^2)$ 有简单的解释. 将 $q_f^\uparrow(x)$、$q_f^\downarrow(x)$ 分别定义为自旋平行和反平行于核子自旋的味为 f 的夸克+反夸克的分布函数,则

$$
g_1(x) = \frac{1}{2} \sum_f e_f^2 [q_f^\uparrow(x) - q_f^\downarrow(x)] = \frac{1}{2} \sum_f e_f^2 \Delta q_f(x)
$$

(3.33)

$$
F_1(x) = \frac{1}{2} \sum_f e_f^2 [q_f^\uparrow(x) + q_f^\downarrow(x)] = \frac{1}{2} \sum_f e_f^2 q_f(x)
$$

(3.34)

其中 $\Delta q_f(x) = q_f^{\uparrow}(x) - q_f^{\downarrow}(x), q_f(x) = q_f^{\uparrow}(x) + q_f^{\downarrow}(x)$.

从上述三个例子看到,轻子-核子深度非弹散射测量两类核子的结构函数:自旋无关的结构函数 $F_i(x)$ 和自旋依赖的结构函数 $g_i(x)$. 它们分别与核子内夸克的自旋无关的分布函数和自旋相关的分布函数相联系. $g_1(x, Q^2)$ 与核子自旋沿它的动量方向的纵向极化(即螺旋性)相联系,因此也称 $g_1(x, Q^2)$ 为核子的纵向极化结构函数. 由此,$g_1(x, Q^2)$ 测量夸克的螺旋性分布,$g_2(x, Q^2)$ 则与核子自旋的横向极化相联系.

在结束本节讨论前,我们作两点说明:① 将深度非弹散射截面写成(3.12)式的形式时,实际上作了因子化假定,即散射截面可因子化为短距离的硬过程与长距离的软过程. 前者可用微扰 QCD 计算,后者由不能计算的非微扰的结构函数描述. 关于因子化的证明可见文献[35]. ② 在用(3.4)式导出关系式(3.5)时,只考虑 Born 近似情况. 对结构函数的辐射修正(由于 QCD 作用)将在后面讨论.

3.2 核子的夸克分布函数的分类

夸克分布函数是描述高能过程中核子结构和性质的物理量. 对一个核子(或其他强子)我们可以定义无穷多的分布函数. 但在高能过程中,仅低扭度(twist)的分布函数起重要作用(这里,扭度定义为算符的维数减去该算符的自旋). 在本节中,我们讨论存在于定义在光锥上(光锥规范)的夸克密度矩阵中的夸克分布函数的分类[36],此密度矩阵定义为

$$M_{\alpha\beta} = \int \frac{\mathrm{d}\lambda}{2\pi} \mathrm{e}^{\mathrm{i}\lambda x} \langle PS \mid \overline{\psi}_{\beta}(0) \, \psi_{\alpha}(\lambda n) \mid PS \rangle \tag{3.35}$$

这里,核子的极化矢量与核子动量正交:$S \cdot P = 0$. 对一个纵向极化的核子 $S_{/\!/} = (P^3, 0, 0, P^0)$;对一个横向极化的核子 $\boldsymbol{S}_{\perp} = m_{\mathrm{N}}(0, \boldsymbol{S}_{\perp}, 0)$. 引入类光矢量

$$p^{\mu} = \frac{\Lambda}{\sqrt{2}}(1, 0, 0, 1), \quad n^{\mu} = \frac{1}{\Lambda\sqrt{2}}(1, 0, 0, -1) \tag{3.36}$$

其中 $p^2 = n^2 = 0, p \cdot n = 1$. Λ 是质量量纲的正参量,如果选择 $\Lambda = m_{\mathrm{N}}/\sqrt{2}$,则为核子静止的坐标系,而核子的无限大动量坐标系相应于选择 $\Lambda \to \infty$.

借助于 16 个 Dirac γ 矩阵和矢量 p^{μ}、n^{μ}、$s_{\perp}^{\mu}$、$s_{/\!/}^{\mu}$,我们可展开矩阵 $M_{\alpha\beta}$:

$$M(x) = \frac{1}{2}[\hat{p}f_1(x) + \gamma_5\hat{p}(S_{/\!/} \cdot n)g_1(x) + \gamma_5 \hat{S}_{\perp}\hat{p}h_1(x)]$$

$$+ \frac{m_N}{2}\left[e(x) + (S_{/\!/} \cdot n)(\hat{p}\,\hat{n} - \hat{n}\,\hat{p})\gamma_5 h_L(x) + \gamma_5 \hat{S}_{\perp} g_T(x)\right]$$

$$+ \frac{m_N^2}{4}\left[\hat{n} f_4(x) + \hat{n}\gamma_5 (S_{/\!/} \cdot n)g_3(x) + \hat{n}\gamma_5 \hat{S}_{\perp} h_3(x)\right] \tag{3.37}$$

这里 $\hat{p} = \gamma \cdot p$，$\hat{n} = \gamma \cdot n$ 等.

如果将两边乘以适当的 Dirac γ 矩阵并取迹，则可投影出相应的分布函数. 例如对 $f_1(x)$、$g_1(x)$、$h_1(x)$ 有

$$\left. \begin{aligned} f_1(x) &= \frac{1}{2}\int \frac{\mathrm{d}\lambda}{2\pi} \mathrm{e}^{\mathrm{i}\lambda x} \langle PS \mid \overline{\psi}(0)\, \hat{n}\psi(\lambda n) \mid PS \rangle \\ g_1(x) &= \frac{1}{2}\int \frac{\mathrm{d}\lambda}{2\pi} \mathrm{e}^{\mathrm{i}\lambda x} \langle PS_{/\!/} \mid \overline{\psi}(0)\, \hat{n}\gamma_5 \psi(\lambda n) \mid PS_{/\!/} \rangle \\ h_1(x) &= \frac{1}{2}\int \frac{\mathrm{d}\lambda}{2\pi} \mathrm{e}^{\mathrm{i}\lambda x} \langle PS_{\perp} \mid \overline{\psi}(0)[\hat{S}_{\perp},\hat{n}]\gamma_5 \psi(\lambda n) \mid PS_{\perp} \rangle \end{aligned} \right\} \tag{3.38}$$

$f_1(x)$ 即是在上节讨论的非极化的深度非弹散射中测量的自旋无关的结构函数 $F_1(x)$，$g_1(x)$ 是极化的深度非弹散射中测量的纵向极化结构函数. $f_1(x)$ 和 $g_1(x)$ 是手征偶性的. $h_1(x)$ 是手征奇性的，因此称为手征性奇结构函数，即手征性奇分布函数. $h_1(x)$ 在轻子-核子深度非弹散射中过程（领头阶）不出现，它在半内含过程和横向极化的 Drell-Yan 过程中作贡献. $h_1(x)$ 测量夸克横向性分布，因而也称为横向性分布函数. 其他分布函数将出现在其他高能过程或者高阶项的贡献.

表 3.1 列出了至扭度 3 的夸克分布函数借助于扭度、自旋和手征性进行的分类.

表 3.1　夸克分布函数按扭度、手征性、核子自旋的分类

夸克分布	扭　度	手征性	螺旋性振幅	测　　量
f_1	2	偶	$A_{\frac{1}{2}\frac{1}{2},\frac{1}{2}\frac{1}{2}} + A_{\frac{1}{2}-\frac{1}{2},\frac{1}{2}-\frac{1}{2}}$	自旋平均
g_1	2	偶	$A_{\frac{1}{2}\frac{1}{2},\frac{1}{2}\frac{1}{2}} - A_{\frac{1}{2}-\frac{1}{2},\frac{1}{2}-\frac{1}{2}}$	螺旋性差
h_1	2	奇	$A_{\frac{1}{2}\frac{1}{2},-\frac{1}{2}-\frac{1}{2}}$	螺旋性反转
e	3	奇	$A_{\frac{1}{2}\frac{1}{2},\frac{1}{2}\frac{1}{2}} + A_{\frac{1}{2}-\frac{1}{2},\frac{1}{2}-\frac{1}{2}}$	自旋平均
h_L	3	奇	$A_{\frac{1}{2}\frac{1}{2},\frac{1}{2}\frac{1}{2}} - A_{\frac{1}{2}-\frac{1}{2},\frac{1}{2}-\frac{1}{2}}$	螺旋性差
g_T	3	偶	$A_{\frac{1}{2}\frac{1}{2},-\frac{1}{2}-\frac{1}{2}}$	螺旋性反转

表中的螺旋性振幅 $A_{Hh,H'h'}$ 的下标 H、H' 和 h、h' 分别是核子和夸克在散射前后的螺旋性. 表中未列出扭度为 4 的分布函数 f_4、g_3、h_3. f_4、g_3 的手征性是偶的，h_3 的手征性是奇的. 图 3.3 给出了扭度为 2 的核子的夸克分布函数 $f_1(x)$、$g_1(x)$ 和 $h_1(x)$ 的直观图

像. 核子的结构函数或者说核子的夸克分布函数 $f_1(x)$、$g_1(x)$ 和 $h_1(x)$ 用夸克部分子分布表示的关系分别由(3.34)、(3.33)、(4.85)式给出.

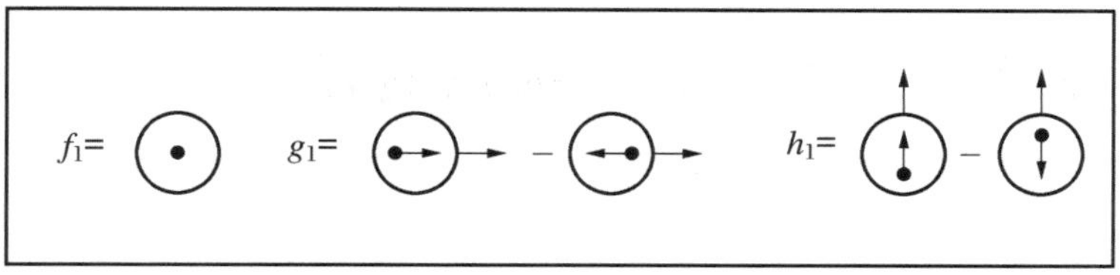

图 3.3　扭度为 2 的核子的夸克分布函数 $f_1(x)$、$g_1(x)$ 和 $h_1(x)$ 的图像

　　空心圆表示核子;实圆点表示夸克;箭头指向极化方向.

　　实际上这些分布函数只是全部领头扭度横动量依赖分布函数中的对角部分,图 3.4 给出了所有领头扭度横动量依赖分布函数的图像.这些领头扭度横动量依赖分布函数对更深刻理解核子等强子的结构有重要意义,已受到理论界和实验界的很大关注和重视.由于篇幅所限,这里不再进一步讨论.感兴趣的读者可参阅有关文献.

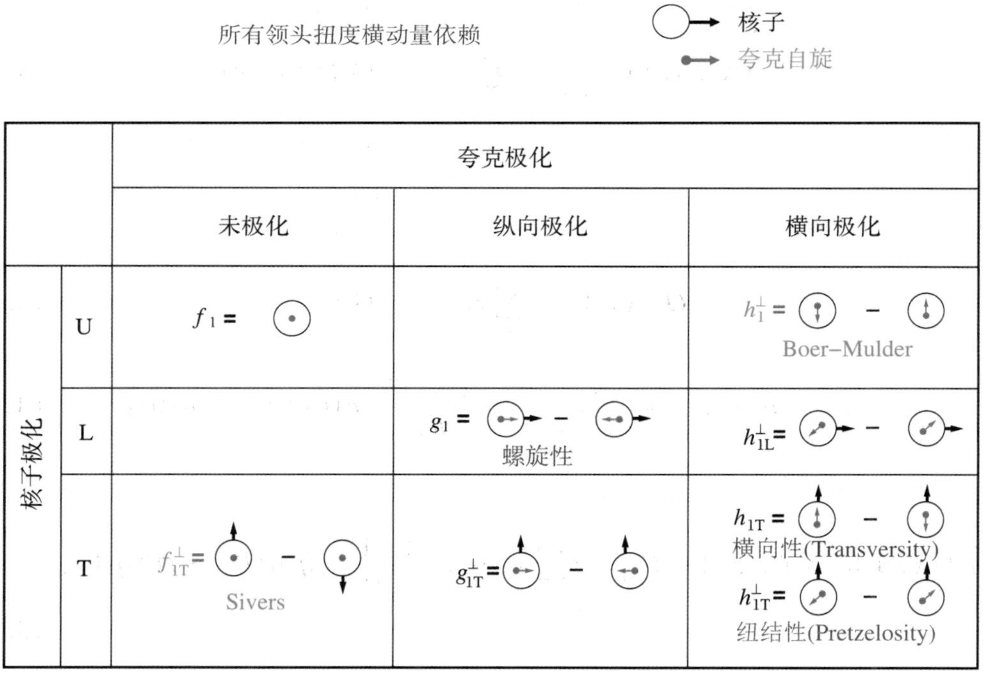

图 3.4　所有领头扭度横动量依赖的夸克分布函数

　　其中对角线中的分布函数给出图 3.3 的 f_1、g_1 和 h_1($=h_{1T}$).

3.3 深度非弹过程与算符乘积展开

Feynman 的部分子模型仅是一个描述深度非弹过程的模型而不是核子内部的动力学理论.描述核子内部的动力学理论是 QCD.为了讨论深度非弹过程的 QCD 修正、描述结构函数随 Q^2 的变化,我们先简要介绍算符乘积展开(OPE)[37].算符乘积展开的基本思想是:场或流算符的时序乘积可以用一组正规化的定域算符的完备集展开为 Taylor 级数,该级数的每一项是非奇异的算符乘以可能为奇异的 c 数函数(展开系数).

3.3.1 短距离展开

定域算符 A 和 B 的乘积的短距离展开(或者说 Wilson 展开)可写为

$$TA(x)B(y) \underset{(x-y)_\mu \to 0}{=} \sum_i C_i(x-y)\hat{O}_i(x,y) \tag{3.39}$$

这里算符 $\hat{O}_i$ 当 $x \to y$ 时是正规的,$C_i(x)$ 是奇异的 c 数,称为 Wilson 系数.式中可出现的算符 $\hat{O}_i$ 必须具有与左边 A、B 相匹配的量子数.由于算符 $\hat{O}_i(x,y)$ 是正规的,可按 $x-y$ 展开.令 $y=0$,有

$$\hat{O}_i(x,0) = \sum_n x_{\mu_1} \cdots x_{\mu_n} \hat{O}_i^{\mu_1 \cdots \mu_n} \tag{3.40}$$

例如

$$:\bar{q}(0)q(-x): = \sum_n x_{\mu_1} \cdots x_{\mu_n} \frac{(-1)^n}{n!} :\bar{q}(0)\partial^{\mu_1} \cdots \partial^{\mu_n} q(0): \tag{3.41}$$

在规范理论如 QCD 中,则用协变导数代替上述导数.由此我们得到展开

$$TA(x)B(0) \underset{x \to 0}{=} C_1(x)\mathbf{1} + C_{\bar{q}q}(x) \sum x_{\mu_1} \cdots x_{\mu_n} \frac{(-1)^n}{n!} :\bar{q}(0)D^{\mu_1} \cdots D^{\mu_n} q(0): + \cdots$$

$$\tag{3.42}$$

当 $x \to 0$ 时,上式中的导数一般来说是次领头阶的(由于多一因子).但这在光锥展开中并不真实.

Wilson 系数的短距离行为可期望通过维数计数得到:

$$C_i(x) \xrightarrow[x \ll 1/m]{} x^{d_i - d_A - d_B} (\ln xm)^p \tag{3.43}$$

其中 d_A、d_B 和 d_i 分别是算符 A、B 和 O_i 的维数(以质量为单位). O_i 的维数越高,则系数 $C_i(x)$ 的奇异性越小;由此在短距离时起主导作用的算符是具有最低维数的算符.

3.3.2 光锥展开[38]

由于 Bjorken 极限被 $x^2 \to 0$ 控制,因此在光锥展开中我们感兴趣的是 $x^2 \to 0$ 的行为:

$$TA\left(\frac{x}{2}\right)B\left(-\frac{x}{2}\right) \approx \sum_i C_i(x)\, \hat{O}_i\left(\frac{x}{2}, -\frac{x}{2}\right) \quad (x \approx 0) \tag{3.44}$$

其中系数函数是奇异的 c 数函数,算符 $\hat{O}_i$ 是正则的. 将 $\hat{O}_i$ 展开为 Taylor 级数:

$$\hat{O}_i\left(\frac{x}{2}, -\frac{x}{2}\right) = \sum_j x_{\mu_i \cdots \mu_j} O_{(i, j)}^{\mu_1 \cdots \mu_j}(0) \tag{3.45}$$

由此两个定域算符的乘积可利用光锥上的定域算符展开:

$$TA\left(\frac{x}{2}\right)B\left(-\frac{x}{2}\right) \underset{x^2 \to 0}{\approx} \sum_i C_i^{(j)}(x^2) x_{\mu_i \cdots \mu_n} O_{(i, j)}^{\mu_1 \cdots \mu_j}(0) \tag{3.46}$$

如果取基 $O_{(i, j)}^{\mu_i \cdots \mu_j}$ 为具有指标 j 的对称的无迹张量,则它们相应于自旋 j 的算符. Wilson 系数的光锥行为 $(x^2 \to 0)$ 可用维数计数得到:

$$C_i^{(j)}(x) \xrightarrow[x^2 \to 0]{} \left(\sqrt{x^2}\right)^{d_{i, j} - j - d_A - d_B} (\ln x^2 m^2)^p \tag{3.47}$$

其中 $d_{i, j}$ 是 $O_{(i, j)}^{\mu_i \cdots \mu_j}$ 的维数. 因此领头项相应于最低扭度 $\tau = d - j$,即在光锥展开中具有最低扭度的算符起主导作用.

最重要的光锥算符具有扭度 2. 例如

标量:

费米子:

$$O_{\mu_1 \cdots \mu_j}^{(j, s)} = \phi^* \overset{\leftrightarrow}{\partial}_{\mu_1} \cdots \overset{\leftrightarrow}{\partial}_{\mu_j} \phi \tag{3.48}$$

$$O_{\mu_1 \cdots \mu_j}^{(j, f)} = \overline{\psi} \gamma_{\mu_1} \overset{\leftrightarrow}{\partial}_{\mu_2} \cdots \overset{\leftrightarrow}{\partial}_{\mu_j} \psi + \text{置换} \tag{3.49}$$

矢量:

$$O_{\mu_1 \cdots \mu_j}^{(j, g)} = F_{\mu_1 \nu} \overset{\leftrightarrow}{D}_{\mu_2} \cdots \overset{\leftrightarrow}{D}_{\mu_{j-1}} F_{\mu_j}^{\nu} + \text{置换} \tag{3.50}$$

其中，$\vec{\partial}_{\mu_i} = (\vec{\partial}_{\mu_i} - \overleftarrow{\partial}_{\mu_i})/2$. 在规范理论中上面各式中的导数项用协变导数代替.

3.3.3　深度非弹散射与算符乘积展开[39]

轻子-核子深度非弹散射的截面正比于强子张量，强子张量则根据 Lorentz 不变性分解为不同结构函数之和. 在通常的分析中常用虚朝前 Compton 振幅 $T_{\mu\nu}$ 代替强子张量 $W_{\mu\nu}$. 按照光学定理，$W_{\mu\nu}$ 是 $T_{\mu\nu}$ 的虚部，这里

$$T_{\mu\nu}(q^2, \nu) = i\int d^4\xi\, e^{iq\cdot\xi}\langle PS \mid T[J_\mu(\xi)J_\nu(0)] \mid PS\rangle \tag{3.51}$$

对于非极化情况，则需对初末态自旋求平均. $T_{\mu\nu}$ 可分解为 3 个不变振幅之和：

$$T_{\mu\nu}(q^2, \nu) = e_{\mu\nu}T_{\rm L}(q^2, \nu) + d_{\mu\nu}T_2(q^2, \nu) - i\,\epsilon_{\mu\nu\alpha\beta}\frac{p^\alpha p^\beta}{\nu}T_3(q^2, \nu) \tag{3.52}$$

这里 $e_{\mu\nu} = g_{\mu\nu} - q_\mu q_\nu/q^2, d_{\mu\nu} = -p_\mu p_\nu q^2/\nu^2 + (p_\mu q_\nu + p_\nu q_\mu)/\nu - g_{\mu\nu}$，$T_{\rm L}$ 是纵向振幅，T_2 是纵向加横向振幅，T_3 仅出现在弱流情况.

另一方面，我们可对流算符的乘积在光锥上作算符乘积展开：

$$i\,T(J(\xi)J(0)) \underset{\xi^2\to 0}{\approx} \sum_{i,j} C_i^j(\xi^2)\xi^{\mu_1}\cdots\xi^{\mu_j}O_{\mu_1\cdots\mu_j}^{(i,j)}(0) \tag{3.53}$$

这里下标 i 遍及所有扭度 2 的算符. 振幅 $T_{\mu\nu}$ 可写为

$$T(q^2, \nu) \approx \sum_{i,j}\int d^4\xi\, e^{-iq\cdot\xi}\xi^{\mu_1}\cdots\xi^{\mu_j}C_i^j(\xi^2)\langle PS \mid O_{\mu_1\cdots\mu_j}^{(i,j)} \mid PS\rangle$$

$$= \sum_{i,j}(i)^j\frac{\partial}{\partial q_{\mu_1}}\cdots\frac{\partial}{\partial q_{\mu_j}}\int d^4\xi\, e^{-iq\cdot\xi}C_i^j(\xi^2)\langle PS \mid O_{\mu_1\cdots\mu_j}^{(i,j)} \mid PS\rangle \tag{3.54}$$

对称、无迹的定域矩阵元可参数化为

$$\langle PS \mid O_{\mu_1\cdots\mu_j}^{(i,j)} \mid PS\rangle = O_i^{(j)}[p_{\mu_1}\cdots p_{\mu_j} - \text{迹项}] \tag{3.55}$$

作替换

$$\frac{\partial}{\partial q_{\mu_1}}\cdots\frac{\partial}{\partial q_{\mu_j}} = 2^j q^{\mu_1}\cdots q^{\mu_j}\left(\frac{\partial}{\partial q^2}\right)^j + \text{迹项} \tag{3.56}$$

则对大的 $-q^2$ 和固定的 $-q^2/(2M\nu)$，得到

$$T(q^2, \nu) \underset{-q^2\to\infty}{\approx} \sum (2i)^j(p\cdot q)^j\left(\frac{\partial}{\partial q^2}\right)^j\left[\int d^4\xi\, e^{-iq\cdot\xi}C_i^j(\xi^2)\right]O_i^{(j)}$$

$$= \sum_{i,j} \frac{1}{\xi^j} \overline{C}_i^{(j)}(q^2) O_i^{(j)} \tag{3.57}$$

其中

$$\overline{C}_i^{(j)} = (-iq^2)^j \left(\frac{\partial}{\partial q^2}\right)^j \int d^4\xi \, e^{-iq\cdot\xi} C_i^j(\xi^2) \tag{3.58}$$

是 $\xi^{\mu_1}\cdots\xi^{\mu_j} C_i^j(\xi^2)$ 的 Fourier 变换.

在联系 Compton 振幅与结构函数时,要用到下面的色散关系:

$$T(q^2, \nu) = \frac{2}{\pi} \int_{-q^2/(2m)}^{\infty} \frac{\nu' d\nu'}{\nu'^2 - \nu^2} \mathrm{Im}\, T(q^2, \nu)$$

$$= \int_{-q^2/(2m)}^{\infty} \frac{\nu' d\nu'}{\nu'^2 - \nu^2} MW(q^2, \nu)$$

$$= \sum_j \frac{1}{x^j} \int_0^1 dx'(x')^{j-1} MW(q^2, \nu) \tag{3.59}$$

比较(3.57)式与(3.59)式,则得到相应结构函数的矩:

$$\int_0^1 dx \, x^{i-1} F_1(x, Q^2) = \sum_\tau \overline{C}_{1,i}^\tau(Q^2) \overline{O}_{1,i}^\tau \tag{3.60}$$

$$\int_0^1 dx \, x^{i-2} F_2(x, Q^2) = \sum_\tau \overline{C}_{2,i}^\tau(Q^2) \overline{O}_{2,i}^\tau \tag{3.61}$$

其中用 $\tau = d - j$ 代替了 j. 上两式的左边定义了结构函数的矩:

$$M_n(Q^2) = \int_0^1 dx \, x^{n-2} F(x, Q^2) \tag{3.62}$$

其中 F 表示 xF_1、F_2、xF_3.

3.3.4　重整化群分析

在本小节中我们讨论矩的重整化群方程. 由于矩是对结构函数的积分,它们是可观测量,因而与重整化点无关. 由这个事实可得到重整化群方程. 在非单态情况中,Wilson 系数满足的重整化群方程为

$$\left[\mu \frac{\partial}{\partial \mu} + \beta(g) \frac{\partial}{\partial g} - \gamma_{\mathrm{NS}}^n(g)\right] \overline{C}_{\mathrm{NS}}^{k,n}\left(\frac{q^2}{\mu^2}, g^2\right) = 0 \tag{3.63}$$

这里 $k = 1, 2, 3$,指结构函数类型. γ_{NS}^n 是算符的反常维数,它与重整化因子的关系为

$$\gamma_{NS}^n(g) = \mu \frac{\partial}{\partial \mu} \ln Z_{NS}^n \tag{3.64}$$

方程(3.63)的解是

$$\bar{C}_{NS}^{k,n}\left(\frac{q^2}{\mu^2}, g^2\right) = \bar{C}_{NS}^{k,n}(1, \bar{q}^2) \exp\left(-\int_{\bar{g}(\mu^2)}^{\bar{g}(Q^2)} dg' \frac{\gamma_{NS}^{\pi}(g')}{\beta(g')}\right) \tag{3.65}$$

将反常维数、β 函数和系数函数按 α_s 展开:

$$\left.\begin{array}{l} \gamma_{NS}^n(g) = \gamma_{0,NS}^n \dfrac{g^2}{16\pi^2} + \gamma_{1,NS}^n \left(\dfrac{g^2}{16\pi^2}\right)^2 + \cdots \\[3mm] \beta(g) = -g\left[\beta_0 \dfrac{g^2}{16\pi^2} + \beta_1 \left(\dfrac{g^2}{16\pi^2}\right)^2 + \cdots\right] \\[3mm] \bar{C}_{NS}^{k,n}(1, g^{-2}) = 1 + B_{NS}^{k,n} \dfrac{g^{-2}}{16\pi^2} + \cdots \end{array}\right\} \tag{3.66}$$

则结构函数的矩变为

$$M_{NS}^{k,n}(Q^2) = M_{NS}^{k,n}(Q_0^2)\left[\frac{\alpha_s(Q_0^2)}{\alpha_s(Q^2)}\right]^{d_n}\left[1 + C_{NS}^{k,n}\left(\frac{\alpha_s(Q^2) - \alpha_s(Q_0^2)}{4\pi}\right)\right] \tag{3.67}$$

其中

$$d_n = -\frac{\gamma_{0,NS}^n}{2\beta_0}, \quad C_{NS}^{k,n} = B_{NS}^{k,n} + \frac{\gamma_{1,NS}^n}{2\beta_0} - \frac{\beta_1 \gamma_{0,NS}^n}{2\beta_0^2} \tag{3.68}$$

方程(3.67)是非单态矩的 QCD 演化方程.

单态情况要复杂一些.此时在重整化群方程(3.63)中用 $\bar{C}_F^{k,n}$ 代替 $\bar{C}_{NS}^{k,n}$,用 $\gamma_F^{(n)}$ 代替 $\gamma_{NS}^{(n)}$.这里 $\gamma_F^{(n)}$ 是味单态算符 $O_F^{(n)}$ 和 $O_G^{(n)}$ 的 2×2 反常矩阵.在渐近自由 QCD 理论中,可由单圈图计算 $\gamma_F^{(n)}$.则对单态的矩得到类似的 QCD 演化方程(领头阶):

$$M_F^{k,n}(Q^2) = \left[\frac{\alpha_s(Q_0^2)}{\alpha_s(Q^2)}\right]^{-\gamma_F^{(0)}/(2\beta_0)} M_F^{k,n}(Q_0^2) \tag{3.69}$$

但是我们不能用微扰论完全确定 $M_{NS}^{k,n}$ 和 $M_F^{k,n}$.这是因为在渐近自由 QCD 理论中可以借助重整化群方程计算 Wilson 系数的领头奇异行为,但复合算符的矩阵元只有通过解 QCD 的束缚态问题才能得到.

3.4 部分子模型与微扰 QCD

按照部分子模型,夸克、胶子是不参与相互作用的自由粒子.但实际上,夸克与胶子间存在相互作用,它们由 QCD 描写.夸克、胶子间的相互作用包含如下三个基本过程:① 夸克发射或吸收胶子.② 胶子产生一对夸克-反夸克对或夸克-反夸克对湮灭为胶子.③ 胶子相互作用.

由于夸克、胶子间的 QCD 相互作用,结构函数随动量(标度)变化.在大动量过程中,结构函数随动量的变化可用微扰 QCD 计算得到.在 QCD 中,部分子分布函数的演化方程常称为 Altarelli-Parisi(A－P)方程[40],有些文献中也称为 Gribov-Lipatov-Altarelli-Parisi(GLAP)方程.下面,我们先简要讨论包含过程①的 A－P 方程的推导,然后写出完整的A－P方程.

考虑深度非弹散射 ep→ex 中的子过程 $\gamma^* q \to qg$,它包括如下的基本过程:

图 3.5(a)为 g 的零阶过程,即自由部分子模型下的过程.图 3.5(b)、(c)是发射实胶子产生的修正.图 3.5(d)—(f)是对顶角和传播子修正的虚过程.由图 3.5(a)表示的过程 $\gamma^*(q) + q(p) \to q(p')$ 的散射振幅平方为

$$\overline{\mid M \mid^2}(a) = 2e_i^2 e^2 p \cdot q \tag{3.70}$$

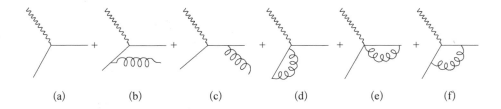

$$\begin{array}{cccccc} \text{(a)} & \text{(b)} & \text{(c)} & \text{(d)} & \text{(e)} & \text{(f)} \end{array}$$

图 3.5　$\gamma^* q \to gq$ 的基本过程

这里已对入射光子 γ^* 的横向极化态作了平均.由图 3.5(b)、(c)表示的 Compton 过程的振幅平方为

$$\overline{\mid M \mid^2}((b) + (c)) = 32\pi^2 (e_i^2 \alpha \alpha_s) \frac{4}{3} \left[-\frac{\hat{t}}{\hat{s}} - \frac{\hat{s}}{\hat{t}} + \frac{2\hat{u} Q^2}{\hat{s}\hat{t}} \right] \tag{3.71}$$

这里 $Q^2 = -q^2$，$\hat{s}$、$\hat{t}$、$\hat{u}$ 为 Mandelstam 变量. α、α_s 分别为精细结构常数和强耦合常数. 对 $\gamma^* q_1 \to q_2 g$ 过程，在质心系中有

$$
\left.
\begin{aligned}
\hat{s} &= 2k^2 + 2kq_0 - Q^2 = 4k'^2 \\
\hat{t} &= -Q^2 - 2k'q_0 + 2kk'\cos\theta = -2kk'(1 - \cos\theta) \\
\hat{u} &= -2kk'(1 + \cos\theta)
\end{aligned}
\right\}
\tag{3.72}
$$

其中 k、k' 是质心动量 $\boldsymbol{k}$、$\boldsymbol{k}'$ 的值. 注意到对虚光子有 $q_0^2 = k^2 - Q^2$，以及 $4kk' = -\hat{t} - \hat{u} = \hat{s} + Q^2$. 另外，出射夸克的横向动量 $p_T = k'\sin\theta$ 满足 $p_T^2 = \hat{s}\,\hat{t}\,\hat{u}/(\hat{s} + Q^2)^2$. 在小角散射极限下，$-\hat{t} \ll \hat{s}$，则 $p_T^2 = \hat{s}(-\hat{t})/(\hat{s} + Q^2)$. 朝前散射截面可写为

$$
\frac{\mathrm{d}\hat{\sigma}}{\mathrm{d}p_T^2}((b) + (c)) = \frac{8\pi e_i^2 \alpha \alpha_s}{3\,\hat{s}^2}\left(-\frac{1}{\hat{t}}\right)\left[\hat{s} + \frac{2(\hat{s} + Q^2)Q^2}{\hat{s}}\right] = e_i^2 \hat{\sigma}_0 \frac{1}{p_T^2} \frac{\alpha_s}{2\pi} P_{qq}(z)
\tag{3.73}
$$

这里 $\hat{\sigma}_0 = 4\pi^2 \alpha/\hat{s}$，$z = Q^2/(2p_i \cdot q) = Q^2/(\hat{s} + Q^2)$，

$$
P_{qq}(z) = \frac{4}{3}\frac{1 + z^2}{1 - z}
\tag{3.74}
$$

注意到 $P_{qq}(z)$ 在 $z = 1$ 处（相当于零能胶子）无定义. 此红外奇异性与顶角和传播子修正引起的奇异性严格相消. 考虑这一贡献后，P_{qq} 可写为

$$
P_{qq}(z) = \frac{4}{3}\left(\frac{1 + z^2}{1 - z}\right)_+ = \frac{4}{3}\left(\frac{1 + z^2}{(1 - z)_+} + \frac{3}{2}\delta(1 - z)\right)
\tag{3.75}
$$

这里 $1/(1 - z)_+$ 分布满足

$$
\int_0^1 \mathrm{d}z\, \frac{f(z)}{(1 - z)_+} = \int_0^1 \mathrm{d}z\, \frac{f(z) - f(1)}{1 - z}
\tag{3.76}
$$

$\gamma^* q \to qg$ 过程的总截面为

$$
\hat{\sigma}(\gamma^* q \to qg) = \int_{\mu^2}^{\hat{s}/4} \mathrm{d}p_T^2 \frac{\mathrm{d}\hat{\sigma}}{\mathrm{d}p_T^2} \approx e_i^2 \hat{\sigma}_0\left(\frac{\alpha_s}{2\pi} P_{qq}(z)\ln\frac{Q^2}{\mu^2}\right)
\tag{3.77}
$$

利用截面与分布函数的关系，在包括零阶过程后，我们有

$$
\begin{aligned}
\frac{F_2(x, Q^2)}{x} &= \sum_q e_q^2 \int_x^1 \frac{\mathrm{d}y}{y} q(y)\left[\delta\left(1 - \frac{x}{y}\right) + \frac{\alpha_s}{2\pi} P_{qq}\left(\frac{x}{y}\right)\ln\frac{Q^2}{\mu^2}\right] \\
&= \sum_q e_q^2\left[q(x) + \mathrm{d}q(x, Q^2)\right]
\end{aligned}
\tag{3.78}
$$

这里

$$\mathrm{d}q(x,Q^2) = \frac{\alpha_s}{2\pi}\ln\frac{Q^2}{\mu^2}\int_x^1 \frac{\mathrm{d}y}{y}q(y)P_{qq}\left(\frac{x}{y}\right) \qquad (3.79)$$

这一方程可写成积分-微分方程形式:

$$\frac{\mathrm{d}}{\mathrm{d}\ln Q^2}q(x,Q^2) = \frac{\alpha_s}{2\pi}\int_x^1 \frac{\mathrm{d}y}{y}q(y,Q^2)P_{qq}\left(\frac{x}{y}\right) \qquad (3.80)$$

这是一个 A-P 演化方程.$P_{qq}(x/y)$ 称为"劈裂函数",它测量在一个具有动量 y 的夸克内找到一个具有动量 x 的概率分布的改变.由此我们得到这样的图像:随着 Q^2 增加,分辨率提高,我们"看到"每一个夸克被周围的部分子云包围.上述 A-P 方程在数学上表示这一事实:一个具有动量 x 的夸克((3.80)式左边的 $q(x,Q^2)$)可来自具有较大动量 y、发射一个胶子的母夸克((3.80)式右边的 $q(y,Q^2)$),而发生这一过程的概率正比于 $\alpha_s P_{qq}(x/y)$.

除了 Compton 过程,夸克密度的演化还与胶子产生一个夸克-反夸克对(虚光子与其耦合)相关.除夸克的演化外,我们还必须考虑反夸克及胶子的演化方程.由此得到的完整的 A-P 方程如下:

$$\frac{\mathrm{d}}{\mathrm{d}\ln Q^2}q(x,Q^2) = \frac{\alpha_s(Q^2)}{2\pi}\int_x^1 \frac{\mathrm{d}z}{z}\left\{P_{qq}(z)q\left(\frac{x}{z},Q^2\right)+P_{qg}(z)g\left(\frac{x}{z},Q^2\right)\right\} \qquad (3.81)$$

$$\frac{\mathrm{d}}{\mathrm{d}\ln Q^2}\bar{q}(x,Q^2) = \frac{\alpha_s(Q^2)}{2\pi}\int_x^1 \frac{\mathrm{d}z}{z}\left\{P_{qq}(z)\bar{q}\left(\frac{x}{z},Q^2\right)+P_{qg}(z)g\left(\frac{x}{z},Q^2\right)\right\} \qquad (3.82)$$

$$\frac{\mathrm{d}}{\mathrm{d}\ln Q^2}g(x,Q^2) = \frac{\alpha_s(Q^2)}{2\pi}\int_x^1 \frac{\mathrm{d}z}{z}\left\{P_{gq}(z)\sum_q\left[q\left(\frac{x}{z},Q^2\right)+\bar{q}\left(\frac{x}{z},Q^2\right)\right]\right.$$
$$\left. + P_{gg}(z)g\left(\frac{x}{z},Q^2\right)\right\} \qquad (3.83)$$

这里劈裂函数 $P_{qq}(z)$ 由(3.74)式给出,其余劈裂函数为

$$\left.\begin{array}{l} P_{gq}(z) = \dfrac{4}{3}\dfrac{1+(1-z)^2}{z} \\[3mm] P_{qg}(z) = \dfrac{1}{2}\left[z^2+(1-z)^2\right] \\[3mm] P_{gg}(z) = 6\left[\dfrac{1-z}{z}+\dfrac{z}{(1-z)_+}+z(1-z)+\left(\dfrac{11}{12}-\dfrac{n_f}{18}\right)\delta(1-z)\right] \end{array}\right\} \qquad (3.84)$$

其中 $z = x/y$，n_f 为轻夸克味数.

A-P 方程说明了 QCD 所预言的标度性破坏,它使我们可以具体计算结构函数对 Q^2 的依赖关系.给出夸克结构函数在某一参考点的值 $q(x, Q_0^2)$,利用 A-P 方程则可以计算这些结构函数在任何 Q^2 时的值.在 QCD 中,这些初始值不能由理论本身来确定,但可通过测量给出 Q^2 值时的深度非弹散射截面而定出.由此可进一步预言较高 Q^2 值时的结构函数及深度非弹散射截面.胶子分布在深度非弹散射中不能被直接测量.但胶子分布函数包含在演化方程中,因此可通过深度非弹散射对 Q^2 依赖的某些信息来确定胶子分布.

图 3.6 展示了在深度非弹电子-质子散射时测量的夸克分布函数的组合 $F_2 = \sum_f xe_f^2 q_f(x, Q^2)$ 随 Q^2 的演化.曲线表示在各固定 x 值下 F_2 的变化,并与由 A-P 方程给出的演化模型作了比较.数据取自 Particle Data Group 的工作[41].模型描述与实验数据符合得很好.这些结果证明了 QCD 预言的标度性偏离:当 Q^2 增加时,结构函数 $F_2(x, Q^2)$ 在小 x 区域增加而在大 x 区域减小.这表明随 Q^2 增加我们可分辨增加的"软"夸克数的情况.它与高分辨率的光子有更多机会看到"软化"夸克的结论相符.

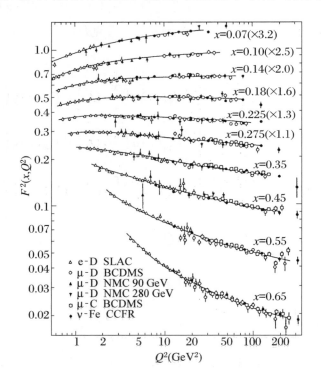

图 3.6 在深度非弹过程中测量的夸克分布函数的组合对 Q^2 的依赖关系

实线表示 A-P 演化方程的结果.

方程(3.81)—(3.83)给出了标准的 A-P(或称 GLAP)演化方程,这些方程描述了一个部分子演化为两个部分子的基本过程.但在部分子密度很大的区域,如两个强子重叠区的所谓小 x 区,部分子可能互相重叠并发生湮灭、融合或重组合过程.

最早研究这些高扭度现象的是 Gribov、Levin、Ryskin[42] 和 Mueller、Qiu[43],他们得到的相关演化方程也称 GLR 方程,并应用于研究非常小 x 区的核子和核的结构函数.近来,Zhu 等更完整地考虑了部分子重组合过程[44,45],导出了适用于整个 x 区域的修正的 A-P 演化方程.例如相应于胶子的演化方程为[45]

$$\frac{\mathrm{d}x_\mathrm{B} g(x_\mathrm{B}, Q^2)}{\mathrm{d}\ln Q^2} = \frac{C_\mathrm{A} \alpha_\mathrm{s}}{\pi} \int_{x_\mathrm{B}}^1 \frac{\mathrm{d}x_1}{x_1} \frac{x_\mathrm{B}}{x_1} P_\mathrm{AP}^{\mathrm{g}\to\mathrm{g}}(x_1, x_\mathrm{B}) x_1 g(x_1, Q^2)$$

$$+ \frac{9}{32\pi^2} \left(\frac{1}{RQ}\right)^2 \int_{x_\mathrm{B}/2}^{1/2} \mathrm{d}x_1 x_\mathrm{B} x_1 g^2(x_1, Q^2) \sum_i P_i^{\mathrm{gg}\to\mathrm{g}}(x_1, x_\mathrm{B})$$

$$- \frac{9}{16\pi^2} \left(\frac{1}{RQ}\right)^2 \int_{x_\mathrm{B}}^{1/2} \mathrm{d}x_1 x_\mathrm{B} x_1 g^2(x_1, Q^2) \sum_i P_i^{\mathrm{gg}\to\mathrm{g}}(x_1, x_\mathrm{B}) \quad (3.85)$$

其中

$$\sum_i P_i^{\mathrm{gg}\to\mathrm{g}}(x_1, x_\mathrm{B})$$

$$= \frac{3\alpha_\mathrm{s}^2}{8} \frac{C_\mathrm{A}^2}{N^2 - 1} \frac{(2x_1 - x_\mathrm{B})(-136x_\mathrm{B}x_1^3 - 64x_1x_\mathrm{B}^3 + 132x_1^2x_\mathrm{B}^2 + 99x_1^4 + 16x_\mathrm{B}^4)}{x_\mathrm{B}x_1^5}$$

$$(3.86)$$

这里 $x_\mathrm{B} = Q^2/(2p \cdot q)$,$x_1/x_\mathrm{B} = 1/z$.因子 R 有长度的量纲,$1/Q$ 表示部分子标度 Q 处的横向尺度,因而 $1/(RQ)^2$ 可看作两个部分子的重叠概率.(3.85)式中右边第一项相应于原 A-P 方程中的 g→g 过程,而右边第二、三项是新的相应于胶子融合过程的贡献.对其他过程如 gg→gg、gg→q$\bar{\mathrm{q}}$ 的讨论和公式可见所给出的文献.考虑了这些重组合过程的演化方程可以用来研究小 x 区以至全部 x 区的核子和核的结构函数.

3.5 轻子-核子深度非弹散射的 QCD 因子化

对于如图 3.2 所示的轻子-核子深度非弹散射,当所交换的虚光子的动量远离壳时,轻子与核子内的部分子间的相互作用是硬的,即相互作用在短距离内发生,由此原则上可进行微扰计算.但在硬碰撞后末态强子的形成是一个慢过程,即性质是非微扰的.因此,深度非弹散射截面同时包含了短距离碰撞标度和长距离强子标度的信息.为了应用微扰 QCD 计算短距离物理,需要完成因子化手续,使两个不同标度的物理分开.

深度非弹散射的 QCD 因子化定理[35]为完成深度非弹散射截面的因子化提供了论证并在技术上提供了实现的方法.结构函数的因子化后的表达式也提供了对结构函数的物理解释.例如,按因子化定理,在深度非弹散射中测量的一个强子内的结构函数 $F_2(x, Q^2)$ 可写为

$$F_2^h(x, Q^2) = \sum_f \int_x^1 \frac{dy}{y} C_f\left(\frac{x}{y}, \frac{Q^2}{\mu^2}, \alpha_s\right) \phi_{f/h}(y, \mu^2) \qquad (3.87)$$

这里 $f = q, \bar{q}, g$ 为部分子的"味";C_f 是短距离系数;$\phi_{f/h}(y, \mu^2)$ 是强子态上的非微扰长距离矩阵元,它可解释为在强子 h 中找到一个动量份额为 y、味为 f 的部分子的概率密度,或者说味为 f 的部分子分布;μ 是因子化标度,它表示在强子标度物理中如何分离出短距离物理;Q 是物理上可观测的标度.QCD 因子化定理提供了计算短距离系数函数 C_f 的手续,并定义了与长距离矩阵元即部分子分布相应的算符 $\phi_{f/h}$.如果从其他过程测量了 $\phi_{f/h}$ 及计算了系数 C_f,则用微扰 QCD 可预言结构函数的绝对值并在实验上进行检验.另外,虽然微扰 QCD 不能计算 $\phi_{f/h}$ 的绝对值,但可以利用 QCD 演化方程预言这些结构函数的标度依赖,从而也可根据在某一标度的实验测量值得到结构函数在另一标度的值.深度非弹过程的因子化问题在文献中已有相当多的讨论(例如见文献[46—48]).

近年来,轻子-核子的半内含(semi-inclusive)深度非弹散射(SIDIS)已开始成为获取各种微扰和非微扰 QCD 知识,尤其是核子内部结构(如核子内的海夸克分布、极化胶子分布、夸克横向性分布等)信息的重要工具.在深度非弹的半内含产生过程中,纵向动量份额 z 和强子产额的横动量 $P_{h\perp}$ 是可被测量的.当横动量被积分掉时或当它可与硬光子质量标度比较,即 $P_{h\perp} \sim Q$ 时,或当横动量远小于 Q 但仍是硬的,即 $P_{h\perp} \gg \Lambda_{QCD}$ 时,其 SIDIS 截面可用已有的因子化方案进行计算[48].但当横动量是软的,即 $P_{h\perp} \sim \Lambda_{QCD}$ 时,在 Q^2 不是很大(几十与几百 GeV^2)的运动学区域中,SIDIS 过程的因子化虽被 Collins 猜测过[49],但未被严格地论证.最近,Ji、Ma 和 Yuan[50]仔细地论证了在这个运动学区域中 SIDIS 过程的因子化.他们恰当地定义了横动量依赖部分子分布和 QCD 中的碎裂函数并对软的、共线的(collinear)和硬的胶子分布进行系统的因子化,给出了低横动量时半内含深度非弹散射的 QCD 因子化定理,在微扰 QCD 单圈阶作了证明并论证了该因子化定理在微扰论的所有阶都是成立的.他们提出的领头自旋无关结构函数的因子化定理为

$$F(x_B, z_h, P_{h\perp}, Q^2) = \sum_{q=u,d,s,\cdots} e_q^2 \int d^2 \boldsymbol{k}_\perp d^2 \boldsymbol{p}_\perp d^2 \boldsymbol{l}_\perp q(x_B, \boldsymbol{k}_\perp, \mu^2, x_B \zeta, \rho)$$

$$\times \hat{q}(z_h, \boldsymbol{p}_\perp, \mu^2, \zeta/z_h, \rho) S(\boldsymbol{l}_\perp, \mu^2, \rho)$$

$$\times H(Q^2, \mu^2, \rho) \delta^2(z_h \boldsymbol{k}_\perp + \boldsymbol{p}_\perp + \boldsymbol{l}_\perp - \boldsymbol{P}_{h\perp}) \tag{3.88}$$

这里 μ 是重整化（及共线因子化）标度，ρ 为胶子快度（rapidity）截断参量，在各类因子间 μ 和 ρ 的依赖相消. 式中因子的物理解释如下：q 是依赖于 Bjorken 参量 x_B（除其他参数外）的横动量依赖（TMD）的夸克分布函数；$\hat{q}$ 是依赖于强子动量份额 Z_h（除其他参数外）的 TMD 夸克碎裂函数；H 表示部分子硬散射的贡献，它是 α_s 的微扰级数；软因子 S 来自软胶子辐射，它由 Wilson 线元在 QCD 真空的矩阵元定义. 上述结果表明，强子的横动量由核子中夸克的横动量、软胶子辐射及夸克碎裂的横动量的组合效应生成. 这个因子化定理可用于上述运动学区域的半内含深度非弹散射，为研究核子内夸克横向性分布、横动量依赖的部分子分布及相关夸克碎裂函数提供进行 QCD 计算的理论基础.

第 4 章

核子结构的 QCD 理论

强子的夸克模型和强相互作用的 QCD 理论表明,核子由夸克和胶子组成.它包含 3 个价夸克和夸克-反夸克对、胶子组分.夸克与胶子间的相互作用由 QCD 理论描写.核子的夸克、胶子组分用核子波函数的 Fock 展开描写可表示为如下形式:

$$| N \rangle = C_1 | qqq \rangle + \sum C_2^j | qqqq_j \bar{q}_j \rangle + \cdots$$

核子所含的三夸克组分、夸克-反夸克和胶子的高 Fock 分量所占的份额及它们在核子内的分布状态可通过对核子的基本物理量,如核子自旋、核子质量、核子的电磁和奇异形状因子等的 QCD 结构的理论研究和实验分析来确定.

至今,轻子-核子的弹性、非弹和深度非弹散射(极化的与非极化的)实验提供了大量关于核子内夸克、胶子分布的信息.同时,QCD 的微扰和非微扰理论也取得了很大进展.这些都为我们理解核子的夸克、胶子结构和 QCD 理论本身提供了丰富的知识和基础.

在本章中,我们首先给出各种类型的(Feynman)部分子求和规则——它们提供了核子(及核)内夸克、胶子部分子分布的知识.然后,讨论核子自旋结构的 QCD 理论分析和实验测量结果,理解核子自旋的起源即核子自旋的 QCD 结构.接着,简要介绍能统一描述高能标度的部分子分布和遍举（exclusive）过程的推广的部分子分布（generalized parton distributions，GPD）对核子结构的描述及其实验测量．最后，简要地讨论核子质量的QCD结构和核子的电磁形状因子，对后者的研究使我们能从核子内各组分所贡献的电荷、流的分布来理解核子的微扰与非微扰结构．

4.1 部分子求和规则与核子（核）内夸克、胶子分布的知识

部分子求和规则可提供核子（或其他强子）内夸克、胶子分布的重要信息．部分子求和规则有两类．第一类求和规则是部分子要满足的约束条件．核子具有一定的量子数如重子数、电荷、自旋、同位旋等．这些量子数由构成核子的组分——夸克和胶子部分子所携带．因此这些部分子的适当组合之和（积分）应给出核子的相应量子数，由此可得部分子分布的约束条件．第二类求和规则是对轻子-核子深度非弹散射截面作适当组合可得到的某些相应于守恒量子数的可观测量．这些量是通常所称的部分子求和规则．这类求和规则有简单的物理解释．考虑部分子间的强相互作用，则得到包含 QCD 修正的求和规则．将这些求和规则与实验值作比较，可提供 QCD 实验的有用信息及关于核子内夸克（价、海）、胶子分布的重要知识．

在写出部分子求和规则前，我们首先给出核子结构函数在部分子模型中的具体形式．对核子的电磁结构函数 $F_1(x)$、$F_2(x)$ 有

$$F_2(x)^{eN} = 2xF_1(x)^{eN} = x\sum_f e_f^2 q_f(x) \tag{4.1}$$

设 $q_N(x)$ 表示在一个靶核子中找到携带纵向动量份额为 x、具有夸克量子数的部分子的概率．利用同位旋对称性（即在交换 p→n 和 u→d 下的不变性）可得

$$\left.\begin{array}{l} u_p(x) = d_n(x) \equiv u(x) \\ d_p(x) = u_n(x) \equiv d(x) \\ s_p(x) = s_n(x) \equiv s(x) \end{array}\right\} \tag{4.2}$$

则 $F_2(x)$ 可写为

$$\frac{1}{x}F_2^{\mathrm{ep}}(x) = \frac{4}{9}\Big[u(x) + \bar{u}(x)\Big] + \frac{1}{9}\Big[d(x) + \bar{d}(x) + s(x) + \bar{s}(x)\Big]$$

$$\frac{1}{x}F_2^{\mathrm{en}}(x) = \frac{4}{9}\Big[d(x) + \bar{d}(x)\Big] + \frac{1}{9}\Big[u(x) + \bar{u}(x) + s(x) + \bar{s}(x)\Big] \tag{4.3}$$

进一步可将夸克分布函数分解为价夸克分布函数和海夸克分布函数:

$$q(x) = q_{\mathrm{v}}(x) + q_{\mathrm{s}}(x) \tag{4.4}$$

价夸克的存在是由夸克模型指出的,质子和中子分别有价夸克(uud)和(udd).

中微子散射的结构函数与部分子分布之间的关系由于 Kobayashi-Maskawa 混杂矩阵而变得复杂.取混杂矩阵近似为对角的情况,结果可被简化,而导致如下关系(忽略 t、b 夸克贡献):

$$F_3^{\nu p}(x) = 2\Big[d(x) - \bar{u}(x) - \bar{c}(x) + s(x)\Big] \tag{4.5}$$

$$F_2^{\nu p}(x) = 2x\Big[d(x) + \bar{u}(x) + \bar{c}(x) + s(x)\Big] \tag{4.6}$$

下面讨论部分子求和规则.

4.1.1　满足核子量子数导致的部分子求和规则

电荷:

$$\int_0^1 \mathrm{d}x\left\{\frac{2}{3}\Big[u(x) - \bar{u}(x)\Big] - \frac{1}{3}\Big[d(x) - \bar{d}(x)\Big] - \frac{1}{3}\Big[s(x) - \bar{s}(x)\Big]\right\} = 1 \tag{4.7}$$

$$\int_0^1 \mathrm{d}x\left\{\frac{2}{3}\Big[d(x) - \bar{d}(x)\Big] - \frac{1}{3}\Big[u(x) - \bar{u}(x)\Big] - \frac{1}{3}\Big[s(x) - \bar{s}(x)\Big]\right\} = 0 \tag{4.8}$$

同位旋(对质子):

$$\frac{1}{2}\int_0^1 \mathrm{d}x\left\{\Big[u(x) - \bar{u}(x)\Big] - \Big[d(x) - \bar{d}(x)\Big]\right\} = \frac{1}{2} \tag{4.9}$$

奇异性:

$$\int_0^1 \mathrm{d}x\Big[s(x) - \bar{s}(x)\Big] = 0 \tag{4.10}$$

这表示核子内总的奇异性为零,但这并不意味着 $s(x) = \bar{s}(x)$.

上面的求和规则表明质子内的夸克分布满足

$$2 = \int_0^1 \mathrm{d}x \left[u(x) - \bar{u}(x) \right] = \int_0^1 \mathrm{d}x u_v(x) \tag{4.11}$$

$$1 = \int_0^1 \mathrm{d}x \left[d(x) - \bar{d}(x) \right] = \int_0^1 \mathrm{d}x d_v(x) \tag{4.12}$$

4.1.2 自旋无关的结构函数与部分子求和规则

（1）Adler 求和规则[26]

Adler 求和规则被用来测量靶的同位旋，故也称为同位旋求和规则．它由在中微子-质子散射与中微子-中子散射中测量的 F_2 结构函数之差的积分给出：

$$S_A = \int_0^1 \frac{\mathrm{d}x}{x} (F_2^{\nu n} - F_2^{\nu p}) = 2 \int_0^1 \mathrm{d}x \left[u(x) - d(x) - \bar{u}(x) + \bar{d}(x) - s(x) + \bar{s}(x) \right]$$
$$= 4 I_3 = 2 \tag{4.13}$$

由于这一求和规则是流代数的结果，因此可期望它在 QCD 的所有阶（α_s）都成立．

（2）Gross-Llewellyn Smith 求和规则[52]

这一求和规则与中微子散射中的 F_3 结构函数相联系：

$$S_{GLS} = \int_0^1 \mathrm{d}x \frac{1}{2} (F_3^{\nu N}(x, Q^2) + F_3^{\bar{\nu} N}(x, Q^2)) \tag{4.14}$$

其中 $F_3^N = (F_3^p + F_3^n)/2$．借助于夸克分布函数，GLS 求和规则可表示为

$$S_{GLS} = \int_0^1 \mathrm{d}x \left[u(x) - \bar{u}(x) + d(x) - \bar{d}(x) + s(x) - \bar{s}(x) + c(x) - \bar{c}(x) \right]$$
$$= 3 \left[1 - \frac{\alpha_s(Q^2)}{\pi} - a(n_f) \left(\frac{\alpha_s(Q^2)}{\pi} \right)^2 - b(n_f) \left(\frac{\alpha_s(Q^2)}{\pi} \right)^2 \right] + \Delta_{HT} \tag{4.15}$$

等式的最后一步包含了 QCD 修正，其中 $a(n_f)$、$b(n_f)$ 依赖于夸克味数 n_f，Δ_{HT} 指高扭度的贡献．

实验得到 $Q^2 = 3~\mathrm{GeV}^2$ 时的 S_{GLS} 值为[52]

$$S_{GLS} = 2.50 \pm 0.018 \pm 0.078 \tag{4.16}$$

考虑到次领头阶（NLO）QCD 修正（取 $\Lambda_{QCD} = (213 \pm 50)~\mathrm{MeV}$），得到的理论值为 $S_{GLS} = 2.63 \pm 0.04$，在实验误差范围内与实验值相符．计算表明，当 $Q^2 \geqslant 5~\mathrm{GeV}^2$ 时，高扭度的贡献将不重要．更严格地计算出 S_{GLS} 作为 Q^2 的函数，并与实验所得到的 S_{GLS} 的 Q^2 依赖关

系作比较,这提供了确定强耦合常数的一个途径.

（3）Gottfried 求和规则[53]

Gottfried 求和规则（GRS）由电子-质子散射与电子-中子散射中测量的 F_2 结构函数之差的积分给出：

$$S_{\mathrm{G}} = \int_0^1 \frac{\mathrm{d}x}{x}(F_2^{\mathrm{ep}} - F_2^{\mathrm{en}}) = \frac{1}{3}\int_0^1 \mathrm{d}x\left[u(x) - d(x) + \bar{u}(x) - \bar{d}(x) \right]$$

$$= \frac{1}{3}\int_0^1 \mathrm{d}x\left[u_{\mathrm{v}}(x) - d_{\mathrm{v}}(x) \right] + \frac{2}{3}\int_0^1 \mathrm{d}x\left[\bar{u}(x) - \bar{d}(x) \right]$$

$$= \frac{1}{3} + \frac{2}{3}\int_0^1 \mathrm{d}x\left[\bar{u}(x) - \bar{d}(x) \right] \tag{4.17}$$

在写出上面的等式时,已用了强的电荷对称性假定: $d_{\mathrm{n}}(x) = u_{\mathrm{p}}(x)$, $u_{\mathrm{n}}(x) = d_{\mathrm{p}}(x)$, $\bar{d}_{\mathrm{n}}(x) = \bar{u}_{\mathrm{p}}(x)$, $\bar{u}_{\mathrm{n}}(x) = \bar{d}_{\mathrm{p}}(x)$. 如果质子海存在味对称性 $\int \bar{u}(x)\mathrm{d}x = \int \bar{d}(x)\mathrm{d}x$,则 S_{G} 等于 1/3.

对 GRS 的精确测量[54]得到

$$S_{\mathrm{G}}^{\exp} = 0.235 \pm 0.026 \tag{4.18}$$

将这一结果与 GRS 表达式比较,得到 $\bar{d}^{\mathrm{p}}(x) > \bar{u}^{\mathrm{p}}(x)$. 最近的一系列实验[55,56]证实了 $\bar{d}^{\mathrm{p}}(x) > \bar{u}^{\mathrm{p}}(x)$,即质子海中的 d 夸克多于 u 夸克,表明质子海中的味对称性被破坏.

上述结果引起了理论界的兴趣.为了理解 GRS 的破坏,人们进行了各种理论途径探讨.微扰 QCD 修正计算给出[57]（对 $n_f = 3$）

$$I_{\mathrm{G}} = \frac{1}{3}\left[1 + 0.036\frac{\alpha_{\mathrm{s}}(Q^2)}{\pi} + 0.72\left(\frac{\alpha_{\mathrm{s}}(Q^2)}{\pi}\right)^2 \right] \tag{4.19}$$

在 $Q^2 = 4\ \mathrm{GeV}^2$ 处,NLO 给出 0.3% 修正,NNLO 修正为 0.4%. 这表明微扰机制不能包含 GRS 的破坏.GRS 的破坏一定来源于非微扰机制.一系列的机制和模型相继被提出以解释 GRS 的破坏,如 Pauli 排斥原理、介子云贡献模型、手征模型、双夸克模型等.同时人们提出各类实验方案来测量质子海中的味不对称性 $\bar{u} - \bar{d}$,如轻子对产生的 Drell-Yan 过程、W 和 Z 产生的 Drell-Yan 过程、夸克偶素产生、半内含强子产生等过程[58]. 这些研究将会使我们更深地理解核子及核中海夸克分布的知识.

（4）动量求和规则

由所有质子组分携带的总动量应等于质子的动量,这一约束条件给出动量求和规则（产生 c 夸克的阈能以下）：

量子色动力学及其应用
Quantum Chromodynamics and Its Applications

$$S_{\text{mon}} = \int_0^1 \mathrm{d}x\, x \left[u(x) + \bar{u}(x) + d(x) + \bar{d}(x) + s(x) + \bar{s}(x) \right]$$

$$= 1 - \int_0^1 \mathrm{d}x\, x g(x) \tag{4.20}$$

S_{mon} 是夸克携带动量的份额. 从而部分子模型可写成

$$\int_0^1 \mathrm{d}x \left(\frac{9}{2} F_2^{\text{ep+en}} - \frac{3}{4} F_2^{\text{vp+vn}} \right) = 1 - \int_0^1 \mathrm{d}x\, x g(x) \tag{4.21}$$

等式左边的实验数据表明 $\int_0^1 \mathrm{d}x\, x g(x) \approx 0.5$, 即夸克和胶子各携带核子动量的一半.

4.1.3 自旋依赖的夸克部分子求和规则

自旋依赖的夸克分布函数包括夸克螺旋性分布 (纵向极化的夸克分布) 和夸克横向性分布, 它们满足下述求和规则:

(1) Bjorken 求和规则[59]

质子和中子的纵向极化结构函数的一次矩为

$$\int_0^1 \mathrm{d}x\, g_1^{\text{p}} = \frac{1}{2} \left(\frac{4}{9} \Delta u + \frac{1}{9} \Delta d + \frac{1}{9} \Delta s \right) = \frac{1}{12} \left(a_3 + \frac{1}{\sqrt{3}} a_8 + \frac{4}{3} a_0 \right) \tag{4.22}$$

$$\int_0^1 \mathrm{d}x\, g_1^{\text{n}} = \frac{1}{2} \left(\frac{4}{9} \Delta d + \frac{1}{9} \Delta u + \frac{1}{9} \Delta s \right) = \frac{1}{12} \left(-a_3 + \frac{1}{\sqrt{3}} a_8 + \frac{4}{3} a_0 \right) \tag{4.23}$$

这里

$$\left. \begin{aligned} a_0 &= \Delta u + \Delta d + \Delta s \\ a_3 &= \Delta u - \Delta d \\ a_8 &= \frac{1}{\sqrt{3}} (\Delta u + \Delta d - 2\Delta s) \end{aligned} \right\} \tag{4.24}$$

其中 $\Delta q = \int_0^1 \mathrm{d}x (\Delta q(x) + \Delta \bar{q}(x))$, 或直接由矩阵元定义:

$$\Delta q(\mu^2) S^\nu = \langle PS \mid \bar{q} \gamma^\nu \gamma_5 q \mid_{\mu^2} \mid PS \rangle$$

质子和中子的一次矩之差给出 Bjorken 求和规则. 包括 QCD 修正的 Bjorken 求和规则的形式为

$$S_{Bj} = \int_0^1 dx \left[g_1^p(x, Q^2) - g_1^n(x, Q^2) \right]$$

$$= \frac{1}{6} g_A \left[1 - \frac{\alpha_s}{\pi} - 3.583 \left(\frac{\alpha_s}{\pi} \right)^2 - 20.215 \left(\frac{\alpha_s}{\pi} \right)^3 \right] + \delta S_{Bj} \tag{4.25}$$

这里 $g_A = a_3$，微扰计算为 $n_f = 3$ 情况. δS_{Bj} 为高扭度修正.

如果假设奇异夸克是非极化的，$\Delta s = 0$，$a_0 = \sqrt{3} \, a_8$. 由此得到 Ellis-Jaffe 求和规则[60]:

$$S_{EJ}^{p(n)} = \frac{1}{12} \left(\pm a_3 + \frac{1}{\sqrt{3}} a_8 \right) \left[1 - \frac{\alpha_s}{\pi} - 3.583 \left(\frac{\alpha_s}{\pi} \right)^2 - 20.215 \left(\frac{\alpha_s}{\pi} \right)^3 \right]$$

$$+ \frac{1}{9} a_0(Q^2) \left[1 - \frac{\alpha_s}{\pi} - 1.096 \left(\frac{\alpha_s}{\pi} \right)^2 \right] \tag{4.26}$$

Bjorken 求和规则是 QCD 的一个严格结果. 因此它给出对 QCD 理论有意义的实验方案. 而 Ellis-Jaffe 求和规则则是模型的结果. 深度非弹的实验测量给出 $S_{Bj}(Q^2 = 10 \text{ GeV}^2) = 0.209 \pm 0.026$，相应的理论值为 0.187 ± 0.002. 因此实验结果与理论预言是一致的(误差为 10% 左右). 实验表明 $\Delta s \approx -0.1 \neq 0$，这导致 Ellis-Jaffe 求和规则被破坏.

在表 4.1 中，列出了上述求和规则的理论值与现存的实验值的比较. 关于极化结构函数与核子自旋结构的关系，我们将在下节讨论.

表 4.1　部分子求和规则的理论预言与实验结果比较

求和规则	$Q^2(\text{GeV}^2)$	理　论	实　验
S_G	4	0.335	0.235 ± 0.026
S_{GLS}	3	2.338	2.50 ± 0.08
S_A	3	2	2.02 ± 0.40
S_{Bj}	10	0.187	0.209 ± 0.026
S_{EJ}^p	5	0.171	0.136 ± 0.010

(2) 夸克横向性分布求和规则与张量荷

夸克横向性分布的一次矩联系着核子的张量荷[61]:

$$\int_0^1 dx \left[\delta q_f(x) - \delta \bar{q}_f(x) \right] = \delta q_f \tag{4.27}$$

其中 $f = u, d, s, \cdots, \delta q_f$ 为 f 味夸克对核子张量荷的贡献. 类似于核子的纵向极化结构函

数与夸克螺旋性分布间的关系,我们将横向性分布写为

$$h_1(x) = \frac{1}{2} \sum_f e_f^2 \left[\delta q_f(x) + \delta \bar{q}_f(x) \right] \tag{4.28}$$

则有

$$\int_0^1 \mathrm{d}x h_1^{\mathrm{p}}(x) = \frac{1}{2}\left(\frac{4}{9}\delta u + \frac{1}{9}\delta d + \frac{1}{9}\delta s\right) \tag{4.29}$$

$$\int_0^1 \mathrm{d}x h_1^{\mathrm{n}}(x) = \frac{1}{2}\left(\frac{4}{9}\delta d + \frac{1}{9}\delta u + \frac{1}{9}\delta s\right) \tag{4.30}$$

由此得到横向性分布的同位旋求和规则:

$$\int_0^1 \mathrm{d}x(h_1^{\mathrm{p}}(x, Q^2) - h_1^{\mathrm{n}}(x, Q^2)) = \frac{1}{6} g_{\mathrm{T}}^{(\mathrm{V})}(Q^2)(1 + O(\alpha_s)) \tag{4.31}$$

这里 $g_{\mathrm{T}}^{(\mathrm{V})} = \delta u - \delta d$ 为核子的同位旋矢量张量荷.

$\delta q_f(x)$ 也常写为 $h_1^{\mathrm{p}}(x)$. 对夸克横向性分布及其一次矩——核子张量荷的理论与实验研究将在 4.2 节讨论.

(3) GDH 求和规则[62]

GDH(Gerasimov-Drell-Hearn)求和规则与核子的定态性质——反常磁矩和质量及自旋相关的光产生(或光吸收)总截面之差的积分相联系. 设光子的螺旋性与核子自旋平行和反平行的能量依赖的光产生总截面分别为 $\sigma_{3/2}(\nu)$ 和 $\sigma_{1/2}(\nu)$,则 GDH 求和规则表示为

$$\int_0^\infty \frac{\mathrm{d}\nu}{\nu} \left[\sigma_{3/2}(\nu) - \sigma_{1/2}(\nu) \right] = \frac{2\pi^2 \alpha_{\mathrm{em}}}{M^2} \kappa^2 \tag{4.32}$$

这里 κ 和 M 分别是核子的反常磁矩和质量.

如果说 Bjorken 求和规则是 Q^2 无限大时的自旋相关结构函数的求和规则,那么 GDH 求和规则是 $Q^2 = 0$ 时自旋相关结构函数的求和规则. 这可以从截面 $\sigma_{3/2}$ 和 $\sigma_{1/2}$ 的下述表达式清楚地看出来:

$$\sigma_{3/2} = \frac{8\pi\alpha}{2M\nu - Q^2}\left(F_1(x, Q^2) - g_1(x, Q^2) + \frac{Q^2}{\nu^2} g_2(x, Q^2)\right) \tag{4.33}$$

$$\sigma_{1/2} = \frac{8\pi\alpha}{2M\nu - Q^2}\left(F_1(x, Q^2) + g_1(x, Q^2) - \frac{Q^2}{\nu^2} g_2(x, Q^2)\right) \tag{4.34}$$

其中 $F_1(x, Q^2)$、$g_1(x, Q^2)$ 和 $g_2(x, Q^2)$ 是 3.1.3 小节中引入的核子结构函数.

（4）推广的 GDH 求和规则（Ⅰ）

推广的 GDH 求和规则试图将 $Q^2 = 0$ 处的 GDH 求和规则推广到有限 Q^2 的情况，并在 $Q^2 \to \infty$ 时给出 Bjorken 求和规则. 一种方法是引入 Q^2 依赖的积分[63]：

$$I_1(Q^2) = \frac{2M^2}{Q^2}\Gamma_1(Q^2) = \frac{2M^2}{Q^2}\int_0^1 \mathrm{d}x g_1(x, Q^2) = \int_0^\infty \frac{\mathrm{d}\nu}{\nu}G_1(\nu, Q^2)$$

$$\to \begin{cases} -\dfrac{1}{4}\kappa_N^2, & Q^2 \to 0 \\[2mm] \dfrac{2M^2}{Q^2}\Gamma_1 + O(Q^{-4}), & Q^2 \to \infty \end{cases} \tag{4.35}$$

这表明，在实光子极限，$I_1(0) = \dfrac{M^2}{8\pi^2\alpha}I_{\mathrm{GDH}}(0)$，与 GDH 求和规则相吻合；而在标度极限 $Q^2 \to \infty$，$I_1(Q^2)$ 与 Bjorken 求和规则 $I_1^p(Q^2) - I_1^n(Q^2) = \dfrac{M^2}{3Q^2}\dfrac{g_A}{g_V}$ 一致.

（5）推广的 GDH 求和规则（Ⅱ）

Ji 和 Osborne[64] 提出用自旋依赖的结构函数 $G_1(\nu, Q^2)$ 的色散求和规则来统一描述 GDH 求和规则和 Bjorken 求和规则：

$$S_1(\nu, Q^2) = 4\int_{Q^2/(2M)}^\infty \frac{\mathrm{d}\nu'\nu' G_1(\nu', Q^2)}{\nu'^2 - \nu^2} \tag{4.36}$$

这里 G_1 很难计算但可通过实验测量，而 $S_1(\nu, Q^2)$ 很难在实验上测量但可借助于双重虚光子 Compton 散射（VVCS）过程作理论研究. 取 $\nu = 0$，则（4.36）式约化为

$$S_1(0, Q^2) = 4\int_{Q^2/(2M)}^\infty \frac{\mathrm{d}\nu}{\nu}G_1(\nu, Q^2) \tag{4.37}$$

它与 $I_1(Q^2)$ 表达式（4.35）一致. 这个结果表明，GDH 求和规则和 Bjorken 求和规则分别是 $G_1(\nu, Q^2)$ 的色散求和规则在 $Q^2 = 0$ 和 ∞ 时的特例.

概括本节对自旋依赖的夸克部分子求和规则的讨论可看到，Bjorken 求和规则和 GDH 求和规则都与纵向极化的夸克分布相联系. Bjorken 求和规则陈述的是 $Q^2 \to \infty$ 时的规则，而 GDH 求和规则陈述的是 $Q^2 = 0$ 时的规则. 对 Bjorken 求和规则的实验检验在有限 Q^2 下进行，然后借助于演化方程使理论与实验结果在同一标度下比较；对 GDH 求和规则可以在实光子点利用轫致辐射光子进行直接检验. 这两个求和规则通过推广的 GDH 求和规则建立联系，这使得人们可以研究从部分子自由度到强子相互作用区域的转变. 利用推广的 GDH 求和规则积分分析 SLAC/E143[65a]、HERMES[65b] 和 JLAB 的 CLAS/EG1a 与 CLAS/EG1b[66] 的实验测量结果表明，$I_1(Q^2)$ 在区域 $0 \leqslant Q^2 \leqslant 1\ \mathrm{GeV}^2$

的转变是相当剧烈的,特别是在 $0 \leqslant Q^2 \leqslant 0.5 \text{ GeV}^2$ 区域, $I_1(Q^2)$ 随 Q^2 增加而迅速上升,然后在 $Q^2 > 1 \text{ GeV}^2$ 区域缓慢下降并逐渐趋向常数(Bjorken 极限下的 $I_1^{\text{B}}(\infty)$). $I_1(Q^2)$ 在 $0 \leqslant Q^2 \leqslant 1 \text{ GeV}^2$ 区域的转变有点像退禁闭转变中的跨接(crossover)(见 6.3.4 小节和 10.10 节的讨论). 如果情况真是这样,那么从强子相互作用区域到部分子自由度的转变行为类似于高温下退禁闭的转变行为,是一个平滑跨接. 这个问题还有待于更多精确的实验测量来研究.

4.2 核子的自旋物理

4.2.1 核子自旋结构求和规则

在 QCD 理论中,核子的自旋定义为 QCD 的角动量算符 J_{QCD} 的核子态矩阵元. 算符 J_{QCD} 已在 1.4 节中给出. 这里将分别讨论正则的 QCD 角动量算符分解(其结果相应于无相互作用的夸克、胶子体系)、规范不变的 QCD 角动量及其满足角动量对易关系的 QCD 角动量分解.

(1) 正则的 QCD 角动量分解

对于无相互作用的自由夸克、胶子体系,正则的 QCD 角动量算符为[67]

$$
\left.
\begin{aligned}
\boldsymbol{J}_{\text{c}} &= \boldsymbol{J}_{\text{q}} + \boldsymbol{J}_{\text{g}} \\
\boldsymbol{J}_{\text{q}} &= \int \mathrm{d}^3 x \left[\bar{\psi} \boldsymbol{\gamma} \gamma_5 \psi - \mathrm{i}\psi^{+} \, \boldsymbol{x} \times \boldsymbol{\nabla} \psi \right] \\
\boldsymbol{J}_{\text{g}} &= \int \mathrm{d}^3 x \left[\boldsymbol{E} \times \boldsymbol{A} + E^i (\boldsymbol{x} \times \boldsymbol{\nabla}) A^i \right]
\end{aligned}
\right\}
\tag{4.38}
$$

考虑一个在 z 方向运动的核子,它的动量为 P^{μ},螺旋性为 $1/2$,则可写出核子自旋的求和规则为[67]

$$
\frac{1}{2} = \langle P + | J_z | P + \rangle = \frac{1}{2}\Delta\Sigma + \Delta G + L_{\text{q}} + L_{\text{g}}
\tag{4.39}
$$

这里

$$\Delta\Sigma = \langle P+|\,\hat{S}_{3q}\,|\,P+\rangle = \langle P+|\int d^3x\,\overline{\psi}\gamma^3\gamma_5\psi\,|\,P+\rangle$$

$$\Delta G = \langle P+|\,\hat{S}_{3g}\,|\,P+\rangle = \langle P+|\int d^3x(E^1A^2 - E^2A^1)\,|\,P+\rangle$$

$$L_q = \langle P+|\,\hat{L}_{3q}\,|\,P+\rangle = \langle P+|\int d^3x\,i\,\overline{\psi}\gamma^0(x^2\partial^1 - x^1\partial^2)\psi\,|\,P+\rangle$$

$$L_g = \langle P+|\,\hat{L}_{3g}\,|\,P+\rangle = \langle P+|\int d^3x\,E^i(x^1\partial^2 - x^2\partial^1)A^i\,|\,P+\rangle$$

$$\tag{4.40}$$

为简单起见,这里没有写出归一化因子. 从 QCD 角动量算符分解可知,$\Delta\Sigma$ 和 ΔG 是夸克和胶子的自旋对核子自旋的贡献,L_q 和 L_g 分别是夸克和胶子的轨道角动量的贡献. 这些分量中,除了算符 $\hat{S}_{3q}$,算符 $\hat{S}_{3g}$、$\hat{L}_{3q}$ 和 $\hat{L}_{3g}$ 都不是单独的规范不变和 Lorentz 不变的. 因此,一般来说这样的核子自旋分解是规范依赖的,且与 Lorentz 坐标系的选择相关. 仅在光前坐标系和光前规范中,ΔG 才是高能散射过程测量的胶子螺旋性.

(2) 规范不变的 QCD 角动量

核子自旋的规范不变的分解可从规范不变的 QCD 角动量在核子态的期望值得到. 在上一章中已给出了 QCD 角动量分解为规范不变的夸克和胶子贡献形式[68]:

$$J_{QCD}^{(GI)} = J_q^{(GI)} + J_g^{(GI)}$$

$$J_q^{(GI)} = \int d^3x[\overline{\psi}\gamma\gamma_5\psi + \psi^+\,\boldsymbol{x}\times(-i\boldsymbol{D})]\psi$$

$$J_g^{(GI)} = \int d^3x[\boldsymbol{x}\times(\boldsymbol{E}\times\boldsymbol{B})]$$

$$\tag{4.41}$$

$J_q^{(GI)}$ 的中括号中的第一项对应夸克自旋贡献,第二项对应规范不变的轨道角动量贡献. 规范不变的胶子角动量不能进一步分解为规范不变的胶子自旋和轨道角动量两部分. 因此核子自旋的规范不变的分解为

$$\frac{1}{2} = \frac{1}{2}\Delta\Sigma(\mu) + L_q(\mu) + J_g(\mu) \tag{4.42}$$

这里每一项指 QCD 角动量算符的三分量在核子态(在 z 方向运动,极化的螺旋性本征态 $\lambda = 1/2$)的矩阵元. 上式中的 μ 指标度和图像依赖.

利用规范不变的 QCD 角动量算符与对称的 QCD 能量-动量张量间的简单关系,可以将夸克和胶子对核子自旋的贡献写为

$$J_{q,g}(\mu) = \langle P\frac{1}{2}|\int d^3x(\boldsymbol{x}\times\boldsymbol{T}_{q,g})_z\,|\,P\frac{1}{2}\rangle \tag{4.43}$$

另一方面,类似于电磁流可分解为 Dirac 形状因子与 Pauli 形状因子,可将 QCD 能量-动

量张量分解为下述形状因子[68]：

$$\langle P' \mid T^{\mu\nu}_{q,g} \mid P \rangle = \bar{U}(P')\left[A_{q,g}(\Delta^2)\gamma^{(\mu}\bar{P}^{\nu)} + \frac{B_{q,g}(\Delta^2)\bar{P}^{(\mu}\mathrm{i}\sigma^{\nu)\alpha}\Delta_\alpha}{2m_N} + \frac{C_{q,g}(\Delta^2)\Delta^{(\mu}\Delta^{\nu)}}{m_N} \right]U(P)$$

$$(4.44)$$

其中 $\bar{P}^\mu = (P^\mu + P'^\mu)/2, \Delta^\mu = P'^\mu - P^\mu, U(P)$ 是核子旋量．将上式代入 $J_{q,g}$ 的矩阵元，则由夸克和胶子贡献的核子自旋的份额可写为

$$J_{q,g}(\mu) = \frac{1}{2}\left[A_{q,g}(0) + B_{q,g}(0) \right] \tag{4.45}$$

这里 $A_{q,g}(0)$ 分别是夸克和胶子携带的核子动量份额（$A_q^{(0)} + A_g^{(0)} = 1$）．这个结果提供了测量核子自旋结构的新途径，使我们能更深刻地理解核子的自旋结构．

（3）满足角动量对易关系的规范不变的 QCD 角动量分解

在规范不变的 QCD 角动量分解形式(4.41)中，除夸克自旋算符外，其他分量并不满足角动量的对易关系．使这些分量满足角动量对易关系的途径是将规范场分解为两部分：$\boldsymbol{A} = \boldsymbol{A}_{\mathrm{phys}} + \boldsymbol{A}_{\mathrm{pure}}$，相应的 QCD 角动量分解为[69]

$$\begin{aligned}
J_{\mathrm{QCD}} &= \int \mathrm{d}^3 x \psi^+ \frac{1}{2}\boldsymbol{\Sigma}\psi + \int \mathrm{d}^3 x \psi^+ \, \boldsymbol{x} \times \frac{1}{\mathrm{i}}\boldsymbol{D}_{\mathrm{pure}}\psi \\
&\quad + \int \mathrm{d}^3 x E^a \times \boldsymbol{A}_{\mathrm{phys}}^a + \int \mathrm{d}^3 x E^{ai} \boldsymbol{x} \times \boldsymbol{\nabla} A_{\mathrm{phys}}^{ai}
\end{aligned} \tag{4.46}$$

这里 $\boldsymbol{D}_{\mathrm{pure}} \equiv \boldsymbol{\nabla} - \mathrm{i}g\boldsymbol{A}_{\mathrm{pure}}, \boldsymbol{A}_{\mathrm{pure}} \equiv T^a A_{\mathrm{pure}}^a$．$\boldsymbol{A}_{\mathrm{pure}}$ 和 $\boldsymbol{A}_{\mathrm{phys}}$ 满足如下规范不变的约束条件：

$$\boldsymbol{D}_{\mathrm{pure}} \times \boldsymbol{A}_{\mathrm{pure}} = 0, \quad [\boldsymbol{A}_{\mathrm{phys}}, \boldsymbol{E}] \equiv \boldsymbol{A}_{\mathrm{phys}} \cdot \boldsymbol{E} - \boldsymbol{E} \cdot \boldsymbol{A}_{\mathrm{phys}} = 0$$

由此可证明分解形式(4.46)中每一分量都满足角动量的对易关系．

对上述三种角动量分解形式的简要分析如下．首先，比较角动量的分解形式(4.38)、(4.41)和(4.46)．可以看到，三种形式中夸克自旋算符相同，但轨道角动量算符所包含的胶子场分量不相同．这导致三种分解形式给出的胶子角动量表达式有所差异．由此可导致夸克轨道角动量和胶子的角动量对核子自旋的贡献有差异．

前面已指出，在正则的角动量分解形式(4.38)中，ΔG 仅在 $A^0 = 0$ 规范（在无限大动量系中，该规范条件变为 $A^+ = 0$）下才能被解释为胶子自旋．同时，正如在 4.2.2 小节的讨论中可看到的，在这样的光前坐标和光前规范下，包含在(4.41)式所定义的夸克轨道角动量算符中的相互作用依赖项并不影响领头对数阶的演化结果．也即在光前规范条件下正则形式 $\int \mathrm{d}^3 x \psi^+ \, \boldsymbol{x} \times \frac{1}{\mathrm{i}}\boldsymbol{\nabla}\psi$ 与规范不变的形式 $\int \mathrm{d}^3 x \psi^+ \, \boldsymbol{x} \times \frac{1}{\mathrm{i}}\boldsymbol{D}\psi$ 有相同的领头对数阶

演化行为.

另一方面,对既满足规范不变又满足角动量对易关系的分解形式(4.46),如果取规范$[\boldsymbol{A},\boldsymbol{E}]=0$,则$\boldsymbol{A}_{\text{pure}}=\boldsymbol{0}$,此时分解形式约化为正则分解形式.由于$[\boldsymbol{A},\boldsymbol{E}]=0$导致$\boldsymbol{\nabla}\cdot\boldsymbol{E}^a=g\psi^+T^a\psi$,因此虽然分解形式相同,但不同的规范条件可导致轨道角动量和胶子角动量的解有所不同,从而这两个分量对核子自旋的贡献不同.这有待进一步研究.

另外,前面已指出规范不变的QCD角动量算符与对称的QCD能量-动量张量间存在简单关系(见(1.108)式和(4.43)式).因此,可给出相应于角动量分解形式(4.46)的QCD的总动量分解形式[69]:

$$P_{\text{QCD}}=\int\mathrm{d}^3x\psi^+\frac{1}{\mathrm{i}}\boldsymbol{D}_{\text{pure}}\psi+\int\mathrm{d}^3xE^i\,\boldsymbol{\nabla}\,A_{\text{phys}}^i$$

它与通常给出的正则形式$P_{\text{QCD}}=\int\mathrm{d}^3x\psi^+\frac{1}{\mathrm{i}}\boldsymbol{D}\psi+\int\mathrm{d}^3x\boldsymbol{E}\times\boldsymbol{B}$有差别.在规范$[\boldsymbol{A},\boldsymbol{E}]=0$下,$\boldsymbol{A}_{\text{pure}}=\boldsymbol{0}$,则二者有相同的形式.这个新的分解形式的实际应用也有待进一步讨论.

这里需要再次说明的是,上述QCD角动量的三种分解形式仅是在树图下给出的,或者说是在某个标度下的表达式.上述简单分析也基于这种经典表示.QCD总角动量是一个守恒量,它不随标度而改变.但总角动量算符分解成的各分量(无论是上述哪种形式)不是守恒量.QCD相互作用会导致各分量随标度而变化,它们由GLAP方程描写.这导致各分量随着标度变化的同时互相关联.最明显的例子是在单圈阶夸克自旋贡献与胶子自旋贡献相联系,这正是轴反常的结果.详细分析可见4.2.2小节至4.2.4小节的讨论.因此,在经典情况或某个标度下满足角动量对易关系的各分量因QCD相互作用而互相关联,从而(在圈图阶)在其他标度下不再满足角动量的对易关系.(4.46)式的具体求解及与实验测量的联系还需要研究.在以下的论述中,我们将讨论相应于QCD角动量的正则分解和规范不变分解情况的求解及其实验测量.

4.2.2 QCD角动量算符的微扰演化

QCD的总角动量算符是守恒荷,但是它的各分量并不是守恒荷,因此各分量的矩阵元一般是发散的,需要作重整化处理,由此导致标度依赖.在物理上这意味着用不同标度探针看到的核子自旋结构图像有所变化.

Gribov、Lipatov、Altarelli、Parisi(GLAP)推导了$\Delta\Sigma$和Δg随标度的演化.给定标度μ^2时具有确定螺旋性的夸克或胶子,计算出在标度$\mu^2+\mathrm{d}\mu^2$时夸克或胶子的螺旋性,

得到的 GLAP 方程（即 A-P 方程）为

$$\frac{\mathrm{d}}{\mathrm{d}t}\begin{pmatrix}\Delta\Sigma\\\Delta g\end{pmatrix}=\frac{\alpha_\mathrm{s}(t)}{2\pi}\begin{pmatrix}\Delta P_\mathrm{qq}^\mathrm{s} & 2n_f\Delta P_\mathrm{qg}\\\Delta P_\mathrm{gq} & \Delta P_\mathrm{gg}\end{pmatrix}\otimes\begin{pmatrix}\Delta\Sigma\\\Delta g\end{pmatrix} \tag{4.47}$$

其中 $t=\ln(Q^2/\Lambda_\mathrm{QCD}^2)$，$\Delta P_\mathrm{qq}^\mathrm{s}$ 中的上标 s 指味单态. 劈裂函数展开至次领头阶（NLO）为

$$\Delta P(x,\alpha_\mathrm{s})=\Delta P^{(0)}(x)+\frac{\alpha_\mathrm{s}}{2\pi}\Delta P^{(1)}(x)+\cdots \tag{4.48a}$$

领头阶的劈裂函数为

$$\left.\begin{aligned}&\Delta P_\mathrm{s,qq}^{(0)}(x)=\frac{4}{3}\left(\frac{1+x^2}{1-x}\right)_+,\quad \Delta P_\mathrm{qg}^{(0)}(x)=\frac{1}{2}(2x-1)\\&\Delta P_\mathrm{gq}^{(0)}=\frac{4}{3}(2-x)\\&\Delta P_\mathrm{gg}^{(0)}(x)=3\left[(1+x^4)\left(\frac{1}{x}+\frac{1}{(1-x)_+}\right)-\frac{(1-x)^3}{x}\right]+\frac{\beta_0}{2}\delta(1-x)\end{aligned}\right\} \tag{4.48b}$$

其一次矩给出 $\int_0^1\Delta P_\mathrm{gq}^{(0)}(x)\mathrm{d}x=\frac{3}{2}C_\mathrm{F}$，$\int_0^1\Delta P_\mathrm{gg}^{(0)}(x)\mathrm{d}x=\frac{1}{2}\beta_0$，其余项的贡献为零. 由此，领头对数近似的 GLAP 方程为

$$\frac{\mathrm{d}}{\mathrm{d}t}\begin{bmatrix}\Delta\Sigma\\\Delta g\end{bmatrix}=\frac{\alpha_\mathrm{s}(t)}{2\pi}\begin{bmatrix}0 & 0\\\frac{3}{2}C_\mathrm{F} & \frac{\beta_0}{2}\end{bmatrix}\begin{bmatrix}\Delta\Sigma\\\Delta g\end{bmatrix} \tag{4.49}$$

其中 $C_\mathrm{F}=4/3$，$\beta_0=11-2n_f/3$. 方程右边的矩阵称为劈裂矩阵. 对它的每一项的来源可作简单解释：考虑一个动量为 $p_\mu=(p^-=0,p^+,p_\perp=0)$、螺旋性为 $+1/2$ 的母夸克，它劈裂为一个动量为 $k^\mu=(k^-,xp^+,k_\perp)$ 的女儿胶子和一个动量为 $(p-k)^\mu$ 的女儿夸克. 在劈裂过程中仅三动量是守恒的. 劈裂的总概率为 $\int_0^1\mathrm{d}x[1+(1-x)^2]/x$（这里谈及概率时，乘积因子 $\alpha_\mathrm{s}\ln(Q^2/\mu^2)$ 是隐含着的. μ^2 是红外截断，它定义了母夸克的特性；Q^2 是紫外横动量截断，它定义了女儿部分子的标度）. 由于在领头对数阶时夸克螺旋性是守恒的，因而得到劈裂矩阵左上角为 0 的矩阵元. 所产生的女儿胶子的螺旋性可为 $+1$ 或 -1. 找到这二者的概率分别为 $\int_0^1\mathrm{d}x\frac{1}{x}$ 和 $\int_0^1\mathrm{d}x(1-x)^2/x$. 劈裂中所产生的胶子螺旋性正好为 $\int_0^1\mathrm{d}x[1-(1-x)^2]/x=(3/2)C_\mathrm{F}$，它给出劈裂矩阵左下角的矩阵元. 对胶子劈裂的类似讨论得到劈裂矩阵中另外两个矩阵元.

GLAP 方程的解可直接求得[70]：

$$\begin{aligned} \Delta\Sigma(Q^2) &= \Delta\Sigma(Q_0^2) \\ \Delta g(Q^2) &= -\frac{4\Delta\Sigma(Q_0^2)}{\beta_0} + \frac{\ln(Q^2/\Lambda^2)}{\ln(Q_0^2/\Lambda^2)}\left(\Delta g_0 + \frac{4\Delta\Sigma(Q_0^2)}{\beta_0}\right) \end{aligned} \right\} \quad (4.50)$$

第二个式子表明，当 $Q^2 \to \infty$ 时，胶子螺旋性 $\ln Q^2$ 地增加.

Ji 等[71]导出了夸克和胶子的轨道角动量领头对数阶演化方程：

$$\frac{\mathrm{d}}{\mathrm{d}t}\begin{pmatrix} L_q \\ L_g \end{pmatrix} = \frac{\alpha_s(t)}{2\pi}\begin{bmatrix} -\frac{4}{3}C_F & \frac{n_f}{3} \\ \frac{4}{3}C_F & -\frac{n_f}{3} \end{bmatrix}\begin{pmatrix} L_q \\ L_g \end{pmatrix} + \frac{\alpha_s(t)}{2\pi}\begin{bmatrix} -\frac{2}{3}C_F & \frac{n_f}{3} \\ -\frac{5}{6}C_F & -\frac{11}{2} \end{bmatrix}\begin{pmatrix} \Delta\Sigma \\ \Delta g \end{pmatrix} \quad (4.51)$$

方程右边的第一项称为齐次项，第二项称为非齐次项（以及相应的劈裂矩阵）.得到的轨道角动量的解为

$$\begin{aligned} L_q(t) &= -\frac{1}{2}\Delta\Sigma + \frac{1}{2}\frac{3n_f}{16+3n_f} \\ &\quad + \left(\frac{t}{t_0}\right)^{-2(16+3n_f)/(9\beta_0)}\left(L_q(0) + \frac{1}{2}\Delta\Sigma - \frac{1}{2}\frac{3n_f}{16+3n_f}\right) \end{aligned} \quad (4.52)$$

$$\begin{aligned} L_g(t) &= -\Delta g(t) + \frac{1}{2}\frac{16}{16+3n_f} \\ &\quad + \left(\frac{t}{t_0}\right)^{-2(16+3n_f)/(9\beta_0)}\left(L_g(0) + \Delta g(0) - \frac{1}{2}\frac{16}{16+3n_f}\right) \end{aligned} \quad (4.53)$$

当 $Q^2 \to \infty$ 时，忽略次领头项，则得到渐近极限下的解：

$$\begin{aligned} J_q &= L_q + \frac{1}{2}\Delta\Sigma = \frac{1}{2}\frac{3n_f}{16+3n_f} \\ J_g &= L_g + \Delta g = \frac{1}{2}\frac{16}{16+3n_f} \end{aligned} \right\} \quad (4.54)$$

这个结果表明，核子自旋在夸克和胶子间的分配与熟知的核子动量的分配相同.由于规范不变的 QCD 角动量算符与 QCD 能量-动量张量间的简单关系（见(4.43)式），夸克和胶子对核子自旋的贡献随 Q^2 的演化与能量-动量张量分量 $T_{q,g}^{\mu\nu}$ 的矩阵元的演化行为相同.由此，核子自旋中规范不变的夸克和胶子部分的贡献随 Q^2 的演化与自由夸克和胶子情况相同.相互作用项 $-g\int\mathrm{d}^3x\psi^+\, \boldsymbol{x}\times\boldsymbol{A}\psi$ 并不影响领头对数阶的 Q^2 演化（在光锥规范情况中）.

取 $n_f = 3$，则由渐近极限的公式得到 $J_q : J_g = 0.36 : 0.64$；若取 $n_f = 6$，则 $J_q : J_g = 0.53 : 0.47$. 如果 J_q 和 J_g 随 Q^2 的演化是缓慢的，则可利用上述结果来估算低能标度下夸克和胶子对核子自旋的贡献. 由极化轻子-核子深度非弹散射实验结果的世界平均值得到 $\Delta\Sigma \approx 0.30$（在标度 $Q^2 = 3\,\mathrm{GeV}^2$ 下）[34,72a]. 这表明理论估算与实验值相符合.

4.2.3　反常胶子的贡献

上面的讨论仅考虑领头对数阶的结果. 到次领头对数阶(NLO)胶子态的轴流矩阵元包含反常项[73]. 这是与这一事实相联系的：考虑量子修正后经典守恒的单态轴流不再守恒. 由于这一反常，轴流出现反常维数(从圈修正起)，同时，轻夸克螺旋性将被反常贡献修正：

$$\Delta\Sigma \rightarrow \Delta\widetilde{\Sigma} - \frac{n_f \alpha_s}{2\pi}\Delta g \tag{4.55}$$

实际上 $\Delta\widetilde{\Sigma}$ 与 $\Delta\Sigma$ 的差别来自不同的正规化图像. 这相应于 2 种不同图像——规范不变的图像(GI)和手征不变的图像(CI). 定义夸克自旋密度：

$$\Delta\Sigma_{\mathrm{GI}} = \Delta\Sigma_{\mathrm{CI}} - \frac{n_f \alpha_s}{2\pi}\Delta g \tag{4.56}$$

在 4.2.1 小节中写出的自旋求和规则相应于规范不变图像下定义的 $\Delta\Sigma_{\mathrm{GI}}$：

$$\frac{1}{2} = \frac{1}{2}\Delta\Sigma_{\mathrm{GI}} + (L_{3q})_{\mathrm{GI}} + \Delta g + L_{3g} \tag{4.57}$$

如果在手征不变的图像中写出自旋求和，用 $\Delta\Sigma_{\mathrm{CI}}$ 代替 $\Delta\Sigma_{\mathrm{GI}}$，则出现的差项 $\Delta\Sigma_{\mathrm{CI}} - \Delta\Sigma_{\mathrm{GI}} = (n_f \alpha_s / (2\pi))\Delta g$ 需要在角动量中作补偿，也即对 $\Delta\Sigma$ 的反常贡献由来自轨道角动量的相应量的反常贡献相抵消.

4.2.4　夸克自旋对核子自旋的贡献：深度非弹散射测量的 QCD 分析

（1）理论分析图像

在 QCD 部分子图像中，极化质子结构函数的一次矩为

$$\Gamma_1^{\mathrm{p}}(Q^2) = \int_0^1 \mathrm{d}x g_1^{\mathrm{p}}(x,\,Q^2) = \frac{1}{2}\sum_q e_q^2 \Delta q(Q^2) \tag{4.58}$$

这里 $\Delta q(Q^2)$ 测量在标度 Q^2 时的轴矢流矩阵元:

$$\Delta q(Q^2) \cdot S^\mu = \langle PS \mid \bar{q} \gamma^\mu \gamma_5 q \mid_{Q^2} PS \rangle \tag{4.59}$$

在无限动量系中,$\Delta q(Q^2)$ 表示沿质子自旋方向的 q 味夸克的螺旋性贡献,S^μ 为核子的自旋四矢量,其中 Q^2 依赖由夸克胶子相互作用引起.

利用算符乘积展开技术,可将自旋结构函数的一次矩用单态(a_0)和非单态(a_3 与 a_8)的质子轴流矩阵元写为

$$
\begin{aligned}
\Gamma_1^{p(n)}(Q^2) &= \int_0^1 g_1^{p(n)}(x, Q^2) \mathrm{d}x \\
&= \left(\pm \frac{1}{12} a_3 + \frac{1}{36} a_8 \right) C_{NS} + \frac{1}{9} a_0 C_S + \delta \Gamma_{1HT}
\end{aligned} \tag{4.60}
$$

$$
\begin{aligned}
\Gamma_1^{d}(Q^2) &= \int_0^1 g_1^{d}(x, Q^2) \mathrm{d}x \\
&= \left(1 - \frac{3}{2} \omega_D \right) \left(\frac{1}{36} a_8 C_{NS} + \frac{1}{9} a_0 C_S \right) + \delta \Gamma_{1HT}
\end{aligned} \tag{4.61}
$$

其中

$$a_i \cdot S^\mu = \langle PS \mid \bar{q} \frac{\lambda_i}{2} \gamma^\mu \gamma_5 \mid PS \rangle \quad (i = 0, 3, 8) \tag{4.62}$$

这里因子 C_{NS} 和 C_S 分别是 Q^2 相关的非单态及单态的 QCD 修正,ω_D 是氘中的 D 态概率,$\delta \Gamma_{1HT}$ 是领头阶高扭度修正.

如果假定在质子自旋中没有极化胶子的贡献,则上面的单态和非单态矩阵元与夸克螺旋性贡献的关系为

$$
\left.
\begin{aligned}
a_0 &= \Delta u + \Delta d + \Delta s = \Delta \Sigma \\
a_3 &= \Delta u - \Delta d = F + D \\
a_8 &= \Delta u + \Delta d - 2\Delta s = 3F - D
\end{aligned}
\right\} \tag{4.63}
$$

这里 F、D 为弱超子衰变常数,它们可从实验数据导出.假设 $SU(3)$ 味对称,则有[41]

$$
\left.
\begin{aligned}
F + D &= g_A = 1.2601 \pm 0.0025 \\
3F - D &= 0.588 \pm 0.033
\end{aligned}
\right\} \tag{4.64}
$$

在修正的最小减去图像($\overline{MS}$)下计算的非单态 QCD 修正 C_{NS}(至 α_s 的三阶)为[75]

$$C_{NS} = 1 - \frac{\alpha_s(Q^2)}{\pi} - 3.58 \left(\frac{\alpha_s(Q^2)}{\pi} \right)^2 - 20.22 \left(\frac{\alpha_s(Q^2)}{\pi} \right)^3 \tag{4.65}$$

单态的 QCD 修正存在 2 种形式:一种形式导致 Q^2 相关的 $a_0(Q^2)$;另一种形式得到 a_0^{inv},它为 $a_0(Q^2)$ 在高 Q^2 极限下的渐近值. 它们在 $\overline{\mathrm{MS}}$ 图像下的结果为

$$\left.\begin{aligned} C_S(Q^2) &= 1 - \frac{\alpha_s(Q^2)}{\pi} - 1.10\left(\frac{\alpha_s(Q^2)}{\pi}\right)^2 \\ C_S^{\mathrm{inv}} &= 1 - 0.3333\frac{\alpha_s(Q^2)}{\pi} - 0.5495\left(\frac{\alpha_s(Q^2)}{\pi}\right)^2 \end{aligned}\right\} \tag{4.66}$$

进一步我们由(4.60)式、(4.61)式可得到质子的单态矩阵元:

$$a_0^{\mathrm{p}} = \frac{9}{C_S}\left[\Gamma_1^{\mathrm{p}}(Q^2) - \frac{1}{18}(3F+D)C_{\mathrm{NS}}\right] \tag{4.67}$$

对中子为

$$a_0^{\mathrm{n}} = \frac{9}{C_S}\left[\Gamma_1^{\mathrm{n}}(Q^2) + \frac{1}{9}DC_{\mathrm{NS}}\right] \tag{4.68}$$

对氘为

$$a_0^{\mathrm{d}} = \frac{9}{C_S}\left[\frac{\Gamma_1^{\mathrm{d}}(Q^2)}{1 - 3\omega_D/2} - \frac{1}{36}(3F-D)C_{\mathrm{NS}}\right] \tag{4.69}$$

由此,利用实验测量结果和进一步考虑 QCD 修正而得到的 Γ_1^{p}、Γ_1^{n}、Γ_1^{d} 值及 F、D 值,我们就可定出 a_0.

在具体分析实验结果前,我们必须研究胶子对核子自旋的贡献问题及与微扰 QCD 修正相联系的重整化和因子化图像问题.

对于给定标度 Q^2,在 QCD 中的极化结构函数一般与夸克分布和胶子分布都相联系:

$$\begin{aligned} g_1(x, Q^2) = \frac{1}{2}\sum_{k=1}^{n_f}\frac{e_k^2}{n_f}\int_x^1\frac{\mathrm{d}y}{y}&\left[C_q^{\mathrm{S}}\left(\frac{x}{y}, \alpha_s(Q^2)\right)\Delta\Sigma(x, Q^2)\right. \\ &+ 2n_f C_g\left(\frac{x}{y}, \alpha_s(Q^2)\right)\Delta g(x, Q^2) \\ &+ \left.C_q^{\mathrm{NS}}\left(\frac{x}{y}, \alpha_s(Q^2)\right)\Delta q^{\mathrm{NS}}(y, Q^2)\right] \end{aligned} \tag{4.70}$$

这里 α_s 是强耦合常数. 上标 S、NS 分别指味单态和非单态. $\Delta g(x, Q^2)$ 是极化胶子分布,$\Delta\Sigma$ 与 Δq^{NS} 分别是单态与非单态的组合的极化夸克和反夸克分布:

$$\Delta\Sigma(x, Q^2) = \sum_{i=1}^{n_f}\Delta q_i(x, Q^2) \tag{4.71}$$

$$\Delta q^{\mathrm{NS}}(x, Q^2) = \frac{\displaystyle\sum_{i=1}^{n_f}\left(e_i^2 - \frac{1}{n_f}\sum_{k=1}^{n_f}e_k^2\right)}{\displaystyle\frac{1}{n_f}\sum_{k=1}^{n_f}e_k^2}\Delta q_i(x, Q^2) \tag{4.72}$$

这里极化夸克与胶子分布的 Q^2 依赖由 A‐P 方程(或称 GLAP 方程)描述[40]:

$$\frac{\mathrm{d}}{\mathrm{d}t}\Delta\Sigma(x, t) = \frac{\alpha_s(t)}{2\pi}\int_x^1\frac{\mathrm{d}y}{y}\left[\Delta P_{\mathrm{qq}}^{\mathrm{S}}\left(\frac{x}{y}, \alpha_s(t)\right)\Delta\Sigma(y, t)\right.$$
$$\left. + 2n_f\Delta P_{\mathrm{qg}}\left(\frac{x}{y}, \alpha_s(t)\right)\Delta g(y, t)\right] \tag{4.73}$$

$$\frac{\mathrm{d}}{\mathrm{d}t}\Delta g(x, t) = \frac{\alpha_s(t)}{2\pi}\int_x^1\frac{\mathrm{d}y}{y}\left[\Delta P_{\mathrm{gq}}\left(\frac{x}{y}, \alpha_s(t)\right)\Delta\Sigma(y, t)\right.$$
$$\left. + \Delta P_{\mathrm{gg}}\left(\frac{x}{y}, \alpha_s(t)\right)\Delta g(y, t)\right] \tag{4.74}$$

及

$$\frac{\mathrm{d}}{\mathrm{d}t}\Delta q^{\mathrm{NS}}(x, t) = \frac{\alpha_s(t)}{2\pi}\int_x^1\frac{\mathrm{d}y}{y}\Delta P_{\mathrm{qq}}^{\mathrm{NS}}\left(\frac{x}{y}, \alpha_s(t)\right)\Delta q^{\mathrm{NS}}(y, t) \tag{4.75}$$

这里 $t = \ln(Q^2/\Lambda^2)$,其中 Λ 是 QCD 标度参数. 我们看到,极化单态的夸克与胶子分布的演化互相耦合,而非单态分布的演化是独立的.

在上述极化结构函数的展开式(4.70)及演化方程中,$C_{\mathrm{q}}^{\mathrm{S}}$、$C_{\mathrm{q}}^{\mathrm{NS}}$、$C_{\mathrm{g}}$ 为夸克和胶子的系数函数,ΔP_{ij} 为极化劈裂函数,它们可按 α_s 展开为

$$\left.\begin{aligned}C(x, \alpha_s) &= C^{(0)}(x) + \frac{\alpha_s}{2\pi}C^{(0)}(x) + O(\alpha_s^2) \\ \Delta P_{ij}(x, \alpha_s) &= \Delta P_{ij}^{(0)}(x) + \frac{\alpha_s}{2\pi}\Delta P_{ij}^{(1)}(x) + O(\alpha_s^2)\end{aligned}\right\} \tag{4.76}$$

与夸克部分子图像相应有 $C_{\mathrm{NS}}^{(0)}(x) = C_{\mathrm{S}}^{(0)}(x) = \delta(1-x)$,$C_{\mathrm{g}}^{(0)}(x) = 0$. $\Delta P_{ij}^{(0)}$ 的值由 (4.48)式给出. 由这些方程看到,即使不存在初始的极化胶子,由价夸克的轫致辐射就能产生正的 $\Delta g(x)$,因为 $\Delta P_{\mathrm{gq}}(x)$ 是正的.

高于领头阶的系数函数和劈裂函数则不能唯一地确定,它们依赖于重整化和因子化图像. 当然,物理上可观测量如 g_1 则是与图像选择无关的. 在自旋结构函数的微扰 QCD 分析中,广泛使用的两个图像是:规范不变的图像(如修正的最小减去($\overline{\mathrm{MS}}$)图像)和手征不变的图像(如 Adler-Bardeen(AB)图像)[76]. 在 $\overline{\mathrm{MS}}$ 图像中,胶子系数函数一次矩为零,这表明胶子密度 $\Delta g(x, Q^2)$ 不贡献 g_1 的一次矩 Γ_1. 这导致

$$a_0 = \Delta\Sigma \quad (\text{在} \overline{\text{MS}} \text{图像中}) \tag{4.77}$$

但在 AB 图像中 $a_0 \neq \Delta\Sigma$,而有[44]

$$a_0 = \Delta\Sigma - n_f \frac{\alpha_s(Q^2)}{2\pi}\Delta g(Q^2) \tag{4.78}$$

这里等式右边第二项正是轴反常(或说 Adler-Bell-Jackiw 反常)贡献.两个图像间的关系为

$$\Delta\Sigma_{\overline{\text{MS}}}(Q^2) = \Delta\Sigma_{\text{AB}} - n_f \frac{\alpha_s(Q^2)}{2\pi}\Delta g(Q^2) \tag{4.79}$$

这里 $\Delta g(Q^2)$ 是在 AB 图像中作分析而得到的.每一个夸克对质子自旋的螺旋性贡献则为

$$\left.\begin{aligned}
\Delta u &= \frac{1}{3}(a_0 + 3F + D) + \frac{1}{2\pi}\alpha_s(Q^2)\Delta g(Q^2) \\
\Delta d &= \frac{1}{3}(a_0 - 2D) + \frac{1}{2\pi}\alpha_s(Q^2)\Delta g(Q^2) \\
\Delta s &= \frac{1}{3}(a_0 - 3F + D) + \frac{1}{2\pi}\alpha_s(Q^2)\Delta g(Q^2)
\end{aligned}\right\} \tag{4.80}$$

(2) 实验结果分析,世界平均值

结构函数的实验值是通过极化深度非弹散射实验测量虚光子-质子(中子或氘)不对称性 $A_1^{p(n)(d)}$ 间接得到的.图 4.1 给出了典型的不对称性测量结果.利用(3.32)式则由 $A_1^{p(n)(d)}$ 计算得到在实验测量标度 Q^2 下的结构函数 $g_1(x, Q^2)$.但是不同实验的测量标度往往是不一样的.另外,实验测量的 x(Bjorken 变量)区域受限制,不可能测量整个 $0 \leqslant x \leqslant 1$ 区域的结构函数.表 4.2 列出了至今通过极化深度非弹实验得到的极化结构函数的一次矩值.其中,最近 HERMES 合作组[78]对 g_1 的精确测量是在运动学区域 $0.0041 \leqslant x \leqslant 0.9$ 和 $0.18\ \text{GeV}^2 \leqslant Q^2 \leqslant 20\ \text{GeV}^2$ 完成的.列在表 4.2 中的值为演化计算至 $Q^2 = 5\ \text{GeV}^2$ 的结果.

因此在分析实验结果时遇到两个共同问题:将所有的实验数据点演化到某个共同标度,以在该标度计算自旋求和规则;将在有限 x 区域的实验值外推到整个 $0 \leqslant x \leqslant 1$ 区域,特别是将小 x 区域的 g_1 值外推以得到该小 x 至 $x = 0$ 区间的 g_1 值.

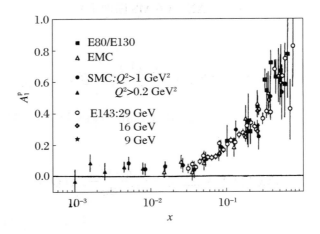

图4.1　虚光子-质子不对称性 $A_1^p(x)$ 随 x(Bjorken 变量)的变化关系(取自文献[72a])

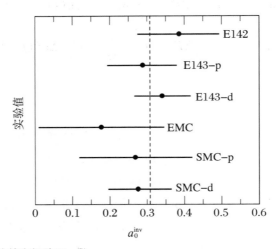

图4.2　实验测量得到的单态矩阵元 a_0^{inv}

　　虚线指世界平均值 0.31 ± 0.04.(取自文献[34])

　　表4.3给出了 SMC[72b] 测量得到的核子自旋结构函数的一次矩($0.003 \leqslant x \leqslant 0.8$)在标度 $Q_0^2 = 5\,GeV^2$ 处的值.在加上外推到其余 x 区的贡献后,核子自旋结构函数的一次矩($0 \leqslant x \leqslant 1$)的值列在表4.4 中.

表 4.2 极化深度非弹实验数据

实　　验	靶	$\langle Q^2 \rangle$	x 范围	$\Gamma_{靶}$
EMC(87)	p	10.7	0.1—0.7	$0.126 \pm 0.010 \pm 0.015$
SMC(93)	d	4.6	0.006—0.7	$0.023 \pm 0.020 \pm 0.015$
SMC(94)	p	10.0	0.003—0.7	$0.136 \pm 0.011 \pm 0.011$
SMC(95)	d	10.0	0.003—0.7	$0.034 \pm 0.009 \pm 0.006$
E142(93)	n	2.0	0.03—0.6	$-0.022 \pm 0.007 \pm 0.006$
E143(95)	p	3.0	0.03—0.8	$0.127 \pm 0.004 \pm 0.010$
E143(95)	d	3.0	0.03—0.8	$0.042 \pm 0.003 \pm 0.004$
E154(95)	n	5	0.014—0.7	$-0.036 \pm 0.004 \pm 0.005$
SMC(98)	p	5	0.003—0.8	$0.130 \pm 0.003 \pm 0.005$
SMC(98)	d	5	0.003—0.8	$0.036 \pm 0.004 \pm 0.003$
SMC(98)	n	5	0.003—0.8	$-0.054 \pm 0.007 \pm 0.005$
HERMES(06)	p	5	0.021—0.9	$0.121 \pm 0.003 \pm 0.007 \pm \cdots$
HERMES(06)	d	5	0.021—0.9	$0.044 \pm 0.001 \pm 0.002 \pm \cdots$
HERMES(06)	n	5	0.21—0.9	$-0.027 \pm 0.004 \pm 0.008 \pm \cdots$

表 4.3 核子自旋结构函数的一次矩 $(0.003 \leqslant x \leqslant 0.8)(Q_0^2 = 5\ \text{GeV}^2)^{[72b]}$

核子	$\int_{0.003}^{0.8} g_1(x, Q_0^2)\mathrm{d}x$	$\int_{0.003}^{0.8} g_1^{\text{fit}}(x, Q_0^2)\mathrm{d}x$
质子	$0.130 \pm 0.003 \pm 0.005$	0.132
氘	$0.036 \pm 0.004 \pm 0.003$	0.040
中子	$-0.054 \pm 0.007 \pm 0.005$	-0.048

表 4.4 $\Gamma_1 Q_0^2 = \displaystyle\int_0^1 g_1(x, Q_0^2)\mathrm{d}x$ 值

$\Gamma_1(Q_0^2)$	世界平均值 $(Q_0^2 = 5\ \text{GeV}^2)^{[72b]}$	SMC $(Q_0^2 = 10\ \text{GeV}^2)^{[72b]}$	HERMES $(Q_0^2 = 5\ \text{GeV}^2)^{[78]}$
质子	$0.121 \pm 0.003 \pm 0.005$	$0.120 \pm 0.005 \pm 0.006$	$0.121 \pm 0.003 \pm 0.007 \pm \cdots$
氘	$0.021 \pm 0.004 \pm 0.003$	$0.019 \pm 0.006 \pm 0.003$	$0.044 \pm 0.001 \pm 0.002 \pm \cdots$
中子	$-0.075 \pm 0.007 \pm 0.005$	$-0.078 \pm 0.013 \pm 0.008$	$-0.027 \pm 0.004 \pm 0.008 \pm \cdots$

根据测量得到的结构函数（世界平均值），利用上述 GLAP 方程(4.73)—(4.75)将其演化到 $Q_0^2 = 5\,\mathrm{GeV}^2$，由此可得到自旋结构函数的一次矩 g_1^p、g_1^n、g_1^d 在 $Q_0^2 = 5\,\mathrm{GeV}^2$ 处的值.

利用得到的一次矩值及 F、D 实验值，由公式(4.67)—(4.69)可得到 a_0 值. 由于分析处理方法的差异和所取近似程度的不同，各研究组所得到的 a_0 值有所差异. 图 4.2 给出了 E143 合作组得到单态矩阵元 a_0^{inv}（即在 $\overline{\mathrm{MS}}$ 图像中分析用的系数函数为 $C_{\mathrm{S}}^{\mathrm{inv}}$）. 他们得到的结果为[34]

$$
\left.
\begin{aligned}
\Delta u &= 0.84 \pm 0.02 \\
\Delta d &= -0.42 \pm 0.02 \\
\Delta s &= -0.09 \pm 0.02 \\
a_0^{\mathrm{inv}} &= 0.33 \pm 0.06 \\
a_0^{\mathrm{inv}}(\mathrm{world}) &= 0.31 \pm 0.04
\end{aligned}
\right\}
\tag{4.81}
$$

SMC 合作研究组给出的结果为[72a]

$$
\left.
\begin{aligned}
a_0 &= 0.29 \pm 0.06, \quad &\Delta u &= 0.82 \pm 0.02 \\
\Delta d &= -0.43 \pm 0.02, \quad &\Delta s &= -0.10 \pm 0.02
\end{aligned}
\right\}
\tag{4.82}
$$

在得到这组结果时，利用了由 GLAP 演化方程拟合实验得到的 Δg 值. 较早得到的世界平均值为[79]

$$
\left.
\begin{aligned}
\Delta \Sigma &= 0.27 \pm 0.04, \quad &\Delta u &= 0.82 \pm 0.03 \\
\Delta d &= -0.44 \pm 0.03, \quad &\Delta s &= -0.11 \pm 0.03
\end{aligned}
\right\}
\tag{4.83}
$$

最近，HERMES 实验得到的结果为（至 $O(\alpha_s^2)$ 即 NNLO）[78]

$$
\left.
\begin{aligned}
\Delta u &= 0.842 \pm 0.004 \pm 0.008 \pm \cdots \\
\Delta d &= -0.427 \pm 0.004 \pm 0.008 \pm \cdots \\
\Delta s &= -0.085 \pm 0.013 \pm 0.008 \pm \cdots \\
\Delta \Sigma &= 0.330 \pm 0.011(\mathrm{theo}) \pm 0.025(\mathrm{exp}) \pm 0.028(\mathrm{evol})
\end{aligned}
\right\}
\tag{4.84a}
$$

如果计算至 (N)NNLO 阶（ΔC_{NS} 分析至 $O(\alpha_s^3)$，ΔC_{S} 分析至 $O(\alpha_s^2)$），则得到夸克自旋对核子自旋的贡献为[78]

$$
\Delta \Sigma = 0.333 \pm 0.011(\mathrm{theo}) \pm 0.025(\mathrm{exp}) \pm 0.028(\mathrm{evol})
\tag{4.84b}
$$

这里的不确定性分为"理论"（来自 a_3、a_8 和 α_s 的误差）、实验（包括统计、系统和参数化误差)和"演化"(将不同标度的数据"演化"计算至共同标度时的误差).

上述结果假设了超子β衰变中的$SU(3)$对称性.这是仍有待讨论的问题.一些分析表明,$SU(3)$对称性破坏对结果的影响是小的,例如假定$SU(3)$对称性有20%的破坏,则有$0.47 \leqslant a_8 \leqslant 0.70$,由此得到$0.302 \leqslant a_0 \leqslant 0.358$,$-0.037 \leqslant \Delta s \leqslant -0.133$,而$\Delta u$和$\Delta d$几乎不受影响.

从这些结果我们看到,夸克自旋仅贡献核子自旋的1/3左右.由自旋求和规则知道,核子自旋的其余部分来自夸克的轨道角动量和胶子的角动量贡献,实验上正在进行相关的测量.

4.2.5　夸克横向性分布与核子张量荷

在领头阶扭度,核子的自旋相关的夸克分布函数由夸克螺旋性分布$g_1(x)$和夸克横向性分布$h_1(x)$描述.它们的一次矩分别定义核子的轴荷和张量荷.$g_1(x)$是手征性偶的,$h_1(x)$是手征性奇的.前一小节已讨论了对$g_1(x)$的测量提供的关于核子自旋的重要知识.对横向性分布$h_1(x)$的测量可提供有关核子自旋的、由$g_1(x)$不能提供的重要信息.按照横向性分布的求和规则公式知,核子张量荷测量在一个横向极化核子内的横向极化的价夸克数(夸克减去反夸克).核子的张量荷可能是理论和实验上要研究的核子的最后一个基本的核子荷.在本小节,我们简要介绍夸克横向性分布随动量的演化和对核子张量荷的理论估计.在下一小节再讨论实验测量横向性分布的途径.

(1) 夸克横向性分布的QCD演化

横向性分布$h_1(x)$用横向性部分子分布函数$q_f(f = \mathrm{u,d,s},\cdots)$定义为

$$h_1(x) = \frac{1}{2} \sum e_f^2 [\delta q_f(x) + \delta \bar{q}_f(x)] \tag{4.85}$$

这里

$$\delta q_f(x) = q_f^{\uparrow}(x) - q_f^{\downarrow}(x) \tag{4.86}$$

其中$\uparrow(\downarrow)$指f味夸克的自旋平行(反平行)于核子的横向极化,$q_f^{\uparrow}(x)$、$q_f^{\downarrow}(x)$分别表示具有极化$\uparrow$、$\downarrow$的夸克密度.由此,横向性分布测量横向极化平行与反平行于横向极化核子的夸克数(及反夸克数)之差.有些文献中$\delta q_f(x)$也常记为$h_1^q(x)$.

横向性部分子分布函数$\delta q_f(x, Q^2)$的QCD演化由A－P方程描述.至领头阶α_s,$\delta q_f(x, Q^2)$的A－P演化方程为

$$\frac{\mathrm{d}}{\mathrm{d}t}\delta q(x, t) = \frac{\alpha_{\mathrm{s}}(t)}{2\pi}\int_x^1 \frac{\mathrm{d}z}{z}P_h(z)\delta q\left(\frac{x}{z}, t\right) \tag{4.87}$$

其中领头阶(LO)劈裂函数 $P_{\mathrm{h}}^{(0)}(z)$ 为

$$P_{\mathrm{h}}^{(0)}(z) = \frac{4}{3}\left[\frac{2}{(1-z)_+} - 2 + \frac{3}{2}\delta(z-1)\right] = P_{\mathrm{qq}}^{(0)}(z) - \frac{4}{3}(1-z) \tag{4.88}$$

这里 $t = \ln(Q^2/\mu^2)$，$P_{\mathrm{qq}}^{(0)}$ 是领头阶非极化的夸克劈裂函数. 由于 $\delta q(x)$ 的手征性奇的特性，胶子不进入 $\delta q(x)$ 的演化方程，这导致 $\delta q(x, Q^2)$ 与 $\Delta q(x, Q^2)$ 具有不同的 Q^2 演化行为. 这个结果在包含了次领头阶(NLO)劈裂函数贡献后就更明显地显示出来.

横向性分布的一次矩的领头阶的 Q^2 演化为

$$\delta q(Q^2) = \left[\frac{\alpha_{\mathrm{s}}(Q_0^2)}{\alpha_{\mathrm{s}}(Q^2)}\right]^{-4/27}\delta q(Q_0^2) \tag{4.89}$$

(2) 横向性分布及张量荷的理论估算

横向性分布 $h_1(x)$ 与分布 $g_1(x)$ 和 $f_1(x)$ 都是非微扰量，不能用微扰途径计算. 在这些分布函数间有下列模型无关的关系[61,80]：

$$|\Delta q(x, Q^2)| \leqslant q(x, Q^2) \tag{4.90}$$

$$|\delta q(x, Q^2)| \leqslant q(x, Q^2) \tag{4.91}$$

$$2|\delta q(x, Q^2)| \leqslant \Delta q(x, Q^2) + q(x, Q^2) \tag{4.92}$$

核子的张量荷可以用张量流算符在核子态的矩阵元定义：

$$\langle PS \mid \bar{q}\sigma^{\mu\nu}q \mid PS \rangle = \delta q\bar{U}(P, S)\sigma^{\mu\nu}U(P, S) \tag{4.93}$$

这里 P、S 分别是核子的四动量和极化矢量，$U(P, S)$ 是核子的 Dirac 旋量. 利用 γ 矩阵的恒等关系，也可用算符 $\bar{q}\mathrm{i}\sigma^{\mu\nu}\gamma_5 q$ 定义核子的张量荷，此时等式的右边为 $2\delta q(S^\mu P^\nu - S^\nu P^\mu)$，在核子为静止的框架内可写为

$$\langle PS \mid \bar{q}\gamma^0\gamma^i\gamma^5 q \mid PS \rangle = 2\delta qS^i \tag{4.94}$$

根据张量荷的矩阵元定义，可以应用各种非微扰途径和模型进行张量荷的理论计算，包括 QCD 求和规则计算[81—83]、格点 QCD 计算[84]、夸克模型计算[85] 等，计算结果列在表 4.5 中. 在第 9 章，我们将简要地介绍 QCD 求和规则对核子张量荷的计算. 我们用夸克模型分析核子张量荷，得到了价流夸克对核子张量荷的贡献，其结果与格点 QCD 计算结果十分吻合，显示了流夸克对张量荷贡献的清楚图像[85,86].

量子色动力学及其应用
Quantum Chromodynamics and Its Applications

表 4.5　核子张量荷的理论值

途径和模型	理论值 δu	δd
QCD 求和规则:三点函数途径[81]	1.0 ± 0.5	0.0 ± 0.5
QCD 求和规则:二点函数途径[82]	1.29 ± 0.25	0.02 ± 0.02
"袋"模型[81]	1.17	-0.29
相对论组分夸克模型[85]	1.17	-0.29
流夸克对张量荷的贡献[85,86]	0.89	-0.22
Melosh 变换途径[87]	1.17	-0.29
手征夸克-孤粒子模型[88]	1.07	-0.38
格点 QCD[84]	$\delta u = 0.839(60)$ $\delta u_{con} = 0.893(22)$	$\delta d = -0.231(55)$ $\delta d_{con} = -0.180(10)$
味-自旋对称估算[89]	$(0.58 - 1.01) \pm 0.20$	$-(0.11 - 0.20) \pm 0.20$

4.2.6　夸克横向性分布的实验探测

强子的夸克结构在领头阶扭度由 3 个独立的夸克分布函数 $q(x)$、$\Delta q(x)$ 和 $\delta q(x)$ 描述. $q(x)$ 和 $\Delta q(x)$ 可以通过深度非弹散射实验测量. 但是,由于在领头阶扭度的硬散射过程保持了手征性,因而很难测量手征性奇的横向性分布函数 $\delta q(x)$.

横向性分布最早是在 Ralston 和 Soper 提出的横向极化的 Drell-Yan 过程中讨论的[90]. 在横向 Drell-Yan 过程中,横向的双自旋不对称性 A_{TT} 正比于 $\delta q \delta \bar{q}$. 我们将在 5.1 节较为详细地讨论这一过程. 但是最近的分析表明,不对称性 A_{TT} 估计仅为 1%—2%,而在 RHIC 测量中的统计误差可与该不对称性数值相比较. 由此,测量 A_{TT} 似乎不是得到分布函数 $\delta q(x)$ 的较好途径.

测量手征奇函数有希望的途径是探测半内含 DIS 过程和 PP 散射中的单个自旋不对称性 A_T. 在这两类过程中,引起自旋不对称性的有两种机制或效应:所谓 Collins 效应和相干碎裂机制. 下面我们将在半内含 DIS 过程中简要讨论这两种机制或效应是如何联系手征奇函数的.

(1) 通过 Collins 效应[91]测量 $\delta q(x)$

考虑下述轻子-强子深度非弹散射过程:非极化的电子入射到横向极化的质子靶,末

态产生 π 介子：$e + P_\perp \to e' + \pi + X$. 则带有权重的靶的横向自旋不对称性为[92,93]

$$A_T(x,y,z) = \frac{\int d\phi^l \int d^2 P_{h\perp} \dfrac{|P_{h\perp}|}{zM_h} \sin(\phi_s^l + \phi_h^l)(d\sigma^\uparrow - d\sigma^\downarrow)}{\int d\phi^l \int d^2 P_{h\perp}(d\sigma^\uparrow + d\sigma^\downarrow)} \tag{4.95}$$

这里 $\uparrow$（$\downarrow$）指靶的上（下）横向极化. ϕ^l 是轻子取向的方位角，ϕ_h^l 是强子平面取向的方位角，ϕ_s^l 为自旋矢量相对于轻子平面的方位角. $P_{h\perp}$ 是产生的强子（π）的横向动量.

散射截面 $d\sigma^\uparrow$ 和 $d\sigma^\downarrow$ 可按标准的手续用轻子张量乘以强子张量表示，然后作因子化处理. Collins 不是按共线因子化定理作通常的因子化处理，而是利用横向性函数 $\delta q(x)$ 和新的碎裂函数（称为 Collins 碎裂函数）来表示单个横向自旋不对性的. 结果，A_T 可表示为

$$A_T(x,y,z) = f \cdot P_T D_{nn} \frac{\sum_q e_q^2 \delta q(x) H_1^{\perp(1)q}(z)}{\sum_q e_q^2 q(x) D_1^q(z)} \tag{4.96}$$

这里 $x = Q^2/(2P \cdot q)$，$y = P \cdot q/(P \cdot l)$，$z = P \cdot P_h/(P \cdot q)$，其中 P 为靶核子的动量，$Q^2 = -q^2$ 为动量转移的平方，l 是入射轻子的动量. $D_1^q(z)$ 是通常的碎裂函数，$D_1^{\perp(1)q}$ 为 Collins 碎裂函数. $D_{nn} = (1-y)/(1-y+y^2/2)$ 为横向自旋转移系数. $f \cdot P_T$ 指靶的横向极化率.

实验上测量产生不同强子（如 π^+,π^-）过程的不对称性 $A_T^h(x,y,z)$：

$$A_T^h(x,y,z) \sim \frac{\sum_q e_q^2 \delta q(x) H_1^{\perp(1)q \to h}(z)}{\sum_q e_q^2 q(x) D_1^{q \to h}(z)}$$

$$= \sum_q \frac{\delta q(x)}{q(x)} \cdot \frac{H_1^{\perp q \to h}(z)}{D_1^{q \to h}(z)} \cdot P_q^h(x,z) \tag{4.97}$$

其中

$$P_q^h(x,z) = \frac{e_q^2 q(x) D_1^{q \to h}(z)}{\sum_q e_q^2 q(x) D_1^{q \to h}(z)} \tag{4.98}$$

由此可得到 $\delta q(x)$ 与 Collins 碎裂函数的乘积. 如果从其他过程测量得到 Collins 碎裂函数，就可得到横向性分布 $\delta q(x)$.

（2）通过相干碎裂机制测量 $\delta q(x)$[94]

考虑非极化的电子入射到横向极化的核子，末态产生两个介子（如 $\pi^+\pi^-$ 或 $K\bar{K}$）的深度非弹过程过程：$e + P_\perp \rightarrow e + (\pi^+, \pi^-) + X$，则单个自旋的不对称性利用末态介子的相干效应可写为

$$A_{\perp T} = -\frac{\pi}{4} \frac{\sqrt{6}(1-y)}{1+(1-y)^2} \cos\phi \sin\delta_0 \sin\delta_1 \sin(\delta_0 - \delta_1)$$

$$\times \frac{\sum_a e_a^2 \delta q_a(x) \delta \hat{q}_1^a(z)}{\sum_a e_a^2 q_a(x)\left[\sin^2\delta_0 \hat{q}_0^a(z) + \sin^2\delta_1 \hat{q}_1^a(z)\right]} \quad (4.99)$$

这里 $\delta \hat{q}_1^a$ 为未知的相干碎裂函数（下标 I 指相干），$\hat{q}_0$ 和 $\hat{q}_1$ 分别指 σ 和 ρ 共振的自旋平均的相干碎裂函数，δ_0、δ_1 为强作用 $\pi\pi$ 相移，ϕ 为类似于由 $\pi^+\pi^-$ 系统定义的 Collins 方位角。这一不对称性可通过翻转靶核子的横向自旋进行测量。如果通过其他过程测量得到相干碎裂函数，则由测量 $A_{\perp T}$ 可得到横向性分布 $\delta q(x)$。

（3）横向性分布的完整测量

我们讨论了半内含 DIS 过程的两种机制或效应导致的单个自旋不对称性 A_T，由此可测量横向性分布，但同时包含未知的碎裂函数：利用 Collins 效应，与横向性分布相伴的是 Collins 碎裂函数 $H_1^{\perp(1)q}$；利用末态介子的相干碎裂机制，则伴随横向性分布出现的是相干碎裂函数 $\delta \hat{q}_1$。我们可以将上述两种过程作如下的简单表示：

Collins 效应：

$$A_T(1 + P_\perp \rightarrow 1 + \pi + X) \Longleftrightarrow \delta q \cdot H_1^{\perp(1)q} \quad (4.100)$$

相干碎裂机制：

$$A_T(1 + P_\perp \rightarrow 1 + (\pi^+, \pi^-) + X) \Longleftrightarrow \delta q \cdot \delta \hat{q}_1 \quad (4.101)$$

在质子与横向极化的质子散射过程中，同样可以利用上述两种机制和效应，通过探测横向自旋不对称性来测量横向性分布，但同时也伴随未知的碎裂函数：

Collins 效应：

$$A_T(P + P_\perp \rightarrow \mathrm{jet}(h) + X) \Longleftrightarrow \delta q \cdot H_1^{\perp(1)q} \quad (4.102)$$

相干碎裂机制：

$$A_T(P + P_\perp \rightarrow \mathrm{jet}(\pi^+, \pi^-) + X) \Longleftrightarrow \delta q \cdot \delta \hat{q}_1 \quad (4.103)$$

为了得到横向性分布 $\delta q(x)$，必须寻找其他过程来测量未知的碎裂函数 $H_1^{\perp(1)q}$ 和 $\delta \hat{q}_1$。研究表明，在非极化的 e^+e^- 湮灭过程中，通过探测方位角的不对称性，可测量

Collins碎裂函数 $H_1^{\perp(1)q}$ 和相干碎裂函数 $\delta\hat{q}_1$[95]. 由此,通过综合不同测量,就可得到横向性分布 $\delta q(x)$.

需要指出的是,非极化的电子束与横向极化靶 h(如 ^{3}He)相互作用的半内含深度非弹散射(SIDIS) $eh^{\uparrow} \to e'\pi X$ 过程产生的靶单自旋不对称性(single target spin asymmetry,SSA)可来自三种机制:Collins 不对称性、Sivers 不对称性和 Boer-Mulder 不对称性,因此需要在实验上区分这些效应.(4.95)式和(4.96)式表明,夸克横向性分布函数与手征奇 Collins 碎裂函数组合产生依赖 $\sin(\phi_h + \phi_s)$ 的 Collins 不对称性.Sivers 不对称($\sim \sin(\phi_h - \phi_s)$)源自核子的横向自旋与夸克的横向动量间的关联,它包含夸克的轨道运动.Boer-Mulder 不对称性由未极化核子内的横向极化夸克引起,其方位角依赖形式为 $\sin(3\phi_h - \phi_s)$,模型估算表明它的贡献小,因而通常被忽略不计.由此,靶 SSA 定义可写为[562]

$$A_{UT} \equiv \frac{1}{|S_T|} \frac{d\sigma_{UT}}{d\sigma_{UU}} = \frac{1}{|S_T|} \frac{d\sigma(\phi_h, \phi_s) - d\sigma(\phi_h, \phi_s + \pi)}{d\sigma(\phi_h, \phi_s) + d\sigma(\phi_h, \phi_s + \pi)}$$

$$= A_{UT}^{Collins} \sin(\phi_h + \phi_s) + A_{UT}^{Sivers} \sin(\phi_h - \phi_s)$$

这里 $A_{UT}^{Collins}$ 由(4.96)式给出,A_{UT}^{Sivers} 的形式为

$$A_{UT}^{Sivers} = \frac{\sum_q e_q^2 f_{1T}^{\perp(1)q}(x) \cdot D_1^q(z)}{\sum_q e_q^2 q(x) \cdot D_1^q(z)}$$

其中 $f_{1T}^{\perp(1)q}(x)$ 称为 Sivers 函数.

利用 Collins 不对称性和 Sivers 不对称性不同的角依赖,在实验上就可通过 SSA 利用测量来区分两种效应.HERMES 和 COMPASS 已进行了初步测量[563,564].JLab 也提出了电子与横向极化 ^{3}He 靶(有效极化中子靶)相互作用的半内含深度非弹散射的 SSA 测量实验方案[565],并可望即将开展实验.

4.3 推广的部分子分布与深虚 Compton 过程

我们看到,轻子-核子深度非弹散射(DIS)是研究核子结构的有力工具.特别是极化轻子-核子深度非弹散射实验揭示了夸克自旋贡献核子自旋的约 30%.这个结果极大促

进了对核子自旋结构的研究.除了前面涉及的从 QCD 基本理论出发研究核子自旋结构,近来一些学者又提出了一类新的分布函数——推广的部分子分布(generalized parton distribution,GPD),以往文献中也称为非朝前部分子分布函数(off-forward parton distributions,OFPD)[68,96].GPD 是 Feynman 的部分子分布函数的推广.GPD 在描述核子内部结构时有重要作用.正如已指出的,核子自旋被夸克和胶子携带的份额可由相应的能量-动量张量的形状因子确定.而 GPD 的二次矩给出了这些形状因子.同时,GPD 可通过深虚 Compton 散射过程(DVCS)测量[97].此外,矢量介子的硬衍射电产生需要应用 GPD.

对质子中夸克算符非朝前(off-forward)或非对角(off-diagonal)的关联的研究已有一段历史[98—100].同时,文献中也有对非朝前的高能过程的研究[101—103].但是,直到近年才明确提出用 GPD 研究核子结构(特别是核子自旋结构),并提出用 DVCS 作为测量 GPD 的实际方法[68,100,104].下面对 GPD 和 DVCS 作一些概述.

4.3.1　推广的部分子分布

推广的部分子分布可以看作扭度为 2 的算符的形状因子的生成函数.类似于电磁流在非相等动量核子态的矩阵元中定义 Dirac 形状因子和 Pauli 形状因子,扭度为 2 的算符(电磁流的推广)

$$O_q^{\mu_1 \cdots \mu_n} = \bar{\psi}_q \mathrm{i} \overset{\leftrightarrow}{D}^{(\mu_1} \cdots \mathrm{i} \overset{\leftrightarrow}{D}^{\mu_{n-1}} \gamma^{\mu_n)} \psi_q \tag{4.104}$$

在非相等动量核子态的矩阵元中可定义相应的形状因子.上式中 $(\mu_1 \cdots \mu_n)$ 表示所有上标是对称化的,$\overset{\leftrightarrow}{D} = (\vec{D} - \overset{\leftarrow}{D})/2$.利用 Lorentz 对称性和宇称与时间反演不变性,可以写出所有自旋为 n 的算符的形状因子[68,104]:

$$\langle P' \mid O_q^{\mu_1 \cdots \mu_n} \mid P \rangle$$

$$= \bar{U}(P') \gamma^{(\mu_1} U(P) \sum_{i=0}^{\left[\frac{n-1}{2}\right]} A_{qn,2i}(t) \Delta^{\mu_2} \cdots \Delta^{\mu_{2i+1}} \bar{P}^{\mu_{2i+2}} \bar{P}^{\mu_n)}$$

$$+ \bar{U}(P') \frac{\sigma^{(\mu_1} \mathrm{i} \Delta_\alpha}{2m_N} U(P) \sum_{i=0}^{\left[\frac{n-1}{2}\right]} B_{qn,2i}(t) \Delta^{\mu_2} \cdots \Delta^{\mu_{2i+1}} \bar{P}^{\mu_{2i+2}} \bar{P}^{\mu_n)}$$

$$+ C_{qn}(t) \mathrm{Mod}(n+1,2) \frac{1}{m_N} \bar{U}(P') U(P) \Delta^{(\mu_1} \cdots \Delta^{\mu_n)} \tag{4.105}$$

这里 $U(p)$ 为 Dirac 旋量. $\Delta = P' - P$ 为四动量转移, $\overline{P} = (P' + P)/2$ 指平均核子动量, $t = \Delta^2$. $C_{qn}(t)$ 仅当 n 为偶数时存在, 当 n 为偶数时 $\mathrm{Mod}(n+1,2) = 1$.

算符(4.104)在等动量核子态间的矩阵元, 即朝前矩阵元(forward matrix elements)

$$\langle P \mid O_q^{\mu_1 \cdots \mu_n} \mid P \rangle = 2a_n(\mu) P^{(\mu_1 \cdots} P^{\mu_n)} \tag{4.106}$$

中联系着通常的 Feynman 分布, 即朝前部分子分布(forward parton distributions) $q(x,\mu)$:

$$\int_{-1}^{1} \mathrm{d}x x^{n-1} q(x,\mu) = a_n(\mu) \tag{4.107}$$

这里归一化为 $\langle P | P \rangle = 2E(2\pi)^3 \delta^3(0)$, x 为夸克部分子携带的母核子动量的份额, 矩阵元的 μ 相关指对重整化标度和图像的依赖.

(4.105)式的形状因子则联系一类新的部分子分布——推广的部分子分布. 引入类光矢量 n^μ、p^μ, n^μ 满足 $\overline{P} \cdot n = 1$, 其中 $\overline{P} = p + \dfrac{\overline{M}^2}{2} n$, $\overline{M}^2 = M^2 - t/4$. 然后(4.105)式两边以 $n_{\mu_1} \cdots n_{\mu_n}$ 作用, 有

$$n_{\mu_1} \cdots n_{\mu_n} \langle P' \mid O_q^{\mu_1 \cdots \mu_n} \mid P \rangle$$

$$= \overline{U}(P') \gamma \cdot n U(P) H_{qn}(\xi, t) + \overline{U}(P') \frac{\sigma^{\mu\alpha} n_\mu \mathrm{i}\Delta_\alpha}{2M} U(P) E_{qn}(\xi, t) \tag{4.108}$$

这里

$$\left. \begin{aligned} H_{qn}(\xi, t) &= \sum_i A_{qn,2i}(t)(-2\xi)^{2i} + \mathrm{Mod}(n+1,2) C_{qn}(t)(-2\xi)^n \\ E_{qn}(\xi, t) &= \sum_i B_{qn,2i}(t)(-2\xi)^{2i} - \mathrm{Mod}(n+1,2) C_{qn}(t)(-2\xi)^n \end{aligned} \right\} \tag{4.109}$$

其中 $\xi = -n \cdot \Delta/2$. 类似于(4.107)式, 可定义推广的部分子分布 $H_q(x, \xi, t)$、$E_q(x, \xi, t)$ 如下:

$$\left. \begin{aligned} \int_{-1}^{1} \mathrm{d}x x^{n-1} E_q(x, \xi, t) &= E_{qn}(\xi, t) \\ \int_{-1}^{1} \mathrm{d}x x^{n-1} H_q(x, \xi, t) &= H_{qn}(\xi, t) \end{aligned} \right\} \tag{4.110}$$

由于形状因子是实的, 新的分布也是实的, 且是 ξ 的偶函数. 上式中未明显写出标度依赖.

在 QCD 中, 除了(4.110)式还有 5 类扭度为 2 的算符:

$$
\left.
\begin{aligned}
\widetilde{O}_q^{\mu_1\cdots\mu_n} &= \overline{\psi}_q \mathrm{i}\overrightarrow{D}^{(\mu_1}\cdots \mathrm{i}\overrightarrow{D}^{\mu_{n-1}}\gamma^{\mu_n)}\gamma_5\psi_q\\
O_{qT}^{\mu_1\cdots\mu_n\alpha} &= \overline{\psi}_q \mathrm{i}\overrightarrow{D}^{(\mu_1}\cdots \mathrm{i}\overrightarrow{D}^{\mu_{n-1}}\sigma^{\mu_n)\alpha}\psi_q\\
O_g^{\mu_1\cdots\mu_n} &= F^{(\mu_1\alpha}\mathrm{i}\overrightarrow{D}^{\mu_2}\cdots \mathrm{i}\overrightarrow{D}^{\mu_{n-1}}F_\alpha^{\mu_n)}\\
\widetilde{O}_g^{\mu_1\cdots\mu_n} &= F^{(\mu_1\alpha}\mathrm{i}\overrightarrow{D}^{\mu_2}\cdots \mathrm{i}\overrightarrow{D}^{\mu_{n-1}}\widetilde{F}_\alpha^{\mu_n)}\\
O_{gT}^{\mu_1\cdots\mu_n\alpha\beta} &= F^{(\mu_1\alpha}\mathrm{i}\overrightarrow{D}^{\mu_2}\cdots \mathrm{i}\overrightarrow{D}^{\mu_{n-1}}\widetilde{F}^{\mu_n)\beta}
\end{aligned}
\right\}
\tag{4.111}
$$

由此可定义相应的推广部分子分布 $\widetilde{H}_q(x,\xi)$、$\widetilde{E}_q(x,\xi)$、$H_{Tq}(x,\xi)$、$E_{Tq}(x,\xi)$、$H_g(x,\xi)$、$E_g(x,\xi)$、$\widetilde{H}_g(x,\xi)$、$\widetilde{E}_g(x,\xi)$、$H_{Tg}(x,\xi)$、$E_{Tg}(x,\xi)$. 后三组为胶子的推广部分子分布.

推广的部分子分布在文献中还存在其他不同的定义和符号,如 $F_\zeta(x)$(non-forward distributions)[96]、$f(x_1,x_2,t)$(off-diagonal distributions)及 $F(x,y)$(double distributions)[105]. F_ζ 与推广的部分子分布间有如下关系:

$$
(1+\xi)H_q(x,\xi,t) = F_\zeta^q(X)\theta(0<X<1) - F_\zeta^{\bar{q}}(\zeta-X)\theta(-1+\zeta\leqslant X\leqslant\zeta)
\tag{4.112}
$$

这里

$$
\left.
\begin{aligned}
x &= \frac{X-\zeta/2}{1-\zeta/2}, \quad \xi = \frac{\zeta/2}{1-\zeta/2}\\
X &= \frac{x+\xi}{1+\xi}, \quad \zeta = \frac{2\xi}{1+\xi}
\end{aligned}
\right\}
\tag{4.113}
$$

分布 $f(x_1,x_2,t)$ 与推广的部分子分布间的关系为

$$
\left.
\begin{aligned}
f_{q/p}(x_1,x_2,t) &= F_q(x,\xi,t)\\
x_1 x_2 f_{q/p}(x_1,x_2,t) &= 2xF_g(x,\xi,t)
\end{aligned}
\right\}
\tag{4.114}
$$

这里

$$
\left.
\begin{aligned}
x_1 &= \frac{x+\xi}{1+\xi}, \quad x_2 = \frac{x-\xi}{1+\xi}\\
x &= \frac{(x_1+x_2)/2}{1+(x_1-x_2)/2}, \quad \xi = \frac{(x_1-x_2)/2}{1-(x_1-x_2)/2}
\end{aligned}
\right\}
\tag{4.115}
$$

4.3.2　推广的部分子分布的求和规则

推广的部分子分布同时具有通常的部分子分布和形状因子的特征.实际上,在 $t \to 0$, $\xi \to 0$ 极限,

$$H_q(x,0,0) = q(x), \quad \widetilde{H}_q(x,0,0) = \Delta q(x) \tag{4.116}$$

这里, $q(x)$ 和 $\Delta q(x)$ 分别是非极化的夸克分布和夸克螺旋性分布.另一方面,推广的部分子分布的一次矩联系电磁流和轴流的形状因子(对一个夸克"味")[68]:

$$\left. \begin{aligned} \int_{-1}^1 \mathrm{d}x H_q(x, \xi, t) = F_1^q(t), \quad \int_{-1}^1 \mathrm{d}x E_q(x, \xi, t) = F_2^q(t) \\ \int_{-1}^1 \mathrm{d}x \widetilde{H}_q(x, \xi, t) = G_A^q(t), \quad \int_{-1}^1 \mathrm{d}x \widetilde{H}_q(x, \xi, t) = G_P^q(t) \end{aligned} \right\} \tag{4.117}$$

这里 F_1^q, F_2^q 分别是 Dirac 形状因子和 Pauli 形状因子. $G_A^q(t)$ 是轴矢形状因子, G_P^q 是感应的赝标形状因子.形状因子的 t 相关由强子的质量标度表征.

推广的部分子分布的二次矩联系核子的自旋结构[68]:

$$J_{q,g} = \frac{1}{2} \int_{-1}^1 \mathrm{d}x x \left[H_{q,g}(x, \xi, t = 0) + E_{q,g}(x, \xi, t = 0) \right] \tag{4.118}$$

J_q、J_g 分别是夸克和胶子的角动量对核子自旋的贡献,

$$\frac{1}{2} = J_q + J_g \tag{4.119}$$

类似于通常的部分子分布,根据所考虑的反应,由于电荷和同位旋因子,质子的 GPD 以不同的组合出现.例如对深虚 Compton 散射(见下一小节),组合为[106]

$$H_{\mathrm{DVCS}}^{\mathrm{p}}(x, \xi, t) = \frac{4}{9} H^{\mathrm{u/P}} + \frac{1}{9} H^{\mathrm{d/P}} + \frac{1}{9} H^{\mathrm{s/P}} \tag{4.120}$$

$\widetilde{H}$、E 和 $\bar{E}$ 有类似的表达式.

Martin 和 Ryskin 利用 Schwarz 不等式[107]得到了推广的部分子分布的上限:

$$F_q(x, \xi) \leqslant \frac{1}{2}(q(x_1) + q(x_2)) \quad (如果 \, x > \xi) \tag{4.121}$$

$$-F_q(x, \xi) \leqslant \frac{1}{2}(\bar{q}(-x_1) + \bar{q}(-x_2)) \quad (如果 \, x < -\xi) \tag{4.122}$$

这里 $x_1 = (x + \xi)/(1 + \xi)$，$x_2 = (x - \xi)/(1 - \xi)$.

对胶子的推广的部分子分布,类似地有

$$2xF_g(x, \xi) \leqslant \frac{1}{2}(x_1 g(x_1) + x_2 g(x_2)) \quad (\text{如果 } x > \xi) \tag{4.123}$$

由于这些不等式是在未考虑分布的重整化情况下导出的,因此仅在领头对数阶近似成立.

4.3.3 深虚 Compton 散射

推广的部分子分布可通过深度非弹的光子、介子或轻子对产生进行测量. 这里先讨论深虚 Compton 散射(产生光子):动量为 P^μ 的核子吸收动量为 q^μ 的虚光子,产生一个出射动量为 $q'^\mu = q^\mu - \Delta^\mu$ 的实光子及动量为 $P'^\mu = P^\mu + \Delta^\mu$ 的反冲核子.

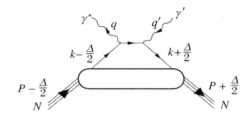

图 4.3　DVCS 的领头阶 Feynman 图(直接过程)

类似于深度非弹过程可完成对 DVCS 中硬与软过程的因子化证明[108]. 现在我们考虑 q^μ 的深虚运动学区域,即 Bjorken 极限:$Q^2 = -q^2 \to \infty$, $P \cdot q \to \infty$, $Q^2/(P \cdot q)$ 保持有限. 在此区域,领头扭度的贡献由"手提袋"图 4.3 给出:夸克吸收虚光子变成高度虚的而微扰地传播,随即发射一个实光子并落到核子末态. 按照 Feynman 规则,相应的 Compton 振幅可写为

$$\begin{aligned} T_{\text{DVCS}}^{\mu\nu} = \mathrm{i}\int \frac{\mathrm{d}^4 k}{(2\pi)^4} \mathrm{Tr}\bigg\{&\bigg[\gamma^\nu \frac{1}{\gamma \cdot k - \alpha\gamma \cdot \Delta + \gamma \cdot q + \mathrm{i}\epsilon}\gamma^\mu \\ &+ \gamma^\mu \frac{1}{\gamma \cdot k + (1-\alpha)\gamma \cdot \Delta - \gamma \cdot q + \mathrm{i}\epsilon}\gamma^\nu\bigg]M(k)\bigg\} \end{aligned} \tag{4.124}$$

这里上标 μ、ν 分别为虚光子和实光子的极化上标,$M(k)$ 是夸克密度矩阵:

$$M(k) = \int \mathrm{d}^4 z \mathrm{e}^{ikz} \langle P' \mid \overline{\psi}(-\alpha z) \psi((1-\alpha)z) \mid P \rangle \tag{4.125}$$

其中 $0 < \alpha < 1$. 为计算方便,选择一特殊的坐标系: q^μ 与平均动量 $\overline{P}^\mu$ 是共线的并沿 Z 方向. 引入两类类光矢量 $p^\mu = \Lambda(1, 0, 0, 1)$ 和 $n^\mu = \dfrac{1}{2\Lambda}(1, 0, 0, -1)$,它们满足 $p^2 = n^2 = 0$, $p \cdot n = 1$, Λ 为任意的. 用 p^μ 和 n^μ 展开其他矢量:

$$\left. \begin{aligned} P^\mu &= p^\mu + \frac{\widetilde{M}^2}{2} n^\mu, \quad q^\mu = -\xi p^\mu + \frac{Q^2}{2\xi} n^\mu \\ \Delta^\mu &= p'^\mu - p^\mu = -\xi \left(p^\mu - \frac{\overline{M}^2}{2} n^\mu \right) + \Delta_\perp^\mu \\ k^\mu &= (k \cdot n) p^\mu + (k \cdot n) n^\mu + k_\perp^\mu \end{aligned} \right\} \tag{4.126}$$

这里 $\overline{M}^2 = M^2 - \Delta^2/4$, $\xi = -\left\{ \overline{P} \cdot q + \left[(\overline{P} \cdot q)^2 + Q^2 \overline{M}^2 \right]^{1/2} \right\}$. ξ 满足 $0 \leqslant \xi \leqslant \sqrt{-\Delta^2}/(M^2 - \Delta^2/4)^{1/2}$,变量 ξ 类似于 DIS 中的 Bjorken 变量 x_B.

领头阶的 Compton 振幅为

$$T_{\mathrm{DVCS}}^{\mu\nu} = (g^{\mu\nu} - p^\mu n^\nu - p^\nu n^\mu) \int_{-1}^1 \mathrm{d}x \left(\frac{1}{x - \xi + \mathrm{i}\epsilon} + \frac{1}{x + \xi - \mathrm{i}\epsilon} \right) \sum e_q^2 F_q(x, \xi, t, Q^2)$$

$$+ \mathrm{i} \epsilon^{\mu\nu\alpha\beta} p_\alpha n_\beta \int_{-1}^1 \mathrm{d}x \left(\frac{1}{x - \xi + \mathrm{i}\epsilon} - \frac{1}{x + \xi - \mathrm{i}\epsilon} \right) \sum e_q^2 \widetilde{F}_q(x, \xi, t, Q^2) \tag{4.127}$$

这里

$$F_q(x, \xi, t) = H_q(x, \xi, t) \frac{1}{2} \overline{U}(P') \gamma \cdot n U(P)$$

$$+ E_q(x, \xi, t) \frac{1}{2} \overline{U}(P') \frac{\mathrm{i}\sigma^{\mu\nu} n_\mu \Delta_\nu}{2M} U(P) \tag{4.128}$$

$$\widetilde{F}_q(x, \xi, t) = \widetilde{H}_q(x, \xi, t) \frac{1}{2} \overline{U}(P') \gamma \cdot n \gamma_5 U(P)$$

$$+ \widetilde{E}_q(x, \xi, t) \frac{1}{2} \overline{U}(P') \frac{\gamma_5 \Delta \cdot n}{2M} U(P) \tag{4.129}$$

我们可以对 DVCS 进行单圈修正计算[108]. 对 DVCS 散射机制的实验研究和对 DVCS 散射截面的估算可见有关文献的讨论[97,104].

推广的部分子分布函数也可通过硬的介子电产生过程进行测量[106]. 例如,设虚光子和产生的矢量介子都纵向极化,则可导出相应的微分截面:

$$\frac{d\sigma}{dt}(\gamma^* N \to VN) = \frac{4\pi \Gamma_V m_V \alpha_s^2(Q^2) \eta_V^2}{3\alpha_{em} Q^6}$$

$$\times \left| 2x_B \int_{-1}^{1} dx \left\langle \frac{1}{x - \xi + i\epsilon} + \frac{1}{x + \xi - i\epsilon} \right\rangle F_g(x, \xi, t) \right|^2 \tag{4.130}$$

这里 $x_B = 2\xi/(1+\xi)$, Γ_V 是衰变宽度, η_V 定义为

$$\eta_V = \frac{1}{2} \int \frac{dz}{z(1-z)} \phi^V(z) \left(\int dz \phi^V(z) \right)^{-1} \tag{4.131}$$

其中 $\phi^V(z)$ 是领头扭度的光锥波函数, $F_g(x, \xi, t)$ 是胶子的推广的部分子分布.

在上面考虑的测量推广的部分子分布的两个过程中, 我们看到并不能从微分截面测量中直接引出推广的部分子分布, 因为截面包含的是推广的部分子分布的积分. 因此需要考虑一定模型后在某个标度对 GPD 进行参数化, 并从实验数据定出有关参数. 任意 Q^2 时的推广的部分子分布可通过 GPD 的演化方程计算得到.

近年来, 推广的部分子分布的理论及其应用研究发展迅速. 感兴趣的读者可阅读综合评论文献[109,110].

4.4 核子质量的 QCD 结构

按照朴素的夸克模型, 核子质量来自组成核子的三个组分夸克质量之和. 但组分夸克仅是一个有效自由度, 它是由流夸克及其海夸克和胶子云组成的. 因此, 核子的质量应由夸克、胶子及其相互作用的能量决定. 根据量子场论, 一个体系的哈密顿量的期望值与静止能量即质量相联系. 由此, 按 QCD 理论, 核子质量 M 是 QCD 哈密顿量 H_{QCD} 在核子态 $|P\rangle$ 的期望值:

$$M = \frac{\langle P | H_{QCD} | P \rangle}{\langle P | P \rangle} \tag{4.132}$$

H_{QCD} 可从 QCD 拉氏量导出, 它可以用 QCD 的能量-动量张量密度 $T^{\mu\nu}$ 的 $\mu = \nu = 0$ 分量 T^{00} 的空间分量的积分表示[111]:

$$H_{\text{QCD}} = \int \text{d}^3 x T^{00}(0, x)$$

$$T^{\mu\nu} = \bar{\psi} \text{i} \vec{D}^{(\mu} \gamma^{\nu)} \psi + \frac{1}{4} g^{\mu\nu} F^2 - F^{\mu\alpha} F_\alpha^\nu \qquad (4.133)$$

这里 ψ 为夸克场(所带的味、色、Dirac 指标未明显标明), $F^{\mu\nu}$ 是胶子场强张量(未写出色指标). 协变导数 $\vec{D}_\mu = (\vec{D}_\mu - \overleftarrow{D}_\mu)/2$. 第一项中上标 (μ, ν) 意味着指标 μ 与 ν 对称化.

Ji 指出[111], 可以将能量-动量张量密度 $T^{\mu\nu}$ 分解为无迹部分 $\bar{T}^{\mu\nu}$ 和有迹部分 $\hat{T}^{\mu\nu}$ 之和, 其中 $\bar{T}^{\mu\nu}$ 分为夸克部分和胶子部分的贡献:

$$T^{\mu\nu} = \bar{T}_q^{\mu\nu} + \bar{T}_g^{\mu\nu} + \hat{T}^{\mu\nu} \qquad (4.134)$$

$$\bar{T}_q^{\mu\nu} = \bar{\psi} \text{i} \vec{D}^{(\mu} \gamma^{\nu)} \psi - \frac{1}{4} g^{\mu\nu} \bar{\psi} m \psi \qquad (4.135)$$

$$\bar{T}_g^{\mu\nu} = \frac{1}{4} g^{\mu\nu} F^2 - F^{\mu\alpha} F_\alpha^\nu \qquad (4.136)$$

$$\hat{T}^{\mu\nu} = \frac{1}{4} g^{\mu\nu} \left[(1 + \gamma_m) \bar{\psi} m \psi + \frac{\beta(g)}{2g} F^2 \right] \qquad (4.137)$$

这里 m 是夸克质量矩阵, γ_m 为质量算符的反常维数, $\beta(g)$ 为 QCD 的 β 函数(见(1.87)式和(1.88)式). (4.137)式中的第二项称为迹反常, 它由重整化过程生成. 将(4.134)—(4.137)式代入(4.133)式并进行重新组合, 则 QCD 哈密顿量可写为

$$H_{\text{QCD}} = H_q + H_m + H_g + H_a \qquad (4.138)$$

其中

$$H_q = \int \text{d}^3 x \psi^+ (-\text{i} \boldsymbol{D} \cdot \boldsymbol{\alpha}) \psi$$

$$H_m = \int \text{d}^3 x \bar{\psi} m \psi$$

$$H_g = \int \text{d}^3 x \frac{1}{2} (\boldsymbol{E}^2 + \boldsymbol{B}^2) \qquad (4.139)$$

$$H_a = \int \text{d}^3 x \frac{9\alpha_s}{16\pi} (\boldsymbol{E}^2 + \boldsymbol{B}^2)$$

这里 H_q 表示夸克和反夸克的动能和势能, H_m 为夸克质量项, H_g 为胶子能量, H_a 是迹反常项. 需要指出是的, 算符 $\bar{T}_q^{\mu\nu}$ 和 $\bar{T}_g^{\mu\nu}$ 是发散的, 因此要进行重整化, 因而依赖于重整化标度 μ^2, 并因此互相混合. 重整化的结果可用核子态的矩阵元表示为[111]

$$\langle P \mid \bar{T}_q^{\mu\nu} \mid P \rangle = \frac{a(\mu^2)\left(P^\mu P^\nu - \frac{1}{4}g^{\mu\nu}M^2\right)}{M}$$

$$\langle P \mid \bar{T}_g^{\mu\nu} \mid P \rangle = \frac{\left[1 - a(\mu^2)\right]\left(P^\mu P^\nu - \frac{1}{4}g^{\mu\nu}M^2\right)}{M} \tag{4.140}$$

其中

$$a(\mu^2) = \sum_f \int_0^1 x\left[q_f(x,\mu^2) + \bar{q}_f(x,\mu^2)\right]\mathrm{d}x \tag{4.141}$$

这里 $q_f(x,\mu^2)$ 和 $\bar{q}_f(x,\mu^2)$ 为核子中味为 f 的夸克动量分布. 在作数值计算时要选择适当的重整化图像.

将(4.139)式代入(4.132)式就得到各项对核子质量的贡献, 其中相应于夸克质量贡献部分的矩阵元为

$$\langle P \mid m_{\mathrm{u}}\bar{u}u + m_{\mathrm{d}}\bar{d}d \mid P \rangle + \langle P \mid m_{\mathrm{s}}\bar{s}s \mid P \rangle \tag{4.142}$$

这里第一项为 $\pi N\sigma$ 项, 第二项为核子中的奇异标量项的贡献. 选择修正的最小减去图像 ($\overline{\mathrm{MS}}$), 取重整化点标度为 $1\,\mathrm{GeV}^2$, $\pi N\sigma$ 项值为 $(45\pm5)\,\mathrm{MeV}$, 文献[111]给出的各项贡献列在表 4.6 中 (表中 $a = 0.55$, b 等于(4.142)式的矩阵元除以 M).

表 4.6　核子质量的各组分的贡献(取自文献[111])

质量类型	H_i	M^i	$m_{\mathrm{s}} \to 0\,(\mathrm{MeV})$	$m_{\mathrm{s}} \to \infty\,(\mathrm{MeV})$
夸克能量	$\psi^+(-\mathrm{i}\boldsymbol{D}\cdot\boldsymbol{\alpha})\psi$	$3(a-b)/4$	270	300
夸克质量	$\bar{\psi}m\psi$	b	160	110
胶子能量	$\frac{1}{2}(\boldsymbol{E}^2 + \boldsymbol{B}^2)$	$3(1-a)/4$	320	320
迹反常	$\frac{9\alpha_{\mathrm{s}}}{16\pi}(\boldsymbol{E}^2 - \boldsymbol{B}^2)$	$(1-b)/4$	190	210

我们看到, 核子质量的 QCD 结构可分为夸克的动能和势能贡献、胶子的动能和势能贡献、夸克质量贡献和迹反常贡献. 随着深度非弹实验确定 $a(\mu^2)$ (相当于核子内所有味的夸克和反夸克动能之和)的精确度的提高、对 $\pi N\sigma$ 项(新近得到的 σ 项值为 $(67\pm6)\,\mathrm{MeV}$)和奇异标量项的确定及(4.140)式中其他矩阵元得到实验测量, 核子质量的结构将能更好地定量给出, 这也让我们从一个方面更好地理解核子的 QCD 结构.

4.5 核子的电磁形状因子

电磁相互作用提供了研究核子和核的内部结构的独特工具.由轻子-核子深度非弹散射给出的核子结构函数提供了关于核子内部夸克、胶子分布和 QCD 在高能标度和动量转移区域行为的丰富知识.而由轻子-核子(核)的弹性和非弹散射给出的核子(核)的电磁形状因子则表征了核子(核)内电荷的流的空间分布,为理解 QCD 非微扰区域的核子(核)结构提供重要信息.自从 20 世纪 50 年代开始研究核和核子内电、磁空间分布以来,这方面的研究一直是粒子和核物理研究领域的前沿.特别是近年来,对核子电磁形状因子的实验测量又取得了重要进展[122,113].在本节中,我们将简要讨论在 QCD 理论框架下对核子电磁形状因子的描述,包括核子电磁形状因子的 QCD 因子化形式、微扰QCD 的分析、推广的部分子分布参数化模型及与实验测量的比较,并简要地提及格点QCD 计算、光锥 QCD 求和规则和一些唯象模型的计算结果及与实验的比较.

4.5.1 核子电磁形状因子的定义和 QCD 因子化形式

电磁流在核子态的矩阵元用 Dirac 形状因子 $F_1(Q^2)$ 和 Pauli 形状因子 $F_2(Q^2)$ 表示的最普遍形式(满足流守恒和相对论不变)可写为

$$\langle N(P') \mid j_\mu^{em}(0) \mid N(P) \rangle = e\bar{N}(P')\left[\gamma_\mu F_1(Q^2) + i\frac{\sigma_{\mu\nu}q^\nu}{2M}F_2(Q^2)\right]N(P)$$

$$(4.143)$$

这里 P_μ 为初始核子的四动量,$P' = P - q$,$Q^2 = -q^2$,$N(p)$ 为核子的旋量(spinor).j_μ^{em} 由构成核子的夸克组分构成,u、d、s 夸克体系的电磁流可写为

$$j_\mu^{em}(x) = e_u \bar{u}(x)\gamma_\mu u(x) + e_d \bar{d}(x)\gamma_\mu d(x) + e_s \bar{s}(x)\gamma_\mu s(x) \qquad (4.144)$$

电子-核子散射的实验数据通常用电形状因子 $G_E(Q^2)$ 和磁形状因子 $G_M(Q^2)$ 表示,它们与 $F_1(Q^2)$ 和 $F_2(Q^2)$ 的关系为[114]

$$\left.\begin{array}{l} G_{\mathrm{M}}(Q^2) = F_1(Q^2) + F_2(Q^2) \\ G_{\mathrm{E}}(Q^2) = F_1(Q^2) - \tau F_2(Q^2) \end{array}\right\} \tag{4.145}$$

其中 $\tau = Q^2/(4M^2)$. 在 $Q^2 = 0$ 时, 这些形状因子归一化为核子的电荷和磁矩:

$$G_{\mathrm{E}}^{\mathrm{p}}(0) = 1, \quad G_{\mathrm{E}}^{\mathrm{n}}(0) = 0, \quad G_{\mathrm{M}}^{\mathrm{p}}(0) = \mu_{\mathrm{p}} = 2.792\,847\,337(29)$$

$$G_{\mathrm{M}}^{\mathrm{n}}(\sigma) = \mu_{\mathrm{n}} = -1.913\,042\,72(45)^{[115]}$$

对核子的电磁形状因子的 QCD 计算基于 QCD 因子化定理, 它将短距离的夸克-胶子相互作用与软的核子波函数分离开. 按因子化定理, 核子的形状因子形式上可写为短距离作用的硬散射核(kernel)T_{H} 和核子的分布振幅 ϕ 的卷积[116]:

$$F_{\mathrm{B}}(Q^2) = \int_0^1 (\mathrm{d}x)(\mathrm{d}x')\phi^*(x_i', \mu^2) T_{\mathrm{H}}(x_i, x_i', Q^2, \mu^2)\phi(x_i, \mu^2) \tag{4.146}$$

这里 μ 为归一化和因子化标度, $Q^2 = 2P \cdot P'$, $(\mathrm{d}x) = \mathrm{d}x_1 \mathrm{d}x_2 \mathrm{d}x_3 \cdot \delta\left(\sum x_i - 1\right)$, 其中 x_i 是价夸克 i(在部分子模型中) 的动量份额, 求和范围为从 1 至 3, 即对 3 个价夸克进行. $\phi(x_i, \mu_2)$ 是核子的初始分布振幅, $\phi(x_i', \mu^2)$ 为末态分布振幅, 它们包含了核子的非微扰动力学. 硬散射核 T_{H} 是可以进行微扰计算的. 核子电磁形状因子的 QCD 因子化可用图 4.4 来表示. 相应地, 可以将螺旋性守恒的核子的 Dirac 形状因子写为

$$F_1(Q^2) \sim A(Q^2) + \frac{\alpha_{\mathrm{s}}(Q^2)}{\pi}\frac{B(Q^2)}{Q^2} + \left(\frac{\alpha_{\mathrm{s}}(Q^2)}{\pi}\right)^2 \frac{C}{Q^4} + \cdots \tag{4.147}$$

这里 C 是由核子分布振幅决定的常数, $A(Q^2)$ 和 $B(Q^2)$ 是非微扰的"软"函数, 在光锥公式表示中, 它们由分布振幅中的软部分的重叠积分决定. 由此, (4.147)式中只有第三项在大 Q^2 幂展开时形式上是领头阶的, 可期望它给出形状因子在 Q^2 处的渐近行为. 以上的简单分析表明, 核子电磁形状因子包含着 QCD 非微扰区的核子结构的重要信息.

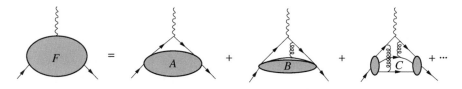

图 4.4　核子电磁形状因子 QCD 因子化的结构

4.5.2 微扰 QCD 分析

在高能或大动量转移过程中,利用简单的维数计数规则,可得到形状因子或微分截面的标度行为[117]. Brodsky 和 Farrar 导出的对核子的螺旋性守恒的 Dirac 形状因子 $F_1(Q^2)$ 的标度规则是

$$F_1(Q^2) \sim \frac{1}{(Q^2)^{N-1}} = \frac{1}{Q^4} \tag{4.148}$$

这里 N 指强子包含的夸克(反夸克)组分,对核子 $N = 3$. 这个物理图像是:足够虚(远离壳)的光子看到的核子由三个无质量夸克组成并与核子共线运动. 应用上述的因子化定理,可以完成微扰 QCD 计算,得到 $F_1(Q^2)$ 在 Q^2 处的渐近表示. 这样的计算是波函数相关的,计算给出了对形状因子幂定律行为的对数修正[118]:

$$F_1(Q^2) = \frac{1}{Q^4} \left[\alpha_s(Q^2) \right]^2 \sum d_{ij} \left(\ln \frac{Q^2}{\Lambda^2} \right)^{-\gamma_i - \gamma_j} \tag{4.149}$$

这里 γ_j 是可计算的,它为正的并随 j 单调上升,而 d_{ij} 是波函数相关的. 这表明标度行为不仅要 Q^2 大还要 $\ln Q^2$ 大(即 $\ln Q^2$ 渐近). 此外,一些更为仔细的计算还包含软胶子交换弹性散射的 Sudakov 形状因子抑制效应等[117],但并没有对 Dirac 形状因子 $F_1(Q^2)$ 以幂定律为主的行为有大的改变.

核子的 Pauli 形状因子 $F_2(Q^2)$ 与核子的螺旋性翻转(helicity flip)振幅相联系,由此要求夸克有螺旋性翻转,这在大 Q^2 时是受到抑制的. 因此,可期望在大 Q^2 时 $F_2(Q^2)$ 的幂行为是 $F_2(Q^2) \sim 1/Q^6$. 在 QCD 中螺旋性翻转的主要机制来自夸克的轨道角动量和与此相联系的一个胶子极化(为保持规范不变性). 考虑了部分子轨道角动量贡献的分析证实了 $F_2(Q^2)$ 的上述幂行为.

按照 $F_1(Q^2)$ 和 $F_2(Q^2)$ 的幂行为,应当期望在大 Q^2 时有渐近行为 $Q^2 F_2(Q^2)/F_1(Q^2) \sim 1$. 近来的 JLab 实验测量的结果表明[112,113] $Q^2 F_2(Q^2)/F_1(Q^2)$ 随 Q^2 的增加而持续上升但未趋向常数值,这似乎与上述的微扰 QCD 预言不一致. 一个可能的解释是:JLab 的数据是在 $Q^2 \leqslant 5.6\,\text{GeV}^2$ 区域,还未达到微扰 QCD 渐近行为所要求的大 Q^2 范围. 因此,将实验测量扩展到更大的 Q^2 范围,特别是微扰 QCD 为主的区域将是令人期待的. 另一方面,实验和微扰 QCD 预言的不一致也呼唤理论分析的进一步完善. Belitsky、Ji、Yuan[119] 完成了核子的 Pauli 形状因子 $F_2(Q^2)$ 在渐近大 Q^2 极限下的微扰

QCD 计算. 他们的计算也是基于微扰 QCD 假设的夸克运动与核子共线, 但在核子的光锥波函数中包括了夸克轨道角动量投影 $l_z = 1$ 的分量. 计算结果进一步证实了 $F_2(Q^2)$ 的领头贡献为 $1/Q^6$ 的幂行为, 其系数依赖于领头和次领头扭度为 3 的核子光锥波函数. 他们得到了有对数精确度的标度行为: $F_2(Q^2)/F_1(Q^2) \sim \ln^2(Q^2/\Lambda^2)/Q^2$, 它可以令人满意地描述 JLab 的实验数据. 因此 Q^2 扩展的实验数据究竟会给出 $F_2(Q^2)/F_1(Q^2)$ 的怎样的标度行为令人十分感兴趣.

4.5.3 核子电磁形状因子的推广的部分子分布参数化模型

我们在 4.3 节的讨论已表明, 硬的遍举 (exclusive) 电产生过程的非微扰部分可用普适的非微扰客体 (objects) 即所谓的推广的部分子分布进行描写. 推广的部分子分布的一次矩联系着相应夸克的一次矩, 其公式已在 (4.117) 式给出. 为便于讨论核子的电磁形状因子, 这里重新写出相关的求和规则[68]:

$$\int_{-1}^{+1} \mathrm{d}x H^q(x, \xi, Q^2) = F_1^q(Q^2), \quad \int_{-1}^{+1} \mathrm{d}x E^q(x, \xi, Q^2) = F_2^q(Q^2) \quad (4.150)$$

这里 F_1^q 和 F_2^q 分别表示夸克味为 q 的 Dirac 形状因子和 Pauli 形状因子. 它们在 $Q^2 = 0$ 处归一化为 $F_1^u(0) = 2, F_1^d(0) = 1$, 此相应于质子中的 u 夸克和 d 夸克分布满足求和规则 (4.11) 式和 (4.12) 式. Pauli 形状因子在 $Q^2 = 0$ 处归一化为 $F_2^q(0) = \kappa^q (q = \mathrm{u}, \mathrm{d})$, κ^q 为夸克的反常磁矩. 利用量子数守恒导致的部分子求和规则 (4.7) 式, 可知质子的 Dirac 形状因子为

$$F_{1\mathrm{p}}(Q^2) = \frac{2}{3} F_1^u(Q^2) - \frac{1}{3} F_1^d(Q^2) - \frac{1}{3} F_1^s(Q^2) \quad (4.151)$$

这里 F_1^s 指奇异夸克的形状因子, 下面的讨论中暂不考虑它的贡献. 利用同位旋对称性, 可写出中子的 Dirac 形状因子 $F_{1\mathrm{n}}(Q^2)$. 由此有

$$\left. \begin{aligned} F_1^u &= 2F_{1\mathrm{p}} + F_{1\mathrm{n}} \\ F_1^d &= 2F_{1\mathrm{n}} + F_{1\mathrm{p}} \end{aligned} \right\} \quad (4.152)$$

Pauli 形状因子 F_2^q 有类似的关系. 利用质子和中子的反常磁矩, 可得到夸克的反常磁矩:

$$\left. \begin{aligned} \kappa^u &\equiv 2\kappa_{\mathrm{p}} + \kappa_{\mathrm{n}} = +1.673 \\ \kappa^d &\equiv \kappa_{\mathrm{p}} + 2\kappa_{\mathrm{n}} = -2.033 \end{aligned} \right\} \quad (4.153)$$

利用上述关系,一旦知道了推广的部分子分布 $H^q(x, \xi, Q^2)$ 和 $E^q(x, \xi, Q^2)$,就可预言核子的电磁形状因子.注意到求和规则(4.150)式中 ξ 是任意的,这样可选择 $\xi = 0$ 时的推广的部分子分布 H^q 和 E^q.

Guidal 等[120]提出了参数化的推广的部分子分布,使得参数化的推广的部分子分布在小 x 区具有 Regge 行为,而在大 Q^2 时的行为显示形状因子的幂行为[121].他们提出的参数化(称为修正的 Regge 参数化)的推广的部分子分布是

$$
\left.\begin{array}{l}
H^q(x, 0, Q^2) = q_v(x) x^{a'(1-x)Q^2} \\
E^q(x, 0, Q^2) = \dfrac{\kappa^q}{N^q} (1-x)^{\eta^q} q_v(x) x^{a'(1-x)Q^2}
\end{array}\right\} \tag{4.154}
$$

这里包含三个参量 α'、η^u 和 η^d.α' 为 Regge 斜率,由 Dirac 半径决定.E^q 中的另两个参量 η^u 和 η^d 要保证 E^q 在 $x \sim 1$ 极限比 H^q 有额外的 $1-x$ 的幂,这导致质子的螺旋性翻转的形状因子 $F_2(Q^2)$ 在大 Q^2 处比 $F_1(Q^2)$ 有更快的幂下降,这是实验上观察到的现象.另外,(4.154)式中的归一化因子 $N^q(q = u, d)$ 为

$$
\left.\begin{array}{l}
N^u = \displaystyle\int_0^1 dx (1-x)^{\eta^u} u_v(x) \\
N^d = \displaystyle\int_0^1 dx (1-x)^{\eta^d} d_v(x)
\end{array}\right\} \tag{4.155}
$$

由此保证存在推广的部分子分布 E^q 的归一化条件.在(4.154)式中 q_v 的下标 v 指价夸克,这是因为求和规则(4.150)中的海夸克和反夸克的贡献相抵消,因而求和规则仅包含价夸克的推广的部分子分布.

将(4.154)式、(4.155)式代入(4.150)式就得到推广的部分子参数化模型给出的 $F_1^q(Q^2)$ 和 $F_2^q(Q^2)$ 的表达式.再应用(4.151)式就可得到质子的 Dirac 形状因子 $F_1^p(Q^2)$ 的表达式.类似地可得到质子的 Pauli 形状因子 $F_2^p(Q^2)$ 的表达式.进而由(4.145)式可写出质子的电磁形状因子的表达式.经过类似的步骤可给出推广的部分子参数化模型所描写的中子的电磁形状因子.

图 4.5 展示了文献[120]给出的用推广的部分子参数化模型计算的质子电磁形状因子的标度行为及与实验数据的比较.计算所用的参数为 $\alpha' = 1.105\ \text{GeV}^{-2}$,$\eta^u = 1.713$,$\eta^d = 0.566$,计算结果如图中实线所示(虚线为其他参数的结果).实验数据取自文献[112, 113, 122].

图 4.6 展示了文献[120]给出的用推广的部分子参数化模型计算的质子的电磁形状因子有关量和中子的电磁形状因子有关量及与实验数据的比较.G_D 为偶极形状因子:$G_D(Q^2) = 1/(1 - Q^2/0.71)^2$.计算所用的参数与图 4.5 中所用的相同,计算结果如图中

实线所示.

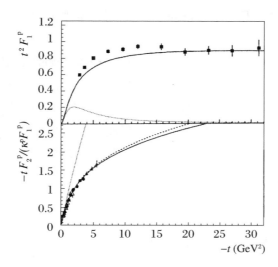

图 4.5　用 GPD 参数化模型计算的 $F_1^p(Q^2)$（这里 $Q^2 = -t$）

　　上图为 $(Q^2)^2 F_1^p(Q^2)$ 随 Q^2 的变化,下图为 Pauli 形状因子与 Dirac 形状因子之比随 Q^2 的变化.（取自文献[120]）

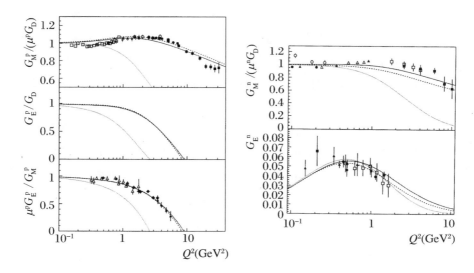

图 4.6　用 GPD 参数化模型计算的 G_M^p 和 G_M^n 与偶极形状因子 G_D 之比随 Q^2 的变化及 $\mu^p G_E^p / G_M^p$（左下）、

　　　　G_E^n（右下）

　　这里偶极形状因子为 $G_D(Q^2) = 1/(1 + Q^2/0.71)^2$. 图中实线相应于三参数拟合: $\alpha' = 1.105\,\mathrm{GeV}^{-2}$, $\eta_u =$
1.713, $\eta_d = 0.566$.（取自文献[120]）

图 4.5 和图 4.6 显示的结果表明,推广的部分子参数化模型能同时解释 $F_1^{\rm p}(Q^2)$ 的近似的 $1/Q^2$ 渐近行为和 $F_2^{\rm p}/F_1^{\rm p}$ 的行为,可以相当精确地描述比率 $G_{\rm E}^{\rm p}/G_{\rm M}^{\rm p}$ 随 Q^2 增加而下降的行为.

这个结果可以从推广的部分子分布是非微扰的客体来理解:推广的部分子分布的求和规则联系电磁形状因子,这意味着推广的部分子分布包括了核子波函数中的高阶 Fock 分量,因而可描述形状因子在中、低 Q^2 的非微扰区的(软)贡献.从图 4.5 所示的核子电磁形状因子的渐近行为可期望,未来的实验测量从 $Q^2 = 5\,{\rm GeV}^2$ 扩展到 $Q^2 = 10\,{\rm GeV}^2$ 以至更高 Q^2 时的精确实验数据,从而定量地给出核子三夸克 Fock 分量以外的中、高 Fock 分量,并描述从非微扰区到微扰 QCD 区的转变.

4.5.4　核子电磁形状因子的格点 QCD 计算

利用格点 QCD 可从第一原理出发计算核子的电磁形状因子,它将 QCD 的泛函积分表述置于离散的时空格点上,仅有的参量为裸夸克质量和耦合常数.我们将在第 6 章讨论格点 QCD 途径.这里只简单陈述格点 QCD 在计算核子电磁形状因子时的一些结果.

核子电磁形状因子的格点 QCD 模拟的出发点是计算三点关系函数,它包括相连图的贡献和不相连图的贡献(图 4.7).相连图与微扰 QCD 因子化结构(图 4.4)相似,光子与 1 个夸克耦合,而该夸克与核子的初态或末态相连.图 4.7 中的夸克线要理解为穿衣的——它带有在夸克间交换的任意数量的胶子,如果该胶子对 q$\bar{\rm q}$ 对的影响被略去,则称为淬火(quenched)近似.完全的 QCD(unquenched)计算应包括这些海夸克圈插入胶子线的贡献.图 4.7 中的不相连图(右图)包含了与 1 个 q$\bar{\rm q}$ 圈的耦合,这里的耦合通过交换胶子来实现.对这个不相连图建立数值模型需要更强大的计算能力,因而它在当今的多数格点计算中是被略去不计的.这样的计算适用于同位旋矢量的电磁形状因子.

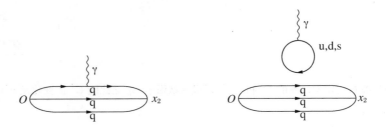

图 4.7　利用格点 QCD 计算核子电磁形状因子时计算的两类不同的贡献

近年来,核子电磁形状因子的格点 QCD 研究发展很快,并取得了重要进展[123—126].例如,利用格点 QCD 计算得到的核子同位旋矢量的 Dirac 形状因子和 Pauli 形状因子[124,126]随 Q^2 变化的趋势已与实验数据大致相符,但无论是淬火的还是非淬火的结果都比实验值高得多.当参量 m_π(用来固定 u、d 夸克质量)减小到 360 MeV 左右时,利用格点计算比率 $F_2^{I=1}/F_1^{I=1}$ 得到的结果能与实验数据定性相符.

目前,核子电磁形状因子的格点计算还受到一些制约,这主要包括(计算机)数据计算能力和实际计算中夸克质量远大于它们在自然界中的真实值.但无论怎样,要想通过格点 QCD 计算得到可与实验值比较的质子和中子的电磁形状因子,必须包括非相连图的计算,并对价夸克和海夸克作自洽处理,这期望通过下一代动力学费米子格点 QCD 来完成.

4.5.5 核子电磁形状因子的光锥求和规则计算及实验测量

核子的电磁形状因子可用 QCD 求和规则计算.在这里非微扰效应由真空凝聚描述,这些真空凝聚通过 Borel 质量 M_B 的倒数的级数展开 $\sum_n c_n (Q^2/M_B^2)^n$ 而进入求和规则.我们将在第 9 章对 QCD 求和规则作较具体的讨论.用通常的 QCD 求和规则方法计算核子的形状因子只适用于 $Q^2 < 1\ \mathrm{GeV}^2$ 区域,应用到较高 Q^2 区域时,级数 $(Q^2/M_B^2)^n$ 就会出现发散,因为 Borel 质量 M_B 是在核子的质量标度下,即 $M_B \sim 1\ \mathrm{GeV}$.一种可能的改进方法是重新求和级数 $(Q^2/M_B^2)^n$ 的贡献[127],从而可将 QCD 求和规则方法扩展到较高 Q^2 的区域.

在核子电磁形状因子的光锥求和规则(LSR)计算中,形状因子的软贡献是用核子的分布振幅来考虑的,而不是用通常 QCD 求和规则中的真空凝聚,因而不存在通常 QCD 求和规则中级数展开带来的对适用 Q^2 区域的限制.在光锥求和规则中利用与微扰 QCD 计算中相同的核子分布振幅,就不会出现双重计算(double counting)问题.Braun 等[128]应用光锥求和规则途径(见 9.5 节的讨论)计算得到的质子和中子的磁形状因子 G_M^p 和 G_M^n 在 $Q^2 \approx 1$—$10\ \mathrm{GeV}^2$ 区域与实验数据比较,相差只在 20% 范围.对电形状因子的描述要困难得多.只有包括了扭度为 3 和扭度为 4 的核子分布振幅(计算中用简单的模型来描述),才得到质子和中子的电形状因子 G_E^p 和 G_E^n 的定性结果.这样的高扭度分量意味着核子波函数中夸克轨道角动量的重要性.这已被前面提到的(见 4.5.2 小节)文献[119]所给出的核子 Pauli 形状因子的微扰 QCD 计算结果证实.

核子的电磁形状因子还可以用其他途径进行计算,例如相对论组分夸克模型

（CQM）、矢量介子为主（VMO）模型，孤粒子（soliton）模型以及在组分夸克模型框架内加上某些效应的模型（如 $SU(6)$ 破缺、$SU(6)$ 破缺＋CQ、PFSA 等）.

图 4.8 给出了 $\mu^{\mathrm{p}} G_{\mathrm{E}}^{\mathrm{p}}/G_{\mathrm{M}}^{\mathrm{p}}$、$Q^2 F_2^{\mathrm{p}}/F_1^{\mathrm{p}}$ 和 $\sqrt{Q^2}\,F_2^{\mathrm{p}}/F_1^{\mathrm{p}}$ 的实验测量结果. 其中图（a）、（b）和（c）取自文献[113a]，图中"□"为文献[112]的实验数据，黑点"·"为文献[113a]的数据，图中同时标出一些模型计算结果.

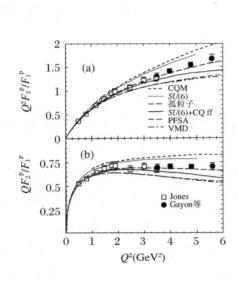

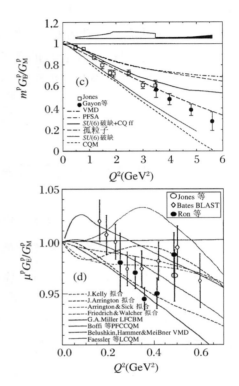

图 4.8　电磁形状因子的实验测量结果

　　图（a）、（b）和（c）取自文献[113a]，图（d）取自文献[113b].

近年来，对低动量（$Q^2 < 1\ \mathrm{GeV}^2$）区电磁形状因子的精确测量引起了研究兴趣和重视，这是因为低动量区电磁形状因子的百分之几的改变直接联系着对核子结构的理解，包括获取核子的弱形状因子、推广的部分子分布等. 图 4.8(d) 为文献[113b]给出的低动量（Q^2 在 0.2—0.5 GeV^2 间）区 $\mu^{\mathrm{p}} G_{\mathrm{E}}^{\mathrm{p}}/G_{\mathrm{M}}^{\mathrm{p}}$ 的测量数据. 测量结果表明这个形状因子的比率低于 1，偏离的原因主要是电形状因子，同时在这一区域似乎存在结构. 目前还没有一个理论模型计算能精确地再现这一区域的数据，并同时拟合图 4.8(c) 的整个测量范围内的电磁形状因子数据.

除了核子的电磁形状因子,核子的奇异形状因子(strangeness form factors)也受到了越来越多的关注(例如见文献[129,130]).对核子的奇异形状因子进行实验和理论研究,可以得到有关核子内奇异夸克成分及其分布的信息和核子波函数的中高 Fock 分量中奇异成分 $s\bar{s}$ 的知识.与电磁和弱相互作用联系的还有轴矢形状因子、赝标形状因子等.对这些形状因子连同电磁、奇异形状因子进行研究,将能更好地理解核子的夸克、胶子结构.

第 5 章

高能标度下的核子–核子相互作用和原子核

5.1 高能核子（强子）–核子（强子）碰撞：Drell-Yan 过程

在高能核子–核子（或其他强子–强子）碰撞的 Drell-Yan 过程中[131]，入射核子中的一个夸克与另一个入射核子中的反夸克湮灭，产生一个具有大的不变平方质量 Q^2 的矢量玻色子（光子、Z 玻色子或 W 玻色子）．随之，该矢量玻色子转化为有质量的轻子对（图 5.1）．当矢量玻色子为光子时，轻子对可以是 e^+e^-、$\mu^+\mu^-$、$\tau^+\tau^-$．当矢量玻色子为 Z 玻色子或 W 玻色子时，产生的轻子对为 $e\nu$、$\mu\nu$ 或 $\tau\nu$．

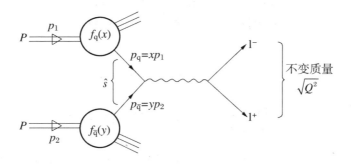

图 5.1　Drell-Yan 过程的 Feynman 图

在核子–核子(强子–强子)碰撞中大质量轻子对的产生过程是对微扰 QCD 理论的重要实验检验.同时,它是揭示核子(强子)的夸克、胶子结构的重要工具.此时"入射"核子和"靶"粒子之间的作用是强作用,它能测量在轻子–核子深度非弹散射(电弱作用)过程中测不到的核子(强子)结构性质.在本节中,我们先讨论非极化的 Drell-Yan 过程,然后研究极化的 Drell-Yan 过程与夸克横向性分布函数及其一次矩——张量荷的测量.

5.1.1　非极化的 Drell-Yan 过程

这个过程表示为 $N_1(p_1) + N_2(p_2) \rightarrow l^+ l^-(q) + X$.

我们考虑夸克和反夸克湮灭为虚光子的情况.设 $q_{f/p_1}(x)$ 是核子中的分布函数,其中下标 p_1 是核子的动量,f 指夸克味.$x_1 p_1 = p_q$ 是夸克的动量.$x_2 p_2 = p_{\bar{q}}$ 是另一个核子(动量为 p_2)中反夸克的动量.由此 $s = (p_1 + p_2)^2$ 是核子–核子碰撞的总能量平方;$Q^2 = (x_1 p_1 + x_2 p_2)^2$ 是夸克与反夸克参与的子过程的总动量平方,它等同于虚光子的不变量平方,它与 s 间的关系为 $Q^2 = x_1 x_2 s$.

在 QCD 修正的部分子模型下,Drell-Yan 过程的微分截面可写为(为确定起见,下面考虑轻子为电子情况)

$$\frac{\mathrm{d}\sigma_{p_1 p_2 \rightarrow e^+ e^-}}{\mathrm{d}Q^2} = \sum_{f=q\bar{q}} \int \mathrm{d}x_1 \, q_{f/p_1}(x_1, Q^2) \int \mathrm{d}x_2 \, q_{f/p_2}(x_2, Q^2) \frac{\mathrm{d}\hat{\sigma}_{ff'\rightarrow e^+ e^-}}{\mathrm{d}Q^2} \tag{5.1}$$

其中 $\mathrm{d}\hat{\sigma}_{ff'\rightarrow e^+ e^-}$ 为部分子散射转化为电子对的子过程 $f + f' \rightarrow e^+ e^-$ 的微分截面.这个子过程的最低阶截面来自过程 $q + \bar{q} \rightarrow e^+ e^- (f' = \bar{q})$ 的贡献.简单计算得到

$$\frac{\mathrm{d}\hat{\sigma}_{\mathrm{ff'\to e^+e^-}}^{(0)}}{\mathrm{d}Q^2} = \frac{4\pi\alpha_e^2}{9Q^2}e_f^2\delta\left(1 - \frac{Q^2}{x_1 x_2 s}\right) \tag{5.2}$$

这里取了色数 $n_c = 3$. 注意到夸克(反夸克)的动量占核子所带动量的份额: $p_q = x_1 p_1$, $p_{\bar{q}} = x_2 p_2$, 由此可完整写出零阶(LO)近似的 Drell-Yan 过程微分截面为

$$\frac{\mathrm{d}\hat{\sigma}_{p_1 p_2 \to e^+e^-}^{(0)}}{\mathrm{d}Q^2} = \frac{4\pi\alpha_e^2}{9Q^2 s}\sum e_q^2 \int_0^1 \frac{\mathrm{d}x_1}{x_1}\int_0^1 \frac{\mathrm{d}x_2}{x_2}\delta\left(1 - \frac{\tau}{x_1 x_2}\right)$$
$$\times \left[q_{f/p_1}(x_1)\bar{q}_{f/p_2}(x_2) + \bar{q}_{f/p_1}(x_1) q_{f/p_2}(x_2) \right] \tag{5.3}$$

其中无量纲变量 $\tau = Q^2/s$. 零阶近似的子过程 $q + \bar{q} \to e^+ e^-$ 完全由朴素的部分子模型描述,不包含 QCD 动力学贡献.

Drell-Yan 过程的 QCD 修正包括如下几方面: ① 部分子分布函数与 Q^2 相关. 此时的分布函数 $q_{f/p}(x, Q^2)$ 可取由深度非弹散得到的 $q_{f/p}^{\mathrm{DIS}}(x, Q^2)$ 作为输入量. ② 在部分子散射的子过程中包括发射胶子和夸克(反夸克)的过程. 前者为 $q + \bar{q} \to \gamma^* + g$, 后者为 $q(\bar{q}) + g \to \gamma^* + (\bar{q})q$. 完整的计算还必须包括顶角修正等虚过程(详细的计算可见如文献 [132]). 在 MS 正规化图像下,我们由此可得到包含 QCD(NLO)修正的 Drell-Yan 过程微分截面($z = Q^2/(x_1 x_2 s)$):

$$\frac{\mathrm{d}\sigma}{\mathrm{d}\Omega}(p_1 p_2 \to e^+ e^-)$$

$$= \frac{4\pi\alpha_e^2}{9Q^2 s}\sum_q e_q^2 \int_0^1 \frac{\mathrm{d}x_1}{x_1}\int_0^1 \frac{\mathrm{d}x_2}{x_2}$$

$$\times \left\{ \left[\delta(1-z)\left(1 + \frac{2\pi}{3}\alpha_s + \cdots\right) + \frac{\alpha_s}{2\pi}\left(P_{\mathrm{q\to qg}}(z)\ln\frac{Q^2}{\mu^2} + f_q^{\mathrm{DY}}(z)\right)\right] \right.$$

$$\times \left[q_{f/p_1}(x, Q^2)\bar{q}_{f/p_2}(x_2, Q^2) + \bar{q}_{f/p_1}(x_1, Q^2) q_{f/p_2}(x_2, Q^2) \right]$$

$$+ \frac{\alpha_s(Q^2)}{2\pi}\left(P_{\mathrm{g\to \bar{q}q}}(z)\ln\frac{Q^2}{\mu^2} + f_g^{\mathrm{DY}}(z)\right)$$

$$\left. \times \left[(q_{f/p_1}(x_1, Q^2) + \bar{q}_{f/p_2}(x_1, Q^2))G_{p_2}(x_2, Q^2) + (1\leftrightarrow 2) \right] \right\} \tag{5.4}$$

其中 $G_{p_2}(x_2, Q^2)$ 为胶子分布函数,

$$P_{q-qg}(z) = P_{qq}(z) = \frac{4}{3}\left(\frac{1+z^2}{1-z}\right)_+$$

$$P_{g-q\bar{q}}(z) = \frac{1}{2}(z^2 + (1-z)^2)$$

$$f_q^{DY}(z) = \frac{4}{3}\left[2(1+z^2)\frac{\ln(1-z)}{(1-z)_+} + \frac{3}{(1-z)_+} - 6 - 4z\right] \tag{5.5}$$

$$f_g^{DY}(z) = \frac{1}{2}\left[(z^2 + (1-z)^2)\ln(1-z) + \frac{9}{2}z^2 - 5z + \frac{3}{2}\right]$$

这里 $\dfrac{1}{(1-z)_+}$ 定义为

$$\int_0^1 dz \frac{\phi(z)}{(1-z)_+} = \int_0^1 dz \frac{\phi(z) - \phi(1)}{1-z} \tag{5.6}$$

正比于 $\delta(1-z)$ 的部分显示出 α_s 的幂级数形式. Parisi 等[133]指出,当对所有来自红外胶子交换的高阶图给出的高阶项贡献求和时,得到指数型的修正因子

$$K_{DY}^{\delta}(Q^2) = \exp\left[\frac{\pi C_F \alpha_s(Q^2)}{2}\right](1 - 0.045\alpha_s + \cdots) \tag{5.7}$$

它给出 Drell-Yan 过程中 K 因子的主要贡献. 实际上 K 因子是一个复杂的函数. 由实验得到 $K \approx 2$. 这个因子反映了实验测量结果与朴素的部分子模型的偏离,而这个偏离正是微扰 QCD 相当好地预言的.

5.1.2　极化的 Drell-Yan 过程

现在我们讨论两个极化核子碰撞的 Drell-Yan 过程. 所产生的轻子对在质心系中的微分截面可写为

$$\frac{d\sigma}{d^4 Q d\Omega} = \frac{\alpha_e^2}{2(2\pi)^4 Q^2 s}(\delta_{ij} - \hat{l}_i \hat{l}_j)W_{ij} \tag{5.8}$$

这里 $\hat{l}_i$ 是在轻子动量方向的单位矢量,Ω 是它的立体角. Q^2 和 s 的定义见非极化 Drell-Yan 情况的讨论. 强子张量定义为[36]

$$W_{\mu\nu} = \int e^{i\xi \cdot Q} d^4\xi \langle P_A S_A P_B S_B | J_\mu(0) J_\nu(\xi) | P_A S_A P_B S_B \rangle \tag{5.9}$$

其中 J_μ 是电磁流，$J_\mu = \sum e_f^{2-} q_f \gamma_\mu q_f$. 对 Drell-Yan 过程的最主要贡献来自领头阶 Feynman 图. 其中，每个流有一条夸克线连接每个强子. 由此可将此图因子化为夸克-强子振幅. 为使耦合夸克的自旋、色和味指标以更合适的次序排列，需进行 Fierz 变换. 利用夸克场写出流：

$$J_{\{\mu}(0) J_{\nu\}}(\xi) = -\bar{\psi}_k(0) \psi_l(\xi) \, \bar{\psi}_i(\xi) \psi_j(0) (\mathbf{1} \gamma_{\{\mu})_{kj} (\mathbf{1} \gamma_{\nu\}})_{il} \tag{5.10}$$

这里 $\{\mu, \nu\}$ 指在 $\mu \leftrightarrow \nu$ 时对称的项，$\mathbf{1}$ 是色空间的恒等矩阵. 夸克场对 $\bar{\psi}_k \psi_l$ 和 $\bar{\psi}_i \psi_j$ 作用在不同的核子上，它们必须分别耦合为色单态. 作色 Fierz 变换：

$$(\mathbf{1})_{kj} (\mathbf{1})_{il} = \frac{1}{3} (\mathbf{1})_{kl} (\mathbf{1})_{ij} + \frac{2}{3} \left(\frac{\lambda^a}{2}\right)_{kl} \left(\frac{\lambda^a}{2}\right)_{ij} \tag{5.11}$$

由此仅第一项作贡献（右边第二项贡献色八重态）. Dirac 矩阵的 Fierz 变换为

$$(\gamma^{\{\mu})_{kj} (\gamma^{\nu\}})_{il} = \frac{1}{2} \Big[(\gamma^{\{\mu})_{kl} (\gamma^{\nu\}})_{ij} + (\gamma^{\{\mu} \gamma_5)_{kl} (\gamma^{\nu\}} \gamma_5)_{ij} - (\sigma^{\{\mu a})_{kl} (\sigma^{\nu\}}_a)_{ij} \Big]$$

$$+ \frac{1}{4} g^{\mu\nu} \Big[-(\gamma^\alpha)_{kl} (\gamma_\alpha)_{ij} - (\gamma^\alpha \gamma_5)_{kl} (\gamma_\alpha \gamma_5)_{ij}$$

$$+ \frac{1}{2} (\sigma_{\alpha\beta})_{kl} (\sigma^{\alpha\beta})_{ij} + (\mathbf{1})_{kl} (\mathbf{1})_{ij} \Big] \tag{5.12}$$

这说明了 $V \times V$（矢量×矢量）、$A \times A$（轴矢×轴矢）、$T \times T$（张量×张量）的结构，它反映了要得到的夸克分布函数乘积的结构. 接下来的工作是计算下面类型矩阵元的乘积：

$$\langle P_A S_A | \bar{\psi}(0) \Gamma \psi(\xi) | P_A S_A \rangle \tag{5.13}$$

其中 $\Gamma = \gamma_\mu, \gamma_\mu \gamma_5, \sigma_{\mu\nu}$（这里不显式地写出色、味指标）. 注意这个矩阵元不是规范不变的. 但包括了高阶图后可生成路径序列指数 $P \exp\left(-\mathrm{i} \int_0^\xi \mathrm{d} x^\mu A_\mu(x)\right)$，它将再现规范不变性.

强子张量的 $V \times V$ 部分可写为[36]

$$W_V^{\mu\nu} = \frac{2}{3} (2\pi)^4 \delta^2(Q_\perp) \frac{xy}{Q^2} \sum_f e_f^2 q_f(x) \bar{q}_f(y) \Big[p_A^\mu p_B^\nu + p_A^\nu p_B^\mu - g^{\mu\nu} p_A \cdot p_B \Big] \tag{5.14}$$

这里 $Q^\mu = x p_A^\mu + y p_B^\mu$，$Q^2 = 2xy p_A \cdot p_B = xys$，$s = 2 p_A \cdot p_B$. x 和 y 是所消灭夸克的纵向动量份额. 在 $W_V^{\mu\nu}$ 的表达式中没有写出扭度为 4 及 4 以上的项.

强子张量的 $A \times A$ 项为

$$W_A^{\mu\nu} = -\frac{2}{3} (2\pi)^4 \delta^2(Q_\perp) \frac{xy}{Q^2}$$

$$\times \left[\sum_f e_f^2 \Delta q_f(x) \Delta \bar{q}_f(y) \frac{(p_A S_B)(p_B S_A)}{(p_A p_B)^2} (p_A^\mu p_B^\nu + p_A^\nu p_B^\mu - g^{\mu\nu} p_A \cdot p_B) \right.$$

$$+ \sum_f e_f^2 \Delta q_f(x) \Delta \bar{q}_{Tf}(y) \frac{(p_B S_A)}{(p_A p_B)} (p_A^\mu S_{B\perp}^\nu + p_A^\nu S_{B\perp}^\mu)$$

$$\left. + \sum_f e_f^2 \Delta q_{Tf}(x) \Delta \bar{q}_f(y) \frac{(p_A S_B)}{(p_A p_B)} (p_B^\mu S_{A\perp}^\nu + p_B^\nu S_{A\perp}^\mu) \right] \tag{5.15}$$

$T \times T$ 项为

$$W_T^{\mu\nu} = -\frac{2}{3} (2\pi)^4 \delta^4(Q_\perp) \frac{xy}{Q^2}$$

$$\times \left[(S_{A\perp} S_{B\perp})(p_A^\mu p_B^\nu + p_A^\nu p_B^\mu - g^{\mu\nu} p_A \cdot p_B) \right.$$

$$+ (S_{A\perp}^\mu S_{B\perp}^\nu + S_{A\perp}^\nu S_{B\perp}^\mu)(p_A p_B) \frac{1}{m_N^2} \sum_f e_f^2 \delta q_f(x) \delta \bar{q}_f(y)$$

$$- \frac{(S_B p_A)}{(p_A p_B)} (p_A^\mu S_{A\perp}^\nu + p_A^\nu S_{A\perp}^\mu) \sum_f e_f^2 \delta q_f(x) \delta \bar{q}_{Lf}(y)$$

$$\left. - \frac{(S_A p_B)}{(p_A p_B)} (p_B^\mu S_{B\perp}^\nu + p_B^\nu S_{B\perp}^\mu) \sum_f e_f^2 \delta q_{Lf}(x) \delta \bar{q}_f(y) \right] \tag{5.16}$$

其中 $\Delta q_{Tf} = h_{Tf}, \delta q_{Lf} = h_{Lf}$ 为扭度 3 的分布函数, $(p_A p_B) \equiv p_A \cdot p_B, \cdots$.

在极化的 Drell-Yan 过程中可能出现 3 种情况:纵向-纵向(LL)极化碰撞、横向-横向(TT)极化碰撞、纵向-横向(LT)极化碰撞.实验测量的极化不对称性为

$$A_{S_A S_B} = \frac{\sigma(S_A, S_B) - \sigma(S_A, -S_B)}{\sigma(S_A, S_B) + \sigma(S_A, -S_B)} \tag{5.17}$$

这里 $-S_B$ 表示核子 B 的自旋反转.纵向-纵向极化碰撞的不对称性结果为[134]

$$A_{LL} = \frac{\sum_f e_f^2 \Delta q_f(x) \Delta \bar{q}_f(y)}{\sum_f e_f^2 q_f(x) \bar{q}_f(y)} \tag{5.18}$$

横向-横向极化碰撞的不对称性为[90]

$$A_{TT} = \frac{\sin^2\theta \cos 2\phi}{1 + \cos^2\theta} \frac{\sum_f e_f^2 \delta q_f(x) \delta \bar{q}_f(y)}{\sum_f e_f^2 q_f(x) \bar{q}_f(y)} \tag{5.19}$$

这里散射角是在轻子对质心系中定义的.对纵向-横向碰撞则有

$$A_{\mathrm{LT}} = \frac{2\sin 2\theta \cos \phi}{1 + \cos^2 \theta} \frac{m_{\mathrm{N}}}{Q} \frac{\sum e_f^2 (\Delta q_f(x) y \Delta \bar{q}_{\mathrm{T}f}(y) + x \delta q_f(y) \delta \bar{q}_f(y))}{\sum\limits_{f} e_f^2 q_f(x) \bar{q}_f(y)} \tag{5.20}$$

在横向极化的 Drell-Yan 过程,如果轻子对的产生是通过 Z 玻色子,则可得到类似 (5.19) 式的极化不对称性表示式:

$$A_{\mathrm{TT}}^{\mathrm{Z}} = \frac{\sum (b_f^2 - a_f^2) \delta q_f(x_a, M_{\mathrm{Z}}^2) \delta \bar{q}_f(x_b, M_{\mathrm{Z}}^2) + (a \leftrightarrow b)}{\sum\limits_{f} (b_f^2 + a_f^2) q_f(x_a, M_{\mathrm{Z}}^2) \bar{q}_f(x_b, M_{\mathrm{Z}}^2) + (a \leftrightarrow b)} \tag{5.21}$$

其中 a_f 和 b_f 分别是味 f 的夸克与 Z 玻色子间的矢量耦合和轴矢量耦合. 对 $\mathrm{W}^{\pm}$ 玻色子产生情况,$A_{\mathrm{TT}}^{\mathrm{W}} = 0$.

我们看到,测量 Drell-Yan 过程的纵向极化不对性,可以得到纵向极化的夸克分布 $\Delta q_f(x)$ 和反夸克分布 $\Delta \bar{q}_f(y)$ 的信息. 综合极化的轻子-核子深度非弹测量结果与纵向极化 Drell-Yan 不对性,则可更精确地得到核子内夸克螺旋性分布 $\Delta q_f(y)$、$\Delta \bar{q}_f(y)$,理解有关核子内夸克与海夸克的纵向极化的知识. 测量横向极化的 Drell-Yan 不对称性,将提供有关核子内夸克(反夸克)横向性分布 $\delta q_f(x) (\delta \bar{q}_f(x))$ 的知识,从而也得到核子张量荷的实验值.

5.2 原子核内的夸克、胶子分布

在低能标度下,原子核通常可理解为由类点的核子组成,束缚能约为每核子 8 MeV. 但是我们知道核子实际上是由夸克、胶子构成的. 这样的夸克、胶子结构由高能探针测量. 这种高能探针能分辨的尺度远小于核子尺度. 因此在高能标度($\gg$束缚能 8 MeV/核子)下,由探针观测到的核由夸克和胶子构成. 那么原子核内的夸克、胶子是怎样分布的呢? 为此首先讨论用轻子和强子作为探针对核内夸克、胶子分布的实验测量,然后讨论理论上的描述.

5.2.1 轻子-核深度非弹散射测量与 EMC 效应

在夸克部分子图像内,轻子与核的深度非弹散射截面在冲量近似下可从轻子-核子

深度非弹散射截面公式得到,只要用核的结构函数 $F_{1A}(x, Q^2)$ 和 $F_{2A}(x, Q^2)$ 代替核子的结构函数 $F_1(x, Q^2)$ 和 $F_2(x, Q^2)$. 如果设 $M_A = Am_N$,则此时 x 理解为核内核子中夸克所带动量与核子平均动量之比. x 的变化范围由原来的 $0 \leqslant x \leqslant 1$ 变为 $0 \leqslant x \leqslant A$. 在 Bjorken 标度极限下,$F_{1A}$ 与 F_{2A} 间满足 Callan-Gross 关系.

为了比较束缚在原子核内的核子(即束缚核子)结构函数与自由核子结构函数,我们定义原子核($_N^A Z$)内的核子平均结构函数如下:

$$F_2^A(x, Q^2) = \frac{1}{A} \left\{ F_{2A}(x, Q^2) - \frac{1}{2}(N - Z) \left[F_2^n(x, Q^2) - F_2^p(x, Q^2) \right] \right\} \quad (5.22)$$

其中 F_2^n、F_2^p 分别为自由的中子和质子的结构函数,在大括号中引入的第二项用于消除由质子数和中子数不同导致的影响. 进一步引入

$$R^{A/D}(x, Q^2) = \frac{F_2^A(x, Q^2)}{F_2^D(x, Q^2)} \quad (5.23)$$

来描述束缚核子的结构函数与自由核子结构函数的差别,其中上标 D 表示氘核.

如果假设原子核内的核子与自由核子相同,且相互独立、完全静止;同时假设入射轻子在核内的平均自由程足够长,使它能与每个核子相碰撞,则靶核的结构函数可表示为

$$F_{2A}(x, Q^2) = NF_2^n(x, Q^2) + ZF_2^p(x, Q^2) \quad (5.24)$$

从而有 $R^{A/D} = 1$. 当然,上述假设是近似的,如核子在核内有 Fermi 运动. 但在高能轻子与核的深度非弹散射过程中,核内核子束缚能比入射轻子与核内核子间的能量转移小得多. 因此,在 EMC(European Muon Collaboration)实验发表前,一般想象入射轻子与核内某个核子的作用不会受其他核子的影响.

实验合作组用 μ 子在氢、氘和铁靶上做的深度非弹射实验的结果表明,束缚在原子核内的核子结构函数与自由核子结构函数明显不同,这就是 EMC 效应[135]. 在图 5.2 中给出了 EMC 组及其他实验组测量得到的 $R^{A/D} = F_2^A/F_2^D$ 随 x 变化的结果. 从图中看到存在两个分界点:$x_c \sim 0.1$,$x_{FM} \sim 0.7$,它们将 $R^{A/D}(x)$ 分为三个区域:① $x < x_c$,这里 $R^{A/D}(x)$ 随 x 减小而明显减小. ② $x_c < x < x_{FM}$,这里 $R^{A/D}$ 随 x 减小而增大. ③ $x > x_{FM}$,此时 $R^{A/D}$ 随 x 增大而急剧上升. 在 $x < x_c$ 区域,$R^{A/D} < 1$,这一现象称为核屏蔽效应. 在 $0.1 < x < 0.2$ 区域,$R^{A/D}$ 上升并有 $R^{A/D} > 1$,这个现象称为核反屏蔽效应. 我们将在 5.2.3 小节讨论如何理解 EMC 效应.

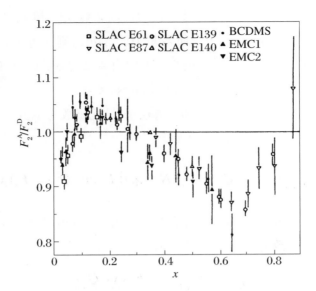

图 5.2　测得的铁与氘的深度非弹性结构函数比 $F_2^{\rm A}(x)/F_2^{\rm D}(x)$

横坐标 x 是夸克携带的动量与核子动量之比(数据取自美国和欧洲的电子和 μ 子散射).观测表明这个比值不是1,说明铁的夸克结构不同于氘的夸克结构.

5.2.2　核 Drell-Yan 过程

我们在 5.1 节已讨论了强子与强子碰撞产生轻子对的 Drell-Yan 过程.强子(I)与原子核(A)碰撞产生轻子对的反应称为核 Drell-Yan 过程,它的反应截面可由将通常 Drell-Yan 截面公式(见 5.1 节)中靶强子的分布函数换成核的分布函数得到.为了研究核环境对核子结构的影响,引入核 Drell-Yan 过程反应截面比:

$$R_{\rm DY}^{\rm A/D}(x_2) = \frac{\int {\rm d}x_1 \sum_f e_f^2 \left[q_f^{\rm I}(x_1)\bar{q}_f^{\rm A}(x_2) + \bar{q}_f^{\rm I}(x_1)q_f^{\rm A}(x_2) \right]}{\int {\rm d}x_1 \sum_f e_f^2 \left[q_f^{\rm I}(x_1)\bar{q}_f^{\rm D}(x_2) + \bar{q}_f^{\rm I}(x_1)q_f^{\rm D}(x_2) \right]} \tag{5.25}$$

E772 组[136]测量了质子(800 GeV)打到一系列原子核得到的 $R_{\rm DY}^{\rm A/D}(x_2)$.他们的测量结果表明,在 $x<0.1$ 区域,$R_{\rm DY}^{\rm A/D}(x_2)$ 随 x_2 减小而明显降低,即出现核屏蔽效应.

5.2.3　EMC 效应的定性解释

在对 EMC 效应作解释前,我们先来分析轻子-核子深度非弹散射的图像.在质心系中我们看到的图像是:电子从左面、核以动量 P_A 从右面射来而相互碰撞.核由一组部分子组成,它在横向方向有一定尺度,而在纵向方向是高度 Lorentz 收缩的.利用测不准关系,可以估计相互作用区域的横向尺度为 $\sim \dfrac{1}{Q} \ll 1 \text{ fm}$,而纵向尺度为 $\Delta z_x \sim \dfrac{1}{x_A P_A}$.另一方面,一个核子的纵向尺度为 $\Delta z_N \sim 2 r_N m_N / P_N$.因此,如果 $\Delta z_x < \Delta z_N$,则相互作用局限在一个核子(单个散射).这种情况相应于 $x_A > x_c = 2 m_N r_N \sim 0.1$ 区域.如果 $\Delta z_x > \Delta z_N$,则参与散射的核子多于一个.这对应于 $x_A < x_c$ 区域,这里与多个核子的部分子发生相干作用.

从深度非弹实验测量得到的部分子分布函数知道,在大 x 区域价夸克占支配地位,海夸克主要出现在小 x 区域.将这个实验结果与上面分析的图像相联系,我们看到这样的图像:价夸克的分布主要限制在 $x > 0.1$ 区域,而海夸克及胶子主要限制在 $x < 0.1$ 区域.它们对小 x 区域结构函数的行为起主导作用.由此,我们可对 EMC 效应作出如下的大概描述:

(1) $0.1 < x < 0.7$ 区域(老的 EMC 效应区域).

这一区域出现的效应主要反映了在核内的束缚核子结构函数相对于自由核子结构函数的变化.部分子分布函数随标度的演化由 GLAP 方程描述.

(2) $x < 0.1$ 区域(核屏蔽效应区域).

在这一区域,海夸克和胶子起主导地位.在这一区域由于较大的部分子密度,除了通常的部分子演化过程,还会出现两个或几个部分子聚变或重组合过程.这些新过程是不能用通常的 GLAP 方程描述的.定性地说,由于发生部分子的重组合过程,海夸克和胶子密度重新分布,从而产生了核屏蔽效应.

(3) $x > 0.7$ 区域.结构函数行为主要由核子的费米子运动引起.

考虑了上述因素,有一系列模型可以用来解释 EMC 效应.考虑 F_2^A 与 F_2^N 之间的卷积方程

$$F_2^A(x, Q^2) = \sum_i \int_z^A \mathrm{d}z \phi_{i/A}(z) F_2^i\left(\frac{x}{2}, Q^2\right) \tag{5.26}$$

这里 i 可表示核 A 内的任何子结构(核子及多夸克集团、π 等非核子自由度).由此可给

出各种唯象模型,如 π 模型、夸克集团模型、组分夸克模型、Q^2 和 x 重新标度机制等[137],及解释小 x 区域核屏蔽效应的部分子演化和重组模型[138]. 各种模型可定性解释 EMC 效应[139].

EMC 效应表明核内束缚核子的结构相对于自由核子的结构发生变化. 一个被较普遍接受的观点是:价夸克在核内的禁闭尺度增加,或者说核内核子的尺度比自由核子尺度增大. 事实上,核子内的夸克通过交换胶子相互作用,此时价夸克由于发射胶子而减少动量,同时胶子可产生夸克-反夸克对使海夸克数增加. 这些效应使核子结构函数随 Q^2 增大而移向低动量端. Close 等发现[137],核的 EMC 效应显示出的核内核子平均结构函数随靶核 A 的变化与核子结构函数随 Q^2 的变化趋势很相似,由此提出 Q^2 重新标度机制:

$$F_2^A(x, Q^2) = F_2^N(x, \xi_A(Q^2) Q^2) \tag{5.27}$$

其中

$$\xi_A(Q^2) = \left(\frac{\lambda_A}{\lambda_N}\right)^{2a_s(\mu_0^2)/a_s(Q^2)} \tag{5.28}$$

这里 λ_N、λ_A 分别为核子与核的尺度,$\mu_0^2 \approx 0.66\,\mathrm{GeV}^2$ 为夸克模型中可用于计算扭度为 2 的夸克分布 F_2 的标度. EMC 效应(在区域 $0.15 < x < 0.7$)指出 $\xi_A(Q^2) > 1$,即核内动量标度变小. 由此从上面公式可得到 $\lambda_A > \lambda_N$(注意 $Q^2 > \mu_0^2$),即核子夸克禁闭尺度增大. 此即所说的核内核子"发胖". 从拟合实验数据得到的 λ_A/λ_N 可发现核内核子的尺度比自由核子增大 10%—20%.

第 6 章

QCD 非微扰途径：格点 QCD

量子色动力学在低能标度（典型的低能标度为核子质量标度）时是高度非线性的，通常的微扰 QCD 方法不再适用.在自然界中存在的稳定强子都在此能量标度区，而低能核现象的标度则更低.用量子色动力学研究低能强子与核物理的基本任务和目标是：发展 QCD 的非微扰途径，揭示夸克色禁闭和动力学手征对称性破缺的本质，以描述低能标度强子性质、强子-强子相互作用及核现象，并使之与传统的核子-介子图像相衔接.

QCD 非微扰研究的最基本途径是格点 QCD.但是格点 QCD 的计算量大，缺乏物理直观的图像，用格点 QCD 计算物理可观察量的计算方法有待发展.因此，在连续 QCD 基础上发展 QCD 非微扰途径同样是十分重要的.在这方面发展起来的 QCD 非微扰途径有 Dyson-Schwinger 方程途径、有效场论途径和 QCD 求和规则途径等.一些唯象模型可看作在这些非微扰途径框架下的近似模型.在图 6.1 中我们给出了 QCD→非微扰途径→物理可观测量间的联系的示意图.

我们将讨论如何从 QCD 导出这些非微扰途径的框架，同时给出它们的应用，但不对应用于强子及强子相互作用等方面的详细计算作讨论，因为这方面的研究基本上还只是初步的，有待于进一步研究发展.在本章中，我们将简要讨论格点 QCD.

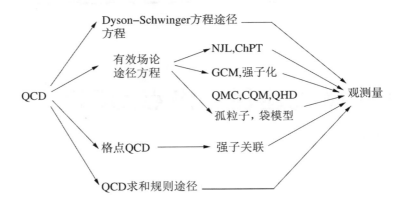

图 6.1 QCD→非微扰途径→物理可观测量间的联系的示意图

格点 QCD 是指用格点规范正规化途径求解 QCD,它是最基本的求解非微扰 QCD 的途径.通常将 Euclid 时空离散化为立方格点或随机格点(在 Minkowski 时空只将空间离散化).离散化后,夸克场定义在格点上,胶子场定义在连接相邻格点的链节(link)上以保持规范不变性.由此可将 QCD 拉氏量以格点规范形式表示.将连续时空离散化为格点,则将自动给出动量空间中积分的截断,这就是格点规范正规化[140].由此我们可通过直接求解格点 QCD 来计算有关物理量.在本章中,我们将简要介绍 Wilson 格点的基本图像、格点 QCD 作用量形式及对一些物理量的计算结果.

6.1 Wilson 格点

我们考虑四维 Euclid 时空中最简单的在 x、y、z 和 t 方向等格点间隔为 a 的超立方格点.当取极限 $a \to 0$ 时,作用量将约化为通常的连续作用.我们首先讨论纯规范场情况.

在格点的相邻两点 n 与 $n + \hat{\boldsymbol{\mu}}$,我们定义链节 $U(n, n + \hat{\boldsymbol{\mu}}) \in SU(N)$ 规范群,这里 $\hat{\boldsymbol{\mu}}$ 表示沿 μ 轴的单位矢量.定义链节为幺正的:

$$U(n, n + \hat{\boldsymbol{\mu}})^+ = U(n, n + \hat{\boldsymbol{\mu}})^{-1} = U(n, n + \hat{\boldsymbol{\mu}}) \tag{6.1}$$

由于幺正矩阵可写为某一虚矩阵的指数,因此有

$$U(n, n + \hat{\boldsymbol{\mu}}) = \exp\left(\mathrm{i}ag\frac{\lambda^a}{2} A_\mu^a(n)\right) \tag{6.2}$$

这里 g 为耦合常数，λ^a 为 $SU(N)$ 群的生成元.

定义格点中边为 a 的基本四方面为方块(plaquette)(图 6.2),则与此方块相联系的规范群元为

$$U_\square = U_1(n, n+\hat{\boldsymbol{\mu}}) U_2(n+\hat{\boldsymbol{\mu}}, n+\hat{\boldsymbol{\mu}}+\hat{\boldsymbol{\nu}})$$
$$\times U_3(n+\hat{\boldsymbol{\mu}}+\hat{\boldsymbol{\nu}}, n+\hat{\boldsymbol{\nu}}) U_4(n+\hat{\boldsymbol{\nu}}, n) \tag{6.3}$$

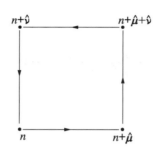

图 6.2　在 Wilson 格点中的一个方块

注意到相应的方块由 n 及矢量 $\hat{\boldsymbol{\mu}}$、$\hat{\boldsymbol{\nu}}$ 表征,因此可以写为

$$U_\square \equiv U_{\mu\nu}(n) \quad 或 \quad U_\square \equiv U_{\mu\nu}^\square(a) \tag{6.4}$$

后式中标出了与间隔 a 的关系.$U_{\mu\nu}$ 具有性质

$$U_{\mu\nu} U_{\mu\nu}^+ = 1, \quad U_{\mu\nu} = U_{\nu\mu}^+ \tag{6.5}$$

规范场的作用量定义为

$$S = -\frac{1}{g^2} \sum_\square \mathrm{Tr} U_\square \tag{6.6}$$

有时定义为

$$S = -\frac{1}{g^2} \sum \mathrm{Re\,Tr} U_\square \tag{6.7}$$

利用算符运算定理

$$\mathrm{e}^A \mathrm{e}^B = \mathrm{e}^{A+B+\frac{1}{2}[A,B]+\cdots} \tag{6.8}$$

及

$$iagA_\nu^a(n+\hat{\boldsymbol{\mu}}) = iag\left[A_\nu^a(n) + a\partial_\mu A_\nu^a(n) + \cdots\right] \tag{6.9}$$

可得到

$$S = -\frac{1}{g^2} \sum \mathrm{Re\,Tr} \exp\left[ia^2 g^2 F_{\mu\nu}(n) + \cdots\right] \tag{6.10}$$

其中

$$F_{\mu\nu}(n) = \partial_\mu A_\nu(n) - \partial_\nu A_\mu(n) - \mathrm{ig}\left[A_\mu(n), A_\nu(n)\right] \tag{6.11}$$

取 $a \to 0$,则得到连续极限的规范场作用量:

$$S = -\frac{1}{g^2} \sum_\square \left(1 - \frac{a^4}{2} g^2 F^a_{\mu\nu} F^{\mu\nu a} + \cdots\right) \underset{a \to 0}{\widetilde{}} \frac{1}{4} \int \mathrm{d}^4 x F^a_{\mu\nu} F^{\mu\nu a} \tag{6.12}$$

6.2 在格点上的 QCD 作用量

从上面的讨论可写出胶子场部分的作用量为

$$S_\mathrm{G}(U) = -\frac{1}{N_c} \beta_g \sum_\square \mathrm{Re\,Tr} U_\square \tag{6.13}$$

这里 N_c 为色数,$\beta_g = 2N_c/g^2$.

利用差分代替对费米子场的微分 $\partial_\mu \psi \to \frac{1}{a}(\psi_{n+\hat{\boldsymbol{\mu}}} - \psi_n)$,则可写出包含夸克场部分的作用量:

$$S_\mathrm{q}^{\mathrm{Naive}} = a^4 \sum_n \left\{ \bar{\psi}(n) m \psi(n) + \frac{1}{2a} \sum_\mu \left[\bar{\psi}(n) \gamma_\mu U_\mu(n) \psi(n + \hat{\boldsymbol{\mu}}) \right.\right.$$
$$\left.\left. - \bar{\psi}(n + \hat{\boldsymbol{\mu}}) \gamma_\mu U_\mu^+(n) \psi(n) \right] \right\} \tag{6.14}$$

在 $a \to 0$ 极限处,有

$$S_\mathrm{q}^{\mathrm{Naive}} \to \int \mathrm{d}^4 x \left\{ \bar{\psi} m \psi + \frac{1}{2a} \sum_\mu \left[\bar{\psi} \gamma_\mu (1 + \mathrm{ig} A_\mu)(1 + a\partial_\mu) \psi \right.\right.$$
$$\left.\left. - \bar{\psi}(1 + a\overleftarrow{\partial_\mu}) \gamma_\mu (1 - \mathrm{ig} a A_\mu) \psi \right] \right\}$$

$$\rightarrow \int \mathrm{d}^4x \, \overline{\psi} \{ m + \gamma_\mu (\partial_\mu + \mathrm{i}g A_\mu) \} \psi \tag{6.15}$$

即得到连续极限下的作用量. 上述的朴素作用量 S_μ^{Naive} 存在所谓格点上费米子加倍(doubling)问题. 克服这个问题的一种方法是修改上述作用量为(Wilson 作用量)

$$
\begin{aligned}
S_{\mathrm{qG}} = {} & a^4 \sum_n \left(m + \frac{4r}{a} \right) \overline{\psi}(n) \psi(n) \\
& - a^4 \sum_n \frac{1}{2a} \sum_\mu \left\{ \overline{\psi}(n)(r - \gamma_\mu) U_\mu(n) \psi(n + \hat{\boldsymbol{\mu}}) \right. \\
& \left. + \overline{\psi}(n + \hat{\boldsymbol{\mu}})(r + \gamma_\mu) U_\mu^+(n) \psi(n) \right\}
\end{aligned} \tag{6.16}
$$

这里 r 为一个任意参量, 将由所计算的物理量来确定. 组合 $M = m + \dfrac{4r}{a}$ 的行为如质量项.
格点 QCD 的生成泛函为

$$Z = \prod_{n,\mu} \int \mathrm{d}U(n,\mu) \int \prod \mathrm{d}\psi_k \int \prod \mathrm{d}\overline{\psi}_j \, \mathrm{e}^{-(S_\mathrm{G} + S_{\mathrm{qG}})} \tag{6.17}$$

其中 S_{qG} 包含夸克与胶子相互作用项. 为了计算真空期望值, 还需引入相应的源项及函数微分, 但一般不需要引入规范固定项(除了求胶子传播子).

6.3　物理量的格点规范计算

利用格点 QCD 途径可以研究 QCD 的基本问题, 如禁闭、与手征对称性自发破缺相联系的手征转变、从强子相到夸克-胶子等离子体相的转变、强子的波函数等, 同时可直接计算强子的物理可观测量如强子质量, 强子的定态性质如轴荷、张量荷、磁矩、强子尺度(形状因子及有效半径), 得到关于强子结构(价、海夸克分布, 以及如胶球、夸克-胶子混合等非常规强子态)的知识. 由于关于这些问题的格点计算仍是初步的, 在这里我们只简要讨论其中的一些计算结果.

6.3.1　禁闭与禁闭势

研究 QCD 是否是禁闭理论的基本出发点是计算 Wilson 圈的期望值:

$$\langle W(c) \rangle = \frac{1}{Z} \int \mathrm{d}U \, \mathrm{Tr}(U_1 U_2 \cdots U_N) \exp\big[-S(U)\big] \tag{6.18}$$

在最简单的 $SU(2)$ 规范理论中作强耦合展开,则可得到近似的结果:

$$\langle W(c) \rangle \sim \exp\left(-\frac{\ln g^2}{a^2} A\right) \tag{6.19}$$

这里 A 是回路 C 给出的最小面积. 令 $\sigma \sim -a^{-2}\ln g^2$ 为弦张量,则上述结果形式上表明强耦合极限导致了线性禁闭. 公式(6.19)表示禁闭判据的 Wilson 面积定理[140].

在存在重质量夸克的情况中,从 Wilson 圈可导出定态势:

$$V(R) = -\frac{1}{T}\ln W(R, T)$$

这里要求 T 足够大 $(T \geqslant R)$. 计算得到类 Coulomb 型势与线性型禁闭势的叠加[141a]:

$$V(R) = \frac{4}{3}\frac{\alpha_s}{R} + bR \tag{6.20}$$

在足够大的分离距离 R_c $(\sim 1.2\,\mathrm{fm})$ 下发生弦破裂,与此相伴产生一个海夸克-反夸克对. 由拟合 Monte Carlo 数值计算的结果得到一个屏蔽势[141b]:

$$V(R) = \left(-\frac{a}{R} + \sigma R\right)\frac{1 - \mathrm{e}^{\mu R}}{\mu R} \tag{6.21}$$

其中 $\sigma = (400\,\mathrm{MeV})^2$, $a = 0.21 \pm 0.01$, $\mu^{-1} = (0.9 \pm 0.2)\,\mathrm{fm}$.

6.3.2　自发手征对称性破缺

我们从 4.4 节的讨论知道,QCD 的夸克、胶子相互作用的能量决定核子质量的结构:核子质量来源于夸克的动量和势能、胶子的动能和势能、流夸克质量及迹反常的贡献. 但在低能标度(典型地取核子质量标度 $\sim 1\,\mathrm{GeV}$)下,QCD 发生手征对称性自发破缺. 人们普遍相信,手征对称性自发破缺在核子等轻强子的质量生成中起决定性作用. 手征对称性自发破缺作为 QCD 在低能标度下的基本特性和它在轻强子质量生成中的作用一直受到很大关注.

利用格点 QCD 计算手征对称性自发破缺的出发点通常选择阶参量:

$$\langle \bar{\psi}\psi \rangle = \frac{1}{Z} \int \mathrm{d}U(\bar{\psi}\psi)\exp\big[-\bar{\psi}M(U)\psi - S(U)\big] \tag{6.22}$$

由于夸克凝聚与夸克传播子相联系，一个等价的方法是计算手征极限下（$m_{\mathrm{u,d}} = 0$）的 Euclid 夸克传播子，在 Landau 规范下此传播子写为

$$S_{\mathrm{q}}^{\mathrm{E}}(p) = \frac{Z_{\mathrm{q}}(p)}{\mathrm{i}\gamma \cdot p + M_{\mathrm{q}}(p)} \tag{6.23}$$

格点计算结果[209]如图 6.3 所示. 图 6.3 中的左图为格点夸克质量函数 $M_{\mathrm{q}}(p)$ 随动量 p 的变化关系. 这个结果表明，在动量 p 大于约 2 GeV 时质量函数几乎达到 $m_{\mathrm{u,d}}^{0} = 0$，然后 $M_{\mathrm{q}}(p)$ 随动量减少而迅速上升，在很小动量 p 时 $M_{\mathrm{q}} \approx 300\,\mathrm{MeV}$，这是典型的组分夸克质量. 这意味着低能标度下核子等轻强子质量的主要部分与手征对称性自发破缺相联系.

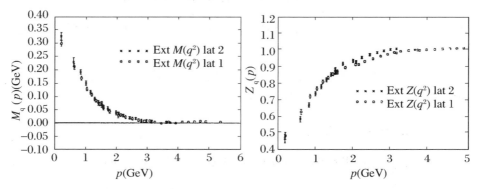

图 6.3　Landau 规范下格点夸克质量函数 $M_{\mathrm{q}}(p)$（左图）和重整化因子 $Z_{\mathrm{q}}(p)$（右图）随 Euclid 动量的变化

取自文献[209]中 Zhang 等的工作.

　　原则上，格点 QCD 计及了 QCD 所含的基本相互作用，因而夸克质量函数 $M_{\mathrm{q}}(p)$ 在 $p \leqslant 2\,\mathrm{GeV}$ 区域随动量 p 减少而迅速上升的行为是 QCD 相互作用的结果，即手征对称性自发性破缺是 QCD 动力学结果，故它也称为手征对称性的动力学破缺. 这个结果表明，核子质量的结构随着动量标度的变化为由 $p > 2\,\mathrm{GeV}$ 时的夸克-胶子结构逐渐演变为在 $\leqslant 2\,\mathrm{GeV}$ 后的以组分夸克为主要贡献. 从 $M_{\mathrm{q}}(p)$ 随 p 的变化关系也可看到，$M_{\mathrm{q}}(p)$ 在 $p \leqslant 1\,\mathrm{GeV}$ 区域的变化虽迅速，但不是跳跃式的，而是平滑跨接形式的，跨接中的屈折点（inflection point）小于约 1 GeV，此即为发生手征对称性动力学破缺的标度. 我们将在第 10 章对此作进一步分析. 对手征对称性动力学破缺标度的更灵敏的实验也在下一小节讨论.

6.3.3　高温下的手征对称性恢复

研究高温下手征对称性恢复转变的出发点常选用有限温度下的阶参量$\langle\bar\psi\psi\rangle_{l,s}$,这里下标 l 指轻夸克 u、d 夸克,s 指奇异夸克.但是,未重整化的手征凝聚在非零夸克质量时由于存在 m/a^2 形式的紫外微扰贡献会出现紫外发散.改进的办法是考虑"扣除"的手征凝聚[226]:

$$\Delta(T) = \frac{\langle\bar\psi\psi\rangle_l(T) - (m_1/m_s)\langle\bar\psi\psi\rangle_s(T)}{\langle\bar\psi\psi\rangle_l(0) - (m_1/m_s)\langle\bar\psi\psi\rangle_s(0)} \tag{6.24}$$

其中 m_1、m_s 分别为轻夸克(u、d)和奇异夸克的质量.$\Delta(T)$ 的格点计算结果将在 10.10 节中给出.

测量手征对称性恢复的另一个合适的阶参量是同位旋单态手征磁化率(the isosinglet chiral susceptibility),它测量轻夸克凝聚中的扰动,其定义为[226]

$$\left.\begin{aligned}
\chi_s &= \chi_{dis} + 2\chi_{con}\\
\chi_{dis} &= \left\langle\int d^4 r\langle\bar\psi(r)\psi(r)\rangle\langle\bar\psi(0)\psi(0)\rangle\right\rangle - V\left\langle\langle\bar\psi\psi\rangle\right\rangle^2\\
\chi_{con} &= \left\langle\int d^4 r\langle\bar\psi(r)\psi(0)\rangle\langle\bar\psi(r)\psi(0)\rangle\right\rangle
\end{aligned}\right\} \tag{6.25}$$

这里 $\langle\bar\psi\psi\rangle$ 包括 u、d 两种味夸克,下标"con"和"dis"指在关联子中两类价夸克线的收缩. 初步的格点计算结果见图 6.4,峰值位置在 $T_c = 185$—195 MeV 间,对应于手征对称性恢复转变温度.计算是在 $32^3\times8$ 格点和裸夸克质量比 $m_1/m_s = 0.1$ 的情况中完成的.

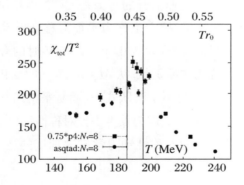

图 6.4　同位旋单态手征磁化率随温度的变化关系(取自文献[226])

6.3.4　高温下的退禁闭试验

高温下退禁闭相变的比较直接的标志量是 Polyakov 圈 $L \propto \exp(-F_Q/T)$，这里 F_Q 是定态夸克在介质中的自由能. 在禁闭相和退禁闭相，由于定态夸克受到的屏蔽效应不同，其自由线就不同，从禁闭相转变到退禁闭相时，Polyakov 圈会迅速上升，由此可得到相转变的信号. 但定态夸克自由能有一个自能发散因子 $\sim c/a$，它贡献给 Polyakov 圈一个因子 $\exp(-c/aT)$. 改善的方法是利用无发散的"重整化"的 Polyakov 圈[226]：

$$L_{\text{ren}} = \exp(-F_\infty(T)/(2T)) \tag{6.26}$$

作为高温下的退禁闭试验，这里 $F_\infty(T)$ 是距离无穷远的分离定态夸克-反夸克对重整化后的自由能. 格点计算结果见图 6.5. 可以看到：Polyakov 圈从跨接处迅速上升，它的屈折点 T_c 标志退禁闭转变.

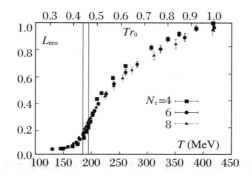

图 6.5　Polyakov 圈随温度 T 的变化(取自文献[226])

测量重子数和奇异数中扰动的轻夸克数和奇异数磁化率也是退禁闭试验的重要标志量. 我们将在 10.10 节介绍 QCD 的 (T, μ) 相图时再讨论有关的格点计算结果.

可以指出，6.3.3 小节和本小节对高温(零化学势)下手征对称性恢复和退禁闭转变试验序参量的格点 QCD 计算结果中有两点值得注意：① 手征对称性恢复和退禁闭转变是解析的跨接而不是真正的相变. 这个结果与 Aoki 等[225]在利用 QCD 格点计算手征磁化率时使用真实的夸克物理质量得到的结论相一致. ② 退禁闭和手征对称性恢复标志在相同温度范围内，其值为 $T_c = 185—195\,\text{MeV}$. 当然这个具体数值是在计算所用参数情况得到的. 相比之下，Aoki 等[225]在夸克物理质量情况用格点计算手征磁化率所得到的手征对称性恢复和退禁闭转变温度为 $T_c = 175\,\mathrm{MeV}$（由奇异夸克数磁化率的格点计算得到 $T_c = 176\,\mathrm{MeV}$）.

图 6.6 概括了 2002 年前对有限温度 $T(\mu = 0)$ 下手征对称性恢复和退禁闭转变的格点 QCD 计算结果. 从中可看到如下一些结果：① 当 $m_{u,d}^0$ 及 m_s^0 变得很大时，它们与动力学脱去耦合，相变完全由胶子自由度产生（图 6.6 的右上角）. 此时的相变为一阶相变，相变温度 $T_c \sim 270\,\mathrm{MeV}$. ② 当 u、d 和 s 夸克质量消失时出现一阶相变，退禁闭和手称对称性恢复相变发生在同一温度 $T_c \sim 160\,\mathrm{MeV}$（图的右下角）. ③ 对裸奇夸克的物理值 $m_s^0 \sim 150\,\mathrm{MeV}$，手征对称性恢复是在温度 $\sim 170\,\mathrm{MeV}$ 处的平滑跨接，退禁闭转变也出现在同一温度.

3味相图

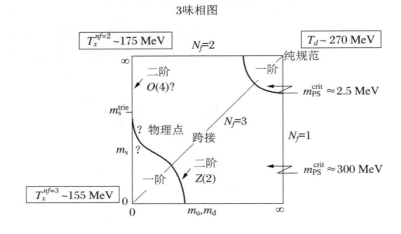

图 6.6　格点 QCD（具有退化的 u、d 夸克质量 $m_{u,d}^0$ 和一个奇异夸克质量 m_s^0）中的 3 味相图（$\mu = 0$ 情况）

从上面的讨论看到，至今的格点 QCD 计算似乎都表明，退禁闭和手征对称性恢复转变出现在同一温度值，这个现象还有待于进一步研究.

现在还没有关于有限化学势 μ 时退禁闭和手征对称性恢复的格点 QCD 计算结果. 原因在于：$\mu \neq 0$ 时格点配分函数中的费米子矩阵的行列式不再是实的和正的，因而计算高维积分的 Monte Carlo 抽样技术（sampling techniques）不能再被应用.

6.3.5　核子的轴荷与张量荷

利用格点 QCD 计算核子的轴荷、张量荷等定态性质的基本出发点是计算下述格点

上的矩阵元:

$$R(t) = \frac{\sum\limits_{s=\pm} s \langle N_s(t) \sum\limits_{t' \neq 0} \hat{O}(t', \bar{x}) \overline{N}_s(0) \rangle}{\sum\limits_{s=\pm} \langle N_s(t) \overline{N}_s(0) \rangle} \tag{6.27}$$

$$\rightarrow \text{常数} + Z_0^{-1} \Delta q(\delta q) t \text{(对大的 } t)$$

这里算符

$$\hat{O}(t, \boldsymbol{x}) = \begin{cases} \bar{q} \begin{pmatrix} \sigma_3 & 0 \\ 0 & -\sigma_3 \end{pmatrix} q, & \text{对轴荷 } \Delta q \tag{6.28} \\[3mm] \bar{q} \begin{pmatrix} \sigma_3 & 0 \\ 0 & \sigma_3 \end{pmatrix} q, & \text{对张量荷 } \delta q \tag{6.29} \end{cases}$$

这些算符是由轴荷、张量荷的矩阵元定义的一般表示式给出的:

$$\left. \begin{aligned} \langle PS | \bar{q} \gamma_3 \gamma_5 q | PS \rangle &= \Delta q S_3 \\ \langle PS | \bar{q} \mathrm{i} \sigma_{\mu\nu} \gamma_5 q | PS \rangle &= 2\delta q (S_\mu P_\nu - S_\nu p_\mu) \end{aligned} \right\} \tag{6.30}$$

在 $R(t)$ 表示式中,$N_s(t)$ 是投影到零动量的具有核子量子数的算符,Z_0 是格点重整化因子.例如质子的定域算符为

$$u_\alpha^\mathrm{p} = \epsilon^{ijk} u_\alpha^i \left[u_\beta^j (C\gamma_5)^{\beta\gamma} d_\gamma^k \right] \tag{6.31}$$

其中 $C = \gamma_2 \gamma_4$,i、j、k 为 $SU(N)$ 矩阵指标,α、β、γ 为 Dirac 指标.该算符作用在真空态上,则产生具有所要求量子数的质子态.

$R(t)$ 计算包括两类图,即相连图与不相连图.目前的计算通常取淬火(quenched)近似,即取 Fermi 行列式 $\det D(U) \rightarrow 1$.对轴荷与张量荷的计算结果见表 6.1 与表 6.2.可以看到,对轴荷的格点 QCD 计算结果与极化深度非弹的实验测量是相符的.

表 6.1　格点 QCD 计算的质子轴荷及夸克自旋贡献(取自文献[142])

	格　点　计　算	实	验
g_A^0	0.25(12)	0.22(10)[143]	0.27(10) [144]
g_A^3	1.20(10)	1.2573(28)	
g_A^8	0.61(13)	0.579(25)	
Δu	0.79(11)	0.80(6)	0.82(6)

格 点 计 算		实 验
Δd	$-0.42(11)$	$-0.46(6)$	$-0.44(6)$
Δs	$-0.12(1)$	$-0.12(4)$	$-0.10(4)$
F_A	$0.45(6)$	$0.459(8)$	
D_A	$0.75(11)$	$0.798(8)$	
F_A/D_A	$0.60(2)$	$0.575(16)$	

表 6.2　质子张量荷的格点 QCD 计算结果(取自文献[84])

计算值　物理量	$16^3 \times 20$	$12^3 \times 20$
δu	$0.839(60)$	$0.822(83)$
δu_{cm}	$0.893(22)$	$0.760(39)$
δd	$-0.231(55)$	$-0.159(75)$
δd_{cm}	$-0.180(10)$	$-0.220(17)$
$\delta(u,d)_{dis}$	$-0.054(54)$	$0.076(71)$
δs_{dis}	$-0.046(34)$	$0.071(46)$
$\delta \Sigma$	$0.562(88)$	$0.733(121)$

6.3.6　核子中的反夸克成分

对质子和中子结构函数之差的一次矩的测量表明,质子中的 $\bar{u}(x)$ 与 $\bar{d}(x)$ 不相等且 $\bar{u}^p < \bar{d}^p$.它导致 Gottifrid 求和规则被破坏.用格点 QCD 可以估算这一差别 $(\bar{u}^p - \bar{d}^p)$ 的起因,出发点是强子张量的 Euclid 路径积分公式.

轻子(如 μ 子)与核子的深度非弹散射包含核子中流-流关联函数的强子张量,即

$$W_{\mu\nu}(q^2, \nu) = \frac{1}{2M_N}\left\langle N \left| \int \frac{d^4 x}{2\pi} e^{iq\cdot x} J_\mu(x) J_\nu(0) \right| N \right\rangle_{\text{spin ave}} \tag{6.32}$$

这一振幅可由四点函数 $\langle N(t)J_\mu(\pmb{x}, t_1)J_\nu(0, t_2)N(0)\rangle$ 与二点函数 $\langle N(t-(t_1-t_2))N(0)\rangle$ 的比率给出,这里 $N(t)$ 是核子在 Euclid 时间 t 的零动量插入场,即有

$$\widetilde{W}_{\mu\nu}(\boldsymbol{q}^2, \tau)$$

$$= \frac{(1/(2M_N))\langle N(t)\int(\mathrm{d}^3x/(2\pi))\mathrm{e}^{-\mathrm{i}\boldsymbol{q}\cdot\boldsymbol{x}}J_\mu(\boldsymbol{x}, t_2)J_\nu(0, t_1)N(0)\rangle}{\langle N(t-\tau)N(0)\rangle}\Bigg|_{\substack{t-t_2\gg1/\Delta M_N \\ t_1\gg1/\Delta M_N}}$$

$$= \frac{1}{2M_N V}\left\langle N\left|\int\frac{\mathrm{d}^3x}{2\pi}\mathrm{e}^{-\mathrm{i}\boldsymbol{q}\cdot\boldsymbol{x}}J_\mu(\boldsymbol{x}, t_2)J_\nu(0, t_1)\right|N\right\rangle \tag{6.33}$$

这里 $\tau = t_2 - t_1$, ΔM_N 是核子与最低激发态间的能隙. 通过对 $\widetilde{W}_{\mu\nu}$ 的反 Laplace 变换可得到 $W_{\mu\nu}$.

在 Euclid 路径积分形式中, 四点函数可按源与核子"槽"(sink)间夸克路径的拓扑进行分类[145]. 图 6.7(a)、(b) 表示相连插入(CI), 图 6.7(c) 表示不相连插入(DI). 注意, 这里的不相连仅描述夸克线. 所有夸克线都通过胶子线相连在一起.

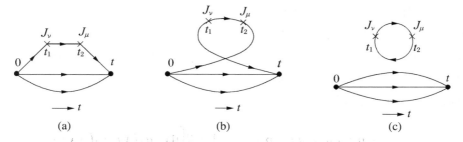

图 6.7　用 Euclid 路径积分公式计算 $W_{\mu\nu}$ 的夸克线框架图

(a)、(b)为相连插入,(c)是不相连插入.

在图 6.7 所示的时间序列图中, 图(a)仅包含流之间的夸克传播子, 图(b)仅包含流之间的反夸克传播子, 而图(c)包含夸克与反夸克两种传播子. 由此, 反夸克的贡献起源于两类不同的图: 一部分来自不相连图 DI, 另一部分来自相连图 CI. 我们将那些来自 DI 的反夸克分布(它们通过胶子线与其他夸克线相连)称为"海"反夸克, 而将来自 CI 的反夸克称为"云"反夸克. 因此在部分子模型中, 包含在核子内的 u、d 反夸克来自两个来源:

$$\bar{q}(x) = \bar{q}_{\mathrm{c}}(x) + \bar{q}_{\mathrm{sea}}(x) \tag{6.34}$$

而夸克分布可写为

$$q(x) = q_{\mathrm{v}}(x) + q_{\mathrm{c}}(x) + q_{\mathrm{sea}}(x) \tag{6.35}$$

这里下标"c"指云(cloud). 由于 $q_{\mathrm{sea}}(x) = \bar{q}_{\mathrm{sea}}(x)$, 我们定义 $q_{\mathrm{c}}(x) = \bar{q}_{\mathrm{c}}(x)$, 由此 $q_{\mathrm{v}}(x)$ 将负责贡献重子数, 即对质子有

$$\int \mathrm{d}x u_v(x) = \int \mathrm{d}x \left[u(x) - \bar{u}(x) \right] = 2$$

$$\int \mathrm{d}x d_v(x) = \int \mathrm{d}x \left[d(x) - \bar{d}(x) \right] = 1$$

这些在深度非弹过程中讨论四点函数建立起来的动力学自由度可通过算符乘积展开途径与低能标度下的夸克模型计算联系起来. 在低能标度下我们感兴趣的是强子质量、耦合常数、形状因子、电弱跃迁等, 这些量可由计算包含二点或三点函数的矩阵元得到. 另一方面, 由于深度非弹过程的动量转移很大, 我们可以将朝前 Compton 振幅 $T_{\mu\nu}(g^2, \nu)$ 中流的乘积展开为定域算符系列. 这些定域的夸克双线性算符的矩阵元就与分布函数的矩相联系. 注意在按 $1/Q^2$ 展开时, 分离的两个流 (即图中的 t_1、t_2) 将收缩为一个时空点. 由此, 从图 6.7(a)、(b)、(c) 导出的对四点函数拓扑上不同的贡献将分别与三点函数的矩阵元 $\langle N | \bar{\psi} \Gamma \psi | N \rangle$ 贡献相联系, 这里 Γ 是 Dirac γ 矩阵的组合, 即矩阵元 $\langle N | \bar{\psi} \Gamma \psi | N \rangle$ 的计算中包含有与图 6.7(a)、(b)、(c) 相同的 CI 和 DI 过程贡献. 在前面对轴荷和张量荷的计算中, 实际上应用了这一结论.

现在我们应用上述结论研究核子中 u、d 反夸克的不对称性问题. 由于标量矩阵元可作为强子中夸克与反夸克数的一种测量, 我们考虑质子的同位旋矢量标量荷与同位旋标量标量荷的比率 R_S. 按照上面的分析, 有

$$R_S = \frac{\langle P | \bar{u}u - \bar{d}d | P \rangle}{\langle P | \bar{u}u + \bar{d}d | P \rangle} \bigg|_{CI} = \frac{1 + 2\int \mathrm{d}x \left[\bar{u}_c(x) - \bar{d}_c(x) \right]}{3 + 2\int \mathrm{d}x \left[\bar{u}_c(x) + \bar{d}_c(x) \right]} \tag{6.36}$$

由于夸克数和反夸克数是正定的, 因此可期望 $R_S \leqslant 1/3$. 这个比率也是"云"反夸克是否存在的证据. 将利用格点计算得到的 R_S 与夸克质量间的关系作图[92], 可以看到, 对重夸克, "云"反夸克是被抑制掉的; 而对轻夸克, "云"反夸克的贡献是相当明显的. 由格点 QCD 的计算可估计质子中的 $\bar{u} - \bar{d}$ 数, 结果为 $n_{\bar{u}} - n_{\bar{d}} < -0.12 \pm 0.05$. 这清楚地表明 $n_{\bar{u}} - n_{\bar{d}}$ 是负的, 且与实验结果 $\int \mathrm{d}x \left[\bar{u}^P(x) - \bar{d}^P(x) \right] = -0.14 \pm 0.024$ 十分吻合. 从格点 QCD 计算结果得到, R_S 与 1/3 的偏离 (或说 GSR 的破坏) 起因于"云"夸克和"云"反夸克, 而不是"海"夸克与"海"反夸克.

从本章的讨论看到, 格点 QCD 提供了从第一原理研究 QCD 理论的基本问题 (如禁闭、对称性破缺、相变等) 和计算强子的物理观测量的途径. 这里只列出了几个格点计算例子. 近年来, 格点 QCD 有很大发展并应用于强子物理和 QCD 理论研究的多个领域, 例如利用格点 QCD 计算核子电磁形状因子[123—126]和推广的部分子分布函数[146]; 利用格点 QCD 计算非微扰的夸克-胶子顶角的结构[147,148]、胶子传播子和鬼传播子的红外行

为[149]，用以探讨夸克和胶子的色禁闭问题；利用格点 QCD 计算探讨非常规（exotic）强子态如胶球、四夸克态和五夸克态等. 我们将在 11.5 节讨论非常规强子态问题时再讨论有关格点 QCD 的计算结果. 在我们的讨论中未涉及格点 QCD 本身发展中的问题，如重整化、格点上的费米子及其伪态的处理、淬火近似的改进等. 可以期望，格点 QCD 理论的进一步发展、完善将使我们更深刻地理解强作用基本理论及强子物理可观测量. 但是由于格点 QCD 中的体积效应和格点 QCD 的大计算量，它的应用受到限制，例如对 QCD 传播子远红外区（动量→0）作格点计算；又如直接用格点 QCD 计算强子-强子作用及核多体问题，这些至少在目前是不现实的. 在这些方面，发展 QCD 有效途径显得十分必要.

第 7 章

Dyson-Schwinger 方程途径

格点 QCD 提供了研究非微扰 QCD 的基本途径. 但是, 在连续 QCD 基础上发展非微扰 QCD 途径同样是十分重要的. Dyson-Schwinger 方程[150] 提供了这样的一个途径. Dyson-Schwinger 方程是格林函数的运动方程, 它描述场论中的格林函数间的关系, 是耦合的积分方程. 解这些方程则提供了所考虑理论的知识, 当所有 n 点格林函数都解出后, 所考虑的场论也就完全确定了. 由此, Dyson-Schwinger 方程可将任何场论的结构都具体表示出来, 从而自然地提供研究场论动力学的有效途径[151,152].

在本章中, 我们首先以 Abel 规范场 QED 为例, 简要给出 Dyson-Schwinger 方程的推导, 然后说明 QCD 情况下的 Dyson-Schwinger 方程. 在最简单的情况下, Dyson-Schwinger 方程联系三点顶角函数与二点格林函数(传播子). 因此为了得到对二点函数封闭的 Dyson-Schwinger 方程, 需要研究完全的顶角函数. 应用场论中的对称性得到格林函数间的 Ward-Takahashi 关系和 Slavnov-Taylor 关系, 并导出完全的顶角函数问题已在第 2 章中讨论. 我们将应用由有关 Slavnov-Taylor 恒等式导出的 QCD 顶角函数讨论 Dyson-Schwinger 方程途径在动力学手征对称性破缺问题方面的应用.

7.1 QED 中的 Dyson-Schwinger 方程

量子电动力学(QED)的作用量(在 Minkowski 空间)为

$$I[\bar{\psi}, \psi, A] = \int d^4 x \Big\{ \bar{\psi}(x)(i\gamma \cdot \partial - e\gamma \cdot A - m) \, \bar{\psi}(x)$$
$$- \frac{1}{2\xi}(\partial_\mu A^\mu)^2 - \frac{1}{4} F_{\mu\nu}(x) F^{\mu\nu}(x) \Big\} \tag{7.1}$$

其中 $F_{\mu\nu} = \partial_\mu A_\nu - \partial_\nu A_\mu$，$e$、$m$ 分别为费米子的裸电荷与质量，ξ 为规范参数. 引入下面的生成泛函:

$$Z[\bar{\eta}, \eta, J_\mu] = \int \mathscr{D}[\bar{\psi}, \psi, A] \exp \Big\{ i I[\bar{\psi}, \psi, A] + i \int d^4 x (\psi(x) \, \bar{\eta}(x)$$
$$+ \eta(x) \, \bar{\psi}(x) + A_\mu J^\mu(x)) \Big\} \tag{7.2}$$

这里 $\bar{\eta}$、η、J_μ 分别是费米子、反费米子和规范玻色子的外源. 这里归一化为 $Z[0,0,0] = 1$.

场方程由函数积分的导数为 0 的条件导出:

$$0 = \int \mathscr{D}[\bar{\psi}, \psi, A] \frac{\delta}{\delta A_\mu(x)} \exp \Big\{ i I[\bar{\psi}, \psi, A] + \int d^4 x (\bar{\psi}\eta + \bar{\eta}\psi + A_\mu J^\mu) \Big\}$$
$$= \Big\{ \frac{\delta I}{\delta A_\mu(x)} \Big[\frac{\delta}{i\delta J}, \frac{\delta}{i\delta \bar{\eta}}, -\frac{\delta}{i\delta \eta} \Big] + J^\mu(x) \Big\} Z[\bar{\eta}, \eta, J] \tag{7.3}$$

由对作用量的计算得到

$$\frac{\delta I}{\delta A^\mu(x)} = \Big[\partial_\rho \partial^\rho g_{\mu\nu} - \Big(1 - \frac{1}{\xi}\Big) \partial_\mu \partial_\nu \Big] A^\nu(x) - e \, \bar{\psi}(x) \gamma_\mu \psi(x) \tag{7.4}$$

将生成泛函写为 $Z[\bar{\eta}, \eta, J] = \exp G[\bar{\eta}, \eta, J]$，并引入 Legendre 变换:

$$G[\bar{\eta}, \eta, J] = i\Gamma[\bar{\psi}, \psi, A] + i \int d^4 x (\bar{\psi}\eta + \bar{\eta}\psi + A \cdot J) \tag{7.5}$$

由此可得到

$$J_\mu(x) + \left[\partial_\rho\partial^\rho g_{\mu\nu} - \left(1 - \frac{1}{\xi}\right)\partial_\mu\partial_\nu\right]\frac{\delta G}{\mathrm{i}\delta J_\nu}$$

$$- e\frac{\delta G}{\delta\eta}\gamma_\mu\frac{\delta G}{\delta\bar{\eta}} - e\frac{\delta}{\delta\eta}\left(\gamma_\mu\frac{\delta G}{\delta\eta}\right) = 0 \tag{7.6}$$

及

$$\left.\begin{array}{l}
A_\mu(x) = \dfrac{1}{\mathrm{i}}\dfrac{\delta G}{\delta J^\mu(x)}, \quad \psi(x) = \dfrac{1}{\mathrm{i}}\dfrac{\delta G}{\delta\bar{\eta}(x)}, \quad \overline{\psi}(x) = -\dfrac{1}{\mathrm{i}}\dfrac{\delta G}{\delta\eta(x)} \\[3mm]
J_\mu(x) = -\dfrac{\delta\Gamma}{\delta A^\mu(x)}, \quad \eta(x) = -\dfrac{\delta\Gamma}{\delta\overline{\psi}(x)}, \quad \overline{\eta}(x) = \dfrac{\delta\Gamma}{\delta\psi(x)}
\end{array}\right\} \tag{7.7}$$

利用恒等关系

$$\mathrm{i}\int \mathrm{d}^4 z \frac{\delta^2 G}{\delta\eta_\alpha(x)\delta\eta_\gamma(z)}\frac{\delta^2\Gamma}{\delta\psi_\gamma(z)\delta\overline{\psi}_\beta(y)}\bigg|_{\substack{\eta=\bar{\eta}=0\\ \psi=\overline{\psi}=0}} = \delta_{\alpha\beta}\delta^4(x-y) \tag{7.8}$$

可以将方程(7.4)表示为

$$\frac{\delta\Gamma}{\delta A^\mu(x)}\bigg|_{\psi=\overline{\psi}=0} = \left[\partial_\rho\partial^\rho g_{\mu\nu} - \left(1 - \frac{1}{\xi}\right)\partial_\mu\partial_\nu\right]A^\nu(x)$$

$$- \mathrm{i}e\,\mathrm{Tr}\left[\gamma_\mu S_\mathrm{F}(x,x,[A_\mu])\right] \tag{7.9}$$

这里

$$S_\mathrm{F}(x,y[A_\mu]) = \left(\frac{\delta^2\Gamma}{\delta\overline{\psi}(x)\delta\psi(y)}\bigg|_{\psi=\overline{\psi}=0}\right)^{-1} \tag{7.10}$$

为外场 A_μ 中的费米子传播子. 同样,定义不可约顶角函数

$$\frac{\delta}{\delta A^\mu(x)}\frac{\delta^2\Gamma}{\delta\overline{\psi}(y)\delta\psi(z)}\bigg|_{A^\mu=\psi=\overline{\psi}=0} = e\Gamma_\mu(x,y,z) \tag{7.11}$$

及光子传播子的逆

$$(D^{-1})^{\mu\nu}(x,y) = \frac{\delta^2\Gamma}{\delta A^\mu(x)\delta A^\nu(y)}\bigg|_{\psi=\overline{\psi}=A_\mu=0} \tag{7.12}$$

则从公式(7.12)可得到光子真空极化张量满足的 Dyson-Schwinger 方程:

$$\Pi_{\mu\nu}(x,y) = \mathrm{i}e^2\int \mathrm{d}^4 z_1 \mathrm{d}^4 z_2\,\mathrm{Tr}\left[\gamma_\mu S_\mathrm{F}(x,z_1)\Gamma_\nu(y;z_1;z_2)S_\mathrm{F}(z_2,x)\right] \tag{7.13}$$

$$(D^{-1})_{\mu\nu}(x,y) = \left[\partial_\rho\partial^\rho g_{\mu\nu} - \left(1 - \frac{1}{\xi}\right)\partial_\mu\partial_\nu\right]\delta^4(x,y) + \Pi_{\mu\nu}(x,y) \tag{7.14}$$

类似地可导出费米子传播子满足的积分方程. 此时利用的恒等式为

$$
0 = \int \mathscr{D}[\bar{\psi}, \psi, A] \frac{\delta}{\delta\bar{\psi}(x)} \exp\left\{ iI[\bar{\psi}, \psi, A] + i\!\int\! d^4x(\bar{\psi}\eta + \bar{\eta}\psi + A \cdot J) \right\}
$$

$$
= \left\{ \frac{\delta I}{\delta\bar{\psi}(x)} \left[\frac{\delta}{i\delta\eta}, -\frac{\delta}{i\delta\eta}, \frac{\delta}{i\delta J} \right] + \eta(x) \right\} Z[\bar{\eta}, \eta, J] \tag{7.15}
$$

对 η 作微分后令所有源为零($\bar{\eta} = \eta = J = 0$),则得到

$$
(i\gamma \cdot \partial - m) S_{\mathrm{F}}(x, y)
$$

$$
- ie^2 \int d^4z_1 d^4z_2 d^4z_3 \, \gamma_\mu D^{\mu\nu}(x, z_1) S_{\mathrm{F}}(x, z_2) \Gamma_\nu(z_1; z_2, z_3) S_{\mathrm{F}}(z_3, y)
$$

$$
= \delta^4(x - y) \tag{7.16}
$$

费米子自能 $\Sigma(x, y)$ 满足下式:

$$
(i\gamma \cdot \partial - m) S_{\mathrm{F}}(x, y) - \int d^4z_1 \Sigma(x, z_1) S_{\mathrm{F}}(z_1, y) = \delta^4(x - y) \tag{7.17}
$$

则有

$$
- i\Sigma(x, y) = e^2 \int d^4z_1 d^4z_2 \, \gamma_\mu D^{\mu\nu}(x, z_1) \Gamma_\nu(z_1; z_2, y) S_{\mathrm{F}}(x, z_2) \tag{7.18}
$$

这是费米子自能满足的 Dyson-Schwinger 方程.

作 Fourier 变换,则得到动量空间表象中最低阶的 Dyson-Schwinger 方程:

$$
\left.
\begin{aligned}
iD_{\mu\nu}^{-1}(p) &= iD_{\mu\nu}^{(0)-1}(p) - e^2 \int \frac{d^4k}{(2\pi)^4} \gamma_\mu S_{\mathrm{F}}(k) \Gamma_\nu(k, k+p) S_{\mathrm{F}}(k+p) \\
iS_{\mathrm{F}}^{-1}(p) &= iS_{\mathrm{F}}^{(0)-1}(p) + e^2 \int \frac{d^4k}{(2\pi)^4} \gamma_\mu S_{\mathrm{F}}(k) \Gamma_\nu(k, p) D_{\mu\nu}(p-k)
\end{aligned}
\right\} \tag{7.19}
$$

这里我们利用了下面的关系:

$$
\left.
\begin{aligned}
D_{\mu\nu}^{-1}(p) &= D_{\mu\nu}^{(0)-1}(p) + \Pi_{\mu\nu}(p) \\
S_{\mathrm{F}}^{-1}(p) &= S_{\mathrm{F}}^{(0)-1}(p) - \Sigma(p)
\end{aligned}
\right\} \tag{7.20}
$$

在图 7.1 和图 7.2 中我们用图示表示了方程(7.19)表示的 Dyson-Schwinger 方程.

除了上面的联系二点函数与三点函数的最低阶方程,Dyson-Schwinger 方程还包括联系所有 n 点函数与 $n+1$ 点函数的一系列方程. 我们在这里不作推导了. 至今,所有高阶的 Dyson-Schwinger 方程还未被很好地研究过.

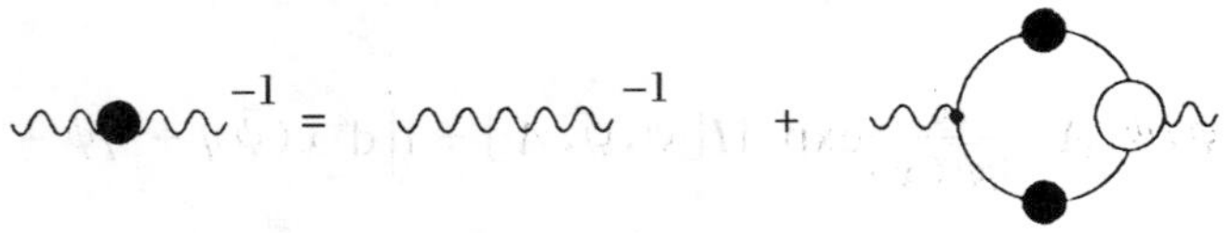

图 7.1　光子传播子的 Dyson-Schwinger 方程

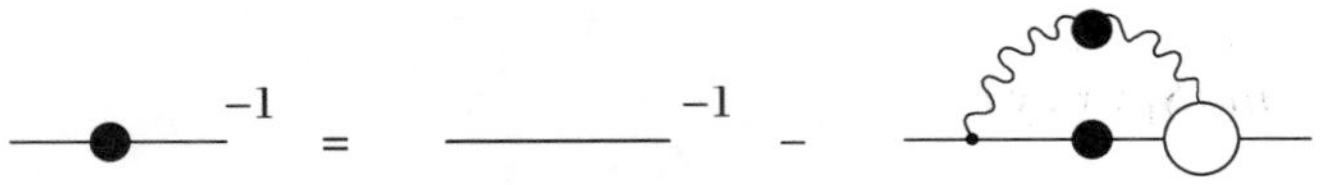

图 7.2　费米子传播子的 Dyson-Schwinger 方程

上面导出的是未重整化的 Dyson-Schwinger 方程. 对重整化的 Dyson-Schwinger 方程的讨论可见有关标准的场论教科书[153].

7.2　QCD 中传播子的 Dyson-Schwinger 方程

QCD 中传播子的 Dyson-Schwinger 方程要比 QED 中的复杂得多. 这是因为 QCD 理论中存在胶子的自相互作用. 同时, 在协变规范 QCD 理论中还出现非物理的鬼场. 不过, 两种情况下传播子的 Dyson-Schwinger 方程的推导步骤是相似的, 因此这里不再给出推导过程, 而是直接写出它们在动量空间的形式.

考虑到实际计算 Dyson-Schwinger 方程是在 Euclid 空间进行的且要考虑重整化, 下面给出的是 Euclid 空间中重整化形式的 Dyson-Schwinger 方程. 相应的有效 QCD 拉氏量为

$$
\begin{aligned}
\mathscr{L}_{\mathrm{QCD}}^{\mathrm{E}} = {} & Z_2\,\overline{\psi}(-\gamma\cdot\partial + Z_m m)\psi - Z_{1\mathrm{F}}\mathrm{i}g\,\overline{\psi}\,\gamma_\mu t^a\psi A_\mu^a \\
& + Z_3\,\frac{1}{2}A_\mu^a\Big(-\partial^2\delta_{\mu\nu} - \Big(\frac{1}{Z_3\xi}-1\Big)\partial_\mu\partial_\nu\Big)A_\nu^a \\
& + \widetilde{Z}_3\,\overline{c}^a\partial^2 c^a + \widetilde{Z}_1 g f^{abc}\,\overline{c}^a\partial_\mu(A_\mu^c c^b) - Z_1 g f^{abc}(\partial_\mu A_\nu^a)A_\mu^b A_\nu^c \\
& + Z_4\,\frac{1}{4}g^2 f^{abc}f^{cde}A_\mu^a A_\nu^b A_\mu^c A_\nu^d
\end{aligned}
\tag{7.21}
$$

这里，A^a_μ 指规范场，ψ 与 $\bar{\psi}$ 为夸克场，c^a 为鬼场. 正定的 Euclid 度规矩阵 $g_{\mu\nu} = \delta_{\mu\nu}$，$\gamma$ 矩阵满足关系 $\{\gamma_\mu, \gamma_\nu\} = 2\delta_{\mu\nu}$. 从 Minkowski 空间变换到 Euclid 空间时需作如下变换：

$$k^0 \to ik_4, \boldsymbol{k} \to \boldsymbol{k}^E, \gamma \cdot k \to i\gamma^E \cdot k^E, k_\mu p^\mu \to -k^E \cdot p^E, \int \mathrm{d}^4 k \to i\int^E \mathrm{d}^4 k \,. \quad (7.21)$$式中定

义了下述重整化常数：胶子波函数重整化常数（Z_3）、夸克波函数重整化常数（Z_2）、夸克质量重整化常数（Z_m）、夸克-胶子顶角重整化常数（Z_{1F}）、胶子自作用重整化常数（Z_1、Z_4）及包含"鬼"场项的重整化常数（$\widetilde{Z}_1$、$\widetilde{Z}_3$）. 这些重整化常数不是完全独立的，它们满足关系

$$\left.\begin{aligned}
Z_{1F} &= Z_g Z_2 Z_3^{1/2} \\
Z_1 &= Z_g Z_3^{3/2} \\
\widetilde{Z}_1 &= Z_g \widetilde{Z}_3 Z_3^{1/2} \\
Z_4 &= Z_g^2 Z_3^2
\end{aligned}\right\} \qquad (7.22)$$

其中 Z_g 为耦合常数重整化常数（$Z_g g = g_0$）. 这些关系是 Slavnov-Taylor 恒等式的结果.

从 QCD 拉氏量（7.21）出发，导出的动量空间中夸克传播子的 Dyson-Schwinger 方程为

$$S^{-1}(p) = Z_2 S_0^{-1}(p) + g^2 Z_{1F} \int^E \frac{\mathrm{d}^4 q}{(2\pi)^4} t^a \gamma_\mu S(q) \Gamma_\nu^b(q,p) D_{\mu\nu}^{ab}(p-q) \quad (7.23)$$

在动量空间中"鬼"传播子的 Dyson-Schwinger 方程为

$$(D_G^{-1})^{ab}(p) = -\delta^{ab}\widetilde{Z}_3 p^2 + g^2 f^{acd}\widetilde{Z}_1 \int^E \frac{\mathrm{d}^4 q}{(2\pi)^4} ip_\mu D_G^{ce}(q) G_\nu^{efb}(q,p) D_{\mu\nu}^{df}(p-q)$$

$$(7.24)$$

其中 $G_\nu^{efd}(q,p)$ 为胶子-"鬼"场耦合顶角.

在动量空间中胶子传播子的 Dyson-Schwinger 方程为[152,154,155]

$$\begin{aligned}
D_{\mu\nu}^{-1ab}(p) = {}& Z_3 D_{(0)\mu\nu}^{-1ab}(p) \\
&+ Z_1 \frac{1}{2} \int^E \mathrm{d}^4 q \mathrm{d}^4 k \Gamma_{\mu\alpha\beta}^{(0)acd}(p,-q,-k) \\
&\times D_{\beta\gamma}^{de}(k) D_{\alpha\sigma}^{cf}(q) \Gamma_{\nu\gamma\sigma}^{bef}(-p,k,q) \\
&+ Z_4 \frac{1}{4} \int^E \mathrm{d}^4 q_1 \mathrm{d}^4 q_2 \Gamma_{\mu\nu\alpha\beta}^{(0)abcd}(p,-p,-q_1,q_2) D_{\alpha\beta}^{cd}(q_1) \\
&+ Z_4 \frac{1}{6} \int^E \mathrm{d}^4 k_1 \mathrm{d}^4 k_2 \mathrm{d}^4 k_3 \Gamma_{\mu\alpha\beta\gamma}^{(0)acde}(p,-k_1,-k_2,-k_3) \\
&\times D_{\alpha\lambda}^{cm}(k_1) D_{\beta\sigma}^{dl}(k_2) D_{\gamma\rho}^{ek}(k_3) \Gamma_{\mu\rho\sigma\lambda}^{bklm}(p,k_3,k_2,k_1)
\end{aligned}$$

$$+ Z_4 \frac{1}{2} \int^{\mathrm{E}} \mathrm{d}^4 k_1 \mathrm{d}^4 k_2 \mathrm{d}^4 k_3 \mathrm{d}^4 k_4$$

$$\times \Gamma_{\mu\alpha\beta\gamma}^{(0)acde}(p, -k_1, -k_2, -k_3) D_{\alpha\rho}^{ck}(k_1) D_{\beta\lambda}^{dm}(k_2) D_{\gamma\delta}^{ep}(k_3)$$

$$\times \Gamma_{\rho\sigma\lambda}^{klm}(k_1, -k_4, k_2) D_{\sigma\kappa}^{lq}(k_4) \Gamma_{\nu\delta\kappa}^{bpq}(-p, k_3, k_4)$$

$$+ Z_{1\mathrm{F}} \int^{\mathrm{E}} \mathrm{d}^4 q \mathrm{d}^4 k_2 \Gamma_{\mu}^{(0)a}(p, q, k) S(-q) S(k) \Gamma_{\nu}^{b}(-p, k, q)$$

$$+ \widetilde{Z}_1 \int^{\mathrm{E}} \mathrm{d}^4 q \mathrm{d}^4 k \Gamma_{\mu}^{(0)acd}(p, q, k) G^{de}(-q) G^{fc}(k) \Gamma_{\nu}^{bef}(-p, k, q) \tag{7.25}$$

我们看到,传播子的 Dyson-Schwinger 方程联系了传播子与相应的顶角函数. 在图 7.3 中给出了胶子传播子的 Dyson-Schwinger 方程的图像表示.

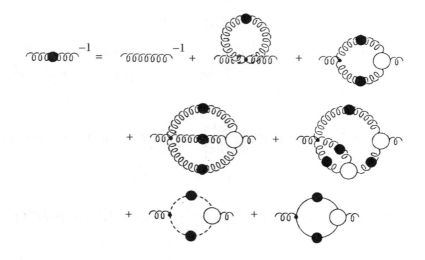

图 7.3 胶子传播子的 Dyson-Schwinger 方程

7.3 QCD 顶角函数的结构与 Slavnov-Taylor 恒等式

传播子的 Dyson-Schwinger 方程描述了传播子与顶角函数的关系. 要求解这些方程,需要知道顶角函数. 但这些顶角函数的 Dyson-Schwinger 方程联系了更高阶的格林函数.因此我们必须找到适当的图像截断这无穷系列的 Dyson-Schwinger 方程组.唯一合适的途径就是利用由对称性关系得到的 QCD 格林函数的纵向与横向 Slavnov-Taylor 恒等式,将 QCD 顶角函数及较高阶的格林函数表示为基本的二点函数即夸克、胶子、鬼场传播子的函数.由此可得到对传播子封闭的 Dyson-Schwinger 方程,从而在原则上可自洽求解这组截断的 Dyson-Schwinger 方程,得到传播子的解.

在讨论三点顶角函数的 Slavnov-Taylor 恒等式前,我们首先给出 QCD 中三点函数在动量空间中的定义(在 Euclid 空间).

夸克-胶子顶角的色结构为

$$\Gamma_\mu^a(k,q,p) = -igt^a(2\pi)^4\delta^4(k+q-p)\Gamma_\mu(q,p) \tag{7.26}$$

这里色生成元 $t^a = \lambda_a/2$ 在基本表象中归一化为 $\mathrm{Tr}(t^a t^b) = \delta^{ab}/2$. 在树图近似下,夸克-胶子顶角为 $\Gamma_\mu^{(0)}(g,p) = \gamma_\mu$.

鬼-胶子顶角的色结构为

$$\left.\begin{aligned} G_\mu^{abc}(k,q,p) &= (2\pi)^4\delta^4(k+p-q)G_\mu^{abc}(g,p)\\ G_\mu^{abc}(q,p) &= gf^{abc}G_\mu(q,p) = igf^{abc}\widetilde{G}_{\mu\nu}(q,p) \end{aligned}\right\} \tag{7.27}$$

这里 $\widetilde{G}_{\mu\nu}(q,p)$ 包含了鬼-胶子散射"核"(kernel),在树图近似下,该"核"消失,从而得到 $\widetilde{G}_{\mu\nu}^{(0)}(q,p) = \delta_{\mu\nu}$.

三胶子顶角的色结构可分离为

$$\Gamma_{\mu\nu\rho}^{abc}(k,p,q) = gf^{abc}(2\pi)^4\delta^4(k+p+q)\Gamma_{\mu\nu\rho}(k,p,q) \tag{7.28}$$

这里所有动量由中心指向外.在树图近似下,三胶子顶角为

$$\Gamma_{\mu\nu\rho}^{(0)}(k,p,q) = -i(k-p)_\rho\delta_{\mu\nu} - i(p-q)_\mu\delta_{\nu\rho} - i(q-k)_\nu\delta_{\mu\rho} \tag{7.29}$$

我们在第 2 章中已导出了 QCD 顶角函数的纵向与横向 Slavnov-Taylor 恒等式,它们是 Minkowski 空间的形式.从 Minkowski 空间变换到 Euclid 空间要作如下的基本变量变换:$x^0 \to -ix_4$,$\boldsymbol{x} \to \boldsymbol{x}^{\mathrm{E}}$,相应有如下的变换:

$$\left.\begin{aligned} \int^{\mathrm{M}} \mathrm{d}^4 x^{\mathrm{M}} &\to -i\int^{\mathrm{E}} \mathrm{d}^4 x^{\mathrm{E}}\\ \gamma\cdot\partial &\to i\gamma^{\mathrm{E}}\cdot\partial^{\mathrm{E}}\\ \gamma\cdot A &\to -i\gamma^{\mathrm{E}}\cdot A^{\mathrm{E}}\\ A_\mu B^\mu &\to -A^{\mathrm{E}}\cdot B^{\mathrm{E}} \end{aligned}\right\} \tag{7.30}$$

在动量空间,动量变量的变换为 $k^0 \to ik_4$,$\boldsymbol{k}^{\mathrm{M}} \to -\boldsymbol{k}^{\mathrm{E}}$,相应地有如下变换:

$$\left.\begin{array}{r} \int^M d^4 k^M \to i \int^E d^4 x^E \\[2mm] \gamma \cdot k \to i \gamma^E \cdot k^E \\[2mm] k_\mu q^\mu \to - k^E \cdot q^E \\[2mm] k_\mu x^\mu \to k^E \cdot x^E \end{array}\right\} \qquad (7.31)$$

进行这些变换相当于完成 Wick 转动手续.

利用这些规则,我们可以将 Minkowski 空间的生成泛函写成它在 Euclid 空间的形式,也可将在 Minkowski 空间导出的各类 Slavnov-Taylor 恒等式写成它们在 Euclid 空间的表达式. 当然还可以在 Euclid 空间中写出有关的对称性变换,由此得到相应的 Slavnov-Taylor 恒等式在 Euclid 空间的表达式. 我们将分别列出有关 Slavnov-Taylor 恒等式在 Euclid 空间的表达式,并由此讨论 QCD 基本顶角的结构.

利用 Dyson-Schwinger 方程对 QCD 传播子进行非微扰研究,需要非微扰的顶角函数知识. QCD 格林函数的 Slavnov-Taylor 恒等式可提供这方面的知识. 在第 2 章中,我们讨论了如何利用路径积分途径推导纵向和横向 Slavnov-Taylor 恒等式,并由此得到了相应的完全顶角函数. 下面给出有关的 QCD 顶角函数.

7.3.1 鬼-胶子顶角的结构

鬼-胶子顶角的 Slavnov-Taylor 恒等式可写为

$$i k_\mu G_\mu(p, -q) G(q^2) + i q_\mu G_\mu(p, -k) G(k^2)$$
$$= p^2 \frac{G(k^2) G(q^2)}{G(p^2)} [1 + \widetilde{B}(k, q)] \qquad (7.32)$$

这里 $\widetilde{B}(k, q)$ 为四点鬼-鬼散射核. 在忽略鬼-鬼散射核的情况中,可得到 Abel 形式的鬼-胶子顶角[156]:

$$\left.\begin{array}{l} G_\mu(p, q) = i p_\mu \widetilde{G}_{\mu\nu}(p, q) \\[3mm] \widetilde{G}_{\mu\nu}(p, g) = \dfrac{G(k^2)}{G(p^2)} \delta_{\mu\nu} + \left(\dfrac{G(k^2)}{G(q^2)} - 1 \right) \dfrac{p_\mu q_\nu}{p^2} \end{array}\right\} \qquad (7.33)$$

需指出的是,忽略鬼-鬼散射核 $\widetilde{B}(k, g)$ 使得 Slavnov-Taylor 恒等式变为 Abel 形式的,即 $\widetilde{B}(k, g)$ 表示鬼-胶子顶角的 Slavnov-Taylor 恒等式(7.32)的非 Abel 特性,它们可能会对鬼-胶子顶角的结构特别是红外结构起重要作用,这有待于进一步研究. 此外,还要研究鬼-胶子顶角的横向约束关系.

7.3.2　三胶子顶角的结构

三胶子顶角的 Slavnov-Taylor 恒等式在 Euclid 空间可表示为

$$
\mathrm{i}k_a \Gamma_{\mu\nu\alpha}(p,q,k) = G(k^2)\left\{ \widetilde{G}_{\mu\sigma}(q,-k)\mathscr{P}_{\sigma\nu}(q)\frac{q^2}{Z(q^2)} \right.
$$

$$
\left. - \widetilde{G}_{\nu\sigma}(p,-k)\mathscr{P}_{\sigma\mu}(p)\frac{p^2}{Z(p^2)} \right\} \tag{7.34}
$$

其中 $\mathscr{P}_{\mu\nu}(k) = \delta_{\mu\nu} - k_\mu k_\nu/k^2$ 为横向的投影算子.这里三个胶子的动量都为进入方向.忽略包含在 $\widetilde{G}_{\mu\nu}$ 中的鬼-胶子散射核的贡献,近似地取 $\widetilde{G}_{\mu\nu}$ 为(7.33)式的形式,进而假设顶角的形式关于三个胶子对称且不考虑可能的对顶角的横向约束[157],则可得到三胶子顶角的结构为

$$
\Gamma_{\mu\nu\rho}(p,q,k) = -A_+(p^2,q^2;k^2)\delta_{\mu\nu}\mathrm{i}(p-q)_\rho
$$

$$
- A_-(p^2,q^2;k^2)\delta_{\mu\nu}\mathrm{i}(p+q)_\rho
$$

$$
- 2\frac{A_-(p^2,q^2;k^2)}{p^2-q^2}(\delta_{\mu\nu}pq - p_\nu q_\mu)\mathrm{i}(p-q)_\rho + 轮换 \tag{7.35}
$$

其中

$$
A_\pm(p^2,q^2;k^2) = G(k^2)\frac{1}{2}\left(\frac{G(q^2)}{G(p^2)Z(p^2)} \pm \frac{G(p^2)}{G(q^2)Z(q^2)}\right)
$$

这里 $G(k^2)$ 为鬼的重整化函数,$Z(k^2)$ 为胶子的重整化函数,它们与鬼传播子和胶子传播子的关系在 Euclid 空间为

$$
D_G(k) = -\frac{G(k^2)}{k^2} \tag{7.36}
$$

$$
D_{\mu\nu}(k) = \left(\delta_{\mu\nu} - \frac{k_\mu k_\nu}{k^2}\right)\frac{Z(k^2)}{k^2} + \xi\frac{k_\mu k_\nu}{k^2} \tag{7.37}
$$

7.3.3　夸克–胶子顶角的结构

夸克–胶子顶角的 Slavnov-Taylor 恒等式为

$$
\begin{aligned}
&\mathrm{i}\, q^{\mu} \Gamma_{\mathrm{V}\mu}^{a}(p_1, p_2) G^{-1}(q^2) \\
&\quad = S_{\mathrm{F}}^{-1}(p_1)\big[t^a - B_4^a(p_1, p_2)\big] - \big[t^a - B_4^a(p_1, p_2)\big] S_{\mathrm{F}}^{-1}(p_2)
\end{aligned} \tag{7.38}
$$

这里夸克传播子在 Euclid 空间的结构可表示为

$$
S_{\mathrm{F}}(p) = \frac{1}{\mathrm{i}\gamma \cdot p A(p^2) + B(p^2)} \tag{7.39}
$$

夸克–胶子顶角满足的横向 Slavnov-Taylor 恒等式已由(2.100)式给出,通过组合纵向与横向 Slavnov-Taylor 恒等式得到的完全的夸克–胶子顶角由(2.100)—(2.102)式表示. 在这些公式前乘以 i,则得到它们在 Euclid 空间的表示式,由此给出夸克–胶子顶角结构的普遍形式.

7.4　QED 和 QCD 理论中的动力学手征对称性破缺

7.4.1　QED 理论中的动力学手征对称性破缺

研究 QED 中的 Dyson-Schwinger 方程有重要意义.无质量费米子的 $1+1$ 维 QED 的 Dyson-Schwinger 方程称为 Schwinger 模型.由于这个模型是严格可解的,因此可作为"理论实验室"用来探讨禁闭和动力学质量生成等问题. $2+1$ 维 QED 的 Dyson-Schwinger 方程应用于凝聚态系统和高温超导的研究,同时也用来探讨禁闭和手征对称性理论的一般状态. N_f 味无质量的 $3+1$ 维 QED 与 QCD 有相同的手征对称性,因此通常利用 $3+1$ 维 QED 的 Dyson-Schwinger 方程来研究动力学手征对称性破缺,以及了解和求解 Dyson-Schwinger 方程的一些技术问题,如传播子的解析结构、发散的数值相消、

量子色动力学及其应用
Quantum Chromodynamics and Its Applications

由数值截断引起的规范依赖和规范协变性问题等.

这里我们用 $3+1$ 维 QED 的 Dyson-Schwinger 方程讨论动力学手征对称性破缺. 费米子的 Dyson-Schwinger 方程(在 Euclid 空间)为

$$S^{-1}(p) = Z_2 S_0^{-1}(p) + g^2 Z_{1F} \int^E \frac{\mathrm{d}^4 q}{(2\pi)^4} \gamma_\mu S(q) \Gamma_\nu(q,p) D_{\mu\nu}(p-q) \tag{7.40}$$

这里 $D_{\mu\nu}(k)$ 是完全的光子传播子,它满足的 Dyson-Schwinger 方程为

$$D_{\mu\nu}^{-1}(k) = D_{(0)\mu\nu}^{-1}(k) + \Pi_{\mu\nu}(k) \tag{7.41}$$

$$\Pi_{\mu\nu}(k) = -g^2 Z_{1F} \int^E \frac{\mathrm{d}^4 q}{(2\pi)^4} \mathrm{Tr}[\gamma_\mu S(q) \Gamma_\nu(q, q-k) S(q-k)] \tag{7.42}$$

注意,费米子的 Dyson-Schwinger 方程与光子的 Dyson-Schwinger 方程互相耦合. 同时,它们都包含完全的费米子-光子顶角函数 $\Gamma_\nu(q,p)$. 在第 2 章中我们基于通常的(纵向)和横向 Ward-Takahashi 关系导出了 $\Gamma_\nu(q,p)$. 利用得到的 $\Gamma_\nu(q,p)$ 的表达式,我们可得到对费米子传播子和光子传播子封闭的 Dyson-Schwinger 方程. 自洽求解这组 Dyson-Schwinger 方程,在原则上可得到所需的费米子传播子和光子传播子,由此可得到动力学手征对称性破缺的知识. 但是,由于 $\Gamma_\nu(q,p)$ 十分复杂,因此自洽求解这组 Dyson-Schwinger 方程不是容易的工作.

为了理解用 Dyson-Schwinger 方程讨论动力学手征对称性破缺的基本图像,我们考虑最简单的截断近似,即顶角函数的树图近似 $\Gamma_\nu \to \gamma_\nu$(称为彩虹近似),同时,仅考虑树图近似的光子传播子(淬火近似即不计费米子圈对真空极化的贡献). 将费米子传播子分解为矢量与标量部分:

$$S^{-1}(p) = Z^{-1}(p^2)(\mathrm{i}\gamma \cdot p + M(p^2)) = \mathrm{i}\gamma \cdot p A(p^2) + B(p^2) \tag{7.43}$$

则费米子的 Dyson-Schwinger 方程分解为 $A(p^2)$ 和 $B(p^2)$ 满足的耦合方程:

$$A(p^2) = 1 + \xi \frac{g^2}{p^2} \int^E \frac{\mathrm{d}^4 q}{(2\pi)^4} \frac{A(q^2)[p \cdot (p-q)][q \cdot (p-q)]}{A^2(q^2)q^2 + B^2(q^2)} \frac{1}{(p-q)^4} \tag{7.44}$$

$$B(p^2) = m_0 + (3+\xi)g^2 \int^E \frac{\mathrm{d}^4 q}{(2\pi)^4} \frac{B(q^2)}{A^2(q^2)q^2 + B^2(q^2)} \frac{1}{(p-q)^2} \tag{7.45}$$

这里 ξ 为协变规范参量. 在 Landau 规范下 $\xi = 0$,则 $A(p^2) = 1$,此时无波函数重整化,动力学质量函数 $M(p^2) = B(p^2)/A(p^2) = B(p^2)$ 为

$$M(p^2) = m_0 + \frac{3g^2}{(4\pi)^2} \int_0^{p^2} \mathrm{d}q^2 \frac{q^2}{p^2} \cdot \frac{M(p^2)}{q^2 + M^2 q^2} + \frac{3g^2}{(4\pi)^2} \int_{p^2}^{\Lambda_{UV}^Z} \mathrm{d}q^2 \frac{M(q^2)}{q^2 + M^2 q^2} \tag{7.46}$$

这里已完成了对角度积分，Λ_{UV} 是 $O(4)$ 不变的 Euclid 空间的动量截断. 在得到 (7.46) 式时用了下述结果：

$$\int \mathrm{d}\Omega_4 \frac{1}{(p-q)^2} = \theta(p^2 - q^2) \frac{1}{p^2} + \theta(q^2 - p^2) \frac{1}{q^2} \qquad (7.47)$$

方程 (7.46) 在手征极限 $m(p^2) = 0$ 时有一个平凡解 $M(p^2) = 0$. 为了得到 $M(p^2)$ 的非平凡解，我们将积分方程 (7.46) 转换成等价的微分方程：

$$\frac{\mathrm{d}}{\mathrm{d}p^2}\left(p^4 \frac{\mathrm{d}}{\mathrm{d}p^2} M(p^2)\right) + \frac{3g^2}{(4\pi)^2} \frac{p^2 M(p^2)}{p^2 + M^2(p^2)} = 0 \qquad (7.48)$$

它具有边界条件

$$\lim_{p^2 \to 0}\left[\frac{\mathrm{d}}{\mathrm{d}p^2}(p^2 M(p^2))\right] = 0, \qquad \lim_{p^2 \to \Lambda_{UR}^Z}\left[\frac{\mathrm{d}}{\mathrm{d}p^2}(p^2 M(p^2))\right] = m_0 \qquad (7.49)$$

假设 $M(p^2) \propto (p^2)^a$，代入微分方程则得到 $a(a+1) = -3g^2/(4\pi)^2$，其根为

$$a = -\frac{1}{2} \pm \frac{1}{2}\sqrt{1 - \frac{\alpha}{\alpha_c}} \qquad (7.50)$$

这里 $\alpha = e^2/(4\pi^2)$，$\alpha_c = \pi/3$. 由此 $\alpha > \alpha_c$ 与 $\alpha < \alpha_c$ 两种情况的解显示了不同的特征：对 $\alpha < \alpha_c$ 情况，不会出现动力学手征对称性破缺；对 $\alpha > \alpha_c$ 情况，解可满足紫外边界条件（即使 $m_0 = 0$ 也能满足），由此生成费米子的动力学质量[158]. 这表明，如果相互作用足够强，使得耦合常数大于某临界值，则将生成动力学质量.

我们可以将 $\alpha > \alpha_c$ 时的动力学质量作为 p^2 的函数用对数标度作图，则我们看到，在大 p^2 时，其数值解很好地再现了在分析解时得到的解的渐近行为；而在小 p^2 时，解几乎与动量无关而接近一个常数值. 这表明，质量函数（由此传播子）解析延拓至 $p^2 < 0$ 的类时动量是可能的. 进而表明，极点的位置近似由 $M^2(0)$ 决定，即 $p_{\text{pole}}^2 \approx -M^2(0)$.

上述讨论表明，非消失的质量函数意味着非消失的极点质量. 后者是可观测量（因而是规范不变的量），因此临界耦合值也必须是规范不变的. 可是，在彩虹近似下它并不具有规范不变性. 例如，若用 Feynman 规范 ($\xi = 1$) 代替 Landau 规范 ($\xi = 0$)，则临界耦合值增加约 50%. 出现这个结果并不奇怪，因为取裸顶角近似破坏了 Ward-Takahashi (WT) 恒等式. 显然，要改变这一情况，首先必须构成完全的顶角函数 $\Gamma_\mu(p, q)$. 在过去的近 40 年中，人们不断寻求构成完全的顶角函数的方法，指出完全的顶角函数应满足如下要求：① 满足 WT 关系；② 无运动学奇异性（即在 $p^2 \to q^2$ 时有唯一的极限）；③ 在宇称、时间反演和电荷共轭变换下与裸顶角有相同的变换性质；④ 在微扰极限下约化为裸顶角 γ_μ；⑤ 应确保相应的 Dyson-Schwinger 方程的乘积可重整化性 (multiplicative renormalisability).

最早提出的改进裸顶角近似的方法是 Salam 的"规范技术"[159]. 在这种方法中, Γ_μ 的纵向分量满足通常的 WT 恒等式, 但 Γ_μ 的横向分量被略去不管. 后来 Ball 与 Chiu[160] 通过顶角的单圈图计算分析将完全的顶角分解为 12 个线性独立的 Lorentz 协变分量(不同的 Dirac γ 矩阵和动量分量的组合), 其中 8 个分量为横向分量, 4 个分量为纵向分量, 纵向分量满足 WT 恒等式. Ball 与 Chiu 将纵向顶角写成无运动学奇异性的形式, 通常称 BC 顶角:

$$
\Gamma_\mu^{\mathrm{BC}}(p,q) = \frac{1}{2}\Big[A(p^2) + A(q^2) \Big]\gamma_\mu
$$
$$
+ \frac{1}{2}\Delta A_{pq}(p+q)_\mu (\gamma\cdot p + \gamma\cdot q) + \mathrm{i}\Delta B_{pq}(p+q)_\mu \qquad (7.51)
$$

其中

$$
\Delta A_{pq} = \frac{A(p^2) - A(q^2)}{p^2 - q^2}, \quad \Delta B_{pq} = \frac{B(p^2) - B(q^2)}{p^2 - q^2} \qquad (7.52)
$$

但是这个顶角仅给出了顶角的纵向分量形式, 因而质量生成仍是规范依赖的. 证明极点质量的规范独立性需利用费米子传播子的乘积可重整化性质. 由于乘积可重整化性与规范协变性在微扰论的每一阶是满足的, 因此微扰计算结果是解决这项课题的一个出发点. 注意到可重整化性与紫外行为相联系, 因此只需考虑 $p^2 \gg q^2$ 情况. 在此极限下, 费米子-光子顶角的横向分量($\sim O(g^2)$)为

$$
\Gamma_\mu^{\mathrm{T,1\text{-}loop}}(p,q) = \frac{g^2\xi}{32\pi^2}\Big(\gamma_\mu - \frac{p_\mu\gamma\cdot p}{p^2}\Big)\ln\frac{p^2}{q^2} \qquad (7.53)
$$

基于这个结果得到的横向顶角的非微扰修正为[161]

$$
\Gamma_\mu^{\mathrm{CP}}(p,q) = -\Big[\gamma_\mu(p^2 - q^2) - (p+q)_\mu(\gamma\cdot p - \gamma\cdot q) \Big]
$$
$$
\times \frac{(p^2 + q^2)(p^2 - q^2)}{(p^2 - q^2)^2 + \big[M^2(p^2) + M^2(q^2) \big]^2} \cdot \frac{\Delta A_{pq}}{2} \qquad (7.54)
$$

包含此横向顶角修正的顶角函数为 $\Gamma_\mu(p,q) = \Gamma_\mu^{\mathrm{BC}}(p,q) + \Gamma_\mu^{\mathrm{CP}}(p,q)$. Γ_μ^{CP} 对应于 8 个横向分量中的一个. 因此这样构成的非微扰顶角横向分量是不完整的, 仅是一个模型而不是严格的理论结果.

严格地从理论上推导非微扰顶角的横向分量只有借助于由对称性导出的顶角横向分量的约束关系, 即横向 WT 关系. 组合通常(纵向)的与横向 WT 关系并求解这组关系

可导出完全的在微扰与非微扰情况都成立的费米子-规范玻色子顶角函数,我们已在第 2 章作了详细讨论. 得到的完全的费米子-玻色子顶角由 (2.80) 式表示, 它在 Euclid 空间的形式为

$$\Gamma_V^{\mu}(p_1,p_2) = \Gamma_{V(L)}^{\mu}(p_1,p_2) + \Gamma_{V(T)}^{\mu}(p_1,p_2) \tag{7.55}$$

$$\Gamma_{V(L)}^{\mu}(p_1,p_2) = -\,\mathrm{i}\,q^{-2}q^{\mu}\big[S_F^{-1}(p_1) - S_F^{-1}(p_2)\big] \tag{7.56}$$

$$\begin{aligned}
\Gamma_{V(T)}^{\mu}(p_1,p_2) = {} & \big[q^2 + (p_1+p_2)^2 - ((p_1+p_2)\cdot q)^2 q^{-2}\big]^{-1} \\
& \times \bigg\{ S_F^{-1}(p_1)\sigma^{\mu\nu}q_{\nu} + \sigma^{\mu\nu}q_{\nu}S_F^{-1}(p_2) \\
& + \big[S_F^{-1}(p_1)\sigma^{\mu\lambda} - \sigma^{\mu\lambda}S_F^{-1}(p_2)\big](p_{1\lambda}+p_{2\lambda}) \\
& + \big[S_F^{-1}(p_1)\sigma^{\lambda\nu} - \sigma^{\lambda\nu}S_F^{-1}(p_2)\big]q_{\nu}(p_{1\lambda}+p_{2\lambda})q^{\mu}q^{-2} \\
& - \big[S_F^{-1}(p_1)\sigma^{\mu\nu} - \sigma^{\mu\nu}S_F^{-1}(p_2)\big]q_{\nu}(p_1+p_2)\cdot q q^{-2} \\
& + \big[S_F^{-1}(p_1)\sigma^{\lambda\nu} + \sigma^{\lambda\nu}S_F^{-1}(p_2)\big]q_{\nu}(p_{1\lambda}+p_{2\lambda}) \\
& \times \big[p_1^{\mu} + p_2^{\mu} - q^{\mu}(p_1+p_2)\cdot q q^{-2}\big]q^{-2} \\
& - \mathrm{i}C_{V+A}^{\mu} - \mathrm{i}(p_{1\nu}+p_{2\nu})C_{V+A}^{\mu}\big[p_1^{\mu} + p_2^{\mu} - q^{\mu}(p_1+p_2)\cdot q q^{-2}\big]q^{-2}\bigg\}
\end{aligned} \tag{7.57}$$

其中

$$\begin{aligned}
C_{V+A}^{\mu} = {} & (p_{1\lambda}+p_{2\lambda})q_{\nu}q_{\alpha}q^{-2}\,\epsilon^{\rho\lambda\mu\nu}\epsilon^{\rho\beta\alpha\delta}\int\frac{\mathrm{d}^4k}{(2\pi)^4}2k_{\beta}\Gamma_{V\delta}(p_1,p_2;k) \\
& - \mathrm{i}\,q_{\nu}\int\frac{\mathrm{d}^4k}{(2\pi)^4}2k_{\lambda}\,\epsilon^{\lambda\mu\nu\rho}\Gamma_{A\rho}(p_1,p_2;k)
\end{aligned} \tag{7.58}$$

这里 $\Gamma_{V(L)}^{\mu}$、$\Gamma_{V(T)}^{\mu}$ 分别指顶角的纵向分量与横向分量.

我们看到,完全的费米子-玻色子顶角函数非微扰地表示为完全的费米子传播子的函数和类四点非定域顶角的函数. 与 Dyson-Schwinger 方程保留至三点格林函数的截断近似相一致,完全的费米子-玻色子顶角非微扰地表示为完全的费米子传播子的函数. 将这个非微扰顶角应用到 Dyson-Schwinger 方程将导致 Dyson-Schwinger 方程的自洽截断. 类四点非定域顶角对费米子-玻色子顶角的贡献可用进一步的 WT 关系或类似于 CP 顶角近似处理得到,这需要进一步研究. 将包含类四点非定域顶角贡献的完全费米子-玻色子顶角应用到 Dyson-Schwinger 方程将导致 Dyson-Schwinger 方程的自洽、规范不变的截断. 求解这个自洽的 Dyson-Schwinger 方程,可期望得到规范不变的临界耦合值,从

而得到动力手征对称性破缺的准确标度.这个问题有待于进一步研究.

7.4.2 QCD 理论中的动力学手征对称性破缺

在 QCD 情形,研究动力学手征对称性破缺的出发点是夸克传播子的 Dyson-Schwinger 方程.在协变规范理论中,严格求解夸克传播子的 Dyson-Schwinger 方程需同时求解耦合的胶子传播子和鬼场传播子的 Dyson-Schwinger 方程.

为了理解基本图像,我们先考虑一个简单的模型——忽略鬼场的效应且对胶子传播子选用一个模型而不是求解它的 Dyson-Schwinger 方程.这导致类似 Abel 特征的夸克理论.为了满足夸克禁闭的要求(关于夸克禁闭问题的讨论见第 10 章),在这些模型中夸克的 Dyson-Schwinger 方程的“核”(即夸克-胶子顶角与胶子传播子的乘积)是高度红外奇异的,同时假设

$$\frac{g^2}{4\pi^2}D_{\mu\nu}(q) \to \alpha_{\text{eff}}(Q^2)D_{\mu\nu}^{(0)}(q) \tag{7.59}$$

这里 $D_{\mu\nu}^{(0)}(q)$ 为树图近似的胶子传播子,$\alpha_{\text{eff}}(Q^2)$ 为有效跑动耦合 $(Q^2 = (q' - q)^2)$.在这个近似图像中,胶子传播子的非微扰效应及鬼场的非微扰效应归结到有效跑动耦合 $\alpha_{\text{eff}}(Q^2)$ 的非微扰结构.

夸克传播子的 Dyson-Schwinger 方程为

$$S^{-1}(p) = Z_2 S_{(0)}^{-1}(p) + g^2 Z_{1F}\frac{4}{3}\int^{\text{E}}\frac{\text{d}^4 q}{(2\pi)^4}\gamma_\mu S(q)\Gamma_\nu(q,p)D_{\mu\nu}(p-q) \tag{7.60}$$

应用假设(7.59)式,则夸克传播子的 Dyson-Schwinger 方程写为

$$S^{-1}(p) = Z_z S_{(0)}^{-1}(p) + \frac{16\pi}{3}\int^{\text{E}}\frac{\text{d}^4 q}{(2\pi)^4}\alpha_{\text{eff}}(p-q)^2\gamma_\mu S(q)\Gamma_\nu(q,p)D_{\mu\nu}^{(0)}(p-q)$$

$$\tag{7.61}$$

如果夸克-胶子顶角 Γ_ν 取为 Abel 彩虹(rainbow)近似的裸顶角 γ_ν,并将夸克传播子在 Euclid 空间写成参数化形式((7.43)式),则夸克的 Dyson-Schwinger 方程可分解为 $A(p^2)$ 和 $B(p^2)$ 满足的耦合方程,其形式与(7.44)式和(7.45)式类似,只是用积分号下的 $4\pi\alpha_{\text{eff}}(k^2)$ 代替 $4\pi g^2$(这里 $k^2 = (p-q)^2$).

文献中出现了不同的 $\alpha_{\text{eff}}(k^2)$ 模型.例如[162]

$$\alpha_{\text{eff}}(k^2) = 2\pi^3 D k^3 \delta^{(4)}(k) + \pi D \frac{k^4}{\omega^6} e^{-k^2/\omega^2} + \frac{\pi \gamma_m \left[1 - \exp(-k^2/(4m_t^2))\right]}{\frac{1}{2}\ln\left[\tau + (1 + k^2/\Lambda_{\text{QCD}}^2)^2\right]} \tag{7.62}$$

其中 $\gamma_m = 12(33 - 2N_f)$ 为夸克质量的反常维数,Λ_{QCD} 是 QCD 参数(例如取 $\Lambda_{\text{QCD}}^{N_f=4} = 0.234\,\text{GeV}$).参数 $\tau = e^2 - 1$ 导致微扰的 Landau 极点被屏蔽且当 k^2 消失时最后一项的分母为 1. m_t、ω、D 皆为参数,例如取 $m_t = 0.5\,\text{GeV}$,$\omega = 0.3\,\text{GeV}$,$D = 0.78\,\text{GeV}^2$. 上式右边第二项描述中等动量(几百 MeV)时的相互作用强度,第一项的 δ 函数描述最简单的夸克禁闭模型.

动力学手征对称性破缺的程度可用序参量——重整化的夸克凝聚 $\langle \bar{q}q \rangle$ 来测量.夸克凝聚定义为 $\langle \bar{q}q \rangle = \langle \text{vac} \mid : \bar{q}(0)q(0) : \mid \text{vac} \rangle$,这里 $q(x)$ 指夸克场算符,$\mid \text{vac} \rangle$ 为非微扰真空.在非微扰真空中正规乘积并不消失,它与非微扰的坐标空间的夸克传播子相联系:

$$\langle \bar{q}q \rangle = -\operatorname{Tr}\{S(x,0)\}_{x=0} \tag{7.63}$$

这里求迹对旋量与色空间进行.在 Euclid 空间参数化夸克传播子:

$$S^{-1}(p) = \mathrm{i}\gamma \cdot p A(p^2) + B(p^2) = Z_q^{-1} p^2 \left[\mathrm{i}\gamma \cdot p + M(p^2)\right] \tag{7.64}$$

则在不存在明显手征对称性破缺的情况(裸质量为零)中,非定域的夸克凝聚为

$$
\begin{aligned}
\langle : \bar{q}(x)q(0) : \rangle &= -4N_c \int^{\text{E}} \frac{\mathrm{d}^4 p}{(2\pi)^4} \frac{Z_q(p^2)M(p^2)}{p^2 + M^2(p^2)} e^{\mathrm{i}p \cdot x} \\
&= -4N_c \int^{\text{E}} \frac{\mathrm{d}^4 p}{(2\pi)^4} \frac{B(p^2)}{p^2 A^2(p^2) + B^2(p^2)} e^{\mathrm{i}p \cdot x} \\
&= -\frac{12}{16\pi^2} \int^{\text{E}} \mathrm{d}s\, s \frac{B(s)}{s A^2(s) + B^2(s)} \left[2\frac{J_1(\sqrt{s x^2})}{\sqrt{s x^2}}\right]
\end{aligned} \tag{7.65}
$$

令 $x = 0$,则得到定域的夸克凝聚:

$$\langle \bar{q}q \rangle = -\frac{3}{4\pi^2} \int^{\Lambda_{\text{UV}}} \mathrm{d}s\, \frac{B(s)}{s A^2(s) + B^2(s)} \tag{7.66}$$

其中 Λ_{UV} 是正规化截断参量即动量的紫外截断,常选择重整化点 $\mu = \Lambda_{\text{UV}}$. 这里 $A(s)$ 和 $B(s)$ 由解夸克传播子的 Dyson-Schwinger 方程得到.取顶角的 Abel 彩虹近似、有效跑动耦合为(7.62)式、重整化标度 $\mu = \Lambda_{\text{UV}} = 1\,\text{GeV}$,得到

$$\langle \bar{q}q \rangle \approx -(0.240\,\text{GeV})^3 \tag{7.67}$$

非常接近夸克凝聚的唯象值. 但这仅是一个包含多个唯象可调参数的模型估算.

对 QCD 理论中的动力学手征对称性破缺进行自洽研究需同时联合求解耦合的夸克传播子、胶子传播子和鬼传播子的 Dyson-Schwinger 方程组. 当然,需要对方程组作截断近似处理. 下面,我们讨论一个比较自洽的近似求解该耦合方程组的途径[163].

研究问题的出发点是重整化的夸克传播子的 Dyson-Schwinger 方程,它由 (7.60) 式给出. 为了讨论方便,这里重新写出如下:

$$S^{-1}(p) = Z_2 S_0^{-1}(p) + g^2 Z_{1F} C_F \int \frac{\mathrm{d}^4 q}{(2\pi)^4} \gamma_\mu S(q) \Gamma_\nu(q, q-p) D_{\mu\nu}(q-p) \quad (7.68)$$

其中 Z_2 和 Z_{1F} 分别是夸克波函数和夸克-胶子顶角的重整化常数. C_F 来自对“色”求迹,对 $N_c = 3$, $C_F = (N_c^2 - 1)/(2N_c) = 4/3$. p 和 q 为夸克动量, $k = q - p$ 为胶子动量. Γ_ν 指完全的夸克-胶子顶角. 在 Landau 规范下,夸克传播子 $S(p)$ 和胶子传播子参数化为(未写出色指标)

$$S(p) = \frac{1}{-\mathrm{i}\gamma \cdot p A(p^2) + B(p^2)} = A^{-1}(p^2) \frac{\mathrm{i}\gamma \cdot p + M(p^2)}{p^2 + M^2(p^2)} \quad (7.69)$$

$$D_{\mu\nu}(k) = \left(\delta_{\mu\nu} - \frac{k_\mu k_\nu}{k^2}\right) \frac{Z(k^2)}{k^2} \quad (7.70)$$

$$D_G(q) = -\frac{G(q^2)}{q^2} \quad (7.71)$$

这里, $D_G(q)$ 指鬼传播子,夸克质量函数 M 定义为 $M(p^2) = B(p^2)/A(p^2)$, $Z(k^2)$ 和 $G(q^2)$ 分别为胶子传播子和鬼传播子的重整化函数或称为穿衣函数(dressed function). (7.68) 式中 $S_0(p)$ 为裸夸克传播子,它由 (7.69) 式中取 $A = 1$ 和 $B = m_0$(裸夸克质量)得到. (7.69) 式的参数化形式用了文献 [163] 中的形式,分母中的 $-\mathrm{i}A(p^2)$ 与 (7.64) 式中的表示差一个负号,这源于动量的定义.

夸克传播子的 Dyson-Schwinger 方程中包含的夸克-胶子顶角 $\Gamma_\nu(q, k)$ 在动力学手征对称性破缺和夸克禁闭的研究中担任十分重要的角色. 一方面,它描写非微扰夸克-胶子相互作用;另一方面,它担当截断 Dyson-Schwinger 方程组的任务. 原则上,应当利用从对称性关系导出的完全的夸克-胶子顶角函数形式 (2.110)—(2.112). 作为研究的第一步,可取基于这个完全顶角结构的近似模型. 从夸克-胶子顶角的 Slavnov-Taylor 恒等式和完全的顶角表达式 (2.110)—(2.112) 看到,顶角结构的非 Abel 特征由鬼的穿衣函数 $G(q^2)$ 和夸克-鬼散射核 B_4^a 描述. 如果不计夸克-鬼散射核的贡献,则顶角表示为 Abel 型顶角乘以非 Abel 因子 $G(q^2)$. 由此可假设,夸克-胶子顶角可近似地用一个因子化的模型顶角描写:

$$\left.\begin{array}{l} \Gamma_\nu(q,p;k) = V_\nu^{\mathrm{abe}}(q,p,\mu)W^{\mathrm{n\text{-}ab}}(p^2,q^2,k^2;\mu) \\[2mm] W^{\mathrm{n\text{-}ab}}(p^2,q^2,k^2;\mu^2) = G^2(k^2,\mu^2)\widetilde{Z}_3(\mu^2,\Lambda^2) \\[2mm] V_\nu^{\mathrm{abe}}(q,p;\mu) = \Gamma_\nu^{\mathrm{CP}}(q,p;\mu) \end{array}\right\} \qquad (7.72)$$

这里 $W^{\mathrm{n\text{-}ab}}(p^2,q^2,k^2;\mu)$ 表示顶角的非 Abel 部分,其中 $\widetilde{Z}_3$ 为胶子的重整化因子. V_ν^{abe} 指顶角的 Abel 部分,它的纵向部分由 BC 顶角(7.51)式给出,它的横向部分用简单的 CP 顶角(7.54)式表示,在这里用 Γ_ν^{CP} 表示二者之和. 在最简单的裸 Abel 顶角情况中,设 $V_\nu^{\mathrm{abe}}(q,p;\mu) = Z_z(\mu,\Lambda)\gamma_\nu$. (7.72)式中的 μ 为重整化点标度.

由于 Landau 规范下鬼-胶子顶角的无重整化(non-renormalization),可定义非微扰的跑动耦合为

$$\alpha(k^2) = \alpha(\mu^2)G^2(k^2,\mu^2)Z(k^2,\mu^2) \qquad (7.73)$$

将此式代入(7.68)式,可得到截断的夸克传播子的 Dyson-Schwinger 方程:

$$S^{-1}(p,\mu) = Z_2(\mu^2)S_0^{-1}(p)$$
$$+ \frac{Z_2(\mu^2)}{3\pi^3}\int \mathrm{d}^4 q\, \frac{\alpha(k^2)}{k^2}\left(\delta_{\mu\nu} - \frac{k_\mu k_\nu}{k^2}\right)\gamma_\mu S(q,\mu)V_\nu^{\mathrm{abe}}(q,p;\mu)$$
$$(7.74)$$

此方程中积分表达式中的跑动耦合函数 $\alpha(k^2)$ 依赖于鬼传播子的穿衣函数 $G(k^2)$ 和胶子传播子的穿衣函数 $Z(k^2)$,它们由求解鬼传播子和胶子传播子的 Dyson-Schwinger 方程得到.

鬼传播子的 Dyson-Schwinger 方程由(7.24)式给出. 胶子传播子的 Dyson-Schwinger 方程的完整形式由(7.26)式给出. 在不考虑四胶子耦合和蝌蚪图贡献的情况中,胶子传播子的 Dyson-Schwinger 方程大为简化(见与(7.26)式相应的示意图). 如果再不考虑夸克圈的贡献,则胶子传播子的 Dyson-Schwinger 方程和鬼传播子的 Dyson-Schwinger 方程就不需要与夸克传播子的 Dyson-Schwinger 方程联合求解. 这一近似称为淬火近似. 此时,可以先求解耦合的胶子传播子和鬼传播子的 Dyson-Schwinger 方程. 然后,将求解出的穿衣函数 $G(k^2)$ 和 $Z(k^2)$ 代入夸克传播子的 Dyson-Schwinger 方程(7.74)式,就可以得到关于夸克传播子的解. 具体求解夸克传播子的 Dyson-Schwinger 方程时,需要用(7.69)式将关于 $S(p,\mu)$ 的方程分解为关于夸克质量函数 $M(p^2)$ 和 $A(p^2)$(波函数重整化函数 $Z^f(p^2) = 1/A(p^2)$)的两个耦合方程. 在求解时,需应用由 Slavnov-Taylor 恒等式导出的重整化因子间的关系:

$$Z_{1F} = \frac{\widetilde{Z}_1 Z_2}{\widetilde{Z}_3} = \frac{Z_2}{\widetilde{Z}_3} \qquad (7.75)$$

这里选取 $\widetilde{Z}_1 = 1$，原因是 Landau 规范下的夸克-胶子顶角无紫外发散[11].

胶子传播子和鬼传播子的 Dyson-Schwinger 方程的具体表示式及其求解将在下一节讨论(见方程(7.85)和(7.86)).

动力学手征对称性破缺由重整化点无关的手征凝聚 $\langle \bar{q}q \rangle$ 表征. $\langle \bar{q}q \rangle$ 与手征极限下质量函数 $M(p^2)$ 的渐近行为相联系:

$$M(p^2) \xrightarrow{p^2 \to \infty} \frac{2\pi^2 \gamma_m}{N_c} \frac{-\langle \bar{q}q \rangle}{p^2 \left(\frac{1}{2} \ln \frac{p^2}{\Lambda_{\text{QCD}}^2} \right)^{1-\gamma_m}} \tag{7.76}$$

这里

$$\gamma_m = \frac{12}{11N_c - 2N_f} \tag{7.77}$$

是夸克质量的反常维数,其中 N_c 为色数, N_f 为味数. $\langle \bar{q}q \rangle$ 与规范不变但是重整化点依赖的手征凝聚 $\langle \bar{q}q \rangle_\mu$ 的关系为

$$\langle \bar{q}q \rangle_\mu = \left(\frac{1}{2} \ln \frac{\mu^2}{\Lambda_{\text{QCD}}^2} \right)^{\gamma_m} \langle \bar{q}q \rangle \tag{7.78}$$

$\langle \bar{q}q \rangle_\mu$ 可通过下式计算[164]:

$$-\langle \bar{q}q \rangle_\mu = Z_2(\mu^2, \Lambda^2) Z_m(\mu^2, \Lambda^2) N_c \text{Tr}_D \int \frac{\text{d}^4 q}{(2\pi)^4} S_{\text{ch}}(q^2, \mu^2) \tag{7.79}$$

这里求迹 Tr_D 对所有 Dirac 指标进行, S_{ch} 是手征极限下的夸克传播子. Λ^2 为理论中的紫外动量截断, Z_m 为质量的重整化常数. 由此,手征凝聚的计算归结为求解夸克传播子的 Dyson-Schwinger 方程(以下简称夸克方程)(7.74)及确定 Z_m.

前面已提到夸克方程(7.74)式将分解成关于 $M(p^2)$ 和 $A(p^2)$ 的耦合方程,它们可形式地表示为

$$\left. \begin{aligned} M(p^2) A(p^2, \mu^2) &= Z_2(\mu^2, \Lambda^2) Z_m(\mu^2, \Lambda^2) m_R(\mu^2) \\ &\quad + Z_2(\mu^2, \Lambda^2) \Pi_M(p^2, \mu^2) \\ A(p^2, \mu^2) &= Z_2(\mu^2, \Lambda^2) + Z_2(\mu^2, \Lambda^2) \Pi_A(p^2, \mu^2) \end{aligned} \right\} \tag{7.80}$$

这里 $\Pi_M(p^2, \mu^2)$ 和 $\Pi_A(p^2, \mu^2)$ 代表方程(7.74)的积分项即穿衣圈(dressing loop)的贡献. 由(7.80)式可得到 Z_2 的表示式:

$$\frac{1}{Z_2(\mu^2, \Lambda^2)} = \frac{1}{A(p^2, \mu^2)} + \frac{1}{A(p^2, \mu^2)} \Pi_A(p^2, \mu^2) \tag{7.81}$$

分析得到 Z_m 与 Z_2 之间有如下关系[163]：

$$Z_m(\mu^2, \Lambda^2) = \frac{1}{Z_2(\mu^2, \Lambda^2)} - \frac{1}{M(\mu^2)}\Pi_M(\mu^2, \mu^2) \quad (7.82)$$

在用动量空间减去法（MOM）的正规化图像中，将(7.28)式减去 $p^2 = \mu^2$ 时的同一方程，注意到 $A(\mu^2, \mu^2) = 1$，则可消去 Z_2 而得

$$\frac{1}{A(p^2, \mu^2)} = 1 - \frac{1}{A(\mu^2, \mu^2)}\Pi_A(p^2, \mu^2) + \Pi_A(\mu^2, \mu^2) \quad (7.83)$$

将(7.81)—(7.83)式代入(7.80)式，则可得到消除重整化常数后的质量函数 $M(p^2)$ 满足的方程．将(7.81)—(7.83)式代入(7.79)式，则得到消除重整化常数后的重整化点依赖的手征凝聚的公式．

在裸顶角和简单的有效胶子传播子近似下，质量函数 $M(p^2) = B(p^2)/A(p^2)$ 与大 p^2 时的夸克凝聚有如下关系：

$$M(p^2) \approx m - \frac{4\pi\alpha(p^2)}{3p^2}\left(\frac{\alpha(p^2)}{\alpha(\mu^2)}\right)^{-\gamma_m}\langle \bar{q}q(\mu^2)\rangle \quad (7.84)$$

其中 μ 是 Euclid 空间的重整化点，$\alpha(p^2)$ 指 QCD 跑动耦合．

数值计算的结果列在表 7.1 中（计算结果取自文献[163]）．

表 7.1　动力学生成的夸克质量和手征凝聚

	$M(0)$ (MeV)	非淬火	$(-\langle \bar{q}q\rangle)^{1/3}$（计算）(MeV)	$(-\langle \bar{q}q\rangle)^{1/3}$（拟合）(MeV)	非淬火
裸顶角	177	176	162	160	170
BC 顶角	293		276	284	
CP 顶角 + BC 顶角	369	360	303	300	310

表中的 $M(0)$ 指 $p^2 = 0$ 时的夸克质量函数，即动力学生成的夸克质量．第三列中的重整化点无关的手征凝聚值是通过(7.78)式和(7.79)式计算得到的结果，第四列中的手征凝聚则是通过(7.76)式拟合得到的结果．两种途径得到的结果基本上一致．

这些计算结果表明，裸顶角近似下计算得到的动力学夸克质量远低于典型的唯象值 300—400 MeV．裸顶角近似下的手征凝聚值也明显低于唯象值 250 MeV．文献[163]进一步考虑了在胶子传播子的 Dyson-Schwinger 方程中包括夸克圈图项的贡献（即非淬火计算）．这个更为自洽的计算表明，结果基本上未改变（见表 7.1 中的"非淬火"列）．出现

这个结果是很自然的,因为裸顶角近似下不能纳入包含在 QCD 顶角中的非微扰夸克-胶子相互作用.这里应用的 BC 顶角表示夸克-胶子顶角的纵向部分,而 CP 顶角只包含小部分的横向顶角贡献,二者都没有包含鬼-夸克散射核这部分的非 Abel 特征部分的贡献.由此,这样的模型顶角与真实的夸克-胶子顶角结构有明显的差异,因而不可能用来描述夸克禁闭问题.在 QCD 的自洽图像中,动力学手征对称性破缺应与夸克禁闭动力学同时描述,对此,我们将在 7.7 节和第 10 章中作进一步讨论.

7.5　胶子与鬼耦合的传播子的 Dyson-Schwinger 方程解

在不考虑夸克的纯规范场情况,传播子的 Dyson-Schwinger 方程包括胶子传播子的 Dyson-Schwinger 方程(7.25)式和鬼传播子的 Dyson-Schwinger 方程(7.24)式.胶子传播子的 Dyson-Schwinger 方程包含三胶子耦合顶角项、四胶子耦合顶角项和鬼-胶子耦合顶角项的贡献.为了建立胶子传播子和鬼传播子的自洽的截断的 Dyson-Schwinger 方程组,必须利用 Slavnov-Taylor 恒等式建立各类顶角函数与传播子的关系.显然,这是相当复杂和艰巨的工作.为了简化方程,可先不考虑包含四胶子顶角项的贡献.由于我们主要关心的是传播子的正确的红外行为,从分析包含四胶子顶角项的贡献看,这样的简化可能是合理的:这里涉及的四胶子顶角项包括蝌蚪图贡献和双圈图贡献,动量无关的蝌蚪图贡献一个常数,它可用适当的手续消除;双圈图在大动量时对胶子传播子的贡献是次领头阶的,而对红外行为相关的奇异性结构而言,双圈图项的奇异性结构并不与单圈项的相干[156].

不考虑四胶子顶角贡献后,胶子传播子的 Dyson-Schwinger 方程为

$$D_{\mu\nu}^{-1}(k) = Z_3 D_{\mu\nu}^{\text{tl}-1}(k) - g^2 N_c \widetilde{Z}_1 \int \frac{\mathrm{d}^4 q}{(2\pi)^4} \mathrm{i} \, q_\mu D_{\mathrm{G}}(p) D_{\mathrm{G}}(q) G_\nu(p,q)$$

$$+ g^2 N_c Z_1 \frac{1}{2} \int \frac{\mathrm{d}^4 q}{(2\pi)^4} \Gamma_{\mu\rho\alpha}^{\text{tl}}(k,-p,q) D_{\alpha\beta}(q) D_{\rho\sigma}(p) \Gamma_{\beta\sigma\nu}(-q,p,-k)$$

$$\tag{7.85}$$

其中 $p = k + q$,上标"tl"指树图情况,$\Gamma_{\mu\rho\alpha}$ 和 G_ν 分别为完全的三胶子顶角和鬼-胶子顶角.D_{G} 是鬼传播子,它满足如下的 Dyson-Schwinger 方程:

$$D_G^{-1}(k) = -\widetilde{Z}_3 k^2 + g^2 N_c \widetilde{Z}_1 \int \frac{\mathrm{d}^4 q}{(2\pi)^4} \mathrm{i} k_\mu D_{\mu\nu}(k-q) G_\nu(k,q) D_G(q) \quad (7.86)$$

这里重整化常数定义如下：$Z_3 D_{\mu\nu} = D_{\mu\nu}^0$，$\widetilde{Z}_3 D_G = D_G^0$，$Z_g g = g_0$. 由 Slavnov-Taylor 恒等式可得到 $Z_1 = Z_g Z_3^{3/2}$，$\widetilde{Z}_1 = Z_g Z_3^{1/2} \widetilde{Z}_3$. 选择 Landau 规范，则可取 $\widetilde{Z}_1 = 1$，胶子传播子和鬼传播子可写为

$$D_{\mu\nu}(k) = \left(\delta_{\mu\nu} - \frac{k_\mu k_\nu}{k^2}\right) \frac{Z(k^2)}{k^2}, \quad D_G(k) = -\frac{G(k^2)}{k^2} \quad (7.87)$$

其中 $Z(k^2)$、$G(k^2)$ 是相应的重整化函数或者说穿衣函数，它们与 1 的偏离反映了 QCD 相互作用效应.

为了得到一组对函数 $G(k^2)$ 和 $Z(k^2)$ 的封闭方程，必须应用 Slavnov-Taylor 恒等式以得到顶角函数与传播子的关系.但是通常的 Slavnov-Taylor 恒等式仅约束顶角函数的纵向分量，而横向分量未被决定.因此建立顶角的横向分量的 Slavnov-Taylor 型约束关系是十分重要的.在这些横向约束关系建立前，这里作某些近似的假设.忽略不可约鬼-鬼散射和横向分量的贡献，从鬼-胶子顶角的 Slavnov-Taylor 恒等式(7.32)得到的近似解由(7.33)式给出：

$$\left.\begin{aligned}
G_\mu(q,p) &= \mathrm{i} q_\nu \widetilde{G}_{\mu\nu}(q,p) \\
\widetilde{G}_{\mu\nu}(q,p) &= \frac{G(k^2)}{G(q^2)} \delta_{\mu\nu} + \left(\frac{G(k^2)}{G(p^2)} - 1\right) \frac{p_\mu p_\nu}{q^2}
\end{aligned}\right\} \quad (7.88)$$

将这个结果应用到三胶子的 Slavnov-Taylor 恒等式并考虑三胶子顶角的对称性，则可得到近似解：

$$\begin{aligned}
\Gamma_{\mu\nu\rho}(p,q,k) = & -A_+(p^2,q^2;k^2) \delta_{\mu\nu} \mathrm{i}(p-q)_\rho \\
& -A_-(p^2,q^2;k^2) \delta_{\mu\nu} \mathrm{i}(p+q)_\rho \\
& -\frac{A_-(p^2,q^2;k^2)}{p^2-q^2}(\delta_{\mu\nu} p \cdot q - p_\nu q_\mu) \mathrm{i}(p-q)_\rho + 轮换 \quad (7.89)
\end{aligned}$$

$$A_\pm(p^2,q^2;k^2) = G(k^2) \frac{1}{2}\left(\frac{G(q^2)}{G(p^2)Z(p^2)} \pm \frac{G(p^2)}{G(q^2)Z(q^2)}\right) \quad (7.90)$$

在这里，相对于所有 3 个胶子的动量为横向的项未被考虑.

组合 Dyson-Schwinger 方程(7.85)、(7.86)和顶角表达式(7.88)、(7.89)，得到胶子和鬼场的重整化函数 $Z(k^2)$ 和 $G(k^2)$ 的封闭方程系：

$$\frac{1}{G(k^2)} = \widetilde{Z}_3 - g^2 N_c \int \frac{\mathrm{d}^4 q}{(2\pi)^4}\left[k \cdot q - \frac{k \cdot (k-q) q \cdot (k-q)}{(k-q)^2}\right]$$

$$\times \frac{Z((k-q)^2)G(q^2)}{k^2 q^2 (k-q)^2}\left(\frac{G((k-q)^2)}{G(q^2)} + \frac{G((k-q)^2)}{G(k^2)} - 1\right) \quad (7.91)$$

$$\frac{1}{Z(k^2)} = Z_3 - Z_1 \frac{g^2 N_c}{6}\int \frac{\mathrm{d}^4 q}{(2\pi)^4}\left\{N_1(p^2,q^2;k^2)\frac{Z(p^2)G(p^2)Z(q^2)G(q^2)}{Z(k^2)G^2(k^2)}\right.$$

$$+ N_2(p^2,q^2;k^2)\frac{Z(p^2)G(p^2)}{G(q^2)}$$

$$\left.+ N_2(q^2,p^2;k^2)\frac{Z(q^2)G(q^2)}{G(p^2)}\right\}\frac{G(k^2)}{k^2 p^2 q^2}$$

$$+ \frac{g^2 N_c}{3}\int \frac{\mathrm{d}^3 q}{(2\pi)^4}\left\{(q\mathscr{R}(k)q)(G(k^2)G(p^2) - G(q^2)G(p^2))\right.$$

$$\left.- (q\mathscr{R}(k)p)G(k^2)G(q^2)\right\}\frac{1}{k^2 p^2 q^2} \quad (7.92)$$

其中 $p = k - q$, 在(7.91)式中取 $\widetilde{Z}_1 = 1$(Landau 规范下), 投影算符 $\mathscr{R}_{\mu\nu} = \delta_{\mu\nu} - 4k_\mu k_\nu / k^2$, $N_1(p^2,q^2;k^2)$ 和 $N_2(p^2,q^2;k^2)$ 由下式给出:

$$N_1(p^2,q^2;k^2) = \frac{29}{4}(p^2 + q^2) + \frac{25}{2}k^2 - \frac{k^6}{4p^2 q^2}$$

$$+ \frac{1}{4p^2}(q^4 + 9q^2 k^2 - 9k^4) + \frac{1}{4q^2}(p^4 + 9p^2 k^2 - 9k^4)$$

$$+ \frac{1}{2(k^2 - p^2)}(24p^4 - 10p^2 q^2 + q^4)$$

$$+ \frac{1}{2(k^2 - q^2)}(24q^4 - 10p^2 q^2 + p^4) \quad (7.93)$$

$$N_2(p^2,q^2;k^2) = \frac{7}{4}p^2 - \frac{5}{2}q^2 - \frac{3}{2}k^2 - \frac{q^6}{k^2 p^2}$$

$$+ \frac{1}{4p^2}(k^4 + 6q^2 k^2 - 3q^4) + \frac{1}{k^2}(p^4 + 9p^2 q^2 - 9q^4)$$

$$- \frac{1}{2(p^2 - q^2)}(p^2 k^2 + q^2 k^2 + k^4)$$

$$- \frac{1}{2(k^2 - q^2)}(24q^4 - 10p^2 q^2 + p^4) \quad (7.94)$$

将(7.94)式中的 p^2 与 q^2 相互交换, 则得到 $N_2(q^2,p^2;k^2)$ 的表达式.

这组方程在一维近似下已被文献[156]求解. 文献[156]在将方程(7.93)和(7.94)约化为一维近似时对函数 $Z(k^2)$ 和 $G(k^2)$ 的变量作了如下角近似处理: 对 $q^2 < k^2$ 的情

况，$G(p^2) = G((k-q)^2) \rightarrow G(k^2)$，$Z(p^2) \rightarrow Z(k^2)$；对 $q^2 > k^2$ 的情况，作替换 $G(p^2)$ $\approx G(k^2) \rightarrow G(q^2)$，即所有的积分动量用 q^2 替换．为了求解该一维方程，对 $k^2 \rightarrow 0$ 的行为作如下幂次假设（令 $x = k^2$）：

$$Z(x) \sim x^{2\kappa} \quad \text{和} \quad G(x) \sim x^{-\kappa} \tag{7.95}$$

同时，为了由正定的 $Z(x)$ 得到在正 x 时的正定的函数 $G(x)$，需加上必要的条件：$0 < \kappa < 2$．在具体求解一维近似下 $Z(k^2)$ 和 $G(k^2)$ 的耦合 Dyson-Schwinger 方程组时，引入 $Z(k^2)$ 和 $G(k^2)$ 的参数化形式，同时需要应用适当的重整化图像以消除重整化常数，一个实用的方法是动量空间减去图像（substraction scheme）重整化．

Landau 规范下重整化常数 $\widetilde{Z}_1$ 满足 $\widetilde{Z}_1 = 1$，根据由 Slavnov-Taylor 恒等式得到的重整化常数的恒等式知 $\widetilde{Z}_1 = Z_g Z^{1/2} \widetilde{Z}_3 = 1$．由此可知乘积 $g^2 Z(k^2) G^2(k)$ 是重整化群不变的，这导致如下定义的非微扰的跑动耦合：

$$\alpha_s(k^2) = \frac{g^2}{4\pi} Z(k^2) G^2(k^2) \tag{7.96}$$

写出标度依赖，即为（7.73）式的形式．

根据上述一维近似和假设，对解的分析表明，胶子和鬼场的重整化函数的领头行为来自鬼场的贡献，表明鬼场在这里有重要作用．计算得到红外固定的非微扰跑动耦合和 κ 的解如下[156]：

$$\alpha_s(s) = \frac{g^2}{4\pi} Z(s) G^2(s) \xrightarrow{s \rightarrow 0} 0.95, \quad \kappa' \approx 0.92 \tag{7.97}$$

这相应于一个强的红外增强的鬼传播子和红外消失的胶子传播子．

上述计算中的主要问题是：① 对函数 $Z(k')$ 和 $G(k^2)$ 的变量所作的角近似处理回避了方程（7.91）中的对数发散积分问题，但所采取的近似处理使所得的解已不再是原来方程（7.91）的解[190]．② 将方程（7.86）写成方程（7.91）时，应用的鬼-胶子顶角忽略了不可约鬼-鬼散射核和横向部分的贡献．忽略鬼-鬼散射核意味着鬼-胶子顶角仅取 Abel 顶角部分，问题是非 Abel 鬼-胶子顶角部分对方程（7.91）的解有多大影响？连同第①点的近似处理，对求解方程所取的（7.85）式表示的幂次形式是否有影响？这有待进一步讨论．

7.6 胶子传播子、鬼传播子的红外行为

7.5 节具体讨论了解析求解耦合的胶子传播子和鬼传播子的 Dyson-Schwinger 方程的例子,在求解胶子传播子和鬼传播子的红外行为过程中作了假设和近似处理.正是对所作假设和近似的不同处理导致了不同的解,即不同的胶子传播子和鬼传播子的红外行为.在本节,我们将概要地讨论至目前用 Dyson-Schwinger 方程和格点 QCD 计算胶子传播子和鬼传播子红外行为的结果.

我们考虑(7.87)式表示的胶子传播子和鬼传播子的重整化函数 $Z(p^2)$、$G(p^2)$ 的红外行为有如下领头幂次形式的解:

$$Z(p^2) \propto (p^2)^{\alpha_Z}, \quad G(p^2) \propto (p^2)^{\alpha_G}, \quad \Gamma(p^2) \propto (p^2)^{\alpha_\Gamma} \tag{7.98}$$

这里 $\Gamma(p^2)$ 表示鬼-胶子顶角,α_Z、α_G 和 α_Γ 称为相应重整化函数的红外临界指数或反常维数.通过计算发现,存在下述称为标度性(scaling)解和退耦合(decoupling)解这两种类型的 Yang-Mills 格林函数解.

(1) 标度性解:$\alpha_\Gamma = 0$,$\alpha_Z + 2\alpha_G = (4-d)/2$[156,191—193].

这里 d 为时空维数.对四维时空,$d=4$,$\alpha_Z + 2\alpha_G = 0$.这时可引入一个参数 $\kappa = -\alpha_G$,$\alpha_Z = 2\kappa$,这就给出了(7.95)式.κ 的值由求解耦合的胶子传播子和鬼传播子的 Dyson-Schwinger 方程得到,截断和计算中的近似处理不同导致 κ 值不同.上一节讨论的顶角近似处理给出 $\kappa = 0.92$.在 Dyson-Schwinger 方程(7.85)和(7.86)中应用裸的鬼-胶子顶角,然后在四维环形曲面(a four-tours)上求解,则得到 $\kappa \approx 0.595$,$\alpha_s(0) \approx 8.92/N_c$.将这些结果代入胶子传播子,则有 $D(0)=0$,这意味着胶子传播子在红外消失,而鬼传播子则红外增强.

可以指出的是,这种类型的计算假定 $\alpha_\Gamma = 0$ 是建立在被广泛应用的所谓"无重整化定理"(non-renormalization theorem)基础上的.该定理指出,在 Landau 规范下,鬼-胶子顶角的重整化常数 $\widetilde{Z}_1 = 1$.这个定理源于 Taylor 的文章[11]的如下表述:

$$\widetilde{\Gamma}_\mu^{abc,\text{Bare}}(-p,0;p) = -\mathrm{i}f^{abc}p_\mu \tag{7.99}$$

这表明,在进入的鬼线动量为零时不存在辐射修正,即在这个运动学组态,裸的鬼-胶子顶角等同于它的树图级值.注意,(7.99)式并非对所有运动学组态都成立,因此将由上式

定义的 $\tilde{Z}_1 = 1$ 推广到所有运动学组态时需作计算证明. 否则, 只能将 $\tilde{Z}_1 = 1$ 看作是个约定. 需进一步考虑这个问题是因为它涉及如何自洽处理胶子传播子和鬼传播子的 Dyson-Schwinger 方程中鬼-胶子顶角问题, 后者联系 Slavnov-Taylor 恒等式.

(2) 退耦合解: $\alpha_Z + 2\alpha_G \neq 0$(对四维时空), $\alpha_Z = 1$, $\alpha_G = 0$[182,264,205].

这相应于鬼的重整化函数(穿衣函数)在红外极限有限且不为零, 而胶子传播子是红外有限的非零常数: $D(0) = \lim\limits_{q \to 0} Z(q^2)/q^2 \sim$ 常数. 在这种情况下, 相应的胶子传播子可看作胶子有质量的传播子, $D(q^2) = \tilde{Z}(q^2)/(q^2 + m_g^2)$[198], 其中 m_g 为动量相关的胶子质量, 且 $m_g(0) \approx 520\ \mathrm{MeV}$[199]. 此时有如下关系:

$$\lim\limits_{q \to 0} \tilde{Z}(q^2) = Z(q^2)(q^2 + m_g^2)/q^2 \sim (q^2)^{\alpha_{\tilde{Z}}} \sim \text{常数} \tag{7.100}$$

由此有 $\alpha_{\tilde{Z}} = 0$ 及 $2\alpha_G + \alpha_{\tilde{Z}} = 0$. 退耦合解也称为有质量胶子(massive gluon)解. 新近的格点计算似乎倾向于退耦合解[182], 这意味着在红外"自由的鬼"和有质量的胶子.

7.7　完全的夸克-胶子顶角的非 Abel 结构

夸克-胶子相互作用在夸克色禁闭和动力学手征对称性破缺等 QCD 非微扰现象中担任核心角色, 同时也是基于 QCD 格林函数的强子唯象的中心元素. 夸克-胶子相互作用的详图被编码在一个粒子不可约的夸克-胶子顶角结构中, 唯象上则在夸克-夸克(反夸克)相互作用势(禁闭势包含在内)中显示出来. 因此, 掌握夸克-胶子顶角结构的详细知识是 QCD 非微扰研究特别是夸克禁闭动力学研究的基本任务.

让我们先定性分析夸克-胶子顶角与夸克禁闭势间的关系. 从物理直观的图像看, 胶子传播子的红外行为即胶子传播子在小的类空动量 q^2($q^2 \approx 0$)区域的结构对夸克禁闭有重要含义: 在这一区域夸克-反夸克通过交换胶子的相互作用行为决定了 q-$\bar{q}$ 作用势的长程性质, 由此联系着禁闭物理. 唯象上相当成功的夸克禁闭势当初就是在相应的红外增强的胶子传播子 $\propto \sigma/k^4$ 基础上建立的. 在过去, 这种行为如 $1/k^4$ 的红外奇异性的胶子传播子即红外增强的胶子关联在描述夸克禁闭时常与红外奴役(infrared slavery)概念相联系.

在相当长时间内, Mandelstam 近似下胶子的 Dyson-Schwinger 方程的解[186,187]成为支撑这个夸克禁闭势的场论基础. 这里导出的夸克禁闭势的图像是: 在两个静止的定态夸克和反夸克(色荷源)之间交换红外增强的胶子. 显然, 这里忽略了一个基本要素, 即在夸克与反夸克间交换胶子过程中夸克和反夸克与胶子间的相互作用. 由于格点 QCD 模拟计算不支持 Mandelstam 近似下的胶子解, 因此, 必须从比较自洽地求解包含鬼场的 Dyson-Schwinger 方程所得的胶子传播子和鬼传播子的红外行为来理解色禁闭问题.

对耦合的胶子传播子和鬼传播子的 Dyson-Schwinger 方程组的解析求解和格点数值模拟已在 7.5 节和 7.6 节中讨论. 这里仍存在一些不一致的计算结果, 在 Landau 规范下, 在鬼-胶子顶角的"无重整化定理"基础上得到的结果基本上是: 胶子传播子在红外是有限的, 甚至消失, 而鬼传播子在红外增加. 最近的格点计算得到红外极限下有限的非零胶子传播子和类似树图的鬼传播子(即鬼场的重整化函数基本上为常数). 根据胶子传播子在红外有限甚至消失的行为, 带有裸的夸克-胶子顶角的单胶子交换不可能导致两个定态色源间的线性增长的势. 只有夸克-胶子顶角结构中包含的红外奇异性或足够的红外增强才能补偿非微扰胶子的近乎消失的红外行为, 由此导致夸克-反夸克(夸克)间线性增长的禁闭势. 现在让我们分析夸克-胶子顶角结构中是否包含这种红外增长或红外奇异的成分.

由对称性关系导出的完全的夸克-胶子顶角函数已由(2.110)—(2.112)式给出. 显然, 可以将完全的顶角分为两部分: 第一部分依赖于夸克传播子, 记为 $\Gamma_\mu^{a(\mathrm{I})}$, 它来自顶角的纵向分量和顶角的横向分量的一部分; 第二部分为顶角横向部分中类四点项, 记为 $\Gamma_\mu^{a(\mathrm{II})}$. 为了讨论方便, 这里显式地写出它们的表达式如下:

$$
\begin{aligned}
\Gamma_\mu^{a(\mathrm{I})}(p_1, p_2) = {} & q^\mu \Big[(t^a - B_4^a(p_1, p_2)) S_\mathrm{F}^{-1}(p_2) \\
& - S_\mathrm{F}^{-1}(p_1)(t^a - B_4^a(p_1, p_2)) \Big] D_\mathrm{G}(q) \\
& + \Big[1 + (p_1 + p_2)^2 q^{-2} - ((p_1 + p_2) \cdot q)^2 q^{-4} \Big]^{-1} D_\mathrm{G}(q) \\
& \times \Big\{ -\mathrm{i} \Big[S_\mathrm{F}^{-1}(p_1) \sigma^{\mu\nu}(t^a - B_4^a(p_1, p_2)) \\
& + (t^a - B_4^a(p_1, p_2)) \sigma^{\mu\nu} S_\mathrm{F}^{-1}(p_2) \Big] q_\nu \\
& - \mathrm{i} \Big[S_\mathrm{F}^{-1}(p_1) \sigma^{\mu\lambda}(t^a - B_4^a(p_1, p_2)) \\
& - (t^a - B_4^a(p_1, p_2)) \sigma^{\mu\lambda} S_\mathrm{F}^{-1}(p_2) \Big] (p_{1\lambda} + p_{2\lambda}) \\
& - \mathrm{i} \Big[S_\mathrm{F}^{-1}(p_1) \sigma^{\lambda\nu}(t^a - B_4^a(p_1, p_2)) \\
& - (t^a - B_4^a(p_1, p_2)) \sigma^{\lambda\nu} S_\mathrm{F}^{-1}(p_2) \Big] q_\nu (p_{1\lambda} + p_{2\lambda}) q^\mu q^{-2} \\
& + \mathrm{i} \Big[S_\mathrm{F}^{-1}(p_1) \sigma^{\mu\nu}(t^a - B_4^a(p_1, p_2)) \\
& - (t^a - B_4^a(p_1, p_2)) \sigma^{\mu\nu} S_\mathrm{F}^{-1}(p_2) \Big] q_\nu (p_1 + p_2) \cdot q q^{-2} \\
& - \mathrm{i} \Big[S_\mathrm{F}^{-1}(p_1) \sigma^{\lambda\nu}(t^a - B_4^a(p_1, p_2))
\end{aligned}
$$

$$+ (t^a - B_4^a(p_1, p_2))\sigma^{\lambda\nu}S_F^{-1}(p_2)\big]$$

$$\times q_\nu(p_{1\lambda} + p_{2\lambda})\big[p_1^\mu + p_2^\mu - (p_1 + p_2) \cdot qq^\mu q^{-2}\big]q^{-2}\Big\} \tag{7.101}$$

$$\Gamma_\mu^{a(\mathrm{II})}(p_1, p_2) = \Big[1 + (p_1 + p_2)^2 q^{-2} - ((p_1 + p_2) \cdot q)^2 q^{-4}\Big]^{-1} D_G(q)$$

$$\times \Big\{ i q_\nu \widetilde{C}_A^{a\mu\nu}(p_1, p_2) - q_\nu q_\alpha q^{-2}(p_{1\lambda} + p_{2\lambda})\epsilon^{\lambda\mu\nu\rho}\widetilde{C}_V^{a\rho\alpha}(p_1, p_2)$$

$$+ i q_\nu q^{-2}(p_{1\lambda} + p_{2\lambda})\big[p_1^\mu + p_2^\mu - (p_1 + p_2)qq^\mu q^{-2}\big]\widetilde{C}_A^{a\lambda\nu}(p_1, p_2)\Big\}$$

$$\tag{7.102}$$

这里 $D_G(q) = -G(q^2)/q^2$ 是鬼传播子,$\widetilde{C}_A^{a\mu\nu} = C_A^{a\mu\nu} G^{-1}(q^2)$,$\widetilde{C}_V^{a\rho\alpha} = C_V^{a\rho\alpha} G^{-1}(q^2)$,其中 $C_A^{a\mu\nu}$、$C_V^{a\rho\alpha}$ 由(2.107)式给出. 完全的夸克-胶子顶角 Γ_μ^a 为两部分之和:

$$\Gamma_\mu^a(p_1, p_2) = \Gamma_\mu^{a(\mathrm{I})}(p_1, p_2) + \Gamma_\mu^{a(\mathrm{II})}(p_1, p_2) \tag{7.103}$$

它描述了 QCD 对称性约束导致的夸克-胶子顶角的结构,其中 $\Gamma_\mu^{a(\mathrm{I})}$ 揭示了夸克-胶子顶角怎样由夸克传播子、鬼传播子和四点鬼-夸克散射核构成;而 $\Gamma_\mu^{a(\mathrm{II})}$ 是夸克-胶子顶角中类四点的非定域顶角部分,依赖于六点鬼-夸克散射核、鬼传播子及不能表示为夸克传播子的非定域顶角项. 如果在(7.101)式和(7.102)式中略去鬼-夸克散射核的贡献,则夸克-胶子顶角约化为鬼的穿衣函数乘以 Abel 顶角函数(2.80). 若进一步令 $G(q^2) = 1$,则由(7.101)式和(7.102)式表示的顶角完全约化为 Abel 形式的顶角. 这表明,夸克-胶子顶角包含的鬼的穿衣函数和鬼-夸克散射核描述了夸克-胶子顶角的非 Abel 特性,而由(7.101)式和(7.102)式表示的夸克-胶子顶角函数揭示了夸克-胶子顶角的非 Abel 结构.

夸克-胶子顶角的上述结构表明,如果在夸克与反夸克(夸克)之间的有效相互作用是通过交换非微扰胶子而生成线性禁闭势,而胶子传播子是红外有限的,甚至消失,且鬼的穿衣函数在红外极限为常数,则夸克-胶子顶角必须包含足够强的红外增强或奇异性,此信息一定蕴藏在鬼-夸克散射核中. 的确,对夸克-胶子顶角的一个初步的格点计算指出,夸克-胶子顶角在红外是增强的,但夸克-胶子顶角不能用 Abel 型顶角乘以鬼的穿衣函数的形式描述[148]. 因此,包含在夸克-胶子顶角内的鬼-夸克散射核和鬼的穿衣函数这些非 Abel 特性对理解夸克禁闭动力学是基本的、决定性的,这与人们普遍认为的夸克禁闭起因于非微扰的非 Abel QCD 相互作用相一致.

由此知道,研究并理解包含在夸克-胶子顶角内的鬼-夸克散射核及包含在鬼-胶子顶角和三胶子顶角内的鬼-鬼散射核、鬼-胶子散射核这些非 Abel 特性量,对理解夸克和胶子色禁闭动力学是十分有意义的. 我们将在第 10 章详细阐述在协变 QCD 途径中如何求解 QCD 夸克禁闭和这些非 Abel 特性量在生成夸克禁闭机制中的本质角色.

第 8 章

有效场论途径

量子色动力学(QCD)是描述夸克、胶子及其相互作用的理论,其经典作用量为 $S[\bar{q},q,A]$,这里 q、A 分别指夸克和胶子场. 自然界中未发现自由的夸克和胶子,这表明,只有夸克和胶子的束缚态——强子($\pi,\rho,\omega,\cdots,N,\bar{N},\Delta,\cdots$)是 QCD 的物理真实态. 因而所有关于夸克和胶子存在的证据来自强子及其相互作用的性质以及包含电弱粒子参与的过程. 这些强子定律应该可以由等价于 QCD 的有效作用 $S[\pi,\rho,\omega,\cdots,N,\bar{N},\cdots]$ (其中 $\pi(x)$、$N(x)$、$\cdots$ 是描述复合裸强子的场量,其质心坐标为 x)演绎出来. 由于复合强子的性质,这样的有效作用必定是非定域的. 这样,我们必须研究怎样从夸克、胶子为自由度的 QCD 作用推导出以强子为自由度的有效作用. 实现这种推导的有效工具是泛函积分计算(FIC)技术. 由于数学处理的困难,至今人们还不能导出上述严格等价于 QCD 的有效作用量,而必须采取某种近似. 所得的整体色对称模型(GCM)就是 QCD 的一个近似模型,由此模型可完成强子化手续. 其步骤可表示如下:

$$Z = \int \mathcal{D}[\bar{q},q,A]\exp(-S_{\text{QCD}}[\bar{q},q,A] + \bar{q}\eta + \bar{\eta}q)$$

$$\approx \int \mathcal{D}[\bar{q},q,A]\exp(-S_{\text{GCM}}[\bar{q},q,A] + \bar{q}\eta + \bar{\eta}q)$$

$$= \int \mathscr{D}[B, \bar{D}, D] \exp(- S[B, \bar{D}, D]) \quad (\text{双定域场})$$

$$= \int \mathscr{D}[\bar{N}, N, \pi, \rho, \cdots] \exp(- S_{\text{had}}[\bar{N}, N, \pi, \rho, \cdots]) \quad (\text{定域场}) \tag{8.1}$$

在这些步骤中,可进一步派生出其他模型如 Nambu-Jona-Lasinio(NJL)模型、手征孤粒子模型等[232].

8.1 泛函积分途径与整体色对称模型

QCD 的经典作用量在 Euclid 空间可写为

$$S_{\text{QCD}}[\bar{q}, q, A] = \int d^4 x \left[\bar{q} \left(\gamma_\mu \left(\partial_\mu - \mathrm{i} g \frac{\gamma^a}{2} A_\mu^a \right) + M \right) q \right.$$
$$\left. + \frac{1}{4} F_{\mu\nu} F_{\mu\nu} + \frac{1}{2\xi} (\partial_\mu A_\mu)^2 \right] \tag{8.2}$$

这里 $\{\gamma_\mu, \gamma_\nu\} = 2\delta_{\mu\nu}$, $\gamma_\mu = \gamma_\mu^+$, $a \cdot b = a_\mu b_\mu$,类空矢量满足 $a^2 > 0$. $M\{m_u, m_q, \cdots\}$ 是流夸克质量. QCD 的生成泛函为

$$Z_{\text{QCD}}[\bar{\eta}, \eta, J] = \int \mathscr{D}[\bar{q}, q, A, \bar{c}, c] \exp\left(- S_{\text{QCD}}[A, \bar{q}, q, \bar{c}, c] \right.$$
$$\left. + \int d^4 x (\bar{q}\eta + \bar{\eta}q + J \cdot A) \right) \tag{8.3}$$

其中 $\bar{c}, c$ 指鬼场. 完成对胶子场和鬼场的积分,则得到

$$Z_{\text{QCD}} = \int \mathscr{D}\bar{q}\mathscr{D}q \exp\left\{- \int d^4 x [\bar{q}(\gamma \cdot \partial + M) q + \bar{q}\eta + \bar{\eta}q] + \Gamma[j] \right\} \tag{8.4}$$

这里

$$\Gamma[j] = \ln \int \mathscr{D}A \exp\left[\int d^4 x \left(- \frac{1}{4} F^2 + gA \cdot j \right) \right]$$
$$= \sum_n \frac{g^n}{n!} \int d^4 x_1 \cdots d^4 x_n D_{\mu_1 \cdots \mu_n}^{a_1 \cdots a_n}(x_1, \cdots, x_n) j_{\mu_1}^{a_1}(x_1) \cdots j_{\mu_n}^{a_n}(x_n) \tag{8.5}$$

其中

$$D^{a_1\cdots a_n}_{\mu_1\cdots\mu_n}(x_1,\cdots,x_n) = \frac{\int \mathscr{D}[A,\bar{c},c]A^{a_1}_{\mu_1}(x_1)\cdots A^{a_n}_{\mu_n}(x_n)\exp(-S_{QCD}[A,\bar{c},c])}{\int \mathscr{D}[A,\bar{c},c]\exp(-S_{QCD}[A,\bar{c},c])} \tag{8.6}$$

是相连的 n 点胶子格林函数.这个无穷级数系列是定域非 Abel 色对称的直接结果.

最低阶的胶子格林函数是二点函数.处理包含三点或更高阶胶子格林函数的项在分析中十分困难.在 GCM 模型中,仅考虑二点函数而丢掉难处理的高阶项,但用与动量相关的夸克-胶子耦合 $g(q^2)$ 代替展开中的裸耦合常数,即在 GCM 模型中定义了有效的胶子格林函数.因此形式上 GCM 定义为由下面的作用量描述的夸克-胶子场理论:

$$S_{GCM}[A,\bar{q},q] = \int \mathrm{d}^4x\left\{\bar{q}\left(\gamma\cdot\partial + M - \mathrm{i}gA^a_\mu\frac{\lambda^a}{2}\gamma_\mu\right)q + \frac{1}{2}A^a_\mu D^{-1}_{\mu\nu}(\mathrm{i}\partial)A^a_\nu\right\} \tag{8.7}$$

生成泛函为

$$Z_{GCM}[J,\eta,\bar{\eta}] = \int \mathscr{D}[\bar{q},q,A]\exp(-S_{GCM}[\bar{q},q,A] + \bar{q}\eta + \eta\bar{q} + JA) \tag{8.8}$$

8.2　强子化的 GCM 模型

QCD 描述的是带色夸克相互作用体系,实验上观测到的 QCD 物理态是色单态的强子.QCD 强子化或者说玻色化的基本思想是:将带色的复合场体系重排列而组合成整体色中性的复合场体系.这样的色空间的重排列通过 Fierz 变换实现.对于由夸克、反夸克对构成的介子体系,这样的重排列手续是直接的[233].对于重子体系,这样的重排列存在不同的途径.介子-双夸克玻色化途径包含了色单态的介子态与色 $\bar{3}(qq)$ 双夸克态和色 $3(\overline{qq})$ 双反夸克态.这些带色的子关联结构与另一个夸克构成色单态的重子及反重子.这样,介子-双夸克玻色化途径导致了 GCM 的介子-重子强子化[234,235].

8.2.1　介子-双夸克玻色化

我们用 FIC 技术完成玻色化手续.对 Z_{GCM} 完成胶子场积分后得到

$$Z_{\text{GCM}}[\eta,\bar{\eta}] = \int \mathcal{D}[\bar{q},q]\exp(-S_{\text{GCM}}[\bar{q},q] + \bar{q}\eta + \bar{\eta}q) \tag{8.9}$$

这里

$$S_{\text{GCM}}[\bar{q},q] = \int \mathrm{d}^4x\,\mathrm{d}^4y\left\{\bar{q}(x)(\gamma\cdot\partial_x + M)\delta^4(x-y)q(y)\right.$$
$$\left. + \frac{1}{2}\bar{q}(x)\frac{\lambda^a}{2}\gamma_\mu q(x)g^2 D_{\mu\nu}^{ab}(x-y)\bar{q}(y)\frac{\lambda^b}{2}\gamma_\nu q(y)\right\} \tag{8.10}$$

利用下述 Fierz 恒等关系: 对"色"代数为

$$\sum_{a=1}^{N_c^2-1} \frac{\lambda_{ij}^a}{2}\frac{\lambda_{kl}^a}{2} = \frac{1}{2}\left(1-\frac{1}{N_c}\right)\delta_{il}\delta_{jk} + \frac{1}{2N_c}\epsilon_{mik}\epsilon_{mlj} \tag{8.11}$$

对 $N_f = 3$ 的"味"代数为

$$\delta_{ij}\delta_{kl} = F_{il}^c F_{kj}^c, \quad \{F^c, c=0,\cdots,8\} = \left\{\frac{1}{\sqrt{3}}\mathbf{1}, \frac{\lambda^1}{\sqrt{2}}, \cdots, \frac{\lambda^8}{\sqrt{2}}\right\} \quad (\text{对介子}) \tag{8.12}$$

$$\delta_{ij}\delta_{kl} = H_{ik}^f H_{lj}^f, \quad \{H^f, f=1,\cdots,9\} = \{F^c, c=7,5,2,0,1,3,4,6,8\} \quad (\text{对双夸克}) \tag{8.13}$$

对 Dirac 矩阵,

$$\gamma_{rs}^\mu \gamma_{tu}^\mu = K_{ru}^a K_{ts}^a, \quad \{K^a\} = \left\{1, \mathrm{i}\gamma_5, \frac{\mathrm{i}}{\sqrt{2}}\gamma^\mu, \frac{1}{\sqrt{2}}\gamma^\mu\gamma_5\right\} \left.\rule{0pt}{30pt}\right\}$$
$$\gamma_{rs}^\mu \gamma_{tu}^\mu = (K^a C^{\mathrm{T}})_{rt}(C^{\mathrm{T}}K^a)_{us}, \quad \{C = \gamma^2\gamma^4, C\gamma^\mu C = \gamma^{\mu\mathrm{T}}\} \tag{8.14}$$

设

$$\{\bar{K}^a\} = \left\{1, -\mathrm{i}\gamma_5, \frac{-\mathrm{i}}{2\sqrt{2}}\gamma^\mu, \frac{1}{2\sqrt{2}}\gamma^\mu\gamma_5\right\}, \quad \mathrm{Tr}[\bar{K}^a K^b] = 4\delta_{ab} \tag{8.15}$$

定义

$$\{M_m^\theta\} = \left\{\sqrt{\frac{4}{3}}K^a F^c\right\}, \quad \{M_d^\phi\} = \left\{\mathrm{i}\sqrt{\frac{2}{3}}K^a\epsilon^\rho H^f\right\} \left.\rule{0pt}{40pt}\right\}$$
$$\{\bar{M}_d^\phi\} = \left\{\mathrm{i}\sqrt{\frac{2}{3}}\bar{K}^a\epsilon^\rho H^f\right\}, \quad \text{其中}(\epsilon^\rho)_{\alpha\beta} = \epsilon_{\rho\alpha\beta} \tag{8.16}$$

则可将 $S[\bar{q}q]$ 重排列为

$$S[\bar{q}q] = \int \mathrm{d}^4x\,\mathrm{d}^4y\left\{\bar{q}(x)\gamma\cdot\partial_x\delta^4(x-y)q(y)\right.$$

$$-\frac{1}{2}\bar{q}(x)\frac{M_m^\theta}{2}q(y)g^2D(x-y)\bar{q}(y)\frac{M_m^\theta}{2}q(x)$$

$$-\frac{1}{2}\bar{q}(x)\frac{M_d^\phi}{2}\bar{q}(y)^{cT}g^2D(x-y)q(y)^{cT}\frac{M_d^\phi}{2}q(x)\Big\} \tag{8.17}$$

其中 $q^c=Cq,\bar{q}^c=\bar{q}C$. 在所得到的重排列作用量中, $\bar{q}(y)M_m^\theta q(x)$ 是色单态的双定域 $\bar{q}q$ 场, 其"味"(1_f 或 8_f) 由 M_m^θ 中的味生成元 $\{F^0\}$ 或 $\{F^{1,\cdots,8}\}$ 决定. $\bar{q}(y)^{cT}M_d^\phi q(x)$ 是 $\bar{3}_c$ 态的双定域 qq 场, 其"味"($\bar{3}_f$ 或 6_f) 由 M_d^ϕ 中的生成元 $\{H^{123}\}$ 或 $\{H^{4,\cdots,9}\}$ 决定.

然后我们可利用 FIC 技术改变 FIC 积分变量. 注意到在 $\exp(-S)$ 中的二次项 (8.17) 可由下面的 FIC 积分生成:

$$Z=\int\mathscr{D}[\bar{q},q]\mathscr{D}[B,\tilde{D},\tilde{D}^*]$$

$$\times\exp\Big\{\int\mathrm{d}^4x\,\mathrm{d}^4y\Big[-\bar{q}(x)(\gamma\cdot\partial+M)\delta^4(x-y)q(y)$$

$$-\frac{B^\theta(x,y)B^\theta(y,x)}{2D(x-y)}-\frac{\tilde{D}^\phi(x,y)\tilde{D}^\phi(x,y)^*}{2D(x-y)}$$

$$-\bar{q}(x)\frac{M_m^\theta}{2}q(y)B^\theta(x,y)-\frac{1}{2}\bar{q}(x)\frac{M_d^\phi}{2}\bar{q}(y)^{cT}\tilde{D}^\phi(x,y)^*$$

$$-\frac{1}{2}\tilde{D}^\phi(x,y)q(y)^{cT}\frac{M_d^\phi}{2}q(x)\Big]+\int(\bar{\eta}q+\bar{q}\eta)\Big\} \tag{8.18}$$

其中 $B^\theta(x,y)=B^\theta(y,x)^*$ 是厄米双定域场. 完成对夸克场积分, 则得到以介子场和双夸克场为变量的表达式:

$$Z=\int\mathscr{D}[B,\tilde{D},\tilde{D}^*]\exp\Big\{\mathrm{Tr}\ln(G[B]^{-1})+\frac{1}{2}\mathrm{Tr}\ln(1+\bar{\tilde{D}}G[B]^{\mathrm{T}}\tilde{D}G[B])$$

$$-\int\frac{B^\theta B^{\theta*}}{2D}-\int\frac{\tilde{D}^\phi\tilde{D}^{\phi*}}{2D}+\frac{1}{2}\int\Theta F\Theta^{\mathrm{T}}\Big\} \tag{8.19}$$

其中

$$G^{-1}(x,y[B])=(\gamma\cdot\partial+M)\delta^4(x-y)+B(x,y)$$

$$B(x,y)=B^\theta(x,y)\frac{M_m^\theta}{2},\quad\tilde{D}(x,y)=\tilde{D}^\phi(x,y)C^{\mathrm{T}}\frac{M_d^\phi}{2}$$

$$\bar{\tilde{D}}(x,y)=\tilde{D}^\phi(x,y)^*\frac{M_d^\phi}{2}C^{\mathrm{T}},\quad F^{-1}=\begin{pmatrix}-\tilde{D}&G^{-1\mathrm{T}}\\-G^{-1}&-\bar{\tilde{D}}\end{pmatrix} \tag{8.20}$$

8.2.2　GCM 模型中的强子[234]

GCM 生成泛函(8.19)中的非双夸克部分 $S[B]$ 描述介子部分：

$$Z_B = \int \mathscr{D}B \exp\Big\{ - S[B] - \sum_{\text{diquarks}} \mathrm{Tr} \ln(\lambda_k(-\partial^2;[B_{CQ}])\delta^2(x-y))$$

$$+ \sum_{\text{baryons}} \mathrm{Tr} \ln(\gamma \cdot \partial + M_k(-\partial^2;[B_{CQ}])\delta^4(x-y)) + \cdots \Big\} \tag{8.21}$$

这里最主要的组态 B_{CQ} 由 Euler-Lagrange 方程 $\delta[S + \cdots]/(\delta B^\theta) = 0$ 确定.

GCM 生成泛函中的双夸克部分：

$$Z_D = \int \mathscr{D}[\tilde{D}, \tilde{D}^*] \exp\Big\{ \frac{1}{2} \mathrm{Tr} \ln(1 + \bar{\tilde{D}}G^T\tilde{D}G) - \int \frac{\tilde{D}^\sharp \tilde{D}^{\sharp *}}{2D} + \int (J^*\tilde{D} + \tilde{D}^* J) \Big\} \tag{8.22}$$

将生成色单态的重子. Z_D 中与 B 相关的项导致介子-重子耦合,并影响重子、介子组态.

对 Z_B、Z_D 作定域化处理,则在低能长波近似下,GCM 模型给出以强子为变量的生成泛函：

$$Z = \int \mathscr{D}[\pi, \rho, \omega, \cdots, \bar{N}, N, \cdots] \exp(-S_{\text{had}}[\pi, \rho, \omega, \cdots, \bar{N}, N, \cdots]) \tag{8.23}$$

这里

$$S_{\text{had}}[\pi, \rho, \omega, \cdots, \bar{N}, N, \cdots]$$

$$= \int \mathrm{d}^4x \, \mathrm{Tr}\Big\{ \bar{N}(\gamma \cdot \partial + m_0 + \Delta m_0 - m_0\sqrt{2\mathrm{i}}\gamma_5\pi^a\tau^a + \cdots)N \Big\}$$

$$+ \int \mathrm{d}^4x \Big\{ \frac{f_\pi^2}{2}[(\partial_\mu\pi)^2 + m_\pi^2\pi^2] + \frac{f_\rho^2}{2}[-\rho_\mu(-\partial^2)\rho_\mu + (\partial_\mu\rho_\mu)^2 + m_\rho^2\rho_\mu^2]$$

$$+ \frac{f_\omega^2}{2}[\rho \to \omega] + \cdots \Big\} \tag{8.24}$$

其中"$+\cdots$"表示 π、ρ、ω 之间的耦合项及高阶项的贡献,如 QCD 手征反常特别是 Wess-Zumino 项的贡献. m_0 是组分重子的手征质量,m_π 与 Δm_0 是由手征对称性破缺的流夸克质量引起的质量贡献.

8.2.3 GCM 模型中的孤粒子

在大 N_c(N_c 为色数)近似下,QCD 等价于有效介子场论,重子可看作是 QCD 大 N_c 极限下有效介子场论中的拓扑孤粒子[236]. GCM 的作用量由(8.10)式定义,是 QCD 作用量中胶子自由度被积掉后仅保留二点流-流关联的近似作用量.这样的作用量保持了整体色对称性,但丢弃了 QCD 的其他规范对称性.GCM 作用量(8.10)可看作大 N_c 展开下 QCD 作用量的主要贡献部分,对它的玻色化手续给出了长波近似下的有效介子场论(见上小节的讨论),由此可讨论 GCM 模型下的拓扑孤粒子解.对这个近似图像的一个改进方法是直接从 GCM 作用量出发,对夸克的流-流关联部分作介子场的玻色化,但保留 GCM 作用量中的单粒子自由度,构成有效的夸克-介子作用量,而处理核子等重子为介子背景场中的孤粒子解.

为了将 GCM 作用量用($\bar q q$)场的形式表示,首先要应用下列的 Dirac 矩阵、自旋和色的 Fierz 重排列恒等式对夸克流-流关联作重排列:

$$\gamma_{ij}^{\mu}\gamma_{kl}^{\mu} = K_{il}^a K_{kj}^a, \quad K^a = \left[1, i\gamma_5, \frac{i}{\sqrt 2}\gamma_\nu, \frac{i}{\sqrt 2}\gamma_\nu\gamma_5\right] \tag{8.25}$$

$$\delta_{ij}\delta_{kl} = F_{il}^b F_{kj}^b, \quad F_{N_f=2}^b = \left(\frac{1}{\sqrt 2}, \frac{\boldsymbol\tau}{\sqrt 2}\right) \tag{8.26}$$

$$\lambda_{ij}^a\lambda_{kl}^a = C_{il}^c C_{kj}^c, \quad C^c = \left(\frac{4}{3}I, \frac{i}{\sqrt 3}\lambda^a\right) \tag{8.27}$$

$M^\theta = K^a \otimes F^b \otimes C^c$(这里 $\theta = (a,b,c)$)表示由自旋、味 $SU(2)$ 和色 $SU(3)$ 矩阵作 Fierz 重排后的直积.由此可写出在 Euclid 空间手征极限下的 GCM 作用量:

$$S_{\mathrm{GCM}} = \int \mathrm d^4 x \bar q(x)(\gamma\cdot\partial + m_0)q(x)$$

$$+ \frac{g^2}{2}\iint \mathrm d^4 x\, \mathrm d^4 y \bar q(x)\frac{M^\theta}{2}q(y)D(x-y)\bar q(y)\frac{M^\theta}{2}q(x) \tag{8.28}$$

其中传播子已取为类 Feynman(Feynman-like)型, $D_{\mu\nu}(x-y) = \delta_{\mu\nu}D(x-y)$.引入 $B^\theta(x,y)$,它与($\bar q(x)M^\theta q(y)$)/2 有相同变换性质并具有介子的量子数.由于泛函积分中的归一化因子与计算物理量不相关,因而可乘以一个常数因子如

$$\left[\det(D^{-1})\right]^{-\frac 12} = \int \mathscr D B \exp\left\{-\int \mathrm d^4 x\, \mathrm d^4 y \frac{B^\theta(x,y)B^\theta(y,x)}{2g^2 D(x-y)}\right\} \tag{8.29}$$

然后在泛函积分中作积分变量变换 $B^\theta(x,y) \rightarrow B^\theta(x,y) + D(x-y)J^\theta(y,x)$，则四夸克流-流关联项 $\frac{1}{2}(J^* DJ)$ 被消除，由此得到 GCM 生成泛函的表达式为[237]

$$Z = \int \mathscr{D}B^\theta(x,y)\exp(-S[B^\theta(x,y)]) \tag{8.30}$$

其中作用量为

$$S[B^\theta] = \int \mathrm{d}^4x\,\mathrm{d}^4y\left\{\bar{q}(x)G^{-1}(x,y)q(y) + \frac{B^\theta(x,y)B^\theta(y,x)}{2g^2 D(x-y)}\right\} \tag{8.31}$$

这里 G^{-1} 为夸克传播子的逆：

$$G^{-1}(x,y) = (\gamma \cdot \partial_x + M_0)\delta(x-y) + M^\theta B^\theta(x,y) \tag{8.32}$$

在生成泛函的表达式(8.30)中源项不再明显写出.

由于双线性场 $B^\theta(x,y)$ 具有介子的量子数，我们可以将该场相对于真空组态的扰动作为介子.在最低阶，仅考虑 Goldstone 玻色子 σ 和 π.(8.31)式给出了 GCM 模型下的夸克-双定域介子作用量.

现在我们讨论 GCM 模型作用量(8.31)的拓扑孤粒子解[238,239].

体系的真空组态由稳定性条件决定：$\delta S[B^\theta]/\delta B_0^\theta = 0$，它导致平移不变的夸克自能：

$$\Sigma(x-y) = M^\theta B_0^\theta(x,y) = M^\theta B_0^\theta(x-y) \tag{8.33}$$

这里夸克自能满足 Dyson-Schwinger 方程，在彩虹近似下此 Dyson-Schwinger 方程在动量空间可写为

$$\Sigma(p) = \mathrm{i}\gamma \cdot p[A(p^2)-1] + B(p^2)$$
$$= g^2\int \frac{\mathrm{d}^4q}{(2\pi)^4}D(p-q)\frac{\lambda^a}{2}\gamma_\mu \frac{1}{\mathrm{i}\gamma \cdot q + \Sigma(q)}\gamma_\mu \frac{\lambda^a}{2} \tag{8.34}$$

其中 $D(p)$ 是 $D(x)$ 的 Fourier 变换.介子场可明显地表示为

$$M^\theta[B^\theta(x,y) - B_0^\theta(x,y)]$$
$$= B(x-y)\left[\sigma\left(\frac{x+y}{2}\right) + \mathrm{i}\gamma_5\boldsymbol{\tau}\cdot\boldsymbol{\pi}\left(\frac{x+y}{2}\right)\right] \tag{8.35}$$

对(8.33)式和(8.35)式作 Fourier 变换，然后与(8.34)式组合，则得到一个类 Dirac(Dirac-like)方程.由此得到正能态满足的本征值方程：

$$[\mathrm{i}\gamma \cdot p A(p) + B(p)]u_j(\boldsymbol{p})$$

$$+ \frac{1}{f_\pi} \int \frac{\mathrm{d}^3 k}{(2\pi)^3} B\left(\frac{p+k}{2}\right)\left[\hat{\sigma}(p-k) + \mathrm{i}\lambda_5 \tau \cdot \pi(p-k)\right] u_j(k) = 0 \quad (8.36)$$

其中 $\hat{\sigma} = \sigma - f_\pi$, u_j 为四分量的 Dirac 旋量.

GCM 孤粒子的总能量函数为

$$E = \sum_{j=1}^{3} \epsilon_j + \int \mathrm{d}^3 x \left[\frac{1}{2}(\nabla\sigma)^2 + \frac{1}{2}(\nabla\pi)^2 + U(x)\right] \quad (8.37)$$

这里 ϵ_j 为方程 (8.36) 的本征值, 积分项表示介子场的贡献. 其中 $U(x)$ 为介子的有效势, 它反映了夸克与介子的相互作用, $U(x)$ 是 $A(p^2)$ 和 $B(p^2)$ 的函数[239]. 定态介子场由能量函数 (8.37) 的稳定解 $\delta E/\delta\sigma$ 和 $\delta E/\delta\pi$ 得到.

为了求解耦合的方程 (8.34)—(8.37) 及介子场方程, 需要选择适当的有效胶子传播子, 例如 Munczek-Nominovsky 模型胶子传播子

$$g^2 D(q) = (2\pi)^4 \frac{3}{16} \eta^2 \delta^4(q) \quad (8.38)$$

或 (7.62) 式表示的有效胶子传播子. 对于描述核子的孤粒子, 考虑 S 波的价夸克波函数

$$u_j(p) = \begin{bmatrix} f_j(p) \\ \mathrm{i}\sigma \cdot \hat{p} g_j(p) \end{bmatrix} \quad (8.39)$$

这里 p 为单位矢量. 对介子场选取刺猬型 (hedgehog) 解

$$\left.\begin{aligned} \sigma(r) &= \sigma(r) \\ \pi_j(r) &= \hat{r}_j \pi(r) \quad (j = 1, 2, 3) \end{aligned}\right\} \quad (8.40)$$

然后, 数值求解耦合方程组, 可得孤粒子的总能量 $E = 3\epsilon_{\mathrm{val}} + E_k + E_p$, 其中 E_k 和 E_p 分别为 (8.37) 式的介子动量和势能项贡献. 经典孤粒子的质量为 $M_{\mathrm{cl}} = \left(E^2 - \Sigma\langle p_j^2\rangle\right)^{1/2}$, 其中 p_j 为夸克动量. 考虑反冲修正后的孤粒子质量为 M_{rec}. Liu 研究组[239] 利用 (8.38) 式的有效胶子传播子 (取 $\eta = 1.04\,\mathrm{GeV}$, $f_\pi = 93\,\mathrm{MeV}$) 作数值计算得到的经典孤粒子的质量为 1124 MeV, 半径为 $0.64\,\mathrm{fm}$, 考虑反冲修正后的值分别为 916 MeV 和 $0.56\,\mathrm{fm}$, 接近核子的相应经验值. 他们还利用 (7.62) 式表示的胶子传播子作了相应的计算. 对拓扑孤粒子的量子化则可应用集体坐标量子化方法, 给出核子与 Δ 粒子的质量劈裂.

GCM 模型给出了从 QCD 夸克图像强子化为物理强子的直观图像. 利用 GCM 模型结合 Dyson-Schwinger 方程可计算强子的质量、耦合常数等定态性质. 在核介质中 GCM 模型则可以用来研究在核介质中的强子性质由核介质密度及温度改变引起的变化[180,181,240,241].

8.3　QCD 味动力学、NJL 模型及夸克-介子有效作用量

在 8.1 节中我们讨论了用泛函积分计算方法将 QCD 中的胶子自由度形式上积分掉,由此得到了仅含夸克自由度的 QCD 有效作用量,即 QCD"味"动力学理论. 当切断 $n \geqslant 3$ 的多点格林函数项的贡献,仅保留二点格林函数项时,得到了如下的近似有效作用量(在 Minkowski 空间):

$$S[\bar{q}, q] = \int d^4 x \, d^4 y \Big\{ \bar{q}(x)(i\gamma \cdot \partial_x - M_0)\delta^4(x - y)q(x)$$
$$- \frac{g^2}{2} \bar{q}(x)\gamma^\mu \frac{\lambda^a}{2} q(x) D_{\mu\nu}^{ab}(x - y)\bar{q}(y)\gamma^\nu \frac{\lambda^b}{2} q(y) \Big\} \tag{8.41}$$

我们将从这个作用量出发推导两个有效模型——NJL 模型[242]和夸克-介子有效作用量.

8.3.1　NJL 模型

对二点格林函数作简化的定域近似:

$$g^2 D_{\mu\nu}^{ab}(x - y) \approx - g^2 \kappa g_{\mu\nu} \delta^{ab}\delta^4(x - y) \tag{8.42}$$

这里有效耦合 κ 与胶子的动力学质量相联系. 利用 Fierz 恒等式

$$\sum_{a=1}^{N_c^2-1} \frac{\lambda_{ij}^a}{2} \frac{\lambda_{kl}^a}{2} = \frac{1}{2}\Big(1 - \frac{1}{N_c^2}\Big)\delta_{il}\delta_{kj} - \frac{1}{N_c}\sum_a \frac{\lambda_{il}^a}{2}\frac{\lambda_{kj}^a}{2} \tag{8.43}$$

$$\left.\begin{array}{l} \gamma_\mu \otimes \gamma_\mu = 1 \otimes 1 + i\gamma_5 \otimes i\gamma_5 + \dfrac{i}{\sqrt{2}}\gamma_\mu \otimes \dfrac{i}{\sqrt{2}}\gamma_\mu + \dfrac{i}{\sqrt{2}}\gamma_\mu\gamma_5 \otimes \dfrac{i}{\sqrt{2}}\gamma_\mu\gamma_5 \\[2mm] 1 \otimes 1 = \dfrac{1}{\sqrt{3}}1 \otimes \dfrac{1}{\sqrt{3}}1 + \dfrac{1}{\sqrt{2}}\lambda \otimes \dfrac{1}{\sqrt{2}}\lambda \end{array}\right\} \tag{8.44}$$

对作用量(8.41)式作 Fierz 重排列,得到近似的有效作用量,其近似的有效拉氏量为

$$\mathcal{L}_{\text{eff}} = \bar{q}(\mathrm{i}\gamma \cdot \partial - m_0)q + \mathcal{L}_{\text{int}}^{\text{CI}} + \mathcal{L}_{\text{int}}^{\text{C8}} \tag{8.45}$$

其中 $\mathcal{L}_{\text{int}}^{\text{CI}}$ 和 $\mathcal{L}_{\text{int}}^{\text{C8}}$ 分别指色单态和色八重态(分别相应于(8.43)式右边第一项和第二项的贡献)相互作用:

$$\mathcal{L}_{\text{int}}^{\text{CI}} = G_{\text{S}} \sum_{i=0}^{8} \left\{ \left(\bar{q} \frac{\lambda^i}{2} q \right)^2 + \left(\bar{q} \mathrm{i}\gamma_5 \frac{\lambda^i}{2} q \right)^2 \right\}$$
$$- G_{\text{V}} \sum_{i=0}^{8} \left\{ \left(\bar{q}\gamma_\mu \frac{\lambda^i}{2} q \right)^2 + \left(\bar{q} \mathrm{i}\gamma_\mu \gamma_5 \frac{\lambda^i}{2} q \right)^2 \right\} \tag{8.46}$$

其中 $G_{\text{S}} = 2G_{\text{V}} = g^2 \kappa/2$,$\lambda^i$ 指包括味单态的 $U(3)_{\text{f}}$ 矩阵. 对于 $\kappa > 0$,$\mathcal{L}_{\text{int}}^{\text{CI}}$ 引起的相互作用是吸引的,它导致了色中性的束缚介子态. 另一方面,$\mathcal{L}_{\text{int}}^{\text{C8}}$ 引起的相互作用是排斥的. 从(8.45)式看到,色八重态作用相对于色单态是 $O(1/N_c)$ 阶的,因此在大 N_c 图像中可忽略. 在讨论 GCM 模型时已看到,该项可导致吸引的双夸克关联,对构成重子态是重要的[①]. $\mathcal{L}_{\text{int}}^{\text{CI}}$ 是通常 NJL 模型中的四费米子作用项 $\mathcal{L}_{\text{int}}^{(4)}$.

在 $\mathcal{L}_{\text{int}}^{\text{CI}} + \mathcal{L}_{\text{int}}^{\text{C8}}$ 中仍包含轴 $U(1)_{\text{A}}$ 对称性. 使 $U(1)_{\text{A}}$ 破缺但保持手征对称性的一个方法是引入 't Hooft 作用[243]:

$$\mathcal{L}_{\text{int}}^{(6)} = \frac{G_{\text{D}}}{12} d_{ijk} \left[\frac{1}{3} (\bar{q}\lambda^i q)(\bar{q}\lambda^j q) + (\bar{q}\gamma_5 \lambda^i q)(\bar{q}\gamma_5 \lambda^j q) \right] (\bar{q}\lambda^k q) \tag{8.47}$$

其中 d_{ijk} 是对称的 $SU(3)$ 结构常数:$d_{000} = \sqrt{2/3}, d_{0jk} = -\sqrt{1/6}$ $(j, k \neq 0)$. $\mathcal{L}_{\text{int}}^{(6)}$ 是导致味混杂的六点相互作用.

概括上述讨论,我们得到三味情况下的 NJL 模型拉氏量:

$$\mathcal{L}_{\text{NJL}} = \bar{q}(\mathrm{i}\gamma \cdot \partial - m_0)q + \mathcal{L}_{\text{int}}^{(4)} + \mathcal{L}_{\text{int}}^{(6)} \tag{8.48}$$

其中 $\mathcal{L}_{\text{int}}^{(4)} = \mathcal{L}_{\text{int}}^{\text{CI}} + \mathcal{L}_{\text{int}}^{\text{C8}}$.

在二味情况,包含标量介子、赝标介子和标量双夸克的 NJL 模型可写为

$$\mathcal{L}_{\text{NJL}} = \bar{q}(\mathrm{i}\gamma \cdot \partial - m_0)q + G_{\text{S}}[(\bar{q}q)^2 + (\bar{q}\mathrm{i}\gamma_5 \tau q)^2]$$
$$+ G_{\text{D}}[(\mathrm{i}\bar{q} \epsilon \epsilon^b \gamma_5 q)(\mathrm{i}\bar{q} \epsilon \epsilon^b \gamma_5 q^c)] \tag{8.49}$$

这里 C 为电荷共轭算符,ϵ 指味空间的反对称张量,ϵ^b 指色空间的反对称张量,$(\epsilon)^{jk} = \epsilon^{jk}, (\epsilon^b)^{\alpha\beta} = \epsilon^{\alpha\beta b}$.

由于 NJL 模型与 QCD 理论间的上述联系以及模型简单易处理,近年来人们用该模

---

① 从这里也可看到,重子态相对于介子态是 $O(1/N_c)$ 阶的.

型来讨论动力学手征对称性破缺及其恢复等问题,也用来讨论强子的定态性质、强子相互作用等,特别是有限化学势情况的色超导态.

8.3.2 有效夸克–介子作用量

现在我们讨论如何从有效作用量 S_{eff} 出发来导出夸克–介子体系有效作用量.此推导可借助于辅助场方法的基本思想.考虑下述拉氏密度:

$$\mathscr{L}^{(0)} = \bar{q}(x)\mathrm{i}\gamma^{\mu}\partial_{\mu}q(x) + \frac{g^2}{2}(\bar{q}(x)q(x))^2 \qquad (8.50)$$

则它的真空→真空跃迁振幅(或生成泛函)可写为

$$\mathrm{e}^{\mathrm{i}W} = N\int\mathscr{D}[\bar{q},q]\exp\left(\mathrm{i}\int\mathrm{d}^4x\mathscr{L}^{(0)}(x)\right) \qquad (8.51)$$

我们可在积分中引入辅助场变量 $\sigma(x)$ 而不改变动力学:

$$\mathrm{e}^{\mathrm{i}W} = N'\int\mathscr{D}[\bar{q},q,\sigma]\exp\left(\mathrm{i}\int\mathrm{d}^4x\left\{\mathscr{L}_{(0)}(x) - \frac{1}{2}[\sigma(x) + g\bar{q}(x)q(x)]^2\right\}\right)$$
$$= N'\int\mathscr{D}[\bar{q},q,\sigma]\exp\left(\mathrm{i}\int\mathrm{d}^4x\widetilde{\mathscr{L}}^{(0)}(x)\right) \qquad (8.52)$$

这里

$$\widetilde{\mathscr{L}}^{(0)}(x) = \bar{q}(x)[\mathrm{i}\gamma^{\mu}\partial_{\mu} - g\sigma(x)]q(x) - \frac{1}{2}\sigma^2(x) \qquad (8.53)$$

由此,原来拉氏量 $\mathscr{L}_{(0)}$ 中的四费米子相互作用由夸克场与 $\sigma(x)$ 场的相互作用代替.从拉氏量 $\widetilde{\mathscr{L}}^{(0)}$ 可得到 $\sigma(x)$ 场满足的经典运动方程为

$$\sigma(x) = -g\bar{q}(x)q(x) \qquad (8.54)$$

这可以解释为 $\sigma(x)$ 场描述色单态的 $(\bar{q}q)$ 标量介子.完全类似地,我们可从有效作用 $S[\bar{q},q]$ 出发引入各类介子场.设完全 Fierz 重排列后的 $S[\bar{q},q]$ 的色单态部分为

$$S[\bar{q},q] = \int\mathrm{d}^4x\,\mathrm{d}^4y\left\{\bar{q}(x)(\mathrm{i}\gamma\cdot\partial_x - m_0)\delta^4(x-y)q(y)\right.$$
$$\left. + \frac{\kappa}{2}\int\mathrm{d}^4x\,\mathrm{d}^4yJ^{\alpha}(x,y)K_{\alpha\beta}(xy;yx)J^{\beta}(y,x)\right\} \qquad (8.55)$$

这里 $J^\alpha(x,y) = \bar{q}(x)\Lambda^\alpha q(y)$，$\Lambda^\alpha$ 表示(8.16)式中的 M_m^θ. 该作用量的生成泛函为

$$Z(\eta,\bar{\eta}) = N\int\mathscr{D}[\bar{q},q]\exp i\left\{ S + \int d^4x(\eta\bar{q} + \bar{q}\eta)\right\} \tag{8.56}$$

类似于(8.52)式，引入双定域的玻色场 $\varphi(x,y)$，则 $Z(\eta,\bar{\eta})$ 可等价地写为

$$Z(\eta,\bar{\eta}) = N'\int\mathscr{D}[\bar{q},q,\varphi]\exp\left\{ i\left(S_0 - (J,\varphi) + (\bar{\eta},q) - \frac{1}{2\kappa}(\varphi,K^{-1}\varphi)\right)\right\} \tag{8.57}$$

这里 S_0 为自由夸克作用. 明显地写出为

$$\left. \begin{aligned} S_0 - (J,\varphi) &= \int d^4x\, d^4y\, \bar{q}(x) i\gamma\cdot D(x,y) q(y)\\ i\gamma\cdot D(x,y) &= (i\gamma\cdot\partial - m_0)\delta^4(x-y) - \Lambda^\alpha\varphi_\alpha(x,y) \end{aligned}\right\} \tag{8.58}$$

这个算符描述了在集体玻色场 $\varphi_\alpha(x,y)$ 为背景场中运动的夸克. 此时 φ_α 场的运动方程为

$$\varphi_\alpha(x,y) = -\kappa\bar{q}(x)\Lambda_\alpha q(y) \tag{8.59}$$

它可以解释为 $\varphi_\alpha(x,y)$ 描述色单态的 $(\bar{q}q)$ 介子. 由此可得到夸克-介子等效作用量：

$$S_{\text{eff}}^{(0)} = S_0 - (J,\varphi) - \frac{1}{2\kappa}(\varphi,K^{-1}\varphi) \tag{8.60}$$

但是 $S_{\text{eff}}^{(0)}$ 不包含任何 φ 场的导数项，即运动学项. 这些项由夸克圈生成.

对格林函数作定域化近似，则 $S[\bar{q},q]$ 约化为 NJL 模型. 考虑两种"味"(u、d 夸克)情况，在完成计算夸克圈及集体介子场的有效位后，则可导致如下形式的有效夸克-介子拉氏量：

$$\begin{aligned} \mathscr{L}_{\text{eff}}^{q\text{-M}}(x) = \bar{q}(x)&\Big\{ i\gamma^\mu\partial_\mu - g_\sigma[\sigma(x) + i\boldsymbol{\pi}(x)\cdot\boldsymbol{\tau}\gamma_5]\\ &- g_\omega\gamma^\mu\omega_\mu(x) - g_\rho\gamma^\mu\boldsymbol{\rho}_\mu(x)\cdot\boldsymbol{\tau}\Big\} q(x)\\ &+ \frac{1}{2}\partial_\mu\sigma(x)\partial^\mu\sigma(x) + \frac{1}{2}\partial_\mu\boldsymbol{\pi}(x)\cdot\partial^\mu\boldsymbol{\pi}(x) - \lambda^2[\sigma^2(x) + \boldsymbol{\pi} - \sigma_{\text{vac}}^2]^2\\ &- \frac{1}{4}\boldsymbol{\rho}^{\mu\nu}(x)\boldsymbol{\rho}_{\mu\nu}(x) + m_\rho^2\rho_\mu^2(x) - \frac{1}{4}\omega^{\mu\nu}(x)\omega_{\mu\nu}(x) + m_\omega^2\omega_\mu^2(x) \end{aligned} \tag{8.61}$$

这里我们显式地写出了各类型(由 Λ^α 表示)的集体场——介子场. 这个有效夸克-介子拉氏量常被用来研究具有介子云的夸克构成的重子结构、重子-重子相互作用以及相对论夸克模型下核的性质.

8.3.3　低能有效手征拉氏量

在非常低能时,我们仅考虑那些远大于规范场关联长度的格林函数,因此可仅考虑费米子的接触相互作用.这时 QCD 可近似为点相互作用的 NJL 模型.在引进辅助场(玻色场)后,NJL 模型的四费米子作用变成双线性夸克场-介子场有效作用.在夸克裸质量为零时,这些有效作用在手征变换下是不变的.

双线性夸克-介子的有效作用的生成泛函为(见(8.57)式)

$$Z(\eta,\bar{\eta}) = N'\int\mathcal{D}[\bar{q},q,\varphi]\exp\left\{i[S_0 - (J,\varphi) + (\bar{\eta},q) + (\bar{q},\eta) - \frac{1}{2\kappa}(\varphi,K^{-1}\varphi)]\right\} \tag{8.62}$$

进一步完成对夸克场的路径积分,则导致如下的有效作用:

$$S[\varphi] = -\frac{1}{2\kappa}(\varphi,K^{-1}\varphi) - i\,\mathrm{Tr}\ln(i\gamma\cdot D) \tag{8.63}$$

这里 $i\gamma\cdot D = i\gamma\cdot\partial - \varphi, \varphi = \varphi_a\Lambda^\alpha = S + i\gamma_5 P - V_\mu\gamma^\mu - A_\mu\gamma^\mu\gamma_5$. S、P、V_μ 和 A_μ 分别指标量场、赝标场、矢量场及轴矢量场,$S = S^a\lambda_F^\alpha/2, V_\mu = V_\mu^a\lambda_F^\alpha/2$ 等.进一步引入复场

$$M = S + iP \tag{8.64}$$

及变换

$$M = \Omega\Phi\Omega, \quad \Omega = e^{i\pi(x)/F} \tag{8.65}$$

其中 F 将等同于赝标介子衰变常数,Φ 为厄米矩阵,$\pi(x)$ 为 Goldstone 玻色场,则在裸夸克质量为零时,有效作用可写为

$$S[\varphi] = -\frac{1}{2G_S}\mathrm{Tr}(\Phi^2) - \frac{1}{2G_V}\mathrm{Tr}(V^2 + A^2) - i\mathrm{Tr}\ln(i\gamma\cdot D) \tag{8.66}$$

这里 $G_S = G_V = \kappa$. 这是一个高度非线性的介子场 φ_a 的函数.实际计算中常作鞍点近似展开.κN_c 固定下的展开与大 N_c 展开相对应.在大 N_c 极限下,介子场的泛函积分由定态相(平均场)组态主宰.当 $\Omega = 1, A_{\mu L} = V_{\mu R} = 0$ 时,此平均场组态满足的方程只有平凡解 $\Phi = 0$(裸夸克质量为零情况),它相应于手征对称性相.但当耦合常数 G_S 超过某个临界值时,解不稳定.于是具有 $\Phi = \Phi_0 \neq 0$ 的新的真空发生,它相应于手征对称性相的自发破缺(Nambu-Goldstone 相).

对费米子行列式需要分别计算其实部和虚部. 对作用量的实真空部分展开的领头阶贡献导致了规范的线性 σ 模型. 对费米子行列式虚部的计算导致手征反常项的贡献. 由 $A_\mu = V_\mu = 0$ 得到的有效手征拉氏量可写为

$$\mathscr{L}_{\text{eff}} = \mathscr{L}_2 + \mathscr{L}_4 + \mathscr{L}_{\text{WZ}} + \mathscr{L}_{\text{sb}} \tag{8.67}$$

这里

$$\left.\begin{aligned}
\mathscr{L}_2 &= -\frac{1}{4} F_\pi^2 \text{Tr}(L_\mu L^\mu) \\
\mathscr{L}_4 &= \frac{N_c}{32\pi^2} \text{Tr}\left\{ \frac{1}{12}[L_\mu, L_\nu][L^\mu, L^\nu] - \frac{1}{3}(\partial_\mu L^\mu)^2 + \frac{1}{6}(L_\mu L^\mu)^2 \right\}
\end{aligned}\right\} \tag{8.68}$$

Wess-Zumino 项[244] $\mathscr{L}_{\text{WZ}}$ 满足

$$\int \mathrm{d}^4 x\, \mathscr{L}_{\text{WZ}} = \frac{\mathrm{i}N_c}{240\pi^2} \int_{B_5} \mathrm{d}^5 x\, \epsilon^{\mu\nu k\lambda\rho} \text{Tr}(L_\mu L_\nu L_k L_\lambda L_\rho) \tag{8.69}$$

其中 $L_\mu = \partial_\mu U U^+, U = \Omega^2 = \mathrm{e}^{2\mathrm{i}\pi(x)/F}$ 为手征场. $\mathscr{L}_{\text{sb}}$ 为裸夸克质量引起的手征对称性破缺项:

$$\mathscr{L}_{\text{sb}} = \frac{1}{2} F_\pi^2 M_\pi^2 \text{Tr}(U - 1) \tag{8.70}$$

其中 $M_\pi = \mu m^0/(G_s F_\pi^2)$ 为 π 介子质量, m^0 为裸夸克质量.

在这条途径中, Goldstone 玻色子之间的相互作用是用有效拉氏量来表示的, 且它具有 QCD 的基本对称性质. 如果在有效拉氏量中包括各种可能的二阶项、四阶项等, 则可完成自洽的重整化手续, 这就是所谓的手征微扰论, 在这里有效场论中包含的参量由实验确定.

方程(8.67)给出了 Skyrme 模型[245,246]. 从上面的讨论看到, 这个手征有效拉氏量相应于大 N_c 展开领头项的贡献.

8.3.4　重子作为有效场的孤粒子

我们看到, 在大 N_c 近似下 QCD 等价于有效介子场论. 有效介子场论能相当好地描述低能介子唯象, 唯象的 σ 模型、Skyrme 模型是该有效介子场论在大 N_c 极限的图像. Skyrme 模型存在非平凡的拓扑孤粒子解, 如果将其绕数等同于重子数, 则此拓扑孤粒子可用来描述重子, 即重子可看作 QCD 在大 N_c 极限下有效介子场论中的拓扑孤粒子[246]. 我们将在 11.2 节讨论 Skyrme 模型、它的量子化及在重子体系中的应用.

当 N_c 为有限数时,用 Skyrme 孤粒子来描述重子就显得太粗糙了,一般可估计出用 Skyrme 孤粒子描述重子的误差约为 30%. 改进孤粒子模型对重子的描述一个途径就是应用包含双线性夸克场的 NJL 模型. 求解 GCM 模型的拓扑孤粒子解就是一个例子. 有不少文献研究了 Skyrme 模型、GCM 模型和 NJL 模型的拓扑孤粒子解,用它们来描述重子性质、重子-重子相互作用乃至核物质的性质. 这有助于我们从"整体"角度来理解低能 QCD 下的重子及其相互作用.

第 9 章

QCD 求和规则

　　QCD 求和规则是应用比较广泛的 QCD 非微扰途径[247]. 它在描述强子物理(质量、定态性质、耦合常数等)方面取得了很大成功,近年来又被应用于核物理,发展成为在核介质中和有限温度时的 QCD 求和规则. QCD 求和规则的有效应用能区通常在强子质量标度.

9.1　QCD 求和规则的基本思想

　　QCD 求和规则的基本出发点是 $n(n=2,3,\cdots)$ 点关联函数. 例如典型的二点关联函数为

$$\Pi(p^2) = i\int d^4 x e^{ip\cdot x} \langle 0 \mid T\{J_\eta(x)J_\eta(0)\} \mid 0 \rangle \tag{9.1}$$

这里 J_η 为具有所考虑的强子量子数的流算符(也称为插入场),例如对核子流(质子),

$$J_\eta^P(x) = \epsilon_{abc}[u_a(x)^T C\gamma_\mu u_b(x)]\gamma^\mu \gamma^5 d_c \tag{9.2}$$

其中 u、d 指夸克场.

QCD 求和规则途径的基本假设是理论的"双重性"(duality)原理. 一方面,关联函数 $\Pi(p^2)$ 可唯象地在强子图像中描述,利用色散关系

$$\Pi(p^2) = \frac{(p^2)^n}{\pi}\int ds \frac{\mathrm{Im}\Pi(s)}{s^n(s-p^2)} + \sum_{k=0}^{n-1} a_k(p^2)^k \tag{9.3}$$

和关联函数的虚部 $\mathrm{Im}\Pi(p^2)$ 在 Minkowski 区域(p^2 的正值区)与可观测物理量的联系,引入感兴趣的有关物理量. (9.3)式中的 a_k 是一些减除常数. $\rho_{\mathrm{phe}}(s) = \frac{1}{\pi}\mathrm{Im}\Pi(s)$ 也称为谱密度. 在分离态近似情形下,$\rho_{\mathrm{phe}}(s)$ 可表示为

$$\rho_{\mathrm{phe}}(s) = \lambda_1^2 \delta(s-m_1^2) + \lambda_2^2 \delta(s-m_2^2) + \cdots \tag{9.4}$$

这里 m_i 为第 i 态的质量,λ_i 为该态与插入场的耦合强度.

另一方面,关联函数 $\Pi(p^2)$ 可通过在深度 Euclid 区($-p^2 \to \infty$)作算符乘积展开(OPE)用 QCD 的夸克、胶子自由度描述:

$$\Pi(p^2) = \sum_n C_n^{AB}(p^2)\hat{O}_n \tag{9.5}$$

其中 C_n^{AB} 称为 Wilson 系数. 假设存在动量转移的某中间区域,此两种描述是等价的,然后通过 Borel 变换改善两种描述的衔接. 对于给定的函数,Borel 变换定义为[247,248]

$$\hat{L}_B f(Q^2) = \lim_{Q^2,n\to\infty} \frac{(Q^2)^{n+1}}{n!}\left(-\frac{\mathrm{d}}{\mathrm{d}Q^2}\right)^n f(Q^2) \equiv \hat{f}(M^2) \tag{9.6}$$

其中 $M^2 = Q^2/n$,M 称为 Borel 质量参数. 容易看出,Borel 变换可改善 OPE 级数的收敛性和增强最低阶共振对谱密度的贡献,并抑制较高质量共振态的贡献. 在计算中,有时也用如下定义的减去了连续态贡献的矩 R_{ik} 来代替 Borel 变换:

$$R_k(\pi,s_0) = \frac{1}{\tau}\hat{L}_B[(q^2)^k(\Pi(Q^2)-\Pi(0))] - \frac{1}{\pi}\int_{s_0}^\infty s^k \mathrm{e}^{-s\tau}\mathrm{Im}\Pi^{(\mathrm{per})}(s)\mathrm{d}s$$

$$= \frac{1}{\pi}\int_0^{s_0} s^k \mathrm{e}^{-s\tau}\mathrm{Im}\Pi(s)(\mathrm{d}s) \tag{9.7}$$

这里 τ 是 Borel 变换变量,s_0 为连续阈的起点.

按理论的双重性原理,使完成 Borel 变换后的唯象关联函数和算符乘积展开关联函

数相等:

$$\hat{\Pi}_{\text{phe}}(M^2) = \hat{\Pi}_{\text{OPE}}(M^2) \tag{9.8}$$

将得到强子的有关物理量用 QCD 参量(流夸克质量、耦合 α_s 和一组表示 QCD 非微扰效应的真空凝聚)表示的关系,由此给出有关物理量的 QCD 求和规则计算.

9.2 算符乘积展开

算符乘积展开[37]技术是 QCD 求和规则途径计算的基础.它的基本思想是将微扰效应和非微扰效应分开.例如考虑两个定域算符,它们的时序乘积可用一完全组的正规化的算符 $\hat{O}_n$ 作展开:

$$i\int d^4 x e^{ip \cdot x} \left[A(x) B(0) \right] \underset{p^2 \to -\infty}{=\!=\!=} \sum_n C_n^{AB}(p, \mu) \hat{O}_n(0, \mu) \tag{9.9}$$

这里 μ 指重整化点. C_n^{AB} 称为 Wilson 系数,它相应于大动量(短距离)的 QCD 动力学的贡献,可用微扰 QCD 方法计算. $\hat{O}_n$ 包含低动量相互作用贡献(长距离非微扰效应),在 QCD 求和规则计算中,它的真空期望值(真空凝聚量)用来参数化 QCD 真空的非微扰效应.常出现的低阶算符有 $O_0 = 1$(维数 $d = 0$), $O_q = \langle \bar{q}q \rangle$($d = 3$), $O_B = G_{\mu\nu}^a G^{\mu\nu a}$($d = 4$)等,相应的真空期望值 $\langle \bar{q}q \rangle$、$\langle g_c^2 G^2 \rangle$ 分别称为夸克凝聚和胶子凝聚.将 OPE 应用到 (9.1)式,则有

$$\Pi_{\text{OPE}}(p^2) = \Pi_{\text{pert}}(p^2) + C_q(q^2)\langle \bar{q}q \rangle + C_G(q^2)\langle g_c^2 G^2 \rangle + \cdots \tag{9.10}$$

其中 Π_{pert} 指微扰贡献.在实际计算中,Π_{OPE} 通常只包含较低维数项(如算至 $d = 8$)的贡献,以此作为严格的 Π_{OPE} 的合理近似.这是 QCD 求和规则途径计算误差的主要来源之一.

算符乘积展开可按标准的方法进行.在计算有外场情况下的 QCD 求和规则时,关联函数的算符乘积展开在存在某种外场 Z_a 的条件下进行,如下一节讨论的张量流关联函数的算符乘积展开.在没有外场的情况下,有时在背景场规范下作算符乘积展开[254]比较方便,这时,背景场下的量子色动力学[255]提供了十分有用的理论工具.

9.3 计算实例：核子的张量荷计算

我们以核子张量荷的 QCD 求和规则计算为例来说明该途径的计算框架.

核子的张量荷由张量流算符 $J^{\alpha}_{\mu\nu}$ ($\alpha = v, s, u, d$, 其中 $v(s)$ 为同位旋矢（标）量, $u(d)$ 为 u(d) 夸克的贡献, 如 $J^{v}_{\mu\nu} = \bar{u}\sigma_{\mu\nu}u - \bar{d}\sigma_{\mu\nu}d$ 等) 在核子态的期望值定义:

$$\langle N(p', s') \mid J^{\alpha}_{\mu\nu} \mid N(p, s) \rangle$$
$$= \bar{u}_{s'}(p')[g^{\alpha}_{\mathrm{T}}(q)\sigma_{\mu\nu} + g^{\alpha}_{P}(q)\mathrm{i}(q_{\mu}\gamma_{\nu} - q_{\nu}\gamma_{\mu})]u_s(p) \tag{9.11}$$

这里 $q_{\mu} = p'_{\mu} - p_{\mu}$, $u_s(p)$ 为核子旋量. 张量荷定义为零动量转移下的 g^{α}_{T}. 令 $g^{u}_{\mathrm{T}} = \delta u$, $g^{d}_{\mathrm{T}} = \delta d$, 则从定义有 $g^{v}_{\mathrm{T}} = \delta u - \delta d$, $g^{s}_{\mathrm{T}} = \delta u + \delta d$.

核子的张量荷可用三点关联函数途径[81]或二点函数途径[82]计算. 我们证明了这两种计算途径对任何核子荷（重子荷、轴荷、张量荷等）计算的等价性. 计算可直接在动量空间完成, 或先在坐标空间计算再变换到动量空间, 后者计算量较小. 在二点函数途径中需引入外张量场 $Z_{\mu\nu}$, 其方法是在通常的 QCD 拉氏量中加入附加项:

$$\Delta \mathscr{L} = g_{\mathrm{q}} \bar{q}(x) \sigma_{\mu\nu} q(x) Z_{\mu\nu} \tag{9.12}$$

这里 g_{q} 指夸克与场 $Z_{\mu\nu}$ 的耦合. 为了计算 OPE, 我们先计算出存在外场 $Z_{\mu\nu}$ 时坐标空间的夸克传播子:

$$S^{ab}_{ij} = \langle 0 \mid T q^{a}_{i}(x) \bar{q}^{b}_{j}(0) \mid 0 \rangle$$

$$= \frac{\mathrm{i}\delta^{abc}(\hat{x})_{ij}}{2\pi^2 x^4} - \frac{\delta^{ab}}{4\pi^2 x^4} g_{\mathrm{q}} \big[x^2 Z_{\mu\nu}(\sigma^{\mu\nu})_{ij} - 4x^{\nu}x_{\rho}Z_{\mu\nu}(\sigma^{\mu\rho})_{ij} \big]$$

$$+ \frac{\mathrm{i}}{32\pi^2 x^2} g_{\mathrm{c}} \frac{\lambda^{n}_{ab}}{2} G^{n}_{\mu\nu}(\hat{x}\sigma^{\mu\nu} + \sigma^{\mu\nu}\hat{x})_{ij}$$

$$- \frac{1}{12}\delta^{ab}\delta_{ij}\langle 0 \mid \bar{q}q \mid 0 \rangle - \frac{\delta^{ab}}{24}Z_{\mu\nu}g_{\mathrm{q}}\chi\langle \bar{q}q \rangle(\sigma^{\mu\nu})_{ij}$$

$$- \mathrm{i}\frac{\delta^{ab}}{48}g_{\mathrm{q}}\langle \bar{q}q \rangle Z_{\mu\nu}(\hat{x}\sigma^{\mu\nu} + \sigma^{\mu\nu}\hat{x})_{ij} + \frac{\delta_{ab}}{192}\delta_{ij}x^2\langle 0 \mid \bar{q}g_{\mathrm{c}}\sigma \cdot Gq \mid 0 \rangle$$

$$+ \frac{\delta^{ab}}{288}g_{\mathrm{q}}\langle \bar{q}q \rangle Z_{\mu\nu}\big[x^2(\kappa - 2\zeta)(\sigma^{\mu\nu})_{ij} + 2x^{\nu}x_{\rho}(\kappa + \zeta)(\sigma^{\mu\rho})_{ij} \big] + \cdots \tag{9.13}$$

其中 $\hat{x} = \gamma \cdot x$.

利用(9.2)式,我们可直接计算出关联函数.与张量荷相关的是关联函数对外场的线性响应部分 $\Pi_{\mu\nu} Z_{\mu\nu}$.计算结果(至 $d=8$)可表示为

$$\Pi(Z_{\mu\nu}, p) = Z_{\mu\nu}\left[W_1\, \hat{p}\sigma^{\mu\nu}\,\hat{p} + W_2\sigma^{\mu\nu} + W_3\{\hat{p}, \sigma^{\mu\nu}\} + \cdots \right] \tag{9.14}$$

其中 $\hat{p} = \gamma \cdot p$,

$$W_1 = -\frac{g_{\mathrm{d}}}{24\pi^2}\chi\langle \bar{q}q\rangle\ln(-p^2) + \frac{g_{\mathrm{d}}}{16\pi^2 p^2}\zeta\langle \bar{q}q\rangle + \frac{g_{\mathrm{d}}}{576\pi^2 p^4}\chi\langle \bar{q}q\rangle\langle g_{\mathrm{c}}^2 G^2\rangle$$

$$+ \frac{2g_{\mathrm{u}}}{p^4}\langle \bar{q}q\rangle^2 - \frac{3g_{\mathrm{u}}}{2p^6}\langle \bar{q}q\rangle\langle \bar{q}g_{\mathrm{c}}\sigma \cdot Gq\rangle \tag{9.15}$$

导出 W_1 的计算过程可见 Feynman 图 9.1. W_2、W_3 的形式可见文献[82].

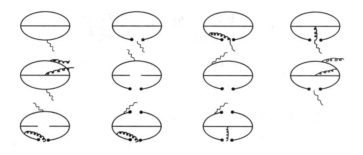

图 9.1 从关联函数导出 W_1、W_2 的 Feynman 图

    其中实线、圈线、波纹线分别表示夸克线、胶子线和外场.

引入物理中间态,则关联函数在强子图像中可写为

$$\Pi(Z_{\mu\nu}, p) = \frac{\lambda_{\mathrm{N}}^2}{(p^2 - m_{\mathrm{N}}^2)^2}g_{\mathrm{T}}^a Z_{\mu\nu}\left[\hat{p}\sigma^{\mu\nu}\,\hat{p} + m_{\mathrm{N}}^2\sigma^{\mu\nu} + m_{\mathrm{N}}\{\hat{p}, \sigma^{\mu\nu}\} \right] + \cdots \tag{9.16}$$

这里 λ_{N} 为核子流算符 J_η 与核子态的耦合常数.比较唯象表达式(9.16)与算符乘积展开式(9.14),得到 3 个相应于不同 Dirac 结构的求和规则公式.原则上它们都可用于决定 g_{T}^a,但由于 3 种结构的渐近形式不同,因而给出的 g_{T}^a 近似程度不同.分析表明,对应结构 $\hat{p}\sigma^{\mu\nu}\hat{p}$ 的求和规则有较好的精确度.进一步考虑各类算符的反常维数并作 Borel 变换,则得到 g_{T}^a 与 Borel 参量间的函数关系,例如对结构 $\hat{p}\sigma^{\mu\nu}\hat{p}$ 有[83]

$$-\frac{g_{\mathrm{d}}\chi a}{24L^{4/9}}M^2(m_{\mathrm{N}}^2 E_0 - M^2 E_1) + \frac{g_{\mathrm{d}}\zeta a}{16}m_{\mathrm{N}}^2 L^{4/27} - \frac{g_{\mathrm{d}}\chi ab}{576L^{4/9}}\left(1 + \frac{m_{\mathrm{N}}^2}{M^2}\right)$$

$$+ \frac{g_u a^2}{2}\left(1 + \frac{m_N^2}{M^2}\right)L^{16/27} - \frac{3g_u m_0^2 a^2}{8M^2}\left(1 + \frac{m_N^2}{2M^2}\right)L^{4/27}$$

$$= g_T^\alpha(\mu_0)\beta_N^2 e^{-m_N^2/M^2} \tag{9.17}$$

这里 $a = -(2\pi)^4\langle \bar{q}q\rangle$, $b = \langle g_c^2 G^2\rangle$, $m_0^2 a = (2\pi)^2\langle \bar{q}g_c\sigma\cdot Gq\rangle$, $\beta_N^2 = (2\pi)^4\lambda_N^2/4$, M 是 Borel 质量参数. 因子 $E_n = 1 - \sum_n x^n e^{-x}/n!$ ($x = s_0/M^2$, $s_0 \approx 2.3\,\mathrm{GeV}^2$ 是有效连续阈)用以加上激发态的贡献. 算符的反常维数通过因子 $L = \ln(M^2/\Lambda^2)/\ln(\mu_0^2/\Lambda^2)$ 纳入,其中 μ_0 是归一化点, $\Lambda = \Lambda_{\mathrm{QCD}}$ 是 QCD 标度参数. $g_T^\alpha(\mu_0)$ 指张量荷定义在归一化点 μ_0.

通常用数值方法求解如(9.17)式给出的求和规则公式. 我们发现,在 $M = m_N$ 并结合核子质量求和规则公式,可导出在标度 $\mu^2 = m_N^2$ 时质子的张量荷的简单公式:

$$\left. \begin{aligned} \delta u &= -\frac{4(2\pi)^2\langle \bar{q}q\rangle}{m_N^3}\left(1 - \frac{9m_0^2}{16m_N^2}\right) \\ \delta d &= \frac{\langle g_c^2 G^2\rangle}{36m_N^4} \end{aligned} \right\} \tag{9.18}$$

代入标准的凝聚值,则上式给出 $\delta u = 1.29$, $\delta d = 0.02$, $g_T^v = 1.27$, $g_T^s = 1.31$, 与详细数值分析结果一致. 综合分析结果,得到在 4.2.5 小节给出的在核子质量标度时的核子张量荷值. 在任意标度时的张量荷可通过演化方程计算得到.

9.4 QCD 胶球的 QCD 求和规则计算

QCD 作用量中存在胶子自相互作用是 QCD 理论最显著的非 Abel 特征,它导致 QCD 在高能标度的渐近自由并联系着低能标度的色禁闭与动力学手征对称性破缺. 由此推测在低能标度存在胶子的束缚态——胶球(glueball). 实验上寻找胶球是对 QCD 理论的直接检验. 因此,对胶球的理论研究有十分重要的意义. 早在 1980 年,Novikov 等[249]就开始用 QCD 求和规则估算胶球的质量,目前在文献中已有不少关于胶球的 QCD 求和规则计算工作. 这里,我们先以计算标量胶球质量为例给出胶球的 QCD 求和规则计算框架,然后考虑瞬子的贡献.

9.4.1 标量胶球的常规 QCD 求和规则计算

QCD 求和规则计算的基本出发点是流-流关联函数或者说关联子：

$$\Pi(q^2) = i \int dx e^{iq \cdot x} \langle 0 \mid T\{j(x), j(0)\} \mid 0 \rangle \tag{9.19}$$

这里，0^{++} 胶子流定义为

$$j(x) = \alpha_s G_{\mu\nu}^a G_{\mu\nu}^a(x) \tag{9.20}$$

其中 $G_{\mu\nu}^a$ 是胶子场强张量，即 (1.33) 式中的 $F_{\mu\nu}^a$，α_s 为夸克-胶子耦合常数. 流 $j(x)$ 是规范不变的和纯 Yang-Mills QCD 中的非重整化（至二圈阶）流. 通过算符乘积展开，在没有辐射修正时关联函数可写为

$$\Pi(q^2) = a_0 (Q^2)^2 \ln \frac{Q^2}{\nu^2} + b_0 \langle \alpha_s G^2 \rangle + c_0 \frac{\langle gG^3 \rangle}{Q^2} + d_0 \frac{\langle \alpha_s^2 G^4 \rangle}{(Q^2)^2} \tag{9.21}$$

这里 $Q^2 = -q^2 > 0$，$a_0 = -2(\alpha_s/\pi)^2$，$b_0 = 4\alpha_s$，$c_0 = 8\alpha_s^2$，$d_0 = 8\pi\alpha_s$，并应用如下的缩写约定：

$$\left. \begin{array}{l} \langle \alpha_s G^2 \rangle = \langle \alpha_s G_{\mu\nu}^a G_{\mu\nu}^a \rangle \\[2mm] \langle gG^3 \rangle = \langle gf_{abc} G_{\mu\nu}^a G_{\nu\rho}^b G_{\rho\mu}^c \rangle \\[2mm] \langle \alpha_s^2 G^4 \rangle = 14 \langle (\alpha_s f_{abc} G_{\mu\rho}^a G_{\rho\nu}^b)^2 \rangle - \langle (\alpha_s f_{abc} G_{\mu\nu}^a G_{\rho\lambda}^b)^2 \rangle \end{array} \right\} \tag{9.22}$$

另一方面，对关联函数可利用色散关系 (9.3) 式在强子唯象图像中描述，从而引入需要计算的物理量. 由 (9.3) 式得到

$$\Pi(Q^2) = \Pi(0) - \Pi'(0) + \frac{(Q^2)^2}{\pi} \int_0^{+\infty} ds \frac{\text{Im}\Pi(s)}{s^2(s+Q^2)} \tag{9.23}$$

低能定理[249]表明

$$\Pi(0) = \frac{32\pi}{e_0} \langle \alpha_s G^2 \rangle \quad \left(e_0 = \frac{11}{3} N_c - \frac{2}{3} N_f, N_c \text{ 为色数}, N_f \text{ 为味数} \right) \tag{9.24}$$

物理谱密度可分为两部分：高能部分与低能部分. 其中高能部分的行为是平凡的：$\text{Im}\Pi(s) \to (2/\pi) s^2 \alpha_s^2(s)$. 低能部分可用窄共振近似表示，在单共振模型中谱密度可写为（见 (9.4) 式）

$$\frac{1}{\pi}\mathrm{Im}\Pi(s) = f^2 m_{\mathrm{G}}^4 \delta(s - m_{\mathrm{G}}^2) \tag{9.25}$$

这里 m_{G} 为胶球质量,f 为胶子流与胶球的耦合常数.

利用理论的双重性假设,将关联函数的上述两种等价表示在适当的中间动量转移区衔接,并用 Borel 变换改善这种衔接.在这里,用(9.7)式定义的矩 R_k 代替 Borel 变换程序:

$$R_k(\tau, s_0) = \frac{1}{\pi}\int_0^{s_0} s^k \mathrm{e}^{-s\tau}\mathrm{Im}\Pi(s)\mathrm{d}s \tag{9.26}$$

并由(9.3)式得到

$$R_k(\tau, s_0) = \left(-\frac{\partial}{\partial\tau}\right)^{k+1} R_{-1}(\tau, s_0) \quad (k \geqslant -1) \tag{9.27}$$

无辐射修正的 $R_{-1}(\tau, s_0)$ 可由(9.21)式得到.在窄共振近似(9.25)式的情况中,

$$R_k(\tau, s_0) = m_{\mathrm{G}}^{2k+4} f^2 \exp(-\tau m_{\mathrm{G}}^2) \tag{9.28}$$

求和规则的重整化群改进相当于作如下替代:

$$\nu^2 \to \frac{1}{\tau}, \quad \langle gG^2 \rangle \to \left(\frac{\alpha_{\mathrm{s}}}{\alpha_{\mathrm{s}}(\nu^2)}\right)^{7/11} \langle gG^3 \rangle \tag{9.29}$$

如果关联函数在 QCD 的算符乘积展开和物理唯象中可以完备地给出,那么胶球质量的确定将与 R_k 的选择无关.但实际情况并非如此,因此必须选择合适的 R_k.已有的计算表明,R_{-1} 和 R_0 导致胶球质量太低($m_{\mathrm{G}} \sim 700$—$900 \mathrm{MeV}$).为此,Huang 等[250]研究了比率 $R_{k+1}/R_k = m_{\mathrm{G}}^2(\tau, s_0)$.结果表明,矩的适当选取对 0^{++} 胶球质量的确定十分重要:矩 R_{-1}、R_0、$R_k(k > 2)$ 不适合用于确定单共振近似时的质量,矩 R_1 用于确定 0^{++} 胶球质量是最适合的.取 $s_0 = 3.6 \mathrm{GeV}^2$,计算得到的 $R_1(\tau, s_0)$ 曲线给出了相当好的求和规则平台.取 $\langle \alpha_{\mathrm{s}} G^2 \rangle = 0.06 \mathrm{GeV}^4$,$\langle gG^3 \rangle = (0.27 \mathrm{GeV}^2)\langle \alpha_{\mathrm{s}} G^2 \rangle$,$\langle \alpha_{\mathrm{s}}^2 G^4 \rangle = (9/16)\langle \alpha_{\mathrm{s}} G^2 \rangle^2$,$\Lambda_{\overline{\mathrm{MS}}} = 200 \mathrm{MeV}$,$\alpha_{\mathrm{s}} = -4\pi/(11\ln(\tau\Lambda_{\overline{\mathrm{MS}}}^2))$,$R_1(\tau, s_0)$ 曲线给出的 0^{++} 胶球质量范围为 $(1710 \pm 110) \mathrm{MeV}$.

考虑了辐射修正后,关联函数为

$$\Pi(q^2) = \left(a_0 + a_1\ln\frac{Q^2}{\nu^2}\right)(Q^2)^2\ln\frac{Q^2}{\nu^2} + \left(b_0 + b_1\ln\frac{Q^2}{\nu^2}\right)\langle \alpha_{\mathrm{s}} G^2 \rangle$$
$$+ \left(c_0 + c_1\ln\frac{Q^2}{\nu^2}\right)\frac{\langle gG^3 \rangle}{Q^2} + d_0\frac{\langle \alpha_{\mathrm{s}}^2 G^4 \rangle}{(Q^2)^2} \tag{9.30}$$

其中 $a_1 = (11/2)(\alpha_s/\pi)^3$, $b_1 = -11\alpha_s^2/\pi$, $c_1 = -58\alpha_s^3$, a_1 和 b_1 中也包含了 α_s 修正项. 由此计算得到的 0^{++} 胶球质量约为 $1.66\,\mathrm{GeV}$, 即辐射修正影响很小.

进而可考虑同位旋 $I = 0$ 的 0^{++} 夸克流

$$j_2(x) = \frac{1}{\sqrt{2}}(\bar{u}u(x) + \bar{d}d(x)) \tag{9.31}$$

与胶子流 (9.20) 的混合效应, 将胶球的物理态看作复合共振, 得到的标量胶球的质量约为 $1.9\,\mathrm{GeV}$, 表明混合效应的影响不大[250].

9.4.2 瞬子在 QCD 胶球的 QCD 求和规则中的作用

用常规的 QCD 求和规则计算胶球时, 不同的矩 R_k ($k = -1, 0, 1, 2, \cdots$) 导致不同稳定性的求和规则平台, 并由此给出明显不一致的标量胶球质量. 这表明, 在胶球关联函数的常规短距离算符乘积展开中丢失了某些重要的非微扰物理. 在核子质量的 QCD 求和规计算中也出现某种相似的情况: 用矢量道 $\Pi_q(q^2)$ 和标量道 $\Pi_m(q^2)$ 的求和规则计算核子质量, 结果明显不一致. 这里 Π_q 和 Π_m 由核子质量的求和规则的关联函数定义:

$$\mathrm{i}\int \mathrm{d}^4 x \mathrm{e}^{\mathrm{i} q \cdot x} \langle 0 \mid T\eta(x)\bar{\eta}(0) \mid 0 \rangle = \gamma \cdot q\Pi_q(q^2) + \Pi_m(q^2) \tag{9.32}$$

其中 $\eta(x)$ 为核子流算符. 计算表明, 小尺度瞬子即直接瞬子 (direct instanton) 对关联函数的算符乘积展开产生相当大的非微扰修正[251]. 由此改善了这两种核子质量的求和规则, 特别是对标量道 Π_m 的求和规则计算十分重要.

期望直接瞬子对标量胶球的 QCD 求和规则关联函数有较重要的贡献基于以下直观的分析: 一方面, 瞬子作为相干真空胶子场与 0^{++} 胶球道的耦合特别强; 另一方面, 直接瞬子的尺度小 ($r_G \approx 0.2\,\mathrm{fm}$), 它比禁闭尺度和较重的胶球尺度小得多, 直接瞬子作为胶子间产生吸引相互作用的媒介对形成标量胶球起到作用.

Forkel 计算分析了瞬子对标量胶球关联子 (更确切地说, 是对单位算符的 Wilson 系数) 的 OPE 的贡献和对唯象谱函数的连续部分的贡献, 并求解了相应的 QCD 求和规则[252,253]. 计算的出发点是关联子 (9.19). 关联子的标准算符乘积展开包括至 $O(\alpha_s)$ 阶辐射修正的微扰 Wilson 系数和至维数 8 的算符, 其结果 $\Pi^{(\mathrm{OPE})}(Q^2)$ 由 (9.31) 式给出. 除了微扰贡献, Wilson 系数中还有由直接瞬子导致的非微扰贡献. 至半经典展开的领头阶, 直接瞬子对关联子 (9.19) 的 IOPE 系数的贡献可用标准的技术[249]由瞬子背景的胶子背景场传播子[254]计算得到. 将最邻近的瞬子与反瞬子的贡献合到一起, 在坐标空间至领头阶

$O(\hbar)$ 的结果为

$$\Pi_s^{(I+\bar{I})}(x^2) = \sum_{I,\bar{I}} \int d\rho\, n(\rho) \int d^4 x_0 \langle Tj_s(x)j_s(0)\rangle_{I+\bar{I}}$$

$$= \frac{2^9 \times 3^2}{\pi^2} \int d\rho\, n(\rho) \int d^4 x_0 \frac{\rho^8}{[(x-x_0)^2+\rho^2]^4[x_0^2+\rho^2]^4} \tag{9.33}$$

$$= \frac{2^8 \times 3}{7} \int d\rho \frac{n(\rho)}{\rho^4} \,_2F_1\left(4,6,\frac{9}{2},-\frac{x^2}{4\rho^2}\right) \tag{9.34}$$

其中 $n(\rho)$ 为 QCD 真空中瞬子的尺度分布，$_2F_1(\cdots)$ 为超几何函数. $\Pi_s^{(I+\bar{I})}(x^2)$ 的下标 s 指标量道，它在 (Euclid) 动量空间的表示由 Fourier 变换得到：

$$\Pi_s^{(I+\bar{I})}(Q^2) = \int d^4 x\, e^{iQx} \Pi_s^{(I+\bar{I})}(x^2) \tag{9.35}$$

其结果为

$$\Pi_s^{(I+\bar{I})}(Q^2) = \frac{2^{10} \times 3\pi^2}{7} \int d\rho \frac{n(\rho)}{\rho^4} \int_0^\infty dr\, r^3 \frac{J_1(Qr)}{Qr} \,_2F_1\left(4,6,\frac{9}{2},-\frac{r^2}{4\rho^2}\right)$$

$$= 2^5\pi^2 \int d\rho\, n(\rho)(Q\rho)^4 K_2^2(Q\rho) \tag{9.36}$$

这里 $J_1(z)$ 和 $K_2(z)$ 分别为 Bessel 函数和 McDonald 函数. 一个有意义的结果是

$$\Pi_s^{(I+\bar{I})}(Q^2=0) = 2^7\pi^2 \int d\rho\, n(\rho) \tag{9.37}$$

为了清楚地了解直接瞬子对标量胶球求和规则的贡献，在这里将 (9.36) 式中的被积函数中的 $K_2(Q\rho)$ 用 $K_2(Q\bar{\rho})$ 代替，$\bar{\rho}$ 为平均瞬子尺度. 记 $\overline{n\rho^4} = \int d\rho\, n(\rho)\rho^4$，则由 (9.36) 式可得到（同时不标记 Π 中的下标）

$$\Pi^{(I+\bar{I})}(Q^2) = 2^5\pi^2\, \overline{n\rho^4}\, Q^4 K_2^2(Q\bar{\rho}) \tag{9.38}$$

这里平均瞬子尺度 $\bar{\rho} \approx 1/3\,\mathrm{fm}$，$\bar{n}$ 是瞬子平均密度，$\bar{n} \approx 1/2\,\mathrm{fm}^{-4}$，$K_2$ 是 McDonald 函数. 由于瞬子尺度 $\bar{\rho} < \Lambda_{\mathrm{QCD}}^{-1}$，(9.38) 式的 $O(\hbar)$ 由大瞬子作用 $S_I(\bar{\rho}) \sim 10\hbar$ 抑止.

各个求和规则可以由 (9.26) 式给出的权重矩 $R_k(\tau)(k \in \{-1,0,1,2\})$ 构成. $R_k^{(\mathrm{OPE})}$ 已在 9.4.1 小节讨论过. 瞬子的贡献 $R_k^{(I+\bar{I})}$ 由 (9.27) 式表示为

$$R_k^{(I+\bar{I})}(\tau) = \left(-\frac{\partial}{\partial\tau}\right)^{k+1} R_{-1}^{(I+\bar{I})}(\tau) \quad (k \geqslant 1) \tag{9.39}$$

这里 $R_{-1}^{(I+\bar{I})}$ 可由下式计算：

$$R_{-1}^{(I+\bar{I})}(\tau) = -2^6 \pi^2 \bar{n} x^2 \mathrm{e}^{-x} \left[(1+x) K_0(x) + \left(2 + x + \frac{2}{x} \right) K_1(x) \right] + 2^7 \pi^2 \bar{n} \quad (9.40)$$

其中 $x \equiv \overline{\rho^2}/(2\tau)$. (9.40)式中已去掉了减除项 $-\Pi^{(I+\bar{I})}(0) = -2^7 \pi^2 \bar{n}$, 因为它不属于 OPE 系数.

$R_k^{(\mathrm{OPE})} + R_k^{(I+\bar{I})}$ 组成了瞬子改善的算符乘积展开(IOPE)的矩. 为了写出求和规则, 需要将 IOPE 的表达式与对应的唯象部分衔接, 后者由色散关系(9.23)导出. 其中谱函数可用单极点贡献和有效连续作参数化:

$$\mathrm{Im}\Pi^{(\mathrm{phen})}(s) = \pi f_G^2 m_G^4 \delta(s - m_G^2)$$
$$+ \left[\mathrm{Im}\Pi^{(\mathrm{OPE})}(s) + \mathrm{Im}\Pi^{(I+\bar{I})}(s) \right] \theta(s - s_0) \quad (9.41)$$

这里

$$\mathrm{Im}\Pi^{(I+\bar{I})}(s) = -2^4 \pi^4 \overline{n\rho^4} s^2 J_2(\sqrt{s}\bar{\rho}) Y_2(\sqrt{s}\bar{\rho}) \quad (9.42)$$

其中 J_2 和 Y_2 分别为 Bessel 函数和 Neumann 函数.

使唯象的 Borel 矩 $R_k^{(\mathrm{phen})}$ 与相应的 IOPE 表示 $(R_k^{(\mathrm{OPE})} + R_k^{(I+\bar{I})})$ 相等, 则得到包含瞬子贡献的求和规则:

$$\frac{R_k(\tau, s_0)}{m_G^{2+2k}} = f_G^2 m_G^2 \mathrm{e}^{-\tau m_G^2} \quad (9.43)$$

其中

$$R_k(\tau_1 s_0) = \sum_{X = \mathrm{OPE}, I+\bar{I}} \left[R_k^{(X)}(\tau) - R_k^{(X-\mathrm{cont})}(\tau, s_0) \right] + \delta_{k,-1} \Pi_{(0)}^{(\mathrm{phen})} \quad (9.44)$$

$$R_k^{(X-\mathrm{cont})}(\tau, s_0) = \frac{1}{\pi} \int_{s_0}^{\infty} \mathrm{d}s\, s^k \mathrm{Im}\Pi^{(X)}(s) \mathrm{e}^{-s\tau} \quad (9.45)$$

值得指出的是, R_{-1} 求和规则中的减除常数(substraction constant) $\Pi^{(\mathrm{phen})}(0)$ 可通过低能定理(9.24)与胶子凝聚联系, 此关系为求和规则结果提供了重要的自洽检验途径.

Forkel[252] 完成了对求和规则(9.43)式的定量计算和分析. 结果呈现出较低的矩预言较小的胶球质量和较大的耦合的趋势, 如 R_0 求和规则导致 $m_G = 1.4\,\mathrm{GeV}$ 和 $f_G = 1.14\,\mathrm{GeV}(s_0 = 5.1\,\mathrm{GeV}^2)$, R_2 求和规则给出 $m_G = 1.53\,\mathrm{GeV}$ 和 $f_G = 1.01\,\mathrm{GeV}(s_0 = 4.89\,\mathrm{GeV}^2)$; 较高的矩获得较强的极点贡献, 因而较高的矩预言的胶球质量更可信赖. 综合 R_{-1}、R_0、R_1 和 R_2 求和规则的结果, 预言 0^{++} 胶球的质量为 $m_G = (1.53 \pm 0.2)\,\mathrm{GeV}$, 耦合 $f_G = (1.01 \pm 0.25)\,\mathrm{GeV}$. 计算结果表明, 瞬子对标量胶球求和规则的贡献十分重要甚至是主导性的, R_k 越低, 其瞬子的贡献越大. 因而在通常的求和规则中用

R_{-1} 求和规则导致的不自洽问题在这里由于瞬子贡献大而得到了相当大的改善,给出的胶球质量与较高矩的结果有相同量级. 这表明 IOPE 求和规则相当成功地解决了用常规 OPE 求和规则中存在的下述问题:在不同 Borel 矩求和规则间的不自洽和对零动量关联子低能定理的不自洽性.

用 QCD 求和规则计算标量(0^{++})、赝标(0^{-+})和张量(2^{++})胶球时,关联函数可写为

$$\Pi_G(Q^2) = i\int d^4 x e^{iqx} \langle 0 \mid T j_G(x) j_G(0) \mid 0 \rangle \tag{9.46}$$

这里 $Q^2 = -q^2$,算符 $j_G(G \in \{S, P, T\})$ 为胶子流算符或者说插入场,下标 S、P、T 分别指带有标量(0^{++})、赝标(0^{-+})和张量胶球的量子数,

$$\left.\begin{aligned} j_S(x) &= \alpha_s G^a_{\mu\nu}(x) G^{a\mu\nu}(x) \\ j_P(x) &= \alpha_s G^a_{\mu\nu}(x) \widetilde{G}^{a\mu\nu}(x) \\ j_T(x) &= \Theta^a_{\mu\nu}(x) \end{aligned}\right\} \tag{9.47}$$

这里 $\widetilde{G}_{\mu\nu} \equiv (i/2) \epsilon_{\mu\nu\rho\sigma} G^{\rho\sigma}$, Θ^a_μ 是 QCD 的能量-动量张量. Forkel[253] 推导了自旋为零的胶球关联子的 IOPE 的非微扰 Wilson 系数;基于实际的瞬子尺度分布和在算符标度下的重整化,系统处理直接瞬子的贡献;在赝标道,拓扑荷(拓扑荷密度 $Q(x) = (\alpha_s/(8\pi)) G^a_{\mu\nu} \widetilde{G}^{a\mu\nu} = j_P(x)/(8\pi)$)屏蔽被确定为附加的非微扰物理来源. 在此基础上,在标量(0^{++})和赝标(0^{-+})胶球道进行了 Borel 矩求和规则的定量分析. 结果表明:直接瞬子和拓扑荷屏蔽这些拓扑短距离物理对求和规则有相当强的影响;在标量道,不同秩的矩求和规则导致互为一致的标量胶球性质预言,得到的标量(0^{++})胶球质量为 $m_S = (1.25 \pm 0.2)$ GeV,耦合常数为 $f_S = (1.05 \pm 0.1)$ GeV;在赝标道,赝标(0^{-+})胶球质量的中心值为 $m_P = (2.2 \pm 0.2)$ GeV,耦合常数为 $f_P = (0.6 \pm 0.25)$ GeV. 同时,由于反常感应的 η' 与拓扑荷耦合,出现大的 η' 中间态对 0^{-+} 胶球关联子有贡献,导致相应于 η' 的较轻的共振,质量为 $m_{\eta'} = (0.95 \pm 0.15)$GeV,耦合常数为 $f_{\eta'} = (1.05 \pm 0.25)$GeV.

用 QCD 求和规则计算胶球的结果与用格点 QCD 计算的结果的比较及可能的实验探求问题将在 11.5 节中讨论.

9.5 光锥 QCD 求和规则

光锥(light-cone)QCD 求和规则方法结合了标准的 QCD 求和规则技术与遍举过程

(exclusive processes)的特殊的光锥运动学,利用强子的光锥波函数代替通常的 QCD 求和规则中表示非微扰效应的真空凝聚.具体地说,是利用按随扭度(twist)增加的强子分布振幅的光锥展开代替按随维数增加的真空凝聚的短距离 Wilson 算符乘积展开.这里,将以核子形状因子的光锥求和规则[128,256]为例,说明光锥求和规则方法的基本图像.

光锥求和规则方法计算形状因子的基本出发点是关联函数:

$$T_\mu(P, q) = \mathrm{i}\int \mathrm{d}^4 x \, \mathrm{e}^{\mathrm{i}q \cdot x} \langle 0 \mid T\{\eta(0)j_\mu(x)\} \mid P \rangle \tag{9.48}$$

这里 $\mid P \rangle$ 表示核子的初始态,在电磁形状因子计算中 j_μ 指电磁流,

$$j_\mu^{\mathrm{em}} = e_\mathrm{u}\bar{u}\gamma_\mu u + e_\mathrm{d}\bar{d}\gamma_\mu d \tag{9.49}$$

$\eta(0)$ 为质子的插入场,可选择不同的形式,如

$$\eta_1(x) = \epsilon^{ijk}\left[u^i(x)C\gamma_\mu u^j(x)\right]\gamma_5\gamma^\mu d^k(x) \tag{9.50}$$

$$\eta_2(x) = \epsilon^{ijk}\left[u^i(x)C\gamma \cdot zu^j(x)\right]\gamma_5\gamma \cdot zd^k(x) \tag{9.51}$$

$$\eta_3(x) = \frac{2}{3}\epsilon^{ijk}\left[u^i(x)C\gamma \cdot zu^j(x)\right]\gamma_5\gamma \cdot zd^k(x)$$
$$- \left[u^i(x)C\gamma \cdot zd^j(x)\right]\gamma_5\gamma \cdot zu^k(x) \tag{9.52}$$

其中 $u(x)$、$d(x)$ 分别为 u 夸克和 d 夸克场算符,i、j、k 是色指标,C 为电荷共轭算符,z 为类光矢量(lightlike vector),$z^2 = 0$. 相应的耦合定义如下:

$$\left.\begin{array}{l} \langle 0 \mid \eta_1(0) \mid P \rangle = \lambda_1 m_\mathrm{N}N(P) \\[2mm] \langle 0 \mid \eta_2(0) \mid P \rangle = f_\mathrm{N}(p \cdot z)\gamma \cdot zN(P) \\[2mm] \langle 0 \mid \eta_3(0) \mid P \rangle = f_\mathrm{N}(P \cdot z)\gamma \cdot zN(P) \end{array}\right\} \tag{9.53}$$

其中 f_N 决定领头扭度的质子分布振幅的归一化,$N(P)$ 为核子旋量(spinor).η_1 为通常的 QCD 求和规则中常用的 Ioffe 流.算符 η_2 除耦合到同位旋 1/2 态外还耦合至 3/2 态,η_3 是纯同位旋 1/2 的流算符.

核子的 Dirac 形状因子 $F_1(Q^2)$ 和 Pauli 形状因子 $F_2(Q^2)$ 由电磁流算流在核子态的矩阵元定义:

$$\langle P' \mid j_\mu^{\mathrm{em}}(0) \mid P \rangle = \bar{N}(P')\left[\gamma_\mu F_1(Q^2) - \mathrm{i}\frac{\sigma_{\mu\nu}q^\nu}{2m_\mathrm{N}}F_2(Q^2)\right]N(P) \tag{9.54}$$

其中 $P' = P - q$,P_μ 为核子在初态的四动量,m_N 是核子的质量,$P^2 = m_\mathrm{N}^2$,q_μ 是(向外运动的)光子动量,$Q^2 = -q^2$. $F_1(Q^2)$ 和 $F_2(Q^2)$ 在 $Q^2 = 0$ 时的归一化及与电磁形状因

子的关系见 4.5 节的相关讨论.根据定义(9.54)式,可写出在关联函数(9.48)的核子中间态的贡献,例如对 $\eta_2(x)$ 形式的插入场有

$$z^\nu T_\nu(P, q) = \frac{f_N}{m_N^2 - P'^2}(P' \cdot z)\left\{\left[2F_1(Q^2)(P' \cdot z) - F_2(Q^2)(q \cdot z)\right]\gamma \cdot z\right.$$
$$\left. + F_2(Q^2)\left[(P' \cdot z) + \frac{1}{2}(q \cdot z)\right]\frac{\gamma \cdot z \gamma \cdot q}{m_N}\right\}N(p) + \cdots \quad (9.55)$$

其中"$\cdots$"指高阶共振和连续态的贡献.

另一方面,在大 Euclid 动量 P'^2 和 $q^2 = -Q^2$ 时,关联函数可以进行微扰计算,由对领头阶贡献的计算得到(对 η_2 流)[256]

$$z_\nu T^\nu(P, q) = \frac{1}{2\pi^2}\int d^4 x \frac{e^{iq \cdot x}}{x^4}(C\gamma \cdot z)_{\alpha\beta}(z \cdot x)(\gamma_5 \gamma \cdot z)_\gamma$$
$$\times\left[4e_u \langle 0 | \epsilon^{ijk} u_\alpha^i(0) u_\beta^j(x) d_\gamma^k(0) | P \rangle\right.$$
$$\left. + 2e_d \langle 0 | \epsilon^{ijk} u_\alpha^i(0) u_\beta^j(0) d_\gamma^k(x) | P \rangle\right] \quad (9.56)$$

这里 α、β、γ 为夸克旋量指标.在质子态与真空态间的三夸克分布振幅可以用核子的分布振幅表示[116,257,258],在光锥极限 $x^2 \to 0$ 至领头扭度的核子分布振幅为

$$4\langle 0 | \epsilon^{ijk} u_\alpha^i(a_1 z) u_\beta^j(a_2 z) d_\gamma^k(a_3 z) | P \rangle$$
$$= V_1(\gamma \cdot PC)_{\alpha\beta}(\gamma_5 N)_\gamma + A_1(\gamma \cdot P\gamma_5 C)_{\alpha\beta}N_\gamma$$
$$+ T_1(P^\nu i\sigma_{\mu\nu}C)_{\alpha\beta}(\gamma^\mu \gamma_5 N)_\gamma \quad (9.57)$$

分布振幅 V_1、A_1、T_1 可表示为

$$F(a_k, p \cdot z) = \int Dx \exp(-ip \cdot z \sum_j x_j a_j)F(x_i) \quad (9.58)$$

这里 $F(x_i)$ 是无量纲变量 x_i 的函数,x_i 为核子内夸克携带的动量份额,$0 < x_i < 1$,$\sum_i x_i = 1$.积分测量定义为

$$\int Dx = \int_0^1 dx_1 dx_2 dx_3 \delta(x_1 + x_2 + x_3 - 1) \quad (9.59)$$

归一化由下式确定:

$$\int Dx V_1(x_1, x_2, x_3) = f_N \quad (9.60)$$

由此,从(9.56)式可得到

$$
z_\nu T^\nu = -\left\{e_d \int Dx\, \frac{x_3 V_1(x_i)}{(q-x_3 P)^2} + 2e_u \int Dx\, \frac{x_2 V_1(x_i)}{(q-x_2 P)^2}\right\} 2(P\cdot z)^2 \gamma\cdot z N(P) + \cdots
$$

(9.61)

这里"…"指在无限大动量框架中动量 $P\to\infty$、$q\sim$ 常数、$z\sim 1/P$ 情况的非领头项贡献.

将包含所求物理量 $F_1(Q^2)$ 和 $F_2(Q^2)$ 的色散表达式(9.55)与 QCD 计算表达式(9.61)在适当的 Euclid 中等动量区相衔接,就得到了用核子的分布振幅表示核子形状因子的光锥求和规则.为此,需先按通常的 QCD 求和规则的手续作 Borel 变换:

$$
\frac{1}{-(q-xP)^2} = \frac{1}{x(s-P'^2)} \longrightarrow \frac{1}{x}\exp\left(-\frac{s}{M_B^2}\right)
$$

(9.62)

这里 M_B 为 Borel 质量,它替代了原来式中的 P'^2.使完成 Borel 变换手续后的(9.61)式与(9.55)式相等,就得到光锥求和规则的结果[256]:

$$
\begin{aligned}
F_1^{\text{tw-3}}(Q^2) &= \frac{1}{f_N}\Bigg[e_d \int Dx\, V_1(x_i)\exp\left(-\frac{\overline{x_3}Q^2 - x_3^2 M^2}{x_3 M_B^2}\right)\Theta\left(x_3 - \frac{Q^2}{Q^2+s_0}\right) \\
&\quad + 2e_u \int Dx\, V_1(x_i)\exp\left(-\frac{\overline{x_2}Q^2 - x_2^2 M^2}{x_2 M_B^2}\right)\Theta\left(x_2 - \frac{Q^2}{Q^2+s_0}\right)\Bigg] \\
F_2^{\text{tw-3}}(Q^2) &= 0
\end{aligned}
$$

(9.63)

这里,上标"tw-3"表示只考虑领头扭度 3 的贡献的结果. $F_2^{\text{tw-3}}(Q^2) = 0$ 的结果可以从(9.61)式看到,在只考虑领头扭度的情况下,仅有 V_1 的贡献且不存在导致 $F_2(Q^2)$ 的 Lorentz 结构.

在强子形状因子的光锥求和规则途径中,所得到的形状因子对强子分布振幅的形式和模型选取十分敏感.分布振幅的一般 QCD 描述建立在共形(conformal)展开基础上[257—259].已有一些模型具体给出少数共形分波,例如对扭度 3 的分布振幅有

$$
\begin{aligned}
V_1^{\text{asy}}(x_i, \mu\approx 1\,\text{GeV}) &= 120 x_1 x_2 x_3 f_N \\
V_1(x_i, \mu\approx 1\,\text{GeV}) &= 120 x_1 x_2 x_3 f_N \left[1 + \tilde{\phi}_3^+(\mu)(1-x_3)\right]
\end{aligned}
$$

(9.64)

这里

$$
\begin{aligned}
f_N(\mu = 1\,\text{GeV}) &= (5.3 \pm 0.5)\times 10^{-3}\,\text{GeV}^2 \\
\tilde{\phi}_3^+(\mu = 1\,\text{GeV}) &= 1.1 \pm 0.3
\end{aligned}
$$

(9.65)

由于分布振幅对强子形状因子的研究十分重要,因此对分布振幅的研究受到很大关注,例如 Huang 等[206]用 QCD 求和规则讨论了扭度 3 的分布振幅.(9.65)式中的参数也是用 QCD 求和规则确定的[261].

应用 $\eta_2(0)$ 插入场,文献[256]进行了包括扭度 3 至扭度 6 的贡献的树图阶光锥求和规则计算.应用 $\eta_1(0)$ 和 $\eta_3(0)$ 插入场,文献[128]计算了包含扭度 3 至较高扭度效应的光锥求和规则.他们的计算表明,Ioffe 流给出的求和规则结果较稳定也最佳,并给出对核子形状因子的较好的描述.

9.6　非微扰真空凝聚和真空磁化率的确定

在 QCD 求和规则途径中,各种真空凝聚和外场下的真空磁化率(susceptibility)用来参数化 QCD 的非微扰效应.计算和确定这些非微扰参量对用 QCD 求和规则计算有关强子的物理量是重要的,也对理解 QCD 真空性质有重要意义,受到很多关注[262—267].在这里,我们就真空凝聚的计算作一简要讨论.

我们考虑最基本的夸克凝聚的计算.计算的出发点是严格的夸克传播子[266]:

$$S_{ij}(x,y) \equiv \langle \tilde{0} \mid T[q_i(x)\tilde{q}_j(y)] \mid \tilde{0} \rangle \tag{9.66}$$

这里 $|\tilde{0}\rangle$ 指 QCD 物理真空.按 Wick 定理,

$$T[q_i(x)\bar{q}_j(y)] = \underline{q_i(x)\bar{q}_j(x)} + \colon q_i(x)\bar{q}_j(y) \colon \tag{9.67}$$

上式右边第二项为正规乘积部分,第一项指场量收缩,它给出微扰传播子的定义:

$$\underline{q_i(x)\bar{q}_j(y)} = \langle 0 \mid Tq_i(x)\bar{q}_j(y) \mid 0 \rangle \equiv S_{ij}^{(\mathrm{per})}(x,y) \tag{9.68}$$

这里 $|0\rangle$ 指微扰真空态.由此,夸克对凝聚的定义为

$$
\begin{aligned}
&\langle \tilde{0} \mid \colon \bar{q}_j(x)q_i(y) \colon \mid \tilde{0} \rangle \\
&= \langle \tilde{0} \mid T[\bar{q}_j(x)q_i(y)] \mid \tilde{0} \rangle - \langle 0 \mid T[\bar{q}_j(x)q_i(y)] \mid 0 \rangle \\
&= - \Sigma_{ji}(x,y) \\
&= - \int \frac{\mathrm{d}^4 q}{(2\pi)^4} \mathrm{e}^{\mathrm{i}q(x-y)} [S(q^2) - S^{(\mathrm{per})}(q^2)]_{ji}
\end{aligned}
\tag{9.69}
$$

这样,夸克凝聚的计算归结为传播子的计算.由于严格的 QCD 传播子不知道,只能利用某些非微扰模型对它进行计算.在 GCM 模型下(见8.2.3小节的讨论),穿衣的夸克传播子可分解为

$$S^{-1}(p) \equiv \mathrm{i}\gamma \cdot p + \Sigma(p) = \mathrm{i}\gamma \cdot p A(p^2) + B(p^2) \tag{9.70}$$

这里自能函数 $A(p^2)$ 和 $B(p^2)$ 由 Dyson-Schwinger 方程(8.34)决定,它表示为 $A(p^2)$ 和 $B(p^2)$ 的耦合方程,在裸顶角近似下的方程为

$$[A(p^2) - 1]p^2 = \frac{8}{3}\int \frac{\mathrm{d}^4 q}{(2\pi)^4} g^2 D(p-q) \frac{A(q^2)p \cdot q}{q^2 A^2(q^2) + B^2(q^2)} \tag{9.71}$$

$$B(p^2) = \frac{16}{3}\int \frac{\mathrm{d}^4 q}{(2\pi)^4} g^2 D(p-q) \frac{B(q^2)}{q^2 A^2(q^2) + B^2(q^2)} \tag{9.72}$$

在 Wigner 相,微扰夸克传播子的标量函数 $B'(q^2) = 0$,由此从公式可得到 GCM 模型下的微扰夸克传播子为 $S^{(\mathrm{per})}(q^2) = -\mathrm{i}\gamma \cdot q/(A'(q^2)q^2) = -\mathrm{i}\gamma \cdot q C(q^2)$.数值计算表明,对 $q^2 \gg \Lambda_{\mathrm{QCD}}^2$,$S(q^2) - S^{(\mathrm{per})}(q^2) = 0$.

由此可给出 GCM 模型下的夸克凝聚,在手征极限下

$$\langle \tilde{0}| : \bar{q}q : |\tilde{0}\rangle = \lim_{x \to 0} \mathrm{Tr}(\Sigma(x,0)) = -\lim_{x \to 0} \mathrm{Tr}(S(x,0))$$

$$= -\frac{3}{4\pi^2}\int_0^\infty \mathrm{d}s \frac{sB(s)}{sA^2(s) + B(s)} \tag{9.73}$$

在以前的夸克凝聚计算中,上限不是 ∞ 而是在某个动量 μ 处取截断,通常取 $\mu = 1\,\mathrm{GeV}^{2[262]}$.这个近似选取是不恰当的,因为在区域 $\mu = (1, \infty)$ 中的非微扰效应不可忽略,这点在实际计算积分(9.73)随积分上限 μ 的变化中可看到.

对(9.73)式进行数值计算需要同时求解方程(9.71)和(9.72).为此需要选取适当的有效胶子传播子,如

$$g^2 D(q^2) = 4\pi^2 d \frac{x^2}{q^4 + \Delta} + \frac{4\pi^2 d}{q^2 \ln(q^2/\Lambda_{\mathrm{QCD}}^2 + e)} \tag{9.74}$$

它显示出红外禁闭行为(在第一项)和紫外渐近行为(在第二项),其中 $d = 12/27$(对二味情况).在参数选取为 $\Delta = 10^{-4}\,\mathrm{GeV}^4$,$x = 1.02\,\mathrm{GeV}$ 时,当积分上限为 $\mu = 1\,\mathrm{GeV}^2$ 时,凝聚值 $\langle \bar{q}q \rangle^{1/3} = 177\,\mathrm{MeV}$;$\mu = 100\,\mathrm{GeV}^2$ 时,$\langle \bar{q}q \rangle^{1/3} = 254\,\mathrm{MeV}$;$\mu \geqslant 450\,\mathrm{GeV}^2$ 时,$\langle \bar{q}q \rangle^{1/3} = 264\,\mathrm{MeV}$.这表明,$\mu > 1\,\mathrm{GeV}^2$ 区域的贡献是重要的,不能被忽略掉,同时看到 $\mu \approx 450\,\mathrm{GeV}^2$ 时可看作积分上限为 $\infty^{[266]}$.

在上面的讨论中有两点需要强调:① 由(9.69)式给出的真空凝聚的定义与 QCD 求

和规则中的相应定义一致.在以前的计算中未考虑对微扰贡献的扣除.上面给出的夸克对凝聚计算中因为扣除项为零而情况不明显,但在计算四夸克凝聚和夸克-胶子凝聚时明显出现微扰贡献扣除项[266].② 真空凝聚表示式中的积分上限不能简单近似取为 $\mu = 1\,\mathrm{GeV}^2$ 而应为 ∞.在 GCM 模型计算中,结果不存在紫外发散问题.在实际计算中,夸克对凝聚值在 $\mu = 1$ 和 $\mu \to \infty$ 时有明显差别,但夸克-胶子混合凝聚值则没有什么差别,原因是考虑了扣除项.如果不考虑扣除项,则差别很大.这说明了上述两点在真空凝聚计算中的重要性.

QCD 真空在存在外场时会产生极化,QCD 真空磁化率用以描述 QCD 真空对外场的响应或者说极化率,因此对 QCD 真空特性是有意义的.在外场 QCD 求和规则途径中,相应外场的磁化率由夸克在存在外场的真空中传播时对外场的线性响应给出.例如,夸克在外张量场下传播时的张量磁化率由(9.13)式右边的第五项给出.有不少讨论各类磁化率的工作,Zong 等给出了改进计算真空磁化率的途径,并在 GCM 模型下对矢量磁化率作了计算[267].计算和确定真空磁化率及真空凝聚量的其他方法可参考文献[263—265],这里不再详细讨论.

9.7 QCD 求和规则途径在强子物理和核物理中的应用

QCD 求和规则和光锥 QCD 求和规则途径作为低能 QCD 的有效非微扰途径在强子物理研究中的应用相当广泛[81—83,247—261,268—272].QCD 求和规则途径经常被用于计算各种强子的质量、耦合常数、强子内夸克分布等基本性质及强子的各类形状因子.9.3 节—9.5 节给出的只是几个具体例子,用以理解 QCD 求和规则在涉及包含夸克的流算符(插入场)、包含胶子的流算符和包含电磁的流算符(电磁形状因子计算)时及存在外场时的计算程序和图像,了解 QCD 真空的拓扑性质(瞬子、拓扑荷)的贡献问题,并了解标准求和规则和光锥求和规则形式.近年来,QCD 求和规则途径常被用来探讨各类非常规强子态如胶球[250—253]、四夸克态[273—275]、五夸克态[276—279,416,417]、混杂态[280]等.用 QCD 求和规则计算这些强子态的基本出发点是流-流(插入场)关联函数,计算程序基本相同,只是针对不同的强子态需要选择不同的插入场.对标量胶球的计算已在 9.4 节讨论过.在计算轻的四夸克态时,插入场基本上可分为 $\langle \bar{q}q \rangle \langle \bar{q}q \rangle$ 和 $\langle \bar{q}\,\bar{q} \rangle \langle qq \rangle$ 两种结构的形式,例如标量和赝标双夸克组合的插入场为[273]

$$J_{f_0} = \alpha J_S + \beta J_{PS}$$
$$J_S = \epsilon_{abc}\epsilon_{ade}(u_b^T \Gamma_S d_c)(\bar{u}_d \bar{\Gamma}_S d_e^T)$$
$$J_{PS} = \epsilon_{abc}\epsilon_{ade}(u_b^T \Gamma_{PS} d_c)(\bar{u}_d \bar{\Gamma}_{PS} \bar{d}_e^T) \tag{9.75}$$

这里 $\Gamma_S = C\gamma^5$, $\Gamma_{PS} = C$, $\bar{\Gamma}_i = \gamma^0 \Gamma_i^+ \gamma^0$, C 为电荷共轭算符. 包含奇异夸克的插入场的最佳组合可选为构成四夸克态各种流的线性组合[274].

用 QCD 求和规则计算五夸克态时插入场可以有不同的选择, 相应于不同的夸克结构, 如 $(udd)(u\bar{s})$、$(ud)^2\bar{s}$、$(uds)(u\bar{d})$ 等. 例如 Zhu[276] 选取如下形式的插入场:

对 $I = 0$ 态:

$$\eta_0(x) = \frac{1}{\sqrt{2}} \epsilon^{abc} \left[u_a^T(x) C\gamma_5 d_b(x) \right] \left\{ u_e(x) \bar{s}_e(x) i\gamma_5 d_c(x) - (u \leftrightarrow d) \right\} \tag{9.76}$$

对 $I = 1$ 态:

$$\eta_1(x) = \frac{1}{\sqrt{2}} \epsilon^{abc} \left[u_a^T(x) C\gamma_\mu d_b(x) \right] \left\{ \gamma^\mu \gamma_5 u_e(x) \bar{s}_e(x) i\gamma_5 d_c(x) - (u \leftrightarrow d) \right\} \tag{9.76}$$

又如下述形式的插入场[277]:

$$\eta(x) = \epsilon^{abc}\epsilon^{def}\epsilon^{cfg} \left\{ u_a^T(x) C d_b(x) \right\} \left\{ u_d^T(x) C\gamma_5 d_e(x) \right\} C\bar{s}_g^T(x)$$
$$\bar{\eta}(x) = -\epsilon^{abc}\epsilon^{def}\epsilon^{cfg} s_g^T(x) C \left\{ \bar{d}_e(x) \gamma_5 C\bar{u}_d^T(x) \right\} \left\{ d_b(x) C\bar{u}_a^T(x) \right\} \tag{9.78}$$

还有其他形式的插入场, 这里不再一一列举.

用 QCD 求和规则计算夸克-胶子耦合形成可能的混杂 (hybrid) 态时, 典型的插入场为[280]

$$J_{(+)\mu}^n(x) = g\bar{\psi}(x) \Lambda^n \gamma^\alpha G_{\alpha\mu}^a(x) T^\alpha \psi(x) \quad (0 \leqslant n \leqslant 3) \tag{9.79}$$

$$J_{(-)\mu}^n(x) = g\bar{\psi}(x) \Lambda^n \gamma^\alpha \gamma_5 G_{\alpha\mu}^a(x) T^\alpha \psi(x) \quad (0 \leqslant n \leqslant 3) \tag{9.80}$$

用来分别讨论 $J^{PC} = 1^{-+}$、0^{++} 和 $J^{PC} = 0^{--}$、1^{+-} 的混杂介子态, 其中 Λ^n 为基本表象中的味生成元, 归一化为 $\text{Tr}(\Lambda^n \Lambda^m) = \delta^{nm}/2$. 当然还有其他形式的插入场.

通过 QCD 求和规则途径对这些可能存在的非常规强子态进行计算, 对理解低能 QCD 和自然界中是否存在这些非常规强子态都是有意义的探讨. 我们将在 11.4 节中讨论一些求和规则的计算结果及其他途径如格点 QCD、夸克模型计算, 并简要介绍有关的实验状况.

近几年来, QCD 求和规则途径已被推广用于研究强子在核介质中的传播、计算强子在无限介质中的质量、讨论核物质性质及 QCD 与相对论核现象间的联系[281]. 这里列出一些主要结果.

(1) 核介质中的凝聚量的改变：

$$\left.\begin{aligned}\frac{\langle \bar{q}q \rangle_{\rho_N}}{\langle \bar{q}q \rangle_0} &= 1 - \frac{\sigma_N \rho_N}{m_\pi^2 f_\pi^2} + \cdots \approx 0.6\text{—}0.72 \\ \langle g_c^2 G^2 \rangle_{\rho_N} & \text{ 比} \langle g_c^2 G^2 \rangle_0 \text{ 小 } 5\%\text{—}10\% \end{aligned}\right\} \tag{9.81}$$

(2) 强子的质量改变：

$$\left.\begin{aligned}\frac{M_N^*}{M_N} &\approx 0.6\text{—}0.72, \quad \frac{M_\Lambda^*}{M_\Lambda} \approx 0.85\text{—}0.94 \\ \frac{M_\Sigma^*}{M_\Sigma} &\approx 0.78\text{—}0.9, \quad \frac{m_{\rho,\omega}^*}{m_{\rho,\omega}} \approx 0.78 \end{aligned}\right\} \tag{9.82}$$

上式中 ρ_N 为核物质密度, σ_N 为 σ 项, 有 $*$ 者指在核介质中的质量.

(3) 解释相对论核唯象. 计算得到了大的同位旋 Lorentz 标量和同位旋矢量自能及其相消的起因, 导出了唯象上成功的 Dirac 光学势.

QCD 求和规则还被用于描述核物质性质. 例如对核物理中困惑多年的 Nolen-Schiffer 反常效应的解释[282]. QCD 求和规则也被推广到有限温度、密度情况, 用于研究在此核环境下强子性质及相转变问题[283].

第 10 章

量子色动力学的夸克禁闭

10.1　引言：研究夸克禁闭问题的协变 QCD 途径

　　量子色动力学(QCD)是描述强相互作用的基本理论,夸克和胶子是参与强相互作用的基本粒子.夸克是构成核子、介子等强子的基本组分,即"基本粒子",这为大量的实验所证实.但是自然界中从未发现孤立的带色夸克,这个现象称为夸克禁闭或色禁闭.低能标下的夸克禁闭和动力学对称性破缺与高能标下的渐近自由是非 Abel 规范理论 QCD 的最著名的基本特性.QCD 的渐近自由特性已在 20 世纪 80 年代被 D. J. Gross、F. Wilcgek 和 H. D. Polizer 证明[3].QCD 的渐性自由特性由微扰 QCD 计算得到微扰跑动耦合(the running coupling)$\alpha_s^{(pe)}(q^2)$表征,它表明当动量标度 q^2 增长时,$\alpha_s^{(pe)}(q^2)$变小,以至当动量标度 q^2 趋向无穷大时,$\alpha_s^{(pe)}(q^2)$变为零,这意味着夸克间(夸克与反夸克间)的相互作用消失.理论计算表明,QCD 的渐近自由特性可以归结为微扰胶子的自作用(the self-interaction of gluons).

如何从 QCD 理论出发揭示夸克禁闭,并进而揭示夸克禁闭与渐近自由间可能的转变,是强相互作用基本理论 QCD 的研究中富有挑战性的课题之一,是强子物理研究中的难题,对建立 QCD 的微观夸克-胶子自由度与由夸克构成的色单态核子等重子、介子及核的强相互作用谱间的连接具有重要意义.自 QCD 理论建立以来,人们提出多种方法和途径探究夸克禁闭问题,但一直未能得到满意的解释.由格点 QCD 模拟计算导出了重夸克间的线性禁闭势,但回避了生成线性禁闭势的动力学机制,这样的线性禁闭势是否适用于轻夸克系统也没有答案.最近,本书作者从 QCD 基本原理出发,在协变 Landau 规范中求解出了 QCD 的夸克-胶子相互作用顶角的红外结构,揭开了红外极限下非微扰夸克-胶子相互作用的神秘面纱.由此导出了夸克间相互作用(通过非微扰的胶子交换)的线性禁闭势以及红外发散的非微扰 QCD 跑动耦合 $\alpha_s^{(np)}(q^2)$,揭示了生成红外奇异的夸克-胶子顶角和夸克禁闭的动力学机制.进而发现,伴随手征对称性转变,红外区的夸克禁闭与紫外区的渐近自由间发生转变.这是首次在协变 QCD 途径中基于 QCD 基本原理揭示QCD 的夸克禁闭:它的禁闭形式(线性矢量禁闭势)、生成禁闭的机制及禁闭与渐近自由特性间的转变.在本章,我们将较为详细地阐述这一研究成果.[206,208]

在详细阐述本书作者提出的研究夸克禁闭问题的协变 Landau 规范 QCD 途径之前,先简要介绍文献中一些研究禁闭的方案或者说剧本及研究途径,包括:基于色禁闭机制与电磁超导机制的类同研究;QCD 关联函数的红外行为与色禁闭的信息;夸克禁闭的格点 QCD 模拟计算.同时也对研究夸克禁闭问题的协变 Landau 规范 QCD 途径的研究内容作简要介绍.

(1)基于色禁闭机制与电磁超导机制的类同研究

我们知道,在现代超导理论中电磁超导中的 Cooper 对凝聚产生 Meissner 效应,导致超导体中磁导率消失和磁通量被排除(磁荷禁闭).磁通量禁闭的 Meissner 效应可用Ginzburg-Landau 理论描述,这里 Ginzburg-Landau 方程中的质量尺度来源于 Cooper对凝聚产生的质量隙.在对偶(dual)超导机制中,不是磁荷被禁闭而是电荷被禁闭.

't Hooft 等[166]提出用对偶 Meissner 效应解释色禁闭机制的图像.他们认为 Yang-Mills 理论的紫外极限和红外极限是两个不同的相,其中红外极限是色禁闭相,在将色禁闭看作超导的对偶翻版的图像中,QCD 真空是一个无限的对偶色电超导体,QCD 的色磁单极(monopole)凝聚产生磁单极势的质量项,导致在 QCD 真空中色电场被排除,这就是对偶 Meissner 效应.由此形成一个直观图像:色电磁单极如夸克不能单个存在而必须形成束缚态.一旦出现这种情况,定态夸克间的色电流将被挤成一维弦或一根类似旋涡的管.强子的这种弦图像导致定态夸克间表征禁闭的线性势.

由此,利用 QCD 的磁单极凝聚似乎可给出色禁闭的物理解释.因此中心问题是如何从 QCD 第一原理出发导出所设想的磁单极凝聚.但是沿这一方向的多年努力[167—169]至今仍未得到满意的结果:QCD 磁单极及凝聚怎样在 QCD 中发生?

(2) QCD 关联函数的红外行为与色禁闭的信息

研究色禁闭的另一条途径是基于这样的图像:色禁闭由规范依赖的 QCD 关联函数,特别是 QCD 传播子(二点关联函数)和 QCD 顶角函数(三点关联函数)在红外区域的结构和行为显示出来.通常所说的"红外奴役"就是指 QCD 关联函数的红外奇异性生成色禁闭.这条途径的研究主要探讨 QCD 关联函数的红外(奇异)性质生成色禁闭的机理和判据.这方面的研究工作包括横胶子和夸克的正定性破坏表示色禁闭[152,170]、集团分解性破坏联系色禁闭、Kugo-Ojime 禁闭方案[171]和 Gribov-Zwanziger 禁闭方案[172,173].这些禁闭剧本或者说方案(confinement scenarios)基于下述思想:不存在带色粒子的渐近态这个结果表示色禁闭的信号;在强耦合极限情况下 Wilson 圈满足面积定理,导致夸克和夸克(反夸克)间的线性禁闭势[140];色禁闭问题与非 Abel 理论进行离散量子化时出现大的非线性振荡密切相关.这些研究都未明显涉及产生这些禁闭图像的动力学机制.下面对这方面的研究作简要讨论.

① 横胶子和夸克态的正定性破坏与"四件套"机制

规范场的协变量子理论需要不定度规空间.QCD 理论对禁闭的描述可以从 QED 理论的类似描述中得到启迪.Gupta 和 Bleuler 对 QED 的协变描述的出发点是不定度规空间.在这个理论框架中除了算符的正定性,定域场论中算符的其他性质大多保持有效.在线性协变规范理论中,量子化电磁场将得到横光子、纵光子及标量(类时)光子.Gupta-Bleuler 描述在所有物理态(称为物理子空间)上加上 Lorentz 条件来消除由纵光子和标量光子形成的不定度规态,使得非物理的纵光子和标量光子不能被观测到.同时,由于与 Lorentz 条件对易,QED 的 S 矩阵确保物理态只能散射到物理态.

QCD 中的色禁闭可用类似的机制描述:在由某种适当条件定义的物理态的正定空间中不存在带色态,这里所提到的适当条件必须与 QCD 的 S 矩阵对易,以保证物理态只能散射到物理态.下面我们对此作一些简要的说明.较详细的讨论可见文献[170].

QCD 的协变描述需要不定度规空间.这暗示着要对标准的量子场论框架作某些修改:或放宽定域性原理,或放弃表示空间的正定性.由于这两个原理中定域性原理强得多,因而现在人们更多强调将 QCD 中的禁闭与 QCD 的正定性破坏相关的思想.在 QCD 情况下,Gupta-Bleuler 条件的推广为 $Q_B|\psi\rangle = 0$,这里 $|\psi\rangle$ 为物理子空间的物理态,Q_B 为 BRST 荷,即 BRST 变换的生成元:一个算符的 BRST 变换由该算符与 BRST 荷的(反)对易子给出,如($\delta\varphi \equiv \lambda\delta_B\varphi$,$\lambda$ 为 Grassmann 参量)

$$\delta_B \varphi = \{iQ_B, \varphi\} \tag{10.1}$$

不定度规态空间的所有态或者是其物理子空间的 BRST 单态,或者属于所谓的"四件套"(quartets)——它们是 BRST 双重态(doublets)的度规伴陪对(metric-partner pairs).基本的"四件套"由纵胶子、类时胶子及鬼粒子、反鬼粒子组成.推广的 Gupta-Bleuler 条件 $Q_B|\psi\rangle = 0$ 导致这些"四件套"对任何可观测量不作贡献.这就是所谓的"四件套"机制:"四件套"的成员即纵胶子、类时胶子及鬼粒子、反鬼粒子是不能被观察的;倘若横胶子和夸克渐近地存在,则它们也属于"四件套",对这种态的正定性破坏导致它们必定也是不能被观察的.

横胶子态和夸克态的正定性破坏可能由 QCD 理论的渐近自由结合非破缺的 BRST 不变性推断得到,从组合不同的非微扰计算,至今完成的一些横胶子传播子的 Dyson-Schwinger 方程解[156]和一些格点模拟结果表明胶子关联破坏了正定性,即可能的渐近横胶子态正定性的非微扰破坏,这相应于不存在无质量的渐近横向单胶子态.这个结果可以被解释为禁闭的实现.当然,这是在协变算符公式表示中对禁闭描述的一个方面,而不是对禁闭的完备解释.

简单地说,上述对禁闭的描述相应于下面的图像:禁闭是 S 矩阵中的带色态完全相消的结果,即对规范场的组态平均后留下的仅是色单态.

② BRST 单态与色单态的等价和 Kugo-Ojima 禁闭判据

在规范理论的 BRST 公式表示中,通过"四件套"机制的禁闭实现依赖于整体规范对称性的实现.特别是,只有当整体规范变换的荷是 BRST 严格的和未破缺的,即在整个不定度规空间被很好地定义的情况下,才有可能将物理的 Hilbert 空间中的 BRST 单态与色单态等同起来.其充分条件由 Kugo-Ojima 禁闭判据提供.下面简要讨论 Kugo-Ojima 禁闭判据的内容和含义.详细讨论可见文献[165,171].首先我们考虑整体守恒的流 J_μ^a:

$$J_\mu^a = \partial_\nu F_{\mu\nu}^a + \{Q_B, D_\mu^{ab}\overline{C}^b\} \tag{10.2}$$

满足 $\partial_\mu F_\mu^a = 0$.它们的零分量的空间积分给出相应的荷 G^a 和 N^a,整体规范对称性的荷则是二者之和:

$$Q^a = \int d^3 x \partial_i F_{0i}^a + \int d^3 x \{Q_B, D_0^{ab}\overline{C}^b\} = G^a + N^a \tag{10.3}$$

(10.2)式右边第一项相应于对时空的导数项,其他项为 BRST 荷相关项.Kugo 和 Ojima 判断出现色禁闭需两个条件:其一,横向胶子关联的 Fourier 变换中没有无质量粒子极点,即 $\partial_\nu F_{\mu\nu}^a$ 不包含无质量的分离谱,由此有 $G^a = 0$;其二,

$$Q^a = N^a = \left\{Q_B, \int d^3 x D_0^{ab}\overline{C}^b\right\} \tag{10.4}$$

是 BRST 严格的.第二个条件保证了该整体规范变换的 BRST 严格的荷在整个不定度规空间被很好地定义.综合这两个条件足以保证在物理的 Hilbert 空间中所有的 BRST 单态是色单态,而所有的带色态隶属于"四件套"机制.

Kugo-Ojima 定理指出,如果且仅仅如果

$$u^{ab} \equiv u^{ab}(0) = -\delta^{ab} \tag{10.5}$$

则所有 $Q^a = N^a$ 在整个不定度规空间被很好地定义.然后,作为 BRST 单态的物理态间的等价性就能建立起来.详细证明可见文献[165,171].这里 u^{ab} 是动力学参量,它决定了无质量渐近态对复合场的贡献.这些参量可从 $p^2 \to 0$ 极限下该复合场的关联函数得到,如

$$\int d^3x e^{ip(x-y)} \langle D^{ae}_\mu C^e(x) g f^{bcd} A^d_\nu(y) \bar{C}^c(y) \rangle = \left(\delta_{\mu\nu} - \frac{p_\mu p_\nu}{p^2} \right) u^{ab}(p^2) \tag{10.6}$$

Kugo 和 Ojima 论述的禁闭的第二个条件给出了所述禁闭机制与 Higgs 机制的基本差别.如果所述的第二个条件不满足,则根据 Higgs 定理的逆定理可知,由荷 Q^a 生成的整体规范对称性是自发破缺的.由荷 Q^a 及荷的组合生成的自发破缺是与出现的有质量规范玻色子一一对应的,同时,由于这种破缺,包含在规范势中的有质量矢量渐近场结果将是 BRST 单态,因而是物理态.

Kugo-Ojima 禁闭判据 $u(0) = -1$(见(10.5)式)在 Landau 规范情况下等价于一个红外增强的鬼传播子.研究指出,利用 Dyson-Schwinger 方程和 Slavnov-Taylor 恒等式可以证明,动量空间中的 Landau 规范下 QCD 的非微扰鬼传播子与出现在(10.6)式的关联中的形状因子相关:

$$D_G(p) = \frac{-1}{p^2} \frac{1}{1 + u(p^2)} \quad (其中\ u^{ab}(p^2) = \delta^{ab} u(p^2)) \tag{10.7}$$

因此,Kugo-Ojima 禁闭判据要求 Landau 规范下的鬼传播子在红外区域比一个无质量的粒子极点更加奇异.的确,利用 Dyson-Schwinger 方程和格点模拟途径对 Landau 规范下的鬼传播子的红外行为进行计算得到的一些结果[176]是与 Kugo-Ojima 禁闭判据相符的.

③ Gribov-Zwanziger 禁闭剧本或方案[173]

在量子化非 Abel 规范理论下,规范固定条件并不能完全固定规范势,这个不唯一性叫做 Gribov 不确定性,而规范条件的等价多重解称为 Gribov 拷贝.由此出现了相应于不同规范固定的量子化手续,这些手续可消除微扰论中的红外奇异性,但仍可导致"荷"间的长程相互作用线性上升.Gribov 和 Zwanziger 处理这个问题的方案是对泛函积分的积分区域作限制,将规范组态限制在所谓的 Gribov 区,即 Faddev-Popov(FP)算符为正的区域.Gribov-Zwaziger 区域的边界称为 Gribov-horizon.Griov 和 Zwanziger 证

239

明：FP 算符在 Gribov-horizon 禁闭剧本的最低本征值消失，由此鬼传播子——它是 FP 算符的逆的真空期望值——在红外极限变成奇异的；在红外方向接近 Gribov-horizon，导致所有相连胶子关联函数在零动量处消失，特别是对胶子传播有

$$\langle A(q)A(-q)\rangle \xrightarrow{q^2 \to 0} 0 \tag{10.8}$$

由此导致在 Landau 规范下的禁闭假设.

归结起来，Gribov-Zwanziger 禁闭剧本或方案与胶子传播子和鬼传播子的红外行为相联系：在小动量处，鬼传播子是红外增强的，当 $k \to 0$ 时，它比 $1/k^2$ 发散更强；而胶子传播子是红外抑制的. 鬼传播子的红外奇异发散相应于真实空间的长程相互作用，与色禁闭联系在一起. 在 Landau 规范下，红外增强和发散的鬼传播子是 Gribov-Zwanziger horizon 条件的反映，也遵从了 Kugo-Ojima 禁闭判据，后者可表示为

$$q^2 \langle C(q)\bar{C}(-q)\rangle \xrightarrow{q^2 \to 0} \infty, \quad q^2 \langle A(q)A(-q)\rangle \xrightarrow{q^2 \to 0} 0 \tag{10.9}$$

而相伴的胶子传播子的红外抑制意味着正定性破坏，也可看作胶子禁闭的标志.

④ 集团分解性的破坏

前面的讨论指出，色禁闭可以用下述机制描述：在由某种适当条件（它必须与 QCD 的 S 矩阵对易，以确保将物理态散射到物理态）定义的物理态的正定空间中应不存在带色态. 这个公式表示的动力学方面归属于定域场论的集团分解性（cluster decomposition property，CDP）. 在 QCD 中带色场或协变算符的真空期望值的集团分解性的破坏足以保证色禁闭[165,177,178].

已有证据表明，CDP 不适用于描述 QCD 的带色关联. 这将消除这种可能性：将物理态散射到由分离距离非常大的带色集团组成的色单态. 研究表明，横胶子对 CDP 破坏不起任何作用，这点由 Landau 规范下胶子传播子的红外抑制的结果得到证实；与 CDP 破坏相联系的红外增强关联（这样的红外发散阻止了从色单态发射带色态）可以与"鬼"的关联等同起来（Landau 规范情况），这正是 Kugo-Ojima 禁闭判据的实现.

充分保证色禁闭的 CDP 破坏，从实验观测的角度可叙述为：从始态为色单态产生的任何渐近带色态组合的截面积必定为零. QCD 中的 CDP 破坏意味着无论将两个带色客体作怎样大的类空分离，它们间的相互作用也绝不能忽略. 这也是直观理解禁闭的基础，如 QCD 中的弦张量，也为我们理解线性禁闭、谐振子禁闭等禁闭模型提供了基础.

这里需要指出，Kugo-Ojima 禁闭判据和 Gribov-Zwanziger 禁闭剧本只适用于无质量胶子的纯 Yang-Mills 情况. 当出现夸克特别是讨论夸克禁闭时，这些禁闭判据将失去意义. 正如我们将在 10.3 节推导夸克间线性禁闭势时看到的，线性禁闭势起源于夸克-鬼散射核所包含的矢量形状因子的红外奇异性，而与鬼传播子的红外行为是否是奇异的

没有关系.

（3）夸克禁闭的格点 QCD 模拟计算

利用格点 QCD 计算夸克与反夸克间相互作用定态势的出发点是规范不变的夸克-反夸克对产生算符 $Q(t)$ 定义的不等时关联子. 令 $Q(t)$ 为包含一个很重夸克和一个很重反夸克的态在时间 t、分离距离 R 的规范不变的产生算符. 由于夸克非常重, 真空中夸克对的产生可被忽略. 考虑不等时关联子

$$\langle Q^+(T)Q(0)\rangle = \frac{1}{Z}\int DAD\psi D\bar{\psi}\, Q^+(T)Q(0)\, e^{iS}$$
$$= \langle \Psi_0 \mid Q^+\, e^{-i(H-\epsilon_0)T}Q \mid \Psi_0\rangle \qquad (10.10)$$

这里 H 是哈密顿算符, ϵ_0 为真空能, Ψ_0 为真空态. 由 Wick 转动时间坐标 $t \to -it$ 将理论从 Minkowski 空间变换至 Euclid 空间, 同时插入具有重夸克-反夸克对量子数的完备的能量本征态 $\{\Psi_n\}$, 则上式变为

$$\langle Q^+(T)Q(0)\rangle_E = \sum \mid \langle \Psi_0 \mid Q^+ \mid \Psi_n\rangle \mid^2 e^{-E_nT} \qquad (10.11)$$

这里 E_n 为能量本征态 Ψ_n 的激发能. $\langle \ \rangle_E$ 指 Euclid 时间期望值. 在大的 Euclid 时间分离下, 该关联子由 Minkowski 理论的最小能量态主宰. 对满足 Gauss 定律的重夸克-反夸克对的态, 为了找到其可能的最小能量态, 必须计算

$$E_{min}^{q\bar{q}}(R) = -\lim_{T\to\infty}\frac{d}{dT}\log[\langle Q^+(T)Q(0)\rangle] \qquad (10.12)$$

在大 T 下, 夸克在距离 R 处产生的规范不变的 Q 可最简单地选为

$$Q = \bar{\psi}(0)P\exp\Big[i\int_0^R dx^\mu A_\mu\Big]\psi(R) \qquad (10.13)$$

如果夸克非常重, 可忽略夸克圈, 则可完成函数积分而得到

$$\langle Q^+(T)Q(0)\rangle = \kappa M^{-2T}W(C) \qquad (10.14)$$
$$W(C) = \langle \text{Tr}[P\exp(i\oint_c dx^\mu A_\mu)]\rangle \qquad (10.15)$$

此线积分的路径序（the path-ordered）指数为 Wilson 圈. 对直角回路, 该期望值 $W(C)$ 将用 $W(R,T)$ 表示, 而从相应的（10.12）式则可定义重夸克势:

$$V(R) = -\lim_{T\to\infty}\frac{d}{dT}W(R,T) \qquad (10.16)$$

$W(R,T)$不可能在 QCD 中解析求解,但可以用格点 QCD 进行数值模拟得到.图 10.1 表示 $SU(3)$ 规范理论情况的格点 Monte Carlo 模拟给出的定态夸克势.该曲线可用三参量拟合得到线性禁闭＋Coulomb 型势[141a]:.

$$V(r) = \sigma r - \frac{e}{r} + V_0 \tag{10.17}$$

$$\sqrt{\sigma} = 0.1888(29)a^{-1} \approx 447 \text{ MeV} \tag{10.18}$$

$$e = 0.362(16) \tag{10.19}$$

$$V_0 = 2m_{\text{B}} - 0.509(8)a^{-1} \approx 2m_{\text{B}} - 1.206 \text{ GeV} \tag{10.20}$$

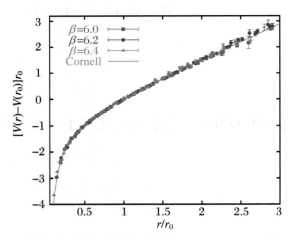

图 10.1　格点 Monte Carlo 模拟在 $SU(3)$ 规范得到的线性禁闭＋Coulomb 型定态夸克势(取自文献[141a])

这里 σ 为线性禁闭势的弦张量,e 为 Coulomb 系数.计算中 a 由关系 $6.009(53)a \approx 0.5$ fm得出,V_0 则由归一化得到.如果夸克非常重且不考虑真空中的夸克-反夸克对激发,则拟合得到(10.17)式的有效范围为 $0.2 \text{ fm} \leqslant \bar{r} \leqslant 2 \text{ fm}$.如果考虑真空中存在夸克-反夸克对,则弦在 $r_c \approx 1.25$ fm 处破裂而生成夸克-反夸克对,此时(10.17)式的有效范围为 $0.2 \text{ fm} \leqslant \bar{r} \leqslant 1.25 \text{ fm}$.这些格点计算结果结合测不准关系可估算得到,夸克动量 <1 GeV区域适合用线性禁闭势描写.

夸克禁闭的格点 QCD 模拟及其结果表明,非常重的夸克禁闭由夸克与(反)夸克间的线性禁闭势描写,夸克与(反)夸克间通过交换胶子相互作用,且必须保持规范不变.但格点模拟回避了产生线性禁闭的动力学机制,关键就在于回避了夸克-胶子相互作用.同时,格点 QCD 模拟结果没有告知轻夸克间的禁闭是否也可用线性禁闭势描写,而这一问题对讨论 u、d 这样的轻夸克如何禁闭在一个核子内是十分重要的.

(4) 研究夸克禁闭问题的协变 Landau 规范 QCD 途径[206,208]

夸克禁闭问题在协变 Landau 规范 QCD 中由有质量的夸克间交换非微扰胶子导出

夸克间的线性禁闭势,这里的夸克-胶子顶角的红外结构及由此揭示的在红外极限区的 QCD 非微扰夸克-胶子相互作用由 QCD 规范不变的约束关系解出.进而,可推导由红外发散的夸克-胶子顶角定义的 QCD 非微扰跑动耦合.由此,揭示生成红外奇异的夸克-胶子顶角、红外发散的非微扰跑动耦合和夸克禁闭的直接推动机制.进一步通过论证生成夸克禁闭的密藏在(encoded in)夸克-鬼散射核的红外奇异性实质上起源于非微扰胶子的自作用在红外极限的软胶子奇异性,由此揭示生成夸克禁闭的动力学机制.利用导出的红外发散的 QCD 非微扰跑动耦合并结合已知的渐近自由的微扰 QCD 跑动耦合,揭示 QCD 跑动耦合在红外区与紫外区间演化,由此可揭示伴随手征对称性与动力学手征对称性间的转变(transition),出现红外区的夸克禁闭与紫外区的渐近自由间的转变.10.2 节至 10.8 节将对此作详细的阐述.

10.2 节将首先讨论 QCD 的规范不变性与夸克-胶子顶角的红外结构问题,由此给出红外极限区的 QCD 非微扰夸克-胶子相互作用的详细知识.在协变规范 QCD 中,通过夸克间非微扰胶子交换推导夸克间相互作用定态势时,非微扰的夸克-胶子顶角的红外结构与红外行为担当着核心角色,因为它包含了红外区的非微扰夸克-胶子相互作用的详细知识.由于夸克-胶子顶角的极端复杂性(见完全的夸克-胶子顶角表达式(2.110)—(2.112)),要想用格点 QCD 严格计算夸克-胶子顶角的红外结构绝对做不到.我们提出用基于 QCD 规范不变性的解析途径求解 QCD 夸克-胶子顶角的红外结构和红外行为.首先,根据相应的 Slavnov-Taylor 恒等式推导夸克-胶子顶角的 QCD Ward 型恒等式,给出胶子动量为零时对夸克-胶子顶角的红外结构的规范不变性约束.进而研究相应的 Slavnov-Taylor 恒等式在胶子动量消失的红外极限下的形式,分析夸克-胶子顶角的红外行为.由此得到在夸克和胶子动量消失的红外极限情况下夸克-胶子顶角的红外结构和红外行为,给出红外极限下非微扰夸克-胶子相互作用的详细信息.

在 10.3 节,根据所得到的红外极限情况下夸克-胶子相互作用的详细知识,结合红外极限下非微扰的胶子和鬼场的传播子,由夸克间非微扰单胶子交换分别推导在夸克和胶子动量消失的红外极限情况下夸克矢量线性禁闭势和标量线性禁闭势.其结果表明,矢量线性禁闭势由夸克-胶子顶角的矢量(γ_μ)部分所包含的组成夸克-鬼散射核中的矢量形状因子的红外奇异性生成.由此揭示线性禁闭势的生成机制.而标量线性禁闭势的弦张量在红外极限下消失,意味着标量禁闭势并不出现.

10.4 节将研究夸克间非微扰双胶子交换对线性禁闭势的贡献,由此讨论夸克间非微扰胶子交换展开的收敛性问题.

鬼场是非物理的辅助场.需要引入鬼场的原因在于胶子场的自耦合使Gupta-Bleuler方法在量子化规则中失效.鬼场的引入将使非 Abel 规范理论在量子化程序中保持规范不变性和协变性.这意味着夸克-鬼散射核中出现的红外奇异性必定与胶子的自作用相

关.在10.5节,我们详细论述密藏在夸克-胶子顶角的矢量(γ_μ)部分所含的构成夸克-鬼散射核的矢量形状因子的红外奇异性的来源,发现该红外奇异性可以归结为红外极限下非微扰胶子的自作用.由此揭示生成红外奇异的夸克-胶子顶角和夸克禁闭的动力学机制.

为揭示夸克禁闭现象,红外区的 QCD 非微扰跑动耦合是重要的必需量,相应地紫外区的 QCD 微扰跑动耦合是表征 QCD 渐近自由特性的必需量.10.6节将致力于推导由夸克-胶子顶角定义的非微扰 QCD 跑动耦合,写出它用夸克禁闭势参量表示的公式,讨论该公式如何揭示夸克禁闭现象以及夸克禁闭连接手征对称性破缺的机制.

由于生成夸克禁闭和红外发散的非微扰 QCD 跑动耦合的动力学机制归结为红外极限下非微扰胶子的自作用,而相应的紫外区的 QCD 渐近自由归结为微扰胶子的自作用,胶子自作用的演化将导致 QCD 跑动耦合的演化.本书作者首次在国际上提出利用 QCD 跑动耦合的演化来揭示红外区的 QCD 夸克禁闭与紫外区的 QCD 渐近自由间的转变,而这个转变与手征对称性转变相伴.在 10.7 节,我们将对此作较为详细的阐述.10.8 节将对 QCD 规范不变性、夸克禁闭与强子物理作一些评论.

此外,我们还将在 10.9 节讨论有限温度情况和有限密度(化学势)情况的退禁闭与手征对称性恢复,在 10.10 节简要讨论 QCD 相图.

10.2　QCD 规范不变性与夸克-胶子顶角的红外结构

量子色动力学(QCD)是非 Abel 规范理论.规范理论的最重要的方面是:规范不变性对具有不同数量外脚的格林函数间的关系施加强有力的约束,如夸克-胶子顶角联系夸克传播子等.这些关系称为推广的 Ward-Takahashi 恒等式[10],或称为 Slavnov-Taylor 恒等式[11].它们在论证非 Abel QCD 理论的可重整化性中担当基本的、不可缺的角色,这基于这样的事实:QCD 中的重整化函数(常数)必须满足 Slavnov-Taylor 恒等式,它导致不同重整化常数间的恒等关系并保证重整化常数的普适性,由此给出微扰和非微扰情况下都满足的 QCD 跑动耦合(从夸克-胶子顶角定义)的规范不变的关系式.夸克-胶子顶角的 Slavnov-Taylor 恒等式在 QCD 的非微扰研究也是必须的.一方面,通过综合纵向 Slavnov-Taylor 恒等式[15]和横向 Slavnov-Taylor 恒等式[21]将夸克-胶子顶角用夸克传播子、鬼场重整化函数及夸克-鬼散射核表示,这对用 Dyson-Schwinger 方程进行 QCD 非微扰研究是重要的.另一方面,由于 QCD 格林函数的解必须满足相关的 Slavnov-Taylor

恒等式,我们可以利用夸克-胶子顶角的 Slavnov-Taylor 恒等式求解夸克-胶子顶角的红外结构并分析顶角的红外行为,由此给出深红外区非微扰夸克-胶子相互作用的详细信息.

应用 QCD 规范不变性求解夸克-胶子顶角的红外结构和红外行为,先要给出夸克-胶子顶角的规范不变的约束关系.夸克-胶子顶角纵向分量的规范不变的约束关系由通常的 Slavnov-Taylor 恒等式描写[15]:

$$q^\mu \Gamma_\mu(k,p,q) G^{-1}(q^2) = S^{-1}(k)H(k,p,q) - \bar{H}(p,k,q)S^{-1}(p) \quad (10.21)$$

这里 $q = k - p$, q 为胶子动量, k 和 p 为夸克动量. $S^{-1}(p)$ 是完全的夸克传播子的倒置. $G(q^2)$ 为鬼场的穿衣函数,即重整化函数,它由如下的鬼场传播子定义: $\tilde{D}(q) = -G(q^2)/q^2$. $H(k,p,q)$ 是四点夸克-夸克-鬼散射核或简称为夸克-鬼散射核,而 $\bar{H}(p,k,q)$ 是它的共轭.顶角 Γ_μ 与完全的夸克-胶子顶角的关系为 $\Gamma_\mu^a(k,p,q) = igt^a\Gamma_\mu(k,p,q)$,其中 $t^a = \lambda^a/2(a = 1,2,\cdots,N-1.N$ 是色数,对 QCD,$N = 3$)为规范群 $SU(N)$ 的生成元.这里,对色与 Dirac 矩阵的标志是熟知的.

完全的夸克传播子的逆(倒置)在 Minkowski 空间的形式为

$$S^{-1}(p) = \alpha(p^2)\not{p} + \beta(p^2)I = Z_f^{-1}(p^2)(\not{p} - M(p^2)) \quad (10.22)$$

这里 I 为单位矩阵,$\alpha(p^2) = Z_f^{-1}(p^2)$,$\beta(p^2) = -M(p^2)Z_f^{-1}(p^2)$.在最低阶,$\alpha^{(0)} = Z_f^{(0)-1} = 1$,$\beta^{(0)} = -Z_f^{(0)-1}M(0) = -m(m$ 指流夸克质量).如果 $m = 0$,则动力学手征对称性破缺的信号为 $M(p^2) \neq 0$.[194,195]

夸克-鬼散射核 $H(k,p,q)$ 及其共轭可以利用"形状因子"(标量函数)分解为[183]

$$\left.\begin{array}{l} H(k,p,q) = \chi_0 I + \chi_1 \not{k} + \chi_2 \not{p} + \chi_3 \tilde{\sigma}_{\mu\nu} k^\mu p^\nu \\ \bar{H}(p,k,q) = \bar{\chi}_0 I + \bar{\chi}_1 \not{p} + \bar{\chi}_2 \not{k} + \bar{\chi}_3 \tilde{\sigma}_{\mu\nu} k^\mu p^\nu \end{array}\right\} \quad (10.23)$$

这里 $\chi_i = \chi_i(k^2,p^2,q^2)$,$\bar{\chi}_i = \chi_i(p^2,k^2,q^2)$,$\tilde{\sigma}_{\mu\nu} = [\gamma_\mu,\gamma_\nu]/2$.在最低阶,$\chi_0^{(0)} = 1$,$\chi_i^{(0)} = 0(i \geqslant 1)$.

完整约束夸克-胶子顶角还需要夸克-胶子顶角横向部分的规范不变的约束关系,这由横向 Slavnov-Taylor 恒等式描述[21]:

$$\begin{aligned} &\mathrm{i}\big[q^\mu \Gamma_V^{a\nu}(p_1,p_2) - q^\nu \Gamma_V^{a\mu}(p_1,p_2)\big] G^{-1}(q^2) \\ &= \big[S_F^{-1}(p_1)H(k,p,q)\sigma^{\mu\nu} + \sigma^{\mu\nu}\bar{H}(k,p,q)S_F^{-1}(p_2)\big]G(q^2) \\ &\quad + 2m\Gamma_T^{a\mu\nu}(p_1,p_2) + (p_{1\lambda} + p_{2\lambda})\epsilon^{\lambda\mu\nu\rho}\Gamma_{A\rho}^a(p_1,p_2) \\ &\quad - \int \frac{\mathrm{d}^4 k}{(2\pi)^4} 2k_\lambda \epsilon^{\lambda\mu\nu\rho}\Gamma_{A\rho}^a(p_1,p_2;k) \end{aligned} \quad (10.24)$$

这里 Γ_V、Γ_A 与 Γ_T 分别指矢量顶角、轴矢量顶角与张量顶角,而 $\sigma_{\mu\nu} = \mathrm{i}[\gamma_\mu,\gamma_\nu]/2 = \mathrm{i}\,\tilde{\sigma}_{\mu\nu}$.轴矢量顶角的相应的纵向与横向 Slavnov-Taylor 恒等式已由文献[21]给出.

我们通过下述途径求解夸克-胶子顶角的红外结构和红外行为组合.首先,推导顶角的 QCD Ward 型恒等式,给出顶角的规范不变的约束关系.然后,直接计算胶子动量消失的极限下的 Slavnov-Taylor 恒等式(10.21),给出顶角的红外行为的规范不变的约束.由此导出夸克-胶子顶角的红外结构和红外行为的规范不变的表达式.我们将分别对此进行讨论.

10.2.1 QCD Ward 型恒等式与对夸克-胶子顶角红外结构的规范不变性约束

在胶子动量消失的极限,夸克-胶子顶角的红外结构可以由相应 Slavnov-Taylor 恒等式的 QCD Ward 型恒等式导出,这类似于在 Abel QED 中由 Ward 恒等式写出费米子-玻色子顶角的红外结构.由于在胶子动量消失的极限,夸克-胶子顶角的横向部分的贡献消失,横向 Slavnov-Taylor 恒等式(10.24)不作贡献,夸克-胶子顶角的 QCD Ward 型恒等式可以由在 $k = p$(即 $q = 0$)处对 Slavnov-Taylor 恒等式(10.21)作微分运算得到:

$$\Gamma_\mu(p,p) = \left[\frac{\partial}{\partial p_\mu}S^{-1}(p)\right]H(p,p,0)G(0) + S^{-1}(p)\left[\frac{\partial}{\partial k_\mu}H(k,p,q)\right]_{k=p}G(0)$$
$$- \left[\frac{\partial}{\partial k^\mu}\overline{H}(p,k,q)\right]_{k=p}S^{-1}(p)G(0) \tag{10.25}$$

它应满足条件

$$\lim_{q\to 0}G(q^2)q^\lambda\frac{\partial}{\partial k_\mu}[\Gamma_\lambda(k,p,q)G^{-1}(q^2)] = 0 \tag{10.26}$$

假如 $G(q^2) = 1$,$\chi_0 = 1$,$\chi_i = 0(i \geqslant 1)$,则(10.25)式和(10.26)式约化为 Abel QED 中的 Ward 等式和约束关系.这是我们称(10.25)式为夸克-胶子顶角的 QCD Ward 恒等式的原因.

根据方程(10.25)式,夸克-胶子顶角在胶子动量消失的极限下的红外结构可以用标量函数 $\alpha(p^2)$、$\beta(p^2)$ 和 $\chi_i(\bar{\chi}_i)$ 具体表达.将(10.22)式和(10.23)式代入(10.25)式并记 $\chi_i(p^2,0) = \lim_{q\to 0}\chi_i(k^2,p^2,q^2)$ 和 $\bar{\chi}_i(p^2,0) = \lim_{q\to 0}\bar{\chi}_i(p^2,k^2,q^2)$,我们得到

$$\Gamma_\mu(p,p) = \sum_{i=1}^4 \tilde{\lambda}_i(p^2,0)\tilde{L}_{i,\mu} \tag{10.27}$$

$$\tilde{L}_{1,\mu} = \gamma_\mu, \quad \tilde{L}_{2,\mu} = \slashed{p}\,p_\mu, \quad \tilde{L}_{3,\mu} = p_\mu, \quad \tilde{L}_{4,\mu} = \slashed{p}\,\gamma_\mu \tag{10.28}$$

而 $\widetilde{\lambda}_i(p^2,0) = \lim\limits_{q\to 0}\lambda_i(k^2,p^2,q^2)$ 是 Lorentz 与 Dirac 标量函数：

$$\widetilde{\lambda}_1(p^2,0) = G(0)\{\alpha(p^2)[\chi_0(p^2,0) - p^2(\chi_3(p^2,0) + \bar{\chi}_3(p^2,0))]$$
$$+ \beta(p^2)[\chi_1(p^2,0) - \bar{\chi}_2(p^2,0)]\} \tag{10.29}$$

$$\widetilde{\lambda}_2(p^2,0) = G(0)\left\{\frac{1}{p}\frac{\partial\alpha}{\partial p}\chi_0(p^2,0) + \frac{1}{p}\frac{\partial\beta}{\partial p}[\chi_2(p^2,0) + \chi_1(p^2,0)]\right.$$
$$+ \alpha(p^2)[\chi_3(p^2,0) + \bar{\chi}_3(p^2,0)] + \alpha(p^2)\frac{1}{p}\left[\frac{\partial}{\partial k}(\chi_0 - \bar{\chi}_0)\right]_{k=p}$$
$$\left. + \beta(p^2)\frac{1}{p}\left[\frac{\partial}{\partial k}(\chi_1 - \bar{\chi}_1 + \chi_2 - \bar{\chi}_2)\right]_{k=p}\right\} \tag{10.30}$$

$$\widetilde{\lambda}_3(p^2,0) = G(0)\left\{2\alpha(p^2)\chi_1(p^2,0) + \frac{1}{p}\frac{\partial\beta}{\partial p}\chi_0(p^2,0)\right.$$
$$+ p\frac{\partial\alpha}{\partial p}[\chi_1(p^2,0) + \chi_2(p^2,0)] + \frac{1}{p}\beta(p^2)\left[\frac{\partial}{\partial k}(\chi_0 - \bar{\chi}_0)\right]_{k=p}$$
$$+ p\alpha(p^2)\left[\frac{\partial}{\partial k}(\chi_1 + \chi_2 - \bar{\chi}_1 - \bar{\chi}_2)\right]_{k=p}$$
$$\left. + \beta(p^2)[\chi_3(p^2,0) - \bar{\chi}_3(p^2,0)]\right\} \tag{10.31}$$

$$\widetilde{\lambda}_4(p^2,0) = G(0)\{\chi_2(p^2,0) - \bar{\chi}_2(p^2,0) + \beta(p^2)[\chi_3(p^2,0) - \bar{\chi}_3(p^2,0)]\} \tag{10.32}$$

注意,在胶子动量消失的极限,根据定义 $\bar{\chi}_i$ 约化为 χ_i: $\lim\limits_{q\to 0}\bar{\chi}_i = \lim\limits_{q\to 0}\chi_i(p^2,k^2,q^2) = \chi_i(p^2,p^2,0) = \chi_i(p^2,0)$,由此 $\bar{\chi}_i$ 与 χ_i 具有相同的红外极限. 进而,由于 $\alpha(p^2) = Z_f^{-1}(p^2)$ 和 $\beta(p^2) = -M(p^2)Z_f^{-1}(p^2)$,夸克-胶子顶角在胶子动量消失的极限的红外结构函数可以用夸克质量函数 $M(p^2)$ 和波函数重整化 $Z_f(p^2)$ 以及组成夸克-鬼散射核 H 和它的共轭 $\bar{H}$ 的形状因子 $\chi_i(p^2,0)$ 表示：

$$\widetilde{\lambda}_1(p^2,0) = G(0)Z_f^{-1}(p^2)\{\chi_0(p^2,0) - 2p^2\chi_3(p^2,0)$$
$$+ M(p^2)[\chi_2(p^2,0) - \chi_1(p^2,0)]\} \tag{10.33}$$

$$\widetilde{\lambda}_2(p^2,0) = \frac{G(0)}{pZ_f(p^2,0)}\left\{Z_f(p^2)\frac{\partial}{\partial p}Z_f^{-1}(p^2)\chi_0(p^2,0) + 2p\chi_3(p^2,0)\right.$$
$$\left. - Z_f(p^2)\frac{\partial}{\partial p}\left(\frac{M(p^2)}{Z_f(p^2)}\right)[\chi_2(p^2,0) + \chi_1(p^2,0)]\right\} \tag{10.34}$$

$$\widetilde{\lambda}_3(p^2,0) = \frac{G(0)}{pZ_f(p^2,0)}\left\{-Z_f(p^2)\frac{\partial}{\partial p}\left(\frac{M(p^2)}{Z_f(p^2)}\right)\chi_0(p^2,0) + 2p\chi_1(p^2)\right.$$

$$+ p^2 Z_f(p^2) \frac{\partial}{\partial p} Z_f^{-1}(p^2) \left[\chi_2(p^2,0) + \chi_1(p^2,0) \right] \Big\} \quad (10.35)$$

$$\widetilde{\lambda}_4(p^2,0) = 0 \quad (10.36)$$

这里 $G(0) = \lim\limits_{q \to 0} G(q^2)$. 在 $\chi_i(p^2,0)$ 中可能存在的红外奇异性将在下一小节分析.

上述方程是在 Minkowski 空间给出的. 这些方程可以通过 Wick 转动在 Euclid 空间写出. 特别是设 $p^2 = -p_E^2$, $\not{p} = i\gamma_E \cdot p_E$, $Z_f(p^2) = Z_{fE}(-p_E^2)$, $M(p^2) = M_E(-p_E^2)$, $\chi_i(p^2,0) = \chi_{i,E}(-p_E^2,0)$, 我们得到, 如

$$\widetilde{\lambda}_1(p^2,0) = G(0) Z_f^{-1}(p^2) \{ \chi_0(p^2,0) + 2p^2 \chi_3(p^2,0)$$
$$- M(p^2) [\chi_1(p^2,0) - \chi_2(p^2,0)] \} \quad (10.37)$$

这里下标 "E" 被隐藏了. 在这里我们对 (10.26) 式不作讨论, 因为这并不影响下面的讨论.

10.2.2 红外极限的 Slavnov-Taylor 恒等式与对夸克-胶子顶角红外行为的规范不变的约束

为研究 Slavnov-Taylor 恒等式如何对夸克-胶子顶角的红外行为施加约束, 我们考虑胶子动量消失的极限情况的 Slavnov-Taylor 恒等式 (10.21). 首先, 在胶子动量消失的极限下, 夸克-胶子顶角可写为

$$\lim_{q \to 0} \Gamma_\mu(k,p,q) = \lim_{q \to 0} \sum_{j=1}^4 \lambda_j(p^2,q^2) \hat{L}_{j,\mu}(\hat{p}) \quad (10.38)$$

$$\hat{L}_{1,\mu} = \gamma_\mu, \quad \hat{L}_{2,\mu} = \hat{\not{p}} \hat{p}_\mu, \quad \hat{L}_{3,\mu} = i\hat{p}_\mu, \quad \hat{L}_{4,\mu} = i\hat{\not{p}} \gamma_\mu \quad (10.39)$$

这里 $\hat{p}_\mu = p_\mu / \sqrt{q^2}$. 假设鬼场重整化函数的红外行为是 $\lim\limits_{q \to 0} G(q^2) \sim (q^2)^{\alpha_G}$, 并注意到 (10.39) 式与 (10.28) 式间的差别以及顶角的所有横向分量的贡献在动量消失的极限下将消失, 则 (10.21) 式的左边在胶子动量消失的极限下在 Euclid 空间可写为

$$\lim_{q \to 0} q^\mu \Gamma_\mu(k,p,q) G^{-1}(q^2) \overset{q \to 0}{\sim} (q^2)^{1/2 - \alpha_G} \hat{q}^\mu \sum_{j=1}^4 \lambda_j(p^2,q^2) \hat{L}_{j,\mu}(\hat{p}) \quad (10.40)$$

其中 $\hat{q}^\mu = q^\mu / \sqrt{q^2}$.

为了得到 (10.21) 式右边的红外行为, 我们先将 (10.22) 式和 (10.23) 式代入 (10.21) 式, 写出它的分解形式, 然后通过 Wick 转动变换成 Euclid 空间的表达式. 假设在动量消失的极限 χ_i 和 $\overline{\chi}_i$ 的红外行为是 $\lim\limits_{q \to 0} \overline{\chi}_i = \lim\limits_{q \to 0} \chi_i \sim (q^2)^{\alpha_{\chi_i}} f_{(i)}(p^2)$, (10.21) 式右边的分解

式可以被一一计算,如

$$\lim_{q \to 0}\left[\alpha(k^2)\chi_0 - \alpha(p^2)\bar{\chi}_0\right] \sim 2\, p_\mu \hat{q}^\mu \alpha'(p^2)(q^2)^{1/2 + \alpha\chi_0} f_0(p^2)$$

$$(\text{其中}\ \alpha(p^2) = Z_f^{-1}(p)^2)$$

计算结果可写为

$$\lim_{q \to 0}\left[S^{-1}(k)H(k,p,q) - \bar{H}(p,k,q)S^{-1}(p)\right] \overset{q \to 0}{\sim} \hat{q}^\mu \sum_{j=1}^{4} F_j(p^2,q^2)\hat{L}_{j,\mu}(\hat{p}) \tag{10.41}$$

这里 $\hat{L}_{j,\mu}(\hat{p})$ 指夸克-胶子顶角纵向部分的张量结构(见(10.39)式),其中 $F_j(p^2,q^2)$ 为

$$\lim_{q \to 0} F_1(p^2,q^2) \sim Z_f^{-1}(p^2)(q^2)^{1/2}\Big\{ f_{(0)}(p^2)(q^2)^{\alpha\chi_0} + 2p^2 f_{(3)}(p^2)(q^2)^{\alpha\chi_3}$$
$$- M(p^2)\big[f_{(1)}(p^2)(q^2)^{\alpha\chi_1} - f_{(2)}(p^2)(q^2)^{\alpha\chi_2}\big]\Big\} \tag{10.42}$$

$$\lim_{q \to 0} F_2(p^2,q^2) \sim Z_f^{-1}(p^2)(q^2)^{1/2}\Big\{ pZ_f(p^2)\frac{\partial Z_f^{-1}(p^2)}{\partial p} f_{(0)}(p^2)(q^2)^{\alpha\chi_0}$$
$$+ pZ_f(p^2)\frac{\partial}{\partial p}\Big(\frac{M(p^2)}{Z_f(p^2)}\Big)\big[f_{(1)}(p^2)(q^2)^{\alpha\chi_1} + f_{(2)}(p^2)(q^2)^{\alpha\chi_2}\big]$$
$$- 2p^2 f_{(3)}(p^2)(q^2)^{\alpha\chi_3}\Big\} \tag{10.43}$$

$$\lim_{q \to 0} F_3(p^2,q^2) \sim Z_f^{-1}(p^2)(q^2)^{1/2}\Big\{ -Z_f(p^2)\frac{\partial}{\partial p}\Big(\frac{M(p^2)}{Z_f(p^2)}\Big) f_{(0)}(p^2)(q^2)^{\alpha\chi_0}$$
$$+ p^2 Z_f(p^2)\frac{\partial Z_f^{-1}(p^2)}{\partial p}\big[f_{(1)}(p^2)(q^2)^{\alpha\chi_1} + f_{(2)}(p^2)(q^2)^{\alpha\chi_2}\big]$$
$$+ 2p f_{(1)}(q^2)^{\alpha\chi_1}\Big\} \tag{10.44}$$

$$\lim_{q \to 0} F_4(p^2,q^2) \sim 0 \tag{10.45}$$

对一个确定动量 p^2,按(10.21)式,令(10.40)式与(10.41)式相等,则得到

$$\lim_{q \to 0}\lambda_j(p^2,q^2) = \lim_{q \to 0}(q^2)^{\alpha_G - 1/2} F_j(p^2,q^2) \tag{10.46}$$

其中 $j = 1,2,3,4$. 由此有,例如

$$\lim_{q \to 0}\lambda_1(p^2,q^2) \sim (q^2)^{\alpha_G} Z_f^{-1}(p^2)\{ f_{(0)}(p^2)(q^2)^{\alpha\chi_0} + 2p^2 f_{(3)}(p^2)(q^2)^{\alpha\chi_3}$$
$$- M(p^2)\big[f_{(1)}(p^2)(q^2)^{\alpha\chi_1} - f_{(2)}(p^2)(q^2)^{\alpha\chi_2}\big]\} \tag{10.47}$$

它与(10.37)式具有相同结构. 计算表明, $\lim_{q \to 0}\lambda_2(p^2,q^2)$ 和 $\lim_{q \to 0}\lambda_3(p^2,q^2)$ 分别与(10.34)

式和(10.35)式有相同结构.实际上,(10.46)式给出的 $\lim\limits_{q \to 0} \lambda_j(p^2, q^2)$ 也可以从公式 (10.33)—(10.36)由(10.28)式变为(10.39)式并设定 $\chi_i(p^2, 0) = \lim\limits_{q \to 0} \chi_i(p^2, q^2) \sim (q^2)^{\alpha_{\chi_i}} f_{(i)}(p^2)$ 写出.这可以看成对不同计算途径的核对.

10.2.3 QCD 夸克-胶子顶角的红外结构与红外极限下 QCD 非微扰夸克-胶子相互作用

公式(10.38)连同(10.42)—(10.46)式给出了夸克-胶子顶角在胶子动量消失极限的表达式.但此时该顶角包含一些参量.至今,$Z_f(p^2)$、$M(p^2)$ 和 α_G 已被格点 QCD 及其他非微途径计算,其结果表明 $Z_f(p^2)$ 和 $M(p^2)$ 是红外有限的[194],而 α_G 也已确定[182].由此,参量 α_{χ_0}、α_{χ_1}、α_{χ_2} 和 α_{χ_3} 的不同选择可以决定夸克-胶子顶角的红外极限行为.这意味着满足对夸克-胶子顶角的规范不变的约束(由 Slavnov-Taylor 恒等式(10.21)给出)仅仅是构成顶角的必要条件,但不足以决定夸克-胶子顶角的红外结构和红外行为.换言之,相应于 α_{χ_i} 的不同选择,夸克-胶子顶角能有满足 Slavnov-Taylor 恒等式(10.21)的不同解.对 χ_i 的维数分析及由(10.23)式对 χ_i 的定义连同(10.21)式表明,χ_0 与 $f_0(p^2)$ 必须有相同的维数,这意味着 $\alpha_{\chi_0} = 0$,而 $f_0(0)$ 是有限常数.的确,近来的计算[197]建议 $\chi_0(0) = \lim\limits_{p, q \to 0} f_0(p^2)(q^2)^{\alpha_{\chi_0}}$ 红外有限,它意味着 $\chi_0(0)$ 和 $f_0(0)$ 是有限常数.由此,根据对 χ_i 和 $f_i(p^2)$ 的维数分析,我们发现对 α_{χ_i} 存在两类约束:

$$\alpha_{\chi_0} = 0, \quad \alpha_{\chi_1} = \alpha_{\chi_2} = -\frac{1}{2}, \quad \alpha_{\chi_3} \geqslant -1 \tag{10.48}$$

$$\alpha_{\chi_0} = 0, \quad \alpha_{\chi_1} = \alpha_{\chi_2} = \alpha_{\chi_3} = 0 \tag{10.49}$$

这相应导致两类具有不同红外结构和红外行为的夸克-胶子顶角解.对(10.48)式给出的约束,在胶子和夸克动量都消失的红外极限,QCD 夸克-胶子顶角的红外结构和红外行为可以写成如下解析表达式:

$$\Gamma_\mu^a(k, p, q) = \mathrm{i}g \frac{\lambda^a}{2} \Gamma_\mu(k, p, q)$$

$$\lim_{p, q \to 0} \Gamma_\mu(k, p, q) = \lim_{p, q \to 0} \Big\{ \lambda_1(p^2, q^2) \gamma_\mu + \lambda_2(p^2, q^2) \hat{p} \hat{p}_\mu + \lambda_3(p^2, q^2) \mathrm{i} \hat{p}_\mu$$
$$+ \lambda_4(p^2, q^2) \mathrm{i} \hat{p} \gamma_\mu \Big\} \tag{10.50}$$

$$\lim_{p, q \to 0} \lambda_1(p^2, q^2) \sim (q^2)^{\alpha_G} Z_f^{-1}(0) \Big\{ f_{(0)}(0) + 2 f_{(3)}(0)$$
$$- M(0) \big[f_{(1)}(0) - f_{(2)}(0) \big] (q^2)^{-1/2} \Big\} \tag{10.51}$$

$$\lim_{p,q\to 0}\lambda_2(p^2,q^2)\sim(q^2)^{\alpha_G}Z_f^{-1}(0)\left\{\left[Z_f(p^2)p\frac{\partial Z_f^{-1}(p^2)}{\partial p}\right]_{p=0}f_{(0)}(0)-2f_{(3)}(0)\right.$$

$$\left.+\left[Z_f(p^2)p\frac{\partial}{\partial p}\left(\frac{M(p^2)}{Z_f(p^2)}\right)\right]_{p=0}[f_{(1)}(0)+f_{(2)}(0)](q^2)^{-1/2}\right\}$$

$$(10.52)$$

$$\lim_{p,q\to 0}\lambda_3(p^2,q^2)\sim(q^2)^{\alpha_G}Z_f^{-1}(0)\left\{-\left[Z_f(p^2)\frac{\partial}{\partial p}\left(\frac{M(p^2)}{Z_f(p^2)}\right)\right]_{p=0}f_{(0)}(0)+2f_{(1)}(0)\right.$$

$$\left.+\left[Z_f(p^2)p\frac{\partial Z_f^{-1}(p^2)}{\partial p}\right]_{p=0}[f_{(1)}(0)+f_{(2)}(0)]\right\}\qquad(10.53)$$

和 $\lim\limits_{p,q\to 0}\lambda_4(p^2,q^2)=0$. 这里 $f_{(3)}(0)\neq 0$(若 $\alpha_{\chi_3}=-1$)或 $f_{(3)}(0)=0$(若 $\alpha_{\chi_3}>-1$,即 $\alpha_{\chi_3}=-1/2,0$,因为在此情况下公式(10.51)—(10.53)中 $f_{(3)}(0)$ 的贡献消失). 在写出(10.51)—(10.53)式时用到了关系 $\lim\limits_{p,q\to 0}(q^2/p^2)=1$. 为方便起见,在以下讨论中 $\lim\limits_{p,q\to 0}\lambda_i$ 将简单地用 λ_i 表示.

(10.51)式表明,如果 $M\neq 0$,即出现动力学手征对称性破缺(DCSB),则在 λ_i 中矢量形状因子的红外奇异性 $(q^2)^{-1/2}$ 生成一个红外奇异的矢量(γ_μ 部分)夸克-胶子顶角(即顶角的矢量分量). 而生成红外奇异的标量夸克-胶子顶角来自 $\lim\limits_{p\to 0}\frac{\partial}{\partial p}\left(\frac{M(p^2)}{Z_f(p^2)}\right)$ 的可能的红外奇异性.

公式(10.50)—(10.53)给出了在红外极限夸克-胶子顶角的红外结构分解为各类分量的表示式,它的分量 λ_1、λ_2 和 λ_3 是对夸克-胶子顶角相应部分在红外极限的 QCD 规范不变的描述. 它们实质上描述 QCD 非微扰夸克-胶子相互作用在红外极限的详情,是揭开夸克禁闭现象面纱的核心所在.

由此知道,约束(10.48)导致了红外奇异类型的夸克-胶子顶角.(在这里因子 $(q^2)^{\alpha_G}$ 除外,因为该因子对退耦合情况是有限的,而对标度性情况是奇异的. 正如在 10.3 节讨论夸克间禁闭势时将看到的,夸克间线性禁闭势来自夸克-鬼散射核中所含的奇异性而并不依赖因子 $(q^2)^{\alpha_G}$ 的奇异行为. 因子 $(q^2)^{\alpha_G}$ 在推导禁闭势中的作用通过组合形式 $(q^2)^{2\alpha_G+\alpha_Z}$ 给出,其中 $(q^2)^{\alpha_Z}$ 为胶子重整化函数的红外行为.)

而约束(10.49)则导致非奇异类型(正则)的夸克-胶子顶角的平凡解(因子 $(q^2)^{\alpha_G}$ 除外),它可用(10.50)式具有下述分量表达:

$$\lim_{p,q\to 0}\lambda_1\sim(q^2)^{\alpha_G}Z_f^{-1}(0)\{f_{(0)}(0)-M(0)[f_{(1)}(0)-f_{(2)}(0)]\}\qquad(10.54)$$

$$\lim_{p,q\to 0}\lambda_2\sim(q^2)^{\alpha_G}Z_f^{-1}(0)\left\{\left[Z_f(p^2)p\frac{\partial Z_f^{-1}(p^2)}{\partial p}\right]_{p=0}f_{(0)}(0)\right.$$

$$+\left[Z_f(p^2)\,p\,\frac{\partial}{\partial p}\Big(\frac{M(p^2)}{Z_f(p^2)}\Big)\right]_{p=0}\big[f_{(1)}(0)+f_{(2)}(0)\big]\Bigg\} \tag{10.55}$$

$$\lim_{p,q\to 0}\lambda_3\sim(q^2)^{\alpha_G}Z_f^{-1}(0)\Bigg\{-\left[Z_f(p^2)\frac{\partial}{\partial p}\Big(\frac{M(p^2)}{Z_f(p^2)}\Big)\right]_{p=0}f_{(0)}(0)$$

$$+\left[Z_f(p^2)\,p^2\,\frac{\partial Z_f^{-1}(p^2)}{\partial p}\right]_{p=0}\big[f_{(1)}(0)+f_{(2)}(0)\big]\Bigg\} \tag{10.56}$$

及 $\lim_{p,q\to 0}\lambda_4(p^2,q^2)=0$.

注意,这两类夸克-胶子顶角解都满足 Slavnov-Taylor 恒等式(10.21).这可以通过下述方法进行核实:将具有约束(10.48)与(10.49)的(10.42)—(10.45)式分别代入(10.41)式并利用 $M(0)$ 和 $Z_f(0)$ 红外有限的结果.对约束(10.48),可以发现

$$\lim_{p,q\to 0}\big[S^{-1}(k)H(k,p,q)-\bar{H}(p,k,q)S^{-1}(p)\big]\sim \text{常数} \tag{10.57}$$

这表明 Slavnov-Taylor 恒等式(10.21)的右边是红外有限的.然后应用 $\lim_{p,q\to 0}\Gamma_\mu(k,p,q)\sim(q^2)^{\alpha_G-1/2}$,$G(q^2)^{-1}\sim(q^2)^{-\alpha_G}$ 及明显的胶子动量 $\sim(q^2)^{1/2}$,则 Slavnov-Taylor 恒等式(10.21)左边是容易计算的,结果 $\lim_{p,q\to 0}q^\mu\Gamma_\mu G^{-1}\sim$ 常数.这样就验证了由(10.50)—(10.53)式描述的夸克-胶子顶角的确满足所要求的规范不变性.可以验证,约束(10.49)导致(10.21)式两边都为常数零,因此也满足所要求的规范不变性.由此可见,这两类夸克-胶子顶角解都可以满足 Slavnov-Taylor 恒等式(10.21),这意味着满足规范不变性仅是构成 QCD 夸克-胶子顶角的必要但不充分条件.我们可以考虑将夸克-胶子顶角解能否用以再现如由格点 QCD 模拟计算导出的 Coulomb+线性禁闭势作为本质的(非平凡的)QCD 夸克-胶子顶角的实验(充分条件).正如我们将在 10.3 节中看到的,由约束(10.48)给出的夸克-胶子顶角解(10.50)—(10.53)可以用来导出 Coulomb+线性禁闭势,因而是 QCD 夸克-胶子顶角的本质解.该解提供了生成线性禁闭势以及红外发散的非微扰跑动耦合(从夸克-胶子顶角定义)的关键核心元素.

10.3 夸克间的线性禁闭势及其生成机制

为揭开生成禁闭势机制的神秘面纱,我们必须首先用由(10.51)—(10.53)式给出的非微扰夸克-胶子相互作用的各分量导出各类可能的禁闭势.为此,还需要 QCD 红外结

构的其他部分,如 Yang-Mills 格林函数及夸克传播子的红外结构和红外行为,它们已在 Landau 规范情况得到充分的研究,对此,我们已在 7.6 节作了讨论.为了下面讨论方便起见,在这里对有关部分作一个概括.对 Yang-Mills 格林函数的红外行为,研究指出存在两类解,分别称为标度性解和退耦合解[182].假设在胶子动量消失的极限下胶子与鬼的重整化函数 $Z(q^2)$ 与 $G(q^2)$ 的红外行为分别为

$$Z(q^2) \sim (q^2)^{\alpha_Z}, \quad G(q^2) \sim (q^2)^{\alpha_G} \tag{10.58}$$

则标度性解给出 $2\alpha_G + \alpha_Z = 0$,其中 $\alpha_G = -\kappa$,$\alpha_Z = 2\kappa$($\kappa \approx 0.595$),胶子传播子 $D(q^2) = Z(q^2)/q^2$;而退耦合解表明 $\alpha_G = 0$,$\alpha_Z = 1$,因为在胶子动量消失的极限下胶子传播子 $D(0) = \lim\limits_{q\to 0} Z(q^2)/q^2 \sim$ 常数.这种情况下相应的胶子传播子可以看作有质量胶子传播子:$D(q^2) = \widetilde{Z}(q^2)/(q^2 + m_g^2)$,其中 m_g 指动量相关的有效胶子质量,而 $m_g(0) \approx 520$ MeV.于是有以下关系:

$$\lim\limits_{q\to 0} \widetilde{Z}(q^2) = Z(q^2)(q^2 + m_g^2)/q^2 \sim (q^2)^{\alpha_{\widetilde{Z}}} \sim 常数 \tag{10.59}$$

由此 $\alpha_{\widetilde{Z}} = 0$,这给出 $2\alpha_G + \alpha_{\widetilde{Z}} = 0$.除此之外,对夸克传播子的格点 QCD 计算及 Dyson-Schwinger 方程计算指出 $M(p^2)$ 和 $Z_f(p^2)$ 红外有限:

$$M(p^2 \to 0) = M, \quad Z_f(p^2 \to 0) = Z_f \tag{10.60}$$

这里 M 和 Z_f 为有限常数.

根据上述夸克-胶子顶角的红外结构、Yang-Mills 格林函数的红外行为及夸克传播子的红外行为解,我们现在研究夸克间通过非微扰胶子交换(图 10.2)生成的相互作用定态势.我们将分别推导由夸克-胶子顶角的矢量 $\lambda_1 \gamma_\mu$ 分量生成的夸克矢量禁闭势与由夸克-胶子顶角的标量 $\lambda_3 i \hat{p}_\mu$ 分量生成的夸克标量禁闭势.

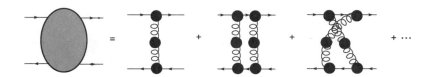

图 10.2　夸克间非微扰胶子交换图像

等式右边第一项为非微扰单胶子交换,第二项和第三项分别为非微扰双胶子交换的方盒图和交叉图.

10.3.1 夸克矢量禁闭势及其生成机制

首先,我们推导由夸克-胶子顶角在红外极限下的 λ_1 分量生成的夸克矢量禁闭势.这里,λ_1 为夸克-胶子顶角的 γ_μ 分量,由(10.51)式给出.在胶子和夸克动量消失的红外极限下,夸克(穿衣的有质量夸克)间由非微扰单胶子交换生成的定态夸克矢量势可写为

$$V(q^2) = -\lim_{p,q \to 0} \frac{\lambda^a}{2} \frac{\lambda^b}{2} g_0^2 \, Z_{1F}^{-2}(p^2,q^2) Z_f^2(p^2) \bar{u}\,\gamma_\mu u \, D_{\mu\nu}^{ab}(q) \bar{u}\gamma_\nu u$$

$$= -\lim_{p,q \to 0} \frac{1}{4} \lambda^a \lambda^a g_0^2 \, \lambda_1^2(p^2,q^2) Z_f^2(p^2) D(q^2) \tag{10.61}$$

其中,协变 Landau 规范下的胶子传播子 $D_{\mu\nu}^{ab}(q) = \delta^{ab}(\delta_{\mu\nu} - q_\mu q_\nu/q^2) D(q^2)$,顶角重整化函数 $Z_{1F} = \lambda_1^{-1}$,色因子 $(\lambda^a)_{\alpha\beta}(\lambda^a)_{\gamma\delta}/4$ 贡献因子 C_F(对 QCD,$C_F = 4/3$),u 指 Dirac 旋量.这里已进行了对张量结构的简单计算,已考虑了 $1 - q_0^2/q^2 \to 1$,因为在对 $V(q^2)$ 作 Fourier 变换时取 $q_0 = 0$(见(10.67)式).对退耦合情况取有质量胶子传播子 $D(q^2) = \tilde{Z}(q^2)/(q^2 + m_g^2)$.将(10.51)式给出的 λ_1 代入(10.61)式并利用(10.58)—(10.60)式,我们得到动量空间的定态夸克矢量势:

$$\lim_{q \to 0} V(q^2) \sim -C_F \, g_0^2 \left[\frac{c_0^2}{q^2 + m_g^2} - \frac{2c_0 c_1 M}{(q^2)^{1/2}(q^2 + m_g^2)} + \frac{c_1^2 M^2}{q^2(q^2 + m_g^2)} \right] (q^2)^{2\alpha_G + \alpha_{\tilde{Z}}} \tag{10.62}$$

其中

$$c_0 = f_{(0)}(0) + 2 f_{(3)}(0), \quad c_1 = f_{(1)}(0) - f_{(2)}(0) \tag{10.63}$$

这里对有质量的胶子情况有 $2\alpha_G + \alpha_{\tilde{Z}} = 0$,于是 $(q^2)^{2\alpha_G + \alpha_{\tilde{Z}}} = 1$.

注意,格点计算时是通过取大夸克质量极限得到线性禁闭势的.我们现在考虑大 M 极限.为此在(10.62)式中取 $m_g^2/M^2 \to 0$.由此我们得到,如

$$\lim_{M \to \infty} \frac{c_1^2 M^2}{q^2(q^2 + m_g^2)} = \lim_{m_g^2/M^2 \to 0} \frac{c_1^2}{M^2 \, \tilde{q}^2(\tilde{q}^2 + m_g^2/M^2)} \sim \frac{c_1^2}{M^2 \, \tilde{q}^2 \, \tilde{q}^2} \tag{10.64}$$

其中,$\tilde{q}^2 = q^2/M^2$,并对一个确定的 $\tilde{q}^2$ 作了 $m_g^2/M^2 \to 0$ 处理,然后取 $\tilde{q}^2 = q^2/M^2$,最后结果 $c_1^2/(M^2 \, \tilde{q}^2 \, \tilde{q}^2) = c_1^2 M^2/(q^2)^2$.由此,由(10.62)式可得到

$$\lim_{q \to 0, m_g^2/M^2 \to 0} V(q^2) \sim -\frac{4}{3} g_0^2 \left[\frac{c_0^2}{q^2} - \frac{2c_0 c_1 M}{(q^2)^{3/2}} + \frac{c_1^2 M^2}{(q^2)^2} \right] \tag{10.65}$$

对标度性情况,在(10.61)式中用胶子传播子 $D(q^2) = Z(q^2)/q^2$,并在(10.62)式中取 $m_g = 0$ 及 $2\alpha_G + \alpha_Z = 0$(由此 $(q^2)^{2\alpha_G + \alpha_Z} = 1$),则得到

$$\lim_{q \to 0} V(q^2) \sim -\frac{4}{3} g_0^2 \left[\frac{c_0^2}{q^2} - \frac{2c_0 c_1 M}{(q^2)^{3/2}} + \frac{c_1^2 M^2}{(q^2)^2} \right] \qquad (10.66)$$

它与有质量胶子情况给出的(10.65)式形式相同.但是(10.66)式与(10.65)式具有不同的含义.(10.66)式是在标度性情况中导出的,这里胶子无质量,夸克只需有质量(即手征对称性是破缺的),但不要求质量很大.而(10.65)式是在退耦合情况中得出的,这里胶子有质量,夸克质量必须很大以满足 $m_g/M \to 0$(在此极限下胶子也可看作"无质量"的).我们也可将(10.66)式给出的标度性情况结果看作(10.65)式在 $m_g = 0$ 时的"临界"情况.

夸克矢量禁闭势在坐标空间可以清楚地表示,这由 Fourier 变换(10.65)式得到

$$V(r) = \int \frac{d^3 q}{(2\pi)^3} V(q^0 = 0, q) e^{iq \cdot r} \sim -\frac{e}{r} + \sigma r + V_0 \qquad (10.67)$$

$$\sigma = \frac{g_0^2}{6\pi} M^2 [f_{(1)}(0) - f_{(2)}(0)]^2 \qquad (10.68)$$

$$e = \frac{g_0^2}{3\pi} c_0^2 = \frac{g_0^2}{3\pi} [f_{(0)}(0) + 2f_{(3)}(0)]^2 \qquad (10.69)$$

$$V_0 = M \frac{4g_0^2}{3\pi^2} [f_{(0)}(0) + 2f_{(3)}(0)][f_{(1)}(0) - f_{(2)}(0)] d_0 \qquad (10.70)$$

这里(10.67)式的第一项 $-e/r$ 是 Coulomb 型势,第二项 σr 给出一个线性上升势(其中 σ 为弦张量),这意味着在大的夸克间分离距离下夸克禁闭,而第三项 V_0 是一个常数项(其中 $d_0 = \int_0^\infty dx(\sin x/x^2)$).公式(10.67)—(10.70)表明,夸克禁闭项由 λ_1 中包含的矢量形状因子 $M[f_{(1)}(0) - f_{(2)}(0)](q^2)^{-1/2}$ 生成,Coulomb 型项由 λ_1 中的标量形状因子引起(注:按照定义(10.23),$f_{(3)}$ 归属于张量形状因子 χ_3,这里称 $f_{(3)}$ 为标量形状因子,因为它在 λ_1 中具有与标量形状因子 $f_{(0)}$ 相同的作用),而常数项像是线性禁闭与 Coulomb 型作用的相干项.这个结果揭示了生成夸克禁闭的机制:夸克禁闭由密藏在夸克-鬼散射核的矢量形状因子的红外奇异性 $(q^2)^{-1/2}$ 生成.计算也表明禁闭势的生成与鬼重整化函数的红外行为 $(q^2)^{\alpha_G}$ 是否奇异无关.

公式(10.67)连同(10.68)—(10.70)式再现了由格点 QCD 模拟导出的线性禁闭 + Coulomb 型势及一个常数项(见(10.17)—(10.20)式)的定态夸克势形式.由格点计算给出的定态势的参量为[141a]

$$\sqrt{\sigma} \approx 447 \text{ MeV}, \quad e = 0.362(16), \quad V_0 \approx 2M - 1.206 \text{ GeV} \qquad (10.71)$$

由唯象的 Cornell 势[201]给出的参量范围为 $\sqrt{\sigma}\approx427$—455 MeV,$e\approx0.295$—0.520.

对于标度性情况,通过对(10.66)式作 Fourier 变换得到坐标空间的定态夸克矢量势,它与(10.67)式连同(10.68)—(10.70)式有相同的表达式.但我们要注意这两种情况的禁闭势具有不同的含义.对有质量胶子情况,夸克禁闭仅对重夸克实现,因为生成线性禁闭势要满足条件 $M\gg M_{\mathrm{g}}$($M_{\mathrm{g}}\approx520$ MeV).而对标度性情况,夸克禁闭对轻夸克和重夸克都可实现,只要相关的夸克质量不为零,即手征对称性是破缺的.

另外要指出的是,应用由约束(10.49)导致的(10.54)式所表示的非奇异型(除因子 $(q^2)^{\alpha_G}$ 外)夸克-胶子顶角仅能推导得到 Coulomb 型的定态夸克势:$V(r)\sim-e/r$,其中 $e=(g_0^2/(3\pi))[f_{(0)}(0)-M(f_{(1)}(0)-f_{(2)}(0))]^2$,但是不能生成线性禁闭势.因此我们称这种类型的顶角解为夸克-胶子顶角的平凡解.由文献[200]给出的对夸克-胶子顶角的计算结果就是满足约束(10.49)式的这类平凡解.实际上,文献[200]应用了红外有限的夸克-胶子顶角假设(见文献[200]的(3.3)式),由此得到的夸克-胶子顶角(见文献[200]的(4.4)式)与(10.54)式相同,因此是夸克-胶子顶角的这类平凡解.我们期望得到对夸克-胶子顶角中夸克-鬼散射核的矢量形状因子 $f_{(1)}(0)-f_{(2)}(0)(\chi_{(1)}(0)-\chi_{(2)}(0))$ 的非微扰计算.

10.3.2　夸克标量禁闭势问题

夸克标量禁闭势可由夸克-胶子顶角在红外极限由(10.53)式给出的 λ_3 分量生成,这里 λ_3 是夸克-胶子顶角的标量 $\lambda_3\mathrm{i}\hat{p}_\mu$ 部分.按照与推导夸克矢量禁闭势相同的方法并写成

$$\lim_{p,\,q\to0}Z_f(p^2)\frac{\partial}{\partial p}\Big(\frac{M(p^2)}{Z_f(p^2)}\Big)f_{(0)}(0)=\lim_{p,\,q\to0}Z_f(p^2)p\,\frac{\partial}{\partial p}\Big(\frac{M(p^2)}{Z_f(p^2)}\Big)f_{(0)}(0)(q^2)^{-1/2}$$

(这里应用了 $\lim_{p,\,q\to0}(p^2/q^2)=1$),我们可以得到如下的夸克标量禁闭势:

$$V_s(r)\sim-\frac{e_s}{r}+\sigma_s r+V_{0s}\tag{10.72}$$

其中

$$\sigma_s=\frac{g_0^2}{6\pi}M^2\Big[\frac{Z_f(p^2)}{M(p^2)}p\,\frac{\partial}{\partial p}\Big(\frac{M(p^2)}{Z_f(p^2)}\Big)\Big]_{p=0}^2\,f_{(0)}^2(0),\quad V_{0s}=\sqrt{2e_s\sigma_s}\,\frac{4d_0}{\pi}\Bigg]$$

$$e_s=\frac{g_0^2}{3\pi}\Big[2f_{(1)}(0)+\Big(Z_f p\,\frac{\partial Z_f^{-1}}{\partial p}\Big)_{p=0}(f_{(1)}(0)+f_{(2)}(0))\Big]^2$$

$$\tag{10.73}$$

这里 $\sigma_s\gamma$ 给出了弦张量为 σ_s 的夸克标量禁闭势.

(10.73)式给出的弦张量 σ_s 表明,生成夸克标量禁闭势的机制来自 $\left.\dfrac{\partial}{\partial p}\left(\dfrac{M}{Z_f}\right)\right|_{p\to 0}$ 的可能的红外奇异性.这与由(10.67)—(10.70)式给出的生成夸克矢量禁闭势的机制完全不一样.我们可以估算 σ_s.假设在夸克动量消失的极限,$M(p^2)$ 和 $Z_f(p^2)$ 的红外行为分别为 $M(p^2)\sim(p^2)^{\alpha_M}$ 和 $Z_f(p^2)\sim(p^2)^{\alpha_{Z_f}}$,则由(10.73)式的 σ_s 给出

$$\sigma_s \sim (\alpha_M - \alpha_{Z_f})^2 \frac{g_0^2}{3\pi} f_{(0)}^2(0) M^2 \tag{10.74}$$

格点计算指出 $M(0)$ 与 $Z_f(0)$ 是红外有限常数,这表明 $\alpha_M = \alpha_{Z_f} = 0$.由此我们发现在红外极限 $\sigma_s = 0$.我们也用由文献[197]通过拟合文献[194]的格点数值给出的 $M(p^2)$ 和 $Z_f(p^2)$ 的参数化形式估算 σ_s,同样得到 $\sigma_s = 0$.这些估算结果表明夸克标量禁闭势不出现.

另外,由夸克-胶子顶角的 $\lambda_2\hat{p}p_\mu$ 部分生成的禁闭势可以用与从顶角的 $\lambda_1\gamma_\mu$ 部分导出禁闭势相同的方法写出,这里 λ_2 由(10.52)式给出.由此导出的禁闭势的弦张量为

$$\sigma_{(2)} = \frac{g_0^2}{6\pi} M^2 \left[\frac{Z_f(p^2)}{M(p^2)} p \frac{\partial}{\partial p}\left(\frac{M(p^2)}{Z_f(p^2)}\right) \right]_{p=0}^2 (f_{(1)}(0) + f_2(0))^2 \tag{10.75}$$

它类似于 σ_s,即由于 $\left[\dfrac{Z_f(p^2)}{M(p^2)} p \dfrac{\partial}{\partial p}\left(\dfrac{M(p^2)}{Z_f(p^2)}\right)\right]_{p=0}\to 0$,$\sigma_{(2)}$ 同样在红外极限消失.这意味着顶角的 $\lambda_2\hat{p}p_\mu$ 部分对夸克禁闭势也没有贡献.

当然,假如 $M(p^2)$ 和 $Z_f(p^2)$ 的红外极限行为并不像以上假设的那样简单,那么 σ_s 与 $\sigma_{(2)}$ 也许不会消失,而相应的禁闭势也许就可能出现.如标度性解 $Z_f(p^2)/M(p^2)\sim(p^2)^{-\kappa-1/2}$($\kappa\approx 0.595$)[202]可导致 $\sigma_s = (g_0^2/(6\pi))[(2\kappa+1)f_{(0)}(0)]^2 M^2$,由此可导致出现标量禁闭势.显然,这类夸克标量禁闭势是纯 Yang-Mills 理论中红外奇异性产生的感应效应.这种 Z_f/M 的标度性解也可导致 $\sigma_{(2)} = (g_0^2/(6\pi))[(2\kappa+1)f_{(1)}(0) + f_{(2)}(0)]^2 M^2$,而出现相应的禁闭势.但是这类 Z_f/M 的标度性解被对夸克传播子的最新格点计算[194]驳倒,由此由 $Z_f(p^2)/M(p^2)$ 的这类标度性解导致的 σ_s 与 $\sigma_{(2)}$ 是有问题的、不真实的.因此,根据对夸克传播子的最新格点计算,$M(p^2)$、$Z_f(p^2)$ 和 $Z_f(p^2)/M(p^2)$ 红外有限,因而 σ_s 及 $\sigma_{(2)}$ 在红外消失,即夸克标量禁闭势并不出现,而顶角的 $\lambda_2\hat{p}p_\mu$ 部分也对夸克禁闭势不作贡献.

结论是:线性禁闭 + Coulomb 型势只由夸克-胶子顶角的矢量(γ_μ)Dirac 振幅引起,其中夸克矢量禁闭势由密藏在红外极限下夸克-胶子顶角 γ_μ 分量中夸克-鬼散射核的矢量形状因子的红外奇异性 $(q^2)^{-1/2}$ 生成.

10.4 非微扰胶子交换展开的收敛性与双胶子交换对夸克禁闭势的贡献

我们已研究了夸克间的非微扰单胶子交换生成的夸克(矢量)禁闭势,一个很自然的问题是:夸克间的非微扰胶子交换展开是否收敛? 为了回答这个重要的基本问题,必须计算红外极限下夸克间双胶子交换对夸克(矢量)禁闭势的贡献.

在重的夸克间交换非微扰双胶子包括方盒(box)图和交叉(cross)图(图 10.2)的贡献.根据上一节讨论的非微扰单胶子交换结果,由方盒图引起的非微扰双胶子交换对夸克禁闭势的贡献可写为

$$\lim_{q\to 0} V_{2\mathrm{g}}^{(\mathrm{box})}(q)$$

$$= \lim_{p,p_1,q\to 0}\Big(-\frac{2}{9}\Big)g_0^4\int\frac{\mathrm{d}^4 k}{(2\pi)^4}Z_f^2\bar{u}\,\lambda_1(p^2,(k-q)^2)\,\gamma_\mu\,S_f(p+k)\,\lambda_1(p^2,k^2)\,\gamma_\nu u$$

$$\times D_{\mu\rho}(k-q)\bar{u}\,\lambda_1(p_1^2,(k-q)^2)\gamma_\rho S_f(p_1-k)\lambda_1(p_1^2,k^2)\gamma_s u\,D_{\nu s}(k)$$

$$(10.76)$$

这里 λ_1 为夸克-胶子顶角的 γ_μ 部分,p 和 p_1 为外夸克动量,u 为 Dirac 旋量,Z_f 为波函数重整化函数,而因子 $-2/9$ 来自色因子 $(1/16)(\lambda^a\lambda^b)_{\alpha\beta}(\lambda^a\lambda^b)_{\gamma\delta}$.考虑大的夸克质量极限:

$$\lim_{p\to 0, M\to\infty} S_f(p+k) = \lim_{M\to\infty}\frac{Z_f}{\mathrm{i}\,\slashed{k}-M}\longrightarrow -Z_f/M \qquad (10.77)$$

则由(10.76)式可得到

$$\lim_{q\to 0} V_{2\mathrm{g}}^{(\mathrm{box})}(q)$$

$$\sim \lim_{p,p_1,q\to 0}\Big(-\frac{2}{9}\Big)g_0^4\int\frac{\mathrm{d}^4 k}{(2\pi)^4}Z_f^2 M^2\,\wp_{\mu\rho}(k-q)\,\wp_{\nu s}(k)\bar{u}\,\gamma_\mu\,\gamma_\nu u\bar{u}\,\gamma_\rho\,\gamma_s u$$

$$\times D(k-q)D(k)\lambda_1(p^2,(k-q)^2)\lambda_1(p_1^2,(k-q)^2)\lambda_1(p^2,k^2)\lambda_1(p_1^2,k^2)$$

$$(10.78)$$

这里 $\wp_{\nu s}(k)=\delta_{\nu s}-k_\nu k_s/k^2$ 与 $\wp_{\mu\rho}(k-q)=\delta_{\mu\rho}-(k-q)_\mu(k-q)_\rho/(k-q)^2$ 是横向投影算符,而

$$D(k) = \frac{Z(k^2)}{k^2} \sim (k^2)^{\alpha_Z - 1}, \quad D(k - q) \sim ((k - q)^2)^{\alpha_Z - 1} \quad (10.79)$$

λ_1 由(10.51)式给出. 我们现在只对 λ_1 中的红外奇异项感兴趣, 由此可写为

$$\left. \begin{array}{l} \lambda_1(p^2, k^2) \sim - M Z_f^{-1} c_1 (k^2)^{\alpha_G - 1/2} \\ \lambda_1(p^2, (k - q)^2) \sim - M Z_f^{-1} c_1 ((k - q)^2)^{\alpha_G - 1/2} \end{array} \right\} \quad (10.80)$$

将(10.79)式和(10.80)式代入(10.78)式, 有

$$V_{2g}^{(box)}(q) \sim \lim_{q \to 0} \left(-\frac{2}{9} \right) g_0^4 M^2 c_1^4 \int \frac{\mathrm{d}^4 k}{(2\pi)^4} c_{(B)} (k^2 (k - q)^2)^{-2 + 2\alpha_G + \alpha_Z} \quad (10.81)$$

其中

$$c_{(B)} = \wp_{\mu\varphi}(k - q) \wp_{\nu s}(k) \bar{u}(0) \gamma_\mu \gamma_\nu u(0) \bar{u}(0) \gamma_\rho \gamma_s u(0) \quad (10.82)$$

对标度性情况, 由此得到

$$V_{2g}^{(box)}(q) \sim \lim_{q \to 0} -\frac{2}{9} g_0^4 M^2 c_1^4 \int \frac{\mathrm{d}^4 k}{(2\pi)^4} \frac{c_{(B)}}{k^4 (k - q)^4} \quad (10.83)$$

对有质量胶子情况, 可以应用与由(10.62)式得到(10.65)式类似的处理方法, 并最后取 $m_g^2 / M^2 \to 0$, 则可得到与(10.83)式相同的表达式.

在经过维度正规化、完成圈积分及按修正的 $\overline{\text{MS}}$ 手续重整化后, 得到

$$V_{2g}^{(box)}(q) \sim \frac{5}{9} \alpha_0 M^2 c_1^4 \frac{1}{q^4} \left(1 - \frac{6}{5} \frac{q_0^2 + q_3^2}{q^2} \right) \quad (10.84)$$

其中 $\alpha_0 = g_0^2 / (4\pi)$. 对(10.84)式作 Fourier 变换后, 则得到双胶子交换的方盒图对线性禁闭势的贡献:

$$V_{2g}^{(box)}(r) \sim \frac{\alpha_0^2 M^2 c_1^4}{36\pi} r \quad (10.85)$$

非微扰双胶子交换的胶子交叉(gluon-cross)图对线性禁闭势的贡献可按上述步骤推导得到. 归结起来可从(10.83)式通过下列步骤写出: 用 $c_{(C)} = \wp_{\mu s}(k - q) \wp_{\nu\varphi}(k) \bar{u}(0) \gamma_\mu \gamma_\nu \times u(0) \bar{u}(0) \gamma_\rho \gamma_s u(0)$ 代替 $c_{(B)}$, 而色因子由 $-2/9$ 改为 $16/9$(来自 $(1/16)(\lambda^a \lambda^b)_{\alpha\beta} \times (\lambda^b \lambda^a)_{\gamma\delta}$). 由此可得到

$$V_{2g}^{(cross)}(q) \sim -\frac{56}{9} \alpha_0 M^2 c_1^4 \frac{1}{q^4} \left(1 + \frac{6}{7} \frac{q_0^2 + q_3^2}{q^2} \right) \quad (10.86)$$

$$V_{2g}^{(cross)}(r) \sim \frac{5 \alpha_0^2 M^2 c_1^4}{9\pi} r \quad (10.87)$$

比较(10.87)式与(10.85)式,可见非微扰双胶子交换交叉图的贡献与方盒图的贡献符号相反.

将由(10.85)式和(10.87)式给出的方盒图和交叉图的贡献相加,就得到了夸克间非微扰双胶子交换对线性禁闭势的贡献:

$$V_{2g}(r) \sim \sigma_{2g} r \tag{10.88}$$

其中

$$\sigma_{2g} \approx \frac{19}{36\pi} \alpha_0^2 M^2 c_1^4$$

$$\frac{\sigma_{2g}}{\sigma} \approx \left[\frac{\sqrt{\sigma}}{4\sqrt{\pi/19}\,M} \right]^2 \tag{10.89}$$

这里 M 为夸克质量,σ 是由(10.68)式给出的非微扰单胶子交换导出的禁闭势的弦张量. 取格点 QCD 计算数据 $\sqrt{\sigma} \approx 447$ MeV,则(10.89)式给出如下结果:对 u/d 夸克($M_{u/d} \approx 300$ MeV),$\sigma_{2g}/\sigma \approx 0.85$;对 s 夸克($M_s \approx 450$ MeV),$\sigma_{2g}/\sigma \approx 0.38$;对 c 夸克($M_c \approx 1500$ MeV),$\sigma_{2g}/\sigma \approx 0.034$;对 b 夸克($M_b \approx 4500$ MeV),$\sigma_{2g}/\sigma \approx 0.004$. 这些估值表明,对轻夸克系统,夸克间非微扰胶子交换展开的收敛是较慢的,但夸克线性禁闭势仍适用于描述轻夸克间的相互作用,只要该轻夸克是动力学手征对称性破缺的;而对重夸克系统,夸克间非微扰胶子交换展开的收敛非常快,以至非微扰双胶子以上的多胶子交换贡献可忽略不计. 由此,线性禁闭+Coulomb 型势非常适用于唯象描述重夸克,如给出重夸克强子谱以及预言新的重夸克强子态.

需要指出的是,夸克与夸克(反夸克)间的线性禁闭 + Coulomb 型 + 常数项的相互作用势形式在早前的唯象势模型中就已提出[201,284,285a,285b]. 例如,见文献[285a]的公式(3). 我们从 QCD 理论导出了这样的相互作用势[206,208],并给出相互作用势各参量(弦张量 σ、Coulomb 因子 e 和常数因子 V_0)的计算公式及各参量间的关系,这也为唯象夸克势模型奠定了 QCD 理论基础. 例如,文献[285a]在计算中应用公式(3)时选用的参量 $b(=\sigma) = 0.18$ GeV^2、$\alpha_s(=3e/4) = 0.6$、$c = -253$ MeV. 而我们从 QCD 导出的相互作用势为(10.67)式,其参量分别由(10.68)—(10.70)式给出,其中(10.70)式给出了 V_0 与 σ、e 间的关系 $V_0 = \sqrt{2e\sigma d_0}/\pi$. 将文献[285a]选用的参量 σ、e 值代入,就可计算得到 $V_0 = -259$ MeV,与文献[285a]选用的唯象值 $c(=V_0)$ 一致. 这个例子表明,从 QCD 理论导出的夸克与夸克(反夸克)间的相互作用势为唯象夸克势模型奠定了坚实的 QCD 理论基础,而这些唯象夸克势模型应用于研究从轻夸克至重夸克强子系统的成功,也为从 QCD 导出的相互作用势提供了很好的"实验"检验.

10.5 夸克-胶子顶角的红外奇异性的起源与生成夸克禁闭的动力学机制

在 10.3 节我们已证明,线性禁闭势是由密藏在夸克-胶子顶角的矢量(γ_μ)部分中夸克-鬼散射核的矢量形状因子的红外奇异性$(q^2)^{-1/2}$生成的,其中顶角的矢量(γ_μ)部分由 (10.51)式给出的λ_1描述.注意到 Faddeev-Popov 鬼场是辅助性的非物理场,由此提出的问题是:密藏在夸克-鬼散射核中的红外奇异性$(q^2)^{-1/2}$的来源是什么? 揭示该红外奇异性的来源对找到生成夸克禁闭的动力学机制是必需的.实际上,引入这些鬼场的原因在于胶子场的自耦合在量子化法则中使 Gupta-Bleuler 方法失效.引入这些鬼场使非 Abel 规范理论在量子化程序中保持规范不变和协变性.这意味着出现在夸克-鬼散射核中的红外奇异性一定与胶子的自耦合即胶子的自作用相关.本节致力于讨论这一问题.

10.5.1 夸克-胶子顶角中夸克-鬼散射核的红外奇异性与非微扰胶子的自作用

首先,让我们由分析非微扰单圈阶(one-loop level)的 Slavnov-Taylor 恒等式来找到密藏在夸克-鬼散射核的矢量形状因子中的红外奇异性与非微扰胶子自作用间的关系.Slavnov-Taylor 恒等式(10.21)在非微扰单圈阶可以劈裂(split)为两个分离的 Abel(A)恒等式与非 Abel(nA)恒等式.这相应于 QCD 夸克-胶子顶角在单圈阶包括分别来自 Abel 部分与非 Abel 部分这两部分贡献,这里的 Abel 部分直至一个色因子都完全类似于 QED 情况,而非 Abel 部分起因于胶子的自作用.为此,应用色因子 $C_F - C_A/2$ 和 C_A 重新写出(10.21)式右边的单圈贡献,以与(10.21)式左边的两项贡献相类似,这里因子 $C_F - C_A/2$ 包含了 Abel 顶角中夸克自能的贡献.因子 C_F 和 C_A 分别为二次 Casimir 算符在基础表象和伴随表象的本征值.对 QCD $SU(3)$规范群,$C_A = 3$,$C_F = 4/3$.文献[183]讨论过在微扰单圈阶的这种分离.我们感兴趣的是非微扰单圈阶情况,此时(10.21)式可以被劈裂为如下两个分离的恒等式:

$$q^\mu \Gamma_\mu^{(A)}(k,p,q) = \left(C_F - \frac{1}{2} C_A\right) C_F^{-1} [S^{-1}(k) - S^{-1}(p)] \tag{10.90}$$

$$q^{\mu}\Gamma_{\mu}^{(\mathrm{nA})}(k,p,q) = G(q)\big[S^{-1}(k)H(k,p,q) - \overline{H}(p,k,q)S^{-1}(p)\big]$$
$$- \Big(C_{\mathrm{F}} - \frac{1}{2}C_{\mathrm{A}}\Big)C_{\mathrm{F}}^{-1}\big[S^{-1}(k) - S^{-1}(p)\big] \tag{10.91}$$

这里的上标"(A)"和"(nA)"分别指 Abel 贡献和非 Abel 贡献. 其中由 (10.90) 式给出的第一个恒等式直至色因子都与 QED 中的 Ward-Takahashi 恒等式[10]形式相同. 而第二个恒等式 (10.91) 是非 Abel 恒等式, 它由要求 $q^{\mu}\Gamma_{\mu}^{(\mathrm{A})} + q^{\mu}\Gamma_{\mu}^{(\mathrm{nA})} = q^{\mu}\Gamma_{\mu}$ 必须满足 Slavnov-Taylor 恒等式 (10.21) 得到, 因此也可称为修正的非微扰单圈阶.

现在, 我们用 (10.22) 式和 (10.23) 式给出的 $S^{-1}(k)$、H 和 $\overline{H}$ 的分解形式写出上述两个恒等式的分解表达式. 注意到在微扰 QCD 计算中为了得到顶角的重整化常数, 对夸克-胶子顶角的单圈计算为简化起见通常是通过设定 $q=0$ 来完成的. 如果设 $q=0$, 则 Abel 恒等式 (10.90) 和非 Abel 恒等式 (10.91) 分别可以写为

$$q^{\mu}\Gamma_{\mu}^{(\mathrm{A})}(k,p,q)\big|_{q=0} = -\frac{1}{8}\bigg\{Z_{f}^{-1}(p)\gamma_{\mu}q^{\mu} + \Big[p\frac{\partial Z_{f}^{-1}(p^{2})}{\partial p}\Big]\hat{p}\hat{p}_{\mu}q^{\mu}$$
$$- \Big[\frac{\partial}{\partial p}\Big(\frac{M(p^{2})}{Z_{f}(p^{2})}\Big)\Big]\mathrm{i}\hat{p}_{\mu}q^{\mu}\bigg\} \tag{10.92}$$
$$q^{\mu}\Gamma_{\mu}^{(\mathrm{nA})}(k,p,q)\big|_{q=0} = \lambda_{1}^{(\mathrm{nA})}\gamma_{\mu}q^{\mu} + \lambda_{2}^{(\mathrm{nA})}\hat{p}\hat{p}_{\mu}q^{\mu} + \lambda_{3}^{(\mathrm{nA})}\mathrm{i}\hat{p}_{\mu}q^{\mu}$$
$$+ \lambda_{4}^{(\mathrm{nA})}\mathrm{i}\hat{p}\gamma_{\mu}q^{\mu} \tag{10.93}$$

其中

$$\lambda_{1}^{(\mathrm{nA})} = \lambda_{1}(p^{2},0) + \frac{1}{8}Z_{f}^{-1}(p), \quad \lambda_{2}^{(\mathrm{nA})} = \lambda_{2}(p^{2},0) + \frac{1}{8}\Big[p\frac{\partial Z_{f}^{-1}(p^{2})}{\partial p}\Big]$$

$$\lambda_{3}^{(\mathrm{nA})} = \lambda_{3}(p^{2},0) - \frac{1}{8}\Big[\frac{\partial}{\partial p}\Big(\frac{M(p^{2})}{Z_{f}(p^{2})}\Big)\Big], \quad \lambda_{4}^{(\mathrm{nA})}(p^{2},0) = \lambda_{4} = 0$$

这里

$$\lambda_{1}(p^{2},0) = G(0)Z_{f}^{-1}(p^{2})\big\{\chi_{0}(p^{2},0) + 2p^{2}\chi_{3}(p^{2},0)$$
$$- M(p^{2})\big[\chi_{1}(p^{2},0) - \chi_{2}(p^{2},0)\big]\big\} \tag{10.94}$$

与 (10.37) 式相同. $\lambda_{2}(p^{2},0)$ 和 $\lambda_{3}(p^{2},0)$ 则分别与 (10.34) 式和 (10.35) 式相同. (10.92) 式和 (10.93) 式中的因子 $1/8$ 来自色因子 $(C_{\mathrm{F}} - C_{\mathrm{A}}/2)C_{\mathrm{F}}^{-1} = -1/8$.

在夸克和胶子动量都消失的红外极限, 我们发现

$$\lim_{p,q\to 0}q^{\mu}\Gamma_{\mu}^{(\mathrm{nA})}(k,p,q) = -\frac{1}{8}\bigg\{Z_{f}^{-1}(0)\gamma_{\mu}q^{\mu} + \Big[p\frac{\partial Z_{f}^{-1}(p^{2})}{\partial p}\Big]_{p=0}\hat{p}\hat{p}_{\mu}q^{\mu}$$

$$- \left[\frac{\partial}{\partial p} \left(\frac{M(p^2)}{Z_f(p^2)} \right) \right]_{p=0} \mathrm{i} \hat{p}_\mu q^\mu \right\} \tag{10.95}$$

$$\lim_{p,q \to 0} q^\mu \Gamma_\mu^{(\mathrm{nA})}(k,p,q) = \left[\lambda_1 + \frac{1}{8} Z_f^{-1}(0) \right] \gamma_\mu q^\mu$$

$$+ \left[\lambda_2 + \frac{1}{8} \left[p \frac{\partial Z_f^{-1}(p^2)}{\partial p} \right]_{p=0} \right] \hat{p} \, \hat{p}_\mu q^\mu$$

$$+ \left[\lambda_3 - \frac{1}{8} \left[\frac{\partial}{\partial p} \left(\frac{M(p^2)}{Z_f(p^2)} \right) \right]_{p=0} \right] \mathrm{i} \hat{p}_\mu q^\mu \tag{10.96}$$

这里 λ_1 由 (10.51) 式给出，λ_2 和 λ_3 分别由 (10.52) 式和 (10.53) 式给出. 公式 (10.95) 和 (10.96) 表明，在红外极限，Abel 顶角仅对夸克-胶子顶角贡献一个有限常数，因为 $Z_f^{-1}(0)$、$\left[p \frac{\partial Z_f^{-1}(p^2)}{\partial p} \right]_{p=0}$ 和 $\left[\frac{\partial}{\partial p} \left(\frac{M(p^2)}{Z_f(p^2)} \right) \right]_{p=0}$ 是红外有限常数. 而由非微扰胶子自作用在红外极限生成的非微扰非 Abel 夸克-胶子顶角则贡献了 λ_1、λ_2 和 λ_3.

这样，我们论证了 λ_1 来源于非微扰胶子自作用在红外极限生成的非微扰非 Abel 夸克-胶子顶角，由此，密藏在夸克-胶子顶角 λ_1 分量中夸克-鬼散射核的矢量形状因子的红外奇异性 $(q^2)^{-1/2}$ 的起源实质上可以归结为在红外极限生成非微扰非 Abel 夸克-胶子顶角的非微扰胶子自作用.

10.5.2 非 Abel 夸克-胶子顶角在红外极限的软胶子奇异性与生成夸克禁闭的动力学机制

现在我们论证夸克-胶子顶角的矢量 (γ_μ) 部分的 λ_1 分量中这类红外奇异性 $(q^2)^{-1/2+\alpha_G}$（这里包含了因子 $(q^2)^{\alpha_G}$ 的可能的红外奇异性）确实与非微扰胶子自作用在红外极限生成的非微扰非 Abel 夸克-胶子顶角在红外极限的软胶子奇异性一致. 为此，我们分析由胶子自作用（由三胶子顶角 $\Gamma_{\rho\sigma\mu}(p,k,q)$ 描述）生成的非 Abel 夸克-胶子顶角的顶角方程的红外行为：

$$\Gamma_\mu^{(\mathrm{nA})}(q) = g_0^2 \int \frac{\mathrm{d}^4 k}{(2\pi)^4} \Gamma_\rho(k) S(p-k) \Gamma_\sigma(q+k) D(k) D(q+k) \Gamma_{\rho\sigma\mu}(k,k+q,q) \tag{10.97}$$

其中 $D(k)$ 和 $S(p)$ 分别指胶子传播子和夸克传播子，$\Gamma_\rho(k) = \Gamma_\rho^{(\mathrm{nA})}(k) + \Gamma_\rho^{(\mathrm{A})}(k)$. 三胶子顶角 $\Gamma_{\rho\sigma\mu}(p,k,q)$ 满足如下的 Slavnov-Taylor 恒等式[20]：

$$i\,q_\rho\Gamma_{\mu\nu\rho}(p,k,q) = G(q^2)\left[\widetilde{G}_{\mu\sigma}(k,-q)\mathscr{P}_{\sigma\nu}(k)\frac{k^2}{Z(k^2)}\right.$$

$$\left.-\widetilde{G}_{\nu\sigma}(p,-q)\mathscr{P}_{\sigma\mu}(p)\frac{p^2}{Z(p^2)}\right] \tag{10.98}$$

这里 $\mathscr{P}_{\mu\nu}(k)=\delta_{\mu\nu}-k_\mu k_\nu/k^2$ 是横向投影算符，$\widetilde{G}_{\mu\sigma}(k,-q)$ 指鬼-胶子顶角. 利用三胶子顶角的对称性并略去包含在鬼-胶子顶角中的鬼-鬼散射核的贡献，则可得到

$$\Gamma_{\mu\nu\rho}(p,k,q) = -A_+(p^2,k^2,q^2)\delta_{\mu\nu}i(p-k)_\rho - A_-(p^2,k^2,q^2)\delta_{\mu\nu}i(p+k)_\rho$$

$$-2\frac{A_-(p^2,k^2,q^2)}{p^2-k^2}(p_\nu k_\mu-\delta_{\mu\nu}pk)i(p-k)_\rho + 轮换 \tag{10.99}$$

其中

$$A_\pm(p^2,k^2,q^2) = \frac{G(q^2)}{2}\left[\frac{G(k^2)}{G(p^2)Z(p^2)}\pm\frac{G(p^2)}{G(k^2)Z(k^2)}\right] \tag{10.100}$$

想要自洽求解方程(10.97)是非常困难的. 但我们可以分析方程(10.97)式的红外行为. 我们考虑如下的动量组态：外部胶子动量 q 是小的而外部夸克动量消失但夸克非常重. 假设在动量消失极限，$\Gamma^{(\mathrm{nA})}(q)$、$Z(q^2)$ 和 $G(q^2)$ 的红外行为分别为 $\Gamma^{(\mathrm{nA})}(q)\sim(q^2)^{\delta_{\mathrm{qg}}^{(\mathrm{nA})}}$，$Z(q^2)\sim(q^2)^{\alpha_Z}$，$G(q^2)\sim(q^2)^{\alpha_G}$，并注意到在这个组态及大 M 极限下夸克传播子可近似看作与圈(loop)动量 k 无关的量，这是因为包含 $k(k\ll M)$ 的量可被略去（见(10.77)式），以及顶角的 Abel 部分 $\Gamma^{(\mathrm{A})}$ 可被略去，因为它红外有限. 然后，用相应的红外指数替代方程(10.97)中的所有基本元素. 于是可以写出如下的关于红外指数（IR-exponents）的方程：

$$(q^2)^{\delta_{\mathrm{qg}}^{(\mathrm{nA})}} \propto \int \mathrm{d}^4k\,(k^2)^{\delta_{\mathrm{qg}}^{(\mathrm{nA})}}((q+k)^2)^{\delta_{\mathrm{qg}}^{(\mathrm{nA})}}(k^2)^{\alpha_Z-1}((k+q)^2)^{\alpha_Z-1}$$

$$\times (q^2+k^2+(q+k)^2)^{\alpha_G-\alpha_Z}\Gamma_{3\mathrm{g}}^{(0)} \tag{10.101}$$

其中 $(q^2+k^2+(q+k)^2)^{\alpha_G-\alpha_Z}\Gamma_{3\mathrm{g}}^{(0)}$ 表示穿衣的三胶子顶角，它是根据(10.99)式和(10.100)式写出的，这里裸三胶子顶角 $\Gamma_{3\mathrm{g}}^{(0)}$ 在积分后也贡献一个因子 $(q^2)^{1/2}$.

方程(10.101)已被文献[202]的作者在标度性情况讨论过（在标度性情况，$\alpha_G=-\kappa$，$\alpha_Z=2\kappa$）. 他们发现方程(10.101)两边满足

$$(q^2)^{\delta_{\mathrm{qg}}^{(\mathrm{nA})}} \propto (q^2)^{2\delta_{\mathrm{qg}}^{(\mathrm{nA})}+1/2+\kappa} \tag{10.102}$$

由此必须有 $\delta_{\mathrm{qg}}^{(\mathrm{nA})}=-1/2-\kappa$，它相应于非 Abel 夸克-胶子顶角在红外极限的软胶子奇异性. 这个结果可写为

$$\delta_{qg}^{(nA)} = -\frac{1}{2} + \alpha_G \qquad (10.103)$$

这与(10.51)式给出的λ_1中的红外奇异性$(q^2)^{-1/2+\alpha_G}$一致,并对标度性情况和退耦合情况都适用.实际上,如果将λ_1的红外行为写为$\lim\limits_{p,q\to 0}\lambda_1(p^2,q^2)\sim(q^2)^{\delta^{\lambda_1}}$并只考虑(10.51)式右边中可能的红外奇异项的贡献,则可得到$\delta^{\lambda_1}=-1/2+\alpha_G$.注意,正如已在10.3节中计算线性禁闭势的弦张量时所指出的,夸克-胶子顶角的其他分量对这样的红外奇异性没有贡献.

这样我们在本节证明了如下结果:由(10.51)式给出的λ_1是对夸克-胶子顶角γ_μ分量在红外极限的规范不变的描述,它来源于非微扰胶子自作用在红外极限生成的非微扰非Abel夸克-胶子顶角,因此密藏在λ_1分量中夸克-鬼散射核的矢量形状因子的红外奇异性的起源实质上可归结为这样的红外极限的非微扰胶子自作用.的确,λ_1的红外奇异性与非微扰非Abel夸克-胶子顶角在胶子和夸克动量消失的红外极限的软胶子奇异性一致,而该非Abel夸克-胶子顶角由红外极限下的非微扰胶子自作用生成.

我们由此揭示了QCD夸克禁闭的动力学机制:夸克禁闭由密藏在夸克-胶子顶角的矢量(γ_μ)分量中夸克-鬼散射核的矢量形状因子的红外奇异性$(q^2)^{-1/2}$生成,实质上可以归结为胶子和夸克动量都消失的红外极限下生成非微扰非Abel夸克-胶子顶角的非微扰胶子自作用.在这里我们将生成夸克禁闭的机制称为"动力学机制"是因为包含红外奇异性$(q^2)^{-1/2}$的λ_1实质上是非微扰夸克-胶子相互作用的一个分量,它与非微扰胶子自作用分别给出了QCD相互作用动力学的一个描述.因而在某种意味上可以说,夸克禁闭是由这样的QCD相互作用动力学生成的.

10.6　QCD非微扰跑动耦合与夸克禁闭

10.6.1　QCD非微扰跑动(夸克-胶子)耦合与夸克禁闭

正如QCD微扰跑动耦合是表征QCD渐近自由特性的重要量,QCD非微扰跑动耦合(从夸克-胶子顶角定义)在揭示QCD夸克禁闭特性方面担当着重要角色.定义非微扰

跑动耦合基于规范不变的关系

$$g_R(\mu) = Z_{1F}^{-1}(\mu) Z_f(\mu) Z^{1/2}(\mu) g_0 \qquad (10.104)$$

这里$Z_{1F}(\mu)$是重整化标度为μ的夸克-胶子顶角的重整化函数,由下式定义:

$$\Gamma_{\mu,R} = Z_{1F} \Gamma_\mu = Z_{1F} \lambda_1 \gamma_\mu + \cdots \qquad (10.105)$$

由此给出$Z_{1F}(\mu^2) = \lambda_1^{-1}(\mu^2)$,$\lambda_1$由(10.51)式给出.应用定义在红外区域的非微扰重整化函数Z_{1F}、Z_f和Z,由(10.104)式就可写出非微扰跑动耦合$\alpha_s^{(np)}(\mu^2)$.设定重整化标度$\mu = q$,则有

$$\lim_{p \to 0} \alpha_s^{(np)}(p^2) = \lim_{p,q \to 0} \frac{g_0^2}{4\pi} \lambda_1^2(p^2, q^2) Z_f^2(p^2) Z(p^2)$$

$$= \lim_{p,q \to 0} \frac{g_0^2}{4\pi} F_{1,H}^2(p^2, q^2) G^2(0) Z(p^2) \qquad (10.106)$$

这里已将λ_1写为$\lambda_1(p^2, q^2) = G(q^2) Z_f^{-1}(p^2) F_{1,H}(p^2, q^2)$.应用(10.51)式表达的$\lambda_1$,由(10.58)式给出的$Z(p^2)$、$G(q^2)$和(10.60)式给出的$Z_f$,由(10.106)式可以写出深红外区的QCD非微扰跑动耦合为

$$\lim_{q \to 0} \alpha_s^{(np)}(q^2) \sim \frac{g_0^2}{4\pi} \big[c_0^2 - 2c_0 c_1 M(q^2)^{-1/2} + c_1^2 M^2(q^2)^{-1} \big] (q^2)^{2\alpha_G + \alpha_Z}$$

$$(10.107)$$

其中c_0和c_1由(10.63)式给出,而

$$\lim_{p,q \to 0} F_{1,H}(p^2, q^2) \sim c_0 - c_1 M(q^2)^{1/2} \qquad (10.108)$$

因子$(q^2)^{2\alpha_G + \alpha_Z}$已在10.2节讨论过.对标度性情况,有$2\alpha_G + \alpha_Z = 0$;而对退耦合情况(即有质量胶子情况),则有$2\alpha_G + \alpha_{\bar{Z}} = 0$.

应用这些结果,就得到深红外区的QCD非微扰跑动耦合(从夸克-胶子顶角定义):

$$\alpha_s^{(np)}(q^2) \overset{q \to 0}{\sim} \frac{g_0^2}{4\pi} \big[c_0^2 - 2c_0 c_1 M(q^2)^{-1/2} + c_1^2 M^2(q^2)^{-1} \big] \qquad (10.109)$$

它对标度性情况和有质量胶子情况都满足.这个方程连同(10.65)式和(10.66)式给出了夸克禁闭势与QCD非微扰跑动耦合的关系:

$$\lim_{q \to 0} V(q^2) = -\frac{4\pi C_F \alpha_s^{(np)}(q^2)}{q^2} \qquad (10.110)$$

这表明 QCD 非微扰跑动耦合 $\alpha_s^{(np)}(q^2)$ 与夸克禁闭相联系. 为了更清楚地说明 $\alpha_s^{(np)}(q^2)$ 如何揭示夸克禁闭现象, 我们进一步利用 (10.68) 式和 (10.69) 式给出的相互作用夸克势参量来表示 (10.109) 式的非微扰跑动耦 $\alpha_s^{(np)}(q^2)$, 并注意到由格点计算给出的 V_0 是依赖于夸克质量的"可调参数". 我们由此得到非微扰跑动耦合的表示式:

$$\alpha_s^{(np)}(q^2) \overset{q \to 0}{\sim} \frac{3}{4} e + \frac{3}{2} \frac{\sigma}{q^2} - d \sqrt{e\sigma} \, (q^2)^{-1/2} \tag{10.111}$$

其中 d 为参数, 其值为 $1.5\sqrt{2} \geqslant d \geqslant 0$(若设 $V_0 = 0$, 则这里 $d = 0$), 它分别与夸克势 (10.67) 的 Coulomb 型势、线性禁闭和常数项相联系. 这里, $\alpha_s^{(np)}(q^2)$ 中的红外发散项 $3\sigma/(2q^2)$ 对应 $V(r)$ 中的线性禁闭势 σr. 由此可知, 生成红外发散的非微扰跑动耦合的机制同样来自密藏在 λ_1 中夸克-鬼散射核的矢量形状因子的红外奇异性 $(q^2)^{-1/2}$, 而实质上可归结为红外极限下非微扰胶子自作用. 它表明, 非微扰跑动耦合可以表征夸克禁闭, 就像微扰 QCD 跑动耦合表征渐近自由一样, 特别是 $\lim_{q \to 0} \alpha_s^{(np)}(q^2) \to \infty$ 相应于夸克禁闭. 这给出了清楚的物理图像: 在夸克与 (反) 夸克间距离越来越大乃至无限大时, 它们之间的相互作用越来越强, 致使孤立夸克不可能从它们中分离出去.

在这里, 顺便指出由 (10.106) 式可以得到有效夸克-胶子跑动耦合 $\alpha_{qg}(q^2)$ 与鬼-胶子跑动耦合间的关系:

$$\alpha_{qg}(q^2) = F_{1,H}^2(q^2) \left(\frac{G(0)}{G(q^2)} \right)^2 \alpha_{gh}(q^2) \tag{10.112}$$

这里 $\alpha_{gh}(p^2) = (g_0^2/(4\pi)) G^2(p^2) Z(p^2)$ 指由鬼-胶子定义的跑动耦合[182,199]. 若令 $M = 0$, 则由 (10.112) 式、(10.108) 式和 (10.63) 式得到关系

$$e = \frac{4}{3} \left[f_{(0)}(0) + 2 f_{(3)}(0) \right]^2 \alpha_{gh}(0) \tag{10.113}$$

它给出了夸克相互作用势 (10.67) 中由 (10.69) 式给出的 Coulomb 因子 e 与纯 Yang-Mills 理论中红外极限的鬼-胶子跑动耦合 $\alpha_{gh}(0)$ 间的关系. 也由此可从 $\alpha_{gh}(0)$ 和 e 定出 $[f_{(0)}(0) + 2 f_{(3)}(0)]^2$, 或从 $\alpha_{gh}(0)$ 和 $[f_{(0)}(0) + 2 f_{(3)}(0)]$(如果由非微扰计算能得到该项) 定出因子 e.

10.6.2 夸克禁闭连接动力学手征对称性破缺的机制

夸克禁闭与动力学手征对称性破缺的连接机制在这里通过线性禁闭势的弦张量

$\sigma(\sim M^2)$揭示. 如果动力学手征对称性破缺,$M \neq 0$,则红外奇异的夸克-胶子顶角导致生成线性禁闭势及红外发散的非微扰 QCD 跑动耦合,这意味着夸克禁闭. 这个结果符合老的红外奴役的思想[207],即 QCD 红外结构的一些红外奇异性生成夸克禁闭. 由于动力学手征对称性破缺生成动力学夸克质量与夸克凝聚相联系,在这个意义上,我们可以说夸克禁闭包含凝聚[203]. 假如手征对称性再现,$M = 0$,那么红外奇异的矢量形状因子项的贡献消失,导致夸克-胶子顶角红外有限及弦张量消失($\sigma \to 0$),由此导致定态线性禁闭 + Coulomb 型势约化为一个 Coulomb 型势,而非微扰跑动耦合 $\alpha_s^{(np)}(q^2)$ 趋于红外固定点 $3e/4$,这意味着夸克禁闭消失. 关于手征对称性破缺连接夸克禁闭机制问题,我们将在下一节作进一步讨论.

10.7　QCD 跑动耦合的演化与渐近自由到夸克禁闭的转变

10.7.1　QCD 跑动耦合在微扰跑动耦合与非微扰跑动耦合间的演化

QCD 跑动耦合(从夸克-胶子顶角定义)是很重要的物理量,它可显示 QCD 相互作用强度依赖动量标度的变化,由此可揭示 QCD 理论的基本特性,特别是紫外区的 QCD 渐近自由特性和红外区的 QCD 夸克禁闭特性. 一个非常令人感兴趣的问题是如何联系这两个 QCD 的著名基本特性,或者说是否可以发生红外区的夸克禁闭与紫外区的渐近自由间的转变. 我们在本节将讨论这项课题.

由夸克-胶子顶角定义的 QCD 跑动耦合是基于由(10.104)式表示的规范不变性关系导出的,式中 $Z(\mu)$ 是定义在重整化标度 μ 的胶子重整化函数,$Z_f(\mu)$ 为夸克波函数的重整化函数,而 $Z_{1F}(\mu)$ 是夸克-胶子顶角的重整化函数. 根据规范不变的定义(10.104),假如人们能计算任何标度 μ 的这些重整化函数,就可以计算从 $\mu \to 0$ 至 $\mu \to \infty$ 任何标度 μ 的 QCD 跑动耦合,从而能描绘 QCD 跑动耦合从紫外极限到红外极限的完整演化图像. 但是这个目标在目前是不可能实现的,因为现在人们还没有方法和途径去计算任意标度 μ 的有关重整化函数,例如计算红外区与紫外区间过渡区的夸克-胶子顶角的重整化函数由于完全的夸克-胶子顶角(见(2.110)—(2.112)式)而非常复杂.至今人们能够完成 QCD 跑动耦合的如下计算:在紫外区的微扰 QCD 跑动耦合 $\alpha_s^{(pe)}(q^2)$ 和在红外极限区的非微扰 QCD 跑动耦合 $\alpha_s^{(np)}(q^2)$.

微扰 QCD 跑动耦合已被很好地研究.这里所有重整化函数都可应用微扰 QCD 理论进行计算,其结果是紫外发散的.经过维度正规化手续,这些重整化函数以及 $g_R^{(\mu)}$(见(10.104)式)由包含 ϵ^{-1} 的项主宰.这些 ϵ^{-1} 项的系数满足 $\mu\dfrac{\partial g_R}{\partial\mu}=\beta_{QCD}$. 求解该方程并考虑到物理结果与重整化标度选择无关,由此就可推导出微扰跑动耦合常数.典型的 NLO (next-to-leading order)公式为

$$\alpha_s^{(pe)}(q^2)=\frac{4\pi}{\beta_0\ln(q^2/\Lambda^2)}\left[1-\frac{\beta_1}{\beta_0^2}\frac{\ln\ln(q^2/\Lambda^2)}{\ln(q^2/\Lambda^2)}\right]\tag{10.114}$$

其中 $\Lambda=\Lambda_{QCD}$ 是 QCD 标度参量,$\beta_0=11-2n_f/3$,$\beta_1=102-38n_f/3$(n_f 为夸克味数).上标"(pe)"指微扰跑动耦合.

(10.114)式表明,如果夸克数 $n_f<33/2$,当动量标度增加时 $\alpha_s^{(pe)}(q^2)$ 减小,且当 $q^2\to\infty$ 时 $\alpha_s^{(pe)}(q^2)\to 0$.这意味着当夸克间的转移动量增大时,夸克间的相互作用变弱,而当转移动量无限大时,夸克间的相互作用消失.这揭示了 QCD 渐近自由现象. $\alpha_s^{(pe)}(q^2)$ 及其所表征的渐近自由性质的起源本质上归结为微扰胶子自作用,它来自非 Abel 夸克-胶子顶角和胶子传播子这两部分的贡献.

(10.114)式也表明,当 q^2 降低时 $\alpha_s^{(pe)}(q^2)$ 增长,而当 $q^2\to\Lambda_{QCD}^2$ 时 $\alpha_s^{(pe)}(q^2)\to\infty$,这似乎反映了夸克禁闭现象.但是微扰 QCD 跑动耦合仅当标度 $q^2\gg\Lambda_{QCD}^2$ 时有效,它在红外区 $q^2\ll\Lambda_{QCD}^2$ 不成立,因而不能给出其在红外区的行为.由此,在红外区的 QCD 非微扰跑动耦合对揭示夸克禁闭现象有着重要意义.

我们已在 10.6 节导出了红外发散的 QCD 非微扰跑动耦合 $\alpha_s^{(np)}(q^2)$,它可以表征红外区的夸克禁闭特性,而生成红外发散的非微扰跑动耦合的动力学机制实质上可归结于非微扰胶子自作用.另一方面,正如前面讨论所指出的,微扰 QCD 跑动耦合 $\alpha_s^{(pe)}(q^2)$ 表征紫外区的 QCD 渐近自由特性,其生成的动力学机制实质上可归结于微扰胶子自作用.由此可推测,胶子自作用在紫外区的微扰胶子自作用与红外区的非微扰胶子自作用间的演化将导致 QCD 跑动耦合在紫外区的 $\alpha_s^{(pe)}(q^2)$ 与红外区的 $\alpha_s^{(np)}(q^2)$ 间的演化.为揭示 QCD 跑动耦合如何演化,我们将 $\alpha_s^{(pe)}(q^2)$ 和 $\alpha_s^{(np)}(q^2)$ 显示在同一图上.图 10.3 中短划线表示由(10.114)式给出的 NLO 微扰 QCD 跑动耦合 $\alpha_s^{(pe)}(q^2)$,其中取 $n_f=3$ 和 $\Lambda=248$ MeV.图 10.3 中的虚线表示(10.111)式取 $\sqrt{\sigma}=447$ MeV(格点计算值)和 $d=e=0$ 的计算结果.我们看到 $\alpha_s^{(np)}(q^2)$ 与 $\alpha_s^{(pe)}(q^2)$ 在 $q^2\approx 0.14$ GeV^2 处发生相交,当然相交点

的动量与$\alpha_s^{(\mathrm{pe})}(q^2)$的$n_f$取值和$\alpha_s^{(\mathrm{np})}(q^2)$中参量的取值相关.但这个图像告诉我们,在交叉点这一区域发生了QCD跑动耦合的演化,这种演化应当是连续的变化.实际上,如果选取$\sqrt{\sigma}=447\ \mathrm{MeV}$,$e=0.362$和$d=1.235$,则$\alpha_s^{(\mathrm{np})}(q^2)$(由实线表示)与$\alpha_s^{(\mathrm{pe})}(q^2)$在$q_c^2=0.23\ \mathrm{GeV}^2$($q_c=0.480\ \mathrm{GeV}$)处相切,从而它们在$q_c^2=0.23\ \mathrm{GeV}^2$处平滑地、连续地演化或者说转变.产生这种演化或者说转变的动力学机制是胶子自作用在这里的平滑的连续的演化或者说转变.

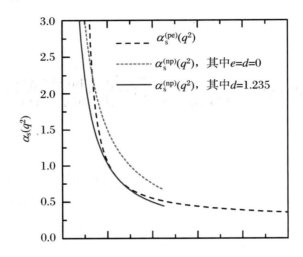

图10.3　QCD跑动耦合从微扰跑动耦合$\alpha_s^{(\mathrm{pe})}(q^2)$到非微扰跑动耦合$\alpha_s^{(\mathrm{np})}(q^2)$的转变

　　图中显示了从紫外区的QCD渐近自由到红外区的夸克禁闭的转变.这个转变是连续平滑的.详见正文讨论.

10.7.2　从渐近自由到夸克禁闭的转变与生成动力学对称性破缺转变间的连接

　　QCD跑动耦合$\alpha_s^{(\mathrm{pe})}(q^2)$和$\alpha_s^{(\mathrm{np})}(q^2)$在$q_c^2$处的连续演化或者说转变实质上描述了紫外区的渐近自由特性与红外区的夸克禁闭特性间的转变,而这个转变是伴随生成夸克动力学质量即动力学对称性破缺而发生的.这可以从$\alpha_s^{(\mathrm{np})}(q^2)$的公式(10.111)和弦张量$\sigma$的表达式(10.68)清楚地看到.格点计算表明,线性禁闭势在$\bar{r}\geqslant 0.2\ \mathrm{fm}$处有效,即在$q\leqslant 1\ \mathrm{GeV}$区域有效,且弦张量$\sigma$在这一区域几乎不变(见图10.1),即$\sigma\approx(447\ \mathrm{MeV})^2$.从我们导出的弦张量$\sigma$的表达式可知,当选定$n_f$即夸克质量$M$后,$[f_{(1)}(0)-f_{(2)}(0)]^2$在该区域近似不变或可看成变化很缓慢,$\sigma$的变化只依赖于夸克的动力学质量.注意到由格点计算 Dyson-Schwinger 方程表明,夸克的动力学质量生成过程是夸克质量函数 $M(q)$ 随动量 q 连续变化的过程.若设定 M_0 为夸克在动量 $q=0$ 时的已生成的动力学质量,即 $M_0=M(0)$,相应的弦张量为 $\sigma_0=\sigma(0)$,则由弦张量 σ 的表达式可得到

$$\frac{\sigma(q)}{\sigma_0} \approx \frac{M^2(q)}{M_0^2} \tag{10.115}$$

考虑由格点计算得到的手征极限 $(m=0)$ 下夸克的动力学质量生成函数 $M(q)$ [194],类似于定义退禁闭和手征对称性恢复跨接的转变点温度 [226],定义 $[M(q)/M_0]_{q=q_c^{\mathrm{ch}}} \approx 0.5$ 左右区域的 q_c^{ch} 为生成动力学夸克质量的转变点(屈折点)动量,估算得到的转变点动量为 $q_c^{\mathrm{ch}} \approx 0.65$—$0.75$ GeV.相应地定义 $[\sigma(q)/\sigma_0]_{q=q_c^{\mathrm{cf}}} \approx 0.5$ 左右区域的 q_c^{cf} 为生成夸克禁闭的转变点动量,则利用由格点计算得到的 $M(q)$ 数值和 (10.115) 式,可估算得到 $q_c^{\mathrm{cf}} \approx 0.47$—$0.57$ GeV.

这些计算表明,生成动力学夸克质量的转变即从手征对称性到动力学对称性破缺的转变是连续变化的平滑跨接,相应地生成夸克禁闭的转变即从紫外区的渐近自由特性到红外区的夸克禁闭特性的转变也是连续变化的平滑跨接.生成夸克禁闭的转变是伴随生成动力学对称性破缺而发生的,而生成夸克禁闭的转变点(屈折点)动量 q_c^{cf} 略小于生成动力学质量的转变点动量 q_c^{ch},也即从渐近自由特性到夸克禁闭特性的转变要略迟于从手征对称性到动力学对称性破缺的转变,虽然二者几乎同时开始进行相应的转变.

考虑到弦张量与动力学质量函数 $M(q)$ 的依赖关系式 (10.115),则 QCD 非微扰跑动耦合 (10.111) 写为

$$\alpha_s^{(\mathrm{np})}(q^2) \overset{q \to 0}{\sim} \frac{3}{4}e + \frac{3}{2}\frac{\sigma_0}{M_0^2}\frac{M^2(q)}{q^2} - d\frac{\sqrt{e\sigma_0}}{M_0}\frac{M(q)}{(q^2)^{\frac{1}{2}}} \tag{10.116}$$

这里包括了弦张量的软化,即因夸克的动力学质量 $M(q)$ 随 q 增大而变小,弦张量 σ 也随之变小.这导致非微扰跑动耦合 $\alpha_s^{(\mathrm{np})}(q^2)$ 随 q 增大而变小的速度要比夸克动力学质量不变时由 (10.111) 式给出的 $\alpha_s^{(\mathrm{np})}(q^2)$ 随 q 增大而变小的速度更快.计算结果表明,同样选取 $\sqrt{\sigma_2}=447$ MeV,$e=0.362$,但适当调节参量 d 至 $d=0.380$,则由 (10.116) 式给出的 $\alpha_s^{(\mathrm{np})}(q^2)$ 在 $q_c^{\mathrm{cf}}=0.480$ GeV 处与微扰 QCD 跑动耦合 $\alpha_s^{(\mathrm{pe})}(q^2)$ 相切,此处 $\alpha_s^{(\mathrm{np})}(q_c^{\mathrm{cf}}) = \alpha_s^{(\mathrm{pe})}(q_c^{\mathrm{cf}}) = 0.881$.这与根据由 (10.111) 式给出的 $\alpha_s^{(\mathrm{np})}(q^2)$ 计算所得结果完全一致.这表明,当 $n_f=3$ 时,$\alpha_s^{(\mathrm{np})}(q^2)$ 在 $q_c^{\mathrm{cf}}=0.480$ GeV 处与 $\alpha_s^{(\mathrm{pe})}(q^2)$ 相切,由此 QCD 跑动耦合演化出现红外区的非微扰跑动耦合 $\alpha_s^{(\mathrm{np})}(q^2)$ 与紫外区的微扰跑动耦合 $\alpha_s^{(\mathrm{pe})}(q^2)$ 间的转变,转变点动量为 $q_c^{\mathrm{cf}}=480$ MeV.

QCD 跑动耦合演化的转变点 q_c^{cf} 与 n_f 相关,这是因为微扰 QCD 跑动耦合 $\alpha_s^{(\mathrm{pe})}(q^2)$

依赖于 n_f (见(10.114)式). 计算表明, 当 $n_f = 4$ 时, 若取 $\sqrt{\sigma} = 447$ MeV, $e = 0.362$, $d = 1.09$, 则得 $q_c^{\text{cf}} = 512$ MeV, $\alpha_s^{(\text{np})}(q_c^{\text{cf}}) = \alpha_s^{(\text{pe})}(q_c^{\text{cf}}) \approx 0.843$.

这些计算给出了如下清晰的物理图像:QCD 跑动耦合演化在 q_c^{cf} 处发生红外区的非微扰跑动耦合 $\alpha_s^{(\text{np})}(q^2)$ 与紫外区的微扰跑动耦合 $\alpha_s^{(\text{pe})}(q^2)$ 间的转变. 注意到 $\alpha_s^{(\text{pe})}(q^2)$ 表征渐近自由特性, 而 $\alpha_s^{(\text{pe})}(q^2)$ 描述夸克禁闭特性, 由此, QCD 跑动耦合的这个演化揭示了红外区的夸克禁闭特性与紫外区的渐近自由特性在 q_c^{cf} 处发生的转变, 从而构成了从紫外区的微扰 QCD 跑动耦合到红外区的 QCD 非微扰跑动耦合的完整的 QCD 跑动耦合演化图像, 给出了从紫外区的 QCD 渐近自由转变到红外区的 QCD 夸克禁闭的图像. 而这个转变是伴随动力学手征对称性破缺与手征对称性间的转变而发生的. 这些转变是随动量变化的连续变化的平滑跨接, 而 q_c^{cf} 是紫外区的渐近自由特性与红外区的夸克禁闭特性间的转变点(屈折点). 与 $n_f = 3$ 和 $n_f = 4$ 相应的生成夸克禁闭的转变点动量 $q_c^{\text{cf}} = 480$ MeV 和 $q_c^{\text{cf}} = 512$ MeV 也与由(10.115)式估算的生成夸克禁闭的动量的转变点范围 $q_c^{\text{cf}} = 470$—570 MeV 相吻合.

10.8 评论: 关于 QCD 规范不变性、夸克禁闭与强子物理

量子色动力学(QCD)是强相互作用基本理论. QCD 在高能标(紫外区)时的渐近自由与在低能标(红外区)时的手征对称性自发(动力学)破缺和夸克色禁闭是 QCD 的最著名的基本特征. QCD 的渐近自由特性已在 1973 年得到证明. 实验证实了夸克是组成核子、介子等强子的基本粒子, 但孤立的带色夸克从未在自然界中被观察到, 这导致了夸克禁闭的假设. 夸克禁闭现象长期以来都没有在理论上得到满意的解释. 揭示夸克禁闭的生成及其机制并揭示夸克禁闭与渐近自由间的转变对理解强相互作用理论、建立 QCD 的(带色)微观夸克-胶子自由度与由夸克组成的无色的核子、介子等强子的宏观可观测谱之间的连接是基本的要求, 有着十分重要的意义.

用于研究夸克禁闭的格点 QCD 数值模拟给出了在非常重的夸克与反夸克间的线性上升的作用势, 意味着非常重的夸克在大的分离距离时存在夸克禁闭, 但生成这样的禁闭势的机制被回避了. 格点 QCD 模拟的图像还是清楚的:夸克与反夸克通过交换胶子相互作用, 但夸克-胶子相互作用被回避了. 这表明, 生成夸克禁闭的机制一定密藏在夸克-

胶子相互作用的红外结构中. 在协变 QCD 途径中, 这样的夸克-胶子相互作用包含在夸克-胶子顶角的红外结构中. 直观上看, 夸克-胶子顶角的红外结构可期望用格点 QCD 计算, 就像用格点计算 Yang-Mills 格林函数的红外行为. 但这项课题实际上无法完成, 因为夸克-胶子顶角太复杂了. 我们提出了用 QCD 的规范不变性求解非微扰夸克-胶子顶角的红外结构, 揭开了 QCD 非微扰夸克-胶子相互作用在深红外区的神秘面纱[206,208], 这是解决夸克禁闭问题的关键所在.

我们由此在协变 Landau 规范 QCD 途径导出了有质量夸克间的线性禁闭势及红外发散的 QCD 非微扰跑动耦合, 揭示了生成红外奇异夸克-胶子顶角、红外发散的非微扰跑动耦合和夸克禁闭势的直接推动机制和动力学机制. 这是首次在协变 QCD 途径中基于 QCD 基本原理描述了 QCD 的夸克禁闭的禁闭形式——线性矢量禁闭势 (见 (10.67)—(10.70) 式) 及生成禁闭的机制, 只是禁闭势的参数还不能自洽计算, 因而取由格点 QCD 模拟得到的相同禁闭形式的参数. 进而研究了 QCD 跑动耦合在红外非微扰区与紫外微扰区间的演化, 并由此揭示伴随手征对称性转变的红外夸克禁闭与紫外渐近自由间的转变. QCD 规范不变性在这些研究中担当着基本的不可或缺的重要角色.

QCD 是一个非 Abel 规范理论. 规范理论必须满足规范不变性原理, 这导致理论的格林函数间的强有力的约束关系, 如夸克-胶子顶角与夸克传播子间的 Slavnov-Taylor 恒等式等. 它们在 QCD 理论的研究中担当基本的不可或缺的重要角色: (1) 在论证非 Abel QCD 理论的可重整化中担任重要角色, QCD 的重整化常数必须满足 Slavnov-Taylor 恒等式, 导致不同重整化常数间存在约束关系, 并保证重整化常数 g_R 具有普适性, 由此得到微扰跑动耦合和非微扰跑动耦合都满足的规范不变的关系式. (2) QCD 的格林函数必须满足 Slavnov-Taylor 恒等式, 由此可利用夸克-胶子顶角的 Slavnov-Taylor 恒等式求解夸克-胶子顶角的红外结构. (3) 利用 Slavnov-Taylor 恒等式表述的夸克-胶子顶角与夸克传播子间的关系, 对无穷系列的 Dyson-Schwinger 方程作适当的截断近似处理, 这对应用 Dyson-Schwinger 方程开展 QCD 非微扰研究是十分重要的.

我们在 10.2 节详细讨论了由于 QCD 格林函数的解必须满足规范不变性, 因而用夸克-胶子顶角的 Slavnov-Taylor 恒等式在红外极限下求解夸克-胶子顶角的红外结构, 由此给出了深红外区 QCD 非微扰夸克-胶子相互作用的详细信息. 这是解决夸克禁闭问题的关键或者说核心元素.

利用非微扰夸克-胶子相互作用的各分量, 我们推导了各种可能的禁闭势并给出了相应禁闭势的生成机制. 结果表明, 夸克矢量禁闭势由密藏在夸克-胶子顶角的矢量分量中的夸克-鬼散射核的矢量形状因子的红外奇异性 $(q^2)^{-1/2}$ 生成. 夸克标量线性禁闭势在形式上也可从夸克-胶子相互作用的标量分量导出, 但相应的弦张量在红外极限消失, 意味着标量禁闭势不出现或者说不存在. 这个结果也回答了文献中存在的夸克禁闭是矢量禁闭还是标量禁闭的老问题.

利用非微扰夸克-胶子相互作用的矢量(γ_μ部分)分量,我们计算了非微扰双胶子交换对线性禁闭势的弦张量的贡献,用以讨论夸克间非微扰胶子交换展开的收敛性.结果表明,对重夸克系统,该收敛性很好,以至双胶子交换的贡献可被忽略.而对组成核子等的 u、d 轻夸克体系,其收敛是缓慢的,但夸克(矢量)线性禁闭势仍可用于描述 u、d 这样的轻夸克系统,只要夸克是动力学对称性破缺的.

在协变 QCD 中鬼场是非物理的辅助场.揭示密藏在夸克-鬼散射核中的红外奇异性的来源,对揭示生成夸克禁闭的动力学机制是重要的.我们也利用描述 QCD 规范不变性的 Slavnov-Taylor 恒等式得到该红外奇异性实质上可归结于生成非 Abel 夸克-胶子顶角的非微扰胶子自作用.由此揭示了生成夸克禁闭及红外发散跑动耦合的动力学机制.

利用耦合常数g_R满足的规范不变的关系式,原则上可以定义从紫外极限到红外极限都满足的普适的 QCD 跑动耦合,但是没有人知道如何计算相应的普适的重整化常数,尤其是夸克-胶子顶角的普适的重整化常数.长期以来,人们应用微扰 QCD 很好地计算了紫外区的微扰 QCD 跑动耦合$\alpha_s^{(\mathrm{pe})}(q^2)$.而非微扰 QCD 跑动耦合$\alpha_s^{(\mathrm{pe})}(q^2)$直到近年来才被本书作者因为基于 QCD 规范不变首次求解出夸克-胶子顶角的红外结构而计算出来.并由此提出利用 QCD 跑动耦合在非微扰的红外区与微扰的紫外区间的演化,来描述红外区的夸克禁闭与紫外区的渐近自由间的转变,该转变是伴随手征对称性的转变而发生的.当然,这里转变区的紫外区一侧的夸克还是处于强耦合的但是已具有渐近自由特性的状态.计算表明,从紫外区的渐近自由到红外区的夸克禁闭的转变与从手征对称性到手征对称性的动力学破缺的转变几乎同时开始,但前者的临界转变点要比后者的略迟一些出现.这是文献中第一次给出这样的结果,因为在有限温度、有限密度情况的格点计算表明,禁闭到退禁闭相变与手征对称性的恢复是同时发生的.这里还要特别指出的是,研究夸克禁闭和夸克禁闭与渐近自由间的转变对建立微观的 QCD 的带色夸克-胶子自由度与可实际观测的由夸克-胶子自由度构成的无色束缚态核子等强子谱间的连接是基本的也是十分重要的.

夸克退禁闭相变和手征对称性恢复相变是 QCD 研究的重要课题.多种方案被提出以探讨夸克、胶子退禁闭相变的信号和手征对称性恢复的信号,直至形成能被观察到的夸克-胶子态或夸克-胶子等离子态的信号.这些研究通常是在有限温度或有限密度情况下,用格点 QCD 模拟或用格点模拟和连续场论的 Dyson-Schwinger 方程互为补充的途径进行计算.对这些与夸克禁闭问题相关的内容,接下来 10.9 节和 10.10 节将分别对有限温度、有限密度情况下的相变与手征对称恢复和 QCD 相图作简单讨论.

研究 Yang-Mills 格林函数的红外行为、动力学手征对称破缺直至低能标度强子结构等,只能应用 QCD 非微扰途径,如格点 QCD 模拟、连续场论的 Dyson-Schwinger 途径.

应用 Dyson-Schwinger 方程进行规范理论的非微扰研究时,我们立刻要面对什么是基本相互作用顶角的非微扰形式,这是因为 Dyson-Schwinger 方程是连接 n 点格林函数与 $n+1$ 点格林函数的积分方程,我们常用的最低阶 Dyson-Schwinger 方程连接二点函数(传播子)与三点顶角函数,而三点顶角函数又连接四点函数.因此我们必须找到一条规范不变的适当途径去截断这组无穷耦合的方程组,以便实际求解.找到非微扰形式的完全顶角函数一方面是截断 Dyson-Schwinger 方程的需要,另一方面也能直接将 QCD非微扰相互作用与传播子的红外行为联系起来,我们看到,能得到基本相互作用顶角的非微扰形式的唯一正确途径是利用 QCD 理论的对称性联系的格林函数间的 Ward-Takahashi关系或非 Abel 理论中的 Slavnov-Taylor 恒等关系.我们在第 2 章利用 QCD的 BRST 对称性给出了 QCD 顶角的 Slavnov-Taylor 恒等式,并找到了与 BRST 对称性相联系的横向对称性变换,导出了夸克-胶子顶角和 QCD 轴矢顶角的横向 ST 关系.由此,导出了 QCD 对称性对夸克-胶子顶角的完全的约束关系,即完全的夸克-胶子顶角函数.这对应用 Dyson-Schwinger 方程途径自洽计算 QCD 格林函数是基本的要求.但是要想将完全的夸克-胶子顶角用于 Dyson-Schwinger 方程几乎不可能做到,而必须对顶角作一些近似处理.

对有限温度 T 和有限化学势(重子密度)μ 情形的退禁闭和手征对称性恢复的研究同样呈现格点规范计算和连续场论的 Dyson-Schwinger 途径互为补充的状态.在零化学势情形,有限温度 T 的格点 QCD 计算决定了退禁闭和手征对称恢复的转变温度 T_c.但在有限化学势 $\mu \neq 0$ 情形,格点规范计算由于费米子符号问题而遇到了困难.在这种情形,Dyson-Schwinger 方程途径是十分有效的工具,不仅可以用来研究有限化学势 μ 情形发生退禁闭和手征对称性恢复的转变温度,也可用以研究中等化学势 μ(强耦合)情形的色超导相.初步的计算表明,在中等化学势情形由 Dyson-Schwinger 方程途径得到的色超导临界相变温度要比用微扰展开技术外推得到的临界相变温度大好几倍,说明了在非微扰效应重要的情形应用 Dyson-Schwinger 方程途径的有效性.在这些有限化学势情形的 Dyson-Schwinger 方程计算中,包含在 Dyson-Schwinger 方程中的夸克-胶子顶角基本上是裸顶角.对有限化学势 μ 情形,包含较真实的夸克-胶子顶角的 Dyson-Schwinger 方程途径对退禁闭转变、手征对称性恢复转变和色超导相变等的影响还有待研究.

有限温度 T、零化学势情形的计算可能与有限化学势 μ、零温情形的计算有某种类似的问题.在零化学势和非常高温度 T(一般估计要求 $T>3T_c$)时,弱耦合的微扰展开可以相当好地工作.但在温度不是很高的情形,即 $T_c<T<3T_c$ 时,耦合强度较大.在 RHIC 的相对论重离子碰撞实验中产生的是强相互作用的夸克-胶子等离子体[228],正说明 $T_c<T<3T_c$ 区域是强耦合区域.在这一区域,弱耦合的微扰展开理论已不再适用.现

在出现了一些有效理论[229]. 实际上, 在这一强耦合区域, 即 $T_c < T < 3T_c$ 时, Dyson-Schwinger 方程途径可能是有用的研究工具.

Dyson-Schwinger 方程途径在介子和重子结构和性质等强子物理唯象研究方面也有广泛的应用[152,230a,230b], 其出发点是自洽求解 Dyson-Schwinger 方程和 Bethe-Salpeter 方程 (或 Faddev 方程). 这里再次涉及用完全的夸克-胶子顶角来描述非微扰的夸克-胶子相互作用的问题. 但由于实际数值计算的复杂性, 目前都采用近似方法: 应用梯形图近似 Bethe-Salpeter 方程和彩虹顶角近似 Dyson-Schwinger 方程, 这就是 Dyson-Schwinger 方程和 Bethe-Salpeter 方程体系的彩虹-梯形 (rainbow-ladder) 近似. 在这个近似图像中, 通常选择具有禁闭特性并包含大动量渐近自由的模型胶子传播子. 将二粒子束缚态与四点格林函数的极点等同起来, 就可以从非齐次的 Bethe-Salpeter 方程导出齐次的 Bethe-Salpeter 方程. 从齐次的 Bethe-Salpeter 方程 (假设取梯形图近似的本征值问题形式) 就可确定束缚态质量和协变波函数. 介子可看作夸克-反夸克缚态, 重子可看作夸克与双夸克束缚态, 由此可研究介子与重子的定态性质. 另外, Yang 提出了一个同时研究真空结构和强子结构的途径[231a]. Wu 则将 Dyson-Schwinger 方程与 Bethe-Salpeter 方程体系应用到多体系统[231b]. 将所研究的方程体系推广到有限温度和有限化学势情形, 即可研究有限温度和有限密度下强子的性质及相变问题. 这里我们不再具体讨论这些问题的 Dyson-Schwinger 方程和 Bethe-Salpeter 方程体系的求解.

10.9 有限温度、密度情况的退禁闭与手征对称性恢复

10.9.1 有限温度情况的退禁闭与手征对称性恢复

QCD 在有限温度和密度下的性质在天体物理和宇宙学的研究和认识强相互作用物质新形态方面有重要的意义. 相对论重离子碰撞如 RHIC、LHC 的实验探测将会提供这方面的实验信息. 因而对 QCD 在有限温度和密度情况下的退禁闭及手征对称性恢复转变进行非微扰研究将是十分有价值的. 这里, 我们用一个禁闭的、可重整化的 Dyson-Schwinger 方程模型讨论有限温度情况的二味 QCD 的退禁闭及手征对称性恢复转变问题.

在 Euclid 空间中重整化的夸克传播子的 Dyson-Schwinger 方程可写为[180]

$$S^{-1}(p,\omega_k) = i\boldsymbol{\gamma} \cdot pA(p,\omega_k) + i\gamma_4\omega_4 C(p,\omega_k) + B(p,\omega_k)$$
$$= Z_2^A i\boldsymbol{\gamma} \cdot p + Z_2(i\gamma_4\omega_k + m_b) + \Sigma'(p,\omega_k) \qquad (10.117)$$

这里 m_b 为裸质量, $\omega_k = (2k+1)\pi T$, Σ' 是正规化的自能,

$$\Sigma'(p,\omega_k) = i\boldsymbol{\gamma} \cdot p\Sigma_A'(p,\omega_k) + i\gamma_4\omega_4\Sigma_C'(p,\omega_k) + \Sigma_B'(p,\omega_k) \qquad (10.118)$$

其中

$$\Sigma_F'(p,\omega_k) = \int_{l,q}^{\bar\Lambda} \frac{4}{3} g^2 D_{\mu\nu}(p-q,\omega_k-\omega_l)$$
$$\times \frac{1}{4}\text{Tr}\left[P_F\gamma_\mu S(q,\omega_l)\Gamma_\nu(q,\omega_l;p,\omega_k)\right] \qquad (10.119)$$

这里 $F = A,B,C; P_A \equiv -(Z_1^A/p^2)\,i\boldsymbol{\gamma} \cdot p, P_B \equiv Z_1, P_C \equiv -(Z_1/\omega_k)i\gamma_4$, 而 $\int_{l,q}^{\bar\Lambda} \equiv$ $T\sum_{l=-\infty}^{\infty}\int^{\bar\Lambda} \mathrm{d}^3q/(2\pi)^3$; 式中 $\Gamma_\nu(q,\omega_l;p,\omega_k)$ 是重整化的夸克-胶子顶角, $D_{\mu\nu}(p,\Omega_k)$ 是重整化的穿衣胶子传播子, 其中 $\Omega_k = 2k\pi T$.

在重整化中要求

$$S^{-1}(p,\omega_0)\,\big|_{p^2+\omega_0^2=\zeta^2} = i\boldsymbol{\gamma} \cdot p + i\gamma_4\omega_0 + m_R(\zeta) \qquad (10.120)$$

其中 ζ 为重整化点, $m_R(\zeta)$ 是重整化后的流夸克质量. 这给出重整化常数满足的关系:

$$\left.\begin{aligned}Z_2^A(\zeta,\bar\Lambda) &= 1 - \Sigma_A'(\zeta,\omega_0;\bar\Lambda)\\ Z_2(\zeta,\bar\Lambda) &= 1 - \Sigma_C'(\zeta,\omega_0;\bar\Lambda)\\ m_R(\zeta) &= Z_2 m_b + \Sigma_B'(\zeta,\omega_0;\bar\Lambda)\end{aligned}\right\} \qquad (10.121)$$

重整化后的自能为

$$F(p,\omega_k;\zeta) = \xi_F + \Sigma_F'(p,\omega_k;\bar\Lambda) - \Sigma_F'(p,\omega_0;\bar\Lambda) \qquad (10.122)$$

其中 $F = A,B,C,\xi_A = 1 = \xi_C,\xi_B = m_R(\xi)$.

完全自洽的计算要求同时求解胶子传播子的 Dyson-Schwinger 方程, 并要求完全的夸克-胶子顶角 Γ_ν, 这是一个十分复杂的有待进一步研究的课题. 这里只考虑模型的胶子传播子和顶角.

在 Landau 规范情况, 有限温度的胶子传播子取为

$$g^2 D_{\mu\nu}(p,\Omega) = P_{\mu\nu}^L(p,p_4)D(p,\Omega,m_D) + P_{\mu\nu}^T(p)D(p,\Omega,0) \qquad (10.123)$$

这里 $P_{\mu\nu}^T(p) + P_{\mu\nu}^L(p,p_4) = \delta_{\mu\nu} - p_\mu p_\nu/\sum_{\alpha=1}^{4}p_\alpha p_\alpha (\mu,\nu = 1,2,3,4)$. 当 $\mu,\nu = 1,2,3$ 时,

$P_{\mu\nu}^{\mathrm{T}}(p) = \delta_{ij} - p_i p_j / \boldsymbol{p}^2$;而当 $\mu,\nu = 4$ 时,$P_{\mu\nu}^{\mathrm{T}}(p) = 0$. $D(p,\Omega,m)$ 为单参量模型胶子传播子:

$$D(p,\Omega,m) = 4\pi^2 d\left[\frac{2\pi}{T}m_t^2 \delta_{on}\delta^3(p) + \frac{1 - \mathrm{e}^{-(p^2+\Omega^2+m^2)/(4m_t^2)}}{p^2+\Omega^2+m^2}\right] \tag{10.124}$$

其中 $d = 12/(33 - 2N_f)$,m_{D} 为"Debye 质量",$m_{\mathrm{D}}^2 = \bar{c}T^2$,$\bar{c} = 4\pi^2 dc$,$c = N_c/3 + N_f/6$. 参量 m_t 的值由 $T = 0$ 确定,$m_t = 0.69\,\mathrm{GeV}$. 在上面的胶子传播子中的第一项有可积的红外奇异性,生成与禁闭相伴的长程效应,而第二项保证该传播子在大的类空变量情况有正确的微扰行为. $D(p,\Omega,m)$ 没有 Lehmann 表示,因而描述一个禁闭粒子.

模型计算的第二个近似是取顶角的彩虹近似:

$$\Gamma_\mu(q,\omega_l;p,\omega_k) = \gamma_\mu \tag{10.125}$$

此外,为了求解 Dyson-Schwinger 方程,进而取近似 $Z_1 = Z_2$,$Z_1^A = Z_2^A$. 在 QED 情况中这是由 Ward 恒等式导出的结果. 这里作为推广到 QCD 情况的近似结果. 一些计算近似取 $Z_2 = Z_2^A \approx 1$.

引入禁闭试验序参量,考虑组态空间的二点 Schwinger 函数

$$\Delta_{B_0}^k(x) = \frac{2}{\pi}\int_o^\infty \mathrm{d}p\,p\,\sin(px)\sigma_{B_0}(p,\omega_k) \tag{10.126}$$

对一个质量为 m 的自由粒子,有一个 Lehmann 表示:$\sigma_{B_0}(p,\omega_k) = m/(\omega_k^2 + p^2 + m^2)$,极点为 $p^2 = -(\omega_k^2 + m^2)$. 相应得到 $\Delta_{B_0}^k(x) = m\exp(-x\sqrt{\omega_k^2 + m^2})$,其中 $k = 0$ 项为主要贡献. 此时 $M(x,t) \equiv -(\mathrm{d}/\mathrm{d}x)\ln|\Delta_{B_0}^0(x)| = \sqrt{\pi^2 T^2 + m^2}$ 为有限常数. m 为表征动力学质量生成的质量标度,$M_{\mathrm{E}}^{\mathrm{u/d}} \approx 300\,\mathrm{MeV}$. 此时描述的是一个非禁闭的粒子. 与此相对照的是,具有复共轭 p^2 极点的 Schwinger 函数将没有 Lehmann 表示,由此可表示一个没有相伴的渐近态的禁闭的粒子(或激发). 在此情况,若 $\Delta_{B_0}^0(x)$ 至少有一个零点,用 $r_0^{Z_1}$ 表示 $\Delta_{B_0}^0(x)$ 中的第一个零点位置,则禁闭试验序参量定义为 $\kappa_0 \equiv 1/r_0^{Z_1}$. 如果对某个 $T = T_c$,$\kappa_0(T_c) = 0$,就能观测到退禁闭转变.

手征对称性恢复问题可同时讨论. 动力学手征对称性破缺的序参量为

$$\chi \equiv B_0(p = 0,\omega_0) \tag{10.127}$$

数值求解 Dyson-Schwinger 方程就可得到 $\kappa_0(T)$、$\chi(T)$ 随 T 的变化关系. 由拟合 $T = 0$ 时 π 介子的可观察量可定下参量 $m_t = 0.69\,\mathrm{GeV}$,$m_R(\xi) = 1.1\,\mathrm{MeV}$. 取重整化标度 $\zeta = 9.47\,\mathrm{GeV}$,$d = 4/9$,$\bar{\Lambda}/\zeta = 1$,$|\omega_{k\max}|/|p|_{\max} \approx 1$,可计算得到 $\kappa_0(T)$、$\chi(T)^{[180]}$. 利用参数形式 $\alpha(1 - T/T_c)^\beta$ 拟合计算曲线,得到退禁闭转变的临界温度为

$T_c = 150\ \text{MeV}$，这与手征对称性恢复的临界温度一致. 当重整化的流夸克质量 m_R 不为零时，退禁闭转变温度随 m_R 的增加而增加. 对 u/d 夸克情况计算得到退禁闭转变温度为 $T_c \approx 180\ \text{MeV}$. 由有限温度的格点 QCD 模拟计算得到了类似的结果[209]. 图 10.4 给出了由 Dyson-Schwinger 方程途径计算得到的阶参量 χ 和 κ_0 随温度变化的曲线[180]. 可以看到它们随 T 增加而平滑地下降穿越 T_c 点，而不是跳跃式的剧变. 对夸克数磁化率（quark-number susceptibility）进行 Dyson-Schwinger 方程途径的一个有效模型计算[210] 也表明，夸克数磁化率随温度的升高从低温时的零值穿越临界点 T_c 而迅速上升到非零值. 这实际上是有限温度时 QCD 不同相间的转换或者说跃迁的普遍行为. 最近的格点 QCD 计算表明，在零化学势和有限费米子（物理）质量情况，有限温度时发生退禁闭和手征对称性恢复跃迁的特征是有关观测量（如轻夸克手征凝聚、轻夸克手征磁化率、夸克数磁化率、Polyakov 圈等）随温度的变化出现解析的跨接（analytic crossover）行为，而不是真正的相变，跨接处的屈折点（inflection point）是退禁闭和手征对称性恢复的标志. 对此，我们将在 10.10 节作进一步讨论.

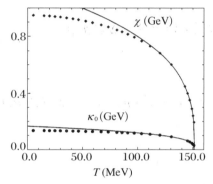

图 10.4　手征对称性恢复的阶参量 $\chi(T)$ 和退禁闭的阶参量 $\kappa_0(T)$ 随温度的变化

曲线由 $\alpha(1 - T/T_c)^\beta$ 拟合得到.（取自文献[180]）

10.9.2　有限密度情况的退禁闭与手征对称性恢复

应用 QCD 研究有限重子密度体系通过在 QCD 理论中引入化学势 μ 进行. 这里，我们应用一个禁闭的、可重整化的 Dyson-Schwinger 方程模型来研究二味 QCD 的穿衣夸克传播子（即夸克的二点 Schwinger 函数）对化学势的依赖关系，以探讨有限密度体系的退禁闭相变序量和手征对称性恢复转变序量的行为.

重整化的穿衣夸克传播子在 $\mu \neq 0$ 时在 Euclid 空间的形式可写为[181]

$$S(\boldsymbol{p}, \omega_{[\mu]}) = -\,\mathrm{i}\boldsymbol{\gamma} \cdot \boldsymbol{p}\sigma_A(\boldsymbol{p}, \omega_{[\mu]}) - \mathrm{i}\gamma_4\omega_{[\mu]}\sigma_C(\boldsymbol{p}, \omega_{[\mu]}) + \sigma_B(\boldsymbol{p}, \omega_{[\mu]}) \quad (10.128)$$

其中 $\omega_{[\mu]} \equiv p_4 + \mathrm{i}\mu$. 夸克传播子的 Dyson-Schwinger 方程为

$$\begin{aligned} S(\boldsymbol{p}, \omega_{[\mu]})^{-1} &= \mathrm{i}\boldsymbol{\gamma} \cdot \boldsymbol{p}A(\boldsymbol{p}, \omega_{[\mu]}) + \mathrm{i}\gamma_4\omega_{[\mu]}C(\boldsymbol{p}, \omega_{[\mu]}) + B(\boldsymbol{p}, \omega_{[\mu]}) \\ &= Z_2^A\mathrm{i}\boldsymbol{\gamma} \cdot \boldsymbol{p} + Z_2(\mathrm{i}\gamma_4\omega_{[\mu]} + m_{\mathrm{b}}) + \Sigma'(\boldsymbol{p}, \omega_{[\mu]}) \end{aligned} \quad (10.129)$$

式中 $\Sigma'(\boldsymbol{p}, \omega_{[\mu]})$ 是正规化后的自能. 将上面的表示式与有限温度时的夸克传播子及其 Dyson-Schwinger 方程(10.117)、(10.118)式比较可知,只要用 $\omega_{[\mu]}$ 代替 ω_k,两种情况的表达式就完全一致. 由此可从 $\Sigma'(\boldsymbol{p}, \omega_k)$ 写出 $\Sigma'(\boldsymbol{p}, \omega_{[\mu]})$ 的表达式.

重整化要求

$$S^{-1}(\boldsymbol{p}, \omega_{[\mu]})\Big|_{\substack{\mu=0 \\ |\boldsymbol{p}|^2 + p_4^2 = \zeta^2}} = \mathrm{i}\boldsymbol{\gamma} \cdot \boldsymbol{p} + \mathrm{i}\gamma_4 p_4 + m_{\mathrm{R}}(\zeta) \quad (10.130)$$

其中 ζ 是重整化点, $m_{\mathrm{R}}(\zeta)$ 为重整化后的流夸克质量. 这需要重整化常数满足与 (10.121)式相似的关系,例如

$$Z_2^A(\zeta, \Lambda) = 1 - \Sigma'_A(\boldsymbol{p}, p_4)\Big|_{\substack{\mu=0 \\ |\boldsymbol{p}|^2 + p_4^2 = \zeta^2}} \quad (10.131)$$

等,而重整化的自能为

$$F(\boldsymbol{p}, \omega_{[\mu]}) = \xi_F + \Sigma'_F(\boldsymbol{p}, \omega_{[\mu]}) - \Sigma'_F(\boldsymbol{p}, p_4)\Big|_{\substack{\mu=0 \\ |\boldsymbol{p}|^2 + p_4^2 = \zeta^2}} \quad (10.132)$$

其中 $F = A, B, C, \xi_A = 1 = \xi_C, \xi_B = m_{\mathrm{R}}(\zeta)$.

所考虑的 Dyson-Schwinger 方程模型对胶子传播子和顶角用了模型近似. 胶子传播子假定为 Landau 规范下的单参量形式:

$$g^2 D_{\mu\nu}(k) = \left(\delta_{\mu\nu} - \frac{k_\mu k_\nu}{k^2}\right)\frac{D(k^2)}{k^2} \quad (10.133)$$

$$\frac{D(k^2)}{k^2} = \frac{16}{9}\pi^2\left[4\pi^2 m_{\mathrm{t}}^2\delta^4(k) + \frac{1 - \mathrm{e}^{-k^2/(4m_{\mathrm{t}}^2)}}{k^2}\right] \quad (10.134)$$

其中 m_{t} 为具有质量标度的自由参量. (10.134)式中右边第一项有一个可积的红外奇异性,它提供了与禁闭相联系的长程效应;右边第二项保证了传播子在大的类空 k^2 时有正确的微扰行为. $D(k^2)/k^2$ 不具有 Lehmann 表示,因而可解释为它描述的是禁闭的胶子. 这个模型胶子传播子与 μ 无明显的关系. 实际上,包含如夸克圈的真空极化会导致胶子传播子与 μ 相关. 研究有限 μ 时的胶子传播子的 Dyson-Schwinger 方程将会得到这方面的知识.

所考虑的 Dyson-Schwinger 方程的第二个主要近似是取顶角的彩虹近似：

$$\Gamma_\mu = (\boldsymbol{q}, \omega_{[\mu]}; \boldsymbol{p}, \omega_{[\mu]}) = \gamma_\mu \qquad (10.135)$$

禁闭试验序参量定义为 $\kappa \equiv 1/\tau_0^Z$，这里 τ_0^Z 指组态空间中的 Schwinger 函数 $\Delta_{B_0}(\tau)$ 中第一个零点的位置，$\Delta_{B_0}(\tau)$ 定义为

$$\Delta_{B_0}(\tau) = \frac{1}{2\pi} \int_{-\infty}^\infty \mathrm{d}p_4 \mathrm{e}^{\mathrm{i}p_4\tau} \sigma_{B_0}(\boldsymbol{p} = 0, \omega_{[\mu]}) \qquad (10.136)$$

这里的下标"0"指计算是在手征极限下（即 $m_R = 0$）进行的. 具有复共轭 p^2 极点的 Schwinger 函数没有 Lehmann 表示，由此可解释为描述禁闭的粒子. 如果对某个 $\mu = \mu_c, \kappa(\mu_c) = 0$，则在这一点化学势压倒了禁闭质量标度，使得极点移到了实轴，由此可观测到退禁闭转变发生.

手征对称性恢复转变的研究通过分析动力学破缺序参量 χ 进行：

$$\chi = \mathrm{Re}\left[B_0(|\boldsymbol{p}|^2 = 0, \omega_{[\mu]}^2 = -\mu^2)\right] \qquad (10.137)$$

这里 B_0 是夸克传播子的 Dyson-Schwinger 方程(10.129)在手征极限下解的标量部分. 出现手征对称性恢复转变时 χ 的行为与手征极限下真空的夸克凝聚等同.

数值求解 Dyson-Schwinger 方程(10.129)，就可得到退禁闭转变序参量 $\kappa(\mu)$ 和手征对称性恢复序参量 $\chi(\mu)$ 与 μ 的关系. 选取与有限温度情况的计算相同的参量 $m_t = 0.69\,\mathrm{GeV}, m_R(\zeta) = 1.1\,\mathrm{MeV}$. 计算得到临界转变点 $\mu_c = 375\,\mathrm{MeV}$，$\kappa(\mu)$ 和 $\chi(\mu)$ 随 μ 的变化曲线在 μ_c 点直接下降到零，变化是不连续的. 由此在有限化学势情况下，在所述的与 μ 无关的单参量胶子传播子模型和裸顶角近似下得到的退禁闭转变和手征对称性恢复转变是真正的相变，且为一级相变[181].

计算结果表明，手征序参量 $\chi(\mu)$ 随 μ 的增加而增加，直至 $\mu = \mu_c$ 时突然降为零. 这可从物理图像上直观地解释：夸克被禁闭的真空由夸克-反夸克对（相关联为标量凝聚）组成，增加化学势 μ 导致标量密度 $\langle \bar{q}q \rangle$ 增加. 这是因为夸克禁闭要求当有附加的夸克增加时必须与一个反夸克形成夸克-反夸克对，从而增加了凝聚对的密度. 由此可知，只要 $\mu < \mu_c$，在真空中就不会出现粒子（相对于反粒子）的过剩，因而重子数密度仍保持为零. 这是禁闭在凝聚内的夸克-反夸克对不对重子数密度有贡献这个事实的反映. 当 $\mu > \mu_c$，即退禁闭相变发生后，夸克凝聚发生破碎，从而产生的夸克相对于反夸克过剩，使得重子数密度不断增加. 重子数密度 $\rho_B^{u+d}(\mu)$ 可通过计算夸克压强 p^{u+d} 得到：$\rho_B^{u+d} = (1/3)\partial p^{u+d}/\partial \mu$.

应用上述的 Dyson-Schwinger 方程模型计算得到[181]

$$\rho_{\mathrm{B}}^{\mathrm{u+d}}(\mu \approx 2\mu_{\mathrm{c}}) \approx 3\rho_0 \tag{10.138}$$

其中 $\rho_0 = 0.16\ \mathrm{fm}^{-3}$ 是核物质的平衡密度. 这已接近中子星中心核部分的密度. 例如质量为 1.4 倍太阳质量的中子星的中心核部分的密度估计为 $3.6\rho_0$ — $4.1\rho_0$ [210].

上述计算（包括得到的临界值 $\mu_{\mathrm{c}} = 375\ \mathrm{MeV}$）是在考虑的与 μ 无关的单参量胶子传播子模型和裸顶角近似下的结果. 研究表明, 手征对称性恢复相变的临界化学势 μ_{c} 强烈依赖于 Dyson-Schwinger 方程中的相互作用核 $D_{\mu\nu}\Gamma_\nu$（胶子传播子乘夸克-胶子顶角）[211]. 因而求解得到正确的顶角函数和胶子传播子是一项重要的研究课题.

实际上, 包含如夸克圈的真空极化会导致胶子传播子与化学势 μ 相联系. 研究有限 μ 依赖的胶子传播子的 Dyson-Schwinger 方程将会得到这方面的知识. 对包含有限 μ 依赖胶子传播子的夸克 Dyson-Schwinger 方程的研究则会提供 Dyson-Schwinger 方程中相互作用核 $D_{\mu\nu}\Gamma_\nu$ 与手征相变的临界化学势 μ_{c} 间关系方面的知识. 最近, Liu 研究组[213]应用包含与化学势 μ 相关的有效胶子传播子的 Dyson-Schwinger 方程讨论了这个问题, 他们提出的有效胶子传播子模型为

$$D_{\mu\nu}(k) = t_{\mu\nu} 4\pi^2 d\, \frac{x^2}{(k^2 + \beta\mu^2)^2 + \Delta} \tag{10.139}$$

其中 $t_{\mu\nu} = \delta_{\mu\nu}$, 即取 Feynman 型规范, β 为标志 μ 依赖强度的标度参量, $d = 12/27$, χ 和 Δ 为自由参量. 这个胶子传播子不具有 Lehmann 表示, 因而可解释为它描述的是禁闭胶子. 事实上可写出这个胶子传播子所导出的定态夸克间的经典势, 在 $\beta = 0$ 时, 该经典势相应于一个中程处的 r（至 3 fm）的 2 次方型禁闭势, 而短程（$r \leqslant 0.2\ \mathrm{fm}$）时类似线性型势. 当化学势 μ 及标度参量 β 增加时该势的吸引作用强度变小.

由(10.139)式给出的有效胶子传播子具有有限的红外增长且导致紫外积分收敛, 因而不需要考虑重整化. 此时, 夸克传播子的 Dyson-Schwinger 方程可写为

$$S(p,\mu)^{-1} = \mathrm{i}\gamma \cdot p - \gamma_4 \mu + \frac{4}{3} \int \frac{\mathrm{d}^4 q}{(2\pi)^4} D_{\mu\nu}(k) \gamma_\mu S(p,\mu) \gamma_\nu \tag{10.140}$$

这里 $k = p - q$, $S(p,\mu)^{-1}$ 等同于(10.129)式中的 $S(\boldsymbol{p}, \omega_{[\mu]})^{-1}$, 即可以按(10.129)式用 3 个标量函数 A、C 和 B 表示. 将(10.139)式代入(10.140)式并应用(10.129)式, 则可得到关于标量函数 $A(p,\mu)$、$C(p,\mu)$ 和 $B(p,\mu)$ 的耦合方程. 选择适当的参量 χ 和 Δ, 就可数值求解这组耦合方程. 例如取 $\Delta = 0.01\ \mathrm{GeV}^4$, $\chi = 1.33\ \mathrm{GeV}$, 可拟合得到 π 介子衰变常数为 87 MeV（接近实验数据 $F_\pi = 93\ \mathrm{MeV}$）, 并在 $\mu = 0$ 时由求解关于 $A(p,0)$、$C(p,0)$ 和 $B(p,0)$ 的耦合方程得到真空中的手征夸克凝聚为 $(250\ \mathrm{MeV})^3$, 与经验值相符. 由此, 通过求解关于标量函数 $A(p,\mu)$、$C(p,\mu)$ 和 $B(p,\mu)$ 的耦合方程而得到的手

征夸克凝聚对化学势的依赖表明[213]:当化学势 μ 在小于临界值 μ_c 的区域增加时,介质中的手征夸克凝聚单调地下降;当 μ 达到临界值 μ_c 时,手征夸克凝聚突然消失.这样的行为可理解为手征对称性在化学势达到临界值前是部分恢复的,而达到临界值 μ_c 时手征对称性完全恢复.相应的手征相变是一级相变.同时,随着标度参量 β 增加,临界化学势 μ_c 减小,例如,$\beta = 0$ 时,$\mu_c = 0.546\,\mathrm{GeV}$;$\beta = 0.3$ 时,$\mu_c = 0.344\,\mathrm{GeV}$;$\beta = 1.0$ 时,$\mu_c = 0.245\,\mathrm{GeV}$.手征对称性恢复的临界化学势 μ_c 与标度参量 β 的依赖关系表示在图10.5中.μ_c 随 β 增加而减小的行为可用有效胶子传播子模型(10.139)的相应经典势来解释,正如前面已提到的,有效胶子传播子中的标度参量与化学势 $\beta\mu^2$ 减弱了禁闭势,或者说对禁闭起了屏蔽作用,从而导致禁闭相变和手征相变转变的临界值 μ_c 变小.当然,这仅是一个模型结果,胶子传播子与 μ 的依赖关系有待进一步研究.

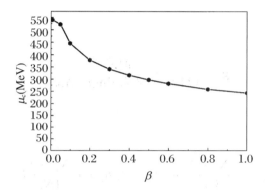

图 10.5 手征对称性恢复的临界化学势 μ_c 对标度参量的依赖关系(取自文献[213])

此模型研究表明,在手征对称性恢复过程中,化学势对胶子传播子的影响是值得注意的.另外,正如前面讨论指出的,夸克-胶子顶角结构对夸克禁闭和手征对称性动力学破缺起着重要的、核心的作用,在有限温度、有限化学势情况下的退禁闭相变、手征对称性恢复相变中起重要作用,这有待进一步研究.在连续场论框架内,研究有限温度、有限化学势情况下的退禁闭转变、手征对称性恢复转变的自洽途径还有待进一步发展①.

① 将上述研究推广到同时包含有限温度 T 和化学势 μ 的 QCD 体系在形式上是直接的,这时 $\tilde{P}_k \equiv (\boldsymbol{p}, \omega_k + \mathrm{i}\mu)$,Dyson-Schwinger 方程解的一般形式可写为 $S(p_k) = -\mathrm{i}\boldsymbol{\gamma}\cdot\boldsymbol{p}A(\tilde{p}_k) - \mathrm{i}\gamma_4(\omega_k + \mathrm{i}\mu)\,C(\tilde{p}_k) + B(\tilde{p}_k)$,其中 $\omega_k = (2k+1)\pi T$. 相关讨论可类似于只有 T 或 μ 情况进行,不过计算要复杂得多.这里不再作详细论述.

10.10　关于 QCD 相图

在非零重子密度和非零温度时,夸克物质的热动力学由具有化学势 μ 和 Euclid 时间 $0 < \tau < \beta (\beta = (k_\beta T)^{-1})$ 的 QCD 拉氏量描述:

$$\mathscr{L} = -\frac{1}{2}\mathrm{Tr}F^a_{\mu\nu}F^a_{\mu\nu} - \bar{\psi}\Big(\frac{\partial}{\partial x_\mu} - \mathrm{i}gA_\mu\Big)\psi + \mu\bar{\psi}\gamma_4\psi - \bar{\psi}m\psi + \text{抵消项} \quad (10.141)$$

这里 $A_\mu = A^a_\mu t^a$, ψ 为 Dirac 旋量(其所带的色、味指标未明显写出). 低温和高密度情况下的重整化常数为

$$g = \frac{24\pi^2}{(11N_c - 2N_f)\ln(\mu/\Lambda_{\mathrm{QCD}})} \quad (10.142)$$

由此可知,在重子数密度足够高即大化学势的情况下,夸克物质是一个弱耦合体系,存在 QCD 的渐近自由. 此时两夸克间的主要相互作用是单胶子交换,相应的散射振幅正比于

$$(t^a)_{ki}(t^a)_{lj} = -\frac{N_c+1}{4N_c}(\delta_{jk}\delta_{il} - \delta_{ik}\delta_{jl}) + \frac{N_c-1}{4N_c}(\delta_{jk}\delta_{il} + \delta_{ik}\delta_{jl}) \quad (10.143)$$

其中 i、j 和 k、l 分别是入射道和出射道的 2 个夸克的色指标. 上式右边第一项为色反对称道,第二项为色对称道. 按张量乘积的分解可写为

$$[3]^c \otimes [3]^c = [\bar{3}]^c_a \oplus [6]^c_s \quad (10.144)$$

即色反对称道为反三重色(anti-triplet)道,由于前面的负号,该反三重色道的相互作用是吸引的.

对于温度足够低和密度足够高的夸克物质,在色反三重道的吸引相互作用导致夸克-夸克 Cooper 对凝聚,其基态称为色超导(color superconductivity)[214,215],因为这个现象非常类似于通常超导体中电子因弱吸收作用(由于电子与声子相互作用)而形成双电子 Cooper 对,由此构成 Cooper 对凝聚的超导基态. 由此,在高重子密度区出现了强相互作用物质的新的相——色超导相. 图 10.6 给出了用温度 T 和化学势 μ 表示的强相互作用物质的相图[216].

色超导要比通常的超导更复杂. 这是因为夸克除带有电荷、自旋外,还具有色荷、味荷,这导致夸克间存在不同的 Cooper 配对类型,从而形成了色超导丰富的相结构. 最简

单的体系是仅包含无质量的 u、d 夸克(假设奇异夸克的质量比 u、d 夸克的质量大很多),此时形成的色超导相称为 2SC 相.按 Pauli 原理,Cooper 对体系的总波函数是反对称的.由于夸克对凝聚发生在 S 波,Cooper 对的自旋波函数是反对称的.从(10.143)式和(10.144)式知,双夸克(diquark)凝聚出现在色反对称道,因此波函数的味分量也必须是反对称的.由此,在 2SC 相 2 个不同味的夸克在总自旋为零、色反三重态、味单态的道形成 Cooper 对.色波函数的反对称性使其中一种色不参与配对,因此色对称性从 $SU(3)_C$ 破缺为 $SU(2)_C$ 子群,胶子中有 5 个得到质量,证明了 Meissner 效应.在 2SC 相,手征对称性未破缺,同时 $U(1)_B$ 这样的整体对称性也没有破缺.由此,在 2SC 相,自旋为零的 Cooper 对凝聚的色味结构可写为

$$\langle (\bar{\psi}^c)_i^\alpha \gamma_5 \psi_j^\beta \rangle \sim \Delta \, \epsilon_{ij} \epsilon^{\alpha\beta b} \tag{10.145}$$

这里 ψ^c 为电荷共轭旋量,$\psi^c = C \bar{\psi}^{\mathrm{T}}$,$C = \mathrm{i}\gamma^2 \gamma^o$,色指标 $\alpha, \beta \in (\mathrm{r,y,b})$,味指标 $i, j \in (\mathrm{u,d})$.式中色指标的取向是任意的,一般选择第 3 色"b"(blue).Δ 代表色超导能隙.

对于有 u、d、s 三种味的夸克物质,在 $m_u = m_d = m_s = 0$ 的极限情况(化学势远大于 m_s),色超导表现为色-味连锁相(color-flavor-locked),简称 CFL 相.实际上,由于 Pauli 原理,自旋为零的双夸克 Cooper 对凝聚的色-味结构由吸引的双夸克道决定:

$$\langle (\bar{\psi}^c)_i^\alpha \gamma_5 \psi_j^\beta \rangle \sim \Delta \, \epsilon_{ijI} \epsilon^{\alpha\beta I} = \Delta (\delta_i^\alpha \delta_j^\beta - \delta_j^\alpha \delta_i^\beta) \tag{10.146}$$

此时的色-味指标是反对称的,这里的最后一个式子表明 2 个凝聚的"味"取向与"色"变换是连锁在一起的,故称为色-味连锁相即 CFL 相.在 CFL 相,QCD 的色、味对称性破缺为

$$SU(3)_C \otimes SU(3)_L \otimes SU(3)_R \longrightarrow SU(3)_{C+L+R} \tag{10.147}$$

这里 $SU(3)_{C+L+R}$ 指色指标和左、右手味指标同时转动,色对称性完全破缺,胶子都获得了质量.在 CFL 相,重子数即整体 $U(1)_B$ 对称性由于在基态中的双夸克凝聚而破缺.手征对称性的破缺来自两个 Cooper 对凝聚——左手夸克与左手夸克配对的凝聚和右手夸克与右手夸克配对的凝聚.这与零密度 QCD 情况的手征对称性破缺来自左手夸克与右手夸克凝聚的机制不相同.

在理想的 2SC 和 CFL 相,形成 Cooper 对的两个夸克具有相同的 Fermi 动量.但在真实的情况中,如当 $\mu = 500 \, \mathrm{MeV}$ 时,夸克质量及不同味的夸克质量差不能被忽略.由于较大的奇异夸克质量及电中性的限制,两个要配成对夸克的 Fermi 动量不匹配.根据配对夸克 Fermi 动量不匹配(mismatch)状态的不同,形成色超导的不同相,如 LOFF 相、CFL-K 相、g2SC 相和 gCFL 相等.此外,还有单味夸克体系情况的自旋为 1 的色超导相.

在重子密度足够高的情况下,化学势 μ 远大于 QCD 标度参量 Λ_{QCD},由于渐近自由,

可以从第一原理出发作 QCD 微扰计算,对色超导相进行系统研究[217],导出能隙和相变温度与化学势 μ、跑动耦合关系的标度公式.这也可看作在高重子密度时存在 QCD 色超导相的理论证明.中子星内部的重子密度估计在中等区域,QCD 耦合强度已相当大,QCD 微扰展开技术已显得不足.通常应用有效模型如瞬子模型,Nambu-Jona-Lasinio (NJL)模型研究色超导态[214,218].近年来,完全建立在 QCD 自由度基础上的 Dyson-Schwinger 方程途径已被应用于强耦合区域的色超导研究[219]:在 Landau 规范 QCD 下,求解包含有夸克化学势 μ 的截断的夸克传播子的 Dyson-Schwinger 方程,其中夸克-胶子顶角在 Nambu-Gorkov 基上给出,胶子传播子包含介质中的极化效应(类似硬密圈(HDL)近似).由此研究手征未破缺的和色超导的相结构,计算能隙函数、双夸克关联等.这条途径是 7.4.2 小节中讨论的动力学手征对称性破缺研究[163]的推广.对包含有限化学势 μ 的夸克 Dyson-Schwinger 方程的截断要求满足下述约束:当 μ 消失时与 QCD 真空情况相符;在渐近大密度情况中再现弱耦合的表示.这条途径的计算结果表明:在中等化学势时,得到的准粒子能隙要比由弱耦合展开计算的外推值大几倍.这表明在中等化学势时非微扰效应的重要性,也表明自洽求解 Dyson-Schwinger 方程将为定量研究色超导相提供有效途径.但目前的计算中还存在一系列近似处理,是自洽求解包含夸克化学势的 Dyson-Schwinger 方程的开始.完全自洽地求解具有有限化学势的 QCD 格林函数(夸克传播子、胶子传播子和鬼传播子)的 Dyson-Schwinger 方程,是人们面临的一个新的挑战.

现在还没有有限化学势情况的格点 QCD 计算结果,原因在 $\mu \neq 0$ 时格点 QCD 遭遇的费米子符号问题还未解决.因此,连续场论途径的 QCD 研究十分重要.

在图 10.6 所示的 QCD 的 (T,μ) 相图中,沿 $T=0$ 的横坐标显示了核物质相变至夸克物质,这个相变是量子相变.一个共同感兴趣的问题是色超导相与手征对称性恢复相的竞争.这个问题可由分析双夸克凝聚 $\langle qq \rangle$ 和夸克-反夸克对凝聚 $\langle \bar{q}q \rangle$ 的竞争来作出判断.利用有效理论 NJL 模型和 Dyson-Schwinger 途径都可以同时计算这两个道.在一个利用 Dyson-Schwinger 方程的模型计算(其中顶角是裸顶角而胶子传播子选用模型胶子传播子)中[220],通过研究 Dyson-Schwinger 方程解的化学势 μ 依赖关系及在手征道和双夸克道中 Wigner 真空磁化率(the Wigner-vacuum susceptibility)的化学势依赖以及相互作用强度的影响,得到了如下定性图像:在 u、d 夸克两味情形,当化学势不是很大,红外区的相互作用足够强时,QCD 真空处于手征对称性破缺相;当化学势增大至一个临界值时,手征对称性恢复而相变是一级相变;当化学势进一步增大至更高的一个临界值时,出现色超导相.而手征对称性破缺起因于质量微扰的正反馈(the positive feedback).

在图 10.6 左图所示的 QCD 相图中,在 T-μ 平面存在一个以 $T=\mu=0$ 为中心的扇形弧线,在扇形内是夸克禁闭和手征对称性破缺相,在弧线外侧是退禁闭和手征对称性恢复相,而弧线表示退禁闭和手征对称性恢复转变相重合.根据 't Hooft 反常匹配条件,在零温零密时禁闭相一定是手征对称性破缺的相.问题是:在有限温度和密度时发生退禁闭和手征对称性恢复的转变是否是重合的? 从 QCD 第一原理回答这个问题只能依靠格点 QCD 计算.在零化学势、有限温度下,格点计算表明,退禁闭和手征对称性恢复转变发生在相同的临界温度 T_c(讨论见后),虽然其机制仍不清楚.但在有限化学势 $\mu \neq 0$ 情况中,由于费米子符号问题,至今还没有格点 QCD 计算结果.由此只能依赖于一些模型分析.

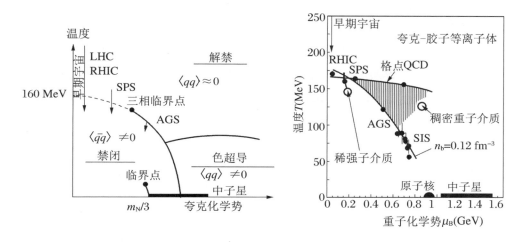

图 10.6　强相互作用物质的 QCD 相图

　　左图为利用 T 和 μ 推测的相结构图,右图为原子核及各种重离子碰撞实验点在相图中的位置的示意图.(取自文献[216])

　　最近,Mclerran 和 Pisarski 对此问题提出的大 N_c 论述表明,在低温和合理大化学势情形中可能存在一个禁闭但手征上对称的相(称为 quarkyonic)[222].在此相的物质可以由排列为手征多重性的强子组成.随后,Glozman 和 Wagenbrunn 利用一个严格可解的禁闭和手征对称性模型讨论了这个问题[223].该模型也称为推广的 Nambu-Jona-Lasinio (GNJL)模型[224],那里存在线性的类 Coulomb 禁闭相互作用.手征对称性破缺和夸克的格林函数可从求解 Dyson-Schwinger 方程得到,而色单态的介子谱由 Bethe-Salpeter 方程导出.他们在零温和有限化学势 μ 及手征极限下求解该模型,得到了手征对称性恢复相变的临界值 μ_{cr}.在 $\mu < \mu_{cr}$ 情形中,夸克有动力学质量,而介子谱与 $\mu = 0$ 时类似;在 $\mu > \mu_{cr}$ 情形中,夸克仍是禁闭的,但物理谱表示为一个手征多重性的完备组.此结果表明该模型存在一个手征上对称但禁闭的相.这些工作为研究这个问题展示了可能性及前景.

在图 10.6 给出的相图中,沿纵坐标随着 T 增加,由介子和重子-反重子激发组成的气体连续跨接(crossover)到夸克-胶子等离子体.连续场论途径和格点 QCD 计算表明,在零重子数和奇异数情形,在无限大夸克质量极限存在退禁闭相变,而当夸克质量消失时出现手征对称性恢复的相变.真实的物理世界处于这两个极端之间.人们普遍相信,在物理的夸克质量与零重子数和奇异数情形中,高温跃迁是迅速的跨接(rapid crossover)而非真正的相变[209].但是,在有限温度情形中,QCD 转变的特性究竟是一阶相变、二阶相变还是解析跨接存在争论,没有一个明确的回答.直到最近,几个格点 QCD 研究组对物理夸克质量情形的可观测量的格点计算相当明确地表明:有限温度的 QCD 转变不是一个真正相变而是一个解析跨接(观测量随温度变化时包含一处迅速变化而不是跳跃(jump))[225,226].在给出有关的具体计算结果前,让我们先讨论一下有关解析跨接的图像.

由解析跨接显示退禁闭和手征对称性恢复特征的图像中,计算的观测量作为温度的函数,跨接中的屈折点(inflection point) T_c 是退禁闭和手征对称性恢复的标志.例如,轻夸克手征凝聚是描述手征对称性破缺及其恢复的阶量参.在物理夸克质量情形中,手征凝聚 $\langle\bar\psi\psi\rangle$ 值在低温时是大的($\sim(240\ \text{MeV})^{1/3}$),随着温度升高,手征凝聚 $\langle\bar\psi\psi\rangle$ 值在一个窄的温度范围下降到一个小的值,这是近似的手征对称恢复或者说手征对称性部分恢复的特征.$\langle\bar\psi\psi\rangle$ 随温度变化的跨接曲线中的屈折点则是手征对称性发生转变的标志.同时,手征磁化率测量手征凝聚 $\langle\bar\psi\psi\rangle$ 中的扰动,它的峰值也可作为手征性质转变的标志.

退禁闭转变的比较直接的观测量是 Polyakov 圈,它是在时间方向具有非零绕数(winding number)的 Wilson 圈:$L\propto\exp(-F_Q/T)$,这里 F_Q 是孤立的定态夸克的自由能,由此 Wilson 圈测量一个定态夸克在介质中的自由能.在禁闭相,定态夸克被束缚的轻夸克屏蔽,F_Q 反映轻夸克的相对来说是大的束缚能.在退禁闭相,定态夸克被花费相当小自由能的等离子体的集体效应屏蔽.由此,Polyakov 圈作为温度的函数在跨接处上升,它的屈折点标志退禁闭.同时,重子数和奇异数的磁化率在转变中升起,它们的屈折点也是退禁闭的标志.

Aoki 等[225]在零化学势情形中研究了下面的格点手征磁化率 χ_l 的有限尺寸标度:

$$\chi_l(N_s;N_t)=\frac{\partial^2}{\partial m_{u,d}^2}\frac{T}{V}\ln Z \tag{10.148}$$

这里 $m_{u,d}$ 是 u、d 夸克的质量,Z 为配分函数,N_s、N_t 分别为空间和时间的广延度.温度由 N_t 决定:$T=1/(N_t a)$,其中 a 为格点间距.他们在用格点计算 $\chi_l(N_s,N_t)$ 中使用物理夸克质量并使手征磁化率外推至连续极限(使格点间距消失),由此鉴别 QCD 转变的性质.结果表明:在热的早期宇宙中发生的有限温度的 QCD 转变(从高温夸克-胶子等离子体相转变到低温强子相)不是一个真正的相变而是一个解析跨接.Aoki 等通过格点计

算 χ_1 得到的转变温度 $T_c = 175\,\mathrm{MeV}$. 他们还用格点 QCD 计算了奇异夸克数磁化率 χ_s 和重整化的 Polyakov 圈,得到的转变温度为 $T_c = 176\,\mathrm{MeV}$. 最近 DeTar 和 Gupta[226] 通过计算扣除的手征凝聚(the"subtracted" condensate)$\Delta(T)$、重整化的 Polyakov 圈、轻夸克的手征磁化率、奇异夸克数磁化率等研究 QCD 跃迁的性质和确定转变温度 T_c,格点计算是在 $32^3 \times 8$ 格点、裸夸克质量比 $m_1/m_s = 0.1$ 和零化学势情形中完成的. 他们的初步计算结果同样表明有限温度的 QCD 转变是一个解析跨接,退禁闭和手征对称性恢复跨接的标志在 $T_c = 185—195\,\mathrm{MeV}$ 的范围. 图 10.7 给出了 $\Delta(T)$ 随温度的变化显示的跨接特征及如何确定屈折点并由此定出转变温度 T_c,其中 $\Delta(T)$ 定义为

$$\Delta(T) = \frac{\langle\bar{\psi}\psi\rangle_1(T) - (m_1/m_s)\langle\bar{\psi}\psi\rangle_s(T)}{\langle\bar{\psi}\psi\rangle_1(0) - (m_1/m_s)\langle\bar{\psi}\psi\rangle_s(0)} \tag{10.149}$$

这些格点计算表明,退禁闭和手征对称性恢复转变似乎在同一个 T_c 值. 从格点计算的观测量随 T 的变化似乎可作出解释:观测量随 T 变化,在 T_c 处平滑地跨接,此时发生手征对称性恢复. 与此相伴的是大部分热力学变量迅速改变,后者标志着新的自由度开启,这可解释为退禁闭的信号. 但是,为什么退禁闭和手征对称性恢复转变发生在同一温度,还有待于进一步探讨.

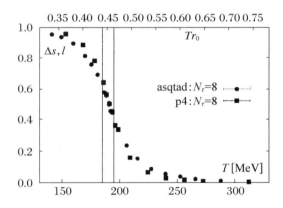

图 10.7 $\Delta(T)$ 作为温度 T 的函数

图中两条垂直线表示在跨接区域确定屈折点的范围,由此定出 T_c. (取自文献[226])

有限温度 QCD 转变性质的确定对有限温度 QCD 理论的发展及应用有重要意义. Wilczek 根据 Aoki 等的格点计算结果指出[227]:QCD 随温度的演化是平滑的,不存在热力学的相变. 由此,这对人们认识宇宙的演化、在实验室通过相对论重离子碰撞产生夸克-胶子等离子体状态进行理论研究都十分有意义.

高温时的夸克-胶子等离子体（QGP）态和高重子密度低温时的色超导（CSC）态是强相互作用物质的新状态，或者说 QCD 相图中的新物质相.对它们的研究需要应用有限温度 T 和化学势 μ 的量子色动力学理论.相对论重离子碰撞及其产生 QGP 的理论和实验（在 RHIC、LHC 等）研究，应用有限 T 和 μ 的 QCD 理论对 QGP 和 CSC 的研究，是正在发展的、内容十分丰富的研究领域，需要专门进行论述，已超出本书设定的范围，这里不再进一步讨论.

第 11 章

低能标度下的强子、强子-强子相互作用和原子核

由于直接用 QCD 求解束缚态强子存在困难,人们一直试图从 QCD 出发建立微观的 QCD 带色夸克-胶子自由度与由夸克、胶子组成的色中性核子、介子等强子的宏观可观测谱间的连接. 这个目标直至最近才基本实现[206,208]. 正如我们在第 10 章的论述中看到的,在协变 QCD 途径求解出了红外极限下非微扰 QCD 夸克-胶子相互作用,由此导出了 QCD 的夸克禁闭势,揭示了其生成机制,并建立了 QCD 的渐近自由与夸克禁闭间的连接. 这在微观的 QCD 带色夸克、胶子自由度与宏观可观测的色中性强子谱间建立了必要的基本连接. 在这以前,人们一方面发展了一些如前面所述的 QCD 非微扰途径,另一方面发展了具有 QCD 基础的唯象模型,用来研究低能标度下的强子物理、强子间相互作用以至核物理中存在的大量实验数据. 在前面的讨论中已看到,从 QCD 有效场论途径可以导出 QCD 低能标度下的一些有效途径和模型. 除了已讨论过的有效途径和模型,在本章中将简要介绍一些唯象模型,如夸克势模型或组分夸克模型、袋模型、孤粒子模型等. 我们已在第 10 章详细论述了在协变 QCD 途径如何从 QCD 基本原理出发导出夸克间的线性禁闭势及其生成机制,说明了如何建立 QCD 的微观夸克-胶子自由度与由夸克-胶子

构成的核子等强子和原子核的宏观可观测谱间的连接. 在本章中, 我们还要提及早期文献对组分夸克模型与 QCD 间的联系的讨论, 有关 QCD 低能标度下的一些有效途径与模型在强子定态性质、强子-强子相互作用和核结构物理中某些问题方面的应用, 以及低能标度下的重子激发态、非常规强子态物理.

11.1 低能标度下强子的唯象模型

11.1.1 组分夸克模型或夸克势模型

夸克模型是在 QCD 诞生前建立的. 由于 QCD 理论的建立, 夸克模型也得到了进一步的发展. 人们将 QCD 的基本特征——长程的禁闭现象、短程的渐近自由及手征对称性的动力学破缺唯象地加进了原来的夸克模型, 发展出 QCD 基础上 (具有 QCD 基本思想) 的夸克模型, 即夸克势模型或称组分夸克模型. 这种包含了动力学的夸克模型由于简单易处理, 常被用来研究低能强子的结构和性质、强子-强子相互作用及核物理的有关问题. 在本章中我们将论述这类夸克模型与 QCD 间的联系以及它在强子、强子间相互作用和核物理方面的应用.

组分夸克模型是得到广泛应用的相对简单的有效理论模型, 此模型的基本参量是 "组分" 夸克质量 M_i 和有效耦合常数 α_c, 它们与 QCD 参量间的关系在下一节讨论. 从拟合强子的定态性质得到 $M_u \approx M_d \approx 300\,\mathrm{MeV}$. 假设这些组分夸克在强子内做非相对论运动, 则描述组分夸克运动的哈密顿量为

$$H = \sum_i \left(M_i + \frac{p_i^2}{2M_i} \right) + \sum_{i<j} V_{\mathrm{color}}(r_{ij}) \tag{11.1}$$

这里夸克间相互作用势 V_{color} 需考虑如下特征: ① 长程色禁闭 $V_c(r_{ij})$. ② 短程单胶子交换作用 V_g (相应于渐近自由)[284]. ③ 相对论修正. 色禁闭势常用线性势、对数型势、幂级数型势和由格点 QCD 计算得到的屏蔽势 (见 (6.21) 式). 在组分夸克模型中, 强子基态的夸克波函数为简单的 Gauss 型, 强子质量为 Schrödinger 方程的本征值. 组分夸克模型已被推广到相对论形式[285a,285b]. 这些唯象夸克势模型已被广泛应用于研究从轻夸克至重夸

量子色动力学及其应用
Quantum Chromodynamics and Its Applications

克组成的强子态,并获得了相当成功.而从 QCD 导出的夸克与夸克(反夸克)间的线性禁闭 + Coulomb 型 + 常数项的相互作用势[206,208](见(10.67)—(10.70)式)为这些唯象势模型的成功建立了坚实的 QCD 理论基础.我们将在 11.3 节—11.7 节讨论组分夸克模型与QCD 间的联系及组分夸克模型的应用.

11.1.2 "袋"模型

"袋"模型用"袋"描述色禁闭,袋外是 QCD 非微扰真空,袋内是微扰真空,强子是夸克、胶子占有的微扰真空的色单态"袋".该模型由下述拉氏量描述[286]:

$$\mathscr{L}_{\text{bag}} = (\mathscr{L}_{\text{QCD}} - B)\theta(\bar{q}q) \tag{11.2}$$

其中 B 为"袋"常数,物理上表示 QCD 真空与微扰真空间的能量密度差.最简单的"袋"模型为"球腔"近似.将 Goldstone π 场与"袋"模型组合构成的模型称为手征袋模型."袋"模型也常用来讨论强子物理,包含 2 个奇异夸克的六夸克态的 H 粒子就是从袋模型计算提出的[287].

11.1.3 非拓扑孤粒子模型

非拓扑孤粒子模型的拉氏量由 QCD 拉氏量与非线性 σ 模型耦合而构成[288,289]:

$$\mathscr{L}_{\text{soliton}} = \mathscr{L}_{\text{QCD}} - g\,\bar{\psi}\,\sigma\psi + \frac{1}{2}\partial_{\mu}\sigma\partial^{\mu}\sigma - U(\sigma) \tag{11.3}$$

这里 σ 场可与色场引起的胶子凝聚相联系.此时设 QCD 真空是完全的色介电介质,在强子内部色介电常数 $\kappa \approx 1, \sigma(\kappa) \approx 0$,在强子外部 $\kappa \approx 0, \sigma(\kappa) \approx \sigma_{\text{vac}}$.对 $U(\sigma)$ 表达式作适当选择,则可从(11.3)式导出一个 Woods-Saxon 型的势模型[290].

11.1.4 $1/N_c$ 展开与 Skyrme 模型

由于 QCD 耦合常数是随动量变化的,因此 QCD 实际上是一个无展开参量理论.人们作 $1/N_c$ 展开是试图建立以色数 N_c 作为展开参量的微扰论图像[236,291]:将 $SU(3)_c$ 变为 $SU(N_c)$,对所有理论振幅以 $1/N_c$ 为幂展开,然后研究当 $g^2 N_c$ 保持固定时 $N_c \to \infty$

293

的极限.此时理论大为简化,人们期望由此洞察真实物理世界（$N_c = 3$）的动力学.确实在 $N_c \rightarrow \infty$ 时得到了一系列有意义的结果.人们特别有兴趣的是,此时 QCD 等价于一个有效介子场论,而重子的行为像介子场背景中的拓扑孤粒子态.这个结果导致了 QCD 玻色化(强子化)理论的发展.

Skyrme 模型则理解为 QCD 在大 N_c 极限下的有效介子的场论模型,它的孤粒子解理解为重子态.Skyrme 模型常用来"从整体角度"描述核子的各种性质、核力等.

11.2　手征孤粒子模型中的重子态、相互作用与轻核

11.2.1　重子的 Skyrme 孤粒子模型及集体坐标量子化

Skyrme 模型的作用量为[245]

$$S = \int \mathrm{d}^4 x \mathscr{L}_s + N_c \Gamma_{\mathrm{wz}} \tag{11.4}$$

$$\mathscr{L}_s = \frac{F_\pi^2}{16} \mathrm{Tr}(\partial_\mu U \partial^\mu U^+) + \frac{1}{3\pi e^2} \mathrm{Tr}\left[(\partial_\mu U) U^+, (\partial_\nu U) U^+\right]^2$$

$$+ \frac{F_\pi^2}{8} m_\pi^2 \mathrm{Tr}(U - 2) \tag{11.5}$$

其中 F_π 为 π 介子衰变常数, M_π 为 π 介子质量, e 为无量纲常数, N_c 是色数, Γ_{wz} 为 Wess-Zunino 项[244].拓扑流由下式给出:

$$B^\mu = \frac{1}{24\pi^2} \epsilon^{\mu\nu\alpha\beta} \mathrm{Tr}(L_\mu L_\nu L_\alpha L_\beta) \tag{11.6}$$

其中 $L_\mu = U^+ \partial_\mu U$. B^μ 联系孤粒子的绕数,即相应重子的重子数.

$SU(2)$ Skyrme 模型有如下刺猬型(hedgehog)经典拓扑孤粒子解:

$$U_0(x) = \exp\left[\mathrm{i}F(r)\boldsymbol{\tau} \cdot \boldsymbol{x}\right] \tag{11.7}$$

其边界条件为 $F(0) = \pi, F(\infty) \rightarrow 0$,相应于由(11.6)式给出的绕数为1,由它描述重子

数为 1 的孤粒子. 式中 τ 为 $SU(2)$ Pauli 矩阵. 为了描写核子和 Δ 粒子, 引入集体坐标量子化[246,292]:

$$U(x,t) = A(t)U_0(x)A^+(t) \tag{11.8}$$

这里 $A(t)$ 为时间相关的 $SU(2)$ 矩阵:

$$A = a_0 + i\tau \cdot a \tag{11.9}$$

满足条件

$$\sum_{i=0}^{3} a_i^2 = 1 \tag{11.10}$$

由此可得相应于拉氏量(11.4)式的哈密顿量:

$$H = M_0 + \frac{1}{8I_1} \sum_{i=0}^{3} \left(-\frac{\partial^2}{\partial a_i^2} \right) \tag{11.11}$$

其中 M_0 是经典孤粒子质量, I_1 和 M_0 都是包含 $F(r)$ 的函数积分,

$$I_1 = \frac{2\pi}{3} \frac{1}{e^3 F_\pi} \Lambda_0 \tag{11.12}$$

H 的本征态是推广的球谐函数, 其形式为 $(a_0 + ia_1)^l$. 由此可写出 $J = I = \frac{1}{2}$ 的核子的波函数[246]:

$$\left. \begin{array}{ll} |p^\uparrow\rangle = \dfrac{1}{\pi}(a_1 + ia_2), & |p^\downarrow\rangle = -\dfrac{i}{\pi}(a_0 - ia_3) \\[2mm] |n^\uparrow\rangle = \dfrac{i}{\pi}(a_0 + ia_3), & |n^\downarrow\rangle = -\dfrac{1}{\pi}(a_1 - ia_2) \end{array} \right\} \tag{11.13}$$

这里 $|p\rangle$、$|n\rangle$ 分别指质子和中子的波函数. (11.11)式的哈密顿量的本征值是

$$E = M_0 + \frac{1}{2I_1} J(J+1) \tag{11.14}$$

这里, 对核子, $J = 1/2$; 对 Δ 共振态, $J = 3/2$. 因此 Skyrme 孤粒子是一个转子的态, I_1 是转子的惯量矩. 模型参量 F_π 和 e 可通过拟合核子和 Δ 的质量确定. 计算得到 $M_0 = 865.7\,\mathrm{MeV}$, $M_N^{(2)} = 73.3\,\mathrm{MeV}$, $M_\Delta^{(2)} = 366.5\,\mathrm{MeV}$. $M_N^{(2)}$、$M_\Delta^{(2)}$ 来自(11.14)式第二项即半经典量子化的贡献. 从 $1/N_c$ 展开看, $F_\pi^2 \sim e^{-2} \sim N_c$, $M_0 \sim O(N_c)$, $M_N^{(2)}(M_\Delta^{(2)}) \sim O(1/N_c)$, 即半经典量子化给出质量的 $O(1/N_c)$ 修正.

用 Skyrme 模型计算核子的定态性质至领头阶 $O(N_c)$ 的结果与实验值相比较, 误差

约为30%,这是从 $N_c = 3$ 时的 $O(1/N_c)$ 阶估计的结果.因此必须考虑到 Skyrme 模型下对核子性质的 $1/N_c$ 阶修正,例如对核子的轴荷和磁矩的 $O(1/N_c)$ 的修正[296].包含 $1/N_c$ 修正后的轴荷可表示为

$$g_A = \frac{3}{2}\left(-\frac{2}{3}\right)\frac{\pi}{3e^2}\left(D_0 + \frac{1}{F_\pi^2 e^2 I_1^2}D_2\right) \tag{11.15}$$

其中 D_0 和 D_2 都是包含 $F(r)$ 的积分,D_0 项给出的是经典孤粒子的贡献,含 D_2 的项给出 $O(1/N_c)$ 的修正.类似地,包含 $1/N_c$ 修正的用位旋矢量表示的磁矩可写为

$$(\boldsymbol{\mu}_{I=1})_3 = \frac{2}{9}\pi\frac{1}{F_\pi e^3}\left(\Lambda_0 + \frac{1}{F_\pi^2 e^2 I_1^2}\Lambda_2\right) \tag{11.16}$$

这里 Λ_0 等同于(11.12)式中的 Λ_0,Λ_2 也是包含 $F(r)$ 的积分.含 Λ_2 的项给出半经典量子修正.

为使 Skyrme 模型更真实地描述核子等重子性质,人们考虑了一些改进半经典量子化的方法并考虑在模型中包含高阶导数项(相应于 $1/N_c$ 展开的较高阶项)的贡献[294],例如包含六阶导数项用来探讨质子中的夸克自旋含量[295].又如在 Skyrme 模型中包含软 π 修正,这不仅对模型计算核子和 Δ 共振态的质量有较大修正,同时也提供了 Skyrme 模型中核子–核子势的中程吸引[293].

11.2.2 Skyrme 孤粒子与重子的非常规反十重态

$SU(3)$ 的 Skyrme 孤粒子场可取如下形式[292]:

$$U(\boldsymbol{x}) = \exp\left(\frac{2\mathrm{i}\pi_A(\boldsymbol{x})\lambda^A}{F_\pi}\right) = \begin{pmatrix} \exp[\mathrm{i}(\hat{\boldsymbol{x}}\cdot\boldsymbol{\tau})F(r)] & & 0 \\ & & 0 \\ 0 & 0 & 1 \end{pmatrix} \tag{11.17}$$

这里 $\hat{x} = \boldsymbol{x}/r$,球对称形式的函数 $F(r)$ 由 Skyrme 模型(11.4)式的解决定,λ^A 为 8 个 Gell-Mann 矩阵.孤粒子的半经典量子化由(11.8)式完成,它导致如下的集体哈密顿量[292]:

$$H = M_0 + \frac{1}{2I_1}\left[\hat{C}^{(2)} - \frac{1}{12}(N_c B)^2\right] + \left(\frac{1}{2I_1} - \frac{1}{2I_2}\right)\hat{\boldsymbol{J}}^2 + \Delta\hat{H} \tag{11.18}$$

这里,M_0 是定态孤粒子解的能量,I_1 和 I_2 为 $SU(3)$ 惯量矩,$\hat{\boldsymbol{J}}$ 是自旋算符,为 $SU(3)$ 群

的生成元;N_c 为色数,B 为重子数,这里取 $B = 1$,$N_c = 3$. 在 $SU(3)$ 群的重子 (p,q) 表示中,Casimir 算符的本征值为 $C^{(2)} = \dfrac{1}{3}[p^2 + q^2 + pq + 3(p + q)]$. $\Delta\hat{H}$ 表示由奇异夸克质量 $m_s \neq 0$ 引起的微扰修正[297],

$$\Delta\hat{H} = \alpha D_{88}^{(8)} + \beta Y + \frac{\gamma}{\sqrt{3}}\sum_{i=1}^{3} D_{8i}^{(8)} J_i \tag{11.19}$$

这里 $D_{mn}^{(8)}$ 为 Wigner $SU(3)$ 转动矩阵,系数 α、β、γ 正比于 m_s 且可通过孤粒子的惯量矩 $I_{1,2}$、$K_{1,2}$ 和核子 Σ 项的组合表示:

$$\left.\begin{aligned} \alpha &= -\frac{2}{3}\frac{m_s}{m_u + m_d}\sigma_N + m_s\frac{K_2}{I_2} \\ \beta &= -m_s\frac{K_2}{I_2}, \quad \gamma = \frac{2}{3}m_s\left(\frac{K_1}{I_1} - \frac{K_2}{I_2}\right) \\ \sigma_N &= \frac{m_u + m_d}{2}\langle N \mid \bar{u}u + \bar{d}d \mid N \rangle \end{aligned}\right\} \tag{11.20}$$

其中 m_u、m_d 分别为 u、d 夸克的流夸克质量.

重子的转动波函数为[298]

$$\left.\begin{aligned} \mid \widetilde{B} \rangle &= \mid \widetilde{B},\mu \rangle + \sum_{\mu' \neq \mu}\frac{\langle \widetilde{B},\mu' \mid \Delta\hat{H} \mid \widetilde{B},\mu \rangle}{E_B^{\mu(0)} - E_B^{\mu'(0)}} \\ \mid \widetilde{B},\mu \rangle &= \sqrt{\dim(\mu)}(-1)^{J_3 - 1/2} D_{Y,T,T_3;I,J,-J_3}^{(\mu)} \end{aligned}\right\} \tag{11.21}$$

这里 μ 为 $SU(3)$ 群的不可约表示,$\mu = 8,10,\overline{10}$ 等,$\widetilde{B}$ 为一组量子数:Y、T、T_3、J、J_3,分别为超荷、同位旋及其投影、自旋及其投影.集体哈密顿量(11.18)的本征值为

$$\begin{aligned} E_J^{(p,q)} &= M_0 + \frac{1}{6I_2}\left[p^2 + q^2 + pq + 3(p + q) - \frac{1}{4}(N_c B)^2\right] \\ &\quad + \left(\frac{1}{2I_1} - \frac{1}{2I_2}\right)J(J + 1) + \Delta M \end{aligned} \tag{11.22}$$

这里 $\Delta M = \langle \widetilde{B} \mid \Delta\hat{H} \mid \widetilde{B} \rangle$. (11.22)式给出了重子多重态的质量谱.

由 Wess-Zumino 项导致的量子化规则限制了孤粒子的自旋 J:在给定的味 $SU(3)$ 多重态中,对超荷 $Y = 1$,有 $J = T$. 因此,与三夸克和三夸克加夸克-反夸克体系相联系的最低不可约 $SU(3)$ 表示为

$$
\left.
\begin{array}{lll}
\text{八重态} & \mu = (1,1), & J = 1/2 \\
\text{十重态} & \mu = (3,0), & J = 3/2 \\
\text{反十重态} & \mu = (0,3), & J = 1/2 \\
\text{27 重态} & \mu = (2,2), & J = 1/2 \text{ 或 } 3/2 \\
\text{35 重态} & \mu = (4,1), & J = 3/2 \text{ 或 } 5/2
\end{array}
\right\} \tag{11.23}
$$

严格来说,在孤粒子图像中这些多重态谈不上所涉及的夸克内容.

从(11.22)式可得到最低多重态间的质量劈裂,在不考虑 ΔM 的贡献时的情况为 $E^{\text{rot}}_{(3,0)} - E^{\text{rot}}_{(1,1)} = 3/(2I_1), E^{\text{rot}}_{(0,3)} - E^{\text{rot}}_{(1,1)} = 3/(2I_2), E^{\text{rot}}_{(0,3)} - E^{\text{rot}}_{(3,0)} = 3/(2I_2) - 3/(2I_1), \cdots$.

从(11.21)式和(11.22)式看到,真实的重子态是各多重态的叠加.包含至 27 重态的叠加后,主要的反十重态重子态为[299]

$$
\left.
\begin{array}{l}
| \Theta^+ \rangle = | \Theta^+, \overline{10} \rangle \\[2mm]
| N_{\overline{10}} \rangle = | N, \overline{10} \rangle - C_{\overline{10}} | N, 8 \rangle + \dfrac{\sqrt{30}}{80} C_{27}^{\overline{10}} | N, 27 \rangle \\[3mm]
| \Sigma_{\overline{10}} \rangle = | \Sigma, \overline{10} \rangle - C_{\overline{10}} | \Sigma, 8 \rangle + \dfrac{1}{4\sqrt{5}} C_{27}^{\overline{10}} | \Sigma, 27 \rangle \\[3mm]
| \Xi_{3/2} \rangle = | \Xi_{3/2}, \overline{10} \rangle + \dfrac{\sqrt{6}}{16} C_{27}^{\overline{10}} | \Xi_{3/2}, 27 \rangle
\end{array}
\right\} \tag{11.24}
$$

这里

$$
C_{\overline{10}} = -\frac{1}{3\sqrt{5}} \left(\alpha + \frac{1}{2}\gamma \right) I_2, \quad C_{27}^{\overline{10}} = -\left(\alpha - \frac{7}{6}\gamma \right) I_2 \tag{11.25}
$$

Diakonov 等[300]根据上述 Skyrme 孤粒子图像和公式分析了最低允许的 $SU(3)$ 多重态,特别是反十重态重子.取 $\sigma_N \approx 45\,\text{MeV}, m_s/(m_u + m_d) \approx 12.5$,利用(11.20)式定出 α、β、γ,由此估算得到反十重态内的等距质量劈裂为 $\Delta_{\text{M}\overline{10}} = -\alpha/8 - \beta + \gamma/16 \approx 180\,\text{MeV}$. 进而利用(11.24)式(但未考虑 $C_{27}^{\overline{10}}$ 的贡献,即 $C_{27}^{\overline{10}} = 0$ 的情况),将其中一个重子态与已知的核子共振态 $\text{N}\left(1710, \frac{1}{2}^+\right)$ 等同,定出 $I_2 \approx (500\,\text{MeV})^{-1}, C_{\overline{10}} \approx 0.084$. Diakonov等[300]由此得到反十重态粒子质量为 $M_{\Theta^+} \approx 1530\,\text{MeV}, M_{N\overline{10}} \approx 1710\,\text{MeV}$(输入),$M_{\Sigma\overline{10}} \approx 1890\,\text{MeV}, M_{\Xi 3/2} \approx 2070\,\text{MeV}$ 并估算了衰变宽度.他们利用 Skyrme 孤粒子(或者说手征孤粒子)模型预言了一个自旋为1/2、同位旋为 0、奇异数为 +1 的反十重态粒子 Θ^+,其质量为 1530 MeV,总宽度<15 MeV.

在后来的工作中,Diakonov-Petrov[301]应用上述 Skyrme 孤粒子图像和其他人重新计算

得到的 $\sigma_{\mathrm{N}} = (67 \pm 6)\,\mathrm{MeV}^{[302]}$,对反十重态重子的质量重新作了估算,得到质量劈裂 $\Delta_{\mathrm{M\overline{10}}}$ $\approx 108\,\mathrm{MeV}$,由此重新给出反十重态重子的质量为 $M_{\Theta^+} \approx 1539\,\mathrm{MeV}$,$M_{\mathrm{N\overline{10}}} \approx 1647\,\mathrm{MeV}$,$M_{\Sigma\overline{10}} \approx 1754\,\mathrm{MeV}$,$M_{\Xi_{3/2}} \approx 1862\,\mathrm{MeV}$. 与以前将 $\mathrm{N}_{\overline{10}}$ 等同于 $\mathrm{N}\left(1710, \frac{1}{2}^+\right)$ 相反,他们认为 $\mathrm{M}_{\overline{10}}$ 和 $\Sigma_{\overline{10}}$ 可能是新的态,其质量范围分别为 1650—1690 MeV 和 1760—1810 MeV,其中 Σ 粒子可能等同于粒子数据表中的 $\Sigma(1770)$. Wu 和 $\mathrm{Ma}^{[303]}$ 也用上述手征孤粒子图像重新计算了反十重态重子的质量和衰变宽度,在接受 Θ^+ 和 $\Xi_{3/2}$ 作为反十重态成员且质量分别为 1.54 GeV 和 1.86 MeV 的基础上,计算得到 $\mathrm{N}_{\overline{10}}$ 和 $\Sigma_{\overline{10}}$ 的质量分别为 1.65 GeV 和 1.75 GeV,与文献[302]给出的结果相同. 受粒子数据表中存在负宇称态的 N(1650) 和 $\Sigma(1750)^{[304]}$ 启发,他们将反十重态重子看作具有负宇称态重子并假定其质量与上述手征孤粒子模型的结果相同,计算了衰变宽度,表明 $\Sigma(1750)$ 似乎是 $\Sigma_{\overline{10}}$ 的合理候选者.

利用上述的手征孤粒子模型的图像,可以进一步计算 27 重态中具有自旋 3/2 的重子的质量和宽度[305,306],得到 27 重态中非常规的五夸克态重子 Θ^* 的质量为 1.60 GeV. 从文献[305,306]及粒子数据表[304]中找到自旋 3/2 的 27 重态中非例外(nonexotic)态成员的候选者:

手征孤粒子:	$\Delta^*(\Delta_{27})$	N_{27}	Σ_{27}	Ξ_{27}	Λ_{27}
候选者:	$\Delta(1600)$	N(1720)	$\Sigma(1840)$	$\Xi(1950)$	$\Lambda(1890)$

后者显示出 $SU(3)$ 群的 27 表示的近似对称性.

至此,我们讨论了手征孤粒子模型下非常规反十重态重子和 27 重态中具有自旋3/2 的重子. 这里的"非常规"指在夸克模型下不能用常规的 3 个价夸克构造重子. 对此可以稍作讨论如下.

在(11.18)式中,附加的量子化规则约束 $J_8 = -N_c B/2\sqrt{3}$. 固定 $Y' = N_c B/3$,这可以写为条件[307]

$$Y_{\max} = \frac{p + 2q}{3} = B + m \tag{11.26}$$

它表示 (p,q) 多重态的最大超荷,其中 B 为重子数,m 为整数. 从夸克模型看来,m 可以解释为在重子态中附加存在的 $(q\bar{q})$ 对数[308]. 对 $B = 1$,$m = 0$,最低的多重态为 {8} 和 {10}. 对 $B = 1$,$m = 1$,重子内包含 1 个 $(q\bar{q})$ 对,即为 $(qqqq\bar{q})$ 结构,故称为五夸克态,该家族的多重态包括 $\{\overline{10}\}$、{27}、{35} 和 {28}. $B = 1$、$m = 2$ 的重子包含两个 $(q\bar{q})$ 对,称为七夸克态(septuquark),其多重态为 $\{\overline{35}\}$……最低重子多重态系列已由(11.23)式表示.

人们对最低重子多重态 {8} 和 {10} 的结构图或者说八卦图已熟知. 其他多重态的结构图可类似画出,例如,当设定具有量子数 $J = 1/2, T = 0, S = +1$ 的非常规 Θ^+ 的位置后,可画出多重态$\{\overline{10}\}$的结构图,同时可给出量子数$J = 3/2, T = 1, S = +1$的重子Θ^*,由此可画出包含$S = +1$的最低重子多重态$\{\overline{10}\}$和$\{27\}$的八卦图.

显然,在Skyrme孤粒子图像中,没有这些明显的夸克和($q\bar{q}$)对组分,因此谈不上非常规或者说奇特(exotic)态,之所以这样命名,完全是为了与夸克模型对应.Skyrme孤粒子图像对这些态的预言是否反映真实物理,需要其他理论途径如夸克模型、QCD求和规则和格点QCD计算,特别是实验探测的检验.对此,我们将在11.5节讨论.

11.2.3 Skyrme模型中的核子-核子相互作用与氘束缚态

用Skyrme模型研究两个Skyrme孤粒子(Skyrmion)相互作用位能是基于乘积假设的[245].两个中心分别在x_1和x_2的Skyrme孤粒子场组态由两个具有相对自旋-同位旋取向的未变形的Skyrme孤粒子场相乘描述:

$$U_{ss}(\boldsymbol{x}; \boldsymbol{x}_1; \boldsymbol{x}_2) = U_s(\boldsymbol{x} - \boldsymbol{x}_1)C(\alpha)U_s(\boldsymbol{x} - \boldsymbol{x}_2)C^+(\alpha) \tag{11.27}$$

这里$C(\alpha) = \exp(\mathrm{i}\boldsymbol{\tau} \cdot \boldsymbol{\alpha}/2)$也称为修饰矩阵(grooming matrix),$U_s(\boldsymbol{x})$为刺猬解.对于比Skyrme孤粒子尺度大的分离距离$r = |\boldsymbol{x}_1 - \boldsymbol{x}_2|$,这种形变是可忽略的.两个Skyrme孤粒子在距离无穷远时变为两个无相互作用的自由孤粒子,此时$E_{ss}(r \to \infty) = 2E_s$.定态组态位能的定义为

$$V(\boldsymbol{x}_1, \boldsymbol{x}_2) = \int \mathrm{d}\boldsymbol{x} \left\{ \frac{1}{4}f_\pi^2 \mathrm{Tr}\left[L_i(1,2)L_i(1,2) \right] \right.$$
$$\left. + \frac{1}{4}\epsilon^2 \mathrm{Tr}\left[L_i(1,2), L_j(1,2) \right]^2 \right\} - E_1 - E_2 \tag{11.28}$$

这里$L_\mu(1,2) = U_{ss}^+ \partial_\mu U_{ss}, \epsilon^2 = 1/(8e^2)$.

计算表明,这样的相互作用势在短程具有软排斥心[309,310],在不考虑同位旋取向时排斥心的高度为$M_2 - 2M_1$,其中M_2为重子数(绕数)为2的Skyrme孤粒子质量,而M_1为重子数为1的Skyrme孤粒子质量.所得到的长程渐近势具有单π交换行为[310],但中程作用不能再现核子-核子作用势.为了能较真实地用Skyrme模型描述核子-核子相互作用势,需要对组态作半经典量子化$A(t)U_{ss}(\boldsymbol{x})A^+(t)$,并考虑软$\pi$修正等,进行系统处理后得到的相互作用势可与核子-核子相互作用的真实势作比较[311].

在乘积假设(11.27)式中取$C(\alpha) = \exp(\mathrm{i}\pi\hat{\boldsymbol{n}} \cdot \boldsymbol{\tau}/2)$时,两个Skyrme孤粒子间的相互作用能最小,这里$\hat{\boldsymbol{n}}$为垂直于$\boldsymbol{x}$的单位矢量.为确定起见可取$\hat{\boldsymbol{n}} = \hat{\boldsymbol{z}}$或$C(\alpha) = \mathrm{i}\tau_3$,此时$B = 2$的两个Skyrme孤粒子组态为

$$U_d(\boldsymbol{r}, s_d, C) = U_1(\boldsymbol{r} + s_d \hat{\boldsymbol{x}})\tau_3 U_1(\boldsymbol{r} - s_d \hat{\boldsymbol{x}})\tau_3 \tag{11.29}$$

这里

$$U_1(\boldsymbol{x}) = \exp(\mathrm{i}F(r)\,\hat{\boldsymbol{r}} \cdot \boldsymbol{\tau}) \tag{11.30}$$

为重子数 $B = 1$ 的孤粒子解. Braaten 和 Carson[312]数值计算了由组态(11.29)给出的重子数 $B = 2$ 的 Skyrme 孤粒子的最小相互作用能量解:

$$V(s_d, C) = H\big[U(\boldsymbol{r}, s_d, C)\big] - 2M_1 \tag{11.31}$$

结果表明,对 $m_\pi/(eF_\pi) = 0.263$ 的情况,在半分离距离 $s_d = |\boldsymbol{x} - \boldsymbol{x}_2|/2 = 2.8/(eF_\pi)$ 时有最小能量 $M_d = 2M_1 - 1.06F_\pi/e$. 取 $F_\pi = 108\ \mathrm{MeV}, e = 4.84$[246],则得到 $s_d = s_0 = 1.1\ \mathrm{fm}$ 时给出经典情况的束缚能 $M_d - 2M_1 = -24\ \mathrm{MeV}$. 由此,最小能量的乘积组态 $U_d(\boldsymbol{r})$ 描述了两个松散束缚的 Skyrme 孤粒子,它们间的分离距离 $2s_d$ 大于 $2\ \mathrm{fm}$. 因此 $U_d(\boldsymbol{r})$ 可看作真实的 $B = 2$ 情况最小能量组态 $U_2(\boldsymbol{r})$ 足够好的近似.

为了用 Skyrme 模型描述氘,需要作半经典的集体坐标量子化以给出 $B = 2$ 的孤粒子具有氘的量子数的态. 注意,给定的定态组态 $U_2(\boldsymbol{r})$ 仅是由同位旋转动和空间坐标转动生成的一个六参量组最小能量解中的一个解(如果再加上平移不变,则存在能量退化的九参量组组态). 因此集体坐标量子化导致如下动力学场:

$$\hat{U}(\boldsymbol{r}, t) = A(t)U(\boldsymbol{R}(t) \cdot \boldsymbol{r})A(t)^+ \tag{11.32}$$

这里 $U(\boldsymbol{R}(t) \cdot \boldsymbol{r}) \equiv U_2(\boldsymbol{R}(t) \cdot \boldsymbol{r})$, $R_{ij} = \mathrm{Tr}[\tau_i A'(t)\tau_j A'(t)^+]/2$, $A(t)$ 和 $A'(t)$ 为 $SU(2)$ 矩阵. 将(11.32)式代入 Skyrme 模型的拉氏量(11.5)式,则可得到如下的哈密顿量[312]:

$$H = M_2 + \frac{1}{2U_{11}}\boldsymbol{I}^2 + \frac{1}{2V_{11}}\boldsymbol{J}^2 + \frac{1}{2}\left[\frac{1}{U_{33}} - \frac{1}{U_{11}} - \frac{4}{V_{11}}\right]K_3^2 \tag{11.33}$$

这里 $\boldsymbol{I}$ 和 $\boldsymbol{J}$ 为固定坐标的同位旋和自旋算符,$\boldsymbol{K}$ 和 $\boldsymbol{L}$ 为在孤粒子体系上定义的同位旋和自旋算符,满足关系 $\boldsymbol{K}^2 = \boldsymbol{I}^2, \boldsymbol{L}^2 = \boldsymbol{J}^2, K_i = -\mathrm{Tr}[\tau_i A^+ \tau_j A]I_j/2$. 惯量张量 U_{ij} 和 V_{ij} 为背景场 $U_2(\boldsymbol{r})$ 的函数:

$$\left.\begin{aligned} U_{ij} &= \frac{1}{8e^3 f_\pi}\int \mathrm{d}^3 r\, \mathrm{Tr}\left\{U^+\left[\frac{1}{2}\tau_i, U\right]U^+\left[\frac{1}{2}\tau_j, U\right]\right.\\ &\quad + \left.\left[U^+ \partial_k U, U^+\left[\frac{1}{2}\tau_i, U\right]\right]\left[U^+ \partial_k U, U^+\left[\frac{1}{2}\tau_j, U\right]\right]\right\}\\ W_{ij} &= -U_{ij}\left\{\left[\frac{1}{2}\tau_j, U\right] \to -\mathrm{i}(\boldsymbol{r} \times \boldsymbol{\nabla})_j U\right\}\\ V_{ij} &= -W_{ij}\left\{\left[\frac{1}{2}\tau_i, U\right] \to -\mathrm{i}(\boldsymbol{r} \times \boldsymbol{\nabla})_i U\right\} \end{aligned}\right\} \tag{11.34}$$

这里的长度单位为 $1/(eF_\pi)$.

波函数用如下的态矢量表示：

$$| ii_3 k_3 \rangle | jj_3 l_3 \rangle \tag{11.35}$$

这里 $-i < i_3, k_3 < i, -j < j_3, l_3 < j$, 同时, 要考虑与单个 Skyrme 孤粒子量子化为费米子融洽的一般规则给定的约束[312]. 哈密顿量(11.33)在基(11.35)下是对角的, 由此得到能量本征值：

$$E = M_2 + \frac{i(i+1)}{2U_{11}} + \frac{j(j+1)}{2V_{11}} + \left[\frac{1}{U_{33}} - \frac{1}{U_{11}} - \frac{4}{V_{11}} \right] \frac{\kappa^2}{2} \tag{11.36}$$

其中 $\kappa = 1, \cdots, \min\{i, [j/2]\}$. 计算 M_2、U_{11}、U_{33} 和 V_{11} 则可得到容许态的质量谱, 其中孤粒子基态

$$i = 0, j = 1, \kappa = 0: E = M_2 + \frac{1}{V_{11}} \tag{11.37}$$

是唯一具有氘的量子数的态 $^3S_1$. 计算得到氘的质量为 1720 MeV, 接近实验值 1876 MeV. Skyrme 模型下氘的定态性质如电荷半径、磁矩、四极矩的计算结果与实验值相比较也在 Skyrme 模型的误差范围相符合, 这与氘被解释为陀螺型(toroidal)Skyrme 孤粒子的量子态是相符的[312].

对孤粒子组态 $U_2(r)$ 的对称性不作任何假定, 文献[313]将 2 个 $B = 1$ 的 Skyrme 孤粒子放在三维格点上, 应用数值弛豫(relaxation)手续去找最低能量组态, 在无自由参数情况下计算得到的束缚势阱深度 26 MeV、质量 1775 MeV 及电磁性质与物理氘比较, 其结果也是合理的, 支持了文献[312]的解释和结果.

11.2.4　Skyrme 孤粒子–反 Skyrme 孤粒子束缚态

将乘积假设(11.27)应用到 Skyrme 孤粒子–反 Skyrme 孤粒子体系时写为

$$U_s(r) = U\left(r - \frac{\rho}{2} \hat{z} \right) C U^+ \left(r + \frac{\rho}{2} \hat{z} \right) C^+ \tag{11.38}$$

这里 $U(r)$ 是单个 Skyrme 孤粒子场, C 为修饰矩阵, $U^+(r)$ 描写反 Skyrme 孤粒子. Lu 和 Amado[314]用此 Skyrme 模型的乘积假设计算了核子–反核子定态势. 结果表明, 自旋–自旋力和张量力同位旋道的中程和长程部分基本上能正确地给出, 但中心势的中程吸引不足.

Yan 等[315]研究了修饰矩阵 $C = 1$ 即不考虑 2 个孤粒子同位旋取向的情形,此时乘积假设给出的组态为

$$U_s(\boldsymbol{r}) = U\left(\boldsymbol{r} - \frac{\rho}{2}\,\hat{z}\right)U^+\left(\boldsymbol{r} + \frac{\rho}{2}\,\hat{z}\right) \tag{11.39}$$

当 $\rho \to 0$ 时,$U_s \to 1$. 由 Skyrme 拉氏量(11.5)得到体系的定态能量为

$$M(\rho) = \int \mathrm{d}^3 r\left[-\frac{1}{2}\mathrm{Tr}(R_i R_i) - \frac{1}{16}\mathrm{Tr}([R_i, R_j]^2) - m_\pi^2 \mathrm{Tr}(U - 1)\right] \tag{11.40}$$

这里 $i, j = 1, 2, 3, R_\mu = (\partial_\mu U)U^+$,上式中的单位与通常用的单位间的关系为

$$\frac{F_\pi}{4e} = 5.58\,\mathrm{MeV}, \quad \frac{2}{eF_\pi} = 0.755\,\mathrm{fm} \tag{11.41}$$

在这个图像中,Skyrme 孤粒子-反 Skyrme 孤粒子 $S\bar{S}$ 的束缚能是

$$\Delta E_B = 2M_p^c - M(\rho) \tag{11.42}$$

这里 $M_p^c = 867\,\mathrm{MeV}$ 为定态 Skyrme 孤粒子的质量. 稳定或准稳定的 $S\bar{S}$ 束缚态相应于满足条件 $\Delta E_B(\rho_B) < 0$ 及 $\dfrac{\mathrm{d}}{\mathrm{d}\rho}[\Delta E_B(\rho)]_{\rho = \rho_B} = 0$ 的 Skyrme 组态(11.39).

数值计算得到定态能与分离距离 ρ 的函数关系[315],曲线显示出 Skyrme 孤粒子与反 Skyrme 孤粒子在 $\rho < 1.3\,\mathrm{fm}$ 区域迅速湮灭,但在 $1.3\,\mathrm{fm} < \rho < 2.5\,\mathrm{fm}$ 中有一个高约 $1.92\,\mathrm{MeV}$ 的势垒,该位置在 $\rho \approx 2.5\,\mathrm{fm}$ 处为低谷. 这个结果表明存在一个准稳定的 $S\bar{S}$ 束缚态,其分离距离和束缚能为

$$\rho_B \approx 2.5\,\mathrm{fm}, \quad \Delta E_B(\rho_B) \approx 10\,\mathrm{MeV} \tag{11.43}$$

基于 Braaten 和 Carson[312]将氘作为 Skyrme 孤粒子的成功,可将 Skyrme 孤粒子(S)与反 Skyrme 孤粒子($\bar{S}$)间的束缚能近似地看作核子-反核子($p\bar{p}$)束缚能,并可期望半经典量子化给出($S\bar{S}$)束缚态的自旋和同位旋量子数,而具有束缚能 ≈ 10 MeV 的 $S = 0$、$T = 0$ 的态为最低的($p\bar{p}$)束缚态. 上述($S\bar{S}$)作用势的图像可能对质子-反质子($p\bar{p}$)质量谱中的近阈增强(the near-threshold enhancement)给出解释[315,316].

11.2.5　Skyrme 模型中的轻核

在 Skyrme 模型中,重子是介子场的拓扑孤粒子解,此时 Skyrme 模型中的组态由拓

扑荷(即绕数)标记,而拓扑荷被解释为重子数 B.对给定 B 的最小能量组态得到 Skyrme 孤粒子,也称为 Skyrme 子(Skyrmion).我们已讨论了 $B=1$ 和 2 的 Skyrme 子,在作半经典量子化后,Skyrme 子具有相应的量子数并用以描述单个核子态和二核子体系(氘及 ($\mathrm{p}\bar{\mathrm{p}}$)).用 Skyrme 模型研究较大原子数的核也是基于所述的基本要素:将由拓扑荷标志的孤粒子数与核子数等同;计算多孤粒子体系的最小能量组态,然后作半经典量子化,使 Skyrme 子具有相应轻核的量子数.

对重子数 $B \leqslant 22$ 的 Skyrme 子的最小能量组态和半经典量子化研究表明[312,317—320],不同重子数 B 的 Skyrme 子具有如下基本结构:

$B=1$	Skyrme 子	球对称 $O(3)$
$B=2$	Skyrme 子	轴对称陀螺 $D_{\infty \mathrm{h}}$
$B=3$	Skyrme 子	四面体,对称性 T_{d}
$B=4$	Skyrme 子	立方体,对称性 O_{h}
$B=5$	Skyrme 子	二边形(dihedral)对称性 $D_{2\mathrm{d}}$
$B=6$	Skyrme 子	二边形对称性 $D_{4\mathrm{d}}$
$B=7$	Skyrme 子	十二面体对称性 Y_{h}

$B \geqslant 7$ 的 Skyrme 子的核子密度等同面具有以六边形和五边形组成的多面体形式. Bottye 和 Suteliffe[320] 研究了 $B \leqslant 22$ 的 Skyrme 子的对称性、能量、每核子能量、离化能和束缚能(见文献[320]表1),并绘制了 $7 \leqslant B \leqslant 22$ 的 Skyrme 子的结构图和相应的多面体模型.这些最小能量组态解是在 $m_\pi = 0$ 情况计算的,这些类壳结构的 Skyrme 子可以近似地用有理映射(rational maps)假设[321,322]很好地描述.我们在下面对此作简要讨论.

有理映射假设的主要思想是用有理映射写出 Skyrme 场[321].我们已在 11.2.1 小节中说明,Skyrme 模型是 π 在 $\mathbf{R}^3$ 的非线性场论,其基本场为 $SU(2)$ 值的 $U(\boldsymbol{x}, t)$,这里 $\boldsymbol{x} \in \mathbf{R}^3$,满足边条件 $U(|\boldsymbol{x}| = \infty) = 1$. 定态解可用作用量(11.4)、(11.5)给出的能量函数的稳定性(最小点或鞍点)得到,用几何单位(长度以 $2/(eF_\pi)$ 为单位,能量以 $F_\pi/(4e)$ 为单位)写出的能量函数为

$$E = \int \left(-\frac{1}{2} \mathrm{Tr}(R_i R_i) - \frac{1}{16} \mathrm{Tr}\left([R_i, R_j][R_i, R_j]\right) - m^2 \mathrm{Tr}(U - 1) \right) \mathrm{d}^3 x \quad (11.44)$$

这里 $R_i = (\partial_i U) U^+$ 是一个右手不变的 $SU(2)$ 值流.与 Skyrme 场 U 相联系的是拓扑荷(它被解释为重子数),它被定义为映象 U 的度(degree):$\mathbf{R}^3 \mapsto SU(2)$. 在 $\mathbf{R}^3$ 中应用球坐标,则 $\mathbf{R}^3$ 中的一个点 $\boldsymbol{x} \in \mathbf{R}^3$ 由一对 (r, z) 给出,这里 $r = |\boldsymbol{x}|$ 是从原点起的距离,$z = \tan(\theta/2)\exp(\mathrm{i}\varphi)$ 表示从原点起的方向,是一个 Riemann 球坐标.设 $R(z)$ 是 Riemann

球面间一个度为 B 的有理映射,它可写为

$$R(z) = \frac{p(z)}{q(z)} \tag{11.45}$$

这里 p 和 q 是 z 的多项式,p 和 q 无共同因子且满足 $\max\left[\deg(p), \deg(q)\right] = B$. 注意到方向 $\hat{z}$ 对应笛卡尔坐标单位矢量

$$\hat{n}_z = \frac{1}{1 + |z|^2}(2\mathrm{Re}(z), 2\mathrm{Im}(z), 1 - |z|^2) \tag{11.46}$$

类似地,有理映象 $R(z)$ 的值联系下面的单位矢量:

$$\hat{n}_R = \frac{1}{1 + |R|^2}(2\mathrm{Re}(R), 2\mathrm{Im}(R), 1 - |R|^2) \tag{11.47}$$

有理映射假设 Skyrme 场(11.7)可写为[321]

$$U(r, z) = \exp(\mathrm{i}f(r)\,\hat{n}_{R(z)} \cdot \boldsymbol{\tau}) \tag{11.48}$$

这里,在 $\mathbf{R}^3$ 中围绕原点的同心球面被映射到 S^3 中纬度球面,度为 B 的有理映射生成度为 B 的 Skyrme 场.(11.48)式可具体地写为

$$U(r, z) = \exp\left[\frac{\mathrm{i}f(r)}{1 + |R|^2}\begin{pmatrix} 1 - |R|^2 & 2\bar{R} \\ 2R & |R|^2 - 1 \end{pmatrix}\right] \tag{11.49}$$

这里函数 $f(r)$ 满足边条件 $f(0) = \pi, f(\infty) = 0$. 将假设(11.49)代入(11.44)式得到

$$E = 4\pi\int\left(r^2 f'^2 + 2B(f'^2 + 1)\sin^2 f + I\frac{\sin^4 f}{r^2} + 2m_\pi^2 r^2(1 - \cos f)\right)\mathrm{d}r \tag{11.50}$$

其中

$$I = \frac{1}{4\pi}\int\left(\frac{1 + |z|^2}{1 + |R|^2}\left|\frac{\mathrm{d}R}{\mathrm{d}z}\right|\right)^4 \frac{2\mathrm{i}\,\mathrm{d}z\,\mathrm{d}\bar{z}}{(1 + |z|^2)^2} \tag{11.51}$$

重子数 B 可写为

$$B = \frac{1}{4\pi}\int\left|\frac{\mathrm{d}R}{\mathrm{d}z}\right|^2 \frac{2\mathrm{i}\,\mathrm{d}z\,\mathrm{d}\bar{z}}{(1 + |R|^2)^2} \tag{11.52}$$

为了最小化能量函数(11.50),首先要通过最小化(11.51)式给出的 I 来决定有理映象,然后求解 $f(r)$ 的 Euler-Lagrange 方程,这里 $f(r)$ 满足边条件 $f(0) = \pi, f(\infty) = 0$,由此可得到最小能量的 Skyrme 子.

对 $B = 1$,基本映象为 $R(z) = \pi$,从(11.51)式可知 $I = 1$,而(11.48)式表示的场约

化为 Skyrme 模型的刺猬解,由此得到在 11.2.1 小节给出的标准的严格球对称 Skyrme 孤粒子(即 Skyrme 子). 对于 $B \leqslant 22$ 的 Skyrme 子的详细讨论可阅读文献[320].

图 11.1 展示了由文献[320]给出的 $7 \leqslant B \leqslant 18$ 的 Skyrme 子的结构及相应的多面体模型.

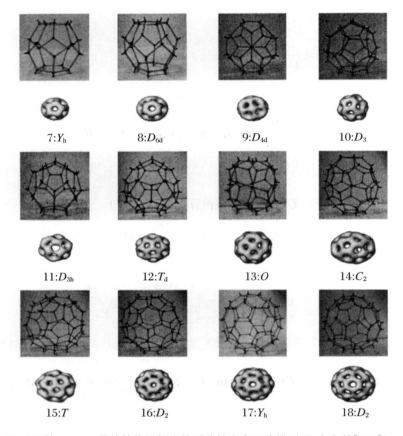

图 11.1　$7 \leqslant B \leqslant 18$ 的 Skyrme 子的结构及相应的对称性和多面体模型(取自文献[320])

11.3　组分夸克模型与 QCD 理论间的联系

组分夸克模型在描述强子物理方面的成功和广泛应用,向人们提出了一个挑战性问题:此模型与基本理论 QCD 如何联系? 长期以来不少理论物理工作者试图导出它们间的关系,因为这不仅对我们理解组分夸克模型本身,而且对我们理解低能 QCD 并改进对强子结构的描述有十分重要的意义.现在我们考虑近似途径回答上述问题[323—326].

我们的途径的出发点是 QCD 中费米子的三点格林函数,它可写为

$$G^c_{\mu\alpha\beta}(p',p,q) = iS_{\alpha\alpha'}(p')\left[ig_s\frac{\lambda^b_{\alpha'\beta'}}{2}\gamma_v + ig_s\Gamma^b_{\nu\alpha'\beta'}(p',p,q)\right]iS_{\beta'\beta}(p)iD^{bc}_{\nu\mu}(q)$$

(11.53)

这里 λ^b 为 Gell-Mann 矩阵,$S(p)$、$D(q)$、$\Gamma^b(p',p,q)$ 分别为同时包括微扰和非微扰贡献的夸克传播子、胶子传播子和夸克-胶子顶角函数.我们用算符乘积展开(OPE)技术计算它们的领头阶近似.例如对夸克传播子有

$$S_F(p) = N_\psi(p^2)\frac{1}{\hat{p} - M_{eff}(p^2)}$$

(11.54)

其中

$$
\begin{aligned}
M_{eff}(p^2) &= \frac{m_f + \dfrac{g_s^2\,|\langle\bar{q}q\rangle|\,(3+\xi)}{9p^2} + \dfrac{g_s^2\langle GG\rangle m_f p^2}{12(p^2-m_f^2)^3}}{1 + \dfrac{g_s^2\,|\langle\bar{q}q\rangle|\,\xi m}{9p^4} + \dfrac{g_s^2\langle GG\rangle m_f^2}{12(p^2-m_f^2)^3}} \\
N_\psi(p^2) &= \left\{1 + g_s^2\left[\frac{\xi m\,|\langle\bar{q}q\rangle|}{9p^2} + \frac{\langle GG\rangle m_f^2}{12(p^2-m_f^2)^3}\right]\right\}^{-1}
\end{aligned}
\right\}
$$

(11.55)

这里 $\langle\bar{q}q\rangle$ 和 $\langle GG\rangle$ 分别为夸克凝聚和胶子凝聚,作用是参数化 QCD 非微扰效应,ξ 为规范参数,m_f 为 QCD 拉氏量中的流夸克质量.M_{eff} 为有效夸克质量,当 $p^2\to\infty$ 时 $M_{eff}\to m_f$,这正如所期望的.由上式可得到规范不变的"在壳"质量关系:

$$M = \widetilde{m}_f + \frac{g_s^2\,|\langle\bar{q}q\rangle|}{3M^2}$$

(11.56)

这里 $\widetilde{m}_f$ 为胶子凝聚修正的流夸克质量,当 $m_f = 0$ 时(11.56)式表示 QCD 非微扰效应生成的夸克动力学质量.(11.56)式定义了组分夸克质量.

包括非微扰贡献的顶角函数 Γ^b 则十分复杂[324],一般来说它并没有在微扰顶角前给出一个简单的乘积因子.为了从顶角函数得到有意义的结果,我们从三点函数(11.53)定义"在壳"的夸克-夸克-胶子散射振幅:

$$\mathscr{M}(qqg) = ig_s\frac{\lambda^c}{2}N_\psi\bar{U}(p')\left[F_1(Q^2)\gamma_\mu + \frac{i}{2M}F_2(Q^2)\sigma_{\mu\nu}Q_\nu\right]U(p)$$

(11.57)

其中

$$F_1(Q^2) \approx 1 + \frac{9g_s^2 \, |\langle \bar{q}q \rangle|}{16M^3}\left(1 - \frac{Q^2}{18M^2}\right), \quad F_2(Q^2) \approx \frac{g_s^2 \, |\langle \bar{q}q \rangle|}{16M^3} \quad (11.58)$$

N_ψ 由(11.55)式取 $p^2 = M^2$ 得到,$U(p)$ 为 Dirac 旋量. 借鉴 QED 中电子-光子耦合被定义为电子发射或吸收零动量光子的振幅,我们定义有效夸克-胶子耦合 $g_c(\mu^2)$ 为夸克发射或吸收某个(低能)动量为 μ^2 的胶子的振幅,由此得到

$$\alpha_c(\mu^2) \approx \alpha_s(\mu^2)\left[1 + \alpha_s(\mu^2)\frac{9\pi \, |\langle \bar{q}q \rangle|}{2M^3}\left(1 - \frac{\mu^2}{18M^2}\right)\right] \quad (11.59)$$

这里 $\alpha_c = g_c^2/(4\pi)$,$\alpha_s = g_s^2/(4\pi)$.

(11.56)式和(11.59)式给出了组分夸克图像中的参量 M、α_c 与 QCD 参量 m_f、α_s 间的关系. 从(11.56)式我们可导出手征对称性破缺标度,即出现组分夸克图像的标度:

$$\Lambda_\chi = 3\sqrt{2}\left(4\pi\alpha_s(\Lambda_\chi)\frac{\langle \bar{q}q \rangle}{3}\right)^{1/3} \quad (11.60)$$

由(11.58)式可估算组分夸克的尺度. 引入色电半径 $\sqrt{\langle r^2 \rangle_E^c}$ 和色磁半径 $\sqrt{\langle r^2 \rangle_M^c}$ 来表示组分夸克在强作用中的尺度,我们得到

$$\left. \begin{array}{l} \sqrt{\langle r^2 \rangle_E^c} \approx \sqrt{\dfrac{27}{86}}\left(g_s^2 \, \dfrac{|\langle \bar{q}q \rangle|}{3}\right)^{-1/3} \approx \dfrac{1}{\sqrt{3.2}M} \\[4mm] \sqrt{\langle r^2 \rangle_M^c} \approx \dfrac{3}{\sqrt{46}}\left(g_s^2 \, \dfrac{|\langle \bar{q}q \rangle|}{3}\right)^{-1/3} \approx \dfrac{1}{\sqrt{5}M} \end{array} \right\} \quad (11.61)$$

我们还得到组分夸克的反常色磁矩:

$$\Delta\mu^c \approx 0.07\mu^c \quad (11.62)$$

这里 μ^c 指组分夸克的色磁矩.

让我们给出上述关系式的数值结果. 考虑 u、d、s 3 种"味"夸克,则取 $\Lambda_{QCD} = 0.25 \, \text{GeV}$,并利用 9.6 节中给出的夸克凝聚值 $\langle \bar{q}q \rangle^{1/3} = 240$—$250 \, \text{MeV}$,我们得到

$$\left. \begin{array}{l} M \approx 0.25\text{—}0.32 \, \text{GeV} \\[2mm] \alpha_c(1 \, \text{GeV}^2) \approx (2.15\text{—}2.54)\alpha_s(1 \, \text{GeV}^2) \approx 1.08\text{—}1.27 \\[2mm] \Lambda_\chi \approx (1.18 \pm 0.11) \, \text{GeV} \end{array} \right\} \quad (11.63)$$

这些结果与唯象组分夸克模型的参数值十分吻合. 还要指出的是,我们导出的色电磁半径表示了它们与质量间的关系. 当 $M = 0.3 \, \text{GeV}$ 时,$\sqrt{\langle r^2 \rangle_E^c} \approx 0.4 \, \text{fm}$;而当 $M = $

$0.22\,GeV$ 时（相对论组分夸克模型情况），$\sqrt{\langle r^2 \rangle_E^c} \approx 0.5\,fm$. 这些结果及组分夸克存在反常色磁矩的预言得到用组分夸克模型拟合强子形状因子计算[327]的强烈支持.

由此看到，我们的途径给出了 QCD 与组分夸克图像间联系的相当自洽的描述，并给出了组分夸克的直观物理图像：组分夸克是由流夸克和围绕它的夸克-反夸克对($\bar{q}q$)云由于 QCD 作用而构成的集团，它的较重的质量、有限的尺度来自($\bar{q}q$)云的贡献，它的较大的耦合常数来源于($\bar{q}q$)云引起的色反屏蔽效应.

11.4　夸克模型下强子的定态性质

我们讨论夸克模型下如何计算强子的质量及其他定态性质如磁矩、轴荷、张量荷等.

11.4.1　强子的质量

在组分夸克模型中，假定夸克作非相对论运动. 体系的哈密顿量为

$$H = \sum_i \left(m_i + \frac{p_i^2}{2m_i} \right) + \sum_{i<j} V_{color}(r_{ij}) \tag{11.64}$$

这里 m_i、p_i 分别为第 i 个组分夸克的质量和动量，$V_{color}(r_{ij})$ 为夸克间作用势，它包括长程禁闭势和短程单胶子交换有效势[284]：

$$V(r_{ij}) = V_{if}^{conf} + V_{ij}^{OGEP} \tag{11.65}$$

这里

$$
\begin{aligned}
V_{ij}^{conf} &= -\lambda_i \cdot \lambda_j a_c r_{ij}^\beta \quad (\beta = 1\ \text{或}\ 2) \\
V_{ij}^{OGEP} &= \frac{1}{4} g_c^2 (\lambda_i \cdot \lambda_j) \left\{ \frac{1}{r_{ij}} - \frac{\pi}{2} \delta(r_{ij}) \left[\frac{1}{m_i^2} + \frac{1}{m_j^2} + \frac{4}{3} \frac{1}{m_i m_j} \boldsymbol{\sigma}_i \cdot \boldsymbol{\sigma}_j \right] \right. \\
&\quad + \frac{1}{4 m_i m_j r_{ij}^3} \left[\boldsymbol{\sigma}_i \cdot \boldsymbol{\sigma}_j - 3(\boldsymbol{\sigma}_i \cdot r_{ij})(\boldsymbol{\sigma}_j \cdot r_{ij}) \right] \\
&\quad \left. - \frac{1}{2 m_i m_j r_{ij}^3} (r \times p) \cdot \left[\left(1 + \frac{m_j}{2 m_j} \right) \boldsymbol{\sigma}_i + \left(1 + \frac{m_i}{2 m_j} \right) \boldsymbol{\sigma}_j \right] \right\}
\end{aligned}
\tag{11.66}
$$

其中 $\boldsymbol{p} = (m_j\boldsymbol{p}_i - m_i\boldsymbol{p}_j)/(m_i + m_j)$. 这个有效单胶子势包含了 Coulomb 作用、自旋-自旋、自旋-轨道和张量势. 对色禁闭势, 常用谐振子型 ($\beta = 2$) 或线性势 ($\beta = 1$) 及格点 QCD 导出的屏蔽势等. 设所考虑的强子态为 ψ_α, 则由解薛定谔方程

$$H\psi_\alpha = E_\alpha\psi_\alpha \tag{11.67}$$

可得到相应 ψ_α 态的强子质量. 我们分别对 $(\bar{q}q)$ 介子态和 3 个轻夸克构成的 (qqq) 重子态作简要讨论.

$\bar{q}q$ 介子体系的基态 (相对运动角动量 $L=0$) 的味-自旋部分可由 $SU(6)$ 群分类得到:

$$6 \otimes \bar{6} = 35 \oplus 1 = (8,3) \oplus (8,1) \oplus (1,3)$$

由此, $L = 0$ 的 $\bar{q}q$ 态由一个矢量八重态、一个赝标量八重态、一个矢量单态和一个赝标量单态介子组成. 对 $L \neq 0$ 的激发态, 常用 LS 耦合进行分类. 设 $\bar{q}q$ 体系的总自旋为 $\boldsymbol{S} = \boldsymbol{S}_q + \boldsymbol{S}_{\bar{q}}$, 相对运动轨道角动量为 $\boldsymbol{L}$, 总角动量为 $\boldsymbol{J} = \boldsymbol{L} + \boldsymbol{S}$, 则常用符号 $^{2s+1}L_J(J^{PC})$ 来描述 $\bar{q}q$ 介子态. 这里 P 为宇称, C 为电荷共轭:

$$P = (-1)^{L+1}, \quad C = (-1)^{L+S} \tag{11.68}$$

严格地说, 只有中性粒子 (如 π^0) 才是算符 C 的本称态, 但 C 常被用以标记一个多重态整体. 有时为了区别 (味空间) 对称态与反对称态, 又引入 G 宇称 ($G = C(-1)^I$, 其中 I 指同位旋), 并将 $\bar{q}q$ 态同时按 G 宇称分类. $\bar{q}q$ 介子态的空间部分常取谐振子型波函数.

轻夸克 $\bar{q}q$ 介子的上述 $SU(6) \times O(3)$ 结构是与介子质量谱的实验数据相符的 (注: 轻标量介子态问题将在 11.5 节进行讨论). 对于 $L = 0$ 的非同位旋标量介子, 哈密顿量 (11.64) 在 $SU(6)$ 本征态间的期望值可写为参数化形式:

$$M_{\bar{q}q}^{(L=0)} = \bar{n}\bar{m} + n_s m_s + \frac{\langle p_q^2 \rangle}{2m_q} + \frac{\langle p_{\bar{q}}^2 \rangle}{2m_{\bar{q}}} + \widetilde{H}_{q\bar{q}}\langle \boldsymbol{S}_q \cdot \boldsymbol{S}_{\bar{q}} \rangle \tag{11.69}$$

其中 $\bar{n}$、n_s 分别为非奇异和奇异夸克数. $\widetilde{H}_{q\bar{q}}$ 为超精细参量, 它引起 $S = 0$ 与 $S = 1$ 介子之间的质量劈裂. 由此参数化质量公式, 还可得到非奇异与奇异组分夸克质量间的比率. 这由拟合 π、$K(496)$、$\rho(770)$ 和 $K^*(892)$ 介子的质量得到, 结果为 $\bar{m}/m_s \approx 0.63$.

重子的 $SU(6)$ 多重结构可由 q^3 群乘积产生: $(6 \otimes 6) \otimes 6 = 56 \oplus 70 \oplus 70 \oplus 20$, 其味-自旋成分为 $56 = (10,4) \oplus (8,2)$, $70 = (8,4) \oplus (10,2) + (8,2) \oplus (1,2)$, $20 = (8,2) \oplus (1,4)$. 由于夸克和重子都是费米子, 服从费米统计. 这要求重子波函数是全反对称的: $[SU(6) \otimes O(3) \otimes SU(3)_C]_{反对称}$. 从上面群乘积的杨盘分析知道, 56、70 和 20 多重性的味-自旋部分对交换一对夸克分别是对称、混合对称和反对称的[2]. 另一方面知道 q^3 色单态的色空间部分波函数是反对称的. 因此, 56 重态的空间部分波函数是对称

的,其中每对夸克间的相对轨道角动量为零(即每个夸克处于基态).而 70 重态和 20 重态要求空间部分有径向激发或轨道激发.

通常用记号 (R, L_N^P) 来描述 q^3 重子态,这里 R 指 $SU(6)$ 表示,P 为宇称,N 为谐振子量子数,L 为轨道角动量量子数.例如最低重子态为 $(56, 0_0^+)$,其次为负宇称 70 重态 $(70, 1_1^-)$ 等.类似于 (11.69) 式,可将基态重子态 $(56, 0_0^+)$ 的哈密顿量期望值参数化为

$$M_{q^3}^{(L=0)} = \bar{n}\bar{m} + n_s m_s + \sum_{i=1}^{3} \frac{\langle \boldsymbol{p}_i^2 \rangle}{2m_i} + \frac{1}{2}\sum_{i<j} \widetilde{H}_{ij} \langle \boldsymbol{S}_i \cdot \boldsymbol{S}_j \rangle \tag{11.70}$$

这里超精细项导致 $\frac{1}{2}^+$ 与 $\frac{3}{2}^+$ 重子质量劈裂.由拟合重子实验质量并利用微扰假设 $\widetilde{H}_{ss} - \widetilde{H}_{ns} = \widetilde{H}_{ns} - \widetilde{H}_{nn}$,可得到非奇异组分夸克质量比率 $\bar{m}/m_s \approx 0.62$,与由 $\bar{q}q$ 介子情况得到的结果一致.

11.4.2 强子的定态性质

强子的物理可观测量在 QCD 场论中通常由夸克双线性算符构成的插入场(定域算符)在初、末强子态的矩阵元中给出.常用的费米子双线性定域算符有

$$\bar{\psi}\psi, \bar{\psi}\gamma_5\psi, \bar{\psi}\gamma_\mu\psi, \bar{\psi}\gamma_5\gamma_\mu\psi, \bar{\psi}\sigma_{\mu\nu}\psi, \cdots \tag{11.71}$$

这里 ψ 为 QCD 的费米子场算符.在计算束缚强子态矩阵元时的基本困难是:至今我们不知道强子束缚态的 QCD 描述,因而用与有效场相联系的模型描述.由此我们遇到两个基本问题:① 在夸克模型图像中,强子束缚态是定域在坐标空间的组态,即是位置的本征态.而在散射分析中用的是动量本征态平面波.因此必须建立两个空间描述的矩阵之间的联系.② 在有效理论和有效模型中,夸克场算符与 QCD 夸克场算符是不相同的,因此用有效理论或模型来计算这些插入场算符的矩阵元时,必须讨论相应的匹配条件.下面我们分别加以讨论.

夸克模型描述强子束缚态时都包含了一个基本假设:给定某量子数的束缚态仅与相同类型的动量本征态相关.如设 $|H(\boldsymbol{x})\rangle$ 是中心在 $\boldsymbol{p}$ 处的强子态,$|H(\boldsymbol{p})\rangle$ 是平面波态,则有

$$|H(\boldsymbol{x})\rangle = \int \mathrm{d}^3 p\, \varphi(\boldsymbol{p}) \mathrm{e}^{\mathrm{i}\boldsymbol{p}\cdot\boldsymbol{x}} |H(\boldsymbol{p})\rangle \tag{11.72}$$

令对强子的平面波态归一化为

$$\langle H(\boldsymbol{p}') \mid H(\boldsymbol{p}) \rangle = 2\omega_p(2\pi)^3 \delta^3(\boldsymbol{p} - \boldsymbol{p}') \tag{11.73}$$

这意味着

$$\int d^3p\, 2\omega_p(2\pi)^3 \mid \varphi(\boldsymbol{p}) \mid^2 = 1 \tag{11.74}$$

利用此波包描述,则定域算符 $\hat{O}$ 在动量基中重子的矩阵元的空间依赖部分为

$$\langle B'(\boldsymbol{p}') \mid \hat{O}(x) \mid B(\boldsymbol{p}) \rangle = g\bar{u}(\boldsymbol{p}')\Gamma_O u(\boldsymbol{p})e^{i(p'-p)\cdot x} \tag{11.75}$$

这里写明了矩阵元值与常数 g 的关系,Γ_O 为对应算符 $\hat{O}$ 的 Dirac 矩阵. 设在束缚态夸克模型计算得到的空间依赖为 $_{\mathrm{QM}}\langle B' \mid O(x) \mid B \rangle_{\mathrm{QM}}$,并令所有的夸克模型态中心在原点,则可得到

$$_{\mathrm{QM}}\langle B' \mid \int d^3x\, O(x) \mid B \rangle_{\mathrm{QM}}$$

$$= g\int d^3x \int d^3p'd^3p\, \varphi^*(\boldsymbol{p}')\varphi(\boldsymbol{p})\,\bar{u}(\boldsymbol{p}')\Gamma_O u(\boldsymbol{p})e^{i(p'-p)\cdot x}$$

$$= g\int d^3p(2\pi)^3 \mid \varphi(\boldsymbol{p}) \mid^2 \bar{u}(\boldsymbol{p})\Gamma_O u(\boldsymbol{p}) \tag{11.76}$$

作展开:

$$\bar{u}(\boldsymbol{p})\Gamma_O u(\boldsymbol{p}) = \bar{u}(0)\Gamma_O u(0) + 0\left(\frac{\langle \boldsymbol{p}^2 \rangle}{m_B^2}\right) \tag{11.77}$$

其中 m_B、$\langle \boldsymbol{p}^2 \rangle$ 分别是束缚态强子的质量和动量平方期望值. 对于足够重的 m_B,可只保留第一项,由此

$$_{\mathrm{QM}}\langle B' \mid \int d^3x\, O(x) \mid B \rangle_{\mathrm{QM}} = \frac{g}{2m_B}\bar{u}(0)\Gamma_O u(0) \tag{11.78}$$

例如,中子-质子轴矢流矩阵元的计算出发点是

$$\langle p(\boldsymbol{p}_2, S_2) \mid A_\mu(x) \mid n(\boldsymbol{p}_1, S_1) \rangle$$

$$= g_A \bar{u}(\boldsymbol{p}_2, S_2)\gamma_\mu\gamma_5 u(\boldsymbol{p}_1, S_1)e^{i(p_2 - p_1)\cdot x} + \cdots \tag{11.79}$$

对自旋向上的核子及 $\mu = 3$ 分量有

$$\bar{u}(0\uparrow)\gamma_3\gamma_5 u(0\uparrow) = 2m_N \tag{11.80}$$

利用(11.78)式,由此得到

$$g_A = {}_{\mathrm{QM}}\langle p\uparrow \mid \int d^3x\, \bar{u}(x)\gamma_3\gamma_5 d(x) \mid n\uparrow \rangle_{\mathrm{QM}} \tag{11.81}$$

量子色动力学及其应用
Quantum Chromodynamics and Its Applications

注意到,在这个模型计算及所有用有效理论进行的计算中出现的夸克场算符是原来定域流算符中的 QCD 夸克场算符. 因此用有效场或模型计算定域场算符的矩阵元时,必须给出与流算符相匹配的条件. 例如对轴矢流算符[329]

$$\left[\bar{\psi}\gamma_\mu\gamma_5\psi\right]_{\text{QCD}} = g_{\text{A}}^{(q)}\left[\bar{\psi}\gamma_\mu\gamma_5\psi\right]_{\text{eff}} + 高阶导数项 \tag{11.82}$$

这里 $g_{\text{A}}^{(q)}$ 为匹配系数或重整化常数,它由实验确定. 在相对论夸克模型如袋模型中,通常假定袋内的夸克为流夸克,因而取匹配系数 $g_{\text{A}}^{(q)} = 1$. 在非相对论夸克模型中,$g_{\text{A}}^{(q)}$ 不能简单地取 1. 利用 $SU(6)$ 夸克模型波函数计算并与实验比较,得到 $g_{\text{A}}^{(q)} \approx 0.75$. 在这个图像中可作如下解释:由于组分夸克由流夸克及包围它的胶子和 $(\bar{q}q)$ 云(海夸克)构成,这些云也携带了一部分轴矢荷的贡献.

作为计算例子,下面我们讨论夸克模型对核子轴荷与张量荷的计算[85,86,328]. 轴荷和张量荷分别由轴矢流算符和张量流算符的核子矩阵元定义:

$$\left.\begin{aligned}\langle PS \mid \bar{q}\gamma^\mu\gamma^5 q\mid_{\mu_0^2}\mid PS \rangle = 2\Delta q(\mu_0^2)S^\mu\\\langle PS \mid \bar{q}\mathrm{i}\sigma^{\mu\nu}\gamma^5 q\mid_{\mu_0^2}\mid PS \rangle = 2\delta q(\mu_0^2)(S^\mu P^\nu - S^\nu P^\mu)\end{aligned}\right\} \tag{11.83}$$

其中 P、S 分别是核子的四动量和极化矢量,$U(PS)$ 是核子的 Dirac 旋量,q 为夸克场算符,μ_0 为计算时的标度. 利用 γ 矩阵的恒等式知上面的张量荷定义与用算符 $\bar{q}\sigma^{\mu\nu}q$ 定义是等价的. 在核子为静止的坐标系中,(11.83)式可写为

$$\left.\begin{aligned}\langle PS \mid \bar{q}\gamma^3\gamma^5 q \mid PS \rangle = 2\Delta q S^3\\\langle PS \mid \bar{q}\gamma^0\gamma^3\gamma^5 q \mid PS \rangle = 2\delta q S^3\end{aligned}\right\} \tag{11.84}$$

这里选择 $i = 3$ 分量作计算.

展开夸克场:

$$q(x) = \int \frac{\mathrm{d}^3 k}{(2\pi)^3}\frac{1}{2k^0}\sum_s \left\{a_{ks}u_s(k)\mathrm{e}^{-\mathrm{i}k\cdot x} + b_{ks}^+ v_s(k)\mathrm{e}^{\mathrm{i}k\cdot x}\right\} \tag{11.85}$$

这里 a_{ks}、b_{ks} 分别为夸克消灭算符与反夸克产生算符,$u_s(k)$ 是夸克的 Dirac 旋量. 类似地可展开 $\bar{q}(x)$. 将这些展开式代入(11.84)式,则得到

$$\left.\begin{aligned}\Delta q = \Delta q_{\text{q}} - \Delta\bar{q}\\\delta q = \delta q_{\text{q}} - \delta\bar{q}\end{aligned}\right\} \tag{11.86}$$

这里

$$\delta q_{\mathrm{q}} = \left\langle PS \left| \int \frac{\mathrm{d}^3 k}{(2\pi)^3} \frac{1}{4k_0^2} \sum_{ss'} \bar{u}_{s'}(k)\gamma^0\gamma^3\gamma^5 u_s(k) a_{ks'}^+ a_{ks} \right| PS \right\rangle$$

$$\delta \bar{q} = \left\langle PS \left| \int \frac{\mathrm{d}^3 k}{(2\pi)^3} \frac{1}{4k_0^2} \sum_{ss'} \bar{u}_{s'}(k)\gamma^0\gamma^3\gamma^5 u_s(-k) b_{-ks} a_{ks'}^+ \right. \right.$$

$$\left. \left. + \mathrm{h.c.} + \bar{v}_{s'}(k)\gamma^0\gamma^3\gamma^5 v_s(k) b_{ks'}^+ b_{ks} \right| PS \right\rangle$$

$$(11.87)$$

在这些表达式中将 γ^0 因子用 1 代替则得到相应的 Δq_{q} 与 $\Delta\bar{q}$ 的表达式. 如果核子态用袋模型构成, 则可直接完成对矩阵元 (11.84) 的计算. 如果用组分夸克模型计算, 则需要将四分量形式的矩阵元按二分量旋量展开:

$$\bar{u}_{s'}(k)\gamma^3\gamma^5 u_s(k) = \left(1 - \frac{k_\perp^2}{E(E+m)}\right)\chi_{s'}^+ \sigma_3 \chi_s$$

$$\bar{u}_{s'}(k)\gamma^0\gamma^3\gamma^5 u_s(k) = \left(1 - \frac{k_3^2}{E(E+m)}\right)\chi_{s'}^+ \sigma_3 \chi_s$$

$$(11.88)$$

其中 $E = k_0$ 为夸克能量, m 为组分夸克质量. 将这些展开式代入 (11.84) 式, 可得到

$$\Delta q_{\mathrm{q}} = \langle M_{\mathrm{A}}\rangle \Delta q_{\mathrm{NR}}$$

$$\delta q_{\mathrm{q}} = \langle M_{\mathrm{T}}\rangle \delta q_{\mathrm{NR}}$$

$$(11.89)$$

这里 $\langle M_{\mathrm{A,T}}\rangle = \int \mathrm{d}^3 k M_{\mathrm{A,T}}|\varphi(k)|^2$, $\varphi(k)$ 是谐振子型归一化动量波函数. $M_{\mathrm{A}} = 1 - \frac{\langle k_\perp^2\rangle}{E(E+m)}$, $M_{\mathrm{T}} = 1 - \frac{\langle k_3^2\rangle}{E(E+m)} = \frac{m}{E} + \frac{\langle k_\perp^2\rangle}{E(E+m)}$. 由此有关系

$$M_{\mathrm{A}} + M_{\mathrm{T}} = 1 + \frac{m}{E} \qquad (11.90)$$

如果假定 $\langle k_\perp^2 f(k^2)\rangle = 2\langle k_3^2 f(k^2)\rangle$, 则有另一个关系:

$$1 + M_{\mathrm{A}} = 2M_{\mathrm{T}} \qquad (11.91)$$

(11.89) 式中的 $\delta q_{\mathrm{NR}} = \Delta q_{\mathrm{NR}} = \langle p\uparrow|\chi_s^+\sigma_3\chi_s a_{ks}^+ a_{ks}|p\uparrow\rangle$. 利用 $SU(6)$ 核子模型下的味-自旋波函数, 计算得到 $\Delta u_{\mathrm{NR}} = \delta u_{\mathrm{NR}} = 4/3, \Delta d_{\mathrm{NR}} = \delta d_{\mathrm{NR}} = -1/3, \Delta s_{\mathrm{NR}} = \delta s_{\mathrm{NR}} = 0$.

利用 (11.90) 式、(11.91) 式可得到

$$M_{\mathrm{A}} = \frac{1}{3} + \frac{2m}{3E}, \quad M_{\mathrm{T}} = \frac{2}{3} + \frac{m}{3E} \qquad (11.92)$$

由此，质子内 u、d 夸克对轴荷与张量荷的贡献为

$$
\left.\begin{aligned}
\Delta u_{q} &= \frac{4}{3}\left(1 - \frac{\langle k_{\perp}^{2} \rangle}{E(E+m)}\right), \quad \Delta d_{q} = -\frac{1}{3}\left(1 - \frac{\langle k_{\perp}^{2} \rangle}{E(E+m)}\right) \\
\delta u_{q} &= \frac{4}{3}\left(1 - \frac{\langle k_{3}^{2} \rangle}{E(E+m)}\right), \quad \delta d_{q} = -\frac{1}{3}\left(1 - \frac{\langle k_{3}^{2} \rangle}{E(E+m)}\right)
\end{aligned}\right\} \tag{11.93}
$$

或表示为

$$
\left.\begin{aligned}
\Delta u_{q} &= \frac{4}{3}\left(\frac{1}{3} + \left\langle \frac{2m}{3E} \right\rangle\right), \quad \Delta d_{q} = -\frac{1}{3}\left(\frac{1}{3} + \left\langle \frac{2m}{3E} \right\rangle\right) \\
\delta u_{q} &= \frac{4}{3}\left(\frac{2}{3} + \left\langle \frac{m}{3E} \right\rangle\right), \quad \delta d_{q} = -\frac{1}{3}\left(\frac{2}{3} + \left\langle \frac{m}{3E} \right\rangle\right)
\end{aligned}\right\} \tag{11.94}
$$

对(11.93)式，我们可解释为夸克的横动量导致轴荷比它的非相对论绝对值要小，夸克的纵向动量使张量荷比它的非相对论绝对值要小.(11.94)式可理解为：轴荷和张量荷在组分夸克模型下由两部分构成——流夸克和夸克-反夸克对云(组分夸克质量部分).

利用同位旋矢量轴荷的实验值 $\Delta u - \Delta d = 1.257$，可确定参数 $\langle m/E \rangle = 0.631$. 代入 δu_{q}，得到

$$
\delta u_{q} = 1.17, \quad \delta d_{q} = -0.29 \tag{11.95}
$$

同时可得到价流夸克对轴荷和张量荷的贡献：

$$
\left.\begin{aligned}
\Delta u_{q}^{(v)} &= \frac{4}{9}, \quad \Delta d_{q}^{(v)} = -\frac{1}{9} \\
\delta u_{q}^{(v)} &= \frac{8}{9}, \quad \delta d_{q}^{(v)} = -\frac{2}{9}
\end{aligned}\right\} \tag{11.96}
$$

用简单的价夸克模型不能计算 $\Delta \bar{q}$、$\delta \bar{q}$. 如果在模型波函数中包含了夸克-反夸克对激发成分：

$$
| N \rangle = c_{0} | qqq \rangle + c_{q\bar{q}} | qqq(q\bar{q}) \rangle \tag{11.97}
$$

则利用这类价-海夸克混合模型可以估计 $\Delta \bar{q}$ 和 $\delta \bar{q}$. 即使不作这类计算，这里 $\Delta \Sigma$ 与由极化深度非弹散射实验测量得到的夸克自旋对核子自旋的贡献的数据十分吻合，表明极化深度非弹散射测量的 $\Delta \Sigma$ 主要来自价流夸克的贡献(海的极化贡献使 $\Delta \Sigma$ 值小于 $\Delta \Sigma_{v}$). 而计算得到的价流夸克对核子张量荷的贡献则与相应的格点 QCD 计算[84]很好地相符. 我们从分析中得到

$$\left.\begin{aligned} \Delta\Sigma_{v} &= \Delta u_{q}^{(v)} + \Delta d_{q}^{(v)} = \frac{1}{3} = 0.333 \\ \delta\Sigma_{v} &= \delta u_{q}^{(v)} + \delta d_{q}^{(v)} = \frac{2}{3} = 0.667 \end{aligned}\right\} \tag{11.98}$$

核子的另一个重要性质是它的磁矩,它被定义为磁矩算符

$$\frac{1}{2}\int \mathrm{d}^3 x (\boldsymbol{r} \times \psi^{+} \boldsymbol{\alpha} Q \psi)_3 \tag{11.99}$$

的矩阵元.用夸克模型计算磁矩时假设构成核子的夸克各自独立地与光子探针耦合.在非相对论夸克模型中,基态重子的磁矩由 3 个处于 S 波的夸克磁矩 μ_i 的矢量和给出:

$$\mu_{\mathrm{baryon}} = \sum_{i=1}^{3} \mu_i \boldsymbol{\sigma}_i \tag{11.100}$$

这里 Pauli 矩阵 $\boldsymbol{\sigma}_i$ 表示第 i 个夸克的自旋态.利用重子波函数计算其期望值,就可得到重子磁矩与夸克磁矩的关系式,例如对质子有

$$\mu_{\mathrm{p}} = \left\langle p^{\uparrow} \left| \sum_{i=1}^{3} \mu_i \boldsymbol{\sigma}_i \right| p^{\uparrow} \right\rangle = \frac{4}{3}\mu_{\mathrm{u}} - \frac{1}{3}\mu_{\mathrm{d}} \tag{11.101}$$

对于八重态重子,可以计算得到这些重子的磁矩与 μ_{u}、μ_{d}、μ_{s} 的 8 组关系.由拟合质子 p、中子 n 和 Λ 粒子的磁矩实验值可定出

$$\mu_{\mathrm{u}} = 1.85\mu_{\mathrm{N}}, \quad \mu_{\mathrm{d}} = -0.972\mu_{\mathrm{N}}, \quad \mu_{\mathrm{s}} = -0.613\mu_{\mathrm{N}} \tag{11.102}$$

由此可计算出其他重子的磁矩,这里 μ_{N} 指核磁子.在表 11.1 中给出了非相对论夸克模型下的计算结果.

设每个夸克的 Dirac 磁矩为 $\mu_{\mathrm{q}} = e_{\mathrm{q}}/(2M_{\mathrm{q}})$,这里 e_{q}、M_{q} 分别为组分夸克的电荷和质量,则利用(11.102)式可定出组分夸克的质量为

$$M_{\mathrm{u}} \approx M_{\mathrm{d}} \approx 320\,\mathrm{MeV}, \quad M_{\mathrm{s}} \approx 510\,\mathrm{MeV} \tag{11.103}$$

表 11.1　重子磁矩 μ_{B}

μ_{B}	实 验 值	夸克模型	$SU(3)$对称拟合
μ_{p}	2.792 847 337(29)[115]	$(4\mu_{\mathrm{u}} - \mu_{\mathrm{d}})/3$	2.79
μ_{n}	−1.913 042 72(45)[115]	$(4\mu_{\mathrm{d}} - \mu_{\mathrm{u}})/3$	−1.91
μ_{Λ}	−0.613(4)	μ_{s}	−0.93
$\mu_{\Sigma^{+}}$	2.42(5)	$(4\mu_{\mathrm{u}} - \mu_{\mathrm{s}})/3$	2.79

μ_B	实 验 值	夸克模型	$SU(3)$对称拟合
$\lvert \mu_{\Sigma^0} \rvert$	1.61(8)	$\lvert \mu_u - \mu_d \rvert / \sqrt{3}$	1.61
μ_{Σ^-}	$-1.61(2)$	$(4\mu_d - \mu_s)/3$	-0.93
μ_{Ξ^0}	$-1.25(1)$	$(4\mu_s - \mu_u)/3$	-1.86
μ_{Ξ^-}	$-0.69(4)$	$(4\mu_s - \mu_d)/3$	-0.93

这与从 QCD 导出的组分夸克质量公式得到的结果一致.

类似于对轴荷、张量荷的计算,可用相对论夸克模型和价-海夸克混杂模型等计算(11.99)式的矩阵元,得到相应模型下的重子磁矩.

11.4.3　核子内的奇异成分

奇异夸克在核子结构中的角色是令人很感兴趣的课题.我们在第 4 章关于核子的 QCD 结构的讨论中已看到,质子的组成中除了 u、u、d 三个价夸克,胶子和 $q\bar{q}$ 也担任重要角色,它们在长程标度时应显示出来.由于质子中不存在奇异价夸克,因此奇异夸克是核子结构中的最轻的非价夸克,奇异夸克对核子结构的贡献一定是夸克海的效应.对核子中奇异夸克成分的测量对我们理解核子的低能 QCD 结构是重要的.由于奇异夸克质量~150 MeV 与 QCD 的标度 Λ_{QCD} 可比较,因此期望奇异的 $q\bar{q}$ 效应在核的性质如质量、自旋、形状因子等上有可观测到的贡献.这些可观测量分别联系奇异夸克贡献的核子标量矩阵元 $\langle N \lvert \bar{s}s \rvert N \rangle$、轴矢量矩阵元 $\langle N \lvert \bar{s}\gamma_\mu\gamma_5 s \rvert N \rangle$、矢量矩阵元 $\langle N \lvert \bar{s}\gamma_\mu s \rvert N \rangle$ 和张量矩阵元 $\langle N \lvert \bar{s}\sigma_{\mu\nu}s \rvert N \rangle$.

核子的轴荷和张量荷中的奇异成分已在 4.2 节及 10.4.2 小节中讨论过.极化深度非弹散射数据的世界平均值表明,奇异夸克自旋对质子自旋的贡献为 $\Delta s = -0.10$ 左右.这里将分别讨论奇异夸克的标量矩阵元和矢量矩阵元.

(1) 标量矩阵元 $\langle N \lvert \bar{s}s \rvert N \rangle$

在 4.4 节的讨论中看到,矩阵元 $\langle N \lvert \bar{s}s \rvert N \rangle$ 出现在夸克质量项贡献核子质量的部分,这由(4.142)式说明,该项中同时包括核子的 σ_N 项.可以通过计算超子的质量劈裂和 σ_N 项的实验值来定出 $\langle N \lvert \bar{s}s \rvert N \rangle$.

核子的 σ_N 项定义已在(11.20)式中给出,设 u、d 夸克质量相等,则可写为

$$\sigma_N = \hat{m} \langle N \lvert \bar{u}u + \bar{d}d \rvert N \rangle \tag{11.104}$$

这里 $\hat{m} = (m_u + m_d)/2$ 为流夸克质量.由拟合实验数据可得到 $\sigma_N \approx 45\,\mathrm{MeV}$,后来重新拟合得到的值为 $\sigma_N \approx (67 \pm 6)\,\mathrm{MeV}^{[302]}$.另一方面,我们可以导出包含 $\bar{s}s$ 成分的矩阵元,比较它与 σ 的差异,由此可估计核子内的 $\bar{s}s$ 成分.实际上,这可利用对超子质量分析来进行.为此引入质量劈裂算符

$$\mathscr{L}_{\hat{m}-s} = \frac{1}{3}(\hat{m} - m_s)(\bar{u}u + \bar{d}d - 2\bar{s}s) \tag{11.105}$$

超子质量劈裂由此八重算符得到,计算表明

$$\begin{aligned} \delta_s &= \langle P \mid (m_s - \hat{m})(\bar{u}u + \bar{d}d - 2\bar{s}s) \mid P \rangle \\ &= \frac{3}{2}(m_\Xi - m_N) = 574\,\mathrm{MeV} \end{aligned} \tag{11.106}$$

由此可得到

$$\begin{aligned} \delta &= \hat{m}\langle N \mid \bar{u}u + \bar{d}d - 2\bar{s}s \mid N \rangle \\ &= \frac{3}{2}\frac{m_\pi^2}{m_K^2 - m_\pi^2}(m_\Xi - m_\Lambda) \approx 25\,\mathrm{MeV} \end{aligned} \tag{11.107}$$

比较 σ_N 与 δ 可发现

$$y_s = \frac{\langle N \mid \bar{s}s \mid N \rangle}{\langle N \mid \bar{u}u + \bar{d}d \mid N \rangle} \approx 0.22\text{—}0.32 \tag{11.108}$$

这表明核子内含有相当多的奇异夸克-反夸克对成分.这相应于奇异标量密度 $m_s\langle N \mid \bar{s}s \mid N \rangle$ 贡献核子质量 $>110\,\mathrm{MeV}$.格点 QCD 计算也给出与此相符的结果[330].

(2) 矢量矩阵元 $\langle N | \bar{s}\gamma_\mu s | N \rangle$

Kaplan 和 Manohar 指出[331],奇异夸克可通过矢量矩阵元 $\langle N | \bar{s}\gamma_\mu s | N \rangle$ 贡献核子的磁矩和电荷半径.在 4.5 节讨论核子的电磁形状因子时,我们暂时略去了电磁流中奇异部分 $e_s\bar{s}(x)\gamma_\mu s(x)$ 的贡献.加上这奇异部分的贡献但略去重味夸克的贡献,则核子的电磁形状因子写为

$$G_{E,M}^{ip} = e_u^i G_{E,M}^u + e_d^i(G_{E,M}^d + G_{E,M}^s) \tag{11.109}$$

这里 $i = \gamma, Z, e_u^\gamma = +2/3, e_d^\gamma = e_s^\gamma = -1/3$,相应的质子的 Dirac 形状因子的贡献已由 (4.151)式给出.由电磁形状因子与 Dirac 形状因子的关系(4.145)式可得到质子的电磁形状因子:

$$G_{E,M}^{\gamma p} = \frac{2}{3} G_{E,M}^{u} - \frac{1}{3} G_{E,M}^{d} - \frac{1}{3} G_{E,M}^{s} \tag{11.110}$$

假设质子和中子间有电荷对称性,即 $G_p^u = G_n^d$,$G_p^d = G_n^u$,$G_p^s = G_n^s$,则中子的电磁形状因子可表示为

$$G_{E,M}^{\gamma n} = \frac{2}{3} G_{E,M}^{d} - \frac{1}{3} G_{E,M}^{u} - \frac{1}{3} G_{E,M}^{s} \tag{11.111}$$

归一化为

$$G_E^s(0) = 0, \quad G_M^s(0) = \mu_s \tag{11.112}$$

奇异夸克贡献的核子的奇异(电磁、磁)半径为

$$\langle r^2 \rangle_{E,M}^s = -6 \left. \frac{dG_{E,M}^s(Q^2)}{dQ^2} \right|_{Q^2=0} \tag{11.113}$$

要完全分离 $G_{E,M}^q$ 特别是 $G_{E,M}^s$ 需要第 3 个组合,这由宇称破坏的散射测量以下形状因子提供[332]:

$$G_{E,M}^{Zp} = \left(\frac{1}{4} - \frac{2}{3} \sin^2 \theta_W \right) G_{E,M}^{u} + \left(-\frac{1}{4} + \frac{1}{3} \sin^2 \theta_W \right) (G_{E,M}^{d} + G_{E,M}^{s}) \tag{11.114}$$

这里 Z 指中性弱作用的 Z^0 玻色子,θ_W 为弱混合角.

通过测量弹性电子-质子散射中宇称破坏的电弱不对称性,并与测量的电磁形状因子结合可推断出奇异夸克的贡献.多数实验测量的是组合 $G_E^s + \beta G_M^s$,这里 $\beta = \tau G_M^{\gamma p}/(\epsilon G_E^{\gamma p})$,其中运动学因子 $\tau = Q^2/(4M_p^2)$,$\epsilon = (1 + 2(1 + \tau) \tan^2(\theta/2))^{-1}$.近两年发表的实验结果表明 $G_E^s + \eta G_M^s > 0$[333−338].特别是 2006 年发表的 JLab HAPPEX 合作组完成的弹性极化电子-^{4}He 散射($Q^2 = 0.09\,\text{GeV}^2$)[337]和弹性极化电子-质子散射($Q^2 = 0.999\,\text{GeV}^2$)[338]中宇称不对称性数据的精确测量报告给出 $G_E^s(Q^2 = 0.09\,\text{GeV}^2) = -0.038 \pm 0.042(\text{stat}) \pm 0.010(\text{syst})$;$G_E^s + 0.80 G_M^s = 0.030 \pm 0.025(\text{stat}) \pm 0.006(\text{stat}) \pm 0.012(\text{FF})$.综合这两个实验数据及前面的实验[333,335]给出的最佳拟合值为 $G_E^s(Q^2 = 0.099\,\text{GeV}^2) = -0.01 \pm 0.03$ 和 $G_M^s(Q^2 = 0.099\,\text{GeV}^2) = +0.55 \pm 0.28$. 这些结果表明,$G_E^s$ 是与零值相吻合的,G_E^s 的值为负表明奇异电荷半径 $\langle r^2 \rangle_E^s > 0$,而 G_M^s 为正也表明 $\mu_s > 0$. 这些结果约束了核子中奇异性的模型.

对核子的奇异矢量矩阵元 $\langle N | \bar{s} \gamma_\mu s | N \rangle$ 的理论计算有多种模型和途径,如格点 QCD 计算[330,339]、介子云模型[340,341]、微扰手征夸克模型[342]、手征孤粒子模型[343]、手征夸克模型、手征袋模型、色散途径、矢量介子为主模型(VMD)等[344].理论计算给出的结

果不一致,多数计算给出 $\mu_s < 0$,$\langle r^2 \rangle_E^s < 0$,只有少数计算得到 $\mu_s > 0$ 的结果. 在这些模型中典型的是介子云模型——重子是由三个价夸克和围绕它们的(π、K、η)介子云构成的束缚态,其中"奇异云"由质子中所含 ΛK、ΣK 或 ΛK^+、ΣK^+ 的 Fock 分量构成. 核子的奇异矢量矩阵元 $\langle N | \bar{s} \gamma_\mu s | N \rangle$ 由核子-介子耦合顶角与"奇异介子云"对该矩阵元贡献之和给出,实际表现为 2 个"大量"之差. 多数介子云模型得到 $\mu_s < 0$ 的结果,但通过适当调节参数也可导致 $\mu_s > 0$[340]. Zou 和 Riska[345] 通过对质子中包含的五夸克成分($uuds\bar{s}$)的组态进行分析证明: $\bar{s}$ 夸克在基态而 $uuds$ 在 P 态,这个组态的最低能量态给出的 μ_s 是正的;反之,如果 $\bar{s}$ 夸克在 P 态而 $uuds$ 在基态,则给出 μ_s 为负. 由此建议质子中包含的五夸克分量($uuds\bar{s}$)为双夸克-双夸克图像的"五夸克"结构[346,347]($s[su][ud]$). 这个图像与介子云模型一样也能成功地解释质子海中的 $\bar{d}$-$\bar{u}$ 不对称性($\bar{d} - \bar{u} \approx 0.12$).

这些理论计算描述了各种核子结构的图像,但是不同模型包含不同的物理假设,因而很难期望这些模型能给出确实可靠的理论预言. 鉴于目前实验数据中的统计误差较大,随着实验技术和精度提高,有望进一步改善存在的统计误差,给出更精确的 $G_M^s(Q^2)$ 和 $G_E^s(Q^2)$ 实验数据,从而更明确地约束核子中奇异性的模型,使人们更好地理解低能 QCD 核子中包含的海夸克包括奇异夸克的结构. 这也将有助于人们能理解如Nu TeV反常[348a,348b] 等问题.

11.4.4　夸克模型下核子的自旋结构

从 4.2 节的讨论我们知道,在 QCD 理论中核子自旋定义为 QCD 总角动量算符 $\hat{J}$ 在核子态的期望值,$\hat{J}$ 可分解为夸克自旋与轨道角动量和胶子角动量之和(见(4.38)式和(4.41)式). 在低能标度,QCD 等价于一个有效场论. 利用泛函积分技术可以在形式上完成对胶子场的积分,得到一个有效 QCD 拉氏量 $\mathscr{L}_{eff}^{QCD}$. 利用相平行的手续,我们可以导出有效拉氏量 $\mathscr{L}_{eff}^{QCD}$ 的角动量密度 $M_{eff}^{\mu\nu\lambda}$,由此可定义有效 QCD 理论中的角动量算符[328]:

$$
\left.
\begin{aligned}
J_{eff} &= J_{quark} + J_{q\bar{q}} \\
J_{q\bar{q}} &= \int \mathrm{d}^3 x \, \frac{\mathrm{i}}{4} \left[x^j \, \bar{\psi} (\sigma^{0k} \hat{M} - \hat{M} \sigma^{0k}) \psi - (j \leftrightarrow k) \right] \\
\hat{M} &= \sum_{n=2} \int \mathrm{d}^4 x_2 \cdots \mathrm{d}^4 x_n \, \frac{(\mathrm{i}g)^n}{n!} G_{\mu_1 \cdots \mu_n}^{a_1 \cdots a_n}(x_1, \cdots, x_n) \\
&\quad \times \left[\frac{\lambda_{a_1}}{2} \gamma^{\mu_1} \right] \bar{\psi}(x_2) \frac{\lambda_{a_2}}{2} \gamma^{\mu_2} \psi(x_2) \cdots \bar{\psi}(x_n) \frac{\lambda_{a_n}}{2} \gamma^{\mu_n} \psi(x_n)
\end{aligned}
\right\}
\tag{11.115}
$$

这里 J_{quark} 与 J_{QCD} 中的 J_q 表达式(见(4.38)式)相同. 注意到有效理论 $\mathscr{L}_{eff}^{QCD}$ 将 QCD 转换为一个在夸克流间具有有效作用的有效夸克理论, 这样的夸克流包含夸克-反夸克对. 因此 $J_{q\bar{q}}$ 可看作各类夸克-反夸克对的角动量贡献之和. 比较有效理论的角动量(11.115)式与 QCD 的角动量(4.38)式, 可知有效理论中的 $J_{q\bar{q}}$ 等价于 QCD 中胶子角动量的贡献. 因此, QCD 中胶子角动量的贡献在低能标度转换为各类夸克-反夸克对的角动量贡献之和.

夸克模型可看作有效场论的低能极限, 在这里夸克已是流夸克与围绕它的夸克-反夸克对云构成的有效自由度. 因此在夸克模型图像中, 总角动量仅包含夸克自旋与轨道部分之和, 它的第三分量为

$$\hat{J}^3 = \int d^3 x \left[\frac{1}{2} \bar{q} \gamma^3 \gamma^5 q + i\bar{q} \gamma^0 (x^1 \partial^2 - x^2 \partial^1) q \right] \tag{11.116}$$

这里的 q 只是有效夸克场, 而不再是 QCD 夸克场. 但我们仍可如(11.85)式那样将夸克场作展开. 将展开式代入到上式, 则可将 $\hat{J}^3$ 在核子态的期望值写为

$$\frac{1}{2} = \frac{1}{2} \Delta \Sigma + L_z = \frac{1}{2} (\Delta \Sigma_q + \Delta \bar{\Sigma}) + L_{zq} + L_{z\bar{q}} \tag{11.117}$$

这里 $\Delta \Sigma_q = \Delta u_q^{(3)} + \Delta d_q^{(3)}, \Delta \bar{\Sigma} = -(\Delta \bar{u} + \Delta \bar{d} + \Delta \bar{s})$ (这里的 $\Delta \bar{q}$ 用上一小节中的定义); $L_{zq} = L_3^{(u)} + L_3^{(d)}, L_{z\bar{q}} = L_3^{(\bar{u})} + L_3^{(\bar{d})} + L_3^{(\bar{s})}$. 类似于 Δq_q、$\Delta \bar{q}$ 的定义, 在 L_{zq} 中仅包含夸克的产生算符与消灭算符, 包含反夸克算符的项都包含在 $L_{z\bar{q}}$ 中.

核子自旋的分解形式(11.117)表明: 即使在夸克模型下, 核子的自旋也并不等于夸克自旋之和. 核子自旋的一部分来自夸克的轨道角动量贡献. 我们可以用通常的价夸克模型如袋模型、组分夸克模型计算 $\Delta \Sigma_q$ 和 L_{zq}.

我们首先讨论袋模型的计算. 取 MIT 球形袋基态波函数:

$$q_{bag}(x) = N \begin{pmatrix} iu(r)\chi \\ l(r)\boldsymbol{\sigma} \cdot \hat{r} \chi \end{pmatrix} e^{-iEt}, \quad \int d^3 x (u^2 + l^2) = 1 \tag{11.118}$$

可得到

$$\Delta u_q^{(3)} = \frac{4}{3} \int d^3 x \left(u^2 - \frac{1}{3} l^2 \right), \quad \Delta d_q^{(3)} = -\frac{1}{3} \int d^3 x \left(u^2 - \frac{1}{3} l^2 \right)$$

$$L_3^{(u)} = \frac{8}{9} \int d^3 x l^2, \quad L_3^{(d)} = -\frac{2}{9} \int d^3 x l^2$$

由此

$$\left. \begin{aligned} \Delta \Sigma_q &= \Delta u_q^{(3)} + \Delta d_q^{(3)} = \int d^3 x \left(u^2 - \frac{1}{3} l^2 \right) \\ L_{3q} &= L_3^{(u)} + L_3^{(d)} = \frac{2}{3} \int d^3 x l^2 \end{aligned} \right\} \tag{11.119}$$

由拟合轴矢荷的实验值可定出

$$\Delta u_{\mathrm{q}}^{(3)} - \Delta d_{\mathrm{q}}^{(3)} = \frac{5}{3}\int \mathrm{d}^3 x \left(u^2 - \frac{1}{3} l^2 \right) = 1.257 \tag{11.120}$$

此给出 $\Delta \Sigma_{\mathrm{q}} \approx 0.75$. 数值计算表明 $\int \mathrm{d}^3 x\, l^2 \approx 0.26$，由此得到

$$S_{z\mathrm{q}} = \frac{1}{2}\Delta \Sigma_{\mathrm{q}} \approx 0.37, \quad L_{z\mathrm{q}} \approx 0.13 \tag{11.121}$$

这表明,由夸克自旋之和并不能得到核子自旋 1/2.核子自旋来自夸克自旋和轨道角动量的贡献之和.在袋模型中,夸克轨道角动量来自 Dirac 旋量低分量的贡献,它由夸克在核子袋内的相对论性运动引起.

我们现在用组分夸克图像对核子自旋结构作进一步分析.夸克自旋部分即轴荷部分的贡献已在前一小节讨论过了.类似于轴荷情况,可将四分量形式的轨道部分矩阵元按二分量展开,我们发现

$$L_3^{(\mathrm{q})} = \langle M_{\mathrm{L}} \rangle \Delta q_{\mathrm{NR}} \tag{11.122}$$

$$M_{\mathrm{L}} = \frac{k^2}{3E(E+M)} = \frac{1}{3} - \frac{m}{3E} \tag{11.123}$$

由此得到

$$L_{z\mathrm{q}} = L_3^{(\mathrm{u})} + L_3^{(\mathrm{d})} = \langle M_{\mathrm{L}} \rangle = \frac{1}{3} - \left\langle \frac{m}{3E} \right\rangle \tag{11.124}$$

类似于对轴荷的讨论,可以写为 $L_{z\mathrm{q}} = L_{z\mathrm{v}} + L_{z\mathrm{m}}$,其中 $L_{z\mathrm{v}} = \dfrac{1}{3}$ 表示价流夸克的贡献, $L_{z\mathrm{m}} = -\left\langle \dfrac{m}{3E} \right\rangle$ 为 $(q\bar{q})$ 云的贡献.利用上一节计算得到的 $\Delta\Sigma_m$ 有

$$\frac{1}{2}\Delta\Sigma_m + L_{z\mathrm{m}} = 0 \tag{11.125}$$

即 $(q\bar{q})$ 云贡献的自旋与轨道角动量绝对值相同、符号相反,因而相抵消.由此我们得到

$$\left. \begin{aligned} \frac{1}{2} &= \frac{1}{2}(\Delta\Sigma_{\mathrm{v}} + \Delta\Sigma_m + \Delta\bar{\Sigma}) + L_{z\mathrm{v}} + L_{z\mathrm{m}} + L_{z\bar{\mathrm{q}}} \\ \frac{1}{2} &= \frac{1}{2}(\Delta\Sigma_{\mathrm{v}} + \Delta\bar{\Sigma}) + L_{z\mathrm{v}} + L_{z\bar{\mathrm{q}}} \end{aligned} \right\} \tag{11.126}$$

由于 $\Delta\Sigma_{\mathrm{v}} = L_{z\mathrm{v}} = \dfrac{1}{3}$,因此必定有 $L_{z\bar{\mathrm{q}}} + \dfrac{1}{2}\Delta\bar{\Sigma} = 0$,故有

量子色动力学及其应用
Quantum Chromodynamics and Its Applications

$$\left.\begin{array}{l} \dfrac{1}{2} = \dfrac{1}{2}\Delta \Sigma_v + L_{zv} \\ \dfrac{1}{2} = \dfrac{1}{2}\Delta \Sigma_q + L_{zq} \end{array}\right\} \tag{11.127}$$

这些结果表明,核子自旋的基本来源是价流夸克的自旋和轨道角动量,其中价流夸克自旋为 $\dfrac{1}{2}\Delta \Sigma_v = \dfrac{1}{6}$,即贡献核子自旋的 $\dfrac{1}{3}$,价流夸克的轨道角动量为 $L_{zv} = \dfrac{1}{3}$.当价流夸克在充满$(q\bar{q})$等激发的真空中传播时,价流夸克与其周围的$(q\bar{q})$云形成"穿衣"的夸克——组分夸克.此$(q\bar{q})$云贡献自旋 $\Delta \Sigma_{zm}$ 和轨道角动量 L_{zm},但 $\dfrac{1}{2}\Delta \Sigma_{zm}$ 与 L_{zm} 的绝对值相同而符号相反,结果导致组分夸克贡献自旋比价流夸克的增加:$\Delta \Sigma_q = \Delta \Sigma_v + \Delta \Sigma_{zm} = 0.33 + 0.42 = 0.75$;而组分夸克的轨道部分贡献小于价流夸克的:$L_{zq} = L_{zv} + L_{zm} = 0.33 - 0.21 = 0.12$.一个真实核子中还存在反夸克的成分,它贡献自旋 $\Delta \bar{\Sigma}$ 和轨道角动量 $L_{z\bar{q}}$,但 $\dfrac{1}{2}\Delta \bar{\Sigma}$ 与 $L_{z\bar{q}}$ 的绝对值相同而符号相反.海夸克的自旋贡献包括 $\Delta \Sigma_{zm}$ 和 $\Delta \bar{\Sigma}$,海夸克的轨道部分包括 L_{zm} 和 $L_{z\bar{q}}$.因此可将核子的自旋求和写为

$$\frac{1}{2} = \frac{1}{2}(\Delta \Sigma_{zv} + \Delta \Sigma_{sea}) + L_{zv} + L_{sea} \tag{11.128}$$

其中 $\Sigma_{sea} = \Delta \Sigma_{zm} + \Delta \bar{\Sigma}$,$L_{sea} = L_{zm} + L_{z\bar{q}}$.

这种形式是在夸克模型下写出的,即胶子自由度被积分掉后的结果.实际上海夸克的极化由胶子轫致发射(通过反常机制)和夸克-反夸克对产生,因此海夸克极化的贡献等价于反常胶子对核子自旋的贡献[349].

通常的价夸克模型不能计算 $\Delta \bar{\Sigma}$ 和 $L_{z\bar{q}}$.但可用价-海夸克混合模型来估算 $\Delta \bar{\Sigma}$ 和 $L_{z\bar{q}}$,此时核子的模型波函数由(11.98)式描写,其中 $|q^3 q\bar{q}\rangle$ 可用八重态重子和十重态重子 $|q^3\rangle$ 与赝标介子 $|q\bar{q}\rangle$ 的组合构成,$|q^3\rangle$ 和 $|q\bar{q}\rangle$ 的色、自旋和味波函数为标准的 $SU(3)_c \otimes SU(2)_\sigma \otimes SU(3)_f$ 结构,内部的空间波函数取 Gauss 型,$|q^3\rangle$ 与 $|q\bar{q}\rangle$ 质心间的相对运动假设为 Gauss 型 P 波以符合基态重子的正宇称.

同时,为了描述海夸克激发与湮灭,在哈密顿量(11.64)式中需引入 $q \to qq\bar{q}$ 跃迁相互作用势[350,351]:

$$V_{i,ji'j'} = i\alpha_c \frac{\boldsymbol{\lambda}_i \cdot \boldsymbol{\lambda}_j}{4} \frac{1}{2r_{ij}} \left\{ \left[\left(\frac{1}{m_i} + \frac{1}{m_j} \right)\boldsymbol{\sigma}_j + \frac{i\boldsymbol{\sigma}_j \times \boldsymbol{\sigma}_i}{m_i} \right] \frac{\boldsymbol{r}_{ij}}{r_{ij}^2} - \frac{2\boldsymbol{\sigma}_j \cdot \boldsymbol{\nabla}_j}{m_i} \right\} \tag{11.129}$$

将包含 $|q^3 q\bar{q}\rangle$ 分量的波函数(11.98)式应用到(11.115)式右边的第一项,就可计算夸克自旋和海夸克自旋对核子自旋的贡献.

Wang 研究组完成了这个计算[352].模型中的参数(包括夸克质量 $m_{u(d)}$ 和 m_s、有效夸克-胶子耦合 α_c、禁闭强度 a_c、Gauss 型波函数参量 b 及波函数中的 Fock 分量 $C_{q\bar{q}}^{(\alpha)}$)由拟合基态的八重态重子和十重态重子质量、八重态重子磁矩及质子的均方根半径固定.计算得到的质子内各组分贡献质子自旋的结果列在表 11.2.

表 11.2　价-海夸克混合模型下质子的自旋成分(取自文献[352])

	q^3	$q^3 - q^4\bar{q}$	$q^4\bar{q} - q^4\bar{q}$	计算值	实验值
Δu	0.773	-0.125	0.143	0.791	0.81
Δd	-0.193	-0.249	-0.043	-0.485	-0.44
Δs	0	-0.064	-0.002	-0.066	-0.10

表 11.2 中第二列 q^3 指 3 个价夸克对 Δq 的贡献,第三列表示 $q^3 \leftrightarrow q^3 q\bar{q}$,是价-海夸克混合产生的贡献,它由轴矢流矩阵元的下面分量给出:

$$\int \mathrm{d}^3 x\, \bar{\psi}\gamma\gamma^5\psi \longrightarrow \sum_{ss'}\int \mathrm{d}^3 p \chi_{s'}^+ \mathrm{i}\frac{\boldsymbol{\sigma}\times \boldsymbol{p}}{E}\chi_s a_{ps'}^+ b_{-ps}^+ \qquad (11.130)$$

这里 b_{-ps}^+ 为反夸克产生算符,由此可将此项看作海夸克极化引起的贡献,它导致 $\Delta\Sigma$ 明显减小.由这个价-海夸克混合模型计算得到的 Δu、Δd、Δs 与深度非弹散射实验测量的实验值相当接近.由此可定性地理解夸克自旋贡献核子自旋的图像.应用价-海夸克混合模型同样可计算质子内张量荷及质子磁矩的结构.

根据上述讨论,可以描绘出核子自旋结构及其演化的图像.核子自旋的基本组分来自夸克自旋与轨道角动量和相应的胶子角动量.由于 QCD 相互作用,这些组分各自的贡献随标度而变化.在深度非弹极限,(流)夸克自旋贡献核子自旋的 1/3,核子自旋的 2/3 来自其他组分,但夸克轨道角动量和胶子角动量各自贡献的份额还有待实验进一步测定.从高能标度到低能标度的演化过程中,组分的自由度也随之演化改变.其中,胶子自由度逐渐冻结,转变为等效的各类夸克-反夸克对及其凝聚,后者是组分夸克质量的基本来源.此时夸克自旋的贡献可用(11.94)式的结果 $\Delta\Sigma_q = \dfrac{1}{3} + \left\langle \dfrac{2m}{3E}\right\rangle$ 近似地描述,这里 $\langle m/E\rangle$ 随标度而变化,而 m 随标度的演化可由图 I.2 表示:在深度非弹区域,$m \to 0$(在流夸克质量为零的极限),$\Delta\Sigma_q \to 1/3$;随着夸克动量减小到 2 GeV 以下,夸克获得的(组分)质量不断增加,相应地夸克自旋贡献 $\Delta\Sigma_q$ 也增加;在夸克静止运动的非相对论极限,

$\langle m/E \rangle = 1$，则 $\Delta\Sigma_q = 1/3 + 2/3 = 1$，核子自旋完全来自组分夸克自旋之和，这正是朴素夸克模型的结果.

11.5 非常规的强子态

QCD 在低能标度时是强相互作用场论，它包含夸克自由度和胶子自由度，因此可期望低能 QCD 中的强子结构比夸克模型中的强子结构有更丰富多彩、复杂的描述. 我们将不能用夸克模型中 (qqq) 和 (q$\bar{\text{q}}$) 描述的强子称为非常规 (nonconventional) 强子态，也有文献称它们为外来态或奇特态 (exotic states). 它们包括：

① 胶球 (glueballs)——它们是无夸克的 G^2 或 G^3 (G 为胶子场强张量) 构成的态.

② 四夸克态 (tetraquarks)——(q$^2\bar{\text{q}}^2$) 介子态.

③ 夸克-胶子混杂态 (hybrid)——qq̄G 介子态或 q^{3}G 重子态.

④ 五夸克态 (pentaquarks)——(q$^4\bar{\text{q}}$) 重子态.

⑤ 六夸克态 (hexaquarks)——(q^6) 双重子态 (dibaryons).

⑥ 核子-反核子束缚态——(q$^3\bar{\text{q}}^3$) 重子偶素 (baryonium).

研究这些非常规的强子态对我们理解低能 QCD 中的强子结构和非微扰 QCD 都有重要意义，为此理论和实验上都开展了大量工作. 在这里，我们分别对这些非常规的强子态作简要的讨论.

11.5.1 胶球

在 QCD 理论中，胶子之间存在自相互作用是 QCD 最突出的非 Abel 特性，它可导致束缚的胶子态，即胶球. 如果可以从 QCD 理论中去掉夸克态，则可构成完全由胶子组成的强子谱——胶球谱. 对胶子的规范不变的组合导致如下最低维数的插入场：

$$\left.\begin{aligned}
O_S(x) &= \alpha_s G_{\mu\nu}^a(x) G^{a\mu\nu}(x) \\
O_P(x) &= \alpha_s G_{\mu\nu}^a(x) \widetilde{G}^{a\mu\nu}(x) \\
O_T(x) &= \Theta_{\mu\nu}^a(x)
\end{aligned}\right\} \tag{11.131}$$

这里 $G_{\mu\nu}^a$ 是胶子场强张量,$\widetilde{G}$ 为 G 的对偶场强,$\widetilde{G}_{\mu\nu} = \mathrm{i}\,\epsilon_{\mu\nu\rho\sigma}G^{\rho\sigma}/2, \Theta_{\mu\nu}^a =$
$2\alpha_s\mathrm{Tr}\left[G_{\mu\sigma}^a(x)G_{\sigma\nu}^a(x) - \dfrac{1}{4}\delta_{\mu\nu}G^2\right]$ 是 QCD 的能量-动量张量. O_S、O_P、O_T 分别具有量子数 0^{++}、0^{-+}、2^{++}. 这些算符作用在真空态上分别产生标量(0^{++})、赝标(0^{-+})、张量(2^{++})胶球态. 理论上可从不同的途径来估算胶球的质量. 这些途径包括格点规范计算、QCD 求和规则、袋模型、组分胶子模型及基于流代数和有效场论途径的计算等.

从 QCD 第一原理出发的格点 QCD 计算在胶球的理论计算中担任重要角色. 从 20 世纪 80 年代起至今已有多个研究组给出了胶球质量谱,这期间格点计算技术和方法、计算能力都有了相当大的发展. 图 11.2 给出了 Chen 等[353] 最近发表的纯 $SU(3)$ 规范理论中由格点 QCD 计算(淬火近似)得到的胶球质量谱. Chen 等还计算了胶球-真空矩阵元 $\langle 0\mid \int \mathrm{d}^3x\, S(x)\mid G\rangle$、$\langle 0\mid \int \mathrm{d}^3x P(x)\mid G\rangle$、$\langle 0\mid \int \mathrm{d}^3x\Theta(x)\mid G\rangle$,这里 $S(x) = 4\pi O_S(x)$,$P(x) = 4\pi O_P(x)$,$\Theta(x) = 4\pi O_T(x)$,归一化后得到的矩阵元值为 $s = \langle 0\mid S\mid 0^{++}\rangle = (15.6\pm 3.2)\,\mathrm{GeV}^3$,$p = \langle 0\mid P\mid 0^{-+}\rangle = (9.7\pm 1.5)\,\mathrm{GeV}^3$,$t = \langle 0\mid \Theta\mid 2^{++}\rangle = (0.52\pm 0.19)\,\mathrm{GeV}^3$.

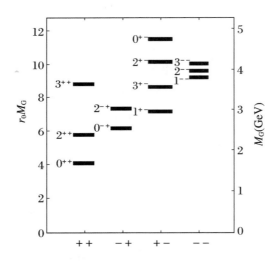

图 11.2　在纯 $SU(3)$ 规范理论中的胶球质量谱(取自文献[353])

QCD 求和规则途径对标量胶球的计算已在 9.4 节作了讨论. 表 11.3 中列出了格点 QCD 和 QCD 求和规则对最低质量胶球——标量和赝标胶球的质量计算结果. 表 11.3 表明,早期格点计算(淬火近似)的标量胶球质量的中心值为 1550 MeV 左右[354],新近的淬火近似格点计算的标量胶球质量为 1710 MeV. 表 11.3 的第三行中标量胶球质量 1710 MeV、1660(r.c)MeV 分别指未考虑辐射修正和考虑辐射修正的 QCD 求和规则计算值[250]，第四行为文献[252]考虑了 QCD 真空中直接瞬子贡献的结果，第五行为同时考虑 QCD 真空中直接瞬子和拓扑荷屏蔽效应后的结果[253]，这些效应导致标量胶球的质量（中心值）从 1710 MeV 分别约减至 1530 MeV 和 1250 MeV.

表 11.3　格点 QCD 和 QCD 求和规则计算得到的标量胶球(0^{++})和赝标胶球(0^{-+})质量

途　径	$M_G(0^{++})$(MeV)	$M_G(0^{-+})$(MeV)
格点 QCD[353]	1710(50)(80)	2560(35)(120)
格点 QCD[354]	1550 ± 50	2330 ± 25
QCD 求和规则[250]	1710,1660(r.c)	
QCD 求和规则[252]	1530 ± 200	
QCD 求和规则[253]	1250 ± 200	2200 ± 200

实验上发现胶球将是对 QCD 理论的直接检验，因而受到广泛关注. 实验上产生和观测胶球的一个主要过程是 J/ψ 通过湮灭过程 $c\bar{c} \to \gamma gg$ 的辐射衰变过程. 此时末态的 2 个胶子以色单态组态出现，胶球可能会在 J/ψ 衰变中以共振态（质量为 M_G）形式出现：$J/\psi \to \gamma M_G$. 当然衰变中也会产生 $(\bar{q}q)$ 态，因此必须设法在实验中将胶球态与中性分子态区分开. 由此，北京谱仪（BES）是探寻胶球的重要实验装置. 实验上还可通过 pp 或 p$\bar{\text{p}}$ 相互作用以及双光子过程、π 介子和质子相互作用过程产生胶球.

现在的粒子数据表中有一些胶球的候选者，如同位旋单态的标量介子 $f_0(1370)$、$f_0(1500)$ 和 $f_0(1710)$ 以及 $f_J(2220)$ 等. 但至今还没有确实的证据证明其中的候选者为胶球态. 在当初 $f_0(1500)$ 和 $f_0(1710)$ 在实验上被发现时，就曾分别被建议为标量胶球[355,356]，但仔细的分析表明它们并非纯的胶球，也不是纯的 $\bar{q}q$ 介子，而可能是胶球和 $\bar{q}q$ 介子的混合态. 由此提出了味混合图像[355]：$f_0(1370)$、$f_0(1500)$ 和 $f_0(1710)$ 是态 $|N\rangle$、$|S\rangle$ 和 $|G\rangle$ 的混合态，这里 $|N\rangle = |u\bar{u} + d\bar{d}\rangle/\sqrt{2}$，$|S\rangle = |s\bar{s}\rangle$，$|G\rangle$ 为纯标量胶球态.

多个研究组讨论了这种混合图像，他们的区别在于是选取 $f_0(1500)$ 还是 $f_0(1710)$ 为包含主要胶球态成分的候选者，作为混合模型的基本出发点. 例如，Close、Kirk[355]，Close、Zhao[357] 和 He 等[358] 认为 $f_0(1500)$ 为主要含胶球成分的态，分析显示 $M_G \sim$ 1500 MeV 且 $M_S > M_G > M_N$，结果表明，$f_0(1710)$ 主要为 $s\bar{s}$ 态，$f_0(1370)$ 主要包含 $u\bar{u} + d\bar{d}$ 成分，$f_0(1500)$ 主要包含胶球态成分但包含较多 $\bar{q}q$ 态的混合. Cheng 等[359] 则建议胶球质量应接近 1700 MeV. 根据之一是最新的改善的淬火近似格点计算给出的标量胶球质量 $M_G = (1710 \pm 50 \pm 80)$ MeV，根据之二是最新的格点计算表明同位旋矢量介子 $a_0(1450)$ 是 $\bar{q}q$ 介子[360]. 另外，Cheng 等分析指出，$f_0(1710)$ 以 $s\bar{s}$ 成分为主的假设与实验上得到的 $J/\psi \to \omega f_0(1710)$ 的衰变率为 $J/\psi \to \phi f_0(1710)$ 的 6 倍及 $\Gamma(J/\psi \to \gamma f_0(1710))$

大于 $\Gamma(\mathrm{J}/\psi \to \gamma\mathrm{f}_0(1500))$ 的结果不相符. Cheng 等[359] 给出的混合图像可概述如下:设 $|U\rangle$、$|D\rangle$、$|S\rangle$ 分别为夸克偶素态 $|u\bar{u}\rangle$、$|d\bar{d}\rangle$ 和 $s\bar{s}\rangle$,$|G\rangle$ 为纯标量胶球态,假定的混合模型为

$$\begin{pmatrix} a_0(1450) \\ f_0(1500) \\ f_0(1370) \\ f_0(1710) \end{pmatrix} = U \begin{pmatrix} |U\rangle \\ |D\rangle \\ |S\rangle \\ |G\rangle \end{pmatrix} \tag{11.132}$$

这里 U 为正交变换矩阵. 由 $|a_0(1450)\rangle = (|u\bar{u}\rangle - |d\bar{d}\rangle)/\sqrt{2}$ 可决定 U 中第一行的矩阵元. 进而考虑 $SU(3)_f$ 破缺和手征抑制,并由模型(11.132)计算各种强衰变的不变振幅平方,如 $|A(F_i \to K\bar{K})|^2$、$|A(F_i \to \pi\pi)|^2$、$|A(F_i \to \eta\eta)|^2$ 等(F_i 指 $a_0(1450)$,$f_0(1500)$、$f_0(1370)$、$f_0(1710)$),由此得到衰变率如 $\Gamma(f_0(1710) \to \pi\pi)$、$\Gamma(f_0(1710) \to K\bar{K})$ 等的表达式,然后与一系列实验结果[361] 拟合并要求能符合另外一些实验数据[362],由此可定出变换矩阵 U. 最后得到如下混合矩阵表达式:

$$\begin{pmatrix} f_0(1370) \\ f_0(1500) \\ f_0(1710) \end{pmatrix} = \begin{pmatrix} 0.78 & 0.51 & -0.36 \\ -0.54 & 0.84 & 0.03 \\ 0.32 & 0.18 & 0.93 \end{pmatrix} \begin{pmatrix} |N\rangle \\ |S\rangle \\ |G\rangle \end{pmatrix} \tag{11.133}$$

这个混合模型的结果表明,$f_0(1710)$ 基本上由标量胶球态构成,$f_0(1500)$ 接近 $SU(3)$ 八重态,$f_0(1370)$ 由近似的 $SU(3)$ 单态与约 10% 的胶球态成分构成.

从上面的分析讨论中可以看到,格点 QCD 计算的标量胶球的性质如质量是实验上寻找胶球态的基本参考依据. 目前的胶球质量谱是淬火近似格点计算的结果,在无淬火近似格点计算中将包含海夸克感应的真空极化效应. QCD 求和规则计算表明,QCD 真空的特性对自旋为 0 的标量道和赝标道胶球插入场有强的耦合. 因此无淬火近似格点计算标量和赝标胶球的性质(质量和耦合)是令人期待的,它不仅能给出更真实的胶球质量和耦合以利于在实验上确定胶球态,也有助于对 QCD 真空特性的理解.

最近 BES 合作组观测到的 X(1812) 或者说 $f_0(1810)$(分析倾向于量子数 0^+)[374] 也被一些作者解释为标量胶球态,但也有人将它看作夸克-胶子混杂态. 对此我们将在 11.5.4 小节中作讨论.

11.5.2　四夸克态

在夸克模型中,介子为 $q\bar{q}$ 态,包含 u、d、s 三味夸克的基态介子按 $SU(3)\otimes SU(2)\to SU(6)$ 对称性分类,由此得到赝标量和矢量介子的九重态.对激发的 $q\bar{q}$ 介子态则按 $SU(6)\otimes O(3)$ 对称性分类.但对如图 11.3(a)所示的标量介子味九重态 $\sigma(600)$(或 $f_0(600)$)、$\kappa_0(800)$、$f_0(980)$ 和 $a_0(980)$ 按 3P_0 态分类,它们的自旋-轨道同伴 $J=1$ 和 2 的态并没有在它们的领域观测到.另外,根据通常的夸克模型 $m_u\approx m_d < m_s$,则导致质量序列 $m_\sigma\sim m_{a_0} < m_\kappa < m_{f_0}$ 与实验数据值不符.

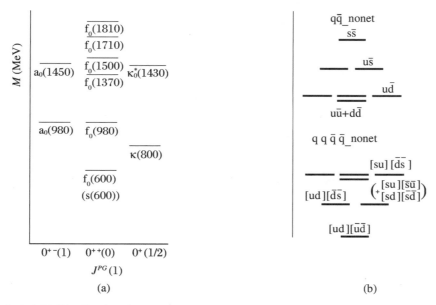

图 11.3　标量介子谱与 $(\bar{q}q)$ 介子态

(a) 实验观测到的标量介子谱,其中 $f_0(1810)$ 也称 X(1812)[374].它的量子数有待进一步确定.(b) [qq][$\overline{qq}$]九重态与 $(\bar{q}q)$ 介子九重态的比较.(取自文献[368])

解决上述困难的一个方案是将这些标量介子看作非常规的四夸克态[363,364],文献中对强子的四夸克态已有不少讨论(例如可见评论文章[366]).近年来,将质量在 1 GeV 下的 0^+ 标量介子 $\sigma(600)$、$\kappa_0(800)$、$f_0(980)$ 和 $a_0(980)$ 看作四夸克态的研究已用不同的理论途径如格点 QCD[360]、QCD 求和规则[273-275]、组分夸克模型[367]等作过探讨.在这里对此作简单的讨论.

在一个四夸克($q^2\bar{q}^2$)体系内,夸克和反夸克可由多种关联形成不同的集团,它们大致可分为两类：① 一个夸克对和一个反夸克对[363,364]；② 两个$(q\bar{q})$集团（包括松散束缚的分子态）[365]. 在第①类$(qq)(\bar{q}\bar{q})$组态中，由色 $SU(3)$ 对称性和味 $SU(3)$ 近似对称性，一个夸克和一个反夸克在色（味）的基础表示分别为 3 和 $\bar{3}$. 两个夸克给出 $3_c \otimes 3_c = 6_c \oplus \bar{3}_c$，$3_f \otimes 3_f = 6_f \oplus \bar{3}_f$；2 个反夸克给出 $\bar{3}_c \otimes \bar{3}_c = \bar{6}_c \oplus 3_c$，$\bar{3}_f \otimes \bar{3}_f = \bar{6}_f \oplus 3_f$. 双夸克中具有味 $\bar{3}_f$、色 $\bar{3}_c$ 和自旋为 0 的好双夸克（good diquark）是具有强吸引的强关联夸克对，类似于电超导中的 Cooper 对，它是一个玻色子[346]. 在下面的讨论中，(qq) 夸克对指的是具有这一组量子数的好双夸克集团. 因此，虽然四夸克 $(q^2\bar{q}^2)$ 体系的色单态可由 $\bar{3}_c(qq) \otimes 3_c(\bar{q}\bar{q})$ 和 $6_c(qq) \otimes \bar{6}_c(\bar{q}\bar{q})$ 结合 $\bar{3}_f(qq) \otimes 3_f(\bar{q}\bar{q})$ 和 $6_f(qq) \otimes \bar{6}_f(\bar{q}\bar{q})$ 构成，但最合适的好组态是由 $\bar{3}_c(qq) \otimes 3_c(\bar{q}\bar{q})$ 结合 $\bar{3}_f(qq) \otimes 3_f(\bar{q}\bar{q})$ 构成的夸克对-反夸克对组态. 如果将奇异夸克质量处理为一级微扰，则一个夸克对和一个反夸克对互相耦合形成标量介子的九重态，夸克对-反夸克对的介子谱及与通常 $(q\bar{q})$ 介子九重态（如矢量介子）的比较表示在图 11.3(b).

在第②类 $(q\bar{q})(q\bar{q})$ 组态中，一个夸克和一个反夸克给出的色表示为 $3_c \otimes \bar{3}_c = 8_c \oplus 1_c$，而味 $SU(3)$ 对称性则与双夸克情况相同. 色单态的 $(q\bar{q})(q\bar{q})$ 组态由 $1_c \otimes 1_c$ 或 $8_c \otimes 8_c$ 构成，其中 $1_c \otimes 1_c$ 四夸克态称为分子态.

我们很自然地会问：在一个四夸克态中哪类组态更占优势呢？回答这个问题需要从动力学上作分析. Okiharu 等[369]用格点 QCD 计算了对称的在一个平面上四夸克 $(q^2\bar{q}^2)$ 组态的作用势 V_{4q}，结果表明：当 (qq) 与 $(\bar{q}\bar{q})$ 有足够大的距离时，这个关联的四夸克系统作用势 V_{4q} 由单胶子（OGE）Coulomb 势 + multi $-$ Y 型流管假设描述；而当最靠近的夸克 q 与反夸克 $\bar{q}$ 对接近时，V_{4q} 由两个 $(q\bar{q})$ 势之和描述. 即四夸克体系在相连的 $(qq)(\bar{q}\bar{q})$ 态与双介子态之间翻动. 从这个计算结果可猜测如下的几种可能性：四个轻夸克组成的体系可形成好的 $[qq]$ 对和 $[\bar{q}\bar{q}]$ 对，使得 q 与 $\bar{q}$ 靠得很近的概率会小些，因此较有利于形成相连的 $[qq][\bar{q}\bar{q}]$ 组态；如果四夸克体系包含重夸克，则夸克对 $[qQ]$ 中 q 与 Q 的关联相对较松散，使 Q 与 $\bar{Q}$ 和 q 与 $\bar{q}$ 间靠近的概率会大些，这较有利于组成二介子的分子态结构. 当然，在一些情况下也可能是 $[qq][\bar{q}\bar{q}]$ 组态与 $(q\bar{q})(q\bar{q})$ 组态的混合态.

最近，Mathur 等[360]用格点 QCD 计算了标量介子 $a_0(1450)$ 和 $\sigma(600)$. 这里先对 σ 介子情况作一些说明. 在文献中 σ 介子最早是在 20 世纪中期由 Johnson 和 Tellen[376] 为解释核的束缚能和饱和性提出的经典标量场. 从那以后多年来，σ 介子被看作宽的同位旋单态 $\pi\pi$ S 波共振态. 最新的色散分析表明，$\sigma(600)$ 确实作为一个粒子存在，它是 $\pi\pi$ 散射中的共振极点，其质量为 441^{+16}_{-8} MeV，宽度为 544^{+18}_{-25} MeV[377]，在粒子数据表（PDG）中称作 $f_0(600)$[361]. Mathur 等[360]用定域四夸克插入场 $\bar{\psi}\gamma_5\psi\bar{\psi}\gamma_5\psi$（它在 Fierz 变换后有标量-标量、矢量-矢量等分量. 用该形式的插入场可对四夸克介子偶素

态和 $\pi\pi$ 散射态二者都进行鉴定)完成了淬火近似格点计算,结果表明 $\sigma(600)$ 确实是一个单粒子态而不是 2π 散射态,且它是一个四夸克介子偶素(tetraquark mesonium),其质量为 (540 ± 170) MeV.

用 QCD 求和规则途径研究由 u、d、s 轻夸克组成的 0^{++} 四夸克介子态,首先要构成具有量子数 $J^{PC} = 0^{++}$ 的四夸克的插入场.利用双夸克味结构的反对称组合,可构成五种独立的标量 S、矢量 V、赝标 P、轴矢 A 和张量 T 流的插入场,例如对 σ 的矢量流插入场为[274]

$$V_3^\sigma = (u_a^{\mathrm{T}} C\gamma_\mu\gamma_5 d_b)(\bar{u}_a \gamma^\mu \gamma_5 C\bar{d}_b^{\mathrm{T}} - \bar{u}_b \gamma^\mu \gamma_5 C\bar{d}_a^{\mathrm{T}}) \tag{11.134}$$

这里 μ、ν 为 Dirac 指标,a、b 为色指标,指标重复意味着要作求和,C 为电荷共轭算符.将(11.134)式中的 $\gamma_\mu\gamma_5$ 分别用 1 和 γ_5 代替则得到相应的 P_3^σ 和 S_3^σ 形式插入场,而将 $\gamma_\mu\gamma_5$ 分别用 γ_μ 和 $\sigma_{\mu\nu}$ 代替并将右边第二个括号中的"$-$"改为"$+$",则得到相应的 A_6^σ 和 T_6^σ 插入场.其他成员的插入场由如下代换得到:κ:$(ud)(\overline{ud}) \rightarrow (ud)(\overline{ds})$,$f_0(a_0)$:$(ud)(\overline{ud}) \rightarrow (us)(\overline{us}) \pm (u \leftrightarrow d)$.

Chen、Hosaka 和 Zhu[274] 利用上述插入场的各种线性组合完成了 QCD 求和规则分析,发现由线性组合插入场 $\eta_1^\sigma = \cos\theta A_6^\sigma + \sin\theta V_6^\sigma$(其中混合角 $\cot\theta = 1/\sqrt{2}$)可得到较好的求和规则.对 κ、f_0 和 a_0,情况也相似.由 QCD 求和规则得到的标量介子质量范围在 600—1000 MeV 区域,其质量的次序为 $m_\sigma < m_\kappa < m_{f_0,a_0}$,与实验数据相符.而用通常的 $\bar{q}q$ 流计算得到的质量相当大.计算结果支持这些标量介子为四夸克介子态.他们还用 QCD 求和规则计算了 $J^P = 0^+$、$I = 1$ 的非常规四夸克 $uds\bar{s}$ 态,预言的质量为 1.5 GeV 左右.

双夸克的概念自 Gell-Mann 提出后[1],在强子中的双夸克集团已被看作夸克对间的一类强关联[346,363].正如前面已提到的,轻夸克体系中具有色 $\bar{3}_c$、味 $\bar{3}_f$ 和自旋 0 的好双夸克 $[qq]$ 组态或者说夸克对可看作玻色子-强子内的一种组分.Maiani 等[367] 通过拟合强子谱得到具有上述量子数的夸克对 $[qq]$ 的质量为 $m_{[ud]} = 395$ MeV,$m_{[sq]} = 590$ MeV,其中 $q = u, d$.Zhang、Huang 和 Steele[275] 用 QCD 求和规则计算了味 (qq) 和 (sq) 的 $J^P = 0^+$ 夸克对(插入场分别为 $j_i^{(qq)}(x) = \epsilon_{ijk}q_j^{\mathrm{T}} C\gamma_5 q_k(x)$,$j_i^{(sq)}(x) = \epsilon_{iqk}s_j^{\mathrm{T}} C\gamma_5 q_k(x)$),得到夸克对的质量为 $m_{(qq)} = 400$ MeV 和 $m_{(sq)} = 460$ MeV,与文献[367]的结果一致.然后,将这些夸克对看作夸克模型的组分构成四夸克态,用组分夸克模型计算四夸克态的质量.

首先构成具有确定量子数的四夸克态.由于假定夸克对和反夸克对是 0^+ 好组态,中性四夸克态的 P 宇称和 C 宇称都为 $(-1)^L$,这里 L 为夸克对与反夸克对间的轨道角动量.这些四夸克态的可能 J^{PC} 为 $0^{++}(L = 0)$、$1^{--}(L = 1)$ 和 $2^{++}(L = 2)$ 等.它们的质量

可通过求解包含自旋-自旋相互作用哈密顿量[367]

$$H = \sum_i m_i + \sum_{i<j} 2\kappa_{ij}(S_i \cdot S_j) \tag{11.135}$$

的本征值得到,这里 m_i 为夸克对的质量,κ_{ij} 为系数. 由此得到的 $0^{++}(L=0)$ 四夸克态的质量可写为

$$M_{4q} = m_D + m_{\bar{D}} - 3(\kappa_{qq})_{\bar{3}} \tag{11.136}$$

这里 $m_D = m_{(qq)}$ 和 $m_{\bar{D}} = m_{(\bar{q}\bar{q})}$ 分别为夸克对和反夸克对的组分质量. 类似地可写出 1^{--} 和 2^{++} 四夸克态的质量为

$$M_{4q} = m_D + m_{\bar{D}} + B_{D\bar{D}} \frac{L(L+1)}{2} \tag{11.137}$$

这里 $B_{D\bar{D}} = B'_q, B'_{1s}, B'_{2s}$,分别指包含 0、1 和 2 个奇异夸克的情况[367]. Zhang 等[275]由此计算得到 0^{++} 四夸克态 $[\bar{q}\bar{q}][qq]$、$[\bar{q}\bar{q}][sq]$($[\bar{s}\bar{q}][qq]$)和 $[\bar{s}\bar{q}][sq]$ 的质量分别为 $\sim$490 MeV、$\sim$610 MeV 和 $\sim$730 MeV. 进而需要在哈密顿量(11.135)中加上 Coulomb 势和禁闭势,并考虑到它们的衰变特性. 由此可合理地将 $f_0(600)$(即 σ)、$\kappa(800)$、$f_0(980)$ 和 $a_0(980)$ 确定为轻四夸克态. 此结果与由手征微扰论计算得到的结论[370]一致.

从上面的讨论可看到,已有的一些理论计算支持将同位旋单态的标量介子 $\sigma(600)$、$\kappa(800)$、$f_0(980)$ 和 $a_0(980)$ 定为四夸克态. 但也存在一种可能的图像:这些标量介子是包含较多四夸克成分但有少量 $(q\bar{q})$ 成分的 $(q^2\bar{q}^2)$ 和 $(q\bar{q})$ 混合态. 至今还没有一个四夸克态在实验上得到确认. 一方面是因为这些标量介子的性质还没有完全搞清楚[361],另一方面是最轻的 0^{++} 四夸克态的性质包括它们的质量、衰变性质等还有待进一步研究.

现在我们来讨论 BES 合作组近年来在实验上观测到的一些新态或新现象是否可解释为四夸克态. 这些新态或新现象包括近阈 $p\bar{p}$ 增强($J^{PC}=0^{-+}$ 或 0^{++})[371],该现象也被 Belle 合作组观测到[372];在 $J/\psi \rightarrow \gamma\pi^+\pi^-\eta'$ 过程中观测到 X(1835)($J^{PC}=0^{-+}$,与 $p\bar{p}$ 近阈增强自洽)[373];在 Okubo-Zwing-Iizuka(OZI)抑制的 $J/\psi \rightarrow \gamma\omega\phi$ 衰变过程中观测到 X(1812)(量子数倾向为 $J^{PC}=0^+$)[374];在 $J/\psi \rightarrow K^+K^-\pi^0$ 衰变过程中观测到 X(1576)($J^{PC}=1^{--}$)[375]等. 对这些新现象或新态,理论界提出了几种不同的解释,其中有认为它们是四夸克态的. Zhang、Huang 和 Steele[275]定性分析了 BES 观测到的这些新态用四夸克态解释的可能性:如果近阈 $p\bar{p}$ 增强、X(1835)和 X(1812)有如上所述的 C 宇称,则它们非常不像是四夸克态,因为这些 0^{++} 或 0^{-+} 观测态处在理论上预言的 0^{++} 或 0^{-+} 轻四夸克态之上(假设 0^{++} 与 0^{--} 态间的质量差不十分大),且 0^{-+} 四夸克态需要引入坏的双夸克. 此外,轻四夸克 $q^2\bar{q}^2(L=0)$ 态主要衰变为介子-介子道;而较重的 $q^2\bar{q}^2(L\geqslant 1)$ 态

主要衰变至重子-反重子道,也可能衰变到其他轻($L = 0$)四夸克态.另一方面,X(1576)(极点位置 $1576^{+49}_{-55}{}^{+98}_{-91}$ MeV $- i(409^{+11}_{-12}{}^{+32}_{-07})$ MeV)具有大的衰变宽度,同位旋还未被确定,它不像是通常的介子而可能是 1^{--} 四夸克态[378].假如 X(1576)是一个 1^{--} 四夸克态,则像是 $(\overline{sq})(sq)$ 的轨道激发态:如果 $I = 1$,则它是 $a_0(980)$ 的第一轨道激发态;如果 $I = 0$,则它是 $f_0(980)$ 的第一轨道激发态.如果这个假设是真实的,则 $f_0(600)$ 和 $\kappa(800)$ 的轨道激发态也存在.

国际上其他实验组观测到包含 c 夸克的一些新强子态如 X(3872)[379]、Y(4260)[380],它们也被一些文献解释为四夸克态[367,381].四夸克态也可能是包含更重的 b 夸克的 $(b\overline{b}q\overline{q})$ 态[382].对近年来实验上观测到的其他新强子态的介绍可见 Zhu 关于"新强子态"一文[383]及最新的评论文章[410—412].

11.5.3 夸克-胶子混杂态

夸克-胶子混杂态是组合夸克与胶子构成的混杂态,如 $\overline{q}qG$ 介子态、$qqqG$ 重子态等.构成最低维数的"混杂"无色的定域规范不变的算符有($I = 0,1$)

$$\left.\begin{aligned} O_V^\mu(x) &= g\overline{q}\lambda^a\gamma^\nu q G_{\mu\nu}^a(x) \\ O_A^\mu(x) &= g\overline{q}\lambda^a\gamma^\nu\gamma_5 q G_{\mu\nu}^a(x) \end{aligned}\right\} \tag{11.138}$$

当这些算符作用在真空态上时,可分别产生具有量子数 $J^{PC} = 1^{-+}, 0^{++}$ 和 $J^{PC} = 0^{--}, 1^{+-}$ 的态.这里,1^{-+} 和 0^{--} 奇特介子态是特别令人感兴趣的,因为这些态不与通常的 $q\overline{q}$ 介子态耦合,也不与胶球耦合.用 QCD 求和规则计算得到的 1^{-+} 奇特介子态的质量为 1.5—2.1 GeV,0^{--} 奇特介子态的质量为 3.8—4.2 GeV[268,280].

混杂介子态也可用袋模型[384]、流管模型[385]进行计算.流管模型的计算指出,混杂介子态倾向于衰变到一对 $L = 0$ 和 $L = 1$ 的介子.此外,人们也用光锥 QCD 求和规则[386]和格点 QCD[387]计算过比较重的混杂态.

实验上观测到 $J^{PC} = 1^{-+}$、0^{--} 介子态将是存在混杂介子态的可能证据.在粒子数据表(PDG)[361]中确实出现了 2 个 1^{-+} 同位旋矢量态 $\pi_1(1400)$ 和 $\pi_1(1600)$,它们分别是在 $\eta\pi$ 衰变道[388]和 $\rho\pi$、$\eta'\pi$ 等衰变道中观测到的[389].另外,实验上还观测到了 1^{-+} 态 $\pi_1(2000)$[390].这些态都可看作混杂介子 1^{-+} 态的候选者,但是否就是混杂介子 1^{-+} 态呢?这还有待于理论和实验上的进一步分析.这是因为夸克-胶子混杂态与上一小节讨论的四夸克态具有相同的量子数.实际上,夸克-胶子混杂态内的胶子可以衰变为 $q\overline{q}$ 对,而四夸克态内的 $q\overline{q}$ 对可湮灭为胶子,在讨论四夸克态的衰变模式时其中就有将 $q\overline{q}g$ 作为中间态的. 因此, 对非常规的 1^{-+} 介子态, 需要从质量、衰变模式及宽度和分支比等方面来判别它是四夸克态还是混杂态.

我们在讨论四夸克态时提到过 BES 合作组观测到的新粒子态 X(1812) 即 $f_0(1810)$[374], Zhang 等[275] 的分析认为 X(1812) 不像是四夸克态. 最近, Chao[391] 提出 X(1812) 是 $J^{PC} = 0^{++}$ 的夸克-胶子混杂态介子, 具体结构为 $\frac{1}{\sqrt{2}}(u\bar{u} + d\bar{d})G_{TM}$ 或 $s\bar{s}G_{TM}$, 这里 G_{TM} 是袋模型中的横向胶子场. 这个图像可自然地解释衰变模式以 $\omega\phi$ 为主, 而衰变到 $\omega\omega$、$K^*\bar{K}^*$ 的分支比较小. Chao 由此还预言标量九重态的存在并可用将来的 BESⅢ 数据作检验, 这是一个令人感兴趣的图像. 不过, $J^{PC} = 0^{++}$ 态也可看作一个标量胶球态[392] 或者解释为包含胶球成分的混合态[393]. 这些都有待于理论和实验的进一步研究.

混杂重子态 q^3G 由 3 个夸克和 1 个胶子构成. 假设 3 个夸克处于相对运动 S 波空间态, 考虑夸克色八重态波函数的混合对称性, 则总夸克自旋为 $\frac{1}{2}$ 的 3 个夸克与 1 个 $J^P = 1^+$ 的激发胶子耦合, 得到核子 $N\left(I = \frac{1}{2}\right)$ 和共振粒子 $\Delta\left(I = \frac{3}{2}\right)$ 的混杂重子态, 其 $J^P = \frac{1}{2}^+, \frac{3}{2}^+$. 用袋模型计算得到最轻的 N 混杂重子态 $\left(其 J^P = \frac{1}{2}^+\right)$ 的质量在 Roper 共振 $N\frac{1}{2}^+(1440)$ 和邻近的 $N\frac{1}{2}^+(1710)$ 之间[440]. 对这个最轻的 N 混杂重子态用 QCD 求和规则计算得到的结果与袋模型相似, 估算出的质量为 1500 MeV 左右[441], 由此文献 [441] 的作者建议将 Roper 共振 $N\frac{1}{2}^+(1440)$ 作为混杂重子态的候选者. 当然, 对 $N\frac{1}{2}^+(1440)$ 的解释存在争议, 对此我们将在 11.6 节再作讨论.

利用流管模型[442] 对混杂重子态的计算[443] 中, 胶子自由度集体凝聚为流管, 这与袋模型中将胶子处理为组分胶子的图像很不相同, 结果也导致较重的混杂重子态质量. 在流管模型中考虑交换对称性和激发弦的角动量, 计算得到的最轻混杂重子态为总夸克自旋是 $\frac{1}{2}$ 的 $N\frac{1}{2}^+$ 和 $N\frac{3}{2}^+$ 态, 质量约为 1870 MeV, 而总夸克自旋为 $\frac{3}{2}$ 的 $\Delta\frac{1}{2}^+$、$\Delta\frac{3}{2}^+$ 和 $\Delta\frac{5}{2}^+$ 混杂重子态的质量在 2090 MeV 左右. 最轻的 N 混杂重子态处在丢失的重子共振 P_{11} 和 P_{13}(见 11.6 节的讨论) 的区域. 按这个图像, 在 1700—2000 MeV 区域的 $N\frac{1}{2}^+$ 和 $N\frac{3}{2}^+$ 的物理将是复杂的, 它们有可能是通常的核子激发与这些混杂重子态的混合.

11.5.4 五夸克态

我们在 11.2.2 小节的讨论中看到,Diakonov 等[300]利用手征孤粒子模型预言了一个自旋为 1/2、同位旋为 0、奇异数为 +1 的反十重态粒子 Θ⁺(原文称其为 Z⁺),其质量为 1530 MeV,总宽度小于 15 MeV. 对 $SU(3)$ 味反十重态及其夸克成分在 20 世纪 80 年代至 90 年代初就已有一些讨论[363,394−397]. 这项课题因为有人声称在实验中发现了这个粒子,在 2003 年起引起了实验和理论上的极大关注,继寻找六夸克态 H 粒子后又掀起了探索非常规五夸克态等多夸克强子态的热潮.

(1)五夸克态的实验探寻

实验上探寻五夸克态已有相当长的历史. 探寻五夸克态的方法是对它们衰变产生的不变质量分布的峰值进行观测. 早在 20 世纪 70 年代在实验中就开始探寻包含一个奇异反夸克的五夸克态,但没有找到. 在 2003 年由于理论上预言存在由 (uudds̄) 组成的非常规重子态 Θ⁺(1540)[300],又掀起了探寻五夸克态的热潮.

2003 年初,在日本的同步辐射装置 Spring‐8 上开展实验的 LEPS 合作组声称在 $\gamma^{12}C \to K^- K^+ nX$ 实验中发现了 Θ⁺[398],其质量 $M_\Theta = (1540 \pm 10)$ MeV 和宽度 $\Gamma <$ 25 MeV 与理论预言[300]一致. 随后,俄罗斯的 ITEP、美国的 JLab 和德国的 ELSA 与 Desy Lab 也在 2003 年宣布,分别从 $K^+ X_e \to K^0 p X'_e$、γd 或 γp 过程观测到了 Θ⁺. 由于 Θ⁺ 是由 (uudds̄) 组成的非常规重子态,如果实验能确认 Θ⁺ 存在,那么这是首次在实验中发现已寻找了几十年的 QCD 预言的多夸克态. 由此,对五夸克态的理论和实验研究一时成为国际中高能物理领域最热门的研究课题. 至 2004 年底,实验上观测 Θ⁺ 的报告有二十多篇,其中约一半声称观测到了 Θ⁺,另外一半则声明未观测到 Θ⁺. 在我国北京正负电子对撞机(BEPC)上做实验的 BES 合作组第一个宣布未观测到 Θ⁺ 的负面报告. 但是,其中任何一个实验的数据统计量都不是很高,新粒子的信号不是很强,且是在不同的反应道和不同的运动学条件进行实验的,不能作直接比较,因而很难互相否定. 因此,要确认 Θ⁺ 是否存在,期待有高分辨率谱仪的高统计量实验.

2005 年 4 月,美国杰弗逊实验室(JLab)宣布[399],他们重复研究了德国 ELSA SAPHIR 合作组的实验,用 CLAS 探测器完成了 $\gamma p \to \bar{K}^0 K^+ n$ 反应的高分辨率和高统计量实验,数据多于 SAPHIR 的 50 倍,结果没有观测到 Θ⁺ 的存在. 不久,JLab 的 CLAS 合作组又用高于较早测量 30 倍以上的积分发光度(integrated luminosity)重新观测 $\gamma d \to p K^- K^+ n$ 反应,结果没有观测到窄的五夸克态共振的任何证据,否定了该组 2003 年发表的结果. 随后,JLab 的 CLAS 合作组在 2006 年相继发表了对反应 $\gamma d \to \Lambda n K^+$ 和 $\gamma d \to$

p K$^+$ K$^-$ 的高统计量、高分辨率实验结果,表明未观测到 Θ$^+$ 的有效证据(significant evidence). 至此,五夸克态 Θ$^+$ 的存在已基本上被实验否定.

然而理论和实验探寻五夸克态的步伐并没有因此而停止而是继续前进,这是因为五夸克态是由最少夸克组分构成的非常规重子态,证实它的存在对认识强子物理和非微扰 QCD 有非常重要的意义. 我国的邹冰松合作组[400—403]和朱世琳合作组[404]首先在理论上预言了隐含粲的五夸克态(the hidden-charm pentaquarks).

2015 年,LHCb 合作组[405]首次报告了在 Λ$_b^0$→J/ψ K$^-$ p 衰变的不变质量谱中发现了包含最小夸克组分(uudc$\bar{c}$)的非常规重子态 P$_c$(4380)$^+$ 和 P$_c$(4450)$^+$. 这是他们分析 LHC pp 碰撞能量为 7 TeV 和 8 TeV 3 fb^{-1} Run1 得到的结果.

2019 年,LHCb 合作组[406]又报告了分析 LHC pp 碰撞能量为 13 TeV 6 fb^{-1} Run2 数据并结合改进的 3 fb^{-1} Run 1 数据,在测量的 J/ψp 不变质量谱中发现了新的五夸克态 P$_c$(4312)$^+$,并发现 P$_c$(4450)$^+$ 由 2 个子结构 P$_c$(4440)$^+$ 和 P$_c$(4457)$^+$ 构成. 这些态的质量和宽度如表 11.4.

表 11.4 五夸克态及子结构的质量和宽度

态	M(MeV)	Γ(MeV)
P$_c$(4312)$^+$	$4311.9 \pm 0.7^{+6.8}_{-0.6}$	$9.8 \pm 2.7^{+3.7}_{-4.5}$
P$_c$(4440)$^+$	$4440.3 \pm 1.3^{+4.1}_{-4.7}$	$20.6 \pm 4.9^{+8.7}_{-10.1}$
P$_c$(4457)$^+$	$4457.3 \pm 0.6^{+4.1}_{-1.7}$	$5.4 \pm 2.0^{+5.7}_{-1.9}$

LHCb 的报告[406]指出,P$_c$(4312)$^+$ 和 P$_c$(4457)$^+$ 的质量分别在 Σ$_c^+$ $\bar{D}^0$ 和 Σ$_c^+$ $\bar{D}^+$ 阈下约为 5 MeV 和 2 MeV,而 P$_c$(4440)$^+$ 可能为第 2 个 Σ$_c$ $\bar{D}^*$ 态,其束缚能约为 20 MeV. 由此,理论预言的这些松束缚的粲重子-反粲介子分子系统[400—404]成为隐粲五夸克态 P$_c^+$ 的很好候选者,而其中一些理论预言的窄共振态与实验观测到的 P$_c^+$ 态一致[406]. 该报告也指出,实验分析结果表明既不能肯定也不能否定 P$_c$(4380)$^+$ 态的存在.

隐粲五夸克态 P$_c$(4312)$^+$、P$_c$(4440)$^+$、P$_c$(4457)$^+$ 及可能的 P$_c$(4380)$^+$ 的实验发现[405,406]写下了研究非常规强子态的新篇章,掀起了理论和实验上研究非常规五夸克态和多夸克态的新的热潮.

至今,隐粲五夸克态 P$_c^+$ 还只通过 Λ$_b^0$→J/ψpK$^-$ 衰变这个道被观测到. 通过其他途径如 P$_c$→Λ$_c$ $\bar{D}^{(*)}$ 衰变道、光产生(photoproduction)等来观测和证实 P$_c^+$ 态将是十分重要的,而探寻其他类型的五夸克态如隐含 b 粒子的五夸克态等也是研究新的五夸克态的重要课题.

(2) 五夸克态的结构及形成机制

① 松束缚的粲重子-反粲介子分子模型

隐粲五夸克态的最小夸克组分为(uudc$\bar{c}$)[405]. 早在 LHCb 的报告(2015,2019)[405,406]

发表前几年，Wang 等[400]就利用推广的手征夸克模型研究了夸克组态为(qqc)-($q\bar{c}$)的五夸克态，这里 q 指轻夸克 u、d 夸克，c 为粲夸克. 体系的哈密顿量为 $H = \sum T_i - T_G + \sum V_{ij}$，其中 V_{ij} 表示夸克-夸克、夸克-反夸克间的相互作用：

$$
\left.
\begin{aligned}
V_{ij} &= V_{ij}^{\text{OGE}} + V_{ij}^{\text{conf}} + \sum_M V_{ij}^M \\
V_{ij}^{\text{conf}} &= - \lambda_{ij}^c \cdot \lambda_j^c (a_{ij}^c r_{ij} + a_{ij}^{co})
\end{aligned}
\right\}
\tag{11.139}
$$

这里 V^{conf} 为描述长程作用的 QCD 非微扰效应的禁闭势，V^{OGE} 为熟知的短程作用的单胶子交换势，而 V_{ij}^M 表示由单玻色子交换引起的有效（轻）夸克-夸克势，下标$(i,j) = (qq, qQ, QQ, Q\bar{Q})$，而对 $V_{ij}^M\ ij = qq$.

在这个模型中，$V^{\text{conf}} + V^{\text{OGE}}$ 是形成(qqc)重子和($q\bar{c}$)介子的机制，而介子交换作用 V^M 则是形成束缚的粲重子-反粲介子分子态的机制. 该模型的计算结果表明，Σ_c 与 $\bar{D}$ 间的相互作用是吸引的，导致形成 $\Sigma_c \bar{D}$ 束缚态（束缚能为 5—42 MeV，即是一个弱束纯态），$\Sigma_c \bar{D}$ 束缚态的能量为 4.279—4.316 MeV. $\Lambda_c \bar{D}$ 束缚态由于 Λ_c 与 $\bar{D}$ 间的相互作用是排斥的而不能形成. 这个计算结果预言的隐粲五夸克态是一个松散束缚的粲重子-反粲介子分子态，其夸克组分为(qqc)($q\bar{c}$).

Yang 等[404]也利用单玻色交换模型研究了由 S 波粲重子和 S 波反粲介子（图 11.4）构成松束缚的隐粲分子重子态的可能性. 计算结果预言了 $\Sigma_c \bar{D}^*$ 分子态，其 $I(J^P) = \frac{1}{2}\left(\frac{1}{2}^-\right), \frac{1}{2}\left(\frac{3}{2}^-\right), \frac{3}{2}\left(\frac{1}{2}^-\right), \frac{3}{2}\left(\frac{3}{2}^-\right)$，和 $\Sigma_c \bar{D}$ 分子态，其 $I(J^P) = \frac{3}{2}\left(\frac{1}{2}^-\right)$，它们的质量在 4 GeV 上下.

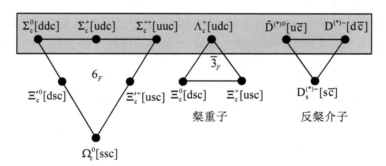

图 11.4　贡献隐粲分子型非常规五夸克态的 S 波粲重子($J^P = 1/2^+$)和 S 波反粲（赝标/矢量）介子（取自文献[404]）

Wu 等[401]假设所考虑的反粲分子-粲重子(MB)道间的相互作用服从矢量介子交换

机制,可从相互作用拉氏量 L_{int} 进行计算,这里 $L_{int} = L_{VVV} + L_{PPV} + L_{BBV}$,其中下标 P 和 V 分别指 $SU(4)$ 对称性的 16 重赝标和矢量介子,B 指重子. 利用幺正变换方法和 Bethe-Salpeter 方程的三维约化,由相对论量子场论导出几个耦合道模型. 加上包含矢量介子 ρ、ω 和 D^* 的矢量交换机制,这些模型给出了非常窄的隐粲类-分子态的核子共振,质量范围为 4.3 GeV$<M_R<$4.5 GeV. 其中,在 PB 体系中得到的共振态质量为 4320 MeV,而在 VB 体系中得到的共振态质量为 4462 MeV. 这个理论预言与后来 LHCb 合作组[406] 的实验发现 $P_c(4312)^+$ 和 $P_c(4457)^+$ 态的结果相符. 这也是实验对隐粲五夸克态为松散束缚的粲重子-反粲介子分子态的有力支持.

LHCb 合作组[405,406]宣布实验发现隐粲五夸克态 P_c^+ 且支持 P_c^+ 态为松束缚的强子分子态后,许多研究组对 P_c^+ 态作为松束缚的反粲介子-粲重子分子态的相关问题作了进一步研究. 例如,Chen 等[407] 完成了单玻色交换(OBE)模型计算并明晰地论证了 $P_c(4312)^+$、$P_c(4440)^+$ 和 $P_c(4457)^+$ 的确分别对应于 $\Sigma_c\overline{D}$($I=1/2$, $J^P=1/2^-$)、$\Sigma_c\overline{D}^*$($I=1/2$, $J^P=1/2^-$)和 $\Sigma_c\overline{D}^*$($I=1/2$, $J^P=3/2^-$)松束缚态. Lin 和 Zou[408]详细分析了 P_c^+ 态所有允许的衰变道的分宽度(partial width),其中最引人注意的结果是 $P_c(4312)^+$ 态的宽度由 $\overline{D}^*\Lambda_c$ 道主宰,并可期望该道在 $P_c(4440)^+$ 和 $P_c(4457)^+$ 态的衰变中也是十分显著的.

② 五夸克的夸克对(diquark)模型

LHCb 实验组在 2015 年宣布发现隐粲五夸克态 P_c^+ 后,理论界提出了多种模型来解释 P_c^+ 态. 除了松散束缚的反粲介子-粲重子分子态模型,五夸克态的夸克对模型即夸克对-夸克对-反夸克(diquark-diquark-antiquark)图像也被多个研究组用以描述 P_c^+ 态.

研究五夸克态的夸克对模型最早由 Jaffe 和 Wilzeck 在 2003 年提出[346]. 他们研究了轻夸克体系的五夸克态,这里的夸克对是前面讨论中指出的具有色 $\overline{3}_c$、味 $\overline{3}_c$、自旋为 0 的双夸克集团,是具有强吸引的强关联夸克对,类似于电磁超导中的电子 Cooper 对. 用符号 $[Q]$ 表示具有所述量子数的夸克对,则 2 个夸克对和 1 个反夸克耦合形成的味对称性为

$$[Q]^{\overline{3}} \otimes [Q]^{\overline{3}} \otimes \overline{q}^{\overline{3}} = ([Q][Q]\overline{q})^{1,1/2^-} \oplus ([Q][Q]\overline{q})^{8,1/2^-}$$
$$\oplus ([Q][Q]\overline{q})^{8,(1/2^+,3/2^+)} \oplus ([Q][Q]\overline{q})^{\overline{10},(1/2^+,3/2^+)}$$

$$(11.140)$$

这里 $\overline{10}$ 重态是非常规的反十重态,式中上标括号内的字符指自旋和宇称. 两个 $[Q]$ 的色对称性为 $\overline{3}_c\otimes\overline{3}_c = \overline{6}_c\oplus 3_c$,其中 3_c 与反夸克的 $\overline{3}_c$ 耦合成单态. 这里 3_c 是反对称部分,故两个夸克对波函数的其余部分一定反对称. 因此两个夸克对的味、空间部分波函数有两种可能:① 味对称空间部分反对称;② 味反对称而空间部分对称. 空间部分反对称意味着奇宇称($l=1,3,\cdots$),空间部分对称意味偶宇称($l=0,2,\cdots$). 由此,当与反夸克组合构成

$[Q][Q]\bar{q}$ 态时其味、色、空间结构可耦合成两类：负宇称的九重态，$J^\pi = \dfrac{1}{2}^-$；正宇称的 18 重态（一个八重态和一个反十重态），$J^\pi = \dfrac{1}{2}^+$ 和 $\dfrac{3}{2}^+$. Θ^+ 粒子是夸克结构为 $[ud]^2\bar{s}$、$J^\pi = \dfrac{1}{2}^+$ 的反十重态度粒子. 正是对 Θ^+ 粒子的这个理论预言，在 2003 年理论和实验界掀起了探寻 Θ^+ 粒子的浪潮. 虽然实验上没有找到 Θ^+ 粒子，但所提出的五夸克态的夸克对模型可以推广到诸如隐粲五夸克态图像.

在夸克对模型中，隐粲五夸克态体系由夸克对 $[cq]$、夸克对 $[q'q'']$ 和反夸克 $\bar{c}$ 构成：

$$p = \epsilon^{\alpha\beta\gamma} \{\bar{c}_\alpha\, [cq]_{\beta,s=0,1}\, [q'q'']_{\gamma,s=0,1}; L\}$$

其中 q、q'、q'' 指轻夸克 u、d、s 夸克. 对 LHCb 合作组在 2019 年发表的 P_c^+ 态，可具体构成为[409]

$$\left.\begin{aligned}
P_c(4312)^+ &= \{\bar{c}\,[cu]_{s=1}\, ud_{s=0}; L_p = 0, J^P = 3/2^-\} \\
P_c(4440)^+ &= \{\bar{c}\,[cu]_{s=1}\, ud_{s=0}; L_p = 0, J^P = 3/2^+\} \\
P_c(4457)^+ &= \{\bar{c}\,[cu]_{s=1}\, ud_{s=0}; L_p = 0, J^P = 5/2^+\}
\end{aligned}\right\} \tag{11.141}$$

在紧致的夸克对模型（the compact diquark model）中，重夸克对 $[cu]$ 与重反夸克 $\bar{c}$ 先组成三夸克（triquark），而隐粲五夸克态由夸克对-三夸克构成. 这里 $P_c(4312)^+$ 为 $J^P = 3/2^-$ 的 S 波态，$P_c(4440)^+$ 和 $P_c(4457)^+$ 分别为 $J_0^P = 3/2^+$ 和 $5/2^+$ 的 P 波轨道激发态，其质量谱由势模型描述.

可以指出的是，由松散束缚的粲重子-反粲介子构成的隐粲五夸克分子态模型能得到与 LHCb 实验结果相符的窄共振态的主要原因是重的 c 和 $\bar{c}$ 分别被禁闭在不同的区域. 而隐粲五夸克态的夸克对模型中重的 c 和 $\bar{c}$ 也被分开处在不同的区域，从而也可导致窄的共振态. 但是夸克对模型对 2 个较重的五夸克态 $P_c(4440)^+$ 和 $P_c(4570)^+$ 给出的宇称（＋）与分子态模型给出的宇称（－）相反. 期望未来的有关五夸克态的实验如分波分析（partial wave analysis）对这两个模型作出检验.

（3）用格点 QCD 计算五夸克态

用格点 QCD 计算五夸克态的基本出发点是能给出五夸克态信号的关联函数或者说插入场. 轻夸克体系构成五夸克色单态的色结构可以是色中性的 K 介子和重子插入场的乘积，也可以是夸克对-夸克对-反夸克图像[413]：

$$\left.\begin{aligned}
\eta_1^{I=0,1} &= \epsilon^{abc}(u^{Ta}C\gamma_5 d^b)\left[u^c(\bar{s}^e\gamma_5 d^e) \mp \{u \leftrightarrow d\}\right] \\
\eta_2^{I=0,1} &= \epsilon^{abc}(u^{Ta}C\gamma_5 d^b)\left[u^e(\bar{s}^e\gamma_5 d^c) \mp \{u \leftrightarrow d\}\right] \\
\eta_3^{\Gamma} &= \epsilon^{gce}\epsilon^{gfh}\epsilon^{abc}(u^{Ta}C\gamma_5 d^b)(u^{Tf}C\Gamma d^h)\Gamma C^{-1}\bar{s}^{Te}
\end{aligned}\right\} \tag{11.142}$$

这里干组合分别对应 $I=0$ 和 $I=1$，η_1 和 η_2 是简单的核子与 K 介子插入场之积，它们的差别仅是 e 和 c 的位置不同. $\eta_3^{\Gamma}(\Gamma=\{S,A\}=\{1,\gamma_\mu\gamma_5\})$ 源于 Jaffe-Wilczek 的夸克对图像. 直观地看，η_1 是 KN 插入场，因而与 KN 散射态有强的耦合，可期望 η_3 与五夸克态有较强的耦合而与 KN 态的耦合较弱. 但通过 u 和 $\bar{s}$ 场间的 Fiertz 变换可看到 η_1、η_2 和 η_3 实际上是线性相关的. 由插入场算符 Q 导致的质量和谱权重可由下式导出：

$$\left\langle \sum_x O(\boldsymbol{x},t)O(\boldsymbol{x},0) \right\rangle = \sum_i W_i \mathrm{e}^{-m_i t}$$

由此，可期望这些插入场耦合到相同的谱权重是可比较的，即它们以不同的耦合强度耦合到相同的物理态（$1/2^-$ 和 $1/2^+$）.

在格点计算中，由于轻夸克体系的五夸克插入场一般既会投影到（格点上的）单粒子态也会投影到 KN 散射态，因此必须要有适当方法来识别它们. 在已有的格点计算中提出了下述方法：① 巧妙的混合边界条件（HBC）方法[414]：对 u、d 夸克应用反周期空间边界条件而对 s 夸克应用周期边界条件. 结果，Θ^+（$uudd\bar{s}$）态投影到周期边界条件，而散射态 $N(uud,udd)$ 和 $K(\bar{s}d,\bar{s}u)$ 投影到反周期边界条件. 利用 Θ^+ 和 NK 行为间的这种不同就可识别是 Θ^+ 态信号还是 NK 态信号. 文献[414]利用(11.142)式型的插入场及所提出的 HBC 方法完成的格点计算结论是：直至 NK 阈上 220 MeV 仍没有找到五夸克态 Θ^+；五夸克 $1/2^+$ 态的质量 >2 GeV，与 Θ^+（1540）比起来太大. ② 研究谱权重的体积依赖[413]：单粒子态和作用相对弱的二粒子散射态具有不同的体积依赖行为. 文献[413]的计算结论是：在 $I=0$ 和 $I=1$ 道没有观测到任何束缚的五夸克态，找到的态与 NK 散射态一致. 在发表的数十篇淬火近似格点 QCD 计算文章中，也有一些声称得到了五夸克态 Θ^+ 的信号，但更多的未观测到束缚的五夸克态 Θ^+.

对隐粲五夸克态 $P_c(4380)^+$ 和 $P_c(4450)^+$ 的格点模拟，其插入场可类似构成. 文献[415]的作者考虑了总动量为 0、无相互作用核子-粲体系的形式为 $N(p)M(-p)$ 的插入场，其中 $N(p,t)$ 为标准的核子算符，$M(p,t)$ 为粲偶素算符：

$$M(p,t) = \sum_x c(x,0)\bar{\Gamma}c(x,t)$$
$$\Gamma(J/\psi):\gamma_i,\gamma_i\gamma_t \quad (i=x,y,z)$$
$$\Gamma(\eta_c):\gamma_s,\gamma_t\gamma_s$$

由计算在格点上的关联矩阵

$$\langle 0|O_i(t)\bar{O}_j(0)|0\rangle = \sum \mathrm{e}^{-E_n t}\langle 0|O_i|n\rangle\langle n|\bar{O}_j|0\rangle$$

可导出 NJ/ψ 和 $N\eta_c$ 体系本征态的本征能量. 该文计算了单道近似下的能谱. 结果表明, 没有发现存在隐粲五夸克态 $P_c(4380)^+$ 和 $P_c(4450)^+$ 的强烈证据. 指出在 $J/\psi N$ 与其他二核子道的强耦合可能对形成 P_c^+ 态是重要的, 应用格点模拟肯定或否定 P_c^+ 态的存在, 需要对多道散射进行研究.

(4) 用 QCD 求和规则计算五夸克态

用 QCD 求和规则计算五夸克态的出发点也是构成插入场, 然后利用算符乘积展开 (OPE) 和在强子图像中计算关联子:

$$\mathrm{i}\int \mathrm{d}^4 x\, \mathrm{e}^{\mathrm{i}px}\, \langle\, 0 \mid T(\eta_j(x), \bar{\eta}_j(0)) \mid 0\,\rangle = \Pi_1(p)\gamma \cdot p + \Pi_2(p) \quad (11.143)$$

在强子唯象图像中, 假定在谱函数中存在极点, 以此给出五夸克态的信号. 通常是假设一个极点加连续贡献的形式:

$$\mathrm{Im}\Pi(s) = \pi\, \lambda_{\mathrm{B}}^2 (\gamma \cdot p + M_{\mathrm{B}})\delta(s^2 - M_{\mathrm{B}}^2)$$
$$+ \pi\theta(s^2 - s_0^2)(\gamma \cdot p\,\mathrm{Im}\,\Pi_1(s^2) + \mathrm{Im}\,\Pi_2(s^2)) \quad (11.144)$$

完成 QCD 求和规则的标准程序, 就可计算得到五夸克态的质量.

利用 QCD 求和规则计算轻夸克体系五夸克态 Θ^+ 的插入场, 可选择前面所述的利用格点计算构成的插入场. 而计算隐粲五夸克态的插入场, 则可选择反粲介子-粲重子分子态型插入场, 也可选用夸克对型结构的插入场.

Chen 等[416] 考虑了分子态型插入场. 他们利用具有夸克组分 $\bar{c}cuud$ 的色组态为 $[\bar{c}_d q_d][\epsilon^{abc}c_a q_b q_c]$ 的介子-重子流(其中指标 a、$\cdots$、d 为色指标, q 指轻夸克 u、d、s, c 为粲夸克), 构成了 3 类流算符:

$$\eta_{1\mu}^{\bar{c}cuud} = [\bar{c}_d\,\gamma_\mu\,c_d][\epsilon^{abc}(u_a^{\mathrm{T}}C\,d_b)\gamma_5\,u_c]$$
$$\eta_{2\mu}^{\bar{c}cuud} = [\bar{c}_d\,\gamma_\mu\,c_d][\epsilon^{abc}(u_a^{\mathrm{T}}C\,\gamma_5\,d_b)u_c]$$
$$\eta_{3(\mu\nu)}^{\bar{c}cuud} = [\bar{c}_d\,\gamma_\mu\,c_d][\epsilon^{abc}(u_a^{\mathrm{T}}C\,\gamma_\nu\,\gamma_5\,d_b)u_c] + \{\mu\leftrightarrow\nu\}$$

通过 Fierz 变换和色重排列, $\eta_{1\mu}$ 与 $\eta_{2\mu}$ 的组合可变换为流算符 $J_\mu^{(1)}$ 和 $J_\mu^{(2)}$ 组合, 而 $\eta_{3[\mu\nu]}$ 可变换为流算符 $J_{[\mu\nu]}^{(3)}$、$J_{[\mu\nu]}^{(4)}$ 和 $J_{[\mu\nu]}^{(5)}$ 的组合, 这里

$$\left.\begin{aligned}
J_\mu^{(1)} &= J_\mu^{\bar{D}^*\Sigma_c} = [\bar{c}_d\,\gamma_\mu\,d_d][\epsilon^{abc}(u_a^{\mathrm{T}}C\,\gamma_\nu u_b)\gamma^\nu\,\gamma_5\,c_c]\\
J_\mu^{(2)} &= J_\mu^{\bar{D}\Sigma_c^*} = [\bar{c}_d\,\gamma_5\,d_d][\epsilon^{abc}(u_a^{\mathrm{T}}C\,\gamma_\mu u_b)c_c]\\
J_{[\mu\nu]}^{(3)} &= J_{[\mu\nu]}^{\bar{D}^*\Sigma_c^*} = [\bar{c}_d\,\gamma_\mu\,d_d][\epsilon^{abc}(u_a^{\mathrm{T}}C\,\gamma_\nu u_b)\gamma_5\,c_c] + \{\mu\leftrightarrow\nu\}\\
J_{[\mu\nu]}^{(4)} &= J_{[\mu\nu]}^{\bar{D}\Sigma_c^*} = [\bar{c}_d\,\gamma_\mu\,\gamma_5\,d_d][\epsilon^{abc}(u_a^{\mathrm{T}}C\,\gamma_\nu u_b)c_c] + \{\mu\leftrightarrow\nu\}\\
J_{[\mu\nu]}^{(5)} &= J_{[\mu\nu]}^{\bar{D}^*\Lambda_c} = [\bar{c}_d\,\gamma_\mu\,d_d][\epsilon^{abc}(u_a^{\mathrm{T}}C\,\gamma_\nu\,\gamma_5\,d_b)c_c] + \{\mu\leftrightarrow\nu\}
\end{aligned}\right\} \quad (11.145)$$

这些流已具有明显的反粲介子-粲重子结构$[\bar{c}_d q_d][\epsilon^{abc}c_a q_b q_c]$,其中$J_\mu^{(1)}$、$J_\mu^{(2)}$、$J_{[\mu]}^{(3)}$、$J_{[\mu]}^{(4)}$和$J_{[\mu]}^{(5)}$分别具有$\bar{D}^*\Sigma_c$、$\bar{D}\Sigma_c^*$、$\bar{D}^*\Sigma_c^*$、$\bar{D}\Sigma_c^*$和$\bar{D}^*\Lambda_c$结构.文献[416]利用插入场$J_\mu^{(1)}$和$J_{[\mu]} = \sin\theta \times J_{[\mu]}^{(4)} + \cos\theta \times J_{[\mu]}^{(5)}$完成了QCD求和规则分析.计算结果表明,$P_c(4380)^+$是一个$[\bar{D}^*\Sigma_c]$结构的隐粲五夸克态,量子数为$J^P = 3/2^-$,而$P_c(4450)^+$可能是有$[\bar{D}^*\Lambda_c]$和$[\bar{D}\Sigma_c^*]$混杂结构的混杂隐粲五夸克态,量子数为$J^P = 5/2^+$.

Chen 等[417]又进一步系统地构成了具有夸克成分($uudc\bar{c}$)、自旋$J = \dfrac{1}{2}\Big/\dfrac{3}{2}\Big/\dfrac{5}{2}$的所有可能的定域隐粲五夸流,选择包含赝标($\bar{c}_d \gamma_5 c_d$)和矢量($\bar{c}_d \gamma_\mu c_d$)的插入场完成 QCD 求和规则分析,除了给出与文献[416]一致的结果,还预言了一个质量$M = 4.33$ GeV、结构为$[\Sigma_c^*\bar{D}]$、量子数为$J^P = 1/2^-$的隐粲五夸克态,这可以与 LHCb 在 2019 年发现的$P_c(4312)^+$态相联系.

利用 QCD 求和规则计算隐粲五夸克态的插入场也可选择夸克对-夸克对-反夸克这样的夸克对结构,例如[418]

$$
\left.
\begin{aligned}
J_\mu(x) &\sim u_j^{\mathsf{T}}(x) C \gamma_5 d_k(x)\, u_m^{\mathsf{T}}(x) C \gamma_\mu P c_k(x) C c_a^{\mathsf{T}}(x) \\
J_\mu(x) &\sim u_j^{\mathsf{T}}(x) C \gamma_5 d_k(x) \big[u_m^{\mathsf{T}}(x) C \gamma_\mu c_n(x) \gamma_\nu C \bar{c}_a^{\mathsf{T}}(x) + (\mu \to \nu) \big]
\end{aligned}
\right\}
$$

$$(11.146)$$

其中 C 为电荷共轭矩阵.由此完成 QCD 求和规则分析.计算结果支持$P_c(4380)^+$和$P_c(4450)^+$分别为$J^P = 3/2^-$和$5/2^+$的隐粲五夸克态.

自 LHCb 实验组发现隐粲五夸克态 P_c^+ 后,国际上多个研究组除了应用强子分子态模型和夸克对模型对隐粲五夸克态 P_c^+ 作进一步分析讨论,还提出了其他一些模型或图像如 hadro-charmonium、所谓的 triangle-diagram 等来讨论隐粲五夸克态,并应用上述一些模型进一步讨论隐含 b 粒子的五夸克态.这些研究中应用了各种可能的方法和途径,已出现了许多论文,我们不再一一讨论,感兴趣的读者可参阅有关评论文章[410,411,412].

11.5.5 六夸克态——双重子态

六夸克态的存在是为 QCD 理论所相容的.自从 Jaffe 最先较系统地讨论六夸克态分类并预言由 2 个 u 夸克、2 个 d 夸克和 2 个 s 夸克组成同位旋 $T = 0$、自旋为 0、奇异数为 -2、$J^P = 0^+$、结合能为80 MeV的H 粒子[287]后,对多夸克系统(首先是六夸克态)的研究引起了强子物理界的极大关注,人们对 H 粒子连续数年开展了大量的理论和实验研究工作.

Jaffe 最早讨论 H 粒子时使用 MIT 袋模型并仅考虑夸克间的色磁相互作用. 后来, 人们用不同的理论模型并更完整地考虑了夸克间的相互作用和体系的组态对称性. 计算表明[419—422], H 粒子可能是束缚能很低的粒子, 也可能是略高于 2 个 Λ 阈的共振态, 其结合能上限为 20 MeV, 它的质量在 2.22 GeV 左右. 寻找 H 粒子的实验给出它的束缚能上限小于几个 MeV[423].

从夸克对图像看, H 粒子很特殊[368]: 它是将 3 个夸克对 [ud][ds][su] 放在总的对称空间态的唯一方法的结果. 隐含在这个描述中的是 H 粒子体系中的 Pauli 阻塞引起的排斥效应. 虽然好夸克对可看作玻色子, 但它是由夸克(这是费米子)组成的, 因而 Pauli 不相容原理会在好夸克对间产生排斥, 这不利于夸克对形成束缚态. 因此, 如果多夸克强子的稳定性主要是由好夸克对的关联驱动的话, 则 H 粒子将只是较弱束缚的体系.

除了 H 粒子, 理论上探讨了各种可能的双重子态, 例如类氘激发态 $d^{*[424,425]}$、$d'^{[426]}$, 以及多奇异性的六夸克系统. Zhang 等[427]用手征 $SU(3)$ 夸克模型的计算表明, 奇异数为 -6、自旋和同位旋为 0 的 $(\Omega\Omega)_{0^+}$ 是一个深度束缚的六夸克态, 其束缚能为 116 MeV. 因此, 在实验上观测它的存在与否是一个有意义的研究课题.

11.5.6 核子-反核子束缚态——$(q^3\bar{q}^3)$ 重子偶素

早在 20 世纪中期, Fermi 和 Yang[428]就研究了核子-反核子($N\bar{N}$)束缚态问题. 多年来, 人们从理论和实验上开展了一系列关于核子-反核子相互作用的研究, 但由于缺乏 $N\bar{N}$ 散射的数据, 人们关于 $N\bar{N}$ 相互作用特别是它的短程作用的知识仍相当贫乏[429]. 唯象上, $N\bar{N}$ 势 $V_{N\bar{N}}$ 远没有 V_{NN} 势那样很好建立. $N\bar{N}$ 势 $V_{N\bar{N}}$ 的中、长程部分可以从相应的 NN 势 V_{NN} 的 G 宇称变换得到. V_{NN} 的短程部分可通过拟合各类 NN 散射数据和软核性质确定, 但 $N\bar{N}$ 相互作用的短程部分由湮灭过程主宰, 虽然人们尝试用夸克-反夸克对湮灭作用来理解这个短程 $N\bar{N}$ 作用, 但 $V_{N\bar{N}}$ 的短程部分远没有建立起来, 通常是借助于一个吸引势部分来模拟 $N\bar{N}$ 湮灭, 并由此来讨论 $N\bar{N}$ 束缚态问题. 实验上一直没有找到 $N\bar{N}$ 束缚态存在的确切证据.

近年来, 在北京正负电子对撞机上进行实验的 BES 合作组观测到 $J/\psi \to \gamma p\bar{p}$ 过程中在 $p\bar{p}$ 不变质量谱近阈反常增强[371]. 用 S 波 Breit-Wigner 共振函数拟合得到阈下的中心质量为 $M = 1859^{+3+5}_{-10-25}$ MeV 和宽度为 $\Gamma < 30$ MeV (取光速 $c = 1$ 单位). 后来, 考虑了 $X \to p\bar{p}$ 末态相互作用效应[430,431]后这个拟合被修正为质量 $M = (1831 \pm 7)$ MeV 和宽度 < 153 MeV[373]. Belle 合作组也报告了在 $B^+ \to K^+ p\bar{p}$ 和 $B^0 \to D^0 p\bar{p}$ 过程中近阈增强的类似观测结果[432]. 这些实验观测到的新现象引起理论界的广泛兴趣和关注, 理论界提出

了多种理论解释,其中令人感兴趣的是存在$(p\bar{p})$束缚态的解释[315,316,433].

我们在 11.1.4 小节的讨论中已知道,在大 N_c 展开中,核子和反核子是绕数分别为 $+1$ 和 -1 的拓扑孤粒子. Yan 等[315] 利用 Skyrme 模型和乘积假设,得到 Skyrme 孤粒子-反 Skyrme 孤粒子的准稳定的束缚态$(S\bar{S})$,束缚能为 10 MeV. 根据用 Skyrme 模型及乘积假设图像近似描述氘的成功[312],一个很自然的想法是将由 Skyrme 模型及乘积假设得到的$(S\bar{S})$准稳定态看作质子-反质子束缚态$(p\bar{p})$的近似描述. Yan 由此提出伴随 $J/\psi \to \gamma p\bar{p}$ 衰变的$(p\bar{p})$质量谱中近阈增强的窄共振 X(1835)态为 Skyrme 模型中的质子-反质子$(p\bar{p})$束缚态[433],并根据计算得到的S$\bar{S}$定态能形式(图11.5(a))给出一个近似的$(p\bar{p})$体系方位阱势(图 11.5(b)),与合作者一起在 Skyrme 图像中用 WKB 方法和相干态方法研究了在设定的$(p\bar{p})$束缚态X(1835)内 p-$\bar{p}$ 湮灭引起 Skyrme 型重子偶素通过量子隧道效应衰变的宽度和模式[315,316]. 计算得到的衰变宽度可与 BES 实验数据[371] 相比较. 相干态方法计算结果表明,最应当的衰变道为 X $\to \eta 4\pi$ 或 X $\to \eta' 2\pi$,这个理论预言为 BES II 实验 $J/\psi \to \gamma X(1835) \to \gamma \eta' \pi^+ \pi^-$ 观测到的 X(1835)的共振峰($M_X = (1833.7 \pm 6.2 \pm 2.7)$ MeV 和 $\Gamma_X = (67.7 \pm 20.3 \pm 7.7)$ MeV)[373] 所证实. X(1835)的量子数为 $I^G(J^{PC}) = 0^+(0^{-+})$. 这是对X(1835)作为$(p\bar{p})$束缚态图像的有力支持.

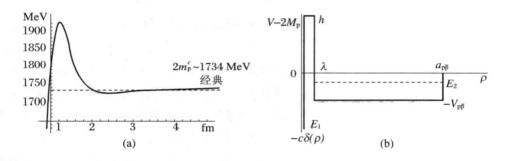

图 11.5　Skyrme 孤粒子-反 Skyrme 孤粒子作用势与$(p\bar{p})$体系方位阱势

(a) Skyrme 孤粒子-反 Skyrme 孤粒子体系的定态能. (b)$(p\bar{p})$体系 Skyrme 型的方位阱势.(取自文献[315])

对 BES 合作组观察到的$(p\bar{p})$近阈增强及相伴的 X(1835)态,理论上还有其他不同的解释,例如解释为赝标胶球态[434—436]、η' 的第二径向激发[437]、阈下新共振及末态相互作用[430,431] 等. 也有将此解释为$(p\bar{p})$束缚态的信号的[438]. 看来,要真正弄清近阈$(p\bar{p})$增强及 X(1835)的性质,除了进一步的理论探讨,还是要期望高统计数据的实验. BES Ⅲ 将提供这样的实验观测.

在夸克模型图像中,$(p\bar{p})$束缚态或更普遍地包含奇异 s 夸克的重子-反重子$(B\bar{B})$束缚态是由 3 个夸克和 3 个反夸克组成的$(q^3\bar{q}^3)$体系. 类似$(q^2\bar{q}^2)$四夸克介子态,可以将

$(q^3\bar{q}^3)$体系看作六夸克介子态. 设夸克(反夸克)都处于相对运动 S 波, 则 3 个夸克所构成的色、自旋、味波函数必须是反对称的. 利用 $SU(6)_{cs} \otimes SU(3)_f$ (下指标 c、s、f 分别指色、自旋和味)分类, 可知(3q)所允许的态为

$$| 70_{cs}, 8_f \rangle, \ | 56_{cs}, 1_f \rangle, \ | 20_{cs}, 10_f \rangle \tag{11.147}$$

3 个反夸克的允许态为

$$| \overline{70}_{cs}, 8_f \rangle, \ | \overline{56}_{cs}, 1_f \rangle, \ | \overline{20}_{cs}, 10_f \rangle \tag{11.148}$$

然后综合(11.147)式中的 3q 态与(11.148)式中的 $3\bar{q}$ 态构成色单态的$(q^3\bar{q}^3)$. Ding、Ping 和 Yan[439]应用群论方法, 由上述结果构成各种可能的组态, 并在考虑了夸克(反夸克)间的色磁相互作用

$$H' = - \sum_{i>j} C_{ij}\boldsymbol{\sigma}_i \cdot \boldsymbol{\sigma}_j \boldsymbol{\lambda}_i \cdot \boldsymbol{\lambda}_j \tag{11.149}$$

后, 计算了$(q^3\bar{q}^3)$介子的质量谱.

一般地说, 如果考虑夸克(反夸克)间的关联, 则$(q^3\bar{q}^3)$体系有多种可能的组态, 如 (q^3)-$(\bar{q}^3)$、$(q^2\bar{q})$-$(q\bar{q}^2)$、$(q^2\bar{q}^2)$-$(q\bar{q})$、(q^2)-$(q\bar{q}^3)$ 等. Ding、Ping 和 Yan[439]研究了 2 种对称的组态(q^3)-$(\bar{q}^3)$和$(q^2\bar{q})$-$(q\bar{q}^2)$, 其原因一方面是在所有组态中它们最具有对称结构, 另一方面是基于在对五夸克态的讨论中显示出三夸克关联的重要性[408]. 假设组态中两个集团分离的间距超过夸克(反夸克)间的短程色磁作用, 每个集团处在色$SU(3)_c$的非单态, 然后构成总体系的色单态. 注意, 如果每个集团都处于色单态, 则 2 个集团间的弱的 van der Waals 力作用将导致组态迅速分解为一个重子和一个反重子而不可能导致相应于近阈增强的重子偶素共振态. 他们由此找到了与相应自旋为 0 或 1 的近阈 $p\bar{p}$ 增强、$p\bar{\Lambda}$ 增强、$\Lambda\bar{\Lambda}$ 增强的粒子共振有相同量子数的相当稳定的态, 给出了$(p\bar{p})$、$(p\bar{\Lambda})$和$(\Lambda\bar{\Lambda})$增强的色-自旋-味结构, 并给出相应重子偶素的态, 例如与 $p\bar{p}$ 增强相应的重子偶素的态主要有 $(q^2\bar{q})$-$(q\bar{q}^2)$ 组态中的 $| 120_{cs}, \bar{6}_c, 2, 3_f \oplus \bar{6}_f \rangle | \overline{120}_{cs}, 6_c, 2, \bar{3}_f \oplus 6_f \rangle$, 混合少量$(q^3)$-$(\bar{q}^3)$ 组态中的 $| 70_{cs}, 8_c, 2, 8_f \rangle | \overline{70}_{cs}, 8_c, 2, 8_f \rangle$. 这些分析定性地解释了实验观测到的相关近阈 $p\bar{p}$、$p\bar{\Lambda}$ 和 $\Lambda\bar{\Lambda}$ 增强现象, 对理解$(q^3\bar{q}^3)$体系是十分有意义的. 显然, 正如在(q^6)体系中讨论双重子态那样, 进一步研究包含较完整的夸克(反夸克)间的禁闭势、单胶子交换势等相互作用以及夸克-反夸克湮灭作用, 然后计算体系的束缚能, 这对用夸克模型理解核子-反核子束缚态将是十分有意义的课题.

概括本节的讨论可看到, 由于 QCD 理论比夸克模型有更多的自由度, 自然地导致低能 QCD 强子结构比夸克模型中的强子结构有更多的态, 即非常规的强子态. 用 QCD 有效理论、非微扰途径和有效模型可以对这些强子态的性质, 如质量和宽度作出某种途径

下的理论预言.但不同的理论途径往往导致不同的理论结果,这反映了目前的理论途径对 QCD 理论的近似状况,也反映了人们对真实的非微扰 QCD 理论和低能 QCD 强子物理的理解还是支离破碎的.这导致对某些非常规强子态的理论预言不确切,或者对实验观测到的可能是非常规强子态的候选者不能作出确切的判断,致使至今还没有一个非常规强子态的候选者可以得到确认.不过,在对这些非常规强子态的研究中,各种非微扰有效理论、途径和模型得到了发展,这也包括从 QCD 第一原理出发作计算的格点 QCD 途径(目前存在淬火近似、使用非真实小的夸克质量等问题),从而不断增加和改善对非微扰 QCD 和低能 QCD 强子物理(包括非常规强子态)的理解.

在结束本节讨论之前,我们还要附带讨论一个与胶球概念联系在一起的坡密子(pomeron)问题.

11.5.7 坡密子与胶球

在讨论高能强子散射过程中引入的"坡密子"也是引人注意的问题[566].问题的焦点涉及坡密子是否就是长期寻找的胶球这样的真实粒子,还是代表描述高能散射交换过程的集合的假想粒子.为此,我们在这里对坡密子问题作简要介绍.

早在量子色动力学(QCD)出现以前,对强相互作用粒子的散射研究通过对散射矩阵的普遍性质(Lorentz 不变性、幺正性及交叉对称性)的分析而取得了很好的进展.其中,建立的 Regge 理论[567]提供了描述高能散射过程的框架.根据 Regge 理论,高能强子散射过程的总截面的渐近行为可写为

$$\sigma_t(s) \propto s^{\alpha(0)-1} \tag{11.150}$$

这里 s 是质心系的总能量的平方,$\alpha(0)$ 为 Regge 轨迹(Regge trajectory)

$$\alpha(t) = \alpha(0) + \alpha' t \tag{11.151}$$

的截距,α' 为斜率,t 为强子间交换的四动量的平方.对于二粒子到二粒子的散射过程 $a + b \rightarrow c + d$,s、t 是描写该过程的 Mandelstam 变量,$s = (P_a + P_b)^2$,$t = (P_a - P_c)^2$.t 与散射角相联系(在 s 道,散射角 θ 与 s、t 的关系为 $\cos \theta = 1 + 2s/t$).

导出散射总截面渐近形式(11.150)的基本思路如下:将散射振幅按平面波展开为 Legendre 级数,此级数可表示为复角动量 l 平面上的回路积分.进而作积分变换,将绕正实轴的回路 C 形变为平行于虚轴的回路 C'.此时散射振幅包括沿 C' 轴积分及简单极点 $l = \alpha_n t$(称为 Regge 极点)的贡献.在高能及小动量交换极限的 Regge 能区,$s \gg |t|$,

Legendre多项式的贡献主要来自展开式的领头项$\sim (s/(2t))^l$,而沿回路 C' 积分消失.由此,在 $s \to \infty$ 极限,散射振幅的主要贡献将正比于 $s^{\alpha(t)}$.我们可以将该振幅看作在 t 道交换其角动量为 $\alpha(t)$ 的"客体"——Regge 子给出的振幅.由于 t 并不一定是整数或半整数,因此交换 Regge 子的振幅可看作在 t 道交换所有可能的粒子的振幅的叠加.如果考虑 t 为正值的 t 道散射过程($a + \bar{c} \to \bar{b} + d$),则可期望散射振幅的极点对应于交换自旋为 J_i、质量为 m_i 的物理粒子,此时 $\alpha(m_i^2) = J_i$.这表明 $\alpha(t)$ 是 t 的线性函数,由此得到(11.151)式给出的 Regge 轨迹.从这里也可理解 Regge 轨迹的物理含义:Regge 轨迹表示在角动量平面上 Regge 极点产生的物理态的集合.根据散射振幅与 s 的关系及光学定理,则可得到高能散射的总截面的渐近行为表达式(11.150).

自然界中已发现的由夸克及反夸克构成的真实粒子都满足 Regge 轨迹,其截距 $\alpha(0)$ 和斜率 α' 对不同的粒子有不同的数值,但截距都满足 $\alpha(0) < 1$.这意味着总截面 $\sigma_t(s)$ 将随着总能量 $\sqrt{s}$ 增加而减小并将渐近地消失.然而实验上观测到的结果并非如此:在某个 s 值后,$\sigma_t(s)$ 随 s 的增加而缓慢地上升.

Pomeranchuk[566]等从相当普遍的假设出发证明了下述结果:任何有电荷交换的散射过程的总截面将渐近地消失.由此,从相应的逆过程可推断如下结论[568]:如果某一特殊散射过程的总截面并不随 s 增加而减小,则该过程一定是以带真空量子数($I^G = 0^+$,$J^{PC} = J^{++}$)交换的过程为主.如果将实验上观测到的高能强子散射结果归结为交换 Regge 子过程的贡献,则该 Regge 子具有真空量子数且其截距 $\alpha_{\mathrm{pom}}(0) > 1$.这样的 Regge 子称为坡密子,它的 Regge 轨迹为

$$\alpha_{\mathrm{pom}}(t) = 1.08 + \alpha'_{\mathrm{pom}} t$$

其中 $\alpha'_{\mathrm{pom}} = 0.25\,\mathrm{GeV}^{-2}$.新近的实验结果和理论分析表明 $\alpha'_{\mathrm{pom}} = 0.20\,\mathrm{GeV}^{-2}$.

坡密子是作为一个假想的粒子而引入的.随着 QCD 理论的出现和发展,人们认识到具有真空量子数的粒子在 QCD 中可以作为胶子的束缚态即胶球而存在.由此,将坡密子等同于胶球的研究引起了理论和实验工作者的兴趣.

在 QCD 图像中,高能强子-强子相互作用包含多个胶子交换(胶子数≥2)的过程.研究表明,对数领头近似的微扰 QCD 中的"硬"坡密子或 BFKL 坡密子的 Regge 轨迹中的截距远大于唯象值 1.08.这似乎表明,在 Regge 能区非微扰效应将是主要的.文献中出现各种图像和模型,用来考虑非微扰效应.例如 Landshoff 等在 Low 提出的交换二胶子的色单态图像[569]基础上加上非微扰胶子传播子的模型.这里的基本问题是如何从 QCD 导出非微扰胶子传播子.在这方面有关于用格点规范技术及解 Dyson-Schwinger 方程讨论非微扰胶子传播子的文献,不过研究工作还在进行中.一些理论工作者试图建立一个完善的 BFKL 坡密子模型[570],使"硬"坡密子在足够小的低横动量时转换成"软"坡密子.当

然,也可以假定坡密子就是胶球态. 在 1994 年,西欧中心的 WA91 合作组[571]就提出过这样的建议. 但理论上要回答的基本问题是: 如何从 QCD 图像自洽描述高能强子-强子散射过程中的胶球交换图像? 看来,要搞清坡密子是否是胶球态还要作进一步的实验和理论研究.

11.6 重子激发态

在夸克模型中,由 u、d、s 轻夸克构成的重子谱按 $SU(6) \otimes O(3)$ 对称性分类(图 11.6)相当成功,这里 $SU(6)$ 对称性指自旋、味波函数,空间波函数有 $O(3)$ 轨道角动量对称性. 详细的重子谱则需要作动力学计算,Isqur 和 Karl 最早对此进行了系统研究[444]. 至今,重子谱已详细地用各种动力学模型计算过[445]. 结果表明,夸克模型可成功地解释基态重子自旋 1/2 的八重态 $[p, n, \Lambda, \Sigma^+, \Sigma^0, \Sigma^-, \Xi^0, \Xi^-]$ 和自旋 3/2 的十重态 $[\Delta^{++}, \Delta^+, \Delta^-, \Sigma^+(1385), \Sigma^-(1385), \Xi^0(1530), \Xi^-(1530), \Omega]$ 及不少激发态重子的很多性质,特别是成功地预言了由 3 个奇异夸克组成的 Ω 重子的存在. 但是,在研究重子激发态时也遇到了两个著名的困难问题: ① 夸克模型预言的三个最轻重子激发态的质量等性质与实验数据明显不符. 首先是 Roper 共振态 $P_{11}(1440)$ 即 $N_{\frac{1}{2}}^*(1440)$. 按夸克模型,$N_{\frac{1}{2}}^*(1440)$ 由 uud 夸克组成,主量子数为 2,$L = 0$,其中 1 个夸克处于径向激发的核子激发态,应当比由 uud 组成而其中 1 个夸克处于轨道角动量 $L = 1$,自旋宇称为 $1/2^-$ 的第一激发态 $S_{11}(1535)$ 即 $N_{\frac{1}{2}}^*(1535)$ 要重,但实验结果[446]与此相反. 另外,按夸克模型,由 uud 组成的核子激发态 $N_{\frac{1}{2}}^*(1535)$ 应比由 uds 夸克组成的具有相同量子数的超子激发态 $\Lambda^*(1405)$ 轻,但实验观测到的 $\Lambda^*(1405)$[446]的质量比 $N^*(1535)$ 还要小 130 MeV 左右,模型预言与实验观测结果相反. ② 对称夸克模型预言的许多重子激发态没有在 πN 散射实验中观测到,这就是众所周知的重子谱中"失踪"的重子态问题[445]. 图 11.6 表示了重子谱的 $SU(6) \otimes O(3)$ 分类,图中也标出了 $P_{11}(1440)$ 态(即 $N_{\frac{1}{2}}^*(1440)$ 态)、$S_{11}(1535)$ 态(即 $N_{\frac{1}{2}}^*(1535)$ 态)和"失踪"重子态的位置.

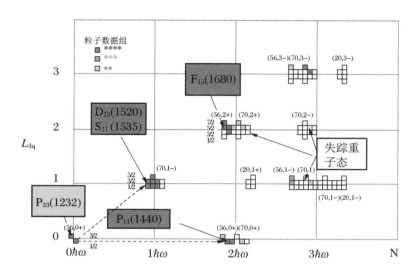

图 11.6 重子谱的 $SU(6) \otimes O(3)$ 分类(取自文献[447])

对"失踪"的重子态问题有两种基本的解释.一种解释是所考虑的重子谱的对称群不是 $SU(6) \otimes O(3)$，这涉及重子的内部结构,因此有人提出用其他对称群研究重子谱.另一种更简要的解释是：这些"失踪"的重子态在实验上还未观测到.的确,实验上已知的重子激发态(2 GeV 以下)多数是通过 πN 散射观测到的.如果一个态与 πN 耦合弱,则可能观测不到.一些理论计算表明,不少"失踪"的态的 πN 宽度的确很小[448,449].理论计算还预言许多"失踪"的态有强的 $N\pi\pi$ 耦合或有相当大的 γN、$p\omega$、$K\Lambda$、ρN 耦合.由此也推动了在 JLab(CLAS)、ELSA(SAPHIR)、ESRF(GRAAL)、MIMI(Mainz)、Spring8 寻找"失踪"重子态和研究重子性质的一系列研究计划和方案的提出和实施.图 11.7(a)给出了 JLab(CLAS)用电磁探针(实光子和类空虚光子)做实验研究的方案示意图.我国的北京正负电子对撞机(BEPC)的北京谱仪(BES)实验也在开展这方面的研究,其反应过程如图 11.7(b)所示.正负电子对 e^+e^- 湮灭后通过虚光子产生由 $\bar{C}C$ 组成的矢量粲偶素 ψ 介子,然后 ψ 通过三个胶子湮灭、产生三对夸克-反夸克,再组成各种反重子和重子激发态.由于 ψ 强衰变同位旋守恒,可以将具有不同同位旋的核子激发态 N^* 和超子激发态 Λ^*、Σ^*、Ξ^* 分开,这是 γN、πN 和 KN 散射等实验不具有的独特优点[450].以下就根据已观测到的实验数据对上述两个问题进行讨论.

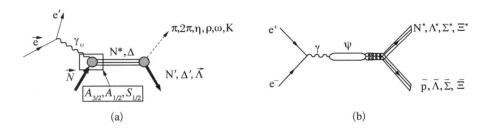

图 11.7　研究重子激发态的基本过程

(a) JLab 的 CLAS 的 N* 实验计划(引自文献[447]);(b) BEPC 的 BES 实验的反应过程示意图.

11.6.1　关于 N*(1440)和 N*(1535)的结构及 Δ(1232)的形状

JLab 的 N* 研究计划内容很广,覆盖了从基态重子性质、重子激发态性质至"失踪"重子态的寻找.对基态重子性质,首先关心的是 Δ(1232)形状对球对称的偏离.在球对称 $SU(6)$ 模型中,仅有的贡献是 M_{1+} 磁偶极跃迁.Δ(1232)波函数的非球形分量将产生 NΔ 跃迁的四极跃迁振幅 E_{1+}[451,452].从 JLab 的 CLAS 合作组实验数据并结合以前实验数据分析得到的形状因子 G_M^* 和多极比率 $R_{EM} = E_{1+}/M_{1+}$,$R_{SM} = S_{1+}/M_{1+}$ 的初步结果表明[453,454,447]:R_{EM} 在 $0 \leqslant Q^2 \leqslant 6\,\mathrm{GeV}^2$ 区域是小的且负的(-2%—-3.5%),R_{SM} 也为负的.这些多极比率的实验数据值与格点 QCD 计算结果相符[456],也与 π 云模型的计算结果[457]相符,同时 π 云模型还可合理地解释实验数据 G_M^*/G_D.实验观测结果 $R_{EM} < 0$ 及格点 QCD 和动力学模型计算的解释表明,Δ(1232)有一个偏离球对称的小的扁球 (oblate)形变(质子倾向于扁长(prolate)形变).同时,由于 π 云的贡献,Δ(1232)的磁半径要大于质子的磁半径.

在质量大于 Δ(1232)区域的 1.5 GeV 附近,存在 3 个核子共振 N*(1440),N*(1520)和 N*(1535).而质量在 1.62—1.72 GeV 范围至少有 9 个 N* 和 Δ* 态.人们对这些态的内部结构的研究还十分粗糙.这里首先要提到的是 Roper 共振态 N*(1440)[458]的性质和结构,这是理论上多年来争论的一个课题.现在有多种 Roper 共振态的理论模型:混杂重子态 $|q^3 G\rangle$、具有 $|q^3\rangle$ 核子和大的介子云 $|q^3 m\rangle$ 态、核子-σ 分子态 $|N\sigma\rangle$ 等.Roper 共振的电激发 $\gamma^* N \to N^*$ 实验观测能提供理解 N*(1440)性质从而检验理论模型的重要知识.

JLab 的 CLAS 合作组观测了 $\gamma^* p \rightarrow N^*_{\frac{1}{2}+}(1440)$，$\gamma_v p \rightarrow N^*_{\frac{1}{2}-}(1535)$，$\gamma_v p \rightarrow N^*_{\frac{5}{2}+}(1680)$ 和 $D_{13}(1520)$ 的跃迁振幅[459—461,447]. 利用适当的模型和色散关系途径可从这些实验观测数据获取共振对这些激发态的贡献[462]. 其中，从对 $N^*(1440)$ 的实验观测得到了十分令人感兴趣和惊奇的结果：横向的光耦合振幅 $A_{1/2}(Q^2)$ 在 $Q^2 < 1\,\text{GeV}^2$ 区域随 Q^2 减小而迅速下降，并在 $Q^2 = 0.5\,\text{GeV}^2$ 附近改变符号；以前都认为是近乎于 0 的纵向振幅 $S_{1/2}(Q^2)$ 是大的且为正的（见图 11.8）. 简单的非相对论夸克模型不能描述这些实验结果. 应用光前（light-front）相对论夸克模型在假设核子 N 和 Roper 共振态 $N^*(1440)$ 分别为 3q 基态和第一径向激发态基础上计算得到的跃迁振幅 $A_{1/2}$ 和 $S_{1/2}$ 在 $Q^2 = 0$ 附近的符号与实验观测结果相符，但不能成功地描述 $Q^2 = 0$ 时的横向振幅值[463]，这可能是大的介子云在小动量 Q^2 区域对 $\gamma^* N \rightarrow N^*$ 跃迁有重要贡献的象征. 的确，在所述的 $N^*(1440)$ 模型中与实验观测得到的 $A_{1/2}$ 和 $S_{1/2}$ 符合得最好的是由一个小的 $|q^3\rangle$ 核心和大的 $|q^3 m\rangle$ 介子云构成的模型[464]，它可用来正确地描述 $A_{1/2}$ 的符号变化及 $S_{1/2}$ 的符号和数值，而包括相对论性的该模型要比非相对论途径给出更好的描述（图 11.8）.

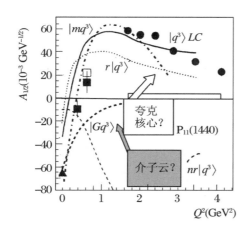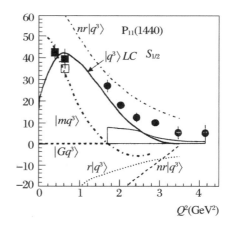

图 11.8　$\gamma p \rightarrow N^*_{1/2^-}(1440)(P_{11}(1440))$ 跃迁振幅

左图为横向螺旋性振幅 $A_{1/2}(Q^2)$，右图为纵向振幅 $S_{1/2}(Q^2)$. CLAS 实验数据由 ■● 表示，其中 ● 为 CLAS 的初步结果.（引自文献[447]）

BEPC 的 BES 合作组也开展了对核子激发态的实验研究[465—468]，他们在 $J/\psi \rightarrow \bar{p}p\eta$ 反应道[456] 和 $J/\psi \rightarrow \bar{p}K^+ \Lambda$ 反应道[467] 清楚地观测到 $N^*(1535)$ 共振态的贡献. Liu 和 Zou[469] 根据 BES 的观测结果导出了 $N^*(1535)$ 与 $K\Lambda$ 和 $p\eta$ 耦合常数之比 $R \equiv g_{N^*(1535)K\Lambda}/g_{N^*(1535)p\eta} = 1.3 \pm 0.3$，结合以前已知的 $g_{N^*(1535)p\eta}$ 得到了新的 $g_{N^*(1535)K\Lambda}$ 值，用

此新值可相当好地再现 $pp \rightarrow pK^{+} \Lambda$ 近阈截面. 进而, 在关于 $N^{*}(1535)$ 的 Breit-Wigner 公式中加上这个大的 $N^{*}K\Lambda$ 耦合, 得到 $N^{*}(1535)$ 的 Breit-Wigner 质量为 1400 MeV 左右, 比以前未考虑与 $K\Lambda$ 耦合时得到的 1535 MeV 要轻得多. 为了理解 $N^{*}(1535)$ 与 $N^{*}(1440)$ 的质量近乎简并的问题, Liu 和 Zou[469] 提出了 $N^{*}(1535)$ 中含有很多的 $(qqqs\bar{s})$ 五夸克成分的模型, 这里五夸克态成分以夸克对模型的形式 $\bar{s}[su][ud]$ 存在. 同样, $N^{*}(1440)$ 和 $\Lambda^{*}(1405)$ 也包含有很多的五夸克成分, 分别以 $\bar{d}[ud][ud]$ 和 $\bar{u}[us][ud]$ 的形式存在. 这样就能自然地解释为什么 $N^{*}(1535)$ 要比 $N^{*}(1440)$ 和 $\Lambda^{*}(1405)$ 重, 并且与 $N\eta$ 和 $K\Lambda$ 的耦合强而与 πN 和 $K\Sigma$ 的耦合弱. 他们指出, 如果这个图像是正确的, 则还应存在 $N^{*}(1535)$ 与 $\Lambda^{*}(1405)$ 的同伴 $\Lambda^{*}(1570)$、$\Sigma^{*}(1360)$ 和 $\Xi^{*}(1520)$ 等新的重子激发态. 这有待于 BES 实验和其他一些实验的验证.

我们看到, 由不同的实验数据给出了 $N^{*}(1440)$ 的十分相似的结构图像: $N^{*}(1440)$ 中含有相当多的五夸克 $(qqqq\bar{q})$ 成分. 不过, 其中一个模型认为 $qqqq\bar{q}$ 成分以介子云 $|q^3 m\rangle$ 的组态即色单态的核子和介子组态形式存在; 另一个模型则认为 $qqqq\bar{q}$ 以夸克对 $\bar{d}[ud][ud]$ 的组态形式存在. 由此, 可以相信 $N^{*}(1440)$ 的结构是由一个小的 q^3 核心和大的 $qqqq\bar{q}$ 组分构成的态, 这里 $qqqq\bar{q}$ 组分是以夸克对 $\bar{d}[ud][ud]$ 组态形式还是以色单态 qqq 和 $q\bar{q}$ 介子组态形式存在, 需要作动力学计算和对 $N^{*}(1440)$ 的性质进行更多的实验观测才能确定. 不过, 对一个夸克数不多的五夸克 (反夸克) 体系, 在考虑夸克 (反夸克) 间的单胶子交换和瞬子相互作用 (它导致好夸克对的形成) 后, 将会出现这两种形式组态之间的竞争, 因此 $qqqq\bar{q}$ 组分可能会以这两种组态的某种形式的适当混合出现. 对 $N^{*}(1440)$ 由一个 $|q^3\rangle$ 核心和大的 $|qqqq\bar{q}\rangle$ 组分构成的模型, 需要在包括相对论性贡献后通过同时拟合核子形状因子和更多的 $\gamma^{*} N \rightarrow N^{*}(1440)$ 的实验数据, 才能找出 $|qqqq\bar{q}\rangle$ 组分在 $N^{*}(1440)$ 波函数中的份额及 $N^{*}(1440)$ 态中可能的组态混合.

11.6.2 搜寻"失踪"的重子激发态

近年来, JLab 的 CLAS 合作组在搜索"失踪"重子激发态的研究中已取得了成果, 他们对所进行的实验 $\gamma p \rightarrow p\pi^{+}\pi^{-}$, $\gamma p \rightarrow K^{+}\Lambda$、$K^{+}\Sigma^{0}$、$K^{0}\Sigma^{-}$ 和 $p\eta$ 观测数据的初步分析表明需要一些新重子态存在[447]. 例如, 在分析 $\gamma p \rightarrow p\pi^{+}\pi^{-}$ 过程的实验数据时, 在 1.72 GeV 处发现了两个具有不同跃迁形状因子的 $\frac{3}{2}^{+}$ 态, 它们可能是相应"失踪"重子态的候选者; 在分析 $\gamma p \rightarrow K^{+}\Lambda$、$K^{+}\Sigma$、$K^{0}\Sigma^{-}$ 的实验观测数据时, 发现了新的 $P_{11}(1840)$ 态, 其宽度为

$\Gamma = 140\ \text{MeV}$，这与 q^3 夸克模型的计算结果是相符的.图 11.9 给出了光产生 $K^+\Sigma^0$ 的一个观测结果,图中显示在 $1.84\ \text{MeV}$ 处存在一个新重子态 $P_{11}(1840)$.对其他实验数据的分析表明需要 $D_{13}(1870)$、$D_{13}(2170)$ 态的存在.表 11.5 列出了至 2006 年由 CLAS 数据的初步分析搜寻到的一些新重子态,它们可能是一些"失踪"重子态的候选者,这些初步结果还有待进一步的实验观测确认,同时,JLab 正在开展新的实验搜寻新的重子激发态.

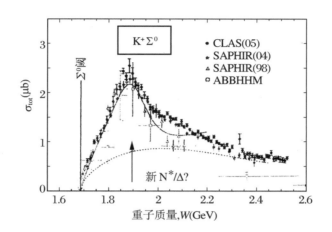

图 11.9　在光产生过程 $\gamma^* p \to K^+\Sigma^0$ 中观测到的新重子态 $P_{11}(1840)$（引自文献[447]）

表 11.5　由 JLab 的 CLAS 实验数据分析得到的重子态（暂定）（引自文献[447]）

态 $N/\Delta J^P$	质量（MeV）	道	PDG？	夸克模型态
$N/\Delta 3/2^+$	1720 ± 20	$p\pi^+\pi^-$	—	不在 $\lvert Q^3\rangle$,但在大 N_c 谱$[70, 2^+]$
$N 1/2^+$	1840—1900	$K\Lambda, K\Sigma$	—	在 $\lvert Q^3\rangle$ 模型,不在 $\lvert Q^2 Q\rangle$
$N 3/2^-$	1900—1950	$K\Lambda, K\Sigma$	—	在 $\lvert Q^3\rangle$,大质量下
$N 1/2^-$	~ 2100	$p\eta'$	*	在 $\lvert Q^3\rangle$,相似质量下
$N 1/2^+$	~ 2100	$p\eta'$	*	"
$N 3/2^-$	~ 2100	$p\eta'$	* *	"

11.7　重子-重子相互作用的夸克模型

从 QCD 理论来看,核力及其他重子间的相互作用力来源于 QCD 相互作用.虽然要想直接从 QCD 导出重子-重子相互作用还有一段很长的路要走,但我们可以从 QCD 的夸克、胶子自由度出发并结合夸克间相互作用的格点 QCD 计算和上一章 QCD 途径揭示的夸克禁闭势去分析和理解重子-重子相互作用过程.我们考虑轻夸克组成的重子.当两个重子靠近并发生重叠时(图 11.10(a))出现下述情况:

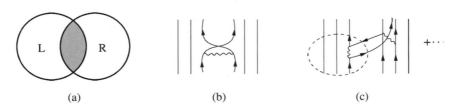

图 11.10　两个重子靠近并重叠时的几种情形

①　不同重子内的夸克可发生胶子交换,同时一个重子内的夸克被散射到另一个重子内而形成夸克交换(图 11.10(b)).② 两个重子间可交换色单态夸克-反夸克对$(q\bar{q})_{cs}$(图 11.10(c)),不过在重子内由微扰过程产生$(q\bar{q})_{cs}$对的概率振幅相当小[351].③ 格点 QCD 数值模拟和协变 QCD 途径计算表明,夸克间出现线性型禁闭势(见(6.20)式和(10.67)式);但当夸克分离到足够大距离 R_c 时发生弦破裂并伴随产生一个夸克-反夸克对$(q\bar{q})$,而禁闭势变为屏蔽型势(见(6.21)式).

由此可得到如下图像:当两个重子发生重叠时,单胶子交换作用 V_{ij}^{OGE} 发生在每个重子内的夸克间,也发生在不同重子的夸克间,且两者形式相同.在一个重子 L 内,夸克 i 与 j 间的禁闭作用为 $V_{ij}^{c}(\text{I}) \propto r_{ij}^{\beta}$;而当重子 L 内的夸克 j 被散射到另一个重子 R 内时,该夸克 j 与重子 L 内的夸克 i 的距离超过与临界弦张力相应的距离R_c,发生弦破裂并伴随产生夸克-反夸克对$(q\bar{q})$,此时夸克 i 与 j 间的禁闭作用为 $V_{ij}^{c}(\text{II}) \propto 1 - e^{-\mu r_{ij}}$(见(6.21)式).由于夸克 j 此时已位于重子 R,因而这个屏蔽作用可理解为两个不同重子的夸克间的禁闭力.与此同时,两个重子相邻边界区出现$(q\bar{q})$对的概率振幅越来越大,$(q\bar{q})$对进行交换,由此形成重子间的介子交换.两个重子重叠意味着两个重子的波函数发生重叠. 设左(L)、右(R)两个重子中一个夸克波函数分别为 ϕ_L 和 ϕ_R, 波函数重叠部分(图 11.10(a)中阴影部分)分别记为 $\epsilon\phi_L$ 和 $\epsilon\phi_R$, 则重子 R 的波函数部分 $\epsilon\phi_R$ 也会对重子 L 产生贡献, 反之亦然. 因此, 重子 L 和 R 中一个夸克的有效波函数为

$$\left.\begin{aligned}\psi_L &= \phi_L + \epsilon\phi_R\\\psi_R &= \phi_R + \epsilon\phi_L\end{aligned}\right\} \tag{11.152}$$

这里 ϵ 表示重叠的概率, 它显然是两个重子间距离 R 的函数.

用夸克集团模型描写这个图像, 则体系的哈密顿量可写为

$$H = \sum_{i=1}^{6} T_i - T_G + \sum_{i<j} V_{ij} \tag{11.153}$$

这里 T_i 为组成的重子的夸克相对运动动能算符, T_G 是质心运动动能算符, V_{ij} 包括单胶子交换、色禁闭作用及介子交换贡献:

$$V_{ij} = V_{ij}^{\text{OGE}} + V_{ij}^{\text{conf}} + \eta(\epsilon) V_{ij}^{\text{OBEP}}$$

$$V_{ij}^{\text{conf}} = \left\{\begin{aligned}&- a_c \boldsymbol{\lambda}_i \cdot \boldsymbol{\lambda}_j r_{ij}^{\beta}, \quad \text{每个重子内的夸克间}\\&- \frac{a_c}{\mu}\boldsymbol{\lambda}_i \cdot \boldsymbol{\lambda}_j (1 - e^{-\mu r_{ij}^{\beta}}), \quad \text{不同重子的夸克间}\end{aligned}\right\} \tag{11.154}$$

这里 $\beta = 1$ 或 2, $\eta(\epsilon) = 0$(当 $\epsilon \neq 0$, 即两个重子重叠时)或 1(当 $\epsilon = 0$, 即两个重子不重叠时).

对 $\epsilon \neq 0$ 及不考虑介子交换 V_{ij}^{OBEP} 贡献情形, 上述图像即为退定域化(delocalization)模型[424]. 此时两个重子内的非相对论夸克的轨道部分波函数可分别写为 $\phi_L(\boldsymbol{r}_i) = \left(\frac{1}{\pi b^2}\right)^{3/4} \exp\left(-\frac{1}{2b^2}\left(\boldsymbol{r}_i + \frac{1}{2}\boldsymbol{R}\right)^2\right)$ 和 $\phi_R(\boldsymbol{r}_j) = \left(\frac{1}{\pi b^2}\right)^{3/4} \exp\left(-\frac{1}{2b^2}\left(\boldsymbol{r}_j - \frac{1}{2}\boldsymbol{R}\right)^2\right)$, 其中 $\boldsymbol{R}$ 为两个重子间的距离. (11.152)式中的 ϵ 为变分变量, 它由在分离距离 R 时的最小化系统的能量 $E(R) = \dfrac{\langle \psi_6(R) \mid H \mid \psi_6(R) \rangle}{\langle \psi_6(R) \mid \psi_6(R) \rangle}$ 决定, 这里 $\psi_6(R)$ 为两个重子即六夸克体系的反对称波函数[424]. 在这个退定域化模型中, 重子间通过交换重叠部分波函数 $\epsilon\phi_R$ 和 $\epsilon\phi_L$ 而发生作用, 这也可理解为重子 R 的夸克有一定概率在重子 L 中运动, 反之亦然. 这类似于分子中一个原子内的电子有一定概率在围绕另一个原子的轨道上运动.

在由(11.154)式表示的图像中, 当两个重子重叠时, 重子间通过交换重叠波函数 $\epsilon\phi_R$ 和 $\epsilon\phi_L$ 发生相互作用; 而当两个重子分离后, 重子间由交换介子发生相互作用. 在这里介子在重子表面区域与重子内夸克耦合, 就像"手征袋"模型一样. 通过计算体系的势能 $V(R) \sim \langle \psi_6(R, \epsilon) \mid V_{ij} \mid \psi_6(R, \epsilon) \rangle$ 不难证明, 两个重子重叠时交换重叠波函数 $\epsilon\phi_R$ 和

$\epsilon\phi_L$,等价于在重子内包含介子(像"云袋"模型那样)时进行重子间交换介子.当然,当介子包含在重子内时,(11.152)式中的ϵ恒等于零.

由此,我们得到另一个等价的重子-重子相互作用图像:用夸克模型描述有结构的重子,重子间通过夸克间交换胶子及与夸克相耦合的介子而发生相互作用.8.3节的讨论表明,QCD有效场论途径可导致近似的夸克-介子耦合图像.这个图像的哈密顿量仍由(11.153)式和(11.154)式(其中$\eta(\epsilon)$由1代替)描述,其中单胶子交换和色禁闭作用是基于QCD的短程渐近自由和长程禁闭特性而引入的.单玻色介子交换(OBEP)相互作用可设想是QCD拉氏量强子化的结果(见(8.61)式).利用拟合重子的基态性质可定出夸克模型参数,而OBEP项的耦合常数可用Nijmegen模型来确定[470].

在手征夸克模型图像中,对介子场仅考虑手征场,即Goldstone玻色场.这些Goldstone场起因于真空的动力学对称性破缺.因为按照Goldstone定理,手征对称性的自发(或动力学)破缺导致Goldstone玻色子的出现和夸克获得质量(形成组分夸克).此时的相互作用为[471]

$$V_{ij} = V_{ij}^{\text{OGE}} + V_{ij}^{\text{conf}} + V_{ij}^{\text{ch}} \tag{11.155}$$

这里的手征场引起的夸克作用势为

$$V_{ij}^{\text{ch}} = \sum_{a=0}^{8} V_{\sigma a}(r_{ij}) + \sum_{a=0}^{8} V_{\pi a}(r_{ij}) \tag{11.156}$$

其中

$$
\left.
\begin{aligned}
V_{\sigma a}(r_{ij}) =& -C(m_{\sigma a}, \Lambda_{\text{SB}}) X_1(m_{\sigma a}, r_{ij}) \lambda_i^a \lambda_j^a \\
& - C(m_{\sigma a}, \Lambda_{\text{SB}}) \frac{m_{\sigma a}^2}{4 m_i^q m_j^q} \\
& \times \left[G(m_{\sigma a}, r_{ij}) - \left(\frac{\Lambda_{\text{SB}}}{m_{\pi a}}\right)^3 G(\Lambda_{\text{SB}}, r_{ij}) \right] (\boldsymbol{L} \cdot (\boldsymbol{\sigma}_i + \boldsymbol{\sigma}_j)) \lambda_i^a \lambda_j^a \\
V_{\pi a}(r_{ij}) =& \, C(m_{\pi a}, \Lambda_{\text{SB}}) \frac{m_{\pi a}^2}{12 m_i^q m_j^q} \\
& \times \left[X^2(m_{\sigma a}, r_{ij}) \boldsymbol{\sigma}_i \cdot \boldsymbol{\sigma}_j + \left(H(m_{\pi a}, r_{ij}) - \left(\frac{\Lambda_{\text{SB}}}{m_{\pi a}}\right)^3 H(\Lambda_{\text{SB}}, r_{ij}) \right) S_{ij} \right] \lambda_i^a \lambda_j^a
\end{aligned}
\right\}
\tag{11.157}
$$

这里

$$C(m,\Lambda) = \frac{g_{ch}^2}{4\pi} \frac{\Lambda^2}{\Lambda^2 - m^2} m$$

$$X_1(m,r) = \frac{1}{mr}(e^{-mr} - e^{-\Lambda r})$$

$$X_2(m,r) = \frac{1}{mr}e^{-mr} - \left(\frac{\Lambda}{m}\right)^3 \frac{1}{\Lambda r}e^{-\Lambda r}$$

$$H(x) = \left(1 + \frac{3}{x} + \frac{3}{x^2}\right)\frac{1}{x}e^{-x}$$ (11.158)

$$G(x) = \left(1 + \frac{1}{x}\right)\frac{1}{x^2}e^{-x}$$

$$S_{ij} = 3(\boldsymbol{\sigma}_i \cdot \boldsymbol{r})(\boldsymbol{\sigma}_j \cdot \boldsymbol{r}) - \boldsymbol{\sigma}_i \cdot \boldsymbol{\sigma}_j$$

Λ_{SB} 为手征对称性破缺标度. 赝标介子的质量 m_π、m_η、$m_{\eta'}$ 和 m_K 取相应真实介子的测量值,标量介子的质量取值为 $m_{\sigma_0} \approx 625\,\mathrm{MeV}$, $m_{\sigma_i}(i = 1,\cdots,7) = m_\sigma = m_{\eta'} = 958\,\mathrm{MeV}$. 手征场的耦合常数由关系 $g_{ch}^2/(4\pi) = (3/5)^2(g_{\pi NN}^2/(4\pi))m_q^2/M_N^2$ 定出,这里 $g_{\pi NN}^2/(4\pi) = 13.76$.

相互作用的两个重子的六夸克体系函数在共振群方法(RGM)中形式为

$$\psi(123,456) = \mathscr{A}\left[\psi_A(123)\psi_B(456)\chi(r_{AB})\right]$$ (11.159)

这里 $\chi(r_{AB})$ 是重子 A 与 B 间的相对运动波函数,上式中 $\mathscr{A}$ 是夸克间的反对称算符. 对两重子的波函数可作简单的讨论. 设一个核子具有自旋-味 $SU(6)$ 对称性[3],则二核子可能构成的自旋-味对称性为(外积分解)

$$[3] \otimes [3] = [6] + [42] + [51] + [33]$$ (11.160)

设每个核子的轨道部分有[3]对称性,则二核子体系的相对运动为 S 态的对称性为[6]或 [42]. 由于二核子总波函数是反对称的,处于[6]对称态的体系要求自旋-味和色波函数的组合是反对称的. 六夸克体系为单态,要求色部分的对称性为[222]. 因此,最低 $(0S)^6$ 组态与[33]自旋-味态组合是允许的,而与[51]自旋-味组合是禁戒的. 前者称为 Pauli 有利态,而后者称为 Pauli 不利态. 实际的二重子态则是这些态的混合. 按照它们混合权重分类为 Pauli 有利、中性与不利态. 相对运动波函数 χ 的 RGM 方程为

$$\int dr'(H(r,r') - EN(r,r')) = 0$$ (11.161)

这里归一化核(kernel)N 及哈密顿核 H 定义为

$$\left. \begin{array}{l} N(r,r') = \langle\, \psi_A \psi_B \delta(r_{AB} - r') \mid \mathscr{A} \mid \psi_A \psi_B \delta(r_{AB} - r') \,\rangle \\ H(r,r') = \langle\, \psi_A \psi_B \delta(r_{AB} - r') \mid H\mathscr{A} \mid \psi_A \psi_B \delta(r_{AB} - r') \,\rangle \end{array} \right\} \tag{11.162}$$

对各种不同的重子态组合求解 RGM 方程,所得到的相移分析结果表明大多数情况出现短程排斥.这种短程排斥来自夸克交换对称性的 Pauli 原理效应和单胶子交换的色磁作用.在表 11.6 中列出了不同组合道的 Pauli 效应和色磁作用(CMI)的符号(排斥或吸引).我们可以引入等效定域势来描述短程排斥心.实际上,如果将 H "核"分为直接与交换两部分,则 RGM 方程可改写为 Schrödinger 方程形式:

$$-\frac{\hbar^2}{2\mu}\nabla_r^2 \chi(r) + \int H^{(E)}(r,r')\chi(r')\mathrm{d}r' = E\chi(r') \tag{11.163}$$

表 11.6 对二重子的 Pauli 效应与色磁效应[470]

二重子态	[51]	[33]	Pauli	CMI
$NN(^1S_0, {}^3S_1)$	4/9	5/9	中性	排斥
$\Lambda N(^1S_0, {}^3S_1)$	1/2	1/2	中性	排斥
$\Sigma N\left(T = \dfrac{1}{2}, {}^3S_1\right)$	1/2	1/2	中性	排斥
$\Sigma N\left(T = \dfrac{3}{2}, {}^3S_0\right)$	1/2	1/2	中性	排斥
$\Sigma N\left(T = \dfrac{1}{2}, {}^3S_0\right)$	17/18	1/18	不利	—
$\Sigma N\left(T = \dfrac{3}{2}, {}^3S_1\right)$	8/9	1/9	不利	—
$H(\Lambda\Lambda - \Xi N - \Sigma\Sigma)$	0	1	有利	吸引

这里 μ 为体系的约化质量,$H^{(E)}$ 为 H 核的交换项部分.等价于 $H^{(E)}$ 的定域势 $U(r)$ 定义为

$$\left. \begin{array}{l} -\dfrac{\hbar^2}{2\mu}\nabla_r^2 \chi^{(\mathrm{loc})}(r) + U(r)\chi^{(\mathrm{loc})}(r) = E\chi^{(\mathrm{loc})}(r) \\ \chi^{(\mathrm{loc})}(r) \underset{\gamma\to\infty}{\longrightarrow} \chi(r) \end{array} \right\} \tag{11.164}$$

对核子-核子相互作用 $^1S_0$ 道和 $^3S_1$ 道的计算结果表明,存在高度约 $0.5\ \mathrm{GeV}$、半径为 0.6—$0.8\ \mathrm{fm}$ 的排斥核心.这与相移分析的结果相符[471].

由夸克交换与色磁作用导致的短程排斥是核子-核子作用中的夸克效应的主要结果.它是解释核饱和性的基础.同时在某些重子-重子道(如 H 双重子道)存在的可能短程吸引则是夸克效应的另一种表现,它为寻找可能的二重子态核提供了理论基础.

重子-重子相互作用的夸克模型研究自 1980 年前后开展以来[472—474]，至今已有了很大发展.现在普遍认同的一个基本图像是：重子-重子相互作用的短程区域由夸克胶子自由度描述，而中、长程区域用介子交换过程描述.总的来说，具体形式有所不同的重子-重子相互作用的夸克模型可以相当合理地描述重子-重子相互作用中的相移和散射截面[424,425,471,475]，并已能与一些实用的唯象介子交换势相比较[476].近年来，夸克模型相互作用已被用来研究少核子体系如 ^{3}H、$^3_\Lambda$H[477]，通过发展重子八重态-α 相互作用（$\Lambda\alpha$、$\Sigma\alpha$、$\Xi\alpha$）势和三集团的 Faddev 公式及 G 矩阵计算，重子-重子相互作用的夸克模型已能用来讨论一些典型的超核如 $^6_{\Lambda\Lambda}$He 和 $^9_\Lambda$He 等轻核体系[475].

11.8　夸克-介子耦合模型与核多体问题

常规核物理的研究基础是包含有效核力的非相对论核多体理论，它在理解核的结构和性质方面取得了广泛成功.同时，相对论核多体理论特别是所谓的量子强子动力学（QHD）模型也得到了很大发展和广泛应用.这些理论和模型都建立在类点核子（介子）假设的基础上.然而，核子、介子等强子是有结构的，它们由夸克和胶子组成，而夸克、胶子间的作用由强相互作用的基本理论量子色动力学（QCD）描述.由此，核物理科学的最终目标就是要用夸克、胶子自由度及其 QCD 理论自洽地统一描述核的结构、性质和反应以及在广阔的温度、密度范围内的核物质及其转变为的强相互作用物质的新形态，自洽地揭示核环境下核子等强子性质怎样变化及它们的变化又如何影响核的性质.这是核物理科学面临的最大挑战.由于描述含有结构的复合场理论至今还没有建立起来和描述 QCD 非微扰理论很困难，实现这个目标的路还很长.迈向这个目标的第一步，是建立一个能结合具体情况描述强子内部的夸克、胶子自由度的核模型.正如在上一节讨论重子-重子相互作用情况时看到的，QCD 有效场论途径导致的夸克-介子耦合近似图像（见 8.3.2 小节）是一个很好的出发点.

夸克-介子耦合作用量由（8.61）式表示.在将这个作用量具体用于描述核结构体系时，还需要有具体的核子和介子的夸克模型，如袋模型或势模型.最早的夸克-介子耦合（QMC）模型是在用 MIT 袋模型描写核子和介子的基础上发展起来的[480—486].随后应用色介电模型[489]和具有禁闭夸克作用势的 QMC 模型也得到发展[486—488]，后者称为夸克平均场（QMF）模型.在这里，我们将主要讨论 QMC 模型对核多体系统的描述，并给出

QMF 模型的一些计算结果. 我们首先简要介绍 QMC 模型,然后分别讨论 QMC 模型对核体系的描述及与 QHD 的联系、QMC 模型的有效作用与传统核物理中的 Skyrme 力间的联系、QMC 模型及 QMF 模型对核物质性质和某些双满壳有限核的描写. 我们还将讨论与介质中手征对称性恢复相联系的介质中的手征(夸克)凝聚及强子质量随核密度的变化,讨论一些可观测量如介质中的强子质量和核子电磁形状因子相对于自由状态时的变化的理论和实验研究.

11.8.1 QMC 模型及其作用量

在用袋模型描写强子结构的 QMC 模型中,核物质和有限核被看作由通过交换标量介子(σ)和矢量介子(ω,ρ)而束缚在一起的不相重叠的核子袋组成的、由平均场描写的集体,在核子袋内作相对论运动的夸克由平均场 Dirac 方程及 MIT 袋边界条件描述,核子间的相互作用来自直接与夸克耦合的介子的交换. 描写这个图像的有效拉氏密度可写为[485]

$$\mathscr{L}_{QMC-j} = \overline{\psi}\left[i\gamma \cdot \partial - M_N^* - g_\omega \omega(r)\gamma_0 - g_\rho \frac{\tau_3^N}{2} b(r)\gamma_0 \right.$$
$$\left. - \frac{e}{2}(1 + \tau_3^N)A(r)\gamma_0 \right]\psi + \mathscr{L}_{meson}^{(j)} \tag{11.165}$$

这里 ψ 是核子场,$\omega(r)$ 为 ω 介子场,$b(r)$ 为 ρ 介子场(它贡献同位旋第三方向的时间分量),方括号中最后一项为电磁 Coulomb 作用. g_ω、g_ρ 分别指 $\omega-N$ 耦合常数和 $\rho-N$ 耦合常数,它们与 ω-夸克耦合常数的关系为 $g_\omega = 3g_\omega^q$、$g_\rho = g_\rho^{q[483]}$. $\mathscr{L}_{meson}^{(j)}$ 指拉氏密度的介子场部分. 如果所考虑的介子是无结构的,则以 $j = I$ 表示:

$$\mathscr{L}_{meson}^{(I)} = -\frac{1}{2}\left[(\nabla \sigma(r))^2 + m_\sigma^2 \sigma(r)^2 \right] + \frac{1}{2}\left[(\nabla \omega(r))^2 + m_\omega^2 \omega(r)^2 \right]$$
$$+ \frac{1}{2}\left[(\nabla b(r))^2 + m_\rho^2 b(r)^2 \right] + \frac{1}{2}(\nabla A(r))^2 \tag{11.166}$$

相应的拉氏密度 $\mathscr{L}_{QMC-I}$ 描述 QMC-I 模型,其中 m_σ、m_ω、m_ρ 分别为 σ 介子、ω 介子和 ρ 介子的质量. (11.165)式中核子的有效质量 M_N^* 定义为

$$M_N^*(\sigma(r)) \equiv M_N - g_\sigma(\sigma(r))\sigma(r) \tag{11.167}$$

其中 M_N 为自由核子质量,由此定义了场依赖的 $\sigma-N$ 耦合常数. 在(11.165)式的拉氏密

度中,核子的行为基本上像一个有效质量 M_N^* 通过 $\sigma(r)$ 场与位置相关的类点粒子.

我们考虑核物质中的核子.由于在低密度时标量场是小的,核子质量则可按 σ 展开为

$$M_N^* = M_N + \left(\frac{\partial M_N^*}{\partial \sigma}\right)_{\sigma=0} \sigma + \frac{1}{2}\left(\frac{\partial^2 M_N^*}{\partial \sigma^2}\right)_{\sigma=0} \sigma^2 + \cdots \tag{11.168}$$

在 QMC 模型中,核子与 σ 场的相互作用是通过夸克与 σ 场的耦合进行的:$H_{\text{int}} = -3g_\sigma^q \int \mathrm{d}r\, \overline{\psi}_q \sigma \psi_q$,由此

$$\frac{\partial M_N^*}{\partial \sigma} = -3g_\sigma^q \int \mathrm{d}r\, \overline{\psi}_q \psi_q \equiv -3g_\sigma^q S_N(\sigma) \tag{11.169}$$

这里 $S_N(\sigma)$ 定义为夸克-标量密度,进而定义标量密度比率 $C_N(\sigma) = S_N(\sigma)/S_N(0)$ 及 $\sigma = 0$ 时的 σ-N 耦合常数 $g_\sigma = 3g_\sigma^q S_N(0)$.由(11.167)式作 $\partial M_N^*/\partial \sigma$ 并与(11.168)式比较,则得到

$$M_N^* = M_N - g_\sigma \sigma - \frac{1}{2}g_\sigma C_N'(0)\sigma^2 + \cdots \tag{11.170}$$

标量密度比率 C_N 也称为标量极化率,它通常是一个随 $g_\sigma \sigma$ 增加而减小的函数,这是因为夸克在物质中的运动要比在自由空间中的更加相对论性.

实际上介子是由夸克和反夸克组成的,它们的性质在核介质中也可能有变化.为了在 QMC 模型中包含介子结构效应,可假定矢量介子类似于核子,由相对论性夸克的平均场描述,因此物质中的有效矢量介子质量 m_v^*($v = \rho, \omega$)依赖于物质中的标量介子平均场的值.但标量介子不能用简单的夸克模型描述,正如在 11.5.2 小节的讨论中看到的,标量 σ 介子可能是一个四夸克态.在这里简单地参数化表示介质中的 m_σ^* 与自由空间中的 m_σ 之比:

$$\frac{m_\sigma^*}{m_\sigma} = 1 - a_\sigma(g_\sigma \sigma) + b_\sigma(g_\sigma \sigma)^2 \tag{11.171}$$

这里 a_σ、b_σ 为新参数.利用这些有效介子质量,则可写出包含介子结构效应的有效介子拉氏密度部分,在平均场近似下为[485]

$$\mathcal{L}_{\text{meson}}^{(\mathrm{II})} = -\frac{1}{2}\left[(\nabla \sigma(r))^2 + m_\sigma^{*2}(r)\sigma(r)^2\right] + \frac{1}{2}\left[(\nabla \omega(r))^2 + m_\omega^{*2}(r)\omega(r)^2\right]$$

$$+ \frac{1}{2}\left[(\nabla b(r))^2 + m_\rho^{*2}(r)b(r)^2\right] + \frac{1}{2}(\nabla A(r))^2 \tag{11.172}$$

将它代入(11.165)式所得到的拉氏密度 $\mathscr{L}_{\text{QMC-II}}$ 同时包含了核子结构和介子结构的效应,它所描述的模型称为 QMC-II 模型.

在低密时,矢量介子质量可如核子质量一样展开.类似于(11.168)—(11.170)式的讨论,可得到

$$m_v^* = m_v - \frac{3}{2} g_\sigma \Gamma_{v/\text{N}} \sigma - \frac{1}{3} g_\sigma \Gamma_{v/\text{N}} C_v'(0) \sigma^2 + \cdots \tag{11.173}$$

这里 $C_v(\sigma) = S_v(\sigma)/S_v(0)$,因子 $\Gamma_{v/\text{N}}$ 定义为 $S_v(0)/S_\text{N}(0)$,$S_v(\sigma)$ 是矢量介子中的夸克-标量密度.

11.8.2 QMC 模型对核物质的描述及与 QHD 的联系

在 QMC 模型中[480—485],核物质由通过交换标量介子(σ)和矢量介子(ω、ρ)而束缚在一起的核子袋的平均场描述.假设核物质($N \neq Z$)是均匀分布的且介子可用平均场近似处理.设对 σ、ω(时间分量)和 ρ(同位旋第三方向的时间分量)的平均值为 $\bar{\sigma}$、$\bar{\omega}$ 和 $\bar{b}$.核子由定态球形 MIT 袋模型描述.袋内的夸克(这里只考虑 u、d 夸克)与平均场相互作用,它们的运动方程为

$$\left[\text{i} \gamma \cdot \partial - (m_\text{q} - g_\sigma^\text{q} \bar{\sigma}) - \gamma^0 \left(g_\omega^\text{q} \bar{\omega} + \frac{1}{2} \tau_\text{q}^3 g_\rho^\text{q} \bar{b} \right) \right] \psi_\text{q} = 0 \tag{11.174}$$

这里 g_σ^q、g_ω^q 和 g_ρ^q 为夸克-介子耦合常数,m_q 为裸夸克质量,τ^3 为 Pauli 矩阵第三分量.归一化的夸克基态波函数可写为

$$\psi_\text{q}(\boldsymbol{r}, t) = N_\text{q} \exp\left(-\frac{\text{i} \epsilon_\text{q} t}{R} \right) \begin{pmatrix} j_0(x_\text{q} r/R) \\ \text{i} \beta_\text{q} \boldsymbol{\sigma} \cdot \hat{\boldsymbol{r}} j_1(x_\text{q} r/R) \end{pmatrix} \frac{\chi_\text{q}}{\sqrt{4\pi}} \tag{11.175}$$

这里

$$\left. \begin{aligned} \epsilon_\text{q} &= \Omega_\text{q} + R \left(g_\omega^\text{q} \bar{\omega} \pm \frac{1}{2} g_\rho^\text{q} \bar{b} \right) \\ N_\text{q}^{-2} &= \frac{2 R^3 j_0^2(x_\text{q}) [\Omega_\text{q}(\Omega_\text{q} - 1) + R m_\text{q}^*/2]}{x_\text{q}^2} \\ \beta_\text{q} &= \left(\frac{\Omega_\text{q} - R m_\text{q}^*}{\Omega_\text{q} + R m_\text{q}^*} \right)^{1/2} \end{aligned} \right\} \tag{11.176}$$

其中 $\Omega_q = \sqrt{x_q^2 + (Rm_q^*)^2}$，$\chi_q$ 为夸克旋量，m_q^* 为有效夸克质量（对 u、d 夸克）：

$$m_q^* = m_q - g_\sigma^q \bar{\sigma} \tag{11.177}$$

x_q 为本征值，它由线性边界条件 $j_0(x_q) = \beta_q j_1(x_q)$ 确定.

利用核子的 $SU(6)$ 波函数，可得到核子能量

$$E_N = \begin{cases} \left\langle p \left| E_{bag}^N + 3g_\omega \bar{\omega} + \dfrac{1}{2} g_\rho \bar{b} \sum_q \tau_q^3 \right| p \right\rangle = E_{bag}^N + 3g_\omega \bar{\omega} + \dfrac{1}{2} g_\rho \bar{b}, & \text{对质子} \\[4mm] \left\langle n \left| E_{bag}^N + 3g_\omega \bar{\omega} + \dfrac{1}{2} g_\rho \bar{b} \sum_q \tau_q^3 \right| n \right\rangle = E_{bag}^N + 3g_\omega \bar{\omega} - \dfrac{1}{2} g_\rho \bar{b}, & \text{对中子} \end{cases} \tag{11.178}$$

这里

$$E_{bag}^N = \frac{\sum\limits_q n_q \Omega_q - z_N}{R} + \frac{4}{3}\pi B R^3 \tag{11.179}$$

其中 B 为袋常数，z_N 是考虑了零点运动等修正的唯象参量，n_q 是袋中的夸克数. 考虑了袋中质心运动伪态修正后，一个静止核子的质量为

$$M_N = \left[(E_{bag}^N)^2 - \sum_q n_q (x_q/R)^2 \right]^{1/2} \tag{11.180}$$

核介质中的有效质量 M_N^* 由 M_N 相对于 R 的最小值给出. 考虑核子的 Fermi 运动（由核子袋运动引起），则在核密度为 ρ_N 的核介质中的每个核子的总能量为

$$\frac{E_{tot}}{A} = \frac{2}{\rho_B (2\pi)^3} \left(\int^{k_{Fp}} + \int^{k_{Fn}} \right) dk \sqrt{M_N^{*2} + k^2}$$

$$+ \frac{m_\sigma^2}{2\rho_B} \bar{\sigma}^2 + \frac{g_\omega^2}{2m_\omega^{*2}} \rho_B + \frac{g_\rho^2}{8m_\rho^{*2}\rho_B} \rho_3^2 \tag{11.181}$$

这里 $\rho_B = \rho_p + \rho_n$，$\rho_3 = \rho_p - \rho_n$，k_{Fp} 和 k_{Fn} 分别是质子和中子的 Fermi 运动，$k_{Fj}^3 = 3\pi\rho_j$，$g_\omega = 3g_\omega^q$，$g_\rho = g_\rho^q$. m_ρ^* 和 m_ω^* 分别是介质中的有效 ρ 介子和有效 ω 介子的质量. 由标量场的自洽条件 $(\partial E_{tot}/\partial \bar{\sigma})_{R,\rho_B} = 0$ 给出

$$\bar{\sigma} = -\frac{2}{(2\pi)^3 m_\sigma^2} \left[\sum_{j=p,n} \int^{k_{Fj}} dk \frac{M_j^*}{\sqrt{M_j^* + k^2}} \right] \left(\frac{\partial M_N^*}{\partial \bar{\sigma}} \right)_R + \cdots \tag{11.182}$$

这里 "$+\cdots$" 指包含 $(\partial m_{meson}^*/\partial \bar{\sigma})$ 项. 利用方程（11.177）、（11.178）可得到

$$\left(\frac{\partial M_{\rm N}^*}{\partial \bar{\sigma}}\right)_R = - g_\sigma C_{\rm N}(\bar{\sigma}) \tag{11.183}$$

其中

$$C_{\rm N}(\bar{\sigma}) = \frac{E_{\rm bag}^{\rm N}}{M_{\rm N}^*}\left[\left(1 - \frac{\Omega_{\rm q}}{E_{\rm bag}^{\rm N}R}\right)S_{\rm N} + \frac{m_{\rm q}^*}{E_{\rm bag}^{\rm N}}\right] \left.\right\}$$

$$S_{\rm N} = \int_R {\rm d}\mathbf{r}\, \bar{\psi}_{\rm q}\psi_{\rm q} = \frac{\Omega_{\rm q}/2 + Rm_{\rm q}^*(\Omega_{\rm q} - 1)}{\Omega_{\rm q}(\Omega_{\rm q} - 1) + Rm_{\rm q}^*/2} \tag{11.184}$$

我们看到,核介质中核子的总能量表达式 $E_{\rm tot}$ 是与 QHD‐Ⅱ 模型下的结果相同的. 而核子的夸克结构的效应完全通过有效核子质量和 σ 场的自洽条件中的标量密度因子 $C_{\rm N}(\bar{\sigma})$ 反映出来. 对 QHD 模型的平均场近似情况 $C_{\rm N}(\bar{\sigma}) = 1$. 由此可通过每核子能量和 σ 场的自洽条件给出 QMC 模型与 QHD 模型在平均场近似下的联系[482]:

$$\left(\frac{\partial M_{\rm N}^*}{\partial \bar{\sigma}}\right)_R = \begin{cases} - g_\sigma, & \text{对 QHD} \\ - g_\sigma C_{\rm N}(\bar{\sigma}), & \text{对 QMC} \end{cases} \tag{11.185}$$

要指出的是,$C_{\rm N}(\bar{\sigma})$ 远小于 1 并强烈依赖于核密度——当 $\rho_{\rm B}$ 增加时 $C_{\rm N}(\bar{\sigma})$ 减小,这反映了夸克结构效应.

QMC 模型与 QHD 模型间的联系可以用公式化的形式更明显地表示. 这可通过重新定义 QMC 的标量场来实现,即将 (11.167) 式写为 $g_0\phi(\sigma) = M_{\rm N} - M_{\rm N,QMC}^*(\sigma)$. 然后展开 $\phi(\sigma) = \sigma - b\sigma^2 + O(\sigma^3)$,可得到 $\sigma(\phi) = (1 - \sqrt{1 - 4b\phi})/(2b)$. 将此代入标量 σ 场对能量贡献的部分 $U_{\rm s}(\phi) = \frac{1}{2}m_\sigma^2\sigma(\phi)^2$ 并作 Taylor 级数展开,则可得到下述形式:

$$U_{\rm s}(\phi) = \frac{1}{2}m_\sigma^2\phi^2 + \frac{\kappa}{6}\phi^3 + \frac{\lambda}{24}\phi^4$$

这就是相对论平均场中的标量势. 这样,由重新定义 QMC 的标量场,就可以将夸克‐介子耦合图像变换为具有非线性标量势的 QHD 模型. 不过,在 QHD 模型中系数 κ、λ 是唯象地确定的,而在 QMC 模型变换得到的 QHD 模型中,参数 κ、λ 可由 QMC 模型估算得到,这些参数也反映了介质中核子的夸克结构效应. QMC 模型与 QHD 模型的主要差别就在于 QMC 模型中的核子不是点粒子而是包含 3 个夸克的袋(或禁闭势).

11.8.3　核物质的饱和性和不可压缩性

核物质是指由质子和中子按一定密度组成的空间均匀的无穷大相互作用体系,可以看作最简单的核多体系统,能近似地反映重核内部状态.实验数据表明,核物质具有两个基本特性:饱和性和不可压缩性.前者与实验观测的每个核子平均结合能近似为常数值相联系,说明核子间的相互作用力具有饱和性;后者联系这样的观测事实:原子核的体积近似地正比于核子数,即核物质密度近似为常数,表明原子核是不可压缩的.实验上由有限核性质外推得到的对称核物质中每个核子的平均结合能为 $E/B - M_N = (-16 \pm 1)\,\mathrm{MeV}$,核物质的饱和密度为 $\rho_0 = (0.17 \pm 0.02)\,\mathrm{fm}^{-3}$,饱和核物质的不可压缩系数为 $K = 200\text{—}300\,\mathrm{MeV}^{[490]}$,对称能为 $33.2\,\mathrm{MeV}$.

现在我们用 QMC 模型来讨论无穷大核物质的性质.由于均匀物质分布,此时介子场源为常数并与核子 Fermi 动量 k_F 相关:

$$\rho_s = \frac{4}{(2\pi)^3}\int \mathrm{d}k\,\theta(k_F - k)\,\frac{M_N^*}{\sqrt{M_N^{*2} + k^2}} \tag{11.186}$$

这里 k_F 与核物质密度的关系为 $\rho_B = 2k_F^3/(3\pi^2)$,核子的有效质量 M_N^* 在给定核密度处为常数.介子场的平均值为

$$\omega = \frac{g_\omega \rho_B}{m_\omega^2} \tag{11.187}$$

$$\sigma = \frac{g_\sigma}{m_\sigma^2}C_N(\sigma)\,\frac{4}{(2\pi)^3}\int \mathrm{d}k\,\theta(k_F - k)\,\frac{M_N^*}{\sqrt{M_N^{*2} + k^2}} \tag{11.188}$$

这里采用 MIT 袋模型描写核子,首先由拟合自由核子质量决定自由袋半径为 R_N 时的袋常数 B 和参数 z_0.例如对 $m_q = 5\,\mathrm{MeV}$,$R_N = 0.8\,\mathrm{fm}$,拟合得到 $B^{1/4} = 170\,\mathrm{MeV}$,$z_0 = 3.295$.利用每核子总能量表达式(11.181)拟合核物质饱和密度处的每核子束缚能可确定耦合常数 g_σ 和 g_ω,进而由拟合对称能得到 g_ρ.由此可计算饱和密度下平衡核物质的压缩系数 K.在表 11.7 中列出了参数为 $R_N = 0.8\,\mathrm{fm}$,$m_q = 5\,\mathrm{MeV}$、$m_\sigma = 550\,\mathrm{MeV}$、$m_\omega = 783\,\mathrm{MeV}$、$m_\rho = 770\,\mathrm{MeV}$ 时在核物质饱和密度处 QMC 模型的计算结果,其中 $\delta R_N^*/R_N$ 为袋半径的相对改变,$\delta r_q^*/r_q$ 为由夸克波函数计算得到的核子均方根半径的相对变化.这些计算结果表明,QMC 模型给出的压缩系数 K 基本上在实验数据范围,QMC-II 模型给出的 K 值比 QMC-I 模型的要高,但仍低于 QHD 模型的.在 QMC-I(II)模型中袋常数是不变的,袋常数随核介质密度而变化的 QMC 模型称为修改的 QMC 模型(MQMC)$^{[491\text{—}493]}$.在表 11.7 中同时列出了 MQMC 模型中取 $B/B_0 = 0.73(m_q = 0$,其他参数与用 QMC 模型计算时相同)时的计算结果$^{[491]}$.

表 11.7　在饱和核密度处对称核物质性质的模型计算

模　　型	$g_\sigma^2/(4\pi)$	$g_\omega^2/(4\pi)$	$g_\rho^2/(4\pi)$	M_N^* (MeV)	K (MeV)	$\delta R_N^*/R_N$	$\delta r_q^*/r_q$
QMC-I[481]	20.6	1.02	5.01	850	205	−0.02	0.02
QMC-I[494]	5.40	5.31	0	755	280	−0.02	0.02
QMC-II[485]	3.84	2.70	5.54	801	328	−0.01	0.02
MQMC[491]	6.20	2.88	0	798	289	0.08	0.10
QHD[479]	7.29	10.8	2.93	522	540	—	—

核物质的性质是各种核多体理论探讨的基本课题. 采用非相对论的多体方法如 Brueckner-Bethe-Goldstone 形式[495]等对核物质性质进行研究表明,唯象的三体力对符合核物质饱和密度处的经验束缚能值和不可压缩性是十分关键的. 采用相对论 Dirac-Brueckner 途径可计算得到合理的对称核物质的饱和性质及随密度增加而减少的有效耦合常数[496]. QHD 模型是研究核多体问题的有效途径,但计算得到的饱和核物质的压缩系数 K 明显大于经验值. 应用夸克-介子耦合图像的计算表明(见表 11.7),QMC 和 MQMC 模型能相当好地描述对称核物质的饱和性(拟合)和不可压缩性,所得到的压缩系数 K 明显地改善了类点核子的 QHD 途径的计算结果,其基本原因在于 QMC 模型中的核子的夸克结构效应:由于夸克-σ 标量耦合,在核物质中核子的内部结构相比自由状态时发生了变化. 特别是 σ 介子交换引起的吸引力减小了核物质中的夸克质量,这导致禁闭夸克波函数的小分量增强,从而使在核物质环境的核子中夸克标量密度(σ 场的源)比自由情况要减小或者说标量极化,后者又能导致核物质中的 σ-N 耦合减小. 结果使 QMC 模型给出合理的核物质的压缩系数 K. 这也提供了解释核物质的饱和性和不可压缩性的新机制,这里核子的夸克结构担任关键的角色[480]. 这里还要指出的是,QMC 模型的哈密顿量作非相对论约化可导致非相对论多体理论中的有效多体力(包括三体力)(见 11.8.7 小节的讨论),这也解释了包含唯象三体力的非相对论多体理论能合理描述核物质性质的基本原因.

11.8.4　核介质中的强子质量和性质变化

在 QMC 模型中,核介质中核子的有效质量已由(11.167)式定义,在低密情况由(11.170)式表示. 矢量介子在核介质中的有效质量公式由(11.173)式给出. 它们可写成普遍的形式并推广到包括核介质中其他强子的有效质量[485]:

$$M_j^* = M_j + \left(\frac{\partial M_j^*}{\partial \sigma}\right)_{\sigma=0} \sigma + \frac{1}{2}\left(\frac{\partial^2 M_j^*}{\partial \sigma^2}\right)_{\sigma=0} \sigma^2 + \cdots$$

$$\approx M_j - \frac{n_q}{3} g_\sigma \Gamma_{j/N} \sigma - \frac{n_q}{6} g_\sigma \Gamma_{j/N} C_j'(0) \sigma^2 \qquad (11.189)$$

这里 j 指 N、ω、ρ、Λ、Σ、Ξ 等，n_q 表示强子 j 中的非奇异轻夸克数，$\Gamma_{j/N} = S_j(0)/S_N(0)$，$C_j(\sigma) = S_j(\sigma)/S_j(0)$，其中 S_j 是强子 j 中的夸克-标量密度，$C_j(\sigma)$ 为标量密度比率. 数值计算表明 $C_j(\sigma)$ 有近似的线性关系

$$C_j(\sigma) \approx 1 - a_j \times (g_\sigma \sigma) \qquad (11.190)$$

其中 a_j 是对强子 j 的斜率参数，它的值在 $(8.6\text{—}9.5) \times 10^{-4}\,\mathrm{MeV}^{-1}$ 范围. 忽略 a_j 与 j 间弱的依赖关系，并取 $\Gamma_{j/N} = 1$，则介质中强子有效质量可简单地表示为

$$M_j^* \approx M_j - \frac{n_q}{3} g_\sigma \left[1 - \frac{a}{2}(g_\sigma \sigma)\right] \sigma \qquad (11.191)$$

这里 $a \approx 9.0 \times 10^{-4}\,\mathrm{MeV}^{-1}$ 为 a_j 的平均值. (11.191)式可相当好地描述 ρ_B 至 $3\rho_0$ 范围的有效强子质量变化.

对介质中标量平均场强度的数值计算表明，在小密度时它可近似地表达为密度的线性函数：

$$g_\sigma \sigma \approx 200(\mathrm{MeV}) \frac{\rho_B}{\rho_0} \qquad (11.192)$$

从(11.191)式和(11.192)式得到

$$\frac{M_N^*}{M_N} \approx 1 - 0.21 \frac{\rho_B}{\rho_0}, \quad \frac{m_v^*}{m_v} \approx 1 - 0.17 \frac{\rho_B}{\rho_0} \qquad (11.193)$$

和

$$\frac{M_\Lambda^*}{M_\Lambda} \approx 1 - 0.12 \frac{\rho_B}{\rho_0}, \quad \frac{M_\Sigma^*}{M_\Sigma} \approx 1 - 0.11 \frac{\rho_B}{\rho_0} \qquad (11.194)$$

由(11.191)式可导出强子质量间的简单标度关系：

$$\frac{\delta m_v^*}{\delta M_N^*} \approx \frac{\delta M_\Lambda^*}{\delta M_N^*} \approx \frac{\delta M_\Sigma^*}{\delta M_N^*} \approx \frac{2}{3}, \quad \frac{\delta M_\Xi^*}{\delta M_N^*} \approx \frac{1}{3} \qquad (11.195)$$

这里 $\delta M_j^* = M_j - M_j^*$，因子 2/3 和 1/3 来自强子中非奇异夸克数与核子中夸克数之比率.

类似地，QMC 模型可用来计算核介质中核子的轴矢量耦合常数 g_A^*、质子磁矩 μ_N^*

与核密度的依赖关系,在小密度时它们可近似地写为[481]

$$\frac{g_A^*}{g_A} \approx 1 - 0.09\frac{\rho_B}{\rho_0}, \qquad \frac{\mu_N^*}{\mu_N} \approx 1 + 0.1\frac{\rho_B}{\rho_0} \tag{11.196}$$

在给出这些表达式时取 $x_0 = 2.01, R_N = 0.8$ fm,并略去了袋半径在介质中的变化. 不过,g_A^* 和 μ_N^* 的完整结果还必须考虑到介质中介子交换流的贡献.

图 11.11 给出了由 QMC-II 模型计算得到的对称核物质中有效核子质量与自由核子质量之比随密度的变化. 图中点线、实线和虚线分别为三组不同耦合常数的计算结果. 这三组参数分别给出核物质饱和密度处的压缩系数 $K = 325$ MeV,382 MeV,433 MeV (点线对应的参数见表 11.7). QMC-I 模型的相应结果比图中的点线更软些. 这从表 11.7 中有效核子质量在饱和核密度处的值可以看出. 相反,由 QHD 模型得到的 M_N^* 随核密度增加而下降得更快. 需要指出的是,QMC 模型与 QHD 模型引起强子在核介质中质量减小的机制是完全不同的. 在 QHD 中由于真空极化产生核子-反核子对是引起质量减小的根本原因[481]. 考虑了强子的结构后,这些对的产生将被抑制. 在 QMC 模型中,核介质中核子质量的减小起因于核介质中核子结构的变化——核介质里有效核子质量中的标量极化.

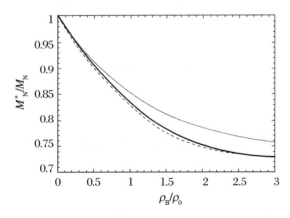

图 11.11 由 QMC-II 模型计算给出的对称核物质中有效核子质量与自由核子质量之比随核密度的变化(取自文献[485])

在以上的 QMC 模型平均场近似计算中,描述核子和介子结构的 MIT 袋模型的袋常数 B 由拟合自由核子质量固定下来,我们不再考虑它在介质中的变化,这导致核子(袋)半径在核介质中的变化很小(表 11.7). 轻子-核深度非弹的 EMC 效应(见 5.2 节的讨论)显示出核环境引起核子内部结构发生畸变. 这意味着在核介质中核子袋的袋常数会发生变化. 由此而提出的 MQMC 模型[491—493]考虑了介质中的袋常数对核介质密度的依赖,描述的方法是用袋常数与标量场的直接耦合：

$$\frac{B}{B_0} = \left(1 - g_\sigma^B \frac{4}{\delta} \frac{\bar{\sigma}}{M_N}\right)^\delta \tag{11.197}$$

或用介质中袋常数与质量相联系的标度关系：

$$\frac{B}{B_0} = \left(\frac{M_N^*}{M_N}\right)^\kappa \tag{11.198}$$

这里 g_σ^B、δ 和 κ 都是正的实参数，$\bar{\sigma}$ 为标量平均场.

在 MQMC 模型中，介质中有效核子质量 M_N^* 和袋常数是在选定参数 g_σ^B、δ 和 κ 后由自洽计算决定的. 计算结果表明，袋常数在核介质中明显变小. 在饱和核密度 $\rho_N = \rho_0$ 处，计算得到 $B/B_0 \approx 35\%$—40%，$M_N^*/M_N \sim 0.72$ 及 $U_V/M_N \sim 0.21$，这里 $U_V = 3g_\omega^q \bar{\omega}$，而 $\bar{\omega}$ 为矢量平均场[491]. 由于出现在类点核子的波动方程中的等效标量势和矢量势基本上为 $M_N^* - M_N$ 和 U_V，这些不同于原 QMC 模型的结果表明核介质中的核子的大的和相消的标量势与矢量势，这也意味着有强的自旋-轨道势，由此可再现相对论核唯象的基本特征[497]，也与有限密度情况的 QCD 求和规则计算结果相吻合[281]. 同时，袋常数的降低使得袋的压力减小，从而使核介质中的核子袋半径增大. 在饱和核密度处当 $B/B_0 \approx 35\%$—40% 时，袋半径比自由空间情况增加 25%—30%，意味着核子在核介质饱和密度处明显"发胖". 但相应的核物质的压缩系数也增大，例如用标度关系(11.198)式取 $R_N = 0.8$ fm 计算得到相应于 $B/B_0 = 36\%$ 的核物质压缩系数 $K = 543$ MeV 明显地大于经验值，此时(11.198)式中的参数 $\kappa = 3.1$. 列在表 11.7 中的 MQMC 计算值是取 $R_N = 0.8$ fm，$\kappa = 2$ 的结果. 从文献[491]的计算中看到，在用(11.197)式或(11.198)式考虑到介质中袋常数随介质密度变化来研究核物质性质时，如何选取适当的参数 g_σ^B、δ 和 κ 是需要讨论的.

Liu 等利用基于整体色对称模型的 Dyson-Schwinger 方程途径计算了袋常数、核子半径和质量的密度依赖关系[240,241]. 袋常数 B 定义为袋内外能量密度差 $B = U(0,0) - U(1,0)$，这里 $U(\sigma,\pi) \equiv U(x)$ 为总能量函数(8.37)式中的相互作用势能，并按非拓扑孤粒子假设在核子袋内 $\sigma = \pi = 0$，袋外的真空组态相应取 $\sigma = 1, \pi = 0$. 在核介质中，核子袋的袋常数定义为[240]

$$
\begin{aligned}
B &= U(0,0) - U(1,0) \\
&= 12 \int \frac{\mathrm{d}^4 p}{(2\pi)^4} \left\{ \ln\left[\frac{A^2(\tilde{p}) \boldsymbol{p}^2 + C^2(\tilde{p}) \tilde{p}_4^2 + B^2(\tilde{p})}{A^2(\tilde{p}) \boldsymbol{p}^2 + C^2(\tilde{p}) \tilde{p}_4^2}\right] \right. \\
&\quad \left. - \frac{B^2(\tilde{p})}{A^2(\tilde{p}) \boldsymbol{p}^2 + C^2(\tilde{p}) \tilde{p}_4^2 + B^2(\tilde{p})} \right\}
\end{aligned} \tag{11.199}
$$

这里函数 $A(\tilde{p})$、$B(\tilde{p})$、$C(\tilde{p})$ 的定义见 (10.129) 式. 由此, 袋常数、核子质量和核子半径的密度依赖是通过 Dyson-Schwinger 方程 (10.129) 的自洽求解而得到的. 计算结果表明, 在 $\rho/\rho_0 < 4$ 的范围中 $B(\rho)/B_0$ 的变化很小 (见文献 [240] 第 2 篇文章图 1); 如果取 $C(\tilde{p}) = 0$, 即相当于 Fermi 气体模型, 则在 $\rho = \rho_0$ 处 $B(\rho)/B_0 \approx 0.72$ (见文献 [240] 第 1 篇文章图 1), $M_N^*/M_N \approx 0.85$, 这些都没有 MQMC 模型的计算结果那样随密度变化迅速. 这条途径的自洽计算结果可对 MQMC 模型中假设的袋常数模型 (11.197) 和 (11.198) 的参数的选定提供合理的约束. 在 MQMC 模型中由模型 (11.198) 给出 $B/B_0 = 0.73$ 时参数 $\kappa = 2$, 计算得到饱和核密度处 $M_N^*/M_N \approx 0.85$, 核子半径比自由核子情况增大 10% (表 11.7).

在夸克-介子耦合图像用组分夸克模型描述核子结构的夸克-介子平均场模型 (QMF) 计算 [488] 中, 饱和核密度处 $M_N^*/M_N = 0.63$, 核子半径增加 5%—9%, 即核子在核介质中的 "发胖" 程度相当于 MQMC 模型中选择参数 $\kappa < 2$ 的结果.

研究核介质中强子质量变化的方法除了上述模型和途径, 还有其他模型和有效场论途径 [498—504]. 这里我们对其中有关核介质中介子质量的研究作一些讨论.

Hatsuda 和 Lee 根据 QCD 求和规则计算 [503] 得到了核介质中矢量介子的改变为 ($v = \omega, \rho$)

$$\frac{m_v^*}{m_v} \approx 1 - \alpha_v \frac{\rho_B}{\rho_0} \quad (\alpha_v = 0.18 \pm 0.054) \tag{11.200}$$

而 Klingl 等 [504] 利用 QCD 求和规则计算得到类似的结果:

$$\frac{m_{\omega,\rho}^*}{m_{\omega,\rho}} \approx 1 - (0.16 \pm 0.06) \frac{\rho_B}{\rho_0} \tag{11.201}$$

这些结果与 QMC 模型的计算结果十分相似. 这表明, 这些不同的理论途径计算预言在核物质中矢量介子质量下移. 但建立在核多体效应基础上的模型计算预言 ρ 介子的宽度会随密度增加而加宽 [505,506] 而不会出现明显的质量下移, 或对 ρ 介子和 ω 介子有不同的介质修正机制 [507]. 因此, 对矢量介子在核介质中质量变化的实验观测令人感兴趣.

近来, 多个实验组相继报告了对矢量介子在核介质中质量变化的观测结果. 实验观测通过下述两类相互作用过程进行: 基本的 $\gamma + A$ 或 $p + A$ 反应过程, 用以研究低密冷核物质中介子性质变化; 核-核碰撞过程, 用以研究较高重子密度 (但 $T \neq 0$) 核物质中介子性质变化. 前者的反应机制和生成的介质状态较清楚, 因而易对结果作出理论解释. 后者产生的信号所表示的是对整个密度和温度强烈变动的反应的时空演化的积分, 因而应用介质修改效应解释实验数据也复杂.

在 KEK, 通过测量 12 GeV $p + A$ 反应产生 $e^+ e^-$ 对的不变质量谱, KEK – PS 合作组

声称观测到介质修正的矢量介子的不变质量减小 $\alpha_v = 0.09 \pm 0.002$，$\phi$ 介子质量减小 3.4% 和宽度移动 3.6[508,509]. 在 ELSA，通过分析反应 $\gamma + A(Nb\ 靶) \rightarrow \omega + X \rightarrow \pi^0 \gamma + X'$ 研究 ω 介子的介质修正，观测到在 $0.6\rho_0$ 密度时介质中的 ω 介子质量约为 722 MeV，比 $m_\omega = 783$ MeV 有明显下移[510]. 最近，JLab 的 CLAS 合作组研究了各种核(^{2}H、C、Fe 和 Ti)的矢量介子光产生，观测了矢量介子 ρ、ω 和 ϕ 衰变到 e^+e^- 对的不变质量谱[511]，对 Fe － Ti 靶(等效密度 $\rho_B \approx 0.5\rho_0$)得到相应于(11.200)式中矢量介子的修改参量 $\alpha_v = 0.02 \pm 0.02$(可信度为 95% 的最大上限为 $\alpha_v = 0.053$). 这个观测结果表明矢量介子在核介质中没有明显的质量变更，但介子宽度有些加宽[511]. 这与文献[505,506]的计算所预言的结果一致，但与一些理论预言 $\alpha_v = 0.16 \pm 0.06$ 明显不符，同时也与 KEK 的类似实验观测结论明显不同. 解决 ρ 介子的观测矛盾需要进一步详细分析比较 JLab 和 KEK 的数据及反应过程. 而 ρ、ω 和 ϕ 介子在介质中的行为差别起因于它们的同位旋矢量和标量特性导致的与核介质耦合不相同.

实验上最早指出 ρ 介子可能存在介质修正迹象的报告是在 CERN 测量 p － Au 和 Pb － Au 碰撞产生的低质量 e^+e^- 对给出的[534]. 最近，CERN 的 CERES 报告了 Pu + Au 碰撞(在 158A GeV)[535]并与理论计算[536]作比较的结果，发现 ρ 介子谱函数加宽并可以用考虑了 ρ 介子与重子耦合的模型[536]拟合数据. NA60 合作组报告了在 In － In 碰撞(在 158A GeV)中产生的双轻子观测结果，指出 ρ 介子有强的介质加宽但没有明显的质量变更[537]. 在表 11.8 中概括了不同实验室(合作组)报告的轻矢量介子的介质修改的观测结果.

表 11.8　不同实验室(合作组)报告的轻矢量介子的介质修改

实验室(组)	ρ		ω		ϕ	
	$\Delta m/m$	$\Gamma_m(\rho_0)/\Gamma_m$	$\Delta m/m$	$\Gamma_m(\rho_0)/\Gamma_m$	$\Delta m/m$	$\Gamma_m(\rho_0)/\Gamma_m$
KEK	-9%	≈ 1	-9%	≈ 1	-3.4%	3.6
JLab	≈ 0	>1				
ELSA			-14%	≈ 10		
NA60	≈ 0	$\gg 1$				
CERES		>1				

其中 $\Gamma_m(\rho_0)/\Gamma_m \approx 1, >1, \gg 1$ 分别指宽度基本不变、稍微加宽和强的加宽.

11.8.5　QCD 凝聚在核介质中的变化

轻夸克的质量生成及相应轻强子的质量来源是 QCD 理论的基本问题之一. 理论上

普遍认同的观点是,低能标度核子等轻强子的质量起因于 QCD 真空的特性:QCD 真空出现夸克、胶子凝聚并由此导致手征对称性的自发(动力学)破缺和禁闭唯象.但它们间的相互作用及如何生成强子质量仍是未解决的问题.除了从 QCD 理论出发探讨这些基本问题,通常可从与实验观测相联系的两个方面对轻强子质量生成问题进行唯象研究:对轻强子质量谱包括它们的衰变作系统研究;研究高温、高密环境下强子质量等性质的变化,在这样的环境下 QCD 的真空结构将发生变化,由此可期望在介质中核子等轻强子的谱性质和 QCD 凝聚会发生可观测到的明显变化[512,513].

我们已在 7.4.2 小节利用 Dyson-Schwinger 方程途径研究了动力学手征对称性破缺与夸克凝聚间的关系,在 10.9.1 小节和 10.9.2 小节应用 Dyson-Schwinger 方程途径分别讨论了有限温度和有限密度情况的退禁闭与动力学手征对称性恢复问题,又在前一小节用 QMC 模型讨论了零温度情况下核介质中强子质量的变化及其实验观测.在这里,我们将用 QMC 模型及其他途径讨论介质中 QCD 凝聚(主要是夸克凝聚)的变化.

首先,我们从一般的有限温度、有限密度情况的 QCD 理论出发研究介质中夸克凝聚与自由空间夸克凝聚的比率.描写热平衡的强相互作用物质的 QCD 配分函数为

$$Z_{\text{QCD}}(V, T, \mu_{\text{q}}) = \text{Tr}\, e^{-(H_{\text{QCD}} - \mu_{\text{q}} N_{\text{q}})/T} \tag{11.202}$$

这里 N_{q} 和 $\mu_{\text{q}} = \mu/3$ 分别指夸克数算符和夸克化学势,H_{QCD} 是由 QCD 拉氏量(1.32)式导出的 QCD 哈密顿量.在热力学极限下体系的 Helmholtz 自由能为

$$\Omega(T, \mu) = -T \lim_{V \to \infty} \frac{\ln Z(V, T, \mu)}{V} \tag{11.203}$$

在平衡体系中,物质中的夸克凝聚定义为

$$Q(T, \mu) \equiv \langle \bar{q}q \rangle(T, \mu) = \frac{\partial \Omega_{\text{QCD}}(T, \mu)}{\partial m_{\text{q}}} \tag{11.204}$$

这里 m_{q} 指流夸克质量.利用此式并结合 Gell-Mann-Oakes-Renner(GMOR)关系

$$m_\pi^2 f_\pi^2 = -(m_{\text{u}} + m_{\text{d}})\langle \bar{q}q \rangle = -2m_{\text{q}} Q_0 \tag{11.205}$$

则介质中的夸克凝聚与自由空间的夸克凝聚之比可表示为存在的物质中所有强子激发之和[514]:

$$\frac{Q(T, \mu)}{Q_0} = 1 - \sum_h \frac{\Sigma_h \rho_h^s(T, \mu)}{f_\pi^2 m_\pi^2} \tag{11.206}$$

其中

$$\Sigma_h = m_q \frac{\partial m_h}{\partial m_q} = m_q \langle h \mid \bar{q}q \mid h \rangle; \quad \rho_h^s(T, \mu_q) = \frac{\partial \widetilde{\Omega}(T, \mu)}{\partial m_h} \qquad (11.207)$$

这里 $\widetilde{\Omega}(T, \mu) = \Omega(T, \mu) - \Omega(0)$. 通常可将低温(小 T)和低密(小 μ)的强子物质看作一个热激发 π 介子的弱相互作用体系. 类似地在饱和核密度 μ_0 领域和低温的核物质行为近似地看作核子与 π 相互作用的稀薄气体. 在这一近似图像中, 利用手征微扰论计算(11.205)可导致如下模型独立的领头阶展开表示:

$$\frac{Q(T, \mu)}{Q_0} = 1 - \frac{T^2}{8f_\pi^2} - (0.3 \pm 0.05) \frac{\rho(\mu)}{\rho(\mu_0)} + \cdots \qquad (11.208)$$

特别是当 $T = 0$ 时, 这个模型独立的结果至领头阶为

$$\frac{Q(\rho(\mu))}{Q_0} = 1 - (0.3 \pm 0.05) \frac{\rho(\mu)}{\rho(\mu_0)} \qquad (11.209)$$

另一方面, 夸克凝聚在介质中与在真空中的差别可通过 Hellman-Feynman 定理得到[516]:

$$Q(\rho_B) - Q(0) = \frac{1}{2} \frac{\partial \epsilon}{\partial m_q}$$

$$= \frac{\partial \epsilon}{\partial M_N^*} \frac{dM_N^*}{dm_q} + \sum_{j=\text{mesons}} \frac{\partial \epsilon}{\partial m_j^*} \frac{dm_j^*}{dm_q} + \sum_j \frac{\partial \epsilon}{\partial g_j} \frac{dg_j}{dm_q} + \cdots \qquad (11.210)$$

这里 $Q(\rho_B) = \langle \rho_B \mid \bar{q}q \mid \rho_B \rangle$ 为介质中夸克凝聚, $\epsilon = \rho_B E_{\text{tot}}$. 在 QMC 模型中, 利用自洽性条件, 可得到

$$\left. \begin{array}{l} \dfrac{\partial \epsilon}{\partial M_N^*} = \dfrac{1}{C_N(\bar{\sigma})} \left(\dfrac{m_\sigma}{g_\sigma}\right)^2 (g_\sigma \bar{\sigma}) \\[3mm] \dfrac{dM_N^*}{dm_q} = 3 C_N(\bar{\sigma}) \left(1 - \dfrac{dV_\sigma}{dg_q}\right) \\[3mm] \dfrac{dm_v^*}{dm_q} = 2 C_v(\bar{\sigma}) \left(1 - \dfrac{dV_\sigma}{dm_q}\right) \end{array} \right\} \qquad (11.211)$$

其中 $v = \omega$ 或 ρ, $V_\sigma = g_\sigma^q \bar{\sigma}$, C_v 是矢量介子情况下的夸克标量密度, 它由(11.184)式用矢量介子代替核子得到. 而 dm_σ / dm_q 可参数化为 $\sigma_N m_\sigma / (m_q M_N)$, 其中 σ_N 为核子的 σ 项 $(\sigma_N = 3 m_q C_N(0))$.

利用这些表达式及 GMOR 关系(11.24)式, 可导出如下关系[494]:

$$\frac{Q(\rho_B)}{Q_0} = 1 - \frac{\sigma_N}{m_\pi^2 f_\pi^2} \left(\frac{m_\sigma^*}{g_\sigma}\right)^2 (g_\sigma \sigma) \left[1 - \frac{1}{g_\sigma} \frac{dg_\sigma^q}{dm_q}(g_\sigma \sigma)\right]$$

$$- \frac{\sigma_N \rho_0}{6 S_N(0) m_\pi^{*2} f_\pi^2} \frac{\rho_B^2}{\rho_0} \left[\frac{\rho_0}{m_\omega^{*2}} \frac{\mathrm{d} g_\omega^2}{\mathrm{d} m_q} + \frac{\rho_0}{4 m_\rho^{*2}} (2 f_p - 1)^2 \frac{\mathrm{d} g_\rho^2}{\mathrm{d} m_q} \right] \qquad (11.212)$$

这里 $f_p = \rho_p / \rho_B$. 由此得到夸克凝聚对核介质密度的领头依赖关系:

$$\frac{Q(\rho_B)}{Q_0} \approx 1 - \frac{\sigma_N}{m_\pi^2 f_\pi^2} \left(\frac{m_\sigma}{g_\sigma} \right)^2 (g_\sigma \sigma) \qquad (11.213)$$

这个关系可约化为

$$\frac{Q(\rho_B)}{Q_0} \approx 1 - \frac{\sigma_N}{m_\pi^2 f_\pi^2} \rho_B \qquad (11.214)$$

这种形式是早前由 Drukarev 等[515]、Cohen 等[516] 和 Lutz 等[517] 给出的模型无关的关系式. 将 $m_\pi = 138\,\mathrm{MeV}, f_\pi \approx 93\,\mathrm{MeV}$ 及 σ_N 的经验值代入(11.213)式并采用 $\rho_0 = (0.17 \pm 0.02)\,\mathrm{fm}^{-3}$ 及单位换算 $1\,\mathrm{GeV}^{-1} = 0.197\,327\,\mathrm{fm}$,则得到

$$\frac{Q(\rho_B)}{Q_0} \approx 1 - \alpha_\sigma \frac{\rho_B}{\rho_0} \qquad (11.215)$$

这里 $\alpha_\sigma = 0.36 \pm 0.04$(若取 $\sigma_N \approx 45\,\mathrm{MeV}$),或 $\alpha_\sigma = 0.47 \pm 0.04$(若取 $\sigma_N \approx 67\,\mathrm{MeV}$). 可以看到,取 $\sigma_N \approx 45\,\mathrm{MeV}$ 时的结果与模型独立结果(11.209)一致. 在 QMC 模型中,对(11.212)式作数值计算或由 $Q(\rho_B)/Q_0$ 的数值计算结果用线性函数拟合低密度区结果, 可得到[481]

$$\frac{Q(\rho_B)}{Q_0} \approx 1 - 0.36 \frac{\rho_B}{\rho_0} \qquad (11.216)$$

与上述模型独立的结果相符. 由此得到强子质量在介质中与在自由空间中的比率与夸克凝聚比率间的近似关系(低密度情况):

$$\frac{M_{\mathrm{han}}^*}{M_{\mathrm{han}}} \approx 1 - 0.124 n_q \left(1 - \frac{Q(\rho_B)}{Q_0} \right) \qquad (11.217)$$

其中 n_q 为强子中的非奇异轻夸克数.

在低密度情况,在核物质中强子质量的变化与夸克凝聚间的关系也可以由综合(11.191)式和(11.213)式得到. 实际上,取(11.191)式的领头阶贡献

$$M_j^* \approx M_j - \frac{n_q}{3} (g_\sigma \sigma) \qquad (11.218)$$

并应用(11.212)式,则得到

$$\delta M_j^* - M_j - M_j^* \approx \frac{m_\pi^2 f_\pi^2}{\sigma_N}\left(\frac{g_\sigma}{m_\sigma}\right)^2 n_q\left(1 - \frac{Q(\rho_B)}{Q_0}\right)$$

$$\approx 200(\text{MeV}) \times n_q\left(1 - \frac{Q(\rho_B)}{Q_0}\right) \tag{11.219}$$

从上面的讨论可看到,介质中的夸克凝聚与真空中的夸克凝聚之比并不满足假设的标度定律 $Q(\rho_B)/Q_0 \approx (M_N^*/M_N)^{3\,[512]}$.

在核物质中的胶子凝聚已由 Cohen 等[516]通过应用 Hellmann-Feynman 定理和迹反常推导,预言了模型独立的核物质中胶子凝聚 $G(\rho_B) \equiv \left\langle \frac{\alpha_s}{\pi} G^a_{\mu\nu} G^{a\mu\nu} \right\rangle_{\rho_B}$ 至领头阶核密度的表达式

$$G(\rho_B) - G_0 \approx -\frac{8}{9}\left[\epsilon(\rho_B) - 2m_q(Q(\rho_B) - Q_0) - m_s(Q_s(\rho_B) - Q_{s0})\right] \tag{11.220}$$

这里 $\epsilon(\rho_B)$ 是核物质的能量密度,m_s 为奇异夸克质量,$Q_s(\rho_B)$ 和 Q_{s0} 分别为核物质和真空中的奇异夸克凝聚. 奇异夸克凝聚的变化可用自由核子中奇异夸克的含量 $S_q \equiv m_s\int d^3x\,(\langle N|\bar{s}s|N\rangle - \langle 0|\bar{s}s|0\rangle)$ 来表示:

$$m_s(Q_s(\rho_B) - Q_{s0}) = S_q\rho_B + O(\rho_B^2) \tag{11.221}$$

这里 S_q 可参数化表示为 $S_q = (m_s/m_q)\sigma_N y_s$,其中 y_s 由(11.108)式定义,其值为 $y_s \approx$ 0.22 —0.32(分别对应 $\sigma_N \approx 45$ MeV 和 69 MeV).

在密度很低时,$\epsilon(\rho_B)$ 可近似地展开为[479]

$$\epsilon(\rho_B) = M_N\rho_B\left[1 + \frac{3}{10M_N^2}\left(\frac{3\pi^2}{2}\right)^{2/3}\rho_B^{2/3}\right] + O(\rho_B^2) \tag{11.222}$$

其中等式右边第二项为非相对论 Fermi 气体能量. 利用(11.215)式、(11.220)式和(11.221)式估算得到核物质饱和核密度处的胶子凝聚值比它的真空值小 4%—5%.

此外,介质中的夸克凝聚随温度的变化也可通过有限温度下的 QMC 模型进行计算并与模型独立的结果(11.207)式作比较. Song 和 Su[518] 及 Panda 等[519]已将 QMC 模型推广到有限温度情况,并将其用于讨论核物质体系的液-气相变及中子星物质问题.

需要指出的是,上面的 QMC 模型计算结果基于这样的假设:平均地说,核子的夸克袋不相重叠,而夸克定域地耦合到平均的 σ 场、ω 场和 ρ 场. 因此所考虑的模型未考虑由袋的重叠引起的夸克间的短程关联. 在很高密度情况,这种短程关联将是十分重要甚至是起主要作用的. 但从这个简单的 QMC 模型计算可看到,核子的夸克结构在核

物理中可能担任十分重要的角色.为了得到可靠的结论,还需要对模型理论作进一步的改进和发展.

11.8.6　QMC 模型对有限核的描述

QMC 模型应用到有限核时的出发点与核物质情况一样,即用平均场描述由自洽交换 σ 介子、ω 介子和 ρ 介子而束缚着的互不重叠的核子袋体系,但在有限核情况中介子场随位置而变化.这个问题的普遍解是很难得到的.如果假定禁闭在核子袋内的夸克运动是高度相对论性的而核子袋的运动相对较缓慢,则夸克有足够的时间对着定域场(描述核子运动)调整其运动,使得它们处于最低能态.这时我们就可采用 Born-Oppenheimer 近似.我们可以在核子瞬时静止坐标(IRF)中求解袋方程,利用标准的 Lorentz 变换找到核静止坐标系中经典核子袋的能量和动量.在第一步求解的问题中介子场定域在"核子"(具有核子量子数的准粒子)中心.接着就可以用微扰论去修正介子场穿越核子袋的变化.

考虑核子的夸克结构,同时考虑到矢量介子(夸克-反夸克)结构,则在平均场近似下有限核的拉氏密度可写为(见(11.165)式、(11.172)式)[485]

$$\mathscr{L}_{\text{QMC-II}} = \overline{\psi}\Big[i\gamma \cdot \partial - M_N^* - g_\omega \omega(r)\gamma_0 - g_\rho \frac{\tau_3^N}{2} b(r)\gamma_0 - \frac{e}{2}(1 + \tau_3^N)A(r)\gamma_0 \Big]\psi$$
$$- \frac{1}{2}\Big[(\nabla\sigma(r))^2 + m_\sigma^{*2}\sigma(r)^2 \Big] + \frac{1}{2}\Big[(\nabla\omega(r))^2 + m_\omega^{*2}\omega(r)^2 \Big]$$
$$+ \frac{1}{2}\Big[(\nabla b(r))^2 + m_\rho^{*2}\sigma(r)^2 \Big] + \frac{1}{2}(\nabla A(r))^2 \tag{11.223}$$

这里 $A(r)$ 是 Coulomb 场,m_ω^*、m_ρ^*、m_σ^* 分别为 ω 介子、ρ 介子、σ 介子在介质中的质量.标量介子不能用简单的夸克模型描述,这是由于它与赝标(2π)道有强的耦合.在此简单地对 m_σ^* 作参数化处理:

$$\frac{m_\sigma^*}{m_\sigma} = 1 - a_\sigma(g_\sigma\sigma) + b_\sigma(g_\sigma\sigma)^2 \tag{11.224}$$

对于无结构的介子场情况,由(11.165)式和(11.166)式给出 QMC-I 的拉氏密度描叙.

对闭壳球形核,由拉氏密度 $\mathscr{L}_{\text{QMC-II}}$ 可得到如下运动方程[485]:

$$\frac{\mathrm{d}^2}{\mathrm{d}r^2}\sigma(r) + \frac{2}{r}\frac{\mathrm{d}}{\mathrm{d}r}\sigma(r) - m_\sigma^{*2}\sigma(r)$$

$$= -gC_\mathrm{N}\rho_\mathrm{s}(r) - m_\sigma m_\sigma^* g_\sigma\big[a_\sigma - 2b_\sigma g_\sigma\sigma(r)\big]\sigma(r)^2$$

$$+ \frac{2}{3}g_\sigma\big[m_\omega^* \Gamma_{\omega/\mathrm{N}}C_\omega\omega(r)^2 + m_\rho^* \Gamma_{\rho/\mathrm{N}}C_\rho b(r)^2\big]$$

$$\frac{\mathrm{d}^2}{\mathrm{d}r^2}\omega(r) + \frac{2}{r}\frac{\mathrm{d}}{\mathrm{d}r}\omega(r) - m_\sigma^{*2}\omega(r) = -g_\omega\rho_\mathrm{B}(r)$$

$$\frac{\mathrm{d}^2}{\mathrm{d}r^2}b(r) + \frac{2}{r}\frac{\mathrm{d}}{\mathrm{d}r}b(r) - m_\rho^{*2}b(r) = -\frac{g_\rho}{2}\rho_3(r)$$

$$\frac{\mathrm{d}^2}{\mathrm{d}r^2}A(r) + \frac{2}{r}\frac{\mathrm{d}}{\mathrm{d}r}A(r) = -e\rho_\mathrm{p}(r)$$

$$\tag{11.225}$$

这里

$$\rho_\mathrm{s}(r) = \sum_\alpha^{\mathrm{occ}} d_\alpha(r)\big[\,|\,G_\alpha(r)\,|^2 - |\,F_\alpha(r)\,|^2\,\big]$$

$$\rho_\mathrm{B}(r) = \sum_\alpha^{\mathrm{occ}} d_\alpha(r)\big[\,|\,G_\alpha(r)\,|^2 + |\,F_\alpha(r)\,|^2\,\big]$$

$$\rho_3(r) = \sum_\alpha^{\mathrm{occ}} d_\alpha(r)(-1)^{t_\alpha-1/2}\big[\,|\,G_\alpha(r)\,|^2 + |\,F_\alpha(r)\,|^2\,\big]$$

$$\rho_\mathrm{p}(r) = \sum_\alpha^{\mathrm{occ}} d_\alpha(r)\Big(t_\alpha + \frac{1}{2}\Big)\big[\,|\,G_\alpha(r)\,|^2 + |\,F_\alpha(r)\,|^2\,\big]$$

$$\tag{11.226}$$

其中 $d_\alpha(r) = (2j_\alpha + 1)/(4\pi r^2)$，$G_\alpha$、$F_\alpha$ 满足

$$\frac{\mathrm{d}}{\mathrm{d}r}G_\alpha(r) + \frac{\kappa}{r}G_\alpha(r) - \Big[\epsilon_\alpha - g_\omega\omega(r) - t_\alpha g_\rho b(r)$$

$$- \Big(t_\alpha + \frac{1}{2}\Big)eA(r) + M_\mathrm{N} - g_\sigma(\sigma(r))\sigma(r)\Big]F_\alpha(r) = 0$$

$$\frac{\mathrm{d}}{\mathrm{d}r}F_\alpha(r) - \frac{\kappa}{r}F_\alpha(r) + \Big[\epsilon_\alpha - g_\omega\omega(r) - t_\alpha g_\rho b(r)$$

$$- \Big(t_\alpha + \frac{1}{2}\Big)eA(r) - M_\mathrm{N} + g_\sigma(\sigma(r))\sigma(r)\Big]G_\alpha(r) = 0$$

$$\tag{11.227}$$

这里 $G_\alpha(r)/r$ 与 $F_\alpha(r)/r$ 分别是核子的 Dirac 方程的解的上、下分量：

$$\psi(r) = \begin{pmatrix} \mathrm{i}\big[G_\alpha(r)/r\big]\phi_{\kappa m} \\ -\big[F_\alpha(r)/r\big]\phi_{-\kappa m} \end{pmatrix}\xi_{t\alpha} \tag{11.228}$$

$\xi_{t\alpha}$ 是二分量同位旋旋量，$\phi_{\kappa m}$ 是自旋球谐函数，α 标记量子数，ϵ_{α} 为能量，κ 指角动量量子数，t_{α} 为同位旋算符 $\tau_3^N/2$ 的本征值. 归一化条件为

$$\int \mathrm{d}r \left[\mid G_{\alpha}(r) \mid^2 + \mid F_{\alpha}(r) \mid^2 \right] = 1 \tag{11.229}$$

m_σ^* 由(11.224)式给出，m_v^* 由介质中的有效强子质量的公式(11.189)给出.

有限核体系的总能量为

$$E_{\mathrm{tot}} = \sum_{\alpha}^{\mathrm{occ}} (2j_{\alpha} + 1) \epsilon_{\alpha} - \frac{1}{2} \int \mathrm{d}r \Big[-g_{\sigma} D(\sigma(r)) \sigma(r)$$
$$+ g_{\omega} \omega(r) \rho_{\mathrm{B}}(r) + \frac{1}{2} g_{\rho} b(r) \rho_3(r) + eA(r) \rho_{\mathrm{p}}(r) \Big] \tag{11.230}$$

其中

$$D(\sigma(r)) = C_{\mathrm{N}} \rho_{\mathrm{s}}(r) + m_{\sigma} m_{\sigma}^* \Big[a_{\sigma} - 2b_{\sigma} g_{\sigma} \sigma(r) \Big] \sigma(r)^2$$
$$- \frac{2}{3} \Big[m_{\omega}^* \Gamma_{\omega/\mathrm{N}} C_{\omega} \omega(r)^2 + m_{\rho}^* \Gamma_{\rho/\mathrm{N}} C_{\rho} b(r)^2 \Big] \tag{11.231}$$

上述耦合方程组包含 7 个待定参数：g_{σ}、g_{ω}、g_{ρ}、e、m_{σ}、m_{ω}、m_{ρ}，它们的值由以下方法确定：m_{ω}、m_{ρ} 取其实验值，$m_{\omega} = 783\,\mathrm{MeV}$，$m_{\rho} = 770\,\mathrm{MeV}$，$e^2/(4\pi) = 1/137.036$，$g_{\sigma}$、$g_{\omega}$、$g_{\rho}$ 从拟合核物质性质定出，m_{σ} 由拟合 ^{40}Ca 的均方根电荷半径 $r_{\mathrm{ch}}(^{40}\mathrm{Ca}) = 3.48\,\mathrm{fm}$ 来定出.

利用标准的迭代手续可求解这组非线性耦合方程. 由此可计算得到在有限核中 σ 场与 ω 场的强度、有限核的电荷密度分布 ρ_{ch}、强子质量在核介质中的改变. 在表 11.9 和表 11.10 中概括了一些闭壳核的每核子束缚能 E/A、均方根(rms)电荷半径 r_{ch}、中子与质子的核 rms 半径之差 $r_{\mathrm{n}} - r_{\mathrm{p}}$. 图 11.12 给出了由 QMC-II 模型计算得到的 ^{208}Pb 的电荷密度分布及与实验数据的比较.

表 11.9　部分球形状的每核子束缚能(MeV)

模　型	^{16}O	^{40}Ca	^{48}Ca	^{90}Zr	^{208}Pb
QMC-I [481]	5.84	7.36	7.26	7.79	7.25
QMC-II [485]	5.11	6.54	6.27	6.99	6.52
MQMC [492]	7.26	8.15	8.22	8.35	7.57
QMF-1 [488]	—	7.53	7.66	7.92	7.36
QMF-2 [488]	—	8.35	8.43	8.54	7.81
QHD [479]	7.18	8.14	8.19	8.30	7.75
实验值	7.89	8.54	8.57	8.66	7.86

模　型	r_{ch}(fm)				$r_{\mathrm{n}} - r_{\mathrm{p}}$(fm)			
	^{40}Ca	^{48}Ca	^{90}Zr	^{208}Pb	^{40}Ca	^{48}Ca	^{90}Zr	^{208}Pb
QMC-Ⅰ	3.48*	3.52	4.27	5.49	− 0.05	0.23	0.11	0.26
QMC-Ⅱ	3.48*	3.53	4.28	5.49	− 0.05	0.24	0.12	0.27
MQMC	3.48*	3.50	4.29	5.56				
QMF-1	3.45	3.46	4.28	5.53				
QMF-2	3.44	3.46	4.28	5.54				
QHD	3.48	3.50	4.29	5.56				
实验值	3.48	3.47	4.27	5.50	0.05 ± 0.05	0.2 ± 0.05	0.05 ± 0.1	0.16 ± 0.05

带 * 符号为拟合值.所引文献与表 11.9 相同.

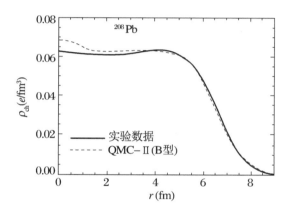

图 11.12　^{208}Pb 电荷密度分布的计算结果及与实验数据的比较(取自文献[485])

　　这些计算结果表明,用 QMC 模型可以相当好地描述一些核的性质,但有些性质的理论结果与实验数据还存在差别(如 E/A 及核的质子与中子能谱等).这些差别是与模型的近似相联系的.例如,所讨论的 QMC 模型假定了介子与夸克定域耦合,从而忽略了与核子袋重叠相联系的夸克间的短程关联.在高密度的情况,这种短程关联将是十分重要的,甚至起主导作用.又如模型未考虑强子的 π 云,而真实的计算应加以考虑.另外,在平均场近似下忽略了诸如介质中标量-矢量的混杂及矢量介子的纵向质量与横向质量的劈裂.

　　在夸克-介子耦合图像中除了用 MIT 袋模型描述上述强子结构,还可以用具有禁闭势的夸克模型[486—488]或孤粒子模型[499]描述重子结构.在用组分夸克模型描述重子结构的夸克平均场模型(QMF)计算核物质和有限核途径中[488],核子内的组分夸克满足具有禁闭势 χ_{c} 和介子平均场扰动的 Dirac 方程

$$\left[i\gamma_\mu \partial^\mu - m_q - \chi_c - g_\sigma^q \sigma(r) - g_\omega^q \omega(r)\gamma^0 - g_\rho^q \rho(r)\tau_3 \gamma^0 \right] q(r) = 0 \quad (11.232)$$

这里 m_q 为组分夸克质量,其他介子场和耦合常数的符号与 QMC 模型(11.165)式中的相同.假设介子平均场在核子内为常数,通过求解上面的 Dirac 方程可得到组分夸克的能量本征值,由此得到随 σ 介子平均场变化的有效核子质量 $M_N^* = \left[(3e_q + E_{spin})^2 - \langle P_{cm}^2 \rangle \right]^{1/2}$,其中 $\langle P_{cm}^2 \rangle = \sum_{i=1}^{3} \langle p_i^2 \rangle$ 为质心动量,E_{spin} 表示低能的自旋相关部分,作为模型参数,它由拟合自由核子质量 $M_N = 939 \text{ MeV}$ 确定.然后用与(11.165)式相似的拉氏量(只是 σ 介子、ω 介子包含 4 次项)来描写核多体系统的性质.在计算中,取 $m_u = m_d = 313 \text{ MeV}$,禁闭势分别采用标量谱振子势 $\chi_c = \frac{1}{2}kr^2$ 和标量-矢量型势 $\chi_c = \frac{1}{2}kr^2(1 + \gamma^0)$,相应的模型分别称为 QMF-1 模型和 QMF-2 模型.模型中的 5 个自由参量由拟合核物质的性质确定.由此计算得到的有限核的性质(计算中取禁闭势强度 $k = 700 \text{ MeV/fm}^2$)也列于表 11.9 和表 11.10 中.表中同时列出了 MQMC 模型(B/B_0 关系采用(11.197)式)计算的一组结果.QMF 模型在加上耦合常数密度相关效应后用于有限核的计算可见文献[520].这些计算表明,QMF 模型和 QMC 模型都能相当合理地描述有限核的性质.

将原来包含 u、d 二味的夸克-介子耦合图像推广到包含 u、d、s 三味是直接的,这可以通过基于 $SU(3)_L \times SU(3)_R$ 对称性和标度不变性的途径[521]或在原来的 QMC 模型或 QMF 模型拉氏量中加上超子与介子相互作用的拉氏量部分 $\mathscr{L}_{QMC(QMF)}^Y$ 实现[522,523,488],这里 $Y = \Lambda、\Sigma^{0,\pm}、\Xi^{0,+}$,而相应于有效核子质量 $M_N^*(\sigma) \equiv M_N - g_\sigma(\sigma)(r)$ 可定义有效超子质量为 $M_\sigma^*(\sigma) \equiv M_Y - g_\sigma^Y(\sigma)\sigma(r)$.由此可研究奇异强子物质、多奇异强子物质、强子物质中的超子性质及高密度物质中的手征对称性恢复相变和各种奇异超核如 $_Y^{17}$O、$_Y^{41}$Ca、$_Y^{49}$Ca、$_Y^{91}$Pb 等的性质.如果所加的拉氏量部分 $\mathscr{L}_{QMC}^Y$ 的超子还包括粲(charm)强子、底(bottom)强子,即 $Y = \Lambda_c、\Sigma_c、\Xi_c、\Lambda_b$,则这样的 QMC 模型就可以用来研究粲-超核、底-超核以及在核物质中的奇异(strange)强子、粲强子和底强子的性质[522,523].此外,QMC 模型也用来研究介子(ω、η、η')-核束缚态问题.对这些问题这里不再作讨论,感兴趣者可参阅有关文献及 Saito、Tsushima 和 Thomas 的综述性文章[494].

11.8.7 QMC 有效作用与常规核物理中的有效核力(Skyrme 力)的联系

在传统核物理中,唯象的 Skyrme 势[524]被普遍地用于核多体问题的密度依赖的

Hartree-Fock(DDHF)计算,并取得相当成功.文献中已提出多种形式的 Skyrme 势,其中最简单也是基本的与密度无关的 Skyrme 势可写为

$$
\begin{aligned}
V_{Sky} = {} & t_3 \sum_{i<j<k} \delta(\boldsymbol{R}_{ij}) \delta(\boldsymbol{R}_{jk}) \\
& + \sum_{i<j} \left\{ t_0 (1 + x_0 P_\sigma) \delta(\boldsymbol{R}_{ij}) + \frac{1}{4} t_2 \overleftarrow{\nabla}_{ij} \cdot \delta(\boldsymbol{R}_{ij}) \overrightarrow{\nabla}_{ij} \right. \\
& - \frac{1}{8} t_1 \left[\delta(\boldsymbol{R}_{ij}) \overrightarrow{\nabla}_{ij}^2 + \overleftarrow{\nabla}_{ij}^2 \delta(\boldsymbol{R}_{ij}) \right] \\
& \left. + \frac{i}{4} W_0 (\boldsymbol{\sigma}_i + \boldsymbol{\sigma}_j) \cdot \overleftarrow{\nabla}_{ij} \times \delta(\boldsymbol{R}_{ij}) \overrightarrow{\nabla}_{ij}^2 \right\}
\end{aligned} \tag{11.233}
$$

这里 $\boldsymbol{R}_{ij} = \boldsymbol{R}_i - \boldsymbol{R}_j$, $\nabla_{ij} = \nabla_i - \nabla_j$, $\boldsymbol{R}_j$ 表示第 j 个核子的位置,算符 ∇ 用动量算符可写为 $\boldsymbol{P} = -i\nabla$.所有参数由拟合核物质和有限核的性质确定,但没有满意的理论解释.

另一方面,我们在前两小节的讨论中已看到,建立在夸克-介子耦合图像基础上的 QMC 模型和 QMF 模型可以相当合理地描述核物质和一些有限核的性质.因此一个令人感兴趣的问题是:QMC(QMF)模型中的相互作用和 Skyrme 力之间是否有某种联系呢? Guichon 和 Thomas 研究了这个问题[525].他们将 QMC 模型表示为一个非相对论多体哈密顿量,由此自然地出现多体力.然后研究它的具有零程极限的 Hartree-Fock 哈密顿量并与相应的(11.233)式表示的有效 Skyrme 势进行比较,建立了二者间的联系.下面将对此作简要讨论.

在 QMC 模型中,核体系被描述为不相重叠的核子的夸克袋的集体,核子间通过交换与夸克耦合的介子相互作用.描写这个体系的哈密顿量原则上可以从 QMC 模型的拉氏量(11.165)导出,然后作非相对论处理约化为非相对论的多体哈密顿量,也可以直接建立该体系的非相对论形式的哈密顿量.

在 Born-Oppenheimer 近似下,求解夸克运动方程时核子袋在一个固定的经典位置 $\boldsymbol{R}(t)$, $\boldsymbol{R}(t)$ 相对于夸克的运动是缓慢的.这个位置在 $\boldsymbol{R}$、动量为 $\boldsymbol{P}$ 的核子的经典能量为[483]

$$
E_N(\boldsymbol{R}) = \frac{\boldsymbol{P}^2}{2 M_N^*(\boldsymbol{R})} + M_N^*(\boldsymbol{R}) + g_\omega \omega(\boldsymbol{R}) + V_{so} \tag{11.234}
$$

这里 V_{so} 表示自旋-轨道相互作用,为简单起见先不考虑 ρ 介子.动力学质量 $M_N^*(\boldsymbol{R})$ 可由求解在 $\sigma(\boldsymbol{R})$ 场中运动的袋方程(或势模型中的 Dirac 方程(11.232))给出,它的近似形式可由(11.168)式得到:

$$
M_N^*(\boldsymbol{R}) = M_N - g_\sigma \sigma(\boldsymbol{R}) + \frac{d}{2} (g_\sigma \sigma(\boldsymbol{R}))^2 \tag{11.235}
$$

这里 d 为参量,用袋模型可得 $d = 0.22R_N$,R_N 为核子袋半径.

(11.234)式表示一个在核的介子场中经典运动的核子能量.体系的总能量由每个核子能量之和加上介子场所带的能量:

$$E_{tot} = \sum_i E_N(\boldsymbol{R}_i) + E_{meson} \tag{11.236}$$

$$E_{meson} = \frac{1}{2}\int d\boldsymbol{r}\left[(\boldsymbol{\nabla}\sigma)^2 + m_\sigma^2\sigma^2 - (\boldsymbol{\nabla}\omega)^2 - m_\omega^2\omega^2\right] \tag{11.237}$$

为了简化 $E_N(\boldsymbol{R})$ 的表示式先用场方程 $\delta E_{tot}/\delta\sigma(\boldsymbol{r}) = 0$ 估算 $g_\sigma\sigma$.设 $M^* \approx M - g_\sigma\sigma$,并略去 $(\nabla\sigma)^2$,则得到 $g_\sigma\sigma(\boldsymbol{r}) \sim G_\sigma\rho^{cl}(\boldsymbol{r})$,其中 $G_\sigma = g_\sigma^2/m_\sigma^2$,$\rho^{cl}(\boldsymbol{r}) = \sum_i\delta(\boldsymbol{r} - \boldsymbol{R}_i)$. 然后将 $1/M_N^*$ 按 $g_\sigma\sigma$ 作幂级数展开至领头阶:

$$\frac{\boldsymbol{P}^2}{2M_N^*(\boldsymbol{R})} + M_N^*(\boldsymbol{R}) \approx M + \frac{\boldsymbol{P}}{2M} - g_\sigma\sigma(\boldsymbol{R})\left[1 - \frac{d}{2}g_\sigma\sigma(\boldsymbol{R})\right]\left(1 - \frac{\boldsymbol{P}^2}{2M^2}\right) \tag{11.238}$$

并定义 $\rho_s^{cl}(\boldsymbol{r}) = \sum_i(1 - \boldsymbol{P}_i^2/(2M_N^2))\delta(\boldsymbol{r} - \boldsymbol{R}_i)$,就可将总能量写为

$$E_{tot} = \sum\left(M_N + \frac{\boldsymbol{P}_i^2}{2M_N} + V_{so}(i)\right) - \int d\boldsymbol{r}\rho_s^{cl}\left(g_\sigma\sigma - \frac{d}{2}(g_\sigma\sigma)^2\right)$$

$$+ \int d\boldsymbol{r}\rho^{cl}g_\omega\omega + E_{meson} \tag{11.239}$$

这是建立 QMC 模型的多体公式的出发点.应用介子场方程 $\delta E_{tot}/\delta\sigma(\boldsymbol{r}) = 0$ 和 $\delta E_{tot}/\delta\omega(\boldsymbol{r}) = 0$ 去消除 E_{tot} 中的介子场,使体系的动力学仅依赖核子坐标.这里需要作一些近似处理.大致可以说,∇ 作用在依赖于核物质密度的 σ 或 ω 上的典型标度约为核表面厚度 ~ 1 fm,因此可将 $\nabla^2 g_\sigma\sigma/m_\sigma^2$ 和 $\nabla^2 g_\omega\omega/m_\omega^2$ 看作微扰,并用 σ 和 ω 的第一阶近似代替 σ 和 ω,即 $g_\sigma\sigma \approx G_\sigma\rho_s^{cl}$ 和 $g_\omega\omega \approx G_\omega\rho^{cl}$. 接着从最低阶近似出发来迭代求解介子场方程.为简化讨论,除领头项外,将忽略 ρ_s^{cl} 和 ρ^{cl} 间的差别.再代入(11.239)式,对介子场的系列则生成哈密顿量中的 N 体力.另外,自旋-轨道作用为[483]

$$\sum_i V_{so}(i) = \sum_i\frac{1}{4M^{*2}(\boldsymbol{R}_i)}\boldsymbol{P}_i\times\nabla_i W(\boldsymbol{R}_i)\cdot\boldsymbol{\sigma}_i \tag{11.240}$$

这里 $W(\boldsymbol{R}_i) = M^*(\boldsymbol{R}_i) + g_\omega\omega(\boldsymbol{R}_i)(1 - 2\mu_s)$,$\mu_s = 0.9$ 是同位旋标量磁矩,$\boldsymbol{\sigma}_i$ 为 Pauli 矩阵.

完整的有效哈密顿量应包含同位旋矢量介子 ρ 的贡献.这可在上面的讨论中用以下替换实现:在(11.234)式中作替换 $g_\omega\omega(\boldsymbol{R}) \to g_\omega\omega(\boldsymbol{R}) + g_\rho\boldsymbol{b}(\boldsymbol{R})\cdot\boldsymbol{\tau}/2$,在(11.240)式

中作替换 $g_\omega \omega(\boldsymbol{R})(1 - 2\mu_s) \rightarrow g_\omega \omega(\boldsymbol{R})(1 - 2\mu_s) + g_\rho(1 - 2\mu_v)\boldsymbol{b}(\boldsymbol{R}) \cdot \boldsymbol{\tau}/2$. 由此得到的非相对论量子有效哈密顿量的形式为[525]

$$H_{QMC} = \sum_i \frac{\overleftarrow{\nabla}_i \cdot \overrightarrow{\nabla}_i}{2M} + V_{QMC} \tag{11.241}$$

$$V_{QMC} = \frac{dG_\sigma^2}{2} \sum_{i \neq j \neq k} \delta^2(ijk) + \frac{1}{2} \sum_{i \neq j} \delta(\boldsymbol{R}_{ij}) \left(G_\omega - G_\sigma + G_\rho \frac{\boldsymbol{\tau}_i \cdot \boldsymbol{\tau}_j}{4} \right)$$

$$+ \frac{G_\sigma}{2M^2} \sum_{i \neq j} \overleftarrow{\nabla}_i \delta(\boldsymbol{R}_{ij}) \cdot \overrightarrow{\nabla}_i + \frac{1}{2} \sum_{i \neq j} \nabla_i^2 \delta(\boldsymbol{R}_{ij}) \left(\frac{G_\omega}{m_\omega^2} - \frac{G_\sigma}{m_\sigma^2} + \frac{G_\rho}{m_\rho^2} \frac{\boldsymbol{\tau}_i \cdot \boldsymbol{\tau}_j}{4} \right)$$

$$- \frac{d^2 G_\sigma^3}{2} \sum_{i \neq j \neq k \neq l} \delta^3(ijkl) + \frac{i}{4M^2} \sum_{i \neq j} A_{ij} \overleftarrow{\nabla}_i \delta(\boldsymbol{R}_{ij}) \times \overrightarrow{\nabla}_i \cdot \boldsymbol{\sigma}_i \tag{11.242}$$

这里 $G_i = g_i^2/m_i^2 (i = \sigma, \omega, \rho)$，$A_{ij} = G_\sigma + (2\mu_s - 1)G_\omega + (2\mu_v - 1)G_\rho \boldsymbol{\tau}_i \cdot \boldsymbol{\tau}_j/4$，$\boldsymbol{R}_{ij} = \boldsymbol{R}_i - \boldsymbol{R}_j$，符号 $\delta^2(ijk)$ 表示 $\delta(\boldsymbol{R}_{ij})\delta(\boldsymbol{R}_{jk})$，类似地有 $\delta^3(ijkl)$ 的表示. (11.242)式中未写出包含高于四体力的项，因为这些项的矩阵元对反对称态不作贡献. V_{QMC} 中的自由参数 G_i 通过以下方法确定：先计算核物质的每核子束缚能 $E_B/A = a_1 + a_4(N - Z)^2/A^2$，并利用体系对称系数的实验数据 $a_1 = -15.85$ MeV、$a_4 = 30$ MeV 和 $\rho_0 = 0.16$ fm^{-3} 处的饱和条件 $\partial a/\partial \rho(\rho_0) = 0$ 及物理介子质量 $m_\omega = 782$ MeV、$m_\rho = 770$ MeV、$m_\sigma = 600$ MeV 并取袋半径 $R_N = 0.8$ fm，由此得到 $G_\sigma = 11.97$ fm^2、$G_\omega = 8.1$ fm^2 和 $G_\rho = 6.46$ fm^2.

比较 QMC 模型中的有效相互作用 V_{QMC}（(11.242)式）与有效 Skyrme 相互作用 V_{Sky}（(11.233)式），得到如下对应的等式：

$$t_0 = -G_\sigma + G_\omega - \frac{G_\rho}{4}, \quad t_3 = 3dG_\sigma^2, \quad x_0 = -\frac{G_\rho}{2t_0} \tag{11.243}$$

进而考虑双闭壳核并假定 $j = l + \frac{1}{2}$ 和 $j = l - \frac{1}{2}$ 的单粒子态径向波函数之差可略去，则通过比较从 H_{QMC} 得到的 Hartree-Fock 哈密顿量与相应的 Skyrme 力的哈密顿量[526]得到如下关系：

$$\left. \begin{array}{l} 3t_1 + 5t_2 = \dfrac{8G_\sigma}{M_N^2} + 4\left(\dfrac{G_\omega}{m_\omega^2} - \dfrac{G_\sigma}{m_\sigma^2} \right) + 3\dfrac{G_\rho}{m_\rho^2} \\[3mm] 5t_2 - 9t_1 = \dfrac{2G_\sigma}{M_N^2} + 28\left(\dfrac{G_\omega}{m_\omega^2} - \dfrac{G_\sigma}{m_\sigma^2} \right) - 3\dfrac{G_\rho}{m_\rho^2} \\[3mm] W_0 = \dfrac{1}{12M_N^2}\left(5G_\sigma + 5(2\mu_s - 1)G_\omega + \dfrac{3}{4}(2\mu_v - 1)G_\rho \right) \end{array} \right\} \tag{11.244}$$

在表 11.11 中给出了 QMC 模型的有效作用（11.242）中的参数的计算结果与 Skyrme 力 SkⅢ[527] 的参数的比较. 我们可以看到, 由 QMC 模型导出的有效相互作用与唯象上成功的 Skyrme 力符合得相当好. 这个结果表明, 夸克-介子耦合图像可以给出传统核物理中唯象成功的 Skyrme 力令人相当满意的解释. 由此也表明核子的内部结构对核介质的响应在核结构中的确担任重要角色.

表 11.11　QMC 模型预言与 Skyrme 力比较

	QMC	QMC($N=3$)	SkⅢ
$t_0(\mathrm{MeV}\cdot\mathrm{fm}^3)$	-1082	-1047	-1129
x_0	0.59	0.61	0.45
$t_3(\mathrm{MeV}\cdot\mathrm{fm}^6)$	14926	12513	14000
$3t_1+5t_2(\mathrm{MeV}\cdot\mathrm{fm}^5)$	475	451	710
$5t_2-9t_1(\mathrm{MeV}\cdot\mathrm{fm}^5)$	-4330	-4036	-4030
$W_0(\mathrm{MeV}\cdot\mathrm{fm}^5)$	97	91	120
$K(\mathrm{MeV})$	327	364	355

QMC($N=3$) 的结果为未计算四体力的情况.（取自文献[525]）

11.8.8　核介质中核子的夸克结构效应的观测

核物理研究中令人激动的议题之一是探讨核介质中核子等强子的结构和性质如何变化及这些变化又怎样影响核性质. 这就是人们常说的核介质中核子的夸克结构效应, 或简单地称为核中的夸克效应. 我们在第 5 章的讨论中已看到, 轻子-核的深度非弹散射实验的 EMC 效应表明了核介质中核子结构的改变并由此修改核的结构函数. 除此之外, 人们多年来探讨核介质中核子的夸克结构效应的直接观测, 其中一个可观测量是核介质中核子的电磁形状因子相对于自由核子情况的变化率.

自由核子的电磁形状因子的理论和实验研究已在 4.5 节讨论, 在那里我们考虑了核子电磁形状因子的光锥 QCD 求和规则计算和推广的部分子分布的参数化表示. 原则上, 这些方法也可推广到核介质中核子的电磁形状因子计算. 在这里, 我们采用 QMC 模型讨论核子电磁形状因子的介质改变问题.

在夸克-介子耦合图像中总的电磁流为

$$J^\mu(x) = j^{\mu(Q)}(x) + j^{\mu(m)}(x) \tag{11.245}$$

这里 $j^{\mu(Q)}(x)$ 是核子内的夸克贡献的电磁流(见(4.144)式),$j^{\mu(m)}(x)$ 指介子的贡献,例如在最简单的云袋模型(CBM)中,$j^{\mu(m)}$ 为 π 介子的电磁流 $j^{\mu(\pi)}(x) = -ie[\pi^+(x)\partial^\mu\pi(x) - \pi(x)\partial^\mu\pi^+(x)]$. 此时这个核子的图像由包含三个夸克的核子袋(裸袋)和围绕的介子组成,物理的核子态是一个穿衣的袋,它由一个裸袋和带 π 云的袋叠加构成. 电磁形状因子可通过(4.143)—(4.145)式或直接应用在 Breit 框架下的定义计算:

$$\langle N_{s'}(\boldsymbol{q}/2) \mid J^0(0) \mid N_s(-\boldsymbol{q}/2) \rangle = \chi_{s'}^+ \chi_s G_E(Q^2) \tag{11.246}$$

$$\langle N_{s'}(\boldsymbol{q}/2) \mid \boldsymbol{J}(0) \mid N_s(-\boldsymbol{q}/2) \rangle = \chi_{s'}^+ \frac{\mathrm{i}\boldsymbol{\sigma}\times\boldsymbol{q}}{2M_N}\chi_s G_M(Q^2) \tag{11.247}$$

这里 χ_s 和 $\chi_{s'}^+$ 分别是初、末态的 Pauli 矩阵,$\boldsymbol{q}$ 是 Breit 框架中的动量转移,即 $q^2 = q_0^2 - \boldsymbol{q}^2 = -\boldsymbol{q}^2 = -Q^2$. 选择 Breit 框架的主要优点是:$G_E$ 和 G_M 是明显脱耦合的,可分别用流 J^μ 的时间分量和空间分量作计算. 在上面的定义中,核子的初、末态都为物理核子态. 在 CBM 模型的计算中,相对弱的 π 场的效应可作微扰处理,至单 π 圈贡献为止. 总的电磁形状因子包括三个基本过程(Feynman 图):直接的 γqq 耦合(无 π 云)、γ 与 π 云作用的直接 $\gamma\pi\pi$ 耦合和在 π 云圈中的 γqq 耦合[528]. 第一个过程给出无 π 云裸袋的电磁形状因子.

我们考虑第一个基本 Feynman 图的计算. 核子的动量本征态由 Peierls-Thouless投影方法[528,529]构成:

$$\psi_{\mathrm{PT}}(\boldsymbol{x}_1, \boldsymbol{x}_2, \boldsymbol{x}_3; \boldsymbol{p}) = N_{\mathrm{PT}}\mathrm{e}^{\mathrm{i}\boldsymbol{p}\cdot\boldsymbol{x}_{\mathrm{c.m.}}} \psi_q(\boldsymbol{x}_1 - \boldsymbol{x}_{\mathrm{c.m.}})$$
$$\times \psi_q(\boldsymbol{x}_2 - \boldsymbol{x}_{\mathrm{c.m.}})\psi_q(\boldsymbol{x}_3 - \boldsymbol{x}_{\mathrm{c.m.}}) \tag{11.248}$$

这里 $\psi_q(x)$ 是味为 q 的夸克场算符,N_{PT} 为归一化常数,$\boldsymbol{p}$ 是核子的总动量,$\boldsymbol{x}_{\mathrm{c.m.}} = (\boldsymbol{x}_1 + \boldsymbol{x}_2 + \boldsymbol{x}_3)/3$ 为核子质心坐标(假定夸克质量相同). 用 MIT 袋模型描写裸核子的夸克结构,则由(11.245)式和(11.246)式可写出质子的夸克核(core)部分贡献的质子电磁形状因子为[528]

$$G_E(Q^2) = \int \mathrm{d}^3 r \frac{j_0(Qr)\rho_q(r)K(r)}{D_{\mathrm{PT}}} \tag{11.249}$$

$$G_M(Q^2) = \frac{2M_N}{Q}\int \mathrm{d}^3 r j_1(Qr)\beta_q j_0\left(\frac{\Omega_q r}{R_N}\right) j_1\left(\frac{\Omega_q r}{R_N}\right)\frac{K(r)}{D_{\mathrm{PT}}} \tag{11.250}$$

$$D_{\mathrm{PT}} = \int \mathrm{d}^3 r\rho_q(r)K(r) \tag{11.251}$$

这里 D_{PT} 是归一化常数,其中 $K(r) = \int \mathrm{d}^3 x \rho_q(\boldsymbol{x})\rho_q(-\boldsymbol{x} - \boldsymbol{r})$ 为考虑了两个旁观夸克关联的反冲函数,$\rho_q(r) = j_0^2(\Omega_q r/R_N) + \beta_{qJ}^2 j_1^2(\Omega_q r/R_N)$.

除了质心修正,还必须考虑袋的 Lorentz 收缩对形状因子的效应. 电磁形状因子的最后形式可通过简单的重新标度得到:

$$G_{E,M}(Q^2) = \left(\frac{M_N}{E_N}\right)^2 G_{E,M}^{\mathrm{sph}}\left(\left(\frac{M_N}{E_N}\right)^2 Q^2\right) \tag{11.252}$$

这里 $E_N = \sqrt{M_N^2 + Q^2/4}$,$G_{E,M}^{\mathrm{sph}}(Q^2)$ 是用球形袋波函数计算的形状因子. 在变量中的标度因子来自与光子相互作用的夸克的坐标变换,而等式右边的第一个因子 $(M_N/E_N)^2$ 来自 Breit 框架中两个旁观夸克的积分测量的约化. 包含 γ 与 π 云作用的两个 Feynman 图可分别计算[528],它们对电磁形状因子的贡献为 $G_{E,M}^{(\pi)}(Q^2)$. 考虑袋的 Lorentz 收缩,则 $G_{E,M}^{(\pi)}(Q^2)$ 也可重新标度成(11.252)式的形式. 在 CBM 模型下核子的电磁形状因子为 (11.252)式的裸袋形状因子与 π 介子云的贡献 $G_{E,M}^{(\pi)}(Q^2)$ 之和. 由此也给出了夸克-介子耦合模型中核子电磁形状因子 $G_{E,M}^{\mathrm{QMC}}(Q^2)$ 的一种表达式.

在核介质中核子的电磁形状因子可由(11.252)式作替换 $M_N/E_N \rightarrow M_N^*/E_N^*$ 得到, 这也适用于轴矢量形状因子,因此可写为[530]

$$G_{E,M,A}^{\mathrm{QMC}}(Q^2) = \left(\frac{M_N^*}{E_N^*}\right)^2 G_{E,M,A}^{\mathrm{sph}*}\left(\left(\frac{M_N^*}{E_N^*}\right)^2 Q^2\right) \tag{11.253}$$

数值计算表明,电形状因子对核介质密度的依赖要比磁形状因子敏感,对固定的 Q^2($\leqslant$ $0.3\,\mathrm{MeV}$),形状因子随核密度的增加基本上呈线性下降趋势. 例如在 $Q^2 \sim 0.3\,\mathrm{GeV}^2$ 时, 介质中质子的电形状因子与自由空间情况的形状因子的比率在 $\rho = 0.5\rho_0$ 处减少约 5%,而在正常核密度 ρ_0 处减少 8%;质子的磁形状因子的相应比率在 $\rho = 0.5\rho_0$ 处减少约 1%,在正常核密度 ρ_0 处减少 1.5%.

在实验上更感兴趣的是可进行观测的在有限核如 $^4\mathrm{He}$,$^{16}\mathrm{O}$ 和 $^{40}\mathrm{Ca}$ 中束缚质子的电磁形状因子的介质修正. Lu 等计算了束缚在上述闭壳核指定轨道上的质子的电磁形状因子[531],这些核的壳结构及核子的内部夸克结构用夸克-介子耦合(QMC)模型自洽描述. 在定域密度近似下,束缚在轨道 α 上的质子电、磁形状因子由下式给出:

$$G_{E,M}^{\alpha}(Q^2) = \int \mathrm{d}r\, G_{E,M}(Q^2, \rho_B(r))\rho_{p\alpha}(r) \tag{11.254}$$

这里 α 指具有适当量子数的指定轨道,$G_{E,M}(Q^2, \rho_B(r))$ 是浸在定域密度为 $\rho_B(r)$ 的核物质中的质子的密度依赖的形状因子. 利用核子壳模型波函数(Dirac 旋量),在指定轨道

α 上的定域重子密度和定域质子密度为

$$\rho_{\mathrm{B}}(\boldsymbol{r}) = \sum_{\alpha}^{\mathrm{occ}} d_{\alpha} \psi_{\alpha}^{+}(\boldsymbol{r}) \psi_{\alpha}(\boldsymbol{r})$$

$$\rho_{\mathrm{p}\alpha}(\boldsymbol{r}) = \left(t_{\alpha} + \frac{1}{2} \right) \psi_{\alpha}^{+}(\boldsymbol{r}) \psi_{\alpha}(\boldsymbol{r}) \tag{11.255}$$

这里 $d_{\alpha} = 2j_{\alpha} + 1$ 指在轨道 α 上核子的退化度, t_{α} 是同位旋算符 $\tau_{3}^{\mathrm{N}}/2$ 的本征值. 由于夸克波函数仅依赖于围绕的重子密度(在 QMC 模型中通过 σ 场描写), 因此 $G_{\mathrm{E,M}}(Q^2, \rho_{\mathrm{B}}(\boldsymbol{r}))$ 部分的计算与核物质情况相同. 对 ^{4}He(它仅有 $1\mathrm{s}_{1/2}$)的电、磁形状因子与自由质子形状因子的比率的计算表明, 电、磁均方根半径变得稍大些, 而质子的磁矩增加约 7%. ^{16}O 有 1 个 s 态(即 $1\mathrm{s}_{1/2}$)和 2 个 p 态($1\mathrm{p}_{3/2}$ 与 $1\mathrm{p}_{1/2}$). 对 ^{16}O 情况的计算表明, s 轨道核子的磁矩增加与 ^{4}He 情况类似, 但 p 轨道上核子的磁矩减小了 2%—3%. 由数值计算可以给出上述轨道上的 $G_{\mathrm{E}}/G_{\mathrm{M}}$ 与自由空间情况的比率随动量变化状况.

实验上, 在 MAMI 和 JLab 通过在 ^{16}O 和 ^{4}He 上的极化 $(e, e'p)$ 散射实验研究了束缚质子的电磁形状因子[532]. 实验测量的极化转移双重比率 R 的定义及它与极化转移的可观测量 $G_{\mathrm{E}}/G_{\mathrm{M}}$ 间的关系如下:

$$R = \frac{(P'_x/P'_z)^{^4\mathrm{He}}}{(P'_x/P'_z)^{^1\mathrm{H}}}; \qquad \frac{G_{\mathrm{E}}}{G_{\mathrm{M}}} = -\frac{P'_x}{P'_z} \cdot \frac{E_{\mathrm{e}} + E'_{\mathrm{e}}}{2M_{\mathrm{p}}} \tan\frac{\theta_{\mathrm{e}}}{2} \tag{11.256}$$

这里 P'_x/P'_z 是指横向转移极化与纵向转移极化(transferred polarization)之比, E_{e} 为入射电子的能量, E'_{e} 和 θ_{e} 分别为出射电子的能量和角度, M_{p} 是质子质量. 实验测量 R 的优点是, 几乎所有的系统不确定性在 R 中相消.

在 MAMI 和 JLab 测量了这个极化转移(动量转移 Q^2 在 0.4—2.6 $(\mathrm{GeV}/c)^2$ 范围内)的双重比率. 在图 11.13 中总结了所有的 $^4\mathrm{He}(e, e'p)^3\mathrm{H}$ 测量数据, 纵坐标为"超比率" R/R_{PWIA}, 这里 R_{PWIA} 指基于相对论平面波冲量近似(PWIA)的计算. 实验数据表明, ^{4}He 中的质子电 ($G_{\mathrm{E}}^{\mathrm{p}}$) 与磁 ($G_{\mathrm{M}}^{\mathrm{p}}$) 形状因子比率较 ^{1}H 中的相应比率低 ~10%(除了 $Q^2 = 1.6$ $(\mathrm{GeV}/c)^2$ 处的实验).

在图 11.13 中同时给出了各种模型计算结果. 利用相当有效的常规模型相对论扭曲波冲量近似(RDWIA)——它采用不同参数化的自由核子形状因子、唯象光学势、束缚态波函数以及介子交换流(MEC)、共振态贡献和末态相互作用等固有的多体效应——计算得到的 R (图中用虚线表示)与实验数据不能相符. 如果将 QMC 模型给出的介质修改(medium-modified)的形状因子加到 RDWIA 计算中, 所得到的结果(图中实线)与实验数据则可相当好地符合. 不过这并非就意味着常规的介子-核子计算途径在这里失败, 因为包括更完整更复杂的多体计算后它的结果有可能与数据很好地符合. 但这恰恰说明在这里用夸克-介子耦合图像能更经济有效地描写介质中核子形状因子的变化. 同时, 也需要更多更精确的测量数据提供对常规的介子-核子计算的可用性的更严格检验.

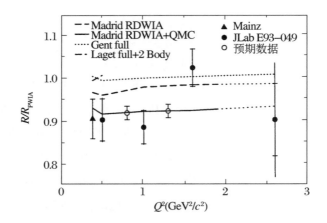

图 11.13　分析极化转移测量得到的超比率 R/R_{PWIA}

　　其中点线是非相对论模型计算结果, 虚线为 RDWIA 计算值, 实线为包括 QMC 模型的介质修改的形状因子后的 RDWIA计算结果, 空心圆点是在 JLab 即将进行的 E04－104 实验方案数据[533]. (取自文献[532])

　　束缚核子的轴矢量形状因子的介质修改则可通过中微子-核散射实验观测.

　　研究核子和其他强子性质在介质中的变化, 除了上述的轻子-核相互作用过程还可通过强子(核)-核相互作用途径进行观测. 在 11.8.4 小节我们已讨论了不同实验室(合作组)通过 $\gamma+A$、$p+A$ 和 $A+A$ 碰撞过程对轻矢量介子在核介质中的变化的研究结果. 近年来, 多个研究组开展了重离子碰撞中阈下 K 介子产生的实验和理论研究[538—541], 及在反质子-核碰撞中 $D(\bar{q}c)$ 和 $\bar{D}(q\bar{c})$ 介子产生的研究, 由此探讨强子性质在核介质中的变化. 后一个过程是基于重夸克凝聚在核介质中变化较小, 因而粲介子(它的介质修改主要由轻夸克凝聚制约)可以作为介质中强子性质实验的合适对象[542].

　　我国兰州冷却储存环(CSR)上可开展质子-核和核-核反应实验, 对质子的入射动能达 $2.88\,\mathrm{GeV}/c^2$, 动量达 $3.7\,\mathrm{GeV}/c$, 重离子碰撞能产生 2—2.5 倍 ρ_0 的核物质[543]. 由此可通过测量 $p+A$ 反应产生的双轻子不变质量研究 ρ 介子、ω 介子和 η 介子的介质效应, 也可通过阈下 K 介子产生研究核介质效应, 为研究中能区强子性质在核介质中的变化、手征对称性部分恢复及其他如核子共振态等强子物理前沿课题提供了良好的实验方案.

　　相对论重离子碰撞产生的高温、高密状态是研究稠密、热介质中强子质量等性质变化及它们与手征对称性恢复、从强子物质到退禁闭的夸克-胶子等离子体(QGP)跃迁之间关系的最重要实验对象.其中,20多年前预言的J/ψ压低被看作相对论重离子碰撞中形成退禁闭物质QGP的信号之一[544].的确,实验上相继观测到p+A碰撞(形成冷核物)中的"平常"J/ψ压低和A+A碰撞中的反常强的J/ψ压低[545](最近有关的SPS和RHIC实验报告及综述可见文献[546—550]).在SPS中发现的J/ψ压低现象最初被认为是弱相互作用夸克-胶子等离子体(wQGP)中$c\bar{c}$的Debye屏蔽的范例.人们提出了各种可能的机制解释J/ψ压低现象[550—556].其中,Sibirtsev等应用QMC模型导出的核介质中D介子和$\bar{D}$介子的性质变化,计算得到大的J/ψ吸收截面,由此也可解释观测到的J/ψ压低而不需要假定QGP相的形成[554].

这里要指出的是,不久前RHIC实验室宣布观测到的是强相互作用的QGP(sQGP)[228,557—561].格点计算指出重夸克关联会持续至$2T_c$,这也从一个方面证明了sQGP的强耦合特性.理论上估计wQGP只在$T \gg T_c$时存在.另一方面,在相对论重离子碰撞实验中观测到的任何信号表示的是对很广温度和密度范围的反应的时空演化的整个积分,有很多反应道的贡献且反应进行时远离平衡态.这就使得对观测到的信号作出严格解释很困难.因此,虽然可期望在相对论重离子碰撞中有大的介质效应,但实验观测到的J/ψ压低现象应是包括介质效应在内的多种效应的综合结果.目前文献中的J/ψ压低解释多半是建立在假设的一种或两种机制的基础上,还没有一个完整的解释.相对论重离子碰撞中产生的J/ψ压低现象仍是一个重要的理论和实验上有待解决的问题[228,550],而重离子碰撞中强子性质在介质中的变化及它们与手征对称性恢复和从强子物质到QGP物质转变的关系仍有待进一步研究.

11.8.9 结束语

标准的常规核物理模型将原子核描述为质子和中子由介子交换传递强的中、长程力而结合在一起的集团,而核物质的饱和性质起因于强作用的短程排斥部分[572].核壳模型的成功表明这个近似图像在低能核物理中是非常有效的[572,573].

然而,核子不是一个真正的基本实体.按照夸克模型和量子色动力学,核子是由夸克和胶子通过QCD作用禁闭在一起的子集团,子集团间通过交换夸克-胶子及由夸克-胶子作用产生的夸克-反夸对(介子)而相互作用.在核密度为0.17核子$/\text{fm}^3$处,这样的夸克集团发生明显重叠,因而核子的夸克结构效应将会显示出来.

基于强相互作用的基本理论是QCD和传统核物理模型描述低能核物理的成功,建立一个能具体结合核子内部夸克自由度的核多体模型将是一个好的出发点.由QCD有效理论途径导出的 QMC 近似图像符合这些条件. 从本节的讨论已看到, 一方面, QMC 模型的非相对论形式可导致与传统核物理中的 Skyrme 势相联系的有效相互作用, 解释了唯象上成功的 Skyrme 力的来源. 另一方面, QMC 模型可以通过重新定义标量场而变换成类似于强子自由度的相对论量子强子动力学(QHD)平均场的形式. 更重要的是, 夸克-介子耦合图像(包括 QMC 模型和 QMF 模型)可以自洽地描述核介质中强子内部结构的变化及此变化对核介质性质的影响. 在夸克-介子耦合图像中, 核子内部夸克结构效应归结为核介质中有效核子质量的标量极化(见(11.167)式). 由此导致核物质中每核子束缚能的新奇的饱和机制, 并可以得到双满壳有限核的性质相当满意的描述.

核环境中核子内部夸克结构效应的观测是现代核物理研究中十分关注的课题, 它可以看作对以点核子为基础的传统核物理模型应用极限的试验, 也是对包含 QCD 基础的核多体模型的挑战性检验. 其中一个可观测量是束缚核子的形状因子相对于自由核子形状因子的变化率. 的确我们看到, 在极化转移的 $^4\text{He}(e, e'p)^3\text{H}$ 散射实验中($0.4\ (\text{GeV}/c)^2 \leqslant Q^2 \leqslant 2.6\ (\text{GeV}/c)^2$)观测到的超比率 R/R_{PWIA} 减小约 10%, 利用常规核物理模型相对论扭曲波冲量近似(PDWIA)不能给出与实验数据相符的计算结果, 而包含了 QMC 模型导致的介质修改的形状因子的 RDWIA 计算结果则可相当好地与实验数据相符. 不过这并非就"证明"常规的介子-核子模型在这里失效了, 因为包括更复杂的多体计算后其有可能得到与数据相符的结果. 但这正恰恰证明用夸克-介子图像在这里能更经济有效地描写核介质中核子形状因子的变化. 一般来说, 识别核介质中核子的夸克结构的可能变化产生的效应与常规的核多体效应只有在一个模型的框架内才有可能. 在常规核物理模型中核子性质在核介质中的变化可借助于耦合到核子激发态描述, 这在本质上与多体效应纠缠在一起. 因此, 将实验观测特征解释为核子结构变化引起的核子性质修改的象征, 只有当这归结为一个更经济有效地描述束缚的量子核多体系统时才有意义. 这种情景与用夸克-介子耦合图像描写重子-重子相互作用十分类似. 注意到夸克模型中核子激发态起因于核子内部的夸克结构的改变. 因此, 根据夸克模型图像, 如果将那些与核子激发态耦合的图像也归于核子内部结构变化的效应, 那么不妨将常规核物理模型中固有的多体效应和末态相互作用效应除外的其他效应看作核环境中核子的夸克结构变化引起的效应或简单地称为核内的夸克效应.

实际上, 随着电磁探针的分辨率提高(即入射轻子能量提高), 核环境中核子的结构效应就会逐渐清楚地显示出来. 深度非弹的轻子-核散射的核EMC效应清楚地表明了在核环境中核子的结构变化导致核结构函数的变更. 在这里, 点核子基础上的常规核物理模型已不能描述实验观测, 而必须考虑核介质内核子的夸克-胶子结构变化的效应. 建立在夸克-介子耦合图像基础上的计算则可再现 EMC 效应[574,575].

我们在第 6、7 章的讨论中看到, 手征对称性的动力学(或者说自发)破缺导致手征

（夸克）凝聚 $|\langle \overline{q}q \rangle|^{1/3} \sim 300\,\text{MeV}$. 这是轻夸克尤其是 u、d 夸克组分质量，因而也是低能标度下核子等轻强子质量的主要来源. 手征凝聚随着温度和密度的增加而减小，在达到临界温度 $T_c \sim 160\,\text{MeV}$ 或相应于化学势 $\mu_c \sim 1\,\text{GeV}$ 的临界密度 $\rho_c(\mu_c)$ 时，凝聚消失而手征对称性恢复. 在这手征极限下，核子将完全失去它的特性，而核也将转变为夸克-胶子形成的物质. 因此，手征凝聚在核介质中随温度和密度（或化学势）的演化反映了介质中手征对称性的恢复状态. 然而，手征凝聚不是一个可观测量，因为它与重整化标度相关. 通过各种理论途径（包括 QMC 模型的计算）可以得到核介质中强子质量的变化与夸克凝聚变化之间的关系（见(11.219)式）以及核介质中强子质量变化与核介质密度变化之间的关系（见(11.193)式），由此可通过实验观测强子质量在介质中的变化来理解介质中手征对称性恢复随介质密度的演化.

纵观夸克-介子耦合图像在描述核子-核子相互作用和中、低能核多体中的成功，我们看到核子的夸克结构及 QCD 理论的基本思想在核子-核子相互作用、核物质和核结构中的重要角色. 在从 QCD 第一原理出发描述核多体问题还无能为力的状况下，夸克-介子耦合图像提供了连接 QCD 的夸克自由度与常规核物理的途径，从这里我们尝试和学习了如何逐步走向把核物理与夸克-胶子及相应的 QCD 理论连接起来的目标.

参考文献

［1］ Gell-Mann M. A schematic model of baryons and mesons［J］. Phys. Lett.，1964，8：214；

Zweig G. A $SU(3)$ model for strong interaction symmetry and its breaking［R］. CERN Report No. 8419/Th8412，1964.

［2］ Close F E. An introduction to quarks and partons［M］. London：Academic Press，1979.

［3］ Gross D J，Wilczek F. Ultraviolet behavior of nonabelian gauge theories［J］. Phys. Rev. Lett.，1973，30：1343；Asymptotically free gauge theories Ⅰ［J］. Phys. Rev.，1973，D8：3633；

Politzer H D. Reliable perturbative results for strong interactions？［J］. Phys. Rev. Lett.，1973，30：1346.

［4］ Glashow S L. Partial symmetries of weak interactions［J］. Nucl. Phys.，1961，22：579；

Weinberg S. A model for leptons［J］. Phys. Rev. Lett.，1967，19：1264；

Salam A. Weak and electromagnetic interactions［M］//Svartholm N. Elementary Particle Theory. Stockholm：Almqist and Wiksells，1968.

［5a］ Particle Data Group. Review of particle properties［J］. Phys. Rev.，1994，D50：1.

［5b］ Aad G，et al（ATLAS Collaboration）. Observation of a new particle in the search for the standard model Higgs boson with the ATLAS detector at the LHC［J］. Phys. Lett.，2012，

B716: 1.

Chatrchyan S, et al (CMS Collaboration). Observation of a new boson at a mass of 125 GeV with the CMS experiment at the LHC [J]. Phys. Lett., 2012, B716: 30.

[6] Yang C N, Mills R L. Conservation of isotopic spin and isotopic gauge theory[J]. Phys. Rev., 1954, 96: 191.

[7] Faddeev L D, Slavnov A A. Gauge Fields: Introduction to quantum theory [M]. Massachusetts: Benjamin, 1980;

Faddev L D, Popov V N. Feynman diagrams for the Yang-Mills field[J]. Phys. Lett., 1967, B25: 29.

[8] Feynman R P, Hibbs A. Path integrals and quantum mechanics[M]. New York: McGraw-Hill, 1965.

[9] Becchi C, Rouet A, Stora R. The Abelian Higgs Kibble model, unitarity of the S-operator[J]. Phys. Lett., 1974, B52: 344; Renormalization of the Abelian Higgs-Kibble model [J]. Commun. Math. Phys., 1975, 42: 127; Renormalization of gauge theories[J]. Ann. Phys., 1976, 98: 287;

Tyutin I V. Lebedev Institute Preprint, 1975, N39(unpublished).

[10] Ward J C. An identity in quantum electrodynamics[J]. Phys. Rev., 1950, 78: 18;

Takahashi Y. On the generalized Ward identity[J]. Nuovo Cimento, 1957, 6: 370.

[11] Taylor J C. Ward identities and charge renormalization of the Yang-Mills field[J]. Nucl. Phys., 1971, B33: 436;

Slavnov A A. Ward identities in gauge theories[J]. Theor. and Math. Phys., 1972, 10: 99.

[12] Adler S L. Axial-vector vertex in spinor electrodynamics[J]. Phys. Rev., 1969, 177: 2426;

Bell J S, Jackiw R. A PCAC puzzle: $\pi^0 \rightarrow \gamma\gamma$ in the sigma model[J]. Nuovo Cimento, 1969, 60A: 47.

[13] 't Hooft G. Renormalization of massless Yang-Mills fields[J]. Nucl. Phys., 1971, B33: 173;

Dimensional regularization and the renormalization group[J]. Nucl. Phys., 1973, B61: 455.

[14] Bardeen W A, Buras A J, Duke D W, Mute T. Deep-inelastic scattering beyond the leading order in asymptotically free gauge theories[J]. Phys. Rev., 1978, D18: 3998.

[15] Marciano W, Pagels H. Quantum chromodynamics[J]. Phys. Rep., 1978, 36C: 137.

[16] Callan C G. Bjorken scale invariance in scalar field theory[J]. Phys. Rev., 1970, D2: 1541;

Symanzik K. Small distance behaviour in field theory and power counting[J]. Comm. Math. Phys., 1970, 18: 227.

[17] Fritzsch H, Gell-Mann M, Leutwyler H. Advantage of the color octet gluon picture[J]. Phys. Lett., 1973, B47: 365;

Adler S L, Dashen R F. Current Algebras and Applications to Particle Physics[M]. New York:

Benjamin W A, 1968.

[18] Goldstone J. Field theories with superconductor solutions[J]. Nuovo Cimento, 1961, 19: 154;

Goldstone J, Salam A, Weinberg S. Broken symmetries[J]. Phys. Rev., 1962, 127: 965.

[19] Fujikawa K. Path integral measure for gauge invariant field theories[J]. Phys. Rev. Lett., 1979, 42: 1195.

[20] Eichten E J, Feinberg F L. Dynamical symmetry breaking of non-Abelian gauge symmetries [J]. Phys. Rev., 1974, D10: 3254;

Pascual P, Tarrach R. QCD: Renormalization for the Practitioner [M]. Berlin: Springer, 1984;

Bar-Gadda U. Infrared behavior of the effective coupling in quantum chromodynamics: A nonperturbative approach[J]. Nucl. Phys., 1980, B163: 312.

[21] He H X. Gauge symmetry and transverse Symmetry transformations in gauge theories[J]. Commun. Theor. Phys., 2009, 52: 292.

He H X. Transverse symmetry transformations and full quark-gluon vertex function in QCD [J]. Phys. Rev., 2009, D80: 016004.

[22] He H X, Khanna F C, Takahashi Y. Transverse Ward-Takahashi identity for the fermion-boson vertex in gauge theories[J]. Phys. Lett., 2000, B480: 222;

He H X. Transverse Ward-Takahashi relation for the vector vertex in gauge field theory[J]. Commun. Theor. Phys., 2001, 35: 32.

[23] He H X, Yu H W. Perturbative correction to transverse Ward-Takahashi relation for the vector vertex[J]. Commun. Theor. Phys., 2003, 39: 559;

He H X. Transverse Ward-Takahashi relation to one-loop[J]. Commun. Theor. Phys., 2005, 44: 103.

[24] He H X, Khanna F C. Transverse Ward-Takahashi relation for the fermion-boson vertex to one-loop order[J]. Int. J. Mod. Phys., 2006, A21: 2541.

[25] Pennington M R, Williams R. Checking the transverse Ward-Takahashi relation at one-loop order in four dimensions[J]. J. Phys. G: Nucl. Part. Phys., 2006, 32: 2219.

[26] He H X. Transverse Ward-Takahashi relation for the fermion-boson vertex function in four-dimensional Abelian gauge theory[J]. Int. J. Mod. Phys., 2007, 30: 2119.

[27] He H X. Transverse vector vertex function and Transverse Ward-Takahashi relations in QED [J]. Commun. Theor. Phys., 2006, 46: 109.

[28] He H X. Identical relations among transverse parts of variant Green's functions and the full vertices in gauge theories[J]. Phys. Rev., 2001, C63: 025207.

[29] He H X. Quantum anomaly of the transverse Ward-Takahashi relation for the axial-vector vertex[J]. Phys. Lett., 2001, B507: 351.

[30] He H X. Full fermion-boson vertex function derived in terms of the Ward-Takahashi relations in Abelian gauge theory[J]. arXiv：hep-th/0606039.

[31] 何汉新. 对称性关系导出阿贝尔规范理论中的完全费米子-玻色子顶角函数[J]. 中国科学, 2008，G38：225；

He H X. Full fermion-boson vertex function derived in terms of symmetry relations in Abelian gauge theory[J]. Science in China，2008，G51：1206.

[32] Feynman R P. Very high-energy collisions of hadrons[J]. Phys. Rev. Lett.，1969，23：1415；

Bjorken J D，Paschos E A. Inelastic electron-proton and γ-proton scattering and the structure of the nucleon[J]. Phys. Rev.，1969，185：1975.

[33] Callan C G，Gross D J. High-energy electroproduction and the constitution of the electric current[J]. Phys. Rev. Lett.，1969，22：156；

Bjorken J D，Paschos E A. Inelastic electron-proton and γ-proton scattering and the structure of the nucleon[J]. Phys. Rev.，1969，185：1975；

Gross D J//Balian R，Zinn-Justin J. Methods in Field Theory. Amsterdam：North-Holland，1976.

[34] Abe K，et al（E143 Collaboration）. Measurement of the proton and deutron spin structure functions g_1 and g_2[J]. Phys. Rev.，1998，D58：112003.

[35] Curci G，Furmanski W，Petronzio R. Evolution of parton densities beyond leading order — the non-singlet case[J]. Nucl. Phys.，1980，B175：27.

[36] Jaffe R L，Ji X. Chiral-odd parton distributions and Drell-Yan processes[J]. Nucl. Phys.，1992，B375：527.

[37] Wilson R. Nonlagrangian models of current algebra[J]. Phys. Rev.，1969，179：1499.

[38] Brandt R，Preparata G. Operator product expansions near the light cone[J]. Nucl. Phys.，1971，B27：541.

[39] Christ N，Hasslacher B，Muller A. Light-cone behavior of perturbation theory[J]. Phys. Rev.，1972，D6：3543；

Gross D J，Wilezek F. Asymptotically free gauge theories I[J]. Phys. Rev.，1973，D8：3633.

[40] Altarelli G，Parisi G. Asymptotic freedom in parton language[J]. Nucl. Phys.，1977, B126：298；

Gribov V N，Lipatov L N. Sov. J. Nucl. Phys.，1972，15：438，675.

[41] Montanet L，et al（Particle Data Group）. Review of particle properties[J]. Phys. Rev.，1994, D50：1173.

[42] Gribov L V，Levin E M，Ryskin M G. Semihard processes in QCD[J]. Phys. Rep.，1983, 100：1.

[43] Mueller A H，Qiu J. Gluon recombination and shadowing at small value of x[J]. Nucl. Phys.,

1986，B268：427.

[44] Zhu W. A new approach to parton recombination in QCD evolution equations[J]. Nucl. Phys.，1999，B551：245.

[45] Zhu W. A new modified Altarelli-Parisi evolution equation with parton recombination in proton [J]. Nucl. Phys.，1999，B559：378.

[46] Collins J C, Soper D E. Back-to-back jets in QCD[J]. Nucl. Phys.，1981，B193：381.

[47] Qiu J W, Sterman G. Power corrections in hadronic scattering. (Ⅱ) factorization[J]. Nucl. Phys.，1991，B353：137.

[48] Meng R, Olness F I, Soper D E. Semi-inclusive deeply inelastic scattering at small q_T[J]. Phys. Rev.，1996，D54：1919；Semi-inclusive deeply inelastic scattering at electron-proton colliders[J]. Nucl. Phys.，1992，B371，79.

[49] Collins J C. Fragmentation of transversely polarized quarks probed in transverse momentum distributions[J]. Nucl. Phys.，1993，B396：161.

[50] Ji X, Ma J, Yuan F. QCD factorization for semi-inclusive deep-inelastic scattering at low transverse momentum[J]. Phys. Rev.，2005，D71：034005.

[51] Adler S L. Sum rules giving tests of local current commutation relations in high-energy neutrino reactions[J]. Phys. Rev.，1966，143：1144.

[52] Leung W C, et al (CCFR Collaboration). A measurement of the Gross-Llewellyn Smith sum rule from the CCFR xF_3 structure function[J]. Phys. Lett.，1993，B317：655；
Gross D J, Llewellyn-Smith C H. High-energy neutrino-nucleon scattering, current algebra and partons[J]. Nucl. Phys.，1969，B14：337.

[53] Gottfried K. Sum rule for high-energy electron-proton scattering[J]. Phys. Rev. Lett.，1967，18：1174.

[54] Arneodo M, et al (NMC Collaboration). Reevaluation of the Gottfried sum rule[J]. Phys. Rev.，1994，D50：R1.

[55] Baldit A, et al (NA51 collaboration). Study of the isospin symmetry breaking in the light quark sea of the nucleon from the Drell-Yan process[J]. Phys. Lett.，1994，B332：244.

[56] Reimer P E, et al (E866 Collaboration). Proceedings of sixth conference on the intersections between particle and nuclear physics[C]. American Inst. of Phys. 1997，643.

[57] Kataev A L, Kotikov A V, Parente G, Sidorov A V. Next-to-next-to-leading order QCD analysis of the CCFR data for xF_3 and F_2 structure functions of the deep-inelastic neutrino-nucleon scattering[J]. Phys. Lett.，1996，B388：179.

[58] Kumano S. Flavor asymmetry of antiquark distributions in the nucleon[J]. Phys. Rep.，1998，303：183.

[59] Bjoken J D. Applications of the chiral $U(6) \otimes U(6)$ algebra of current densities[J]. Phys.

Rev., 1966, 148: 1467; Inelastic scattering of polarized leptons from polarized nucleons[J]. Phys. Rev., 1970, D1: 1376.

[60] Ellis J R, Jaffe R L. Sum rule for deep-inelastic electroproduction from polarized protons[J]. Phy. Rev., 1974, D9: 1444.

[61] Jaffe R L, Ji X. Chiral-odd parton distributions and polarized Drell-Yan process[J]. Phys. Rev. Lett., 1991, 67: 552.

[62] Gerasimov S B. Sov. J. Nucl. Phys., 1966, 2: 403;
Drell S D, Hearn A C. Exact sum rule for nucleon magnetic moments[J]. Phys. Rew. Lett., 1966, 16: 908.

[63] Drechsel D, Kamalov S S, Krein G, et al. Generalized Gerasimov-Drell-Hearn integral and the spin structure of the nucleon[J]. Phys. Rev., 1999, D59: 094021.

[64] Ji X D, Osborne J. Generalized sum rules for spin-dependent structure functions of the nucleon[J]. J. Phys., 2001, G27: 127.

[65a] Ahrens J, et al (GDH Collaboration). Helicity amplitudes $A_{1/2}$ and $A_{3/2}$ for the D_{13} (1520) resonance obtained from the $\gamma + p \rightarrow p\pi^0$ reaction[J]. Phys. Rev. Lett., 2002, 88: 232002; arXiv: hep-ex/0203006.

[65b] Airapetian A, et al (HERMES Collaboration). The Q^2-dependence of the generalised Gerasimov-Drell-Hearn integral for the deuteron, proton and neutron[J]. arXiv: hep-ex/0210047; The Q-dependence of the generalised Gerasimov-Drell-Hearn integral for the deuteron, proton and neutron[J]. Eur. Phys. J., 2003, C26: 527.

[66] Fatemi R, et al (CLAS Collaboration). Measurement of the proton spin structure function $g_1(x, Q^2)$ for Q^2 from 0.15 to 1.6 GeV^2 with CLAS[J]. Phys. Rev. Lett., 2003, 91: 222002; arXiv: hep-ex/0306019.

[67] Jaffe R L, Manohar A. The g_1 problem: Deep inelastic electron scattering and the spin of the proton[J]. Nucl. Phys., 1990, B337: 509.

[68] Ji X. Gauge-invariant decomposition of nucleon spin[J]. Phys. Rev. Lett., 1997, 78: 610.

[69] Chen X S, Lü X F, Su W M, Wang F, Goldman T. Spin and orbital angular momentum in gauge theories (Ⅱ): QCD and nucleon spin structure[J]. Phys. Rev. Lett., 2008, 100: 232002; arXiv: 0709.1284;
Chen X S, et al. arXiv: 0710.1427.

[70] Ratcliffe P G. Orbital angular momentum and the parton model[J]. Phys. Lett., 1987, B192: 180;
Altarelli G, Ross G G. The anomalous gluon contribution to polarized leptoproduction[J]. Phys. Lett., 1988, B212: 391.

[71] Ji X, Tang J, Hoodbhoy P. Spin structure of the nucleon in the asymptotic limit[J]. Phys.

Rev. Lett., 1996, 76: 740.

[72a] Adams D, et al (SMC Collaboration). Spin structure of the proton from polarized inclusive deep-inelastic muon-proton scattering[J]. Phys. Rev., 1997, D56: 5330.

[72b] Adeva B, et al (SMC Collaboration). Next-to-leading order QCD analysis of the spin structure function g_1[J]. Phys. Rev., 1998, D58: 112002.

[73] Altarelli G, Ross G G. The anomalous gluon contribution to polarized leptoproduction[J]. Phys. Lett., 1988, B212: 391;
Carlitz R D, Collins J C, Mueller A H. The role of the axial anomaly in measuring spin-dependent parton distributions[J]. Phys. Lett., 1988, B214: 229.

[74] Barnett, et al (Particle Data Group). Review of particle properties[J]. Phys. Rev., 1996, D54: 1.

[75] Larin S A, Vermaseren J A M. The α_s^3 corrections to the Bjorken sum rule for polarized electroproduction and to the Gross-Lewellyn Smith sum rule[J]. Phys. Lett., 1991, B259: 345;
Larin S A. The next-to-leading QCD approximation to the Ellis-Jaffe sum rule[J]. Phys. Lett., 1994, B334: 192.

[76] Adler S L, Bardeen W A. Absence of higher-order corrections in the anomalous axial-vector divergence equation[J]. Phys. Rev., 1969, 182: 1517.

[77] Ball R D, Forte S, Ridolfi G. Next-to-leading order determination of the singlet axial charge and the polarized gluon content of the nucleon[J]. Phys. Lett., 1996, B378: 255.

[78] Airapetian A, Akopov N, Akopov Z, et al. Precise determination of the spin structure function g_1 of the proton, deuteron, and neutron[J]. Phys. Rev., 2007, D75: 012007.

[79] Ellis J, Karliner M. Determination of α_s and the nucleon spin decomposition using recent polarized structure function data[J]. Phys. Lett., 1995, B341: 397.

[80] Soffer J. Positivity constraints for spin-dependent parton distributions[J]. Phys. Rev. Lett., 1995, 74: 1292.

[81] He H X, Ji X. Tensor charge of the nucleon[J]. Phys. Rev., 1995, D52: 2960.

[82] He H X, Ji X. QCD sum rule calculation for the tensor charge of the nucleon[J]. Phys. Rev., 1996, D54: 6897.

[83] He H X. Tensor charge of the nucleon from QCD sum rules[J]. Chinese Phys. Lett., 1996, 13: 889.

[84] Aoki S, Doui M, Hatsuda T, Kuramashi Y. Tensor charge of the nucleon in lattice QCD[J]. Phys. Rev., 1997, D56: 433.

[85] He H X. Axial and tensor charges of the nucleon[C]//Wang F. Proceedings of Inter. Conf. on Physics since Parity Symmetry Breaking — a conference in memory of C. S. Wu. Nanjing,

1997. Singapore: World Scientific, 1998.

[86] He H X. Nucleon tensor charge from the quark model[J]. Commun. Theor. Phys., 2000, 33: 317.

[87] Schmidt I, Sofer J. Melosh rotation and the nucleon tensor charge[J]. Phys. Lett., 1997, B407: 331.

[88] Kim H C, Polyako M V, Goeke K. Nucleon tensor charges in the $SU(2)$ chiral quark-soliton model[J]. Phys. Rev., 1996, D53: R4715.

[89] Gamberg L, Goldstein G R. Flavor-spin symmetry estimate of the nucleon tensor charge[J]. Phys. Rev. Lett., 2001, 87: 242001.

[90] Ralston J, Soper D E. Production of dimuons from high-energy polarized proton-proton collisions[J]. Nucl. Phys., 1979, B152: 109.

[91] Collins J C. Fragmentation of transversely polarized quarks probed in transverse momentum distributions[J]. Nucl. Phys., 1993, B396: 161.

[92] Kotzinian A M, Mulders P J. Probing transverse quark polarization via azimuthal asymmetries in leptoproduction[J]. Phys. Lett., 1997, B406: 373.

[93] Mulders P J, Tangerman R D. The complete tree-level result up to order $1/Q$ for polarized deep-inelastic leptoproduction[J]. Nucl. Phys., 1996, B461: 197.

[94] Jaffe R L, Jin X M, Tang J. Interference fragmentation functions and the nucleon's transversity[J]. Phys. Rev. Lett., 1998, 80: 1166.

[95] Boer D, Jakob R, Mulders P J. Leading asymmetries in two-hadron production in $e^+ e^-$ annihilation at the Z pole[J]. Phys. Lett., 1998, B424: 143.

[96] Radyushkin A V. Scaling limit of deeply virtual Compton scattering[J]. Phys. Lett., 1996, B380: 417; Asymptotic gluon distributions and hard diffractive electroproduction[J]. Phys. Lett., 1996, B385: 333.

[97] Ji X. Deeply virtual Compton scattering[J]. Phys. Rev., 1997, D55: 714.

[98] Dittes F M, Muller D, Robsschik D, Geyer B, Horejsi J. The Altarelli-Parisi kernel as asymptotic limit of an extended Brodsky-Lepage kernel[J]. Phys. Lett., 1988, B209: 325.

[99] Balitsky I I, Braun V M. Evolution equations for QCD string operators[J]. Nucl. Phys., 1988/89, B311: 541.

[100] Jain P, Ralston J P. The proceedings of the workshop on future directions in particle and nuclear physics at muti-GeV hadron beam facilities[C]. USA: BNL, 1993.

[101] Watanabe K. Operator product expansion and integral representation for two photon processes [J]. Prog. Theo. Phys., 1982, 67: 1834.

[102] Bartels J, Loewe M. The nonforward QCD ladder diagrams[J]. Z. Phys., 1982, C12: 263.

[103] Gribov L V, Levin E M, Ryskin M G. Semihard processes in QCD[J]. Phys. Rep., 1983,

100: 1.

[104] Ji X. Off-forward parton distributions[J]. Journal of Physics G, 1998, 24: 1181.

[105] Radyushkin A V. Nonforward parton distributions[J]. Phys. Rev. , 1997, D56: 5524.

[106] Guichon P A M, Vanderhaeghen M. Virtual Compton scattering off the nucleon[J]. Prog. Part. Nucl. Phys. , 1998, 41: 125.

[107] Martin A, Ryskin M G. Effect of off-diagonal parton distributions in diffractive vector meson electroproduction[J]. Phys. Rev. , 1998, D57: 062261.

[108] Ji X, Osborne J. One-loop corrections and all order factorization in deeply virtual Compton scattering[J]. Phys. Rev. , 1998, D57: R1337.

[109] Ji X. Generalized parton distributions and the spin structure of the nucleon[J]. Nucl. Phys. Proc. Suppl. , 2003, 119: 41.

[110] Belisky A V, Radyushkin A V. Unraveling hadron structure with generalized parton distributions[J]. Phys. Rep. , 2005, 418: 1.

[111] Ji X. QCD analysis of the mass structure of the nucleon [J]. Phys. Rev. Lett. , 1995, 74: 1071.

[112] Jones M K, Aniol K A, Baker F T, et al. G_{E_p}/G_{M_p} Ratio by polarization transfer in $\vec{e}\,p \to$ e $\vec{p}$[J]. Phys. Rev. Lett. , 2000, 84: 1398.

[113a] Gayon O, et al. Measurement of G_{E_p}/G_{M_p} in $\vec{e}\,p \to e\ \vec{p}$ to $Q^2 = 5.6$ GeV^2[J]. Phys. Rev. Lett. , 2002, 88: 092301.

[113b] Ron G, Aniol K A, Averett T, et al. Measurement of the proton elastic-form factor ration $\mu_p G_E^p/G_M^p$ at low momentum transfer[J]. Phy. Rev. Lett. , 2007, 99: 202002.

[114] Hand L N, Miller D G, Wilson R. Electric and magnetic form factors of the nucleon[J]. Rev. Mod. Phys. , 1963, 35: 335.

[115] Eidelman S, et al (Particle Data Group Collaboration). Review of particle physics[J]. Phys. Lett. , 2004, B592: 1.

[116] Lepage G P, Brodsky S J. Exclusive processes in quantum chromodynamics: The form factors of baryons at large momentum transfer[J]. Phys. Rev. Lett. , 1979, 43: 545; Baryon's electromagnetic form factors[J]. Phys. Rev. , 1980, D22: 2157.

[117] Brodsky S J, Farrar G R. Scaling law at large transverse momentum[J]. Phys. Rev. Lett. , 1973, 31: 1153.

[118] Carlson C E, Gross F. Perturbative QCD and electromagnetic form factors[J]. Phys. Rev. , 1987, D36: 2060.

[119] Belitsky A V, Ji X, Yuan F. Perturbative QCD analysis of the nucleon's Pauli form factor $F_2(Q^2)$[J]. Phys. Rev. Lett. , 2003, 91: 092003.

[120] Guidal M, Polyakov M V, Radyushkin A V, Vanderhaeghen M. Nucleon form factors from

generalized parton distributions[J]. Phys. Rev. , 2005, D72: 054013.

[121] Burkardt M. Generalized parton distributions for large x[J]. Phys. Lett. , 2004, B595: 245; Impact parameter space interpretation for generalized parton distributions[J]. Int. J. Mod. Phys. , 2003, A18: 173.

[122] Gayon O, et al. Measurements of the elastic electromagnetic form factor $\mu_p G_{E_p}/G_{M_p}$ via polarization transfer[J]. Phys. Rev. , 2001, C64: 038202.

[123] Leinweber D B, Woloshyn R M, Draper T. Electromagnetic structure of octet baryons[J]. Phys. Rev. , 1991, D43: 1659.

[124] Aexandrou C, Koutsou G, Negele J W, Tsapalis A. Nucleon electromagnetic form factors from lattice QCD[J]. Phys. Rev. , 2006, D74: 034500.

[125] Gockeler M, et al (QCD SF Collaboration). Nucleon electromagnetic form factors on the lattice and in chiral effective field theory[J]. Phys. Rev. , 2005, D71: 034508; Nucleon form factors: probing the chiral limit[J]. PoS(LAT 2006): 120; arXiv: hep-lat/0610118.

[126] Edwards R G, et al (LHPC Collaboration). Nucleon structure in the chiral regime with domain wall fermions on an improved staggered sea[J]. arXiv: hep-lat/0610007

[127] Bakulev A P, Radyushkin A V. Nonlocal condensates and QCD sum rules for the pion form factor[J]. Phys. Lett. , 1991, 13271: 223.

[128] Braun V M, Lenz A, Wittmann M. Nucleon form factors in QCD[J]. Phys. Rev. , 2006, D73: 094019.

[129] Armstrong D S, Arvieux J, Asaturyan R, et al. Strange-quark contributions to parity-violating asymmtries in the forward G0 electron-proton scattering experiment[J]. Phys. Rev. Lett. , 2005, 95: 092001.

[130] Aniol K A, et al (HAPPEX Hall A). Parity-violating electron scattering from ^{4}He and the strange electric form factor of the nucleon[J]. Phys. Rev. Lett. , 2006, 96: 022003.

[131] Drell S D, Yan T M. Massive lepton-pair production in hadron-hadron collisions at high energies[J]. Phys. Rev. Lett. , 1970, 25: 316.

[132] Altarelli G, Ellis R K, Martinelli G. Leptoproduction and Drell-Yan processes beyond the leading approximation in Chromodynamics[J]. Nucl. Phys. , 1978, B143: 521; B146: 544 (Erratum).

[133] Parisi G. Summing large perturbative corrections in QCD[J]. Phys. Lett. , 1980, B90: 295; Curci G, Greco M. Large infra-red corrections in QCD processes[J]. Phys. Lett. , 1980, B92: 175.

[134] Close F E, Sivers D. Whirlpools in the sea: Polarization of antiquarks in a spinning proton [J]. Phys. Rev. Lett. , 1977, 39: 1116.

[135] Aubert J J, et al (EMC Collaboration). The ratio of the nucleon structure functions F_2^N for

iron and deuterium[J]. Phys. Lett., 1983, 123B: 275.

[136] Alde D M, Baer H W, Carey T A, et al. Nuclear dependence of dimuon production at 800 GeV[J]. Phys. Rev. Lett., 1990, 64: 2479.

[137] Close F E, Roberts R G, Ross G G. The effect of confinement size on nuclear structure functions[J]. Phys. Lett., 1983, B129: 346.

[138] Qiu J. Nuclear shadowing at small values of x[J]. Nucl. Phys., 1987, B291: 746.

[139] Geesuman D F, Saito K, Thomas A W. The nuclear EMC effect[J]. Annu. Rev. Nucl. Part. Sci., 1995, 45: 337.

[140] Wilson K G. Confinement of quarks[J]. Phys. Rev., 1974, D10: 2445; The renormalization group: Critical phenomena and the kondo problem[J]. Rev. Mod. Phys., 1975, 47: 773.

[141a] Bali G S, Neff H, Düssel T, et al. Observation of string breaking in QCD[J]. Phys. Rev., 2005, D71: 114513;

Bali G S. QCD forces and heavy quark bound states[J]. Phys. Rep., 2001, 343: 1.

[141b] Born K D, Laermann E, Pirch N, et al. Hadron properties in lattice QCD with dynamical fermions[J]. Phys. Rev., 1989, D40: 1653.

[142] Dong S J, Lagal J-F, Liu K F. Flavor-singlet g_A from lattice QCD[J]. Phys. Rev. Lett., 1995, 75: 2096.

[143] Adams D, et al (SMC Collaboration). Measurement of the spin-dependent structure function $g_1(x)$ of the proton[J]. Phys. Lett., 1994, B329: 399.

[144] Abe K, et al (E143 Collaboration). Precision measurement of the proton spin structure function g_1^p[J]. Phys. Rev. Lett., 1995, 74: 346.

[145] Liu K F, Dong S J, Draper T, et al. Valence QCD: Connecting QCD to the quark model[J]. Phys. Rev., 1999, D59: 112001.

[146] Cöckeler M, Horsley R, Pleiter D, et al. Generalized parton distributions from lattice QCD [J]. Phys. Rev. Lett., 2004, 92: 042002.

[147] Skullerud J, Kizilersü A. Quark-gluon vertex from lattice QCD[J]. JHEP, 2002, 0209: 13.

[148] Skullerud J, Bowman P O, Kizilersü A, et al. Nonperturbative structure of the quark-gluon vertex[J]. JHEP, 2003, 0304: 047.

[149] Cucchieri A, Mendes T. What's up with IR gluon and ghost propagators in Landau gauge? A puzzling answer from huge lattices[J]. arXiv: hep-lat/0710.0412v1, and references therein.

[150] Dyson F J. The S matrix in quantum electrodynamics[J]. Phys. Rev., 1949, 75: 1736; Schwinger J. On the Green's functions of quantized fields: Ⅰ and Ⅱ[J]. Proc. Nat. Acad. Sc., 1951, 37: 452, 455.

[151] Roberts C D, Williams A G. Dyson-Schwinger equations and their application to hadronic physics[J]. Prog. Part. Nucl. Phys., 1994, 33: 477.

[152] Alkofer R, von Smekal L. The infrared behaviour of QCD Green's functions: Confinement, dynamical symmetry breaking, and hadrons as relativistic bound states[J]. Phys. Rep., 2001, 353: 281.

[153] Itzykson C, Zuber J B. Quantum Field Theory[M]. New York: McGraw-Hill, 1980.

[154] Eichten E J, Feinberg F L. Dynamical symmetry breaking of non-Abelian gauge symmetries [J]. Phys. Rev., 1974, D10: 3254.

[155] Baker M, Lee C. Overlapping-divergence-free skeleton expansion in non-Abelian gauge theories[J]. Phys. Rev., 1977, D15: 2201.

[156] von Smekal L, Hauck A, Alkofer R. Infrared behavior of gluon and ghost propagators in Landau gauge QCD[J]. Phys. Rev. Lett., 1997, 79: 3591; A Solution to coupled Dyson-Schwinger equations for gluons and ghosts in Landau gauge[J]. Ann. Phys., 1998, 267: 1; Mandula J E. The gluon propagator[J]. Phys. Rep., 1999, 315: 273.

[157] Bar-Gadda U. Infrared behaviour of the effective coupling in quantum chromodynamics[J]. Nucl. Phys., 1980, B163: 312.

[158] Fukuda R, Kugo T. Schwinger-Dyson equation for massless vector theory and the absence of fermion pole[J]. Nucl. Phys., 1976, B117: 250.

[159] Salam A. Renormalization electrodynamics of vector mesons [J]. Phys. Rev., 1973, 130: 1287.

[160] Ball J S, Chiu T W. Analytic properties of the vertex function in gauge theories: I [J]. Phys. Rev., 1980, D22: 2542.

[161] Curtis D C, Pennington M. Nonperturbative study of the fermion propagator in quenched QED in covariant gauge using a renormalizable truncation of Schwinger-Dyson equation[J]. Phys. Rev., 1993, D48: 4933.

[162] Maris P, Roberts C D. π-and K-meson Bethe-Salpeter amplitudes[J]. Phys. Rev., 1997, C56: 3369.

[163] Fischer C S, Alkofer R. Nonperturbative propagators, running coupling, and the dynamical quark mass of Landau gauge QCD[J]. Phys. Rev., 2003, D67: 094020.

[164] Marris P, Roberts C D, Tandy P C. Pion mass and decay constant[J]. Phys. Lett., 1998, B420: 267.

[165] Haag R. Local Quantum Physics[M]. Berlin: Springer, 1996.

[166] 't Hooft G. A property of electric and magnetic flux in non-Abelian gauge theories[J]. Nucl. Phys., 1979, B153: 141; Topology of the gauge condition and new confinement phases in non-Abelian gauge theories[J]. Nucl. Phys., 1981, B190: 455.

[167] Faddev L, Niemi A J. Partially dual variables in $SU(2)$ Yang-Mills theory[J]. Phys. Rev. Lett., 1999, 82: 1624.

［168］ Cho Y M. Abelian dominance in Wilson loops[J]. Phys. Rev. , 2000, D62: 074009.

［169］ Li S, Zhang Y, Zhu Z Y. Decomposition of $SU(N)$ connection and effective theory of $SU(N)$ QCD[J]. Phys. Lett. , 2000, B487: 201.

［170］ Nakanishi N, Ojima I. Covariant operator formalism of gauge theories and quantum gravity [M]. Singapore: World Scientific, 1990.

［171］ Kugo T, Ojima I. Local covariant operator formalism of non-Abelian gauge theories and quark confinement problem[J]. Prog. Theor. Phys. Suppl. , 1979, 66: 1.

［172］ Gribov V N. Quantization of non-Abelian gauge theories[J]. Nucl. Phys. , 1978, B139: 1.

［173］ Zwanziger D. Vanishing of zero momentum lattice gluon propagator and color confinement [J]. Nucl. Phys. , 1991, B364: 127; Fundamental modular region, Boltzmann factor and area law in lattice gauge theory[J]. Nucl. Phys. , 1994, B412: 657.

［174］ Bali G S, Schilling K. Static quark-antiquark potential: scaling behaviour and fimite-size effects in $SU(3)$ lattice gauge theory[J]. Phys. Rev. , 1992, D46: 2636; Phys. Rev. , 1993, D47: 661.

［175］ Oehme R. Analytic structure of amplitudes in gauge theories with confinement[J]. Int. J. Mod. Phys. , 1995, A10: 1995.

［176］ Watson P, Alkofer R. Verifying the Kugo-Ojima confinement criterion in Landau gauge Yang-Mills theory[J]. Phys. Rev. Lett. , 2001, 86: 5239.

［177］ Strocchi F. Locality, charges and quark confinement[J]. Phys. Lett. , 1976, B62: 60; Local and covariant gauge quantum field theories, cluster property, superselection rules, and the infrared problem[J]. Phys. Rev. , 1978, D17: 2010.

［178］ Marciano W, Pagels H. Quantum chromodynamics[J]. Phys. Rep. , 1978, 36C: 137.

［179］ Cornwall J M. Confinement and chiral-symmetry breakdown: Estimates of F_π and of effective quark masses[J]. Phys. Rev. , 1980, D22: 1452.

［180］ Bender A, Blaschke D, Kalinovsky Y, et al. Continuum study of deconfinement at finite temperature[J]. Phys. Rev. Lett. , 1996, 77: 3724.

［181］ Bender A, Poulis G I, Roberts C D, et al. Deconfinement at finite chemical potential[J]. Phys. Lett. , 1998, B431: 263.

［182］ Boucand Ph, Leroy J P, Le Yaouanc A, et al. The infrared behavior of the pure Yang-Mills Green functions [J]. arXiv: 1109.1936, and references therein.

［183］ Davydychev A I, Osland P, Saks L. Quark-gluon vertex in arbitrary gauge and dimension [J] Phys. Pev. , 2000, D63:014022.

［184］ Cornwall J M, Jackiw R, Tomboulis E. Effective action for composite operators[J]. Phys. Rev. , 1974, D10: 2428.

［185］ Stam K. Dynamical chiral symmetry breaking[J]. Phys. Lett. , 1985, B152: 238.

[186] Mandelstam S. Approximation scheme for quantum chromodynamics[J]. Phys. Rev. , 1979, D20: 3223.

[187] Baker T M, Ball J S, Zachariasen F. An analytic calculation of the weak field limit of the static color dielectric constant[J]. Nucl. Phys. , 1983, B226: 455.

[188] Bernard C, Parrinello C, Soni A. Lattice study of the gluon propagator in momentum space [J]. Phys. Rev. , 1994, D49: 1585;
Leinweber D B, et al (UKQCD Collaboration). Gluon propagator in the infrared region[J]. Phys. Rev. , 1998, D58: 031501;
Alexandrou C, de Forcrand Ph, Follana E, et al. Gluon propagator without lattice Gribov copies on a finer lattice[J]. Phys. Rev. , 2002, D65: 114508; Laplacian gauge gluon propagator in $SU(N_c)$[J]. Phys. Rev. , 2002, D65: 117502.

[189] Hauck A, Smekal L V, Alkofer R//Brambilla N, et al. Quark Confinement and the Hadron Spectrum Ⅱ[M]. Singapore: World Scientific, 1997: 258.

[190] He H X, Ping J L. QCD interactions, infrared behavior of gluon propagator and color confinement[C]. CCAST-WL Workshop series: Vol. 162: 13.

[191] Lerche C, von Smekal L. On the infrared exponent for gluon and ghost propagation in Landau gauge QCD[J]. Phys. Rev. , 2002, D65: 125006.

[192] Zwanziger D. Nonperturbative Landau gauge and infrared critical exponents in QCD[J]. Phys. Rev. , 2002, D65: 094039.

[193] Pawlowski J M, Jan M, Litim D F, et al. Infrared behaviour and fixed points in Laudau gauge QCD[J]. Phys. Rev. Lett. , 2004, 93: 152002.

[194] Bowman P O, Heeler U M, Leinweber D B, et al. Unquenched quark propagator in Landau gauge [J]. Phys. Rev. , 2005, D71: 054507.

[195] Bhagwat M S, Holl A, Roberts C D, et al. Aspects of hadron physics [J]. arXiv: 0802.0217 (nucl-th) (2008).

[196] Aguilar A C, Papavassiliou J. Chiral symmetry breaking with latice propagctors [J]. Plys. Rev. , 2011, D83: 014013.

[197] Rojas E, de Melo J P B C, EI-Bennich B, et al. On the quark-gluon vertex and quark-ghost kernel: Combining lacttice simulations with Dyson-Schwinger equations [J]. arXiv: 1306.3022.

[198] Fischer C S, Maas A, Pawlowski J M. On the infrared behavior of Landau gauge Yang-Mills theory [J]. Annals. Phys. , 2009, 324: 2408.

[199] Ayala A, Bashir A, Binosi D, et al. Quark flavour effects on gluon and ghost propagators [J]. arXiv: 1208.0795 [hep-ph] (2012).

[200] Aguilar A C, Binosi D, Cardona J C, et al. Nonpertarbative results on the quark-gluon verter

[J]. arXiv：1301.4057［hep-ph］（2013）.

[201] Eichten E，Gottfried K，Kinoshita T，et al. Spectrum of charmed quark-antiquark bound states[J]. Phys. Rev. Lett.，1975，34：369.

[202] Alkofer R，Fischer C S，Llanes-Estrade F J，et al. The quark-glcon vertex in Landaw gauge QCD：Its role in dynamical chiral symmetry breaking and quark confinement［J］. Annals. Phys.，2009，324：106.

[203] Brocdsky S，Roberts C D，Shrock R，et al. Confinement contains condensates［J］. Phys. Rev.，2012，C85：065202.

[204] Sternbeck A，Ilgenfritz E-M，Müller-Preussker M，et al. Going infrared in $SU(3)$ Landau gauge gluodynamics[J]. Phys. Rev.，2005，D72：014507.

[205] Oliveira O，Silva P J. Exploring the infrared gluon and ghost propagators using large asymmetric lattice[J]. Braz. J. Phys.，2007，37：201.

[206] He H X. From asymptotic freedom to Quark confinement of QCD[J]. to be published.

[207] Weinberg S. Non-Abelian gauge theories of the strong interactions[J]. Phys. Rev. Lett.，1973，31：494.

[208] He H X. Quark confinement and nonperturbative running coupling of quantum chromadynamics[J]. to be published.

[209] Karsch F. Lattice QCD at high temperature and density［J］. Lect. Notes Phys.，2002，583：209；
Zhang J B，et al. Towards the Continuum Limit of the Overlap Quark Propagator in Landau Gauge[J]. arXiv：hep-lat/0208037.

[210] He M，He D，Feng H T，Sun W M，Zong H S. Continuum study of quark-number susceptibility in an effective interaction model[J]. Phys. Rev.，2007，D76：076005.

[211] Wiringa R B，Fiks V，Fabrocini A，et al. Equation of state for dense nucleon matter[J]. Phys. Rev.，1988，C38：1010.

[212] Bender A，Detmold W，Thomas A W. Dependence of the chiral symmetry restoration on the quark self-energy kernel[J]. Phys. Lett.，2001，B516：54.

[213] Chang L，Chen H，Wang B，Yuan W，Liu X-X. Chemical potential dependence of chiral quark condensate in Dyson-Schwinger equation approach of QCD[J]. Phys. Lett.，2007，B644：315.

[214] Bailin D，Love A. Superfluidity and superconductivity in relativistic fermion systems[J]. Phys. Rep.，1984，107：325；
Alford M，Rajagopal K，Wilczek F. QCD at finite baryon density：Nucleon droplets and color superconductivity[J]. Phys. Lett.，1998，B422：247；
Rapp R，Schaefer K，Shuryak E V，Velkovsky M. Diquark bose condensates in high density

matter and instantons[J]. Phys. Rev. Lett. , 1998, 81: 53.

[215] Rajagopal K, Wilczek F. The condensed matter physics of QCD[J]. arXiv: hep-ph/0011333;

Ren H C. Color superconductivity of QCD at high baryon density [J]. arXiv: hep-ph/0404074;

Huang M. Color superconductivity at moderate baryon density[J]. Int. J. Mod. Phys. , 2005, E14: 675;

Buballa M. NJL-model analysis of dense quark matter[J]. Phys. Rep. , 2005, 407: 205.

[216] Munzinger P B, Stachel J. Particle ratios, equilibration, and the QCD phase boundary[J]. J. Phys. , 2002, G28: 1971.

[217] Son D T. Superconductivity by long-range color magnetic interaction in high-density quark matter[J]. Phys. Rev. , 1999, D59: 094019;

Schafer T, Wilczek F. Superconductivity from perturbative one-gluon exchange in high density quark matter[J]. Phys. Rev. , 1999, D60: 114033;

Brown W E, Liu J T, Ren H C. Perturbative nature of color superconductivity[J]. Phys. Rev. , 2000, D61: 114012;

Wang Q, Rischke D. How the quark self-energy affects the color-superconducting gap[J]. Phys. Rev. , 2002, D65: 054005;

Schmitt A, Wang Q, Rischke D. Electromagnetic meissner effect in spin-one color superconductors[J]. Phys. Rev. Lett. , 2003, 91: 242301;

Wang Q, Wang Z G, Wu J. Phase space and quark mass effects in neutrino emissions in a color superconductor[J]. Phys. Rev. , 2006, D74: 014021.

[218] Huang M, Zhuang P F, Chao W Q. Massive quark propagator and competition between chiral and diquark condensate[J]. Phys. Rev. , 2002, D65: 076012;

Huang M, Zhuang P F, Chao W Q. Charge neutral effects on 2-flavor color superconductivity[J]. Phys. Rev. , 2003, D67: 065015.

[219] Nickel D, Wambach J, Alkofer R. Color superconductivity in the strong-coupling regime of Landau gauge QCD[J]. Phys. Rev. , 2006, D73: 114028;

Nickel D, Alkofer R, Wambach J. Unlocking of color and flavor in color-superconducting quark matter[J]. Phys. Rev. , 2006, D74: 114015.

[220] Yuan W, Chen H, Liu Y X. Dyson-Schwinger equation and quantum phase transitions in massless QCD[J]. Phys. Lett. , 2006, B637: 69.

[221] 't Hooft G//'t Hooft G, et al. Recent development in gauge theories[M]. New York: Plenum, 1980;

Coleman S, Witten E. Phys. Rev. Lett. , 1980, 45: 100.

[222] Mclerran L, Pisarski R D. Phases of cold, dense quarks at large N_c[J]. Nucl. Phys. , 2007,

A796：83；arXiv：hep-ph/07062191.

[223] Glozman L Ya，Wagenbrunn R F. Chirally symmetric but confining dense and cold matter [J]. arXiv：hep-ph/07093080.

[224] Yaouanc A Le，Oliver L，Pene O，Raynal J. Spontaneous breaking of chiral symmetry for confining potentials[J]. Phys. Rev.，1984，D29：1233；1985，D31：137.

[225] Aoki Y，Endrödi G，Fodor Z，Katz S D，Szabo K K. The order of the quantum chromodynamics transition predicted by the standard model of particle physics[J]. Nature，2006，443：675.

[226] DeTar C，Gupta R. Toward a precise determination of T_c with $2+1$ flavors of quarks[J]. arXiv：hep-lat/07101655；

Cheng M，et al. The QCD equation of state with almost physical quark masses[J]. arXiv：hep-lat/07100354.

[227] Wilczek F. Did the big bang boil? [J]. Nature，2006，443：637.

[228] Gyulassy M. The QCD discovered at RHIC[J]. arXiv：nucl-th/0403032；

Melerran L. Theory summary：Quark Matter 2006[J]. J. Phys.，2007，G34：S583.

[229] Blaizot J P. Theoretical overview：Towards understanding the quark-gluon plasma[J]. J. Phys.，2007，G34：S243.

[230a] Maris P，Roberts C D. Dyson-Schwinger equations：A tool for hadron physics[J]. Int. J. Mod. Phys.，2003，E12：297；arXiv：nucl-th/0301049.

[230b] Bhagwat M S，Chang L，Liu Y X，Roberts D，Tandy P C. Flavor symmetry breaking and meson masses[J]. Phys. Rev.，2007，C76：045203.

[231a] Yang L M. A General Hamiltonian Approach to Hadron Structure and VAC Structure[M]// Wu S S. Nuclear Many-Body Problem and Sub-Nucleonic Degrees of Freedom in Nuclei. Changchun：Jilin People's Press，2008：15.

[231b] Wu S S，Zhang H X，Yao Y J//Wu S S. Nuclear Many-Body Problem and Sub-Nucleonic Degrees of Freedom in Nuclei[M]. Changchun：Jilin People's Press，2008：141.

[232] Ebert D，Reinhardt H，Volkov M K. Effective hadron theory of QCD[J]. Prog. Part. Nucl. Phys.，1994，33：1.

[233] Cahill R T，Roberts C. Soliton bag models of hadrons from QCD[J]. Phys. Rev.，1985，D32：2419.

[234] Cahill R T，Praschifka J，Burden C J. Diquarks and bosonization of QCD[J]. Aust. J. Phys.，1989，42：161.

[235] Cahill R T，Gunner S. Quark and gluon propagators from meson data[J]. Phys. Lett.，1995，B359：281.

[236] Witten E. Baryons in the $1/N$ expansion[J]. Nucl. Phys.，1979，B160：57.

[237] Tandy P C. Hadron physics from the global color model of QCD[J]. Prog. Part. Nucl. Phys. , 1997, 39: 117.

[238] Frank M R, Tandy P C, Fai G. Chiral solitons with quarks and composite mesons[J]. Phys. Rev. , 1991, C43: 2808.

[239] Wang B, Liu Y X. Baryon structure in the global color symmetry model of QCD[J]. Nucl. Phys. , 2007, A790: 593c;
Wang B, Song H C, Chang L, Chen H, Liu Y X. Soliton with a pion field in the global color symmetry model[J]. Phys. Rev. , 2006, C73: 015206;
Wang B, Chen H, Chang L, Liu Y X. Soliton in the global color model with a sophisticated effective gluon propagator[J]. Phys. Rev. , 2007, C76: 025201.

[240] Liu Y X, Gao D F, Zhou J H, Guo H. Reevaluation of the density dependence of nucleon radius and mass in the global color symmetry model of QCD[J]. Nucl. Phys. , 2003, A725: 127;
Liu Y X, Gao D F, Guo H. Density dependence of nucleon bag constant, radius and mass in an effective field theory model of QCD[J]. Nucl. Phys. , 2001, A695: 353.

[241] Chang L, Liu Y X, Guo H. Density dependence of nucleon radius and mass in the global color symmetry model of QCD with a sophisticated effective gluon propagator[J]. Nucl. Phys. , 2005, A750: 324.

[242] Nambu X, Jona-Lasinio G. Dynamical model of elementary particles based on an analogy with superconductivity: Ⅰ[J]. Phys. Rev. , 1961, 122: 345.

[243] 't Hooft G. Symmetry breaking through Bell-Jakiw anomalies[J]. Phys. Rev. Lett. , 1976, 37: 8.

[244] Wess J, Zumino B. Consequences of anomalous Ward identities[J]. Phys. Lett. , 1971, B37: 95.

[245] Skyrme T H R. A non-linear field theory[J]. Proc. R. Soc. Lon. , 1961, A260: 127.

[246] Adkins G S, Nappi C R, Witten E. Static properties of nucleons in the Skyrme model[J]. Nucl. Phys. , 1983, B226: 552.

[247] Shifman M A, Vainstein A I, Zakharov V I. QCD and resonance physics: Ⅰ, Ⅱ, Ⅲ[J]. Nucl. Phys. , 1979, B147: 385, 488, 519.

[248] Ioffe B L. Calculation of baryon mass in quantum chromodynamics[J]. Nucl. Phys. , 1981, B188: 317; B191: 591(Erratum).

[249] Novikov V A, Shifman M A, Vainshtein A I, Zakharov V I. In a search for scalar gluonium [J]. Nucl. Phys. , 1980, B165: 67.

[250] Huang T, Jin H Y, Zhang A L. Determination of the scalar glueball mass in QCD sum rules [J]. Phys. Rev. , 1999, D59: 034026.

[251] Forkel H, Banerjee M K. Direct instantons in QCD nucleon sum rules[J]. Phys. Rev. Lett., 1993, 71: 484.

[252] Forkel H. Scalar gluonium and instantons[J]. Phys. Rev., 2001, 64: 034015.

[253] Forkel H. Direct instantons, topological charge screening, and QCD glueball sum rules[J]. Phys. Rev., 2005, D71: 054008.

[254] Brown L S, Carlitz R D, Creamer D B, Lee C. Propagation functions in pseudoparticle fields [J]. Phys. Rev., 1978, D17: 1583;
Reinders L J, Rubinstein H, Yazaki S. Hadron properties from QCD sum rules[J]. Phys. Rep., 1985, 127: 1.

[255] Huang T, Huang Z. Quantum chromodynamics in background fields[J]. Phys. Rev., 1989, D39: 1213.

[256] Braun V M, Lenz A, Mahnke N, Stein E. Light-cone sum rules for the nucleon form factors [J]. Phys. Rev., 2002, D65: 074011.

[257] Braun V, Fries P, Mahnke N, Stein E. Higher twist distribution amplitudes of the nucleon in QCD[J]. Nucl. Phys., 2000, B589: 381; 2001, B609: 433(Erratum).

[258] Brodsky S J, Huang T, Lepage G P. Hadronic wave functions and high momentum transfer interactions in quantum chromodynamics[C]//Banff. Proceedings, Particles and Fields 2*. 1981: 143.

[259] Braun V M, Derkachov S É, Korchemsky G P, et al. Baryon distribution amplitudes in QCD [J]. Nucl. Phys., 1999, B553: 355.

[260] Huang T, Wu X H, Zhou M Z. Twist three distribution amplitudes of the pion in QCD sum rules[J]. Phys. Rev., 2004, D70: 014013;
Huang T, Zhou M Z, Wu X H. Twist‑3 distribution amplitudes of the pion and kaon from the QCD sum rules[J]. Eur. Phys. J., 2005, C42: 271.

[261] Chernyak V I, Zhitnitsky I R. Nucleon wave function and nucleon form factors in QCD[J]. Nucl. Phys., 1984, B246: 52.

[262] Meissner T. The mixed quark-gluon condensate from an effective quark-quark interaction[J]. Phys. Lett., 1997, B405: 8;
Zong H S, Lü X F, Gu J Z, Chang C H, Zhao E G. Vacuum condensates in the global color symmetry model[J]. Phys. Rev., 1999, C60: 055208.

[263] Kisslinger L S. Vector, axial, tensor, and pseudoscalar vacuum susceptibilities[J]. Phys. Rev., 1999, C59: 3377;
Johnson M B, Kisslinger L S. Hadronic couplings via QCD sum rules using three-point functions: vacuum susceptibilities[J]. Phys. Rev., 1998, D57: 2847.

[264] Bakulev A P, Mikhailov S V. QCD vacuum tensor susceptibility and properties of transversely

polarized mesons[J]. Eur. Phys. J. , 2000, C17: 129.

[265] Ioffe B L. QCD at low energies[J]. Prog. Part. Nucl. Phys. , 2006, 56: 232.

[266] Zong H S, Ping J L, Yang H T, Lü X F, Wang F. Calculation of vacuum properties from the global color symmetry model[J]. Phys. Rev. , 2003, D67: 074004.

[267] Zong H S, Hou F Y, Sun W M, Ping J L, Zhao E G. Modified approach for calculating vacuum susceptibility[J]. Phys. Rev. , 2005, C72: 035202.

[268] Narison S. QCD Spectral sum rules[M]. Singapore: Word Scientific, 1989.

[269] Efremov A V, Radyushkin A V. Factorization and asymptotical behavior of pion form factor in QCD[J]. Phys. Lett. , 1980, B94: 245.

[270] Huang T, Li Z H, Wu X Y. Improved approach to the heavy to light form factors in the light cone QCD sum rules[J]. Phys. Rev. , 2001, D63: 094001;
Huang T, Li Z H. $B \to K^* \gamma$ in the light cone QCD sum rule[J]. Phys. Rev. , 1998, D57: 1993.

[271] Huang T, Luo C W. Light quark dependence of the Isqur-Wise function from QCD sum rules [J]. Phys. Rev. , 1994, D50: 5775;
Huang T, Ji H Y, Zhang A L. The decay of heavy light hybrids in HQET sum rules[J]. Phys. Rev. , 1999, D60: 114004.

[272] Henley E M, Hwang W-Y P, Kisslinger L S. Axial-vector coupling constants and chiral-symmetry restoration[J]. Phys. Rev. , 1992, D46: 431;
Liu J P, Jian Z, Jin Y P, Liu D H. The nucleon axial isoscalar coupling in QCD sum rules [J]. Phys. Lett. , 1994, B341: 213.

[273] Lee H-J, Kochelev N I. On the $\pi\pi$ contributions to the QCD sum rules for the light tetraquark[J]. arXiv: hep-ph/0702225.

[274] Chen H X, Hosaka A, Zhu S L. QCD sum rule study of the mass of light tetraquark scalar mesons[J]. Phys. Lett. , 2007, B650: 369; Exotic tetraquark ud $\overline{ss}$ of $J^P = 0^+$ in the QCD sum rule[J]. Phys. Rev. , 2006, D74: 054001.

[275] Zhang A L, Huang T, Steele T G. Diquark and light four-quark states[J]. Phys. Rev. , 2007, D76: 036004.

[276] Zhu S L. Understanding pentaquark states in QCD[J]. Phys. Rev. Lett. , 2003, 91: 232002.

[277] Sugiyama J, Doi T, Oka M. Penta-quark baryon from the QCD sum rule[J]. Phys. Lett. , 2004, B581: 167; Two-hadron-irreducible QCD sum rule for pentaquark baryon[J]. Phys. Lett. , 2005, B611: 93.

[278] Matheus R D, Navarra F S, Nielsen M, et al. A comparative study of pentaquark interpolative currents[J]. Phys. Lett. , 2004, B602: 185;
Eidemuller M. Pentaquark and diquark-diquark clustering: A QCD sum rule approach[J].

Phys. Lett., 2004, B597: 314.

[279] Lee H J, Kochelev N I, Vento V. Triquark correlations and pentaquarks in a QCD sum rule approach[J]. arXiv: hep-ph/0412127.

[280] Govaerts J, Viron F, Gusbin D, Weyers J. QCD sum rules and hybrid mesons[J]. Nucl. Phys., 1984, B248: 1.

[281] Cohen T D. QCD sum rules and applications to nuclear physics[J]. Prog. Part. Nucl. Phys., 1995, 35: 221. References therein.

[282] Hatsuda T, Hogaasen H, Prakash M. QCD sum rules in medium and the Okamoto-Nolen-Schiffer anomaly[J]. Phys. Rev. Lett., 1991, 66: 2851.

[283] Hatsuda T, Koike Y, Lee Su H. Finite-temperature QCD sum rules reexamined: ρ, ω and A_1 mesons[J]. Nucl. Phys., 1993, B394: 221.

[284] De Rujula A, Georgi H, Glashow S L. Hadron masses in a gauge theory[J]. Phys. Rev., 1975, D12: 147.

[285a] Godfrey S, Isgur N. Mesons in a relativistic quark model with chromodynamics[J]. Phys. Rev., 1985, D32: 189.

[285b] Capstick S, Isgur N. Baryons in a relativistic quark model with chromodynamics[J]. Phys. Rev., 1986, D34: 2809. 势模型文献在内.

[286] Chodos A, Jaffe R L, Johnson K, Thorn C B, Weisskopf V F. New extended model of hadrons[J]. Phys. Rev., 1974, D9: 3471.

[287] Jaffe R L. Perhaps a stable dibaryons[J]. Phys. Rev. Lett., 1977, 38: 195.

[288] Fridebery R, Lee T D. Fermion-field nontopological solitons[J]. Phys. Rev., 1977, D15: 1694.

[289] Wilets L. The non-topological, color dielectric, soliton model[J]. Prog. Part. Nucl. Phys., 1987, V20: 53.

[290] Wang Y C, Ma W H, He H X. Nucleon properties in a quark bag model with Woods-Saxon type confining potential[J]. Commun. Theor. Phys., 1987, 7: 105.

[291] 't Hooft G. A planar diagram theory of the strong interactions[J]. Nucl. Phys., 1974, B72: 461.

[292] Guadagnini E. Baryons as solitons and mass formulae[J]. Nucl. Phys., 1984, B236: 35.

[293] Zahed I, Brown G E. The skyrme model[J]. Phys. Rep., 1986, 142: 1.

[294] Lacombe M, Loiseau B, Mau R V, Cottingham W N. Masses of Skyrmions[J]. Phys. Rev., 1989, D40: 3012.

[295] Li B A, Yan M L. Axial-vector current and quark spin content of the proton in an effective theory[J]. Phys. Lett., 1992, B282: 435.

[296] He H X, Mobed N, Khanna F C. The $1/N_c$ corrections to static properties of mucleons in

the Skyrme model[J]. Can. J. Phys., 1988, 66: 994; The axial charge and magnetic moments of nucleons in the skyrme model, 1987[C]//Cameron J M, et al. Proceeding, selected topics in electroweak interactions. Singapore: World Scientific, 1987: 488;

Mobed N, He H X, Khanna F C. Quantum corrections to Electro-weak form factors of Nucleons in the Skyrme model[J]. Z. Phys., 1988, A329: 117.

[297] Blotz A, Diakonov, Goeke K, et al. The $SU(3)$ NJL soliton in the collective quantization formulation[J]. Nucl. Phys., 1993, A555: 765.

[298] De Swart J J. The octet model and its Clebsch-Gordan coefficients[J]. Rev. Mod. Phys., 1963, 35: 916.

[299] Park N W, Schechter J, Weigel H. Higher order perturbation theory for the $SU(3)$ Skyrme model[J]. Phys. Lett., 1989, B224: 171.

[300] Diakonov D, Petrov V, Polyakov M. Exotic anti-decuplet of baryons: Prediction from chiral solitons[J]. Z. Phys., 1997, A359: 305.

[301] Diakonov D, Petrov V. Where are the missing members of the baryon antidecuplet? [J]. Phys. Rev., 2004, D69: 094011.

[302] Pavan M M, et al//Haberzettl, Briscoe W J. Proceedings of 9th International Symposium on Meson-Nucleon Physics and the Structure of the Nucleon (MENU 2001), Washington, DC, 2001. πN Newsletter, 2002, 16: 110.

[303] Wu B, Ma B Q. Parity of antidecuplet baryons reexamined from chiral soliton models[J]. Phys. Rev., 2004, D70: 097503.

[304] Particle Data Group. Review of particle properties[J]. Phys. Rev., 2002, D66: 01001.

[305] Borisyuk D, Faber M, Kobushkin A, et al. New family of exotic Θ-baryons[J]. arXiv: hep-ph/0307370.

[306] Wu B, Ma B Q. Pentaquark Θ* states in the 27-plet from chiral soliton models[J]. Phys. Lett., 2004, B586: 62; 27-plet baryons from chiral soliton models[J]. Phys. Rev., 2004, D69: 077501.

[307] Biedenharn L C, Dothan Y. Monopolar Harmonics in $SU_f(3)$ as Eigenstates of the Skyrme — Witten Model for Baryons [M]//Gotsman E, Tauber G. From $SU(3)$ to gravity. Cambridge: Cambridge Univ. Press, 1986.

[308] Kopeliovich V B. On exotic systems of baryons in chiral soliton model[J]. Phys. Lett., 1991, B259: 234.

[309] Jackson A, Jackson A D, Pasquier V. The Skyrmion-Skyrmion interaction[J]. Nucl. Phys., 1985, A432: 567.

[310] He H X, Cao L. On the short-range interactions among Skyrmions[J]. Commun. Theor. Phys., 1988, 10: 321.

[311] Mau R V, Lacombe M, Loiseau B, et al. The static baryon-baryon potential in the Skyrme model[J]. Phys. Lett., 1985, 150B: 259;

Kaulfuss U B, Meissner U-G. Deformation effects in the Skymion-Skyrmion interaction[J]. Phys. Rev., 1985, D31: 3024;

Jackson A, Jackson A D, Goldhaber A S, et al. A modified Skyrmion[J]. Phys. Lett., 1985, 154B: 101.

[312] Braaten E, Carson L. Deuteron as a soliton in the Skyrme model[J]. Phys. Rev. Lett., 1986, 56: 1897; Deuteron as a toroidal Skyrmion[J]. Phys. Rev., 1988, D38: 3525.

[313] Schramm A J. Ab initio approach to the deuteron in the Skyrme-Witten model[J]. Phys. Rev., 1988, C37: 1799.

[314] Lu Y, Amado R D. Nucleon-antinucleon interaction from the Skyme model[J]. Phys. Rev., 1996, D54: 1566.

[315] Yan M L, Li S, Wu B, Ma B Q. Baryonium with a phenomenological Skyrmion-type potential[J]. Phys. Rev., 2005, D72: 034027.

[316] Ding G J, Yan M L. Proton-antiproton annihilation in baryonium[J]. Phys. Rev., 2005, C72: 015208.

[317] Verbaarschot J J M. Axial symmetry of bound baryon number two solution of the Skyrme model[J]. Phys. Lett., 1987, B195: 235;

Leese R A, Manton N S, Schroers B J. Attractive channel Skyrmions and the deutron[J]. Nucl. Phys., 1995, B442: 228.

[318] Carson L. $B = 3$ nuclei as quantized multiskyrmions[J]. Phys. Rev. Lett., 1991, 66: 1406;

Walhout T S. Quantizing the four baryon skyrmion[J]. Nucl. Phys., 1992, A547: 423.

[319] Irwin P. Zero mode quantization of multi-Skyrmions[J]. Phys. Rev., 2000, D61: 114024;

Kopeliovich V B. Characteristic predictions of topological soliton models[J]. J. Exp. Theor. Phys., 2001, 93: 435.

[320] Battye R, Sutcliffe P M. Soliton fullerene structures in light atomic nuclei[J]. Phys. Rev. Lett., 2001, 86: 3989; Skyrmions, fullerenes and rational maps[J]. Rev. Math. Phys., 2002, 14: 29.

[321] Houghton C J, Manton N S, Sutcliffe P M. Rational maps, monopoles and Skyrmions[J]. Nucl. Phys., 1998, B510: 507.

[322] Krusch S. Homstopy of rational maps and quantization of Skyrmions[J]. Ann. Phys., 2003, 304: 103.

[323] He H X. The QCD basis of constituent quark model[J]. Chinese J. Nucl. Phys., 1993, 15: 95.

[324] He H X. Nonperturbative condensate contributions to the effective quark-gluon coupling[J].

Z. Phys., 1996, C69: 287.

[325] 何汉新. 组分夸克模型与量子色动力学间的联系: Ⅰ, Ⅱ[J]. 科学通报, 1996, 41: 1375, 1457.

[326] He H X. From QCD to quark potential model[J]. Commun. Theor. Phys., 1996, 26: 79.

[327] Carderelli F, et al. Hadron electromagnetic form factors in a light-front constituent quark model. Talk presented in INPC'95, Beijing, Aug. 21－26, 1995.

[328] He H X. Transversity distribution and tensor charge of the nucleon[J]. Int. J. Mod. Phys., 2003, A18: 1289; Quark contributions to the proton spin and tensor charge[J]. arXiv: hep-ph/9712272.

[329] Manohar A, Georgi H. Chiral quarks and the non-relativistic quark model[J]. Nucl. Phys., 1984, B234: 189.

[330] Lewis R, Wilcox W, Woloshyn R M. Nucleon's strange electromagnetic and scalar matrix elements[J]. Phys. Rev., 2003, D67: 013003.

[331] Kaplan D B, Manohar A. Strange matrix elements in the proton from neutral-current experiments[J]. Nucl. Phys., 1988, B310: 527.

[332] Mckeown R D. Sensitivity of polarized elastic electron-proton scattering to the anomalous baryon number magnetic moment[J]. Phys. Lett., 1989, B219: 140;
Beck D H. Strange-quark vector currents and parity-violating scattering from the nucleon and from nuclei[J]. Phys. Rev., 1989, D39: 3248;
Musolf M J, Donnelly T W, Dubach J, et al. Intermediate-energy semileptonic probes of the hadronic neutral current[J]. Phys. Rep., 1994, 329: 1.

[333] Spayde D T, et al. The strange quark contribution to the proton's magnetic moment[J]. Phys. Lett., 2004, B583: 79;
Ito T M, Averett T, Barkhuff D, et al. Parity-violating electron deuteron scattering and the proton's neutral weak axial vector form factor[J]. Phys. Rev. Lett., 2004, 92: 102003.

[334] Aniol K A, et al (HAPPEX Collaboration). Parity-violating electroweak asymmetry in $\vec{e}$ p scattering[J]. Phys. Rev., 2004, C69: 065501.

[335] Maas F E, et al (PVA4). Evidence for strange-quark contributions to the nucleon's form factors at $Q^2 = 0.108 (\text{GeV}/c)^2$[J]. Phys. Rev. Lett., 2005, 94: 152001.

[336] Armstrong D S, et al (G0 Collaboration). Strange-quark contributions to parity-violating asymmetries in the forward G0 electron-proton scattering experiment[J]. Phys. Rev. Lett., 2005, 95: 092001.

[337] Aniol K A, et al (HAPPEX Collaboration). Parity-violating electron scattering from ^{4}He and the strange electric form factor of the nucleon[J]. Phys. Rev. Lett., 2006, 96: 022003.

[338] Aniol K A, et al (HAPPEX Collaboration). Constraints on the nucleon strange form factors

at $Q^2 \sim 0.1\,\mathrm{GeV}^2$[J]. Phys. Lett., 2006, B635: 275.

[339] Leinweber D B, Boinepalli S, Cloet I C, et al. Precise determination of the strangeness magnetic moment of the nucleon[J]. Phys. Rev. Lett., 2005, 94: 212001;

Leinweber D B, Boinepalli S, Thomas A W, et al. Strange electric form factor of the proton [J]. Phys. Rev. Lett., 2006, 97: 022001.

[340] Carvalho F, Navarra F S, Nielsen M. Can the meson cloud explain the nucleon strangeness? [J]. Phys. Rev., 2005, C72: 068202, and references therein.

[341] Chen X S, Timmermans R G, Sun W M, Zong H S, Wang F. Examination of the strangeness contribution to the nucleon magnetic moment[J]. Phys. Rev., 2004, C70: 015201.

[342] Lyubovitskij V E, Wang P, Gutsche Th, Faessler A. Strange nucleon form factors in the perturbative chiral quark model[J]. Phys. Rev., 2002, C66: 055204.

[343] Silva A, Kim H C, Goeke K. Strange form factors in the context of SAMPLE, HAPPEX, and A4 experiments[J]. Phys. Rev., 2002, D65: 014016; D66: 039902 (Erratum).

[344] 文献[334]中所列参考文献[23—45].

[345] Zou B S, Riska D O. s̄s component of the proton and the strangeness magnetic moment[J]. Phys. Rev. Lett., 2005, 95: 072001;

An C S, Riska D O, Zou B S. Strangeness spin, magnetic moment, and strangeness configuration of the proton[J]. Phys. Rev., 2006, C73: 035207.

[346] Jaffe R L, Wilczek F. Diquarks and exotic spectroscopy[J]. Phys. Rev. Lett., 2003, 91: 232003.

[347] Shuryak E, Zahed I. A schematic model for pentaquarks based on diquarks[J]. Phys. Lett., 2004. B589: 21.

[348a] Zeller G P, McFarland K S, Adams T, et al. Precise determination of electroweak parameters in neutrino-nucleon scattering[J]. Phys. Rev. Lett., 2002, 88: 091802.

[348b] Ding Y, Xu R G, Ma B Q. Nucleon sea in the effective chiral quark model[J]. Phys. Rev., 2005, D71: 094014; Effect of asymmetric strange antistrange sea to the NuTeV anomaly[J]. Phys. Lett., 2005, B607: 101.

[349] Cheng H Y. Status of the proton spin problem[J]. Int. J. Mod. Phys., 1996, A11: 5109.

[350] Zhang Z Y, Yu Y W. A phenomenological transition potential $V_q \rightarrow qq\bar{q}$ derived from QCD theory[J]. Commun. Theor. Phys., 1982, 1: 783;

Yu Y W. One gluon exchange quark pair creation model of baryon-meson vertices[J]. Nucl. Phys., 1986, A455: 737.

[351] He H X, Zhuo Y Z, Chen Y S, Zheng Y. The transition potential with the production of a quark-antiquark pair in the constituent quark model[J]. Chinese Science Bulletin, 1984, 29: 463;

He H X, Zhuo Y Z, Sa B H. The nucleon-meson coupling vertex structure and the process for the meson exchange in nuclear force[J]. Chinese Science Bulletin, 1983, 28: 321; 何汉新, 张锡珍, 卓益忠. 禁闭夸克系统的 QCD 微扰与质子的海夸克组态[J]. 高能物理与核物理, 1983, 7: 626.

[352] Qing D, Chen X S, Wang F. Spin content of the nucleon in a valence and sea quark mixing model[J]. Phys. Rev., 1998, C57: R31; Is nucleon spin structure inconsistent with the constituent quark model? [J]. Phys. Rev., 1998, D58: 114032.

[353] Chen Y, Alexandru A, Dong S J, et al. Glueball spectrum and matrix elements on anisotropic lattice[J]. Phys. Rev., 2006, D73: 014516.

[354] Michael C, Teper M. The glueball spectrum in $SU(3)$[J]. Nucl. Phys., 1989, B314: 347; Bali G, et al (UK QCD Collaboration). A comprehensive lattice study of $SU(3)$ glueballs[J]. Phys. Lett., 1993, B309: 378.

[355] Amsler C, Close F E. Evidence for a scalar glueball[J]. Phys. Lett., 1995, B353: 385; Close F E, Kirk A. The mixing of the $f_0(1370)$, $f_0(1500)$ and $f_0(1710)$ and the search for the scalar glueball[J]. Phys. Lett., 2000, B483: 345.

[356] Bugg D V, Scott I, Zon B S, et al. Further amplitude analysis $f_0 \rightarrow \gamma(\pi^+ \pi^- \pi^+ \pi^-)$[J]. Phys. Lett., 1995, B353: 378.

[357] Close F E, Zhao Q. Production of $f_0(1710)$, $f_0(1500)$, and $f_0(1370)$ in J/ψ hadronic decays [J]. Phys. Rev., 2005, D71: 094022.

[358] He X G, Li X Q, Liu X, Zeng X Q. Members in the $0^+ 0^{(++)}$ family[J]. Phys. Rev., 2006, D73: 051502.

[359] Cheng H Y, Chua C K, Liu K F. Scalar glueball, scalar quarkonia, and their mixing[J]. Phys. Rev., 2006, D74: 094005.

[360] Mathur N, Alexandru A, Chen Y, et al. Lattice QCD study of the scalar mesons $a_0(1450)$ and $\sigma(600)$[J]. Phys. Rev., 2007, D76: 114505.

[361] Yao Y M, et al (Particle Data Group). Review of particle physics[J]. J. Phys., 2006, G33: 1.

[362] Ablikim M, et al (BES Collaboration). Study of $J/\psi \rightarrow \omega K^+ K^-$ [J]. Phys. Lett., 2004, B603: 138; Resonances in $J/\psi \rightarrow \phi \pi^+ \pi^-$ and $\phi K^+ K^-$[J]. Phys. Lett., 2005, B607: 243.

[363] Jaffe R L. Multiquark hadrons: I. Phenomenology of $Q^2 \overline{Q}^2$ mesons[J]. Phys. Rev., 1977, D15: 267.

[364] Rosner J L. Possibility of baryon-antibaryon enhancements with unusual quantum numbers [J]. Phys. Rev. Lett., 1968, 21: 950; Weinstein J D, Isgur N. $qq\overline{qq}$ system in a potential model[J]. Phys. Rev., 1983, D27: 588.

[365] Bander M, Shaw G L, Thomas P, et al. Exotic mesons and $e^+ e^-$ annihilation[J]. Phys.

Rev. Lett., 1976, 36: 695;

Rujula A De, Georgi H, Glashow S L. Molecular charmonium: A new spectroscopy? [J]. Phys. Rev. Lett., 1977, 38: 317;

Wong C Y. Molecular states of heavy quark mesons[J]. Phys. Rev., 2004, C69: 055202.

[366] Amsler C, Tornqvist N A. Mesons beyond the naive quark model[J]. Phys. Rep., 2004, 389: 61.

[367] Maiani L, Piccinini F, Polosa A D, et al. Diquark-antidiquark states with hidden or open charm and the nature of X(3872)[J]. Phys. Rev., 2005, D71: 014028; Four quark interpretation of Y(4260)[J]. Phys. Rev., 2005, D72: 031502.

[368] Jaff R L. Exotica[J]. Phys. Rep., 2005, 409: 1.

[369] Okiharu F, Doi T, et al. Tetraquark and pentaquark systems in lattice QCD[J]. arXiv: hep-ph/0507187.

[370] Pelaez J R, Rios G. Nature of the $f_0(600)$ scalar meson from its N_c dependence at two loops in unitarized chiral perturbation theory[J]. Phys. Rev. Lett., 2006, 97: 242002.

[371] Bai J Z, et al (BES Collaboration). Observation of a near-threshold enhancement in the $p\bar{p}$ mass spectrum from radiative $J/\psi \to \gamma p\bar{p}$ decays[J]. Phys. Rev. Lett., 2003, 91: 022001.

[372] Wang M Z, et al (Belle Collaboration). Study of the baryon-antibaryon low-mass enhancements in Charmless three-body baryonic B decays[J]. Phys. Lett., 2005, B617: 141.

[373] Ablikim M, et al (BES Collaboration). Observation of a resonance X(1835) in $J/\psi \to \gamma \pi^+ \pi^- \eta'$ [J]. Phys. Rev. Lett., 2005, 95: 262001.

[374] Ablikim M, et al (BES Collaboration). Observation of a near-threshold enhancement in the $\omega\phi$ mass spectrum from the doubly OZI suppressed decay $J/\psi \to \gamma\omega\phi$[J]. Phys. Rev. Lett., 2006, 96: 162002.

[375] Ablikim M, et al (BES Collaboration). Observation of a broad 1^- resonant structure around 1.5 GeV/c^2 in the $K^+ K^-$ mass spectrum in $J/\psi \to K^+ K^- \pi^0$[J]. Phys. Rev. Lett., 2006, 97: 142002.

[376] Johnson M H, Teller E. Classical field theory of nuclear forces[J]. Phys. Rev., 1955, 98: 783.

[377] Caprini I, Colangelo G, Leutwyler H. Mass and width of the lowest resonance in QCD[J]. Phys. Rev. Lett., 2006, 96: 132001.

[378] Guo F K, Shen P N. Isospin and a possible interpertation of the newly observed X(1576)[J]. Phys. Rev., 2006, D74: 097503;

Karliner M, Lipkin H J. A tetraquark model for the new X(1576) $K^+ K^-$ resonance[J]. arXiv: hep-ph/0607093;

Ding G J, Yan M L. X(1576) as diquark-antiquark bound states[J]. Phys. Lett., 2006,

B643：33.

[379] Choi S K, et al（Belle Collaboration）. Observation of a narrow charmoniumlike state in exclusive $B^{\pm} \rightarrow K^{\pm} \pi^{-}$ J/ψ[J]. Phys. Rev. Lett., 2003, 91：262001.

[380] Aubert B, et al（BABAR Collaboration）. Observation of a broad structure in the $\pi^{+} \pi^{-}$ J/ψ mass spectrum around 4.26 GeV/c^2[J]. Phys. Rev. Lett., 2005, 95：142001.

[381] Close F E, Page P R. The $D^{*0}\overline{D}^{0}$ threshold resonance[J]. Phys. Lett., 2004, B578：119.

[382] Guo F K, Shen P N, Chiang H C, Ping R G. Heavy quarkonium $\pi^{+} \pi^{-}$ transitions and a possible $b\overline{b}q\overline{q}$ state[J]. Nucl. Phys., 2005, A761：269.

[383] Zhu S L. New hadron states[J]. arXiv：hep-ph/0703225.

[384] Barnes T, Close F E, de Viron F. $Q\overline{Q}G$ hybrid mesons in the MIT bag model[J]. Nucl. Phys., 1983, B224：241.

[385] Close F E, Page P R. The production and decay of hybrid mesons by flue-tube breaking[J]. Nucl. Phys., 1995, B443：233；

Page P R, Swanson E S, Szczepaniak A P. Hybrid meson decay phenomenology[J]. Phys. Rev., 1999, D59：034016；

Close F E, Godfrey S. Charmonium hybrid production in exclusive B-meson decays[J]. Phys. Lett., 2003, B574：210.

[386] Zhu S L. Masses and decay widths of heavy hybrid mesons[J]. Phys. Rev., 1999, D60：014008.

[387] Bali G S, Neff H, Düssel T, et al. Observation of string breaking in QCD[J]. Phys. Rev., 2005, D71：114513.

[388] Chung S U, Danyo K, Hackenburg R W, et al. Evidence for exotic $J^{PC} = 1^{-+}$ meson production in the reaction π^{-} p→$\eta\pi^{-}$ p at 18 GeV/c[J]. Phys. Rev., 1999, D60：092001；

Abele A, Adomeit J, Amsler C, et al. Evidence for $\pi\eta$ p-wave in $\overline{p}$p-annihilations at rest into $\pi^{0}\pi^{0}\eta$[J]. Phys. Lett., 1999. B446：349.

[389] Adams G S, Adams T, Bar-Yam Z, et al. Observation of a new $J^{PC} = 1^{-+}$ exotic state in the reaction π^{-} p→$\pi^{+} \pi^{-} \pi^{-}$ p at 18 GeV/c[J]. Phys. Rev. Lett., 1998, 81：5760；

Chung S U, Danyo K, Hackenburg R W, et al. Exotic and $q\overline{q}$ resonances in the $\pi^{+} \pi^{-} \pi^{-}$ system produced in π^{-} p collisions at 18 GeV/c[J]. Phys. Rev., 2002, D65：072001；

Ivanov E I, Stienike D L, Ryabchikov D L, et al. Observation of exotic meson production in the reaction π^{-} p→$\eta'\pi^{-}$ p at 18 GeV/c[J]. Phys. Rev. Lett., 2001, 86：3977.

[390] Kuhn J, Adams G S, Adams T, et al. Exotic meson production in the f_1(1285)π^{-} system observed in the reaction π^{-} p→$\eta\pi^{+} \pi^{-}$[J]. Phys. Lett., 2004, B595：109；

Lu M, Adams G S, Adams T, et al. Exotic meson decay to $\omega\pi^{0}\pi^{-}$[J]. Phys. Rev. Lett., 2005, 94：032002.

[391] Chao K T. A short note on $\bar{q}\,qg$ hybrid assignment for X(1812) → ωφ[J]. arXiv: hep-ph/0602190.

[392] Bicudo P, et al. The BES f_0(1810): A new glueball candidate[J]. arXiv: hep-ph/0602172.

[393] Bugg D V, et al. A glueball component in f_0(1790)[J]. arXiv: hep-ph/0603018.

[394] Strottman D. Multiquark baryons and the MIT bag model[J]. Phys. Rev., 1979, D20: 748; Lipkin H J. New possibilities for exotic hadrons-anticharmed strange baryons[J]. Phys. Lett., 1987, B195: 484.

[395] Chemtob M. Skyrme model of baryon octet and decuplet[J]. Nucl. Phys., 1985, B256: 600.

[396] Praszalowicz M//Jezabeck M, Praszalowicz M. Skyrmions and Anomalies[M]. Singapore: Word Scientific, 1987: 112.

[397] Yan M L, Meng X H. Improved Gell-Mann-Okubo relations and SU(3) rotation excitations of baryon states[J]. Commun. Theor. Phys., 1995, 24: 435.

[398] Nakano T, et al (LEPS Collaboration). Evidence for a narrow $S = +1$ baryon resonance in photoproduction from the neutron[J]. Phys. Rev. Lett., 2003, 91: 012002.

[399] Battaglieri M, et al (CLAS Collaboration). Search for Θ^+(1540) pentaquark in high-statistics measurement of γp→$\overline{K}^0 K^+$ n at CLAS[J]. Phys. Rev. Lett., 2006, 96: 042001.

[400] Wang W L, Huang F, Zhang Z Y, Zou B S. $\Sigma_c \overline{D}$ and $\Lambda_c^+ \overline{D}$ state in a chiral quark model [J]. Phys. Rev., 2011, C84: 015203.

[401] Wu J J, Lee T-S H, Zou B S. Nucleon resonance with hidden charm in coupled-channel models [J]. Phys. Rev., 2012, C85: 044002.

[402] Wu J J, Molina R, Oset E, Zou B S. Prediction of narrow N* and Λ* resonances in the hidden charm sector around 4.3 GeV [J]. Phys. Rev. Lett., 2010, 105: 232001.

[403] Wu J J, Molina R, Oset E, Zou B S. Dynamically generated N* and Λ* resonace in the hidden charm sector around 4.3 GeV [J]. Phys. Rev., 2011, C84: 015202.

[404] Yang Z C, Sun Z F, He J, Liu X, Zhu S L. Possible hidden-Charm molecular baryons composed of anti-charmed meson and charmed baryon [J]. Chin. Phys., 2012, C36: 6.

[405] Aaij R, et al (LHCb Collaboration). Observation of J/ψp resonances consisteut with pentaquark states in Λ_b^0→J/ψpK$^-$ decays [J]. Phys. Rev. Lett., 2015, 115: 072001.

[406] Aaij R, et al (LHCb Collaboration). Observation of a narrow pentaquark state, P_c(4312)$^+$, and of the two-peak structure of the P_c(4450)$^+$[J]. Phys. Rev. Lett., 2019, 122: 222001.

[407] Chen R, Sun Z F, Liu X, Zhu S L. Strong LHCb evidence supporting the existence of the hidden-charm molecular pentaquarks [J]. arXiv: 1903.11013.

[408] Lin Y H, Zou B S. Strong decays of the latest LHCb pentaquark candidates in hadronic molecule pictures [J]. Phys. Rev., 2019, D100: 056005.

[409] Ali A, Parkhomenko A Ya. Interpretation of the narrow J/ψp peaks in Λ_b→J/ψpK$^-$ decay in

the compact diquark model [J]. arXiv: 1904.00446.

[410] Chen H X, Chen W, Liu X, Zhu S L. The hidden-charm pentaquark and tetraquark states [J]. Phys. Reps., 2016, 639:1.

[411] Liu Y R, Chen H X, Chen W, Liu X, Zhu S L. Pentaquark and tetraquark states [J]. Prog. Part. Nucl. Phys., 2019, 107:237.

[412] Guo F K, Hanhart C, MeiBner U-G, Wang Q, Zhao Q, Zou B S. Hadronic molecules [J]. Rev. Mod. Phys., 2018, 90: 015004.

[413] Mathus N, Lee F X, Alexandru A, et al. Study of pentaquarks on the lattice with overlap fermions[J]. Phys. Rev., 2004, D70: 074508; Proper resonance and S_{11} (1535) from lattice QCD[J]. Phys. Lett., 2005, B605: 137.

[414] Ishii N, Doi T, Iida H, et al. Pentaquark baryon in anisotropic lattice QCD[J]. Phys. Rev., 2005, D71: 034001;

Ishii N, Doi T, Nemoto Y, et al. Spin 3/2 pentaquarks in anisotropic lattice QCD[J]. Phys. Rev., 2005, D72: 074503.

[415] Skerbis U, Prelovsek. Nuceon-J/ψ and nucleon-η_c scattering in P_c pentaquark channels from LQCD [J]. arXiv: 1811.02285.

[416] Chen H X, Chen W, Liu X, Steele T G, Zhu S L. Towards exotic hidden-charm pentaquarks in QCD [J]. Phys. Rev. Lett., 2015, 115: 172001.

[417] Chen H X, Cur E L, Chen W, Liu X, Steele T G, Zhu S L. QCD sum rule study of hidden-charm pentaquarks [J]. Eur. Phys. J., 2016, C76(10): 572.

[418] Wang Z G. Analysis of the P_c(4380) and P_c(4450) as pentaquark states in the diquark model with QCD sum rules [J]. arXiv: 1508.01468.

[419] Oka M, Shimizu K, Yazaki K. Hyperon-nucleon and hyperon-hyperon interactions in a quark model[J]. Nucl. Phys., 1987, A464: 700.

[420] Valcarce A, et al. Can one simultaneously describe the deuteron properties and nucleon-nucleon phase shifts in the quark cluster models? [J]. Phys, Rev., 1994, C50: 2246.

[421] Shen P N, Zhang Z Y, Yu Y W, Yuan S Q, Yang S. H-dihyperon in quark cluster model [J]. J. Phys., 1999, G25: 1807.

[422] Shimizu K, Koyama M. H-particle in a chiral quark model [J]. Nucl. Phys., 1999, A646: 211.

[423] Ahn J K (KEK-PS E224 Collaboration). H-dibaryon and hypernucleus formation in the Ξ^- ^{12}C reaction at rest[J]. Phys. Rev., 2000, C62: 055201.

[424] Wang F, Wu G H, Teng L J, Goldman T. Quark delocalization, color screening, and nuclear intermediate range attraction[J]. Phys. Rev. Lett., 1992, 69: 2901;

Wang F, Ping J L, Wu G H, et al. Quark delocalization, color screening, and dibaryons[J].

Phys. Rev., 1995, C51: 3411.

[425] Yuan X Q, Zhang Z Y, Yu Y W, Shen P N. $\triangle\triangle$ dibaryon structure in chiral $SU(3)$ quark model[J]. Phys. Rev., 1999, C60: 0452.

[426] Wagner G, Glozman L Ya, Buchmann A J, Faessler A. Constituent quark model calculation for a possible $J^P = 0^-$, $T = 0$ dibaryon[J]. Nucl. Phys., 1995, A594: 263.

[427] Zhang Z Y, Yu Y N, Ching C R, Ho T H, Lu Z D. Suggesting a diomega dibaryon search in heavy ion collision experiments[J]. Phys. Rev., 2000, 61C: 065204.

[428] Fermi E, Yang C N. Are mesons elementary particles? [J]. Phys. Rev., 1949, 76: 1739.

[429] Klempt E, Bradamante F, Martin A, et al. Antinucleon-nucleon interaction at low energy: scattering and protonium[J]. Phys. Rep., 2002, 368: 119; and references therein.

[430] Zou B S, Chiang H C. One-pion-exchange final-state interaction and p $\bar{\text{p}}$ near threshold enhancement in $J/\psi \to \gamma p\bar{p}$ decays[J]. Phys. Rev., 2004, D69: 034004.

[431] Sibirtsev A, Haidenbauer J, Krewald S, et al. Near threshold enhancement of p $\bar{\text{p}}$ mass spectrum in J/ψ decay[J]. Phys. Rev., 2005, D71: 054010.

[432] Abe K, Abe K, Abe R, et al. Observation of $B^{\pm} \to p\bar{p}K^{\pm}$ [J]. Phys. Rev. Lett., 2002, 88: 181803;

Abe K, Abe K, Abe R, et al. Observation of $\bar{B}^0 \to D^{(*)0} p\bar{p}$[J]. Phys. Rev. Lett., 2002, 89: 151802.

[433] Yan M L. X(1835) as proton-antiproton bound state in Skyrme model. (unpublished paper.)

[434] Kochelev N, Min D P. X(1835) as the lowest mass pseudoscalar glueball and proton spin problem[J]. Phys. Lett., 2006, B633: 283.

[435] He X G, Li X Q, Liu X, Ma J P. Some properties of the newly observed X(1835) state at BES[J]. Eur. Phys. J., 2007, C49: 731.

[436] Li B A. A possible 0^{-+} glueball candidate X(1835)[J]. Phys. Rev., 2006, D74: 034019.

[437] Huang T, Zhu S L. X(1835): Natural candidate of η''s second radial excitation[J]. Phys. Rev., 2006. D73: 014023.

[438] Datta A, O'Donnell P J. A new state of baryonium[J]. Phys. Lett., 2003, B567: 273.

[439] Ding G J, Ping J L, Yan M L. Spectroscopy of $q^3\bar{q}^3$ states in quark model and baryon-antibaryon enhancements[J]. Phys. Rev., 2006, D74: 014029.

[440] Golowich E, Haqq E, Karl G. Are there baryons which contain constituent gluons? [J]. Phys. Rev., 1983, D28: 160;

Barnes T, Close F E. Where are hermaphrodite baryons? [J]. Phys. Lett., 1983: B123: 89.

[441] Kisslinger L S, Li Z P. Hybrid baryons via QCD sum rules [J]. Phys. Rev., 1995, D51: 5986;

Kisslinger L S. Gluonic hadrons[J]. Nucl. Phys., 1998, A629: 30c.

[442] Isque N, Paton J. Flux-tube model for hadrons in QCD[J]. Phys. Rev., 1985, D31: 2910.

[443] Capstick S, Page P R. Constructing hybrid baryons with flux-tubes[J]. Phys. Rev., 1999, D60: 111501.

[444] Isque N, Karl G. P-wave baryons in the quark model[J]. Phys. Rev., 1978, D18: 4187.

[445] Capstick S, Roberts W. Quark models of baryon masses and decays[J]. Prog. Part. Nucl. Phys., 2000, 45: S241; and references therein.

[446] Eidelman S, et al (Particle Data Group). Review of particle physics[J]. Phys. Lett., 2004, B592: 1.

[447] Burkert V D. Highlights of physics in hall B with CLAS at Jefferson Lab. Talk given at "China-US Medium Energy Symposium", Beijing, August 1 - 4, 2006; and references therein.

[448] Koniuk R, Isqur N. Baryon decays in a quark model with chromodynamics[J]. Phys. Rev., 1980, D21: 1868.

[449] Capstick S, Roberts W. Quasi-two-body decays of nonstrange baryons[J]. Phys. Rev., 1994, D49: 4570.

[450] 邹冰松. 奇特的"五夸克态"和重子中的五夸克成分[J]. 物理, 2006, 35: 799.

[451] Buchmann A, Henley E. Quadrupole moments of baryons[J]. Phys. Rev., 2002, D65: 073017.

[452] Dong Y B. The E_{1+}/M_{1+} and S_{1+}/M_{1+} ratios of $\gamma N \rightarrow \Delta(1232)$ with a point-form relativistic quantum mechanics[J]. Phys. Lett., 2006, B638: 333.

[453] Joo K, et al (CLAS Collaboration). Q^2 dependence of quadrupole strength in the $\gamma^* p \rightarrow \Delta^+(1232) \rightarrow p\pi^0$ transition[J]. Phys. Rev. Lett., 2002, 88: 122001; Phys. Rev., 2004, C70: 042201.

[454] Ungaro M, et al (CLAS Collaboration). Measurement of the $N \rightarrow \Delta^+(1232)$ transition at high-momentum transfer by π^0 electroproduction[J]. Phys. Rev. Lett., 2006, 97: 112003.

[455] Kelly J, Roché R E, Chai Z, et al. Recoil polarization for Δ excitation in pion eletroproduction[J]. Phys. Rev. Lett., 2005, 95: 102001.

[456] Alexandorou C, de Forcrand Ph, Neff H, et al. The N to Δ electromagnetic transition form factors from lattice QCD[J]. Phys. Rev. Lett., 2005, 94: 021601.

[457] Sato T, Lee T S. Dynamical study of the Δ excitation in $N(e, e'\pi)$ reactions[J]. Phys. Rev., 2001, C63: 055201.

[458] Roper L. Evidence for a P_{11} pion-nucleon resonance at 556 MeV[J]. Phys. Rev. Lett., 1964, 12: 340.

[459] Aznouryan I G, et al (CLAS Collaboration). Electroexcitation of the $P_{33}(1232)$, $P_{11}(1440)$, $D_{13}(1520)$, $S_{11}(1535)$ at $Q^2 = 0.4$ and 0.65 $(GeV/c)^2$[J]. Phys. Rev., 2005, C71: 015201;

Electroexcitation of nucleon resonances at $Q^2 = 0.65 (\mathrm{GeV}/c)^2$ from a combined analysis of single and double-pion electroproduction data[J]. Phys. Rev. , 2005, C72: 045201.

[460] Egiyan H, et al (CLAS Collaboration). Single π^+ electroproduction on the proton in the first and second resonance region[J]. Phys. Rev. , 2006, C73: 025204.

[461] Park K, et al (CLAS Collaboration). Cross sections and beam asymmetries for $\vec{e}\mathrm{p} \rightarrow \mathrm{en}\pi^+$ in the nucleon resonance region for $1.7 \leqslant Q^2 \leqslant 4.5 \ (\mathrm{GeV})^2$[J]. arXiv: nucl-ex/0709.1946; and references therein.

[462] Burket V, Lee T-S H. Electromagnetic meson production at the nucleon resonance region [J]. Int. J. Mod. Phys. , 2004, E13: 1035.

[463] Aznauryan I G. Electroexcitation of the Roper resonance in relativistic quark model[J]. Phys. Rev. , 2007, C76: 025212.

[464] Cano F, Gonzales P. A consistent explanation of the Roper phenomenology[J]. Phys. Lett. , 1998, B431: 270.

[465] Li H B, et al (BES Collaboration). Recent N* results from J/ψ decays[J]. Nucl. Phys. , 2000, A675: 189c;
Ablikim M, et al (BES Collaboration). Observation of two new N* peaks in J/$\psi \rightarrow$ pπ^- $\overline{\mathrm{n}}$ and $\overline{\mathrm{p}}\pi^+$ n decays[J]. Phys. Rev. Lett. , 2006, 97: 062001.

[466] Bai J Z, et al (BES Collaboration). Study of N* production from J/$\psi \rightarrow$ ppη[J]. Phys. Lett. , 2001, B510: 75.

[467] Yang H X, et al (BES Collaboration). Observation of p $\overline{\mathrm{p}}$, p $\overline{\Lambda}$, K $\overline{\Lambda}$ near-threshold enhancement at BES[J]. Int. J. Mod. Phys. , 2005, A20: 1985.

[468] Ablikim M, et al (BES Collaboration). Observation of p $\overline{\mathrm{p}}\pi^0$ and p $\overline{\mathrm{p}}\eta$ in Ψ' decays[J]. Phys. Rev. , 2006, D71: 072006.

[469] Liu B C, Zou B S. Mass and KΛ coupling of the N* (1535)[J]. Phys. Rev. Lett. , 2006, 96: 042002.

[470] Yazaki K. Quark model description of baryon-baryon interactions [C]//Sun Z X, Xu J C. Proceedings of INPC'95, Beijing, 1995. Singapore: World Scientific, 1996.

[471] Zhang Z Y, Yu Y W, Shen P N, Dai L R, Faessler A, Straub U. Hyperon-nucleon interactions in a chiral $SU(3)$ quark model[J]. Nucl. Phys. , 1997, A625: 59.

[472] Oka M, Yazaki K. Nuclear force in a quark model[J]. Phys. Lett. , 1980, B90: 41; Short range part of baryon-baryon interaction in a quark model: I , II [J]. Prog. Theor. Phys. , 1981, 66: 556, 572.

[473] Harvey M. On the fractional-parentage expansions of color-singlet six-quark states in a cluster model[J]. Nucl. Phys. , 1981, A352: 301; Effective nuclear forces in the quark model with delta and hidden-color channel coupling[J]. Nucl. Phys. , 1981, A352: 326.

［474］ Faesslar A，Fernandez F，Lubeck G，Shimizu K. The quark model and the nature of the repulsive core of the nucleon-nucleon interaction［J］. Phys. Lett. ，1982，B112：201.

［475］ Fujiwara Y，Suzuki Y，Nakamoto C. Baryon-baryon interactions in the SU_6 quark model and their applications to light nuclear systems［J］. Prog. Part. Nucl. Phys. ，2007，58：439.

［476］ Fujiwara Y，Fujia T Kohno M，Nakamoto C，Suzuki Y. Resonating-group study of baryon-baryon interactions for the complete baryon octet：NN interaction［J］. Phys. Rev. ，2002，C65：014002.

［477］ Fujiwara Y，Miyagawa K，Kohno M Suzuki Y. Faddeev calculation of the hypertriton using the SU_6 quark-model nucleon-nucleon and hyperon-nucleon interactions［J］. Phys. Rev. ，2004，C70：024001.

［478］ Walecka J D. A theory of highly condensed matter［J］. Ann. Phys. ，1974，83：491；Equation of state for neutron matter at finite T in a relativistic mean-field theory［J］. Phys. Lett. ，1975，B59：109.

［479］ Serot D，Walecka J D. The relativistic nuclear many-body problem［J］. Adv. Nucl. Phys. ，1986，16：1.

［480］ Guichon P A M. A possible quark mechanism for the saturation of nuclear matter［J］. Phys. Lett. ，1988，B200：235.

［481］ Saito K，Thomas A W. Variations of hadron masses and matter properties in dense nuclear matter［J］. Phys. Rev. ，1995，C51：2757，2789.

［482］ Saito K，Thomas A W. A quark-meson coupling model for nuclear and neutron matter［J］. Phys. Lett. ，1994，B327：9.

［483］ Guichon P A M，Saito K，Rodionov E，Thomas A W. The role of nucleon structure in finite nuclei［J］. Nucl. Phys. ，1996，A601：349.

［484］ Satio K，Tsushima K，Thomas A W. Self-consistent description of finite nuclei based on a relativistic quark model［J］. Nucl. Phys. ，1996，A609：339.

［485］ Saito K，Tsushima K，Thomas A W. Variation of hadron masses in finite nuclei［J］. Phys. Rev. ，1997，C55：2637.

［486］ Blunden P G，Miller G A. Quark-meson coupling model for finite nuclei［J］. Phys. Rev. ，1996，C54：359.

［487］ Toki H，Meyer U，Faessler A，Brockmann R. Quark mean field model for nucleons in nuclei［J］. Phys. Rev. ，1998，C58：3749.

［488］ Shen H，Toki H. Quark mean field model for nuclear matter and finite nuclei［J］. Phys. Rev. ，2000，C61：045205.

［489］ Benerjee M K. Nucleon in nuclear matter［J］. Phys. Rev. ，1992，C45：1359.

［490］ Cavedon J M，et al. Measurement of charge-density differences in the interior of Pb isotopes

[J]. Phys. Rev. Lett. , 1987, 58: 195;

Sharma M M, Borghols W T A, Brandenburg S, et al. Giant monopole resonance in Sn and Sm nuclei and the compressibility of nuclear matter[J]. Phys. Rev. , 1988, C38: 2562; references therein.

[491] Jin X, Jennings B K. Modified quark-meson coupling model for nuclear matter[J]. Phys. Rev. , 1996, C54: 1427; Change of MIT bag constant in nuclear medium and implication for the EMC effect[J]. Phys. Rev. , 1997, C55: 1567.

[492] Muller H, Jennings B K. Nuclear matter properties of modified quark-meson coupling model [J]. Nucl. Phys. , 1997, A626: 966; Critical analysis of quark-meson coupling models for nuclear matter and finite nuclei[J]. Nucl. Phys. , 1998, A640: 55.

[493] Lu D H, Tsushima K, Thomas A W, Wiliams A G, Saito K. Medium dependence of the bag constant in the quark-meson coupling model[J]. Nucl. Phys. , 1998, A634: 443.

[494] Saito K, Tsushima K, Thomas A W. Nucleon and hadron structure change in the nuclear medium and the impact on observables[J]. Prog. Part. Nucl. Phys. , 2007, 58: 1.

[495] Zhou X R, Burgio G F, Lombardo U, et al. Three-body forces and neutron star structure [J]. Phys. Rev. , 2004, C69: 018801.

[496] van Dalen E N E, Fuchs C, Faessler A. The relativistic Dirac-Brueckner approach to asymmetric nuclear matter[J]. Nuc. Phys. , 2004, A744: 227.

[497] Hama S, Clark B C, Cooper E D, et al. Global Dirac optical potentials for elastic proton scattering from heavy nuclei[J]. Phys. Rev. , 1990, C41: 2737;

Wallece S J. Relativistic equation for nucleon-nucleus scattering[J]. Ann. Rev. Nucl. Part. Sci. , 1987, 37: 267.

[498] Waas T, Weise W. S-wave interactions of $\overline{K}$ and η mesons in nuclear matter[J]. Nucl. Phys. , 1997, A625: 287;

Inoue T, Oset E. η in the nuclear matter within a chiral unitary approach[J]. Nucl. Phys. , 2002, A710: 354.

[499] Celenza L S, Rosenthal A, Shakin C M. Symmetry breaking, quark confinement, and deep-inelastic electron scattering[J]. Phys. Rev. Lett. , 1984, 53: 892; Phys. Rev. , 1985, C31: 232.

[500] Wong C W. Hadron bags in nuclear matter[J]. Nucl. Phys. , 1985, A435: 669.

[501] Lee X G, Li Y Q, Liu Z Y. Δ-resonance effective mass in medium[J]. Chin. Phys. Lett. , 2007, V24: 2540;

Li X G, Liu X Y, Gao Y. Effective mass of kaons in hyperon-rich matter[J]. HEP & NP, 2007, 31: 1.

[502] Li Z X, Mao G J, Zhuo Y Z, Greiner W. Transition to Δ matter from hot, dense nuclear

matter within a relativistic mean field formulation of the nonlinear σ and ω model[J]. Phys. Rev., 1997, C56: 1570.

[503] Hatsuda T, Lee S H. QCD sum rules for vector mesons in the nuclear medium[J]. Phys. Rev., 1992, C46: R34.

[504] Klingl F, Kaiser N, Weise W. Current correlation functions, QCD sum rules and vector mesons in baryonic matter[J]. Nucl. Phys., 1997, A624: 527.

[505] Urban M, Buballa M, Rapp R, Wambach J. Modifications of the ρ-meson from the vitual pion cloud in hot and dense matter[J]. Nucl. Phys., 2000, A673: 357.

[506] Cabrera D, Oset E, Vacas M J V. Chiral approach to the ρ meson in nuclear matter[J]. Nucl. Phys., 2002, A705: 90.

[507] Steiumeller B, Leupold S. Weighted finite energy sum rules for the ω meson in nuclear matter [J]. Nucl. Phys., 2006, A778: 195.

[508] Muto R, et al (KEK-PS E325 Collaboration). Evidence for in-medium modification of the φ meson at normal nuclear density[J]. Phys. Rev. Lett., 2007, 98: 042501.

[509] Naruki M, Fukao Y, Funahashi H, et al. Experimental signature of medium modifications for ρ and ω mesons in the 12 GeV p + A reactions[J]. Phys. Rev. Lett., 2006, 96: 092301.

[510] Trnka D, et al (CBELSA/TAPS Collaboration). Quasielastic ^{3}He(e, e'p) ^{2}H reaction at $Q^2 = 1.5$ GeV^2 for recoil momenta up to 1 GeV/c[J]. Phys. Rev. Lett., 2005, 94: 192302.

[511] Nasseripour R, et al (CLAS Collaboration). Search for medium modification of the ρ meson [J]. Phys. Rev. Lett., 2007, 99: 262302.

[512] Brown G E, Rho M. Scaling effective lagrangian in a dense medium[J]. Phys. Rev. Lett., 1991, 66: 2720.

[513] Shuryak E V. The QCD vacuum, hadrons and superdense matter[M]. Singapore: World Scientific, 1987.

[514] Wambach J. The medium modification of hadrons[J]. Prog. Part. Nucl. Phys., 2003, 50: 615.

[515] Drukarev E G, Levin E M. The QCD sum rules and nuclear matter[J]. Nucl. Phys., 1990, A511: 679; A516: 715(Erratum).

[516] Cohen T D, Furnstahl R J, Griegel D K. Quark and gluon condensates in nuclear matter[J]. Phys. Rev., 1992, C45: 1881.

[517] Lutz M, Klimt S, Weise W. Meson properties at finite temperature and baryon density[J]. Nucl. Phys., 1992, A542: 521.

[518] Song H Q, Su R K. Quark-meson coupling model at finite temperature[J]. Phys. Lett., 1995, B358: 179.

[519] Panda P K, Mishra A, Eisenberg J M, et al. Hot nuclear matter in the quark-meson coupling

model[J]. Phys. Rev., 1997, C56: 3134.

[520] Tan Y H, Shen H, Ning P Z. Quark mean field model with density dependent couplings for finite nuclei[J]. Phys. Rev., 2001, C63: 055203.

[521] Wang P, Zhang Z Y, Yu Y W, Su R, Song Q. Strange hadronic matter in a chiral $SU(3)$ quark mean-field model[J]. Nucl. Phys., 2001, A688: 791;

Wang P, Guo H, Zhang Z Y, Yu Y W, Su R K, Song Q. Multi-strange hadronic system in a chiral $SU(3)$ quark mean field model[J]. Nucl. Phys., 2002, A705: 455;

Wang P, Leinweber D B, Thomas A W, Williams A G. Liquid-gas phase transition and Coulomb instability of asymmetric nuclear system[J]. Nucl. Phys., 2005, A748: 226.

[522] Tsushima K, Saito K, Haidenbauer J, Thomas A W. The quark-meson coupling model for Λ, Σ and Ξ hypernuclei[J]. Nucl. Phys., 1998, A630: 691.

[523] Tsushima K, Khanna F C. Properties of Charmed and bottom hadrons in nuclear matter: A plausible study[J]. Phys. Lett., 2003, B552: 138; Λ_c^+ and Λ_b hypernuclei[J]. Phys. Rev., 2003, C67: 015211.

[524] Skyrme T H R. The effective nuclear potential[J]. Nucl. Phys., 1959, 9: 615.

[525] Guichon P A M, Thomas A W. Quark structure and nuclear effective forces[J]. Phys. Rev. Lett., 2004, 93: 132502.

[526] Vautherin D, Brink D M. Hartree-Fock calculations with Skyrme's interaction: 1. Spherical nuclei[J]. Phys. Rev., 1972, C5: 626.

[527] Friedrich J, Reinhard P G. Skyme-force parametrization: Least-squares fit to the nuclear ground-state properties[J]. Phys. Rev., 1986, C33: 335.

[528] Lu D H, Thomas A W, Williams A G. Electromagnetic form factors of the nucleon in an improved quark model[J]. Phys. Rev., 1998, C57: 2628; references therein.

[529] Peierls R E, Thouless D J. Variational approach to collective motion[J]. Nucl. Phys., 1962, A38: 154.

[530] Lu D H, Thomas A W, Tsushima K, et al. In-medium electro-nucleon scattering[J]. Phys. Lett., 1998, B417: 217.

[531] Lu D H, Tsushima K, Thomas A W, Williams A G, Saito K. Electromagnetic form factors of the bound nucleon[J]. Phys. Rev., 1999, C60: 068201.

[532] Strauch S, et al (JLab E93 - 049 Collaboration). Medium modification of the proton form factor[J]. Eur. Phys. J., 2004, A19: 153;

Strauch S, Dieterich S, Aniol K, et al. Polarization transfer in the $^4\mathrm{He}(\vec{e}, e'\vec{p})\,^3\mathrm{H}$ reaction up to $Q^2 = 2.6(\mathrm{GeV}/c)^2$[J]. Phys. Rev. Lett., 2003, 91: 052301.

[533] Benmouna N, Berman B L, Briscoe B, et al. Probing the limits of the standard model of nuclear physics with the $^4\mathrm{He}(\vec{e}, e'\vec{p})\,^3\mathrm{H}$ reaction[R]. Jefferson Lab experiment E - 03

－104.

[534] Agakichiev G, et al (CERES Collaboration). Enhanced production of low-mass electron pairs in 200 GeV/nucleon S-Au collisions at the CERN super proton synchrotron[J]. Phys. Rev. Lett., 1995, 75: 1272;

Massera M, et al (HELIOS/3 Collaboration). Dimuon production below mass 3.1 GeV/c^2 in p-W and s-W interactions at 200 GeV/c/A[J]. Nucl. Phys., 1995, A590: 93c.

[535] Adamova D, et al. Modification of the ρ meson detected by low-mass electron-positron pairs in central Pb-Au collisions at 158A GeV/c[J]. arXiv: nucl-ex/0611022v1.

[536] van Hees H, Rapp R. Comprehensive interpretation of thermal dileptons measured at CERN super proton synchrotron[J]. Phys. Rev. Lett., 2006, 97: 102301.

[537] Arnaldi R, et al (NA60 Collaboration). First measurement of the ρ spectral function in high-energy nuclear collisions[J]. Phys. Rev. Lett., 2006, 96: 162302;

Damjanovic S, et al (NA60 Collaboration). NA60 results on the ρ[J]. Nucl. Phys., 2007, A783: 327.

[538] Barth R, Senger P, Ahner W, et al. Subthreshold production of kaons and antikaons in nucleus-nucleus collisions at equivalent beam energies[J]. Phys. Rev. Lett., 1997, 78: 4007;

Laue F, Sturm C, Böttcher I, et al. Medium effects in kaon and antikaon production in nuclear collisions at subthreshold beam energies[J]. Phys. Rev. Lett., 1999, 82: 1640.

[539] Senger P. Strange mesons as a probe for dense nuclear matter[J]. Prog. Part. Nucl. Phys., 1999, 42: 209.

[540] Chen L W, Ko C M, Tzeng Y. Cascade production in heavy-ion collision at SIS energies[J]. Phys. Lett., 2004, B584: 269.

[541] Tsushima K, Sibirtsev A, Thomas A W. Strangeness production from πN collisions in nuclear matter[J]. Phys. Rev., 2000, C62: 064904.

[542] Klingl F, Kim S, Lee S H, et al. Masses of J/ψ and η_c in the nuclear medium: QCD sum rule approach[J]. Phys. Rev. Lett., 1999, 82: 3396;

Hayashigaki A. Mass modification of D-meson at finite density in QCD sum rule[J]. Phys. Lett., 2000, B487: 96.

[543] 李希国, 徐瑚珊, 肖国青, 刘新宇. 兰州冷却储存环上可开展的强子物理研究[J]. 原子核物理评论, 2005, 22: 243.

[544] Matsui T, Satz H. J/ψ suppression by quark-gluon plasma formation[J]. Phys. Lett., 1986, B178: 416.

[545] Baglin C, Bussiere A, Guilland J P, et al. The production of J/ψ in 200 GeV/nucleon Oxygen-Uranium interactions[J]. Phys. Lett., 1989, B220: 471; Study of J/ψ production in P-U, O-U and S-U interactions at 200 GeV per nucleon[J]. Phys. Lett., 1991, B255: 459;

Abreu M C, et al (NA50 Collaboration). J/ψ and Drell-Yan cross-section in Pb-Pb interactions at 158 GeV/c per nucleon[J]. Phys. Lett., 1997, B410: 327; Anomalous J/ψ suppression in Pb-Pb interaction at 158 GeV/c per nucleon[J]. Phys. Lett., 1997, 337; Abreu M C, et al (NA50 Collaboration). Evidence for deconfinement of quarks and gluons from the J/ψ suppression pattern measured in Pb-Pb collisions at the CERN-SPS[J]. Phys. Lett., 2000, B477: 28.

[546] Averbeck R. Heavy-quark and electromagnetic probes[J]. J. Phys., 2007, G34: S567.

[547] Ruan L (STAR Collaboration). Physics with identified particles at STAR[J]. J. Phys., 2007, G34: S199.

[548] Usai G (NA60 Collaboration). New result from NA60 and other SPS experiments[J]. J. Phys., 2007, G34: S233;
Scomparin E (NA60 Collaboration). J/ψ production in In-In and P-A collisions[J]. J. Phys., 2007, G34: S463.

[549] Leitch M J. RHIC results on J/ψ[J]. J. Phys., 2007, G34: S453.

[550] Kharzeev D E. Theoretical issues in J/ψ suppression[J]. J. Phys., 2007, G34: S445; references therein.

[551] Gu J Z, Zong H S, Liu Y X, Zhao E G. Statistical properties of the charmonium spectrum and a new mechanism of J/ψ suppression[J]. Phys. Rev., 1999, C60: 035211.

[552] Sa B H, Tai A, Wang H, Liu F H. J/ψ dynamical suppression in a hadron and string cascade model[J]. Phys. Rev., 1999, C59: 2728.

[553] Sa B H, Faessler A, An T, et al. J/ψ normal and anomalous suppressions in a hadron and string cascade model[J]. J. Phys., 1999, G25: 1123.

[554] Sibirtsev A, Tsushima K, Saito K, Thomas A W. Novel features of J/ψ dissociation in matter [J]. Phys. Lett., 2000, B484: 23.

[555] Karsch F, Kharzeev D, Satz H. Sequential charmonium dissociation[J]. Phys. Lett., 2006, B637: 75.

[556] Zhuang P, Yan L Xu N. J/ψ continuous regeneration and suppression in quark-gluon plasma [J]. J. Phys., 2007, G34: 487.

[557] Lee T D. The strongly interacting quark-gluon plasma and future physics[J]. Nucl. Phys., 2005, A750: 1.

[558] Gyulassy M, Mclerran L. New forms of QCD matter discovered at RHIC[J]. Nucl. Phys., 2005, A750: 30.

[559] Lajoie J (PHENIX Collaboration). PHENIX highlights I: Propagation of partons in a coloured medium[J]. J. Phys., 2007, G34: S191.

[560] Randrup J. Exploring hot and baryon-dense matter with nucleus-nucleus collisions[J]. J.

Phys., 2007, G34: S261.

［561］ Mclerran L. Theory summary: Quark matter 2006[J]. J. Phys., 2007, G34: S583.

［562］ Sivers D. Hard-scattering scaling laws for single-spin production asymmetries[J]. Phys. Rev., 1991, D43: 261;

Bacchetta A, Metz A, Yang J J. Collins fragmentation function from gluon rescattering[J]. Phys. Lett., 2003, B574: 225.

［563］ Airapetian A, et al (HERMES Collaboration). Single-spin asymmetries in semi-inclusive deep-inelastic scattering on a transversely polarized hydrogen[J]. Phys. Rev. Lett., 2005, 94: 012002.

［564］ Alexakhin V Y, et al (COMPASS Collaboration). First measurement of the transverse spin asymmetries of the deuteron in semi-inclusive deep inelastic scattering[J]. Phys. Rev. Lett., 2005, 94: 202002.

［565］ Gao H, Cisbani E. Target single spin asymmetry in semi-inclusive deep-inelastic (e, e′π^+) reaction on a transversely polarized ^{3}He target. A new experiment proposal to JLab-PAC29, 2005.

［566］ Forshow J R, Ross D A. QCD and Pomeron[M]. Cambridge: Cambridge University Press, 1997. References therein.

［567］ Regge T. Introduction to complex orbital momenta[J]. Nuovo Cimento, 1959, 14: 951; 1960, 18: 947.

［568］ Foldy L F, Peierls R F. Isotopic spin of exchanged system[J]. Phys. Rev., 1963, 130: 1585.

［569］ Low F E. Model of the bare pomeron[J]. Phys. Rev., 1975, D12: 163.

［570］ Fadin V S, Lipatov L N. BFKL pomeron in the next-to-leading approximation[J]. Phys. Lett., 1998, B429: 127.

［571］ Abatzis S, Antinori F, Barberis D, et al. Observation of a narrow scalar meson at 1450 MeV in the reaction pp→p_f($\pi^+ \pi^- \pi^t \pi^-$) p_s at 450 GeV/c using the CERN Omega spectrometer [J]. Phys. Lett., 1994, B324: 509.

［572］ Bohr A, Mottelson B R. Nuclear Structure[M]. New York: W. A. Benjamin, Inc., 1975.

［573］ Cao J, Anderson B D, Aniol K A, et al. Dynamical relativistic effects in quasielastic 1p-shell proton knockout from ^{16}O[J]. Phys. Rev. Lett., 2000, 84: 3265.

［574］ Smith J R, Miller G A. Chiral soliton in nuclei: saturation, EMC effect, and Drell-Yan experiments[J]. Phys. Rev. Lett., 2003, 91: 212301;

Miller G A, Smith J R. Return to the EMC effect[J]. Phys. Rev., 2002, C65: 015211.

［575］ Cloet I C, Bentz W, Thomas A W. EMC and polarized EMC effects in nuclei[J]. Phys. Lett., 2006, B642: 210.

索引

（以汉语拼音为序）